航天科技图书出版基金资助出版

静止轨道卫星
姿态轨道控制技术

王佐伟　刘潇翔　张树华　著

中国宇航出版社

·北京·

图书在版编目（CIP）数据

静止轨道卫星姿态轨道控制技术 / 王佐伟，刘潇翔，张树华著. -- 北京：中国宇航出版社，2021.9

ISBN 978-7-5159-1975-1

Ⅰ.①静… Ⅱ.①王… ②刘… ③张… Ⅲ.①同步卫星—卫星姿态控制 Ⅳ.①V474

中国版本图书馆 CIP 数据核字(2021)第 195827 号

责任编辑　王杰琼　张丹丹　　**封面设计**　宇星文化

出版发行	中国宇航出版社		
社　址	北京市阜成路 8 号　**邮　编**　100830	**版　次**	2021 年 9 月第 1 版
	(010)60286808　(010)68768548		2021 年 9 月第 1 次印刷
网　址	www.caphbook.com	**规　格**	787×1092
经　销	新华书店	**开　本**	1/16
发行部	(010)60286888　(010)68371900	**印　张**	31.25　**彩　插**　8 面
	(010)60286887　(010)60286804(传真)	**字　数**	761 千字
零售店	读者服务部　(010)68371105	**书　号**	ISBN 978-7-5159-1975-1
承　印	天津画中画印刷有限公司	**定　价**	138.00 元

本书如有印装质量问题，可与发行部联系调换

航天科技图书出版基金简介

航天科技图书出版基金是由中国航天科技集团公司于2007年设立的，旨在鼓励航天科技人员著书立说，不断积累和传承航天科技知识，为航天事业提供知识储备和技术支持，繁荣航天科技图书出版工作，促进航天事业又好又快地发展。基金资助项目由航天科技图书出版基金评审委员会审定，由中国宇航出版社出版。

申请出版基金资助的项目包括航天基础理论著作，航天工程技术著作，航天科技工具书，航天型号管理经验与管理思想集萃，世界航天各学科前沿技术发展译著以及有代表性的科研生产、经营管理译著，向社会公众普及航天知识、宣传航天文化的优秀读物等。出版基金每年评审1～2次，资助20～30项。

欢迎广大作者积极申请航天科技图书出版基金。可以登录中国宇航出版社网站，点击“出版基金”专栏查询详情并下载基金申请表；也可以通过电话、信函索取申报指南和基金申请表。

网址：http：//www.caphbook.com

电话：(010) 68767205，68768904

序　一

与其他类型的卫星相比，地球静止轨道卫星在姿态轨道控制方面有不少独特之处，例如挠性充液条件下的远地点变轨控制与位置保持控制、多星共位控制、长寿命高可靠自主运行控制等。经过50多年的发展，静止轨道卫星的姿态轨道控制技术取得了长足进展，常规控制技术已经趋于成熟。但是，仍有大量技术问题有待解决和完善，如针对大型复杂卫星的高精度高稳定度控制、不依赖地面站的长期自主控制、智能控制理论的在轨应用等。此外，先进控制理论与工程实践相脱节的问题，在本领域表现得也比较突出。

就本领域的国内外出版物情况看，50多年来航天器动力学、航天器姿态控制以及航天器轨道控制方面的著作已有不少。20世纪80年代，国内外出版了3本静止轨道卫星相关著作。20世纪90年代后，静止轨道卫星姿态轨道控制技术获得了长足进步，但是尚未见到针对地球静止轨道卫星的、完整包含姿态控制和轨道控制、全面反映本领域最新技术成果的著作。为了弥补这一缺憾，北京控制工程研究所的王佐伟等人撰写了这本《静止轨道卫星姿态轨道控制技术》。这本专著面向工程应用，以作者团队的研究成果为基础，结合国内外学者的最新成果，对地球静止轨道卫星涉及的姿态控制和轨道控制技术进行了系统而深入的阐述。

本书内容丰富、逻辑清晰、语言流畅，工程价值与学术价值俱佳。内容涵盖运动学与动力学、姿态控制、轨道控制、智能自主控制、静止轨道微小卫星敏捷控制、FDIR设计、控制系统地面验证与飞控支持等多个分支。作者很好地做到了理论与实践的紧密结合。在运动学与动力学、基于经典理论的姿态控制等经典内容方面，全面融合了国内外著作和教材的精华，阐述透彻、总结到位、系统性强，具有较高的工程实用价值；在模糊控制、特征模型控制等智能控制理论应用，基于电推进的自主轨道控制等前沿内容方面，则密切跟踪国内外学术进展，阐述了作者团队的研究成果，并适当介绍了其他学者和团队的优秀成果，具有较高的学术指引价值。

本书可作为航天器控制领域相关工程技术人员的案头参考书，也可作为相关专业研究生的教材。相信本书的出版将会有力推动静止轨道卫星姿态轨道控制技术的发展，促进控制理论与控制工程紧密结合，并有利于航天器控制领域青年人才的教育和培养。

中国科学院院士

2021年9月1日

序　二

地球静止轨道卫星是航天器家族中数量庞大、应用广泛的一个大类。与其他类型的卫星相比，地球静止轨道卫星的姿态控制与轨道控制有其特殊性。这类卫星普遍具有挠性多体系统动力学特性（通常带有天线和太阳翼等大型挠性附件，带有大型液体推进剂贮箱，带有可转动天线等活动部件），控制任务和控制模式多样，长寿命高可靠方面的要求突出。

经过50多年的发展，静止轨道卫星的姿态轨道控制技术取得了长足进展。但是，仍有大量技术问题有待解决和完善。目前尚未见到20世纪90年代以来出版的反映静止轨道卫星姿态轨道控制最新技术成果的著作。《静止轨道卫星姿态轨道控制技术》的出版将弥补这一缺憾。

本书由王佐伟、刘潇翔、张树华等共同完成著述。作者团队多年来一直从事地球静止轨道卫星控制系统研发及工程研制工作，具备静止轨道卫星控制系统理论研究、方案设计、系统集成、在轨支持等全流程开发经验，并在自适应控制、模糊控制、变结构控制、航天器复杂动力学建模、基于电推进的长期自主控制等专业方向持续跟踪国内外研究前沿，经多年研究取得了一批可观的学术成果。作者团队所在的北京控制工程研究所承担了我国绝大部分静止轨道卫星控制系统的研制开发任务，在静止轨道卫星姿态轨道控制系统研发、设计、集成及在轨维护方面具有雄厚实力。本书是作者团队工程经验及理论研究的结晶，也是北京控制工程研究所多年来学术技术成果的集中体现。

本书体系完备，论述严谨，技术学术水平较高，实用性极强。内容既涵盖了静止轨道卫星姿态轨道控制中的常规内容，如运动学和动力学建模、基于经典理论的姿态控制、基于化学推进的轨道控制等，也比较全面地反映了本领域的技术发展趋势和研究前沿，如基于现代控制理论和智能控制理论的姿态控制、基于电推进的自主轨道控制、静止轨道微小卫星控制系统设计等。本书很好地做到了理论与实践的紧密结合，既有较多的理论阐释，更有工程上的设计指导。书中给出的多个“提示”，对一些重要概念及工程要点进行了高度凝练和剖析，颇具指导价值。全书的基础内容阐述透彻、系统性强、自成体系，可作为一线工程师的案头手册；同时，相关前沿研究内容也能够成为科研人员继续深入研究的指引。

借此机会热烈祝贺《静止轨道卫星姿态轨道控制技术》的出版，相信本书的出版将有利于我国静止轨道卫星姿态轨道控制技术的总结和深化，并有力促进相关学术及技术的进一步发展。

原北京控制工程研究所所长

2021 年 8 月 31 日

前　言

地球静止轨道卫星是运行于地球静止轨道（Geostationary Orbit，GEO）上的一类卫星的统称，通常简称为静止轨道卫星，或地球静止卫星。静止轨道卫星定点于选定的经度上空，具有与地球表面观测点固定的相对位置，对地球的覆盖范围很宽（约占地球表面的40%），因此十分适合信号的连续观测和传输，广泛应用于通信、导航、数据中继、气象观测、光学成像、电子信号侦察等，是航天器家族中数量庞大、应用广泛的一个大类。

1964年，世界上第一颗真正意义上的静止轨道卫星Syncom－3成功发射，并成功转播了随后召开的东京奥运会。从此，静止轨道卫星的发射和应用进入了蓬勃发展的时期。自1984年东方红二号通信卫星发射至今，我国静止轨道卫星的研制在艰苦奋斗、自主创新的道路上迈出了坚实的步伐，在通信卫星、数据中继卫星、气象卫星、光学遥感卫星等诸多领域取得了举世瞩目的成就。

与其他类型的卫星相比，静止轨道卫星具有以下鲜明特点：1）卫星入轨成本高，设计寿命长；2）轨道上的拥挤程度不断增加，空间轨位资源日趋紧张；3）需要比较频繁地进行轨道位置维护；4）卫星寿命到期后必须进行离轨和钝化操作；5）卫星运行的空间环境比较恶劣。与上述特点相对应，静止轨道卫星的姿态控制与轨道控制也是比较特殊的。在轨道控制方面，涉及远地点/近地点变轨、定点位置捕获、定点位置保持、定点位置机动与漂移、多星共位、弃置轨道置入等控制任务；在姿态控制方面，涉及对日定向控制、对地定向控制、姿态偏置控制、大推力变轨期间姿态控制、位保期间姿态控制、正常运行期间对地姿态控制等控制任务。总的来看，静止轨道卫星普遍具有动力学特性复杂（通常带有天线和太阳翼等大型挠性附件、带有大型液体燃料贮箱、带有可转动天线等活动部件）、控制任务和控制模式多样、长寿命高可靠方面的要求突出等特点。因此，静止轨道卫星的姿态轨道控制技术一直受到各航天大国的重视。

经过50多年的发展，静止轨道卫星的姿态轨道控制技术取得了长足进展，常规控制技术已经趋于成熟。但是，仍有大量技术问题有待解决和完善，例如，针对大型复杂卫星的高精度高稳定度控制、不依赖地面站的长期自主控制、融合人工智能技术的在轨自主健康管理等。

50多年来，卫星动力学、卫星姿态控制以及卫星轨道控制方面的著作已有不少。这些著作各有特色，但针对静止轨道卫星姿态轨道控制的内容不多，能反映静止轨道卫星姿态轨道控制领域研究前沿的内容尤其偏少。本书试图面向工程应用，以作者团队的研究成果为基础，结合国内外学者的最新成果，对静止轨道卫星涉及的姿态控制技术和轨道控制技术进行系统阐述。本书的编写原则及主要特点如下：

1）理论与实践紧密结合。一方面，静止轨道卫星姿态轨道控制技术涉及的理论知识相当多，包括刚体动力学、挠性多体动力学、现代控制理论、非线性系统理论等诸多分支；另一方面，静止轨道卫星姿态轨道控制是一门典型的工程技术科学，实用、好用、易用是对系统设计的基本要求。因此，本书内容自始至终以“理论与实践紧密结合”为原则进行组织。各章的内容既有适当的理论阐释，更有工程上的设计指导。在控制方法的应用方面，以工程实用性为基本原则，重点阐述那些物理意义明确、设计过程清晰、在线运算量适中的方法；对于那些设计过程过于复杂、工程应用困难的控制方法不予介绍。

2）经典内容与现代内容有机融合。一方面，卫星姿态轨道动力学及控制技术经过数十年的发展，已经积累了大量经典内容，例如，刚体动力学建模、基于化学推力器的常规轨道控制技术、基于比例-积分-微分（Proportional - Integral - Differential，PID）控制的常规姿态控制技术等；另一方面，近些年来基于电推进的轨道自主控制、现代高轨小卫星控制、智能控制理论在轨应用等方面的成果层出不穷，需要广大设计师和科研人员与时俱进，融会贯通。为此，本书对本领域的经典内容与现代内容进行了平衡取舍，力求做到有机融合。本书的经典内容对大量国内外教材和著作进行了系统性的整合与提炼，现代内容则以作者团队的研究成果为主，并反映了本领域的一些最新成果。

3）兼顾内容的完备性和论述深度。静止轨道卫星姿态轨道控制涉及的子领域很多，其中运动学、动力学，以及经典控制理论是整个学科的基础。但是，我们纵观市面上已有的出版物，难以找到一本同时适合一线工程师和学术研究者的著作。普遍存在的问题是：对内容广度和深度的尺度把握不足。本书试图克服这一缺陷，对一些基础内容（如姿态运动学、姿态动力学等）给予足够全面的阐述，对部分尚无工程应用的前沿内容（如智能自主控制等）则注意控制内容的深度。总之，我们希望本书的基础内容能够自成体系，成为一线工程师的案头手册，同时部分前沿研究内容（如自适应模糊控制、模糊变结构控制、灰色辨识等）也能够成为科研人员继续深入研究的指引。

本书作者团队多年来一直从事静止轨道卫星控制系统的研发及工程研制工作，具备静止轨道卫星控制系统方案设计、系统集成、在轨支持等全流程开发经验。作者团队参与了我国两代主力静止轨道卫星平台——东方红四号卫星平台和东方红五号卫星平台的研制，在10多颗卫星的开发中积累了大量工程经验，提炼了大量工程问题，并尽量用专业理论知识加以解决和推广，取得了可观的技术成果。作者团队在自适应控制、模糊控制、变结构控制、航天器复杂动力学建模等专业方向持续跟踪国内外研究前沿，不断开展相关研究，并力图将相关的理论成果应用于静止轨道卫星的姿态轨道控制中，取得了一批学术成果。作者团队还作为神舟学院的兼职授课教师，多次参加针对外籍学员的培训授课，编写了相关的英文培训教材。这些工作为本书的著述奠定了基础。

基于前面介绍的编写原则，全书内容大致分为以下5大部分：1）背景知识及基础知识，包括发展概述、姿态运动学与动力学、轨道动力学等；2）静止轨道卫星姿态控制技术，包括喷气姿态控制、角动量交换姿态控制等；3）静止轨道卫星轨道控制技术，包括基于化学推进的轨道控制、基于电推进的轨道控制等；4）本领域相关的重点研究方向，包括静止轨道卫星智能自主控制、静止轨道微小卫星控制技术等；5）与工程实践密切相关的技术，包括控制系统故障检测隔离与恢复（Fault Detection Isolation and Recovery，FDIR）设计、地面验证、飞行控制支持与在轨保障技术等。

全书共12章，由王佐伟、刘潇翔、张树华等人共同完成著述。第1章概论，由王佐伟撰写；第2章静止轨道卫星控制系统设计要览，由张树华、刘潇翔撰写；第3章静止轨道卫星姿态运动学与动力学，由王佐伟撰写；第4章静止轨道卫星喷气姿态控制，由王佐伟、冯佳佳撰写；第5章静止轨道卫星角动量交换姿态控制，由王佐伟、刘潇翔、张树华、王硕、冯佳佳撰写；第6章静止轨道卫星轨道动力学，由石恒撰写；第7章静止轨道卫星轨道控制，由常建松、刘潇翔撰写；第8章静止轨道卫星智能自主控制，由刘潇翔、马雪、王佐伟、宫经刚撰写；第9章静止轨道微小卫星控制系统设计，由王佐伟、宫经刚撰写；第10章静止轨道卫星控制系统FDIR设计，由刘潇翔、张树华撰写；第11章静止轨道卫星控制系统地面验证，由王佐伟、张树华、吕楠、陈斌、林佳伟撰写；第12章静止轨道卫星飞行控制支持与在轨保障，由林佳伟撰写。王硕、张世俊、邓雅、张弛参与了全书统稿和校核。

本书编写及出版过程中，得到了诸多专家、领导、同事和朋友的帮助，得到了家人的理解和支持。杨孟飞院士和周志成院士对本书的出版给予了大力支持和亲切指导，作者对两位院士的关怀和帮助深受感动，诚致谢意。吴宏鑫院士和邹广瑞研究员为本书作序并给予作者大量支持和鼓励，作者对两位恩师表示最衷心的感谢。

本书成稿过程中，得到了中国空间技术研究院赵宏总师、边炳秀总师、李果总师、王典军总师、李峰总师和北京控制工程研究所解永春研究员、胡军研究员、黄献龙研究员、刘磊研究员、李响处长、高益军研究员、何刚研究员、刘一武研究员、刘新彦研究员、刘忠汉研究员等人的关心和指导，在此向各位专家表示衷心感谢。在相关课题研究、型号研制和成果形成过程中，得到了北京控制工程研究所多个部门的支持，尤其是得到了第二研究室和研发中心多位领导和同事的大力支持和帮助，在此一并致谢。

本书的出版得到了航天科技图书出版基金的资助，得到了中国宇航出版社彭晨光和张丹丹两位老师的悉心帮助，在此一并表示感谢。

静止轨道卫星姿态轨道控制领域覆盖面很广，技术发展很快，理论和工程上的成果层出不穷，加之作者水平及经验积累有限，本书难以全面、完整地对相关问题一一深入探讨。书中若有错误及不当之处，恳请读者批评指正。

王佐伟、刘潇翔、张树华

2021年8月

符号字体约定

原始矢量（未约定坐标系的矢量）用带上标箭头的字母表示，如$\vec{v}$，$\vec{r}$；

并矢用带双上标箭头的字母表示，如$\vec{\vec{D}}$；

矩阵（包括矩阵形式的行向量、列向量）用黑斜体字母表示，如$\boldsymbol{v}$，$\boldsymbol{r}_A$，$\boldsymbol{C}_{BA}$；

矢量矩阵（由物理矢量组成的矩阵）用带上标箭头的黑斜体字母表示，如$\vec{\boldsymbol{F}}_A$，$\vec{\boldsymbol{F}}_B$；

实数空间、复数空间用空心正体字母表示，如$\mathbf{V}(t) \in \mathbb{R}^3$；

叉乘矩阵用右上角带×号的黑斜体字母表示，如$\boldsymbol{Q}^{\times}$，$\boldsymbol{g}^{\times}$；

列向量（列矩阵）的展开式表示方式：$\boldsymbol{r}=(r_x;\ r_y;\ r_z)=[r_x \quad r_y \quad r_z]^{\mathrm{T}}$。

目 录

第1章　概　论

1.1　静止轨道卫星的定义与特点

地球静止轨道卫星（**Geostationary Satellite**）是运行于**地球静止轨道**（**Geostationary Orbit，GEO**）上的一类卫星的统称，通常简称为**静止轨道卫星**，或**地球静止卫星**。这类卫星的一个最主要特点就是在地球上空保持相对静止。具体而言，理想的地球静止轨道需满足如下3个条件：1）轨道周期等于地球自转周期；2）轨道倾角为零；3）轨道偏心率为零。

由上述条件可知，理想的地球静止轨道，其周期为一个平恒星日，即23小时56分4.1秒；其轨道平面与地球赤道平面重合；是圆轨道；轨道运动唯一的自由度是定点经度。

需要指出，地球静止轨道与**地球同步轨道**（**Geosynchronous Orbit**）不是同一个概念。地球同步轨道仅是轨道周期与地球自转周期相等。处在同步轨道上的卫星相对于地球并不一定是静止的，因为轨道周期、轨道偏心率和轨道倾角三者是独立的。

静止轨道卫星定点于选定的经度上空，具有与地球表面观测点固定的相对位置，对地球的覆盖范围很宽（约占地球表面的40%），因此十分适合信号的连续观测和传输，广泛应用于通信、导航、数据中继、气象观测、光学成像、电子信号侦察等领域[1]。可以说，静止轨道卫星是航天器家族中数量庞大、应用广泛的一个大类。

静止轨道卫星概念的提出已有近百年的历史。早在1929年，奥地利的Herman Potocnik（笔名Noordung）就指出，放置于地球赤道上空35 800 km处的卫星将拥有与地球自转周期一致的轨道周期[2,3]。1945年，英国学者Arthur C. Clarke在论文中明确提出：发射到地球赤道上空近36 000 km高度的卫星，具有与地球自转角速度一致的轨道角速度，因此在该轨道上卫星相对地球上的观测者是静止的，可以作为地球上任意两地无线通信的中间平台[4]。1963年7月，美国发射了世界上第一颗地球同步轨道卫星Syncom－2（24 h周期，33°轨道倾角）[5]。1964年夏天，世界上第一颗真正意义上的静止轨道卫星Syncom－3成功发射，并成功转播了随后召开的东京夏季奥运会[6]。从此，静止轨道卫星的发射和应用进入了蓬勃发展的时期。截至2019年，地球静止轨道上的卫星数量已经达到了800余颗，其中处于工作状态的有400多颗。如果将范围扩展到地球同步轨道（含倾斜同步轨道）卫星，则其数量更多。根据文献［7］的统计，截至2020年7月，全世界在轨活跃同步轨道卫星达到了557颗，占所有在轨活跃卫星总数的20.7%（由于近两年低轨小卫星发射数量剧增，该占比相较前两年有所下降）。

理想的地球静止轨道实际上是不存在的。卫星在轨道上受到各种摄动力的作用，包括地球形状不规则、密度分布不均匀带来的引力变化，太阳、月球对卫星的引力，以及太阳光辐射对卫星产生的压力等，这些摄动力使卫星实际的轨道倾角、轨道偏心率发生部分变化，轨道周期也不完全与地球同步。从地面上观察，卫星不是固定不动的，而总是在东西经度方向和南北纬度方向漂移着。

与其他类型的卫星相比，静止轨道卫星的主要特点概括如下：

（1）卫星入轨成本高、使用寿命长

将卫星送入地球赤道上空约 35 800 km 高度的同步轨道并到达指定的经度位置而成为静止卫星，需要经过一系列复杂的轨道机动过程。这一过程短则数日（使用大推力化学变轨发动机或上面级发动机时），长则数月（使用电推进变轨时）。由于变轨过程需要消耗大量推进剂和测控时间，静止轨道卫星的入轨成本很高。由于入轨成本高昂，为发挥其综合效能，一般要求静止轨道卫星的使用寿命尽可能长。目前普遍要求使用寿命达到 15 年以上，部分卫星使用寿命高达 16～20 年。这对卫星的长期在轨稳定运行提出了挑战。

（2）轨道上的拥挤程度不断增加，空间轨位资源日趋紧张

地球静止轨道是一种特殊的、独一无二的轨道。在这个轨道上只有一个自由度来区别不同卫星的轨位，这个自由度便是卫星相对地球的星下点经度。为避免卫星之间发生物理碰撞，避免相邻卫星之间造成无线电信号干扰，需要确保相邻卫星之间保持足够的安全距离。通常情况下，允许单颗静止轨道卫星占有的赤道经度约±0.1°。按照±0.1°平均分配赤道经度，地球静止轨道上可分配约 1 800 颗卫星。而在国际电联（ITU）申请注册的静止轨道卫星已经远远超过这一数字。因此，地球静止轨道已成为一种稀缺资源[8]。随着控制技术的进步，多星共位已被广泛应用，但无法从根本上改变静止轨道的资源紧张程度。

（3）需要比较频繁地进行轨道位置维护

如前所述，静止轨道卫星受到多种摄动力的影响，其定点位置总是在东西经度方向和南北纬度方向漂移着。为了使卫星满足特定载荷的工作需求，并避免与相邻卫星产生物理碰撞或无线信号干扰，要求静止轨道卫星的工作位置（经纬度）保持在一定范围内。对于通信卫星，位置保持范围一般为东西±0.1°、南北±0.1°，或东西±0.05°、南北±0.05°。在非连续轨道控制情况下，通常 1～3 周需要进行一次东西位置保持，1～3 个月需要进行一次南北位置保持。可见，这种轨道位置保持操作还是比较频繁的，需要耗费大量推进剂。

（4）卫星使用寿命到期后必须进行离轨和钝化操作

在地球静止轨道上自由漂移的物体，其轨道演化过程极其漫长，会长期停留在同步轨道带内。因此，卫星使用寿命终止后，如果不加控制任由其在同步轨道上漂移，将对轨道上正常工作的卫星产生极大威胁。如果卫星解体产生大量空间碎片，则其影响更加严重。因此，同步轨道卫星在使用寿命到期后，需将其轨道高度抬升至同步轨道高度之上

300 km 左右（至少 235 km），使之进入所谓的“坟墓轨道”[9,10]。离轨操作需要消耗额外的推进剂，这在卫星设计之初就需要考虑。此外，为了降低离轨处置后因卫星意外解体对其他卫星构成的风险，所有存储能量的能量源都需要在离轨结束时及时进行钝化处理，包括：剩余推进剂排空、高压气瓶排空、活动部件关闭、蓄电池放电等。

（5）卫星运行的空间环境比较恶劣

地球静止轨道是地球外层空间环境中受太阳活动影响严重的区域。当强太阳风到达地球外层空间时，地球磁层被压缩，地球静止轨道区域完全暴露在太阳宇宙线、高速太阳风之中。当磁暴发生时，从磁尾注入的高温等离子体也能到达地球静止轨道区域，使该区域成为空间环境引发卫星异常的高发区。此外，该区域也是卫星表面充放电和内部充电最严重的区域[1,11]。相较低轨卫星，静止轨道卫星面临的空间环境总体而言更加恶劣。在元器件选型、系统冗余设计等方面需要更多的关注，相应的研制成本也比较高。

1.2 静止轨道卫星的发展概述

静止轨道卫星的种类有多种划分方式。从业务领域看，静止轨道卫星可分为通信卫星、数据中继卫星、气象卫星、电子侦察卫星、导弹预警卫星、导航卫星、光学遥感卫星、空间感知与攻防卫星等。其中，通信卫星是静止轨道卫星中应用最早、最广泛的一类卫星。从卫星重量和复杂程度看，静止轨道卫星可分为静止轨道大中型卫星和静止轨道小卫星两大类。其中，静止轨道小卫星受入轨成本和使用寿命等条件的约束，数量很少，目前主要应用于空间感知与攻防领域。下面从业务领域角度，对静止轨道卫星的发展概况逐一进行介绍。

1.2.1 静止轨道通信卫星

1964 年，美国休斯空间通信国际公司（简称休斯公司）发射的 Syncom－3 卫星是世界上首颗静止轨道卫星，如图 1.2－1 所示[13]。1965 年，国际通信卫星组织（INTELSAT）的首颗卫星——Intelsat－1（后来也被称为 Early Bird）发射成功并开展广播通信业务，这标志着静止轨道卫星进入实用化阶段[11,12]。至 1969 年，随着 Intelsat－3 的发射运营，世界上第一个全球卫星通信系统正式建立[12]。同一时期，首批静止轨道军用通信卫星也陆续部署。这一时期属于静止轨道卫星发展的起步阶段，其姿态控制多采用自旋稳定，性能有限。20 世纪 70 年代，通信卫星向商业化快速发展，技术水平和可靠性也不断提高，但仍以自旋稳定的方式为主。1975 年 5 月，第一颗三轴稳定静止轨道卫星 ATS－6 发射升空，实现了巨大的技术进步[14]，如图 1.2－2 所示。此后在通信卫星领域，三轴稳定控制方式开始逐渐推广应用。美国开始部署第二代国防通信卫星系统，苏联也建立了首个地球静止轨道军民两用通信卫星系列 Raduga。

图 1.2-1　Syncom-3 卫星

图 1.2-2　ATS-6 卫星

20 世纪 80 年代，静止轨道通信卫星技术快速进步，卫星通信业务得到了广泛应用。除美国外，欧洲、日本、中国和印度等国家和地区也都大力发展本国的实用型通信卫星。欧洲通信卫星公司、阿拉伯卫星通信组织、国际海事卫星组织等一大批国际运营商纷纷涌现。在军事通信卫星领域，美国发展了 Leasat 系统卫星，使军用通信卫星从战略应用跨向战术应用。这个时期的通信卫星已广泛采用三轴稳定和太阳电池阵技术，卫星尺寸、重量、功率等有很大提升[15]。图 1.2-3 所示的 Intelsat-5 卫星是其典型代表。1984 年 4 月，中国第一颗静止轨道卫星——东方红-2 通信卫星发射成功；1988 年 3 月，性能增强的东方红-2A 通信卫星发射成功，中国的卫星通信和电视转播跨入一个新阶段[16]。东方红-2/2A（图 1.2-4）采用自旋稳定控制方式。

图 1.2-3　Intelsat-5 卫星

图 1.2-4　东方红-2 卫星

20 世纪 90 年代，随着通信卫星技术的不断成熟，为了缩短研制周期、降低研制成本，通信卫星开始采用模块化的发展思路，形成了可以满足多种任务需求的卫星公用平台系列，极大地推动了通信卫星产业化进程。美国休斯公司的 HS601 平台卫星（图 1.2-5）、美国劳拉公司的 LS1300 平台卫星、欧洲阿尔卡特-阿莱尼亚公司的 Spacebus3000 平台卫星等占据了通信卫星的绝大部分市场[17]。静止轨道通信卫星在原有业务的基础上，开始向移动通信和数字电视直播的方向发展。例如，国际海事卫星组织利用静止轨道卫星提供覆盖全球的移动通信业务，并将该业务范围逐步扩展到陆地和航空领域。1997 年 5 月，中国利用长征-3A 火箭成功发射了首颗东方红-3 通信卫星[18,19]，如图 1.2-6 所示。东方红-3 通信卫星采用公用平台设计，配置了统一双组元液体推进系统，姿态控制采用三轴稳定方式，一批国产部件得到了在轨应用。它的研制成功，标志着我国通信卫星在技术上跨上一个新台阶。东方红-3 通信卫星取得的许多重要成果，在其他卫星的研制中也发挥了重要作用。

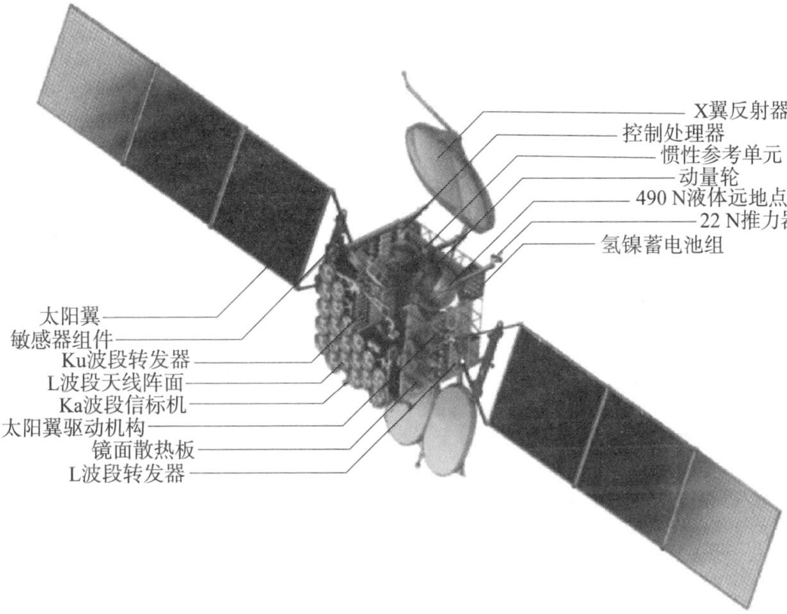

图 1.2-5 HS601 平台卫星

图 1.2-6 东方红-3 通信卫星

自进入 21 世纪以来，业界对大容量、高速率的通信卫星要求越来越高，呈现出向大功率、长使用寿命、高可靠性的大型静止轨道卫星发展的趋势。星载大天线技术、多点波束技术、频率复用技术的广泛应用大幅提升了卫星通信容量，一批新的静止轨道卫星平台得到了应用推广。典型的大型静止轨道卫星平台有美国波音公司的 BSS－702 平台、欧洲泰雷兹-阿莱尼亚公司的 Spacebus4000 平台、美国洛克希德·马丁公司（简称洛马公司）的 A2100 平台等[20,21]。自 2000 年后，一批带有大型天线的移动通信卫星相继发射成功，引人瞩目。2000 年 2 月发射的亚洲蜂窝卫星（ACeS，又称 Garuda－1）是世界上第一颗区域性静止轨道个人移动通信卫星，采用洛马公司的 A2100－AX 平台制造[22]，如图1.2－7 所示。在军用通信卫星方面，美国的军事通信卫星已实现体系化发展，形成了由宽带系统、窄带系统和防护系统组成的军用卫星通信体系。宽带系统包括国防卫星通信系统－3卫星（DSCS－3）和宽带全球卫星（WGS），窄带系统为特高频后继卫星（UFO），防护系统主要由“军事星”卫星（Milstar）充当。在 21 世纪的前 10 年，中国的通信卫星技术也取得了显著进步。2008 年 10 月，基于东方红－4 平台的委内瑞拉卫星一号发射成功，如图 1.2－8 所示。委内瑞拉通信卫星的全面应用验证了东方红－4 平台及有效载荷技术，卫星整体水平步入世界前列，这标志着我国通信卫星平台能力取得了新跨越[23]。东方红－4 设计寿命从东方红－3 的 8 年提高到 15 年，控制能力也有较大提升。

图 1.2－7 ACeS 卫星

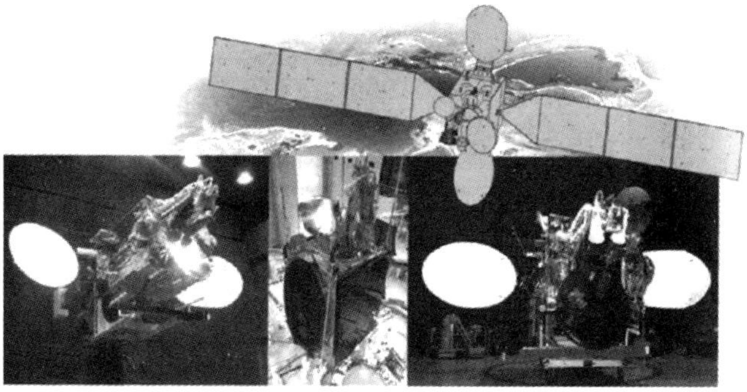

图 1.2－8 基于东方红－4 平台的委内瑞拉卫星一号

自 2010 年以来，高通量通信卫星、移动通信卫星以及全电推进卫星获得业界高度重视。卫星的自主化程度、抗干扰能力、承载能力等都有进一步的提高。2015 年 3 月，美国用猎鹰－9 火箭成功发射了世界上首批 2 颗全电推进的地球静止轨道通信卫星——Eutelsat－115 West B 和 ABS－3A。它们均采用波音公司的 BSS－702SP 平台，使用电推进系统完成转移轨道到静止轨道变轨、定点位置保持和动量轮卸载。2017 年 6 月，美国卫讯公司成功发射了其第二代高通量卫星 ViaSat－2，该卫星采用波音公司的 BSS－702HP 平台，最大通信容量达 300 Gbit/s，成为迄今为止单星通信容量最大的卫星系统[24]，如图 1.2－9所示。2017 年 4 月发射的实践十三号卫星是中国首颗高通量静止轨道通信卫星。2019 年12 月，基于东方红－5 平台开发的实践二十号卫星成功发射，随后开展了相关测试，如图1.2－10 所示。按照设计指标，基于东方红－5 平台的卫星起飞质量可达 8 000～9 000 kg，载荷承载能力可达1 500～1 800 kg，整星功率达28 kW，提供载荷功率达18 kW；设计寿命长达16年。和我国现役“主力产品”东方红-3平台、东方红-4平台相比，东方红-5平台在承载质量、功率、在轨寿命、控制精度及自主控制能力等关键性能指标上又有了跨越式提升，平台性能指标达到国际一流水平[25,26]。

图1.2-9 ViaSat-2卫星

图1.2-10 基于东方红-5平台的实践二十号卫星

1.2.2 静止轨道数据中继卫星

数据中继卫星是一类为中、低轨道航天器之间，或航天器与地面站之间提供数据中继服务的卫星。其中信息数据包括遥测、遥控、通信以及卫星所搜集的业务数据。中继卫星在控制方面的技术难点包括：星载闭环捕获跟踪技术、卫星姿态和天线指向的复合控制技术、长寿命高精度天线驱动机构技术等[27]。美国是世界上最早提出和研制数据中继卫星的国家。目前美国已发展了三代跟踪与数据中继卫星（Tracking and Data Relay Satellite，TDRS）[28]。从1983—1995年，美国发射了7颗第一代中继卫星TDRS-A～TDRS-G，组成了世界上第一个中继卫星系统，如图1.2-11所示。第一代中继卫星采用TRW（汤普森-拉莫-伍尔德里奇）公司的三轴稳定卫星平台，由航天飞机发射。卫星正常模式下的姿态采用V型轮控制方式，整星为偏置角动量模式。在第一代中继卫星系统的基础上，美国从20世纪90年代开始进行第二代中继卫星系统的建立，2000—2002年发射了TDRS-H～TDRS-J 3颗卫星。TDRS-H～TDRS-J卫星采用休斯公司的HS-601A平台，姿态控制采取的是整星偏置角动量的三轴稳定方式，用框架动量轮提供三轴控制力矩和角动量储备。不同于第一代中继卫星的是，第二代中继卫星的天线指向控制也由星上自主完成。美国于2013—2017年发射了3颗第三代跟踪与数据中继卫星TDRS-K～TDRS-M。第三代TDRS的质量更大、设计寿命更长，增强了Ka频段的中继通信能力和灵活性，跟踪与中继功能更为强大，数据传输速率和传输量更高。第三代TDRS采用波音公司的BSS-601HP卫星平台。除美国外，欧空局、日本和俄罗斯也发展了自己的中继卫星系统[29]，如图1.2-12所示。近年来，激光中继通信越来越受到各航天大国的重视[30,31]。

中国是世界上第二个完整建立数据中继卫星系统的国家。中国第一代中继卫星天链一号01～04星分别于2008年4月、2011年7月、2012年7月、2016年11月成功发射[32]。天链一号卫星在天基测控（如神舟飞船交会对接）、中低轨遥感及气象卫星业务数据传输等方面发挥了重要作用。天链一号卫星基于东方红-3卫星平台，采用基于V型动量轮构型的偏置角动量控制方式。2019年3月，天链二号01星发射成功，开启了我国第二代中继卫星系统建设的序幕。天链二号卫星采用东方红-4平台研制，带有两副独立的星间链路天线，姿态控制执行机构由4个金字塔构型的反作用动量轮实现。

图1.2-11　美国第一代TDRS

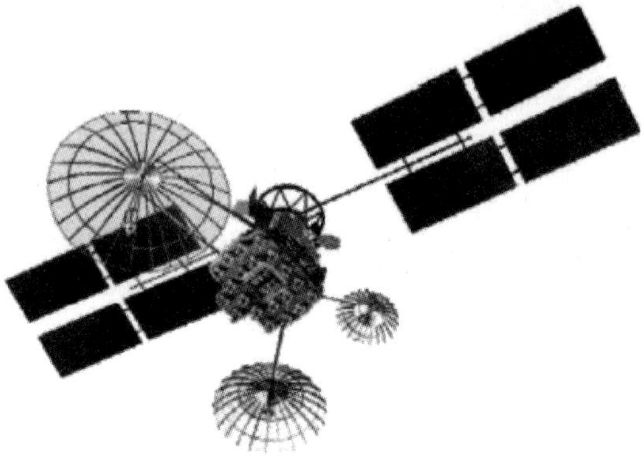

图1.2-12　俄罗斯中继卫星Luch

1.2.3　静止轨道气象卫星与光学成像卫星

气象卫星是静止轨道卫星中的一个重要类别。与低轨气象卫星相比，静止轨道气象卫星的突出优点是：观测范围大，时间分辨率高，可对同一地点进行长时间观测。美国国家海洋与大气管理局（NOAA）的GOES（Geostationary Operational Environmental Satellites）系列卫星是静止轨道气象卫星的典型代表。GOES气象卫星从1975年至今已经发展了4代。该卫星系列在发射前用字母尾缀，发射成功后尾缀改用数字表示。第一代卫星代号为GOES-A～GOES-H，分别由波音公司和劳拉公司承制，采用自旋稳定方式。第二代卫星代号为GOES-I～GOES-M，全部由劳拉公司承制，采用偏置动量控制方式。第二代改进型（可称为2.5代）卫星代号GOES-N～GOES-P，由波音公司承制，采用零动量控制方式，主要的姿态敏感器为星敏感器和长寿命半球谐振陀螺。第三代卫星代号GOES-R～GOES-U，采用洛马公司的A2100A平台，设计寿命达到了15年，姿态控制性能有了进一步提升[33]。第三代中的前2颗（GOES-R和GOES-S）已分别于2016年11月和2018年3月发射入轨，如图1.2-13所示。除美国外，日本、欧洲、印度、韩国等也拥有了自己的静止轨道气象卫星。

我国的静止轨道气象卫星于20世纪90年代起步，目前已发展了2代卫星系统。第一代为风云二号，共发射了8颗，采用东方红-2平台，姿态控制方式为自旋稳定。第二代为风云四号，首发星于2016年12月发射，目前在轨运行良好，如图1.2-14所示。该卫星采用零动量三轴稳定控制方式，姿态确定与控制精度大幅提升[34]。

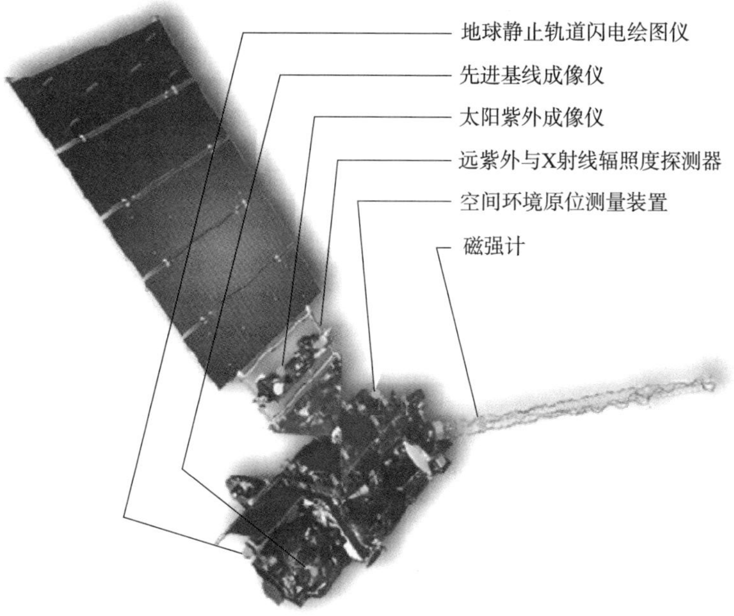

图 1.2-13 GOES-R 卫星

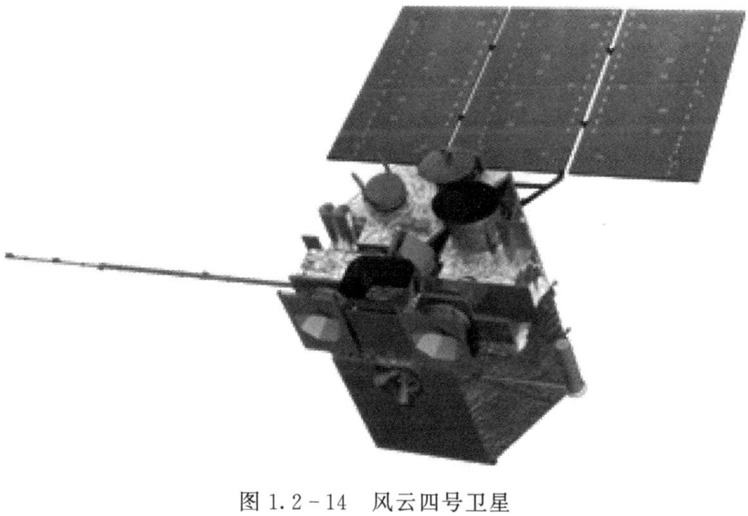

图 1.2-14 风云四号卫星

近年来，随着大口径主镜成像技术以及可展开式光学成像、衍射望远镜技术等新型成像技术的发展，静止轨道光学成像卫星开始进入工程实用阶段。多个国家提出了相应的静止轨道高分辨率光学成像卫星计划[35]。2015 年 12 月 29 日，我国首颗地球静止轨道高分辨率光学遥感卫星——高分四号成功发射。该卫星配置了 4 个 0.5 N·m 大力矩动量轮实现卫星姿态快速机动，能够在 30 s 内实现整星机动 0.64°并稳定；采用星敏感器+陀螺组合定姿方式，实现姿态稳定度优于 5×10^{-4} (°) /s[36]。

1.2.4 静止轨道电子侦察卫星

静止轨道电子侦察卫星具有侦收区域大、频率范围宽、可全天候侦察等优点。为了扩大侦察范围，或通过降低轨道调整频率以延长在轨寿命，这类卫星大多采用准静止轨道或准同步轨道，因此不是严格意义上的静止轨道卫星。为了确保对微弱电磁信号的侦收和监听，卫星需装备超大尺寸的侦收天线。超大型天线的收拢、展开、变形处理等技术难度很大。随着天线尺寸的加大，卫星的动力学特性呈现明显的大挠性、低基频、多体耦合等特性，增加了姿态控制和轨道控制的难度。在静止轨道电子侦察卫星技术水平方面，美国遥遥领先。据报道，美国已发展了 5 代电子侦察卫星，静止轨道电子侦察卫星是其中的重要组成部分[37]。第二代电子情报类侦察卫星称为 Magnum（大酒瓶），后改为 Orion（猎户座），主要在 20 世纪 80 年代使用。卫星由 TRW 公司研制，重 2～3 t，带大型重力梯度杆，天线直径达数十米，由航天飞机发射。20 世纪 90 年代以来使用的电子情报类侦察卫星为第三代，称为 Mentor（顾问）或 Orion－2。卫星采用三轴稳定控制，天线尺寸达百米量级。

1.2.5 静止轨道导弹预警卫星

静止轨道导弹预警卫星具有探测范围广、预警时间长、连续跟踪时间长等特点，是导弹预警体系的重要组成部分，是静止轨道上一类重要的军用卫星。美国早期的导弹预警卫星称为“国防支援计划”（Defense Support Program，DSP），由 5 颗静止轨道卫星组成星座运行，如图 1.2－15 所示。从 1970 年首颗星发射至今，DSP 卫星已发展了三代 20 多颗。DSP 卫星采用自旋稳定控制方式，扫描周期为 6 r/min。美国现役导弹预警卫星的主力为“天基红外预警卫星系统”（Space Based Infrared System，SBIRS），其由静止轨道卫星、大椭圆轨道卫星和低轨卫星组成混合星座[38]。其中，SBIRS－GEO 卫星已发射了 4 颗，每颗卫星重约 5 t，采用洛马公司的 A2100 平台，具有较好的模块化性能和通用化性能，姿态指向精度和姿态稳定度都比较高，如图 1.2－16 所示。

图 1.2－15　DSP 卫星

图 1.2－16　SBIRS－GEO 卫星

1.3 静止轨道卫星轨道、姿态控制任务及特点

1.3.1 轨道控制

静止轨道卫星轨道控制任务可分为两个阶段，即转移轨道阶段和同步轨道阶段。**转移轨道阶段**，轨道控制的任务是通过多次远地点或近地点变轨，使卫星进入地球同步轨道。**同步轨道阶段**，卫星进入长期正常工作状态，轨道控制任务主要是定点位置保持，包括南北位置保持和东西位置保持。特殊情况下，可能还需要进行经度漂移控制。寿命末期，需进行轨道抬升，将卫星置入弃置（坟墓）轨道。

（1）远地点/近地点变轨

静止轨道卫星的一个重要特点是转移轨道过程复杂、入轨成本高。星箭分离后，卫星进入地球同步转移轨道或超同步转移轨道，然后通常需要通过自身携带的变轨发动机，实施多次变轨和定点捕获，最终进入预定工作轨道。转移轨道一般是近地点高度数百公里、远地点高度为同步轨道高度上下的大椭圆轨道。对于三轴稳定卫星，变轨发动机通常采用双组元液体发动机。变轨策略通常是：前几次变轨在远地点进行，最后一两次变轨在近地点进行。远地点变轨的作用是抬高近地点至同步轨道，同时降低轨道倾角。近地点变轨的作用是将远地点高度降低至同步高度，同时将轨道倾角控至0°附近。

变轨控制的策略要求[1]：1）每次变轨时间不能过长，否则会增加轨道弧段损失，增加发动机故障风险；2）变轨次数不能过多，否则将增加入轨时间，增加地面测控负担；3）需便于测控实施，避免卫星长期不可控；4）每次变轨的控制量应逐渐减少，以减少控制误差的积累。

（2）定点位置捕获

根据最后一次远地点或近地点变轨后卫星进入准同步轨道的运行情况，瞄准定点捕获目标，并考虑可能的共位和组网等约束条件，实施相关的定点捕获控制。主要通过调整卫星半长轴、偏心率、轨道倾角等轨道参数使卫星到达预定的定点位置。对于东西定点捕获，主要采用轨道漂移率、经度差和偏心率联合修正的多脉冲控制策略。对于南北定点捕获，主要采用对轨道倾角矢量进行修正的控制策略。倾角矢量修正的目标一般是使控后倾角为最大允许值。定点捕获的间隔一般为半天左右。

（3）定点位置保持

静止轨道卫星在同步轨道工作期间，由于轨道摄动的影响，卫星不断偏离定点位置，因此需要定期进行轨道修正。定点位置保持包括东西位置保持和南北位置保持。东西位置保持，主要是克服地球非球形引力产生的平经度长期加速漂移。对于位置保持精度要求较高的卫星，还需考虑偏心率带来的日振荡影响。南北位置保持，主要通过控制轨道倾角来限制卫星在纬度上的运动范围，通常采用倾角负偏置策略。倾角修正既可以向南加速，也可以向北加速，但两者分别对应不同的卫星恒星时角。倾角修正需要消耗较多的推进剂。

因此卫星定点后，星上剩余推进剂主要用于南北位置保持控制。

（4）定点位置机动与漂移

部分具有军事用途的静止轨道卫星由于保密原因往往有定点位置机动要求。这种轨位机动一般采用和东西位置保持类似的方法进行。为了节省推进剂，大范围的轨道位置机动通常还需考虑如何主动利用摄动力的影响。少数情况下，也会有意让卫星进行南北位置漂移。美国的地球同步轨道空间态势感知卫星 MiTEx 和 GSSAP，就是利用定点位置的大幅机动与快速漂移，实现对 GEO 带内卫星的全轨道巡视侦察[39,40]。

（5）多星共位

由于静止轨道赤道环位置的紧缺，以及出于卫星备份或其他应用考虑，有时候需要双星或多星共享同一定点经度。这里所说的同一定点经度是指一定的分配区间（例如±0.1°）。近年来，随着静止轨道轨位资源的日益紧张，多星共位技术已成为一个研究热点[41,42]。地球静止轨道多星共位的主要要求：在推进剂、轨道摄动等约束条件下，满足共位卫星定点精度需求。因此，需要设计合适的东西位置保持和南北位置保持控制算法，使得共位卫星在寿命期内保持设定的安全距离，避免碰撞和干涉。

（6）弃置轨道置入

根据空间碎片协调委员会（IADC）的规定，地球静止轨道径向±200 km、纬度方向±15°构成的扇形球壳区域为地球静止轨道保护区[8]。要求卫星在结束任务后，通过轨道机动离开保护区（即进入弃置轨道）。对于静止轨道卫星的任务后离轨，一般采用抬高轨道高度的办法。为了防止轨道摄动导致的近地点高度下降，轨道提升高度要求不低于 235 km（考虑太阳光压摄动后高度还需适当增加），且偏心率不大于 0.003。在卫星的推进剂预算中，必须考虑弃置轨道置入这一因素。在工程实践中，多采用间隔 12 h 执行 4 次以上东向机动来进行离轨高度控制。

（7）基于电推进的连续小推力变轨

电推进作为一种高比冲的先进推进技术，近年来已在静止轨道卫星上广泛使用。目前，国际上主要的静止轨道卫星平台都采用了电推进系统[43]。其中，绝大多数采用了氙离子推力器、稳态等离子体推力器（SPT）、脉冲等离子体推力器（PPT）或电弧加热推力器。电推进系统在静止轨道卫星上可用来执行转移轨道变轨、同步轨道位置保持（尤其是南北位置保持）等任务[44]。由于电推力器推力较小，每次点火工作时间较长，一般已不能作为脉冲机动考虑，需要按照连续轨道机动进行专门设计。

1.3.2 姿态控制

根据控制目标的不同，卫星姿态控制大体可分为**姿态稳定**、**姿态机动**、**姿态捕获**三类控制方式。姿态稳定控制大体对应控制原理中的**调节系统**控制，姿态机动控制和姿态捕获控制大体对应控制原理中的**跟踪系统**（或称**伺服系统**）控制。姿态稳定控制的主要特点是目标姿态为常值，分为**零姿态稳定**和**偏置姿态稳定**两种具体控制方式。姿态机动控制的主要特点是目标姿态不为常值，分为**固定姿态机动**（点对点姿态机动）和**姿态跟踪机动**两种具体控制方式。姿态捕获的主要特点是目标姿态已知，但初始姿态未知或部分未知，分为对地姿态捕获、对日姿态捕获、对惯性指向姿态捕获等具体控制方式，如图 1.3－1 所示。

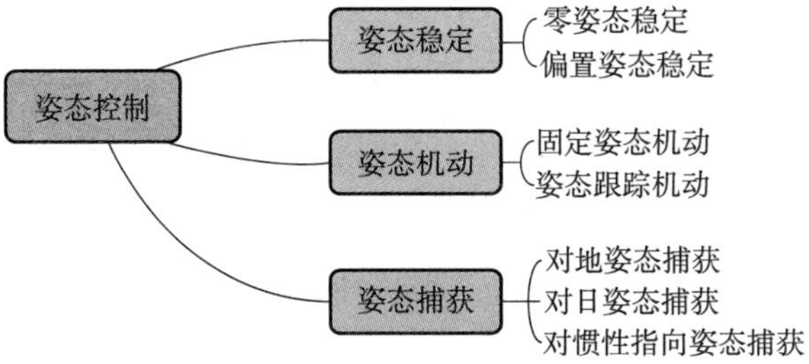

图 1.3－1 姿态控制的分类

■**提示：**从控制原理的角度看，控制问题分为调节控制和跟踪控制两大类。调节控制的目标值是固定值（多数情况下为0），跟踪控制的目标值是随时间变化的量。在跟踪控制系统中，如果将跟踪误差视为状态变量，则跟踪控制系统形式上可转换为调节系统。显然，调节控制是跟踪控制的特殊情况。但是，这两种系统也存在重大差异——由于跟踪控制的目标值是随时间变化的量，因此即使原系统是定常（时不变）的，形式上转换为调节控制后的系统却是非定常（时变）的。一般而言，时变系统较定常系统更难分析，控制律设计难度也更大。

转移轨道阶段的姿态控制任务包括对日定向机动、对地定向机动、变轨点火前姿态机动、变轨期间及变轨前后的姿态稳定控制等。转移轨道阶段姿态控制的主要特点是：控制精度要求相对较低、被控对象动力学特性比较复杂、对动态过程时间有一定要求。

同步轨道阶段的姿态控制主要任务是确保卫星长期工作期间的姿态指向和姿态稳定，并根据需要为载荷提供必要的姿态确定精度和姿态稳定度；部分应用场合，还需要实施相应的姿态机动。同步轨道阶段姿态控制的主要特点是：姿态指向精度和姿态稳定度要求高，系统能提供的控制力矩相对较小，位置保持机动期间被控对象动力学特性比较复杂。

（1）对日定向控制

静止轨道卫星在转移轨道期间，为了保持长时间的能源供应，需要经常性地维持对日定向姿态。在同步轨道发生重大故障时，为了确保能源供应，往往也需要进入对日定向状态。对日定向控制的敏感器可采用太阳敏感器或星敏感器，执行器一般采用推力器。其中，采用太阳敏感器测量滚动和俯仰姿态、采用陀螺积分测量偏航姿态（或者偏航不控）、采用陀螺测量角速度、采用化学推力器进行喷气控制是对日定向控制中的一种传统做法，优点是控制简单、过程较快。

（2）对地定向控制

对地定向控制主要指转移轨道阶段从对日定向姿态或变轨点火姿态转回对地定向姿态的控制过程。此外，在同步轨道阶段因故障而从其他姿态恢复对地工作姿态时，也需要重新进行对地定向控制。转移轨道阶段的对地定向控制，通常采用地球敏感器测量滚动俯仰姿态、采用偏航太阳敏感器或陀螺积分测量偏航姿态，或直接使用地球敏感器和星敏感器进行双矢量定姿，角速度信息由陀螺测量，执行器采用推力器。如果星敏感器可用且轨道信息有效，采用星敏感器定姿往往更加方便。

（3）姿态偏置控制

转移轨道阶段和同步轨道阶段通常都有姿态偏置要求。转移轨道阶段，变轨点火姿态的建立就是典型的姿态偏置控制。同步轨道阶段的姿态偏置多用于天线方向图测试、定点位置改变后的数传天线偏置下传等。

在远地点或近地点变轨点火时，必须使变轨发动机指向理论点火方向，并需要控制卫星使其维持点火姿态。因此，在变轨点火过程中，相对姿态偏置量是动态变化的。变轨姿态偏置控制的常规做法是，在对地定向的基础上，利用地球敏感器和太阳敏感器的测量输出或陀螺积分来确定卫星本体相对于点火坐标系的姿态。如果变轨发动机安装在对天面，则需要绕俯仰轴旋转 90°。这时候地球敏感器无法使用，需要使用对天面的太阳敏感器测量滚动俯仰姿态、用陀螺积分测量偏航姿态，或者三轴都采用陀螺积分进行姿态测量。如果卫星配置了星敏感器，则可以在任意姿态下，直接建立变轨姿态。

（4）大推力变轨期间的姿态控制

三轴稳定卫星的变轨发动机通常采用大推力双组元液体发动机，可提供数百牛的推力。卫星携带大量液态推进剂（可燃剂和氧化剂，统称推进剂），重量几乎接近卫星干重。在变轨发动机点火期间，推进剂液体在加速度环境下将产生横向晃动，给卫星姿态带来较大扰动。因此，如何克服液体晃动带来的不利影响是变轨期间控制系统的一项重要任务。并且随着推进剂的快速消耗，卫星质心和转动惯量等特性参数也在不断变化，这就进一步加大了姿态控制难度。因此，需要精心设计控制器的结构和参数，确保喷气脉冲控制的稳定，并尽量减少推进剂消耗。

（5）位置保持期间的姿态控制

静止轨道卫星在同步轨道工作期间，轨道定点位置保持是一项比较频繁的任务。轨道位置保持通常由姿态控制用发动机（例如 10 N 发动机/推力器）兼顾承担。轨道位置保持机动期间，在点火加速度的作用下，液体推进剂的横向晃动将对姿态控制产生不利影响。并且，在点火脉冲的作用下，太阳帆板、天线等挠性附件的振动也将对姿态控制性能产生显著影响。因此，控制系统需克服液体晃动和挠性振动的叠加影响，保持既定的姿态指向精度。由于需要提供较大的控制量，位置保持期间的姿态控制一般采用三轴喷气控制，控制律的设计是一项颇有挑战性的工作。

（6）正常运行期间的对地姿态控制

卫星进入同步轨道后，绝大部分时间都维持在对地指向姿态下。根据载荷需求的不同，姿态控制可采取多种方式。绝大部分静止轨道卫星都采用反作用动量轮作为主要执行器，极少数有快速姿态机动需求的卫星可能需要配置控制能力更大的控制力矩陀螺（CMG）。对于部分指向精度要求不高的通信卫星，可以只在俯仰方向配置动量轮，建立相应的偏置角动量，俯仰姿态由动量轮直接控制，滚动姿态则采用喷气控制，偏航姿态由惠康原理间接控制。对于指向精度要求较高，尤其是有姿态稳定度要求的卫星，多采用三轴动量轮控制。采用三轴动量轮控制时，既可以工作于整星零角动量（简称零动量）状态，也可以工作于整星偏置角动量（简称偏置动量）状态。

由于太阳光压等干扰力矩的影响，卫星长期工作期间动量轮的角动量会达到其极限（即饱和状态），因此需要对其进行角动量卸载（有时也称为转速卸载），以恢复其正常控制能力。静止轨道卫星一般采用推力器进行角动量卸载。

1.3.3 姿态确定

姿态确定有两方面的作用，一是为姿态控制提供测量信息，二是为特定的载荷提供测量信息。一般而言，敏感器获取的信息无法直接使用，需要通过相应的姿态确定算法给出卫星的三轴姿态角和角速度等信息。姿态确定的基本任务就是确定固连于星体的本体坐标系在参考坐标系中的姿态参数。

静止轨道卫星使用的敏感器主要包括：地球敏感器、太阳敏感器、星敏感器、陀螺。其中，地球敏感器主要有摆动式红外地球敏感器和面阵式静态红外地球敏感器两种；太阳敏感器多用数字式太阳敏感器，近年来阵列式双轴太阳敏感器逐渐崭露头角；星敏感器基于成像器件的不同可分为 CCD 星敏感器和 APS 星敏感器两种；陀螺种类更是繁多，静止轨道卫星上常用的包括机械陀螺（如液浮陀螺、二浮陀螺、三浮陀螺）、光纤陀螺、半球谐振陀螺等。

姿态确定方法从参考基准的角度可分为**参考矢量法**和**惯性测量法**两类，从数据处理算法的角度可分为**确定性方法**和**状态估计方法**两类[45,46]。静止轨道卫星转移轨道阶段的姿态确定指标要求相对较低，多采用基于参考矢量的确定性方法；同步轨道工作期间的姿态确定指标要求通常较高，一般采用基于参考矢量测量与惯性测量相结合的状态估计方法。具体而言，在转移轨道阶段，常采用地球敏感器和太阳敏感器相结合测量三轴姿态，实现地球捕获、太阳捕获，采用陀螺测量三轴角速度，实现速率阻尼和角速度反馈控制；在同步轨道工作期间，主要采用星敏感器和陀螺组合定姿方式获得高精度的三轴姿态和角速度。随着高精度、长寿命星敏感器和陀螺的技术进步，星敏感器和陀螺组合定姿方式的应用日趋广泛。

1.3.4 局部指向控制与多级指向控制

除卫星本体的姿态控制外，为了完成某些特定任务，还需要对星上的某些部件或载荷进行局部指向控制或多级指向控制。例如，为了获得最大的能源供应，需要对太阳电池阵（太阳帆板）进行对日定向控制；为了确保点波束天线指向特定地面站，需要对点波束天线进行对地控制；为了确保中继天线跟踪移动目标，需要对中继天线进行目标跟踪控制。此外，对于遥感类静止轨道卫星，有时为了获得有效载荷的精确、高稳定度指向，还需采用多级指向控制，即在实现卫星本体姿态控制的基础上，再利用与有效载荷本身有关的敏感器和执行机构实现更精确的指向控制[47]。多级指向控制的典型案例包括：激光通信终端的粗-精指向多级控制、空间态势感知载荷的捕获-跟踪多级控制等。

1.4　静止轨道卫星姿态轨道控制技术展望

经过 50 多年的发展，静止轨道卫星姿态轨道控制技术取得了长足进展，相关的基础理论和工程实践皆已趋于成熟。随着空间任务要求的提高以及人工智能等专项技术的突破，未来静止轨道卫星姿态轨道控制技术还将获得深入发展。下面就如下几个重点方向略做探讨。

1.4.1　大型复杂卫星与小型敏捷卫星的高性能控制

随着空间任务对卫星功能与性能要求的不断提高以及静止轨道资源的日益稀缺，未来静止轨道卫星的功能密度将不断增加，将出现一些更大、更重、更复杂的大型卫星平台。这些大型平台通常带有大型的太阳帆板、大型甚至巨型的侦收天线、大型的液体推进剂贮箱等，还可能配置高精度高稳定度载荷稳定平台、在轨服务单元等，这就导致了卫星动力学特性非常复杂，体现为挠性、充液、多体、变结构等动力学特性，对控制器的设计提出了挑战。一些先进的控制理论和控制技术将得到工程应用。

此外，随着现代微小卫星技术的迅猛发展，在地球静止轨道上将会出现越来越多的小型敏捷卫星的身影。由于静止轨道卫星入轨成本高昂，这些小型敏捷卫星总体上将呈现“小身材、高性能”的特点，将具备结构新颖而复杂、重量轻而机动能力强、动力学特性复杂而控制性能突出等鲜明特点。各种先进控制理论与技术将在该领域大显身手。

1.4.2　智能自主控制与人工智能应用

航天器智能自主控制是在航天器控制系统中引入人工智能与智能控制技术使航天器在不确定环境中以及内部结构和参数变化时，能不依靠人的帮助和不依赖地面站的支持，完全依靠航天器上软硬件设备自身的能力实现航天器自主运行。自主运行是目的，而智能控制与其他各种控制方法是实现航天器自主运行的手段[48]。近年来，人工智能技术在应用层面获得了突飞猛进的进展，例如图像与语言识别、广告定点推送、自动驾驶等，但是与地面应用相比，人工智能技术在卫星上的应用还很初级。随着空间任务对卫星功能与性能要求的不断提高以及人工智能技术的进一步发展，未来静止轨道卫星的智能自主控制能力必将获得极大提高。具体而言，将逐步实现如下目标：1）高性能、强适应性的姿态轨道控制；2）不依赖地面站的在轨长期可靠自主运行；3）可接受在轨服务；4）复杂环境下的自主健康管理。

1.4.3　控制系统的标准化、通用化、模块化

随着卫星产业规模的扩大和研制模式的成熟，卫星系统的标准化、通用化、模块化取得了很大进展。一批高性价比的通用型卫星平台脱颖而出，例如洛马公司的 A2100 平台、波音公司的 BSS－702 平台、欧洲泰雷兹-阿莱尼亚公司的 Spacebus4000 平台、EDAS

Astrium 公司的 Eurostar－3000 平台等[49-52]。与低轨小卫星相比，静止轨道卫星的标准化、通用化、模块化仍有很大的提升空间。对于控制系统而言，由于系统功能复杂、软件规模庞大，其软硬件的标准化、通用化、模块化尤为必要。随着电子器件、光电器件、机电器件等的快速发展，以及商业航天的迅猛冲击，未来静止轨道卫星控制系统的标准化、通用化、模块化程度将得到实质性的提升。

1.4.4　分布式架构与信息融合

传统的卫星控制系统采用集中式或主从式电子信息架构。这种控制系统架构难以适应未来卫星智能自主控制的需求。静止轨道卫星控制系统单机众多，功能复杂，敏感器和执行器布局分散，欲实现真正的智能自主控制，封闭的、静态的、点对点的电子信息架构难以满足需求。未来控制系统电子信息架构的一个重要方向就是采用分布式、节点智能化、动态可扩展的架构。在单机智能化、节点化的同时实现信息处理的高度融合。在此基础上，基于硬件进化的系统自组织自重构[53]，乃至云计算等技术有望获得在轨应用。

1.5　全书内容介绍

全书内容大致由如下 5 个部分组成：

（1）背景知识及基础知识

背景知识及基础知识由第 1 章概论、第 3 章静止轨道卫星姿态运动学与动力学、第 6 章静止轨道卫星轨道动力学三章组成。

（2）静止轨道卫星姿态控制技术

静止轨道卫星姿态控制技术由第 4 章静止轨道卫星喷气姿态控制、第 5 章静止轨道卫星角动量交换姿态控制两章组成。

（3）静止轨道卫星轨道控制技术

静止轨道卫星轨道控制技术由第 7 章静止轨道卫星轨道控制和第 8 章静止轨道卫星智能自主控制中部分章节组成，分别阐述基于化学推进的轨道控制、基于电推进的轨道控制等。

（4）本领域相关的重点研究方向

本领域相关的重点研究方向包括第 8 章静止轨道卫星智能自主控制、第 9 章静止轨道微小卫星控制系统设计等内容。

（5）与工程实践密切相关的技术

与工程实践密切相关的技术包括第 2 章静止轨道卫星控制系统设计要览、第 10 章静止轨道卫星控制系统 FDIR 设计、第 11 章静止轨道卫星控制系统地面验证、第 12 章静止轨道卫星飞行控制支持与在轨保障等内容。

参 考 文 献

[1] ZEE C H. Theory of Geostationary Satellites [M]. Dordrecht：Kluwer Academic Publishers，1987.

[2] MONTENBRUCK O，GILL E. Satellite Orbits：Models，Methods，and Applications [M]. Berlin：Springer - Verlag，2000.

[3] BRADY M. The Geostationary Obit and Satellite Communications：Concepts Older Than Commonly Supposed [J]. IEEE Trans Aerospace and Electronic Systems，2002，38 (4)：1408 - 1409.

[4] CLARKE A C. Extra - Terrestrial Relays [J]. Wireless World，1945 (10)：305 - 308.

[5] BENTLEY R M，OWENS A T. SYNCOM Satellite Program [J]. J of Spacecraft，1964，1 (4)：395 - 399.

[6] SYNCOM PROJECTS OFFICE. Syncom Engineering Report [R]. NASA - TR - R - 252，1967.

[7] 邢强．全球在轨卫星报告 2020 版 [R]. 微信公众号"小火箭"，2020.

[8] MARTINEZ L F. The ITU's Evolving Regulatory Role for Space Debris "Rules of The Road"：Implications for Space Communications Regulation [C]. IAC - 13 - E7. 3，2013.

[9] FLURY W. Space Debris Issures in the Geostationary Ring [C]. AIAA 2000 - 1120，2000.

[10] DAVEY J R，STOKES P H. Status of the ISO Standards on Space Debris Mitigation [C]. ESA SP - 672，2009.

[11] 周志成．通信卫星工程 [M]. 北京：中国宇航出版社，2014.

[12] SACHDEV D K. Success Stories in Satellite Systems [M]. Virginia：AIAA，2009.

[13] NASA. Project SYNCOM [J]. NASA Facts，1965，2 (14)：1 - 8.

[14] MARSTEN R B. ATS - 6 Significance [J]. IEEE Trans Aerospace and Electronic Systems，2002 (11)：984 - 993.

[15] QUAGLIONE G. Evolution of the Intelsat System from Intelsat Ⅳ to Intelsat Ⅴ [J]. J of Spacecraft，1980，17 (2)：67 - 74.

[16] 张国航．东方红二号：从"无"到"有"的跨越 [J]. 太空探索，2020 (4)：12 - 14.

[17] 临风．欧美通信卫星的发展简史和市场竞争现状（一）[J]. 中国航天，2001 (7)：16 - 18.

[18] 邹广瑞，吕振铎，李铁寿，等．DFH - 3 卫星姿态和轨道控制系统设计 [C]. 第五届空间及运动体控制技术学术会议，西安，1992.

[19] 周志成．沿自主创新道路前行乘国际发展风帆远航——我国通信卫星领域发展回顾与展望 [J]. 国际太空，2013 (6)：4 - 13.

[20] FUTRON CORPORATION. GEO Commercial Satellite Bus Operations：A Comparative Analysis [R/OL]. http：//www. futron. com，August 13，2003.

[21] VIA SATELLITE. Satellite Industry Directory [R/OL]. http：//www. satellitetoday. com，2010.

[22] 谢智东，边东明，孙谦．Thuraya 和 ACeS 系统（下）[J]. 数字通信世界，2007 (6)：88 - 89.

[23] 周志成．委内瑞拉一号通信卫星，实现跨越式发展 [J]. 卫星应用，2010 (3)：42 - 44.

[24] FORECAST INTERNATIONAL. Space Systems Forecast - Satellites & Spacecraft [R]. 2018.

[25] 李峰．中国新一代大型地球同步轨道卫星公用平台——东方红五号卫星平台 [J]. 国际太空，2020 (4)：27-31.
[26] 何刚，王佐伟，刘潇翔，等．新一代高轨大型公用卫星平台控制系统设计及在轨验证 [C]. 先进导航制导与控制技术2020年学术年会，上海，2020.
[27] 王典军，曾海波，关铁峰．跟踪与数据中继卫星控制系统技术 [J]. 航天控制，2005，23 (3)：83-90.
[28] TELES J. Overview of TDRSs [J]. Advances in Space Research，1995，16 (12)：67-76.
[29] BOBROVSKYI S，BARRIOS R. EFAL：EDRS Feeder Link from Antarctic Latitudes - System Architecture and Operations Concept [C]. 13th International Conference on Space Operations，Pasadena，CA，2014.
[30] EDWARDS B L，ISRAEL D J. A Geosynchronous Orbit Optical Communications Relay Architecture [C]. IEEE Aerospace Conference，Big Sky，MT，USA，2014.
[31] ISRAEL D J，EDWARDS B L，WILSON K E，et al. An Optical Communications Pathfinder for the Next Generation Tracking and Data Relay Satellite [C]. 13th International Conference on Space Operations，Pasadena，CA，2014.
[32] 王家胜．填补我国航天技术空白的中继卫星系统 [J]. 国际太空，2013 (6)：20-25.
[33] CRISON M，NELSON B，SOUKUP J，et al. NOAA's GOES - R Series：Selectable and Programmable Operations of a Distributed Geostationary Constellation [C]. AIAA 2003 - 6249，2003.
[34] 董瑶海．风云四号气象卫星及其应用展望 [J]. 上海航天，2016，33 (2)：1-8.
[35] 李果，孔祥皓．静止轨道高分辨率光学成像卫星发展概况 [J]. 航天返回与遥感，2018，39 (4)：55-63.
[36] 刘凤晶，李果，于登云，等．高分四号卫星及应用概况 [J]. 卫星应用，2018 (12)：12-18.
[37] 孙洋，邱乐德．电子侦察卫星初探 [C]. 2008年中国西部青年通信学术会议，成都，2008.
[38] 方勇．美国天基导弹预警跟踪系统发展动向 [J]. 国际太空，2017 (8)：35-41.
[39] 蒙波，黄剑斌，李志，等．美国高轨抵近操作卫星 MiTEx 飞行任务及启示 [J]. 航天器工程，2014，23 (3)：112-117.
[40] IHS JANE'S. GSSAP (Geosynchronous Space Situational Awareness Program) Series [R]. Jane's Space Systems and Industry，2019.
[41] 李恒年，高益军，余培军，等．地球静止轨道共位控制策略研究 [J]. 宇航学报，2009，30 (3)：967-973.
[42] BRUIJN F J，THEIL S，CHOUKROUN D，et al. Collocation of Geostationary Satellites Using Convex Optimization [J]. J of Guidance Contol and Dynamics，2019，39 (6)：1303-1313.
[43] 边炳秀，魏延明．电推进系统在静止轨道卫星平台上应用的关键技术 [J]. 空间控制技术与应用，2008，34 (1)：20-24.
[44] BYERS D C，DANKANICH J W. Geosynchronous Earth Orbit Communication Satellite Deliveries with Integrated Electric Propulsion [J]. Journal of Propulsion and Power，2008，24 (6)：1369-1375.
[45] WERTZ J. R. Spacecraft Attitude Determination and Control [M]. Holland：D. Reidel Publishing Company，1978.
[46] 吕振铎，雷拥军．卫星姿态测量与确定 [M]. 北京：国防工业出版社，2013.

[47] 屠善澄. 卫星姿态动力学与控制 [M]. 北京：中国宇航出版社，2001.
[48] 吴宏鑫，胡军，解永春. 航天器智能自主控制研究的回顾与展望 [J]. 空间控制技术与应用，2016，42 (1)：1-6.
[49] MCKINNON D V，WEIGL H，MAACK L. Lockheed Martin's A2100 Spacecraft Bus Modernization [C]. AIAA 2016-5724，2016.
[50] MILFORD R，PEFIA M. Boeing's 702 Product Line：System Engineering a Cost Effective Product Portfolio Strategy [C]. IEEE Aerospace Conference，Big Sky，MT，USA，2014.
[51] PASQUET J M. Spacebus 4000 Avionics：Key Features and First Flight Return [C]. AIAA 2006—5301，2006.
[52] POUSSIN J F，BERGER G. Eurostar E3000 Three-year Flight Experience and Perspective [C]. AIAA 2007-3124，2007.
[53] 杨孟飞，华更新，冯彦君，等. 航天器控制计算机容错技术 [M]. 北京：国防工业出版社，2014.

第 2 章　静止轨道卫星控制系统设计要览

2.1　概述

静止轨道卫星**姿态与轨道控制分系统**（简称**控制分系统**或**控制系统**）开发是复杂的系统工程，从流程上看主要包括设计和实现两大阶段。本章对静止轨道卫星控制系统开发过程中涉及的流程与要素进行概括性的阐述。首先，概要介绍静止轨道卫星控制系统的开发流程，以使读者建立直观认识。随后，按照开发流程，重点介绍设计阶段的各项工作，包括：系统任务分析、系统概要设计与部件选型、系统方案设计、系统数学仿真等。这些设计阶段开展的工作可称为前期工作。实现阶段的工作则包括系统集成、地面测试、交付整星联试、发射测控、在轨保障等。这些实现阶段开展的工作可称为后期工作。

本章重点介绍与设计直接相关的前期开发要素。其他后期开发要素（如地面测试、发射测控、在轨保障等）将由后续章节进行阐述。

2.2　卫星控制系统开发流程

2.1 节已经指出，卫星控制系统开发大体上包括设计和实现两大阶段；就具体流程而言，则包括任务分析、概要设计、详细设计、部件生产/采购、系统集成、地面测试验证、发射测控、在轨测试、在轨保障等一系列环节[1]。传统卫星开发多采用基于串行的**线性开发流程**，现代卫星开发则更多地采用 **V 型模型开发流程**[2]。V 型模型开发流程以设计和实现作为两条主线，分别按照从上至下和从下至上的方式将各种流程环节组织起来，并形成对应关系，如图 2.2－1 所示。

2.2.1　任务分析与概要设计

在任务分析与概要设计阶段需要完成的工作包括：飞行任务分析，确定控制系统的功能和性能；选择姿态控制类型；确定控制系统的基本构型；初步确定敏感器和执行机构的配置等。

对姿态控制类型的选择和性能确定，主要根据卫星总体任务要求（主要取决于有效载荷）和约束条件而定。具体而言，需要明确：

1）有效载荷对控制系统的要求；

2）初始姿态捕获要求和入轨姿态条件，丢失目标后或在其他失控条件下再次捕获目标的要求；

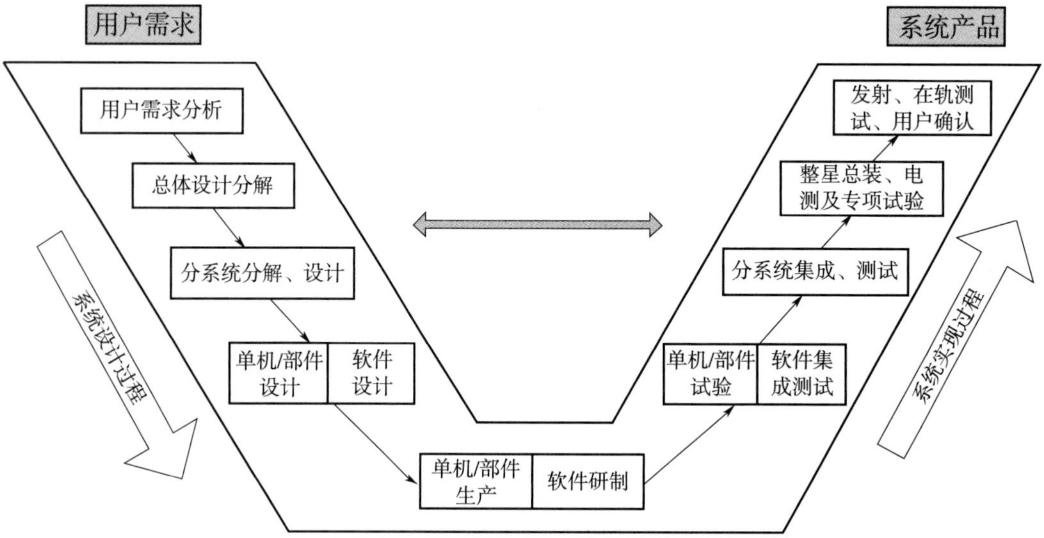

图 2.2-1　卫星控制系统开发的 V 型流程示意图

3）稳定运行时对指向精度及姿态稳定度的要求；

4）有无专门的姿态确定精度要求；

5）卫星变轨机动时对动态过程及稳态过程的要求；

6）姿态机动要求；

7）其他分系统或部件（如天线、太阳电池阵等）的控制要求。

控制系统的设计常常需要在许多相互矛盾的要求（功能、性能和约束条件）之间进行折中和优化，有时还必须与卫星总体及其他分系统折中协调，以获得一种可行的设计。

2.2.2　方案设计

方案设计相关的工作包括：控制系统整体架构设计、工作模式设计、姿态控制算法设计、轨道控制算法设计、故障诊断与处理设计，以及相关的数学仿真工作等。需要关注如下几个要点：

1）尽量选择技术上成熟的姿态控制系统部件（敏感器、控制器和执行器）并确定其功能指标和性能指标要求。

2）建立系统的数学模型，包括各种敏感器、控制器和执行器的数学模型，以及卫星本体动力学和干扰力矩的数学模型；进行模型验证、稳定性分析和系统性能数学仿真，并在反复迭代和优化过程中最终确定姿态控制算法，完成系统的方案设计。

3）控制系统方案设计阶段，除明确敏感器和执行器选择、技术指标要求、控制器和控制算法设计等外，还应确定：

a）对卫星轨道设计及测轨定位的要求；

b）对整星质量特性、结构外形、卫星剩余磁矩及动力学特性的要求；

c）系统总质量、部件安装方式、精度标定要求；

d）电源品种、功耗要求；

e）遥测遥控及数据注入要求；

f）推进剂消耗量及使用寿命估计要求；

g）可靠性及寿命指标；

h）研制进度和经费预算。

2.2.3　技术设计

技术设计是在方案设计的基础上根据卫星结构、能源、测控、热控和运载火箭发射等技术约束条件以及卫星总体对控制系统的可靠性和安全性等要求进行技术实现的详细设计和试验。

卫星控制系统技术设计主要工作项目包括：控制系统配置构型设计，系统内部之间以及与星上其他分系统之间的接口（光、机、电、热等）设计，遥测、遥控、数据注入接口设计，电磁兼容性设计，安全性和可靠性设计等。

卫星控制系统在技术设计和实现方面的重要约束条件：1）卫星在运载火箭发射入轨阶段需经历恶劣的力学环境条件，在轨运行时需经历严酷的空间辐照和真空条件；2）难以在轨维修。

技术设计的最后成果就是向卫星总体呈交满足在轨道运行环境下的姿态控制分系统产品。其任务可概括如下：编写部件任务书并据此验收部件；提出并实现所有内外接口关系，确保部件之间、分系统之间的匹配性与兼容性；与总体协调遥测遥控容量及资源需求，编排全部上行遥控指令和下行遥测变量；完成星载软件的编写和联试，确保分系统方案设计的正确性，以及星载软件与用户需求的一致性。

2.2.4　系统测试

卫星控制系统通常具有部件多、工作模式多、指标要求高等特点，其模式组合、性能指标等需要综合利用理论分析、数学仿真、物理仿真、地面测试等手段加以检验和验证。其中，地面测试是非常重要的一个流程，对于发现系统缺陷、验证系统设计和检验产品性能等起着重要作用。

卫星控制系统的分系统级地面电测，主要任务是对姿态测量、姿态控制及对外接口 3 部分的性能进行检测和试验。在测试开始前，需要开展测试覆盖性分析、制定测试大纲和测试细则；在测试结束后，需要开展测试覆盖性检查、测试数据分析与总结等。

此外，分系统还需参加整星各阶段的电性能测试和专项测试（包括热学试验、力学试验、电磁兼容性试验以及其他专项试验）。

2.2.5　发射及在轨维护

发射及在轨维护阶段的工作项目包括：1）发射场的技术区检查和测试；2）发射过程的飞行控制；3）在轨期间的支持工作——通过在轨测试发现问题、调整参数，必要时遥控注入新程序；为用户提供卫星使用及运行管理相关的技术支持；分析在轨遥测数据，为后续卫星提供改进依据。

其中，在轨飞行数据分析是一项很有意义的工作。和地面试验数据相比，对卫星在轨遥测数据进行分析研究有如下突出的优点：

1）真实性和可信度高。在轨遥测数据是卫星在真实空间环境和实际工作状态下的遥测数据，剔除个别遥测野值及测量噪声后的遥测数据仍然具有很高的真实性和可信度。

2）对已发生的故障案例进行数据回放和分析，有助于掌握故障前兆表现，为后续卫星的在轨操作积累经验，提前制定较为完备的工程预案。

3）可为地面分析和仿真提供大量可靠数据，提高仿真软件的可信度。

2.3 卫星控制任务分析

2.3.1 静止轨道卫星控制任务需求

从用途和使用目的划分，静止轨道卫星一般包括通信卫星、数据中继卫星、遥感卫星和导航卫星等几大类。

静止轨道卫星控制系统的主要任务是完成卫星从星箭分离开始到在轨运行直至寿命末期各任务阶段的姿态控制、轨道控制[3,4]。

转移轨道的任务指从星箭分离开始到进入准同步轨道这一阶段的任务，包括转移轨道和几次远/近地点变轨机动后的中间轨道各阶段的任务。典型的控制任务主要包括：

1）自主实现推进分系统管路排气。

2）卫星与运载火箭分离后，控制系统应自主进行速率阻尼，消除由运载产生的分离干扰角速度。

3）自动完成太阳捕获，使星体 $-Z$ 轴对太阳定向，保证帆板法向对日定向。卫星在巡航状态下进入地影后，星体应能继续保持原姿态，并保证出影后自动完成太阳捕获，维持卫星巡航姿态。

4）完成对地球的捕获，使卫星的 $+Z$ 轴指向地球，维持三轴稳定的工作姿态。

5）在变轨前建立点火姿态，在变轨发动机点火期间，克服液体晃动和其他干扰力矩的影响，使变轨期间的姿态控制精度满足要求。

同步轨道时卫星的任务主要有：

1）卫星进入准同步轨道后，控制系统需完成定点位置捕获，满足定点位置保持精度要求。

2）控制系统需完成初始姿态捕获，启动动量轮，建立正常运行姿态，满足控制精度要求。

3）在正常运行状态下，控制系统应实现星上自主姿态控制和动量轮卸载，并满足控制精度要求。

4）控制系统具有用地面遥控指令的方式直接控制星上推力器点火、动量轮卸载、设置动量轮转速等功能。

5）正常模式具有以脉冲方式进行东西方向位置保持控制的功能。

6）正常模式具有使用电推进推力器进行南北方向位置保持控制的功能。电推进南北位保周期可地面设定，星上能够按注入的位保控制参数自动执行电推进位保点火操作。

7）控制系统应具有姿态偏置和姿态跟踪能力。

8）实现对太阳帆板驱动机构的控制，保证太阳帆板对太阳的跟踪精度。

9）卫星在轨运行期间，应能定期对卫星的定点位置进行控制，使定点精度满足要求。

10）控制系统应具有在倾斜准同步轨道正常工作的能力，并使卫星指向地面某一固定位置。

11）控制系统内部单机在切换过程中，能满足相应的控制精度指标要求。

对遥感卫星而言，由于有效载荷和通信卫星不同，通常还有以下需求：

1）根据有效载荷的需要，控制卫星姿态完成快速机动、快速稳定，保持一定的姿态指向精度和姿态稳定度，并在成像过程中禁止动量轮卸载和推力器喷气。

2）在有效载荷成像前，具有提前对动量轮卸载的功能，以防止在成像过程中动量轮转速超限。

3）卫星具有特定时段阳光规避功能，避免阳光射进有效载荷过深造成损伤。

对导航卫星而言，由于任务需要，还应满足以下要求：

1）正常模式工作期间应具有较长时段的完全自主运行能力。

2）正常模式下尽量由磁力矩器进行动量轮角动量卸载，避免用推力器进行卸载。

3）位置保持时采用推力器喷气方式进行动量轮的角动量集中卸载，角动量卸载间隔不能小于位置保持间隔要求。

2.3.2　静止轨道卫星控制任务分析

2.3.2.1　姿态确定精度分析

姿态确定精度是保证姿态控制精度的前提。通常静止轨道遥感卫星对姿态确定精度有明确的指标要求。影响控制系统姿态确定精度的误差源主要包括如下几项：星敏感器测量误差（包括随机误差和短周期误差）、星时误差、定轨误差，以及系统误差（包括卫星入轨后的形变误差、星敏感器安装测量误差）等[5]。

目前，静止轨道卫星控制系统多采用星敏感器＋陀螺组合定姿算法，结合高精度轨道确定技术，以提高对地姿态确定精度。

星敏感器的短周期误差是制约高精度姿态确定的重要因素之一，其机理也较为复杂，难以通过在轨标定及滤波方法加以消除，因此应将其控制在一定范围内，以满足姿态确定要求。星敏感器低频误差项一般需积累一定量的在轨数据后方能获得，在设计阶段星敏感器的低频误差模型通常难以准确获取[6]。工程上的一种可行做法是：通过广布地面控制点的方式，保证在成像期间一段时间内的相对姿态确定精度满足要求，即起始点的姿态确定精度由已知地面控制点保证，成像期间的相对姿态确定主要依靠陀螺积分来获得，陀螺的常值漂移项可以利用星敏感器的标定或地面事后处理的方法进行估计。利用陀螺确定相对姿态的误差主要来源于陀螺自身的随机漂移、常值漂移估计残差和积分时间长度。

另一类对姿态确定精度影响较大的因素是星敏感器的系统误差、安装误差、卫星入轨后的形变误差等系统类误差。从用户的角度来说，需要确定的是有效载荷坐标系相对轨道坐标系的姿态。因而星敏感器到载荷坐标系的坐标变换矩阵是必需的，但它不容易精确确定。这涉及星敏感器测量坐标系的精确标定、载荷坐标系的精确标定、地面安装和发射后结构变形及热变形引起的误差的标定等。为了减小这部分误差的影响，可采取以下两种措施：1）从结构设计上考虑将星敏感器与载荷安装在一体化结构上，以尽量减小这两类部件不同的形变引起的相对姿态误差；2）利用已知的地面控制点，应用摄影测量的知识对这些系统偏差做在轨标定。由于涉及图像处理、摄影测量的相关知识，因此这部分工作需要控制系统设计师与用户、有效载荷设计单位共同协作完成[7]。

卫星姿态确定精度的分配要素分析见表 2.3－1。

表 2.3－1　卫星姿态确定精度的分配要素分析

序号	误差源	说明
1	星敏感器测量误差	随机误差，经组合滤波后可有所降低
2		低频误差项，近似常值误差；载荷工作的短期内用陀螺积分，使用地标给出姿态初值误差
3	星时误差	提高星时精度
4	定轨误差	提高轨道测量精度
5	系统误差（星敏感器系统误差、安装误差、结构形变的标定残差等）	配合整星标定，一般不计入控制系统指标要求

2.3.2.2　姿态指向精度分析

卫星姿态指向控制精度在卫星质量特性确定后，主要由以下几个方面决定：

第一，姿态控制器参数，按照卫星总体单位提供的卫星柔性动力学参数，确定误差分析时选取的控制带宽。

第二，测量敏感器和执行机构的随机误差，包括星敏感器的姿态角测量误差、陀螺的角速度测量误差，以及动量轮的力矩噪声等。星敏感器测角噪声方差所带来的姿态误差与带宽成正比，陀螺测角速度噪声方差所带来的姿态误差与带宽成反比，动量轮力矩噪声方差所带来的姿态误差与带宽的三次方成反比。

第三，外部干扰力矩，包括太阳光压力矩、重力梯度力矩等缓变力矩，会造成系统静差。

第四，角度测量的系统误差，例如星敏感器的系统误差、安装偏差、结构形变等，将 1∶1 地传递给指向控制指标。这部分误差可通过在轨标定进一步减小，需要配合卫星总体单位和有效载荷单位共同完成。

卫星姿态指向精度的分配要素分析见表 2.3-2。

表 2.3-2　卫星姿态指向精度的分配要素分析

序号	误差源	说明
1	测角随机误差	星敏感器的姿态角测量误差，星敏感器测角噪声方差所带来的姿态误差与带宽成正比
2	角速度测量随机误差	陀螺的角速度测量误差，陀螺测角速度噪声方差所带来的姿态误差与带宽成反比
3	执行机构力矩噪声	动量轮的力矩噪声，动量轮力矩噪声方差所带来的姿态误差与带宽的三次方成反比
4	外部干扰力矩	包括太阳光压力矩、重力梯度力矩等缓变力矩，会造成系统静差
5	系统误差	如星敏感器的系统误差、安装偏差、结构形变等

2.3.2.3　姿态稳定度分析

静止轨道遥感卫星对姿态稳定度有严格的要求。姿态稳定度主要受到以下几个方面的影响[8,9]：

第一，太阳帆板驱动机构对姿态稳定度的影响。静止轨道卫星的太阳帆板驱动机构通常采用步进电动机，步进电动机的启停都会产生对卫星俯仰轴的干扰力矩。通过数学模型仿真能够反映帆板转动对卫星俯仰轴的影响。仿真时需要考虑的帆板驱动机构特性包括：步距角、最大力矩、最大静摩擦力矩、动摩擦系数、帆板绕转轴的转动惯量、星体俯仰轴转动惯量、减速比等。仿真完成后，根据帆板的转速和幅值、对卫星俯仰角速度的影响、姿态指向变化量等要素确定帆板转动对姿态稳定度的影响。

第二，动量轮（或控制力矩陀螺等）是正常模式姿态控制的执行部件，需要分析该执行部件技术指标对姿态稳定度的影响。以动量轮为例，计算时通常需要考虑如下要素：最大转速、工作转速范围、动不平衡量、静不平衡量、安装位置与主惯量轴最大距离等。在上述要素中，轮体的动静不平衡是引起姿态抖动基频的主要要素——当动量轮达到最大转速时，对应的动静不平衡干扰力矩也达到最大，进而可计算出对星体角速度影响的幅值；根据有效载荷的积分时间，可以计算出抖动量的角度最大值（峰峰值）。

第三，测量敏感器和执行机构噪声的影响。除了确定性扰动影响卫星稳定度外，敏感器测量噪声以及执行机构力矩噪声等对星体的姿态稳定度也有相应的影响。随机误差主要考虑测量部件的随机误差、执行机构的控制误差等要素。

■**提示：**姿态稳定度与控制系统稳定裕度是两个完全不同的概念，不要混淆。

2.3.2.4　姿态机动能力分析

某些静止轨道卫星要求控制系统具有滚动俯仰轴姿态快速机动能力，即在限定时间内完成某个角度的机动。在控制系统设计时，需要对滚动俯仰轴机动能力进行计算，并根据加速度积分规划机动路径。计算时需对转动惯量留有一定余量。部分静止轨道遥感卫星对正常模式下的姿态机动能力要求较高，需配置大力矩动量轮或控制力矩陀螺，以提高其姿态机动能力。并且需要考虑冗余设计，确保当某一个执行部件（动量轮或控制力矩陀螺）发生故障时，该机动指标仍然能够满足要求。

2.3.2.5 姿态偏置能力分析

静止轨道卫星姿态偏置能力主要受姿态敏感器视场限制。主用地球敏感器的卫星由于地球敏感器视场的限制，姿态偏置能力较差。目前静止轨道卫星的姿态确定主要采用星敏感器，星敏感器无视场约束，因此姿态偏置能力不受敏感器限制。

2.4 卫星控制系统概要设计与部件选型

目前静止轨道卫星均采用**三轴姿态控制**，可分为滚动轴、俯仰轴和偏航轴三个控制通路。控制系统闭路控制框图如图 2.4－1 所示。

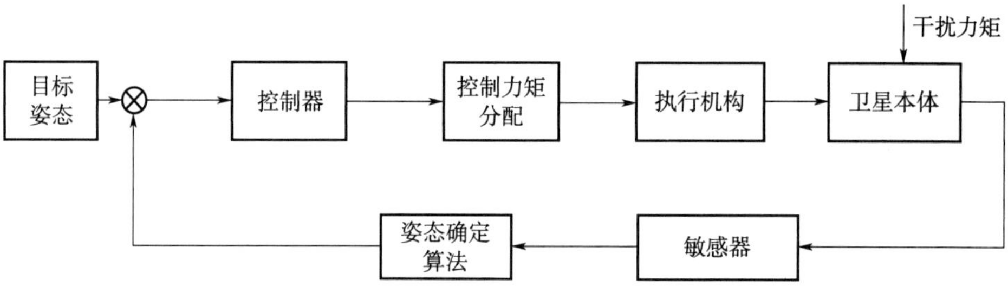

图 2.4－1 控制系统闭路控制框图

静止轨道卫星控制系统由**敏感器**、**控制器**和**执行器**（通常称为**执行机构**）3 部分组成，其中，敏感器一般包括地球敏感器、太阳敏感器、星敏感器、陀螺等；执行机构一般包括动量轮、太阳帆板驱动机构、远地点发动机、姿控推力器和电推力器等；控制器一般由姿轨控计算机来实现。在每个控制周期，姿轨控计算机都会采集敏感器的输入，通过姿态确定算法得到卫星的三轴实际姿态。目标姿态和实际姿态的差值以及卫星姿态角速度将被输入控制器进行计算，得到三轴控制力矩。根据控制力矩分配矩阵，将三轴控制力矩分配到动量轮或者姿控推力器，动量轮和姿控推力器将产生的控制力矩作用到卫星本体。下一控制周期，姿轨控计算机将会再次完成上述控制过程，周而复始，从而实现控制系统的闭路控制。下面对敏感器和执行机构的选型进行简单介绍；至于姿轨控计算机，由于和卫星类型关联程度较高就不介绍了，感兴趣的读者可以阅读文献［10］等著作。

2.4.1 控制系统敏感器

静止轨道卫星控制系统最常使用的敏感器主要包括地球敏感器、太阳敏感器、星敏感器、陀螺等。

2.4.1.1 地球敏感器

静止轨道卫星使用的地球敏感器主要是摆动扫描式红外地球敏感器[11]。面阵式静态红外地球敏感器为近年新出现的一种地球敏感器，可靠性很高。

（1）摆动扫描式红外地球敏感器

摆动扫描式红外地球敏感器是一种带有活动部件，光、机、电高度集成化的姿态测量敏感器，是静止轨道三轴稳定卫星控制系统的常用部件。

摆动扫描式红外地球敏感器是一种相对于地球中心测量俯仰和滚动角的姿态敏感器。敏感器对来自地球地平的 14～16.25 μm 波段的入射能量进行调制。敏感器光学系统包括 4 束铅笔型射束组成的复合视场，在正常情况下，随着扫描镜的摆动，这些射束沿南北纬 45°的扫描路径对地平进行扫描，扫描路径包括空间段和地平段，如图 2.4－2 所示。

四路地球信号经过四路模拟通道分别处理后产生空/地、地/空穿越信号，然后与内部扫描基准进行相位比较，得到的信息经逻辑电路处理后得到俯仰与滚动姿态信息。

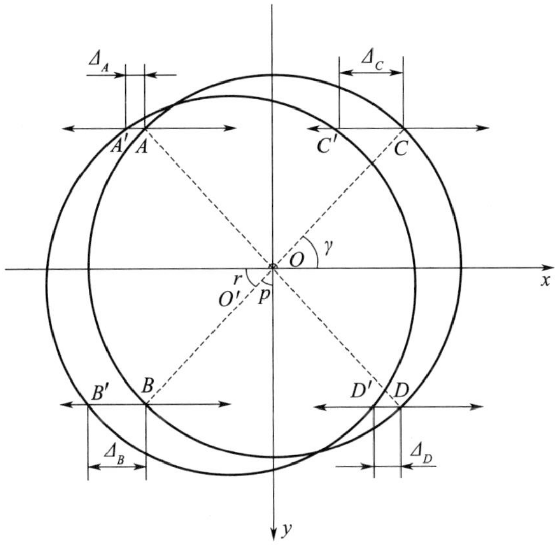

图 2.4－2　摆动扫描式红外地球敏感器的工作原理简图

在地球同步轨道高度，地球敏感器看到的地球是一视半径为 8.73°的圆盘，地球圆盘可以当作整个表面有恒定的红外辐射，并把 4 个基本的视场当作点来考虑。

摆动扫描式红外地球敏感器有 4 个探测器，正常运行时在一定的高度范围内利用 4 个探测器可以测量出卫星的滚动和俯仰姿态。实际上 4 个探测器有一个是冗余的，只要有 3 个探测器能正常工作，即可利用这 3 个探测器的输出测量出滚动和俯仰姿态，这样当太阳光线干扰地球敏感器时，可通过交替禁止 4 个探测器中的一个来测量卫星姿态。

对于滚动角为小角度且在地球同步轨道下 $\gamma \approx 45°$ 情况下，通过推导可以得到滚动角 r 和俯仰角 p，即

$$p = \frac{\Delta_A + \Delta_C}{2} \text{ 或 } p = \frac{\Delta_B + \Delta_D}{2}$$

$$r = \frac{\Delta_B - \Delta_A}{2} \text{ 或 } r = \frac{\Delta_C - \Delta_D}{2}$$

摆动扫描式红外地球敏感器有下列主要优点：

1）由于对地球信号进行交流调制，减小了背景辐射和温度变化对探测器的影响，从而降低了敏感器的误差。

2）对地球辐射的大范围变化不敏感，特别是视场扫描沿纬度方向，使纬度效应误差大大减小，从而降低了敏感器的系统误差。

3）采用无摩擦的挠性枢轴结构形式，可靠性及寿命较高。

摆动扫描式红外地球敏感器的典型技术指标见表 2.4－1。

表 2.4－1　摆动扫描式红外地球敏感器的典型技术指标

项目	技术指标
系统测量误差	小于 0.05°
随机测量误差	4 个探测器，小于 0.06°(3σ)
	3 个探测器，小于 0.09°(3σ)
	2 个探测器，小于 0.15°(3σ)
滚动线性测量范围(同步轨道)	±2.2°(窄扫描)/±2.2°(宽扫描)
俯仰线性测量范围(同步轨道)	±4.5°(窄扫描)/±9°(宽扫描)
轨道高度范围	18 000～42 000 km

（2）面阵式静态红外地球敏感器

面阵式静态红外地球敏感器（简称面阵静态地球敏感器）以面阵列红外探测器为核心，采用红外光学成像方式进行姿态测量。面阵静态地球敏感器对整个地平圆成像，通过计算地平圆在整个成像探测器面内所成图像的中心位置来判断地平圆的中心。相对摆动扫描式红外地球敏感器，面阵静态地球敏感器的可靠性更高。一种典型的面阵静态地球敏感器的外形结构如图 2.4－3 所示。

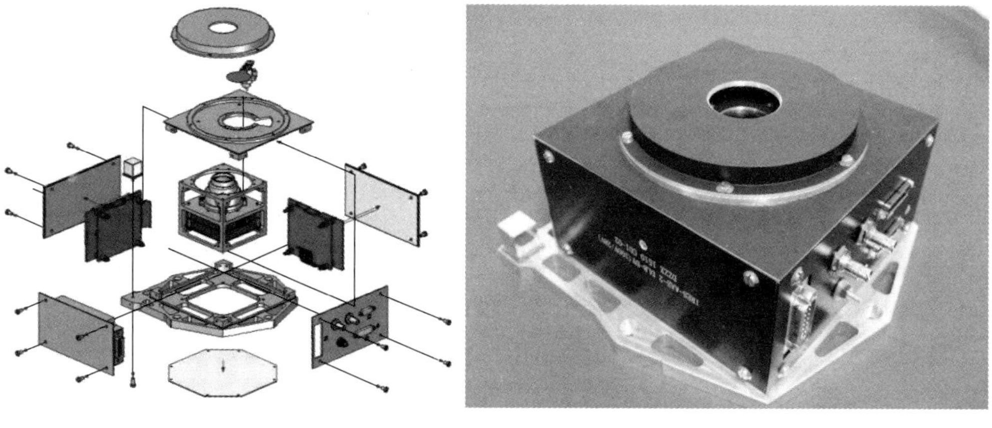

图 2.4－3　一种典型的面阵静态地球敏感器的外形结构

卫星运行于地球上空时，从卫星上看到的地球相当于在 4 K 冷背景中的一个平均亮度温度约为 220 K 的圆盘，此圆盘的边界为卫星与地球切点所在的地平圆。工作于卫星上的面阵静态地球敏感器，通过检测地平圆附近的辐射过渡部分，得到卫星相对地球当地垂线的姿态偏移，即俯仰轴和滚动轴的姿态角。

面阵静态地球敏感器探测器对地平圆成像，通过焦平面阵列探测器读出图像，经后端处理线路对图像进行预处理，提取地平边缘，计算地心的两轴姿态信息。

面阵静态地球敏感器的工作模式有以下 3 种：地检模式、图像下传模式、星上计算模式，通过命令可实现 3 种模式的转换。地检模式用于产品地面检测及分系统联试；图像下传模式用于获取敏感器拍摄的地球红外图像；星上计算模式为在轨常规工作模式，输出卫星对地俯仰、滚动姿态角。

当太阳出现在探测器视场内时，太阳像点在探测器焦平面上扫过的像元会饱和输出，敏感器应用软件可从算法层面剔除该类像元，只利用合格的像元计算姿态。因此敏感器能够自主鉴别太阳干扰，且不影响产品的输出信息和姿态精度。当月球出现在探测器视场内，月球像点距离地球边界较远时，不影响敏感器对地球—太空边界的识别，也不影响姿态精度；当月球像点出现在地球—太空边界上时，仅影响单一区域（约 0.5°视场范围）地球—太空边界点的识别，由于敏感器采用的是多点地球—太空边界识别，月球干扰对姿态精度的影响可小于 0.01°。因此敏感器工作全生命周期内可以忽略月球干扰。

面阵静态地球敏感器的典型技术指标见表 2.4－2。

表 2.4－2　面阵静态地球敏感器的典型技术指标

项目	技术指标
光学视场	32°×24°
轨道高度	18 000～90 000 km
线性视场范围(滚动、俯仰)	－16°～＋16°(GEO)
地心方向测量精度/随机误差(3σ)	≤0.04°
系统误差	≤0.02°

2.4.1.2　太阳敏感器

静止轨道卫星控制系统使用的太阳敏感器主要有数字太阳敏感器和微型模拟太阳敏感器两种。

（1）数字太阳敏感器

数字太阳敏感器由光学探测器和电子处理线路构成。

光学探测器主要由柱面镜、码盘、硅光电池、机体和安装架等组成，如图 2.4－4 所示。轴线的平面上开有宽度为 δ 的透光缝。柱面镜、码盘、硅光电池组成敏感器的测量部分。半柱面镜的半径为 r，其平面上镀有不透光的金属钽膜，钽膜上位于码盘玻璃的厚度为 h。

码盘由粗码、细码、全开码和视场监视码 4 个部分组成。粗码：是 8 道格雷码，为了得到线性输出，图案按 $X=H\tan\alpha$ 规律光刻成，其中，H 是玻璃的厚度。全开码：是一条

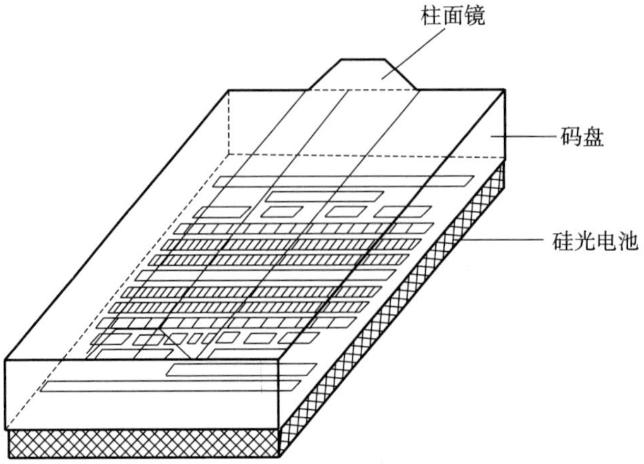

图 2.4-4 数字太阳敏感器测量部分示意图

全视场都透明的码道，位于码盘的中间位置，其信号的一半作为粗码的自动门限值。细码：应有 4 道细分码，图案与粗码中第八道码相同，它们之间依次错开 0.5°，为了减小尺寸，其中，第一道细码就是粗码的第八道码。视场监视码：在码盘图案的两侧各有一条全视场透明的码，称视场监视码上、监视码下。

太阳光线穿过太阳敏感器探测器的狭缝入射后，在码盘上形成一道与码盘刻线方向垂直的亮线，与码盘中的各道光电检测器作用产生一组与位置有关的光电流信号（包括粗码 C1～C7，细码 F1～F4，监视码 M1、M2，全开码 T，共 14 路），这些信号经太阳敏感器线路处理后，将对应的 8 道粗码进行二值化处理，若码道输出电流超过全开码的一半，则将该码道处理为“1”，否则处理为“0”。8 道粗码可获得 0.5°分辨率，通过 4 道细分码处理可获得 28″分辨率。

图 2.4-5 给出了数字太阳敏感器的测量角度说明，$OX_sY_sZ_s$ 为太阳敏感器坐标系，α 为在轴角，为数字太阳敏感器的输出度；β 为离轴角。

数字太阳敏感器的典型技术指标见表 2.4-3。

表 2.4-3 数字太阳敏感器的典型技术指标

项目	技术指标
分辨率	0.007 812 5°
随机误差	0.05°～0.1°
系统误差	0.1°
视场	在轴角视场±62.5°/离轴角视场±64°

(2) 微型模拟太阳敏感器

微型模拟太阳敏感器（也称粗太阳敏感器）具有结构简单、重量轻和可靠性高等优点。

微型模拟太阳敏感器采用多片硅光电池组合式方案，由主体结构、安装基座、硅光电池组件、信号输出电插接器、内部电缆束以及基准镜组成，主体结构的 5 个平面上分别安装了一片硅光电池组件。图 2.4-6 所示为微型模拟太阳敏感器电池片编号及敏感器坐标

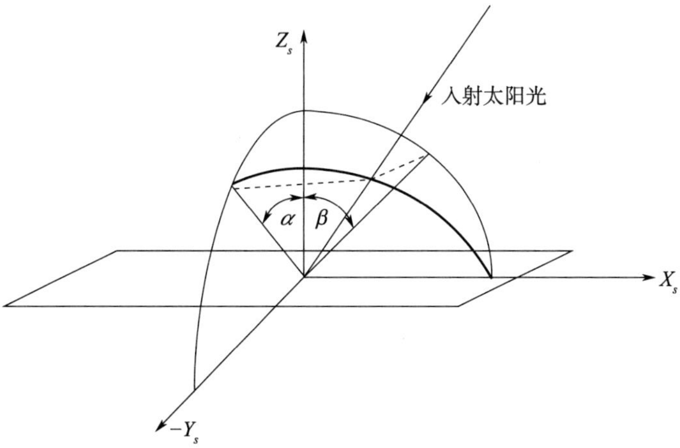

图 2.4－5　数字太阳敏感器的测量角度示意图

定义，图 2.4－7 所示为微型模拟太阳敏感器测量角定义。在图 2.4－6 和图 2.4－7 中，S_i、n_i 分别表示第 i 片电池、第 i 片电池的法向。经过推导不难得到微型模拟太阳敏感器的测量角计算公式。

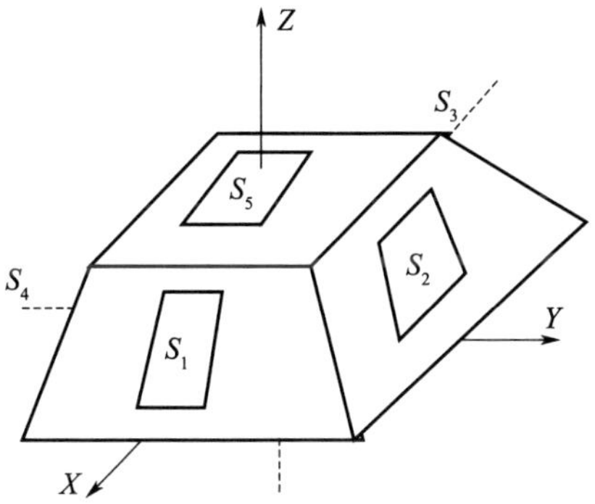

图 2.4－6　微型模拟太阳敏感器电池片编号及敏感器坐标定义

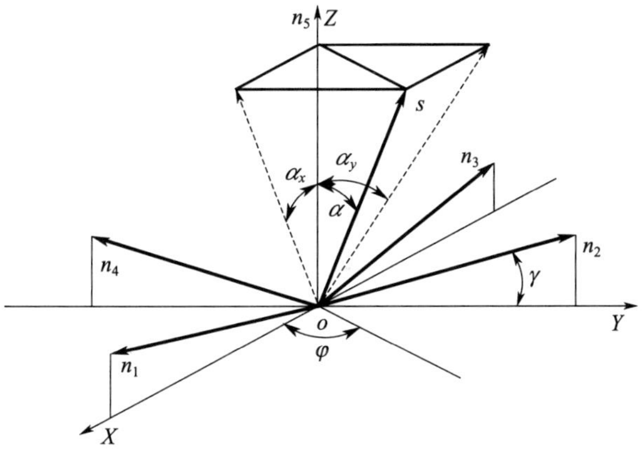

图 2.4－7　微型模拟太阳敏感器测量角定义

微型模拟太阳敏感器的典型技术指标见表 2.4-4。

表 2.4-4　微型模拟太阳敏感器的典型技术指标

项目	技术指标
视场范围	太阳矢量与电池感光表面法线方向的夹角： $-90° \leqslant \alpha_x、\alpha_y \leqslant +90°$（半天球）
测量精度	$0° \leqslant \alpha_x、\alpha_y < 10°$：优于 0.5° $10° \leqslant \alpha_x、\alpha_y < 30°$：优于 3° $30° \leqslant \alpha_x、\alpha_y \leqslant 75°$：优于 5°

2.4.1.3　星敏感器

恒星敏感器（一般简称星敏感器）是卫星最重要的姿态测量部件之一，用于高精度测量卫星相对惯性空间的姿态。

星敏感器定姿的基本依据是地心惯性坐标系下的恒星观测矢量在卫星运行期间可以认为是恒定不变的。星敏感器的基本工作原理是：对天空中的恒星星图拍照、提取星点、计算星点坐标并进行星图识别，再通过坐标转换以确定敏感器光轴和横轴在惯性空间的方向矢量，由这两个方向矢量以及敏感器在卫星本体上的安装方位，就可以计算出卫星的三轴姿态，如图 2.4-8 所示。

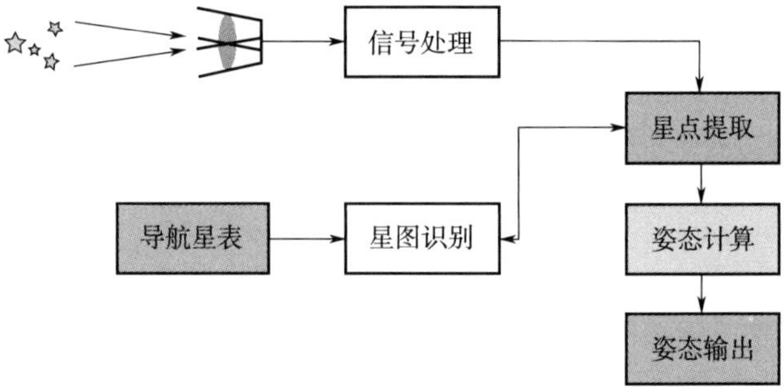

图 2.4-8　星敏感器的基本工作原理

利用星敏感器进行姿态确定的基本原理简述如下。如图 2.4-9 所示，记某颗恒星在地心惯性坐标系下的方向矢量为 $\boldsymbol{v}_i$、敏感器相对惯性坐标系的姿态矩阵为 $\boldsymbol{A}$，则恒星在敏感器坐标系下的方向矢量 $\boldsymbol{w}_i = \boldsymbol{A}\boldsymbol{v}_i$。建立测量坐标系 $OX_{SV}Y_{SV}Z_{SV}$：OZ_{SV} 轴沿光轴方向，OX_{SV} 轴垂直于光轴并与行扫描的方向一致，OY_{SV} 轴使得 $OX_{SV}Y_{SV}Z_{SV}$ 构成右手正交系。设星敏感器主轴中心在探测器上的位置坐标为 (x_0, y_0)，焦距为 f，经过数据处理可以得到该星象中心的位置坐标在探测器上的位置坐标为 (x_i, y_i)，则 $\boldsymbol{w}_i$ 为

$$\boldsymbol{w}_i = \frac{1}{\sqrt{(x_i - x_0)^2 + (y_i - y_0)^2 + f^2}} \begin{bmatrix} -(x_i - x_0) \\ -(y_i - y_0) \\ f \end{bmatrix}$$

当观测量多于 2 颗星时，可以直接通过四元数最优估计等方法进行星敏感器的姿态矩阵 $\boldsymbol{A}$ 求解，求出最优姿态矩阵 $\boldsymbol{A}_q$，使得下面的目标函数 $J(\boldsymbol{A}_q)$ 达到最小值

$$J(\boldsymbol{A}_q)=\frac{1}{2}\sum_{i=1}^{n}\alpha_i\parallel \boldsymbol{w}_i-\boldsymbol{A}_q\boldsymbol{v}_i\parallel^2$$

式中　α_i——加权系数，满足 $\sum\alpha_i=1$。

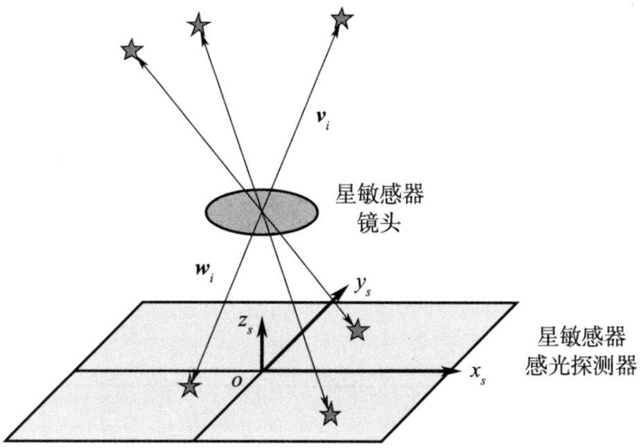

图 2.4-9　星敏感器定姿数学原理示意图

星敏感器包含硬件和软件两大部分。硬件一般包括遮光罩、光学系统、机械结构、成像电路、处理电路、二次电源电路、接插件、基准镜和紧固件等。软件一般包括系统初始化模块、通信模块、全天自主恒星识别模块、窗口跟踪星图识别模块、自测试模块等。

星敏感器各部分的功能如下：

1）遮光罩：用来遮挡直接来自太阳的光进入镜头，同时遮挡地球、月球以及卫星本体表面和部件反射太阳的光。

2）光学系统：用来对星空照相，应保证视场角、焦距、相对孔径等性能指标，同时保证倍率色差、色畸变、畸变、弥散斑等成像质量要求。

3）机械结构：用来支撑和固定光学敏感头和电路板，以及光学系统密光。同时用增加其厚度来抗辐射加固。

4）成像电路：用来采集恒星图像，应保证高的信噪比和较小的暗电流，包括探头、致冷器、时序驱动电路。

5）处理电路：包括图像采集电路、CPU 周边电路、致冷器控制电路，对星图数据进行提取、星图匹配、姿态确定。

6）二次电源电路：根据一次电源母线产生头部以及电子电路所需的二次电源电压，根据探头温度自主调整控制致冷器电压。

7）软件：用以敏感器控制、星图提取、星图匹配、遥测和姿态计算。

星敏感器近些年发展很快，种类也很多，例如小型一体化星敏感器、多探头甚高精度星敏感器、微纳型星敏感器等。目前我国静止轨道卫星上使用较多的是小型一体化星敏感器。

小型一体化星敏感器将遮光罩、光学镜头、电路板与结构部分集成一体。一体化结构的优点是：结构紧凑，有利于星敏感器减小体积和质量；光学头部与处理电路距离近，可以避免信号通过长线传输带来的干扰。

小型一体化星敏感器的典型技术指标见表 2.4－5。

表 2.4－5 小型一体化星敏感器的典型技术指标

<table>
<tr><td>项目</td><td colspan="2">技术指标</td></tr>
<tr><td>视场</td><td colspan="2">20°(±0.3°)</td></tr>
<tr><td>星等</td><td colspan="2">优于 5.5 等星</td></tr>
<tr><td rowspan="2">测量精度</td><td rowspan="2">当卫星相对惯性空间的姿态角速度(三轴)不大于 0.6(°)/s 时</td><td>光轴:≤3″(3σ)</td></tr>
<tr><td>横轴:≤35″(3σ)</td></tr>
<tr><td>数据更新速率
(跟踪模式)</td><td colspan="2">≥10 Hz</td></tr>
</table>

2.4.1.4 陀螺

陀螺的种类很多。静止轨道卫星使用的陀螺主要有机械陀螺（包括液浮陀螺、二浮陀螺、三浮陀螺等)、光纤陀螺和半球谐振陀螺等。其中，液浮陀螺工作寿命通常只有数千小时，在轨处于间歇工作状态；其他几种陀螺的在轨工作寿命目前都能达到 10 年以上。长寿命陀螺的出现，为静止轨道卫星的姿态控制和轨道控制提供了极大的便利。

（1）机械陀螺

机械陀螺是具有高速机械旋转转子的一类常规陀螺的统称。根据转子框架的支撑方式，机械陀螺可分为液浮、气浮、磁悬浮等类型。卫星上使用的机械陀螺多以液浮为主要支撑方式，辅以气浮或磁悬浮，形成二浮陀螺、三浮陀螺等不同类型。

液浮陀螺、二浮陀螺、三浮陀螺的基本原理相同。为了简单起见，以单自由度液浮速率积分型陀螺为例介绍其原理结构，如图 2.4－10 所示。陀螺转子安装在滚珠轴承上，其具有较大的转动惯量，由三相同步电机驱动进行高速旋转进而产生一定的角动量，以产生陀螺效应。电机安装在框架上，框架外面是圆柱形浮子，浮子密封，并完全浸泡在聚三氟氯乙烯油中，以减少作用于轴承上的压力。为了使浮子的重力和浮力能很好平衡，这种陀螺要对液体的温度进行控制。浮子与外壳间的软导线将电源、信号通到浮子上。浮子上装有的角度传感器测出浮子相对陀螺壳体绕内框架轴（即浮子轴）的转角，并转化成电信号，供测量和控制用。同时，浮子上装有的力矩器，根据上述转化后的电信号，对浮子产生绕内框架轴的控制力矩，从而实现浮子的再平衡和陀螺力矩的测量，该电流和输入角速度成正比，对此电流采样和处理即可得到相应的输入角速度。

在图 2.4－10 中，设固定在内框架上的动坐标系为 $OX_0Y_0Z_0$，固定在卫星上的坐标系为 $OX_bY_bZ_b$。单自由度陀螺转子相对卫星只有一个进动自由度，即绕内框架轴 OX_0 的转动，用转角 β 来描述，设固定在卫星上的 Y 轴相对惯性空间的转动角速度为 ω_Y。当 $\beta=0$ 时，上述两组坐标系相对应的各坐标轴互相重合。根据陀螺原理，当卫星 Y 轴输入角速度为 ω_Y 时，将会使 OX_b 轴转动角度 β，由角度传感器变换成输出电压，经力反馈放大器，

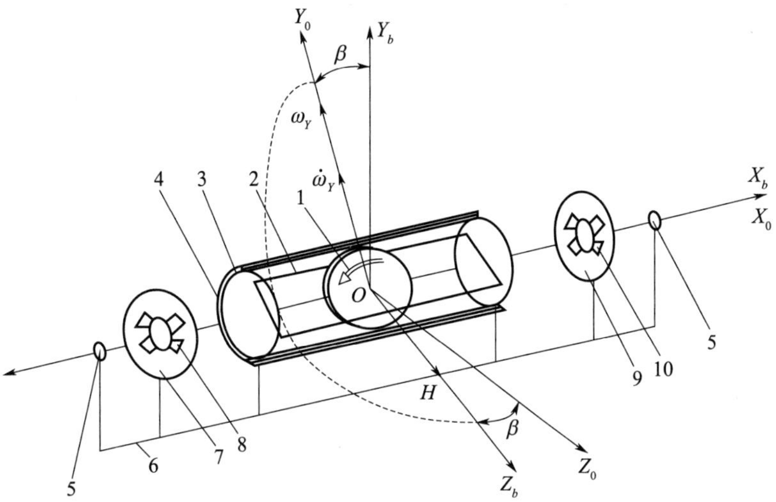

图 2.4-10　单自由度液浮速率积分型陀螺原理结构图

1—陀螺电机；2—框架；3—浮筒；4—浮液；5—框架轴承；6—壳体；7、8—传感器；9、10—力矩器

输出力矩电流 I_T 直接作用在陀螺力矩器上，产生控制力矩 M_K，这样就组成了闭路系统。单自由度机械陀螺系统的闭环控制原理如图 2.4-11 所示。

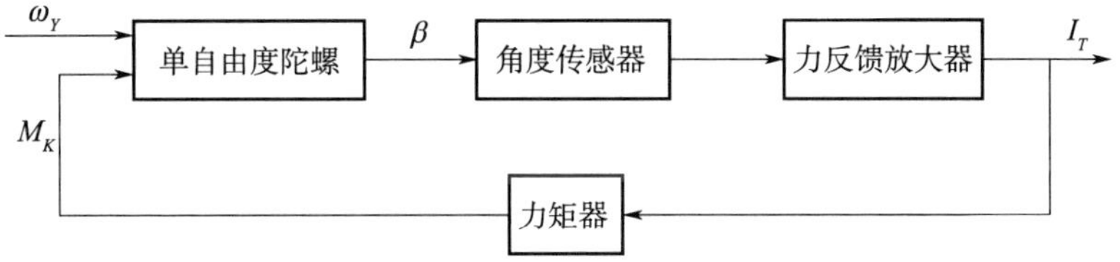

图 2.4-11　单自由度机械陀螺系统的闭环控制原理

二浮陀螺的特点是采用动压气体轴承电机代替滚珠轴承电机。动压气体轴承是指以无源气体形成自润滑气膜的轴承。该气膜通过轴承匹配表面的切向相对运动，在轴承间隙内产生一定的压力来支持负载，转子高速旋转时没有机械接触和振动，从而实现陀螺的长寿命。其他方面仍采用液浮陀螺的成熟设计。

由于二浮陀螺是结构复杂的精密惯性元件，因此对力学环境敏感，严酷的力学条件轻则引起陀螺参数的变化，重则会影响陀螺寿命甚至引起陀螺失效。二浮陀螺需要在转移段工作，因此必须带电发射。在无法提高气膜刚度的情况下，在陀螺组合件机械结构设计上需考虑结构强度和减振措施。为陀螺设计的金属减振器具有橡胶一样的高弹性，它可以像普通橡胶那样，振动时损耗大量的能量。减振器具有大阻尼特性和优异的物理力学性能，如抗冲击和防振等性能，并且具有抗老化、重量轻、真空不挥发、不惧辐射、耐空间的高低温环境、寿命长、可靠性高以及免维护等优点。

二浮陀螺的典型技术指标见表 2.4-6。

表 2.4-6 二浮陀螺的典型技术指标

项目	技术指标
测量范围	−2.5～+2.5(°)/s
通频带	≥10 Hz
V/F 脉冲噪声幅值	<0.5 V
随机漂移(1σ)	≤0.06(°)/h(10 s 计数)
常值漂移	≤5(°)/h

三浮陀螺在液浮陀螺和二浮陀螺的基础上进一步进行改进。其框架浮子采用液浮支撑方式，电机采用动压气浮轴承，输出轴则采用磁悬浮支撑方式，因此使用寿命和精度得到了很大的提高。动压电动机转子高速旋转，以产生陀螺效应，传感器测量陀螺框架的角运动并转换成电信号供陀螺线路测量和控制，力矩器完成陀螺线路对陀螺的控制。磁悬浮支撑利用磁场力使浮子组件和宝石轴承不产生接触并实现精确定位。

三浮陀螺的典型技术指标见表 2.4-7。

表 2.4-7 三浮陀螺的典型技术指标

项目	技术指标
常值漂移	≤4.5(°)/h
随机漂移(3σ)	<0.02(°)/h
测量范围	−2.8～+2.8(°)/s
脉冲当量稳定性	<0.1%
测量精度	$\leqslant 3\times10^{-5}$(°)/s [$\lvert\omega\rvert\leqslant 0.1$(°)/s] <0.06% [$\lvert\omega\rvert > 0.1$(°)/s]

(2) 光纤陀螺

光纤陀螺是利用萨格纳克效应测量角速率的全固态惯性仪表，它具有动态特性好、抗振动、冲击力学环境特性好、寿命长、可靠性高等特点。萨格纳克效应是相对惯性空间转动的闭环光路中所传播光的一种普遍相关效应，即在同一闭合光路中从同一光源发出的两束特征相同的光，以相反的方向进行传播，最后汇合到同一检测点。若绕垂直于闭合光路所在平面的轴线，相对惯性空间存在转动角速度，则相向传播的光束走过的光程不同，即会产生光程差，其与旋转的角速度成正比。因此利用光程差及相应的相位差信息，可以得到角速度。

光纤陀螺主要包括陀螺光路、电路和结构 3 个部分。其中，光路部分主要包括：光源、检测器、光纤耦合器、Y 波导、光纤环；电路部分主要包括：光源控制和温控电路、模—数转换模块、数—模转换模块、逻辑电路、闭环控制及数字滤波输出电路等。光纤陀螺测量原理如图 2.4-12 所示。

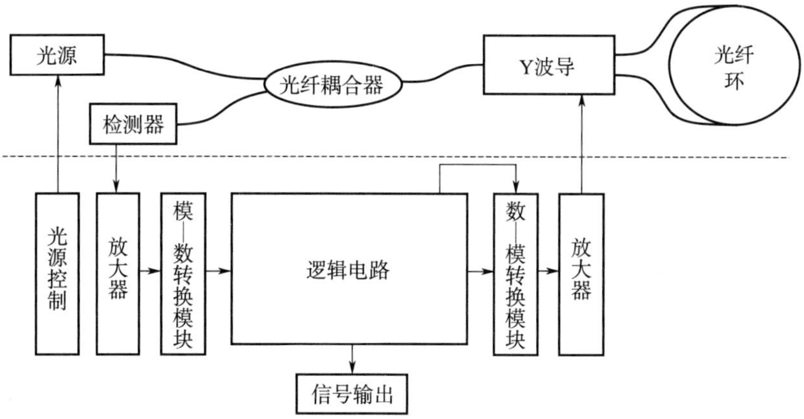

图 2.4－12　光纤陀螺测量原理

光源发出的光经过光纤耦合器后分为两束，其中一束光进入电光相位调制器，即 Y 波导，经过 Y 波导的内部调节后输出的两束光为满足光的相干条件，在光纤环中相向传播，感应外部的角速度运动，在检测器处检测干涉信号光强变化，经过光电信号处理转换之后，形成闭环反馈电压信号来调节 Y 波导，使 Y 波导产生与外部萨格纳克相移大小相等方向相反的反馈相移，使数字闭环光纤陀螺始终工作在零点相移附近。在数据处理的同时即可以获得外部的角速度信息。

光纤陀螺的典型技术指标见表 2.4－8。

表 2.4－8　光纤陀螺的典型技术指标

项目		技术指标
线性测量范围		－2.5～＋2.5(°)/s
测量精度		输出绝对误差≤6×10⁻⁵(°)/s[|角速度|≤1(°)/s] |输出相对误差|≤0.01%[1(°)/s<|输入角速率|≤2.5(°)/s]
零偏	零偏(常值漂移)	≤0.1(°)/h
	零偏稳定性(随机漂移)	≤0.12(°)/h(3σ)
	零位重复性	0.6(°)/h
	环境试验前后变化	≤0.7(°)/h
	零偏的磁灵敏度	<0.15(°)/h/mT
随机游走系数		≤0.005(°)/$\sqrt{h}$

(3) 半球谐振陀螺

半球谐振陀螺属于固态振动陀螺，它具有结构相对简单、抗辐照性好、可靠性高等优点。随着工艺水平和设计水平的不断进步，半球谐振陀螺的精度指标不断提高，近年来已在静止轨道卫星上获得了越来越多的应用。半球谐振陀螺的敏感元件为酒杯状半球形谐振子，其基本工作原理是基于半球谐振子绕中心轴旋转时产生的哥氏效应（Coriolis Effect）。

半球谐振陀螺的敏感元件由 3 部分组成，即半球谐振子、激励罩、敏感基座，3 部分均用熔融石英材料加工而成，如图 2.4－13 所示。半球谐振子的内外表面均进行金属化，分别和激励罩上的激励电极以及敏感基座上的读出电极形成多个球面电容器。8 个读出电极用于检测半球谐振子的振动信号，获取振动信息。振动产生的误差信号通过解算处理后由多路控制环节反馈到 16 个激励电极上，用于维持半球谐振子的振动并修正振动误差。

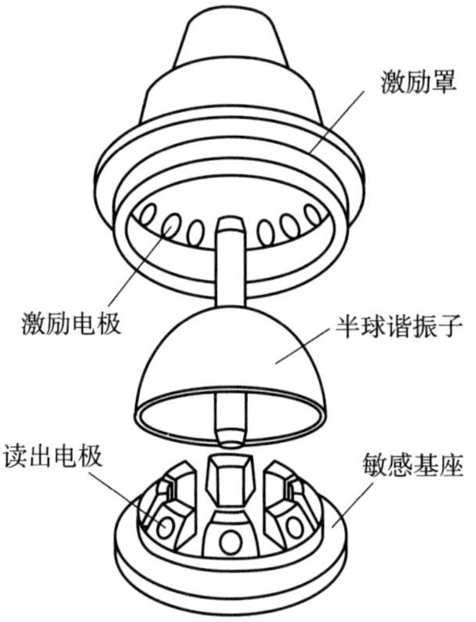

图 2.4－13　半球谐振陀螺的结构示意图

半球谐振子受激产生四波幅振动，如图 2.4－14 所示。它具有 4 个波腹和 4 个波节。当陀螺载体不旋转时，波腹和波节的位置保持不变；而当基座旋转时，驻波波腹要发生进动，进动角约为旋转角的 30%。例如，基座旋转 90°，半球驻波进动 27°。通过检测振形位置的变化就可以测算出基座的旋转角度。

半球谐振陀螺控制电路是个多回路的控制系统，为了保证陀螺精度，采用力反馈工作模式，涉及的控制回路包括：

1）力反馈回路：实现谐振子稳定输出的力矩再平衡闭环控制。

2）频率控制回路：使用锁相环来跟踪谐振子的自然谐振频率以及同步陀螺的检测和激励信号。

3）幅度控制回路：用来维持和控制谐振子的振动幅度。

4）正交控制回路：用来补偿谐振子质量微小不平衡引起的误差。

4 个控制回路共同作用于半球谐振子的不同电极位置。控制回路之间会有交叉耦合和相互影响，而控制回路的精度对陀螺精度有重要影响。

半球谐振陀螺的典型技术指标见表 2.4－9。

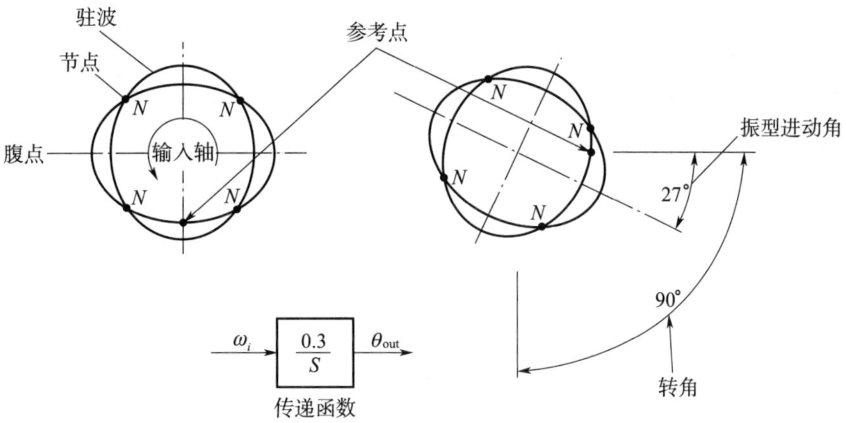

图 2.4-14　半球谐振陀螺进动示意图

表 2.4-9　半球谐振陀螺的典型技术指标

项目	技术指标
零偏稳定性	<0.05(°)/h(1σ)
测量精度	≤3×10⁻⁴(°)/s [|ω|≤0.1(°)/s] <0.5% [0.1(°)/s<|ω|≤2.5(°)/s]
通频带	≥10 Hz

2.4.2　控制系统执行机构

卫星控制系统的执行机构（执行器）通常包括**角动量交换装置**、**推力器（发动机）**、**运动驱动机构**等 3 类。对于静止轨道卫星控制系统而言，角动量交换装置以动量轮（也叫作反作用轮、飞轮）为主，部分有快速机动需求的场合则辅以控制力矩陀螺或框架动量轮。推力器包括化学推力器和电推力器两类，在静止轨道卫星上都有广泛应用。运动驱动机构则包括太阳帆板驱动机构和电推进矢量调节机构等。

2.4.2.1　动量轮

静止轨道卫星控制系统通常配置多个动量轮。最常见的方案是采用 4 个动量轮，组成金字塔型安装方式。

出于散热等方面的考虑，动量轮大多采用轮体和线路盒分开设计的方式。轮体包括壳体组件、旋转体组件、轴承组件、电机组件、换向电路等（图 2.4-15）。线路盒包括电源变换电路、启动模式电路、制动模式电路、电流控制器、速度控制器及遥测接口电路等。在卫星长期工作阶段，动量轮是主要的姿态控制执行机构，根据当前卫星姿态，控制计算机计算出相应的控制力矩，通过相应电接口产生使动量轮加速或减速的控制力矩电压，使动量轮转速发生变化，从而实现对卫星姿态的控制。

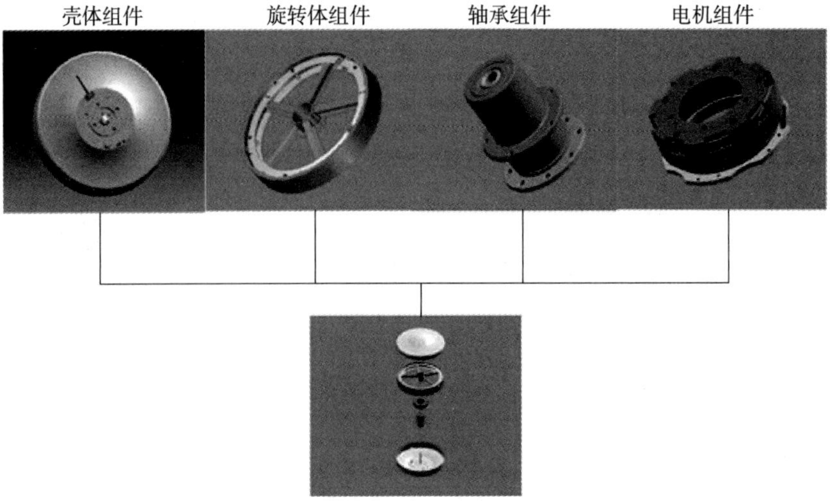

图 2.4-15　动量轮轮体的结构

50 N·m·s 动量轮的典型技术指标见表 2.4-10。

表 2.4-10　50 N·m·s 动量轮的典型技术指标

项目	技术指标
标称转速	4 600 r/min
标称角动量	50×(1±1%)N·m·s
最大输出力矩	[0.08,0.12]N·m
最大损耗力矩	≤0.02 N·m
起动摩擦力矩	≤5 mN·m

为了满足卫星快速机动和姿态控制任务的需求，在常规力矩动量轮的基础上出现了大力矩动量轮。大力矩动量轮对轮体组件进行适应性改进，增大其转动惯量；其轴承组件在常规力矩动量轮轴承组件的技术基础上，进行了技术和工艺改进；电机组件为了实现大力矩输出，增大了电机本体的力矩系数；壳体组件在现有动量轮壳体组件的基础上，针对新型大力矩电机定子接口尺寸变化进行相应改进。表 2.4-11 所示为大力矩动量轮的典型技术指标。

表 2.4-11　大力矩动量轮的典型技术指标

项目	指标
标称角动量	25×(1±1%)N·m·s(2 000 r/min)
工作转速范围	±2 000 r/min
安全转速范围	±2 500 r/min
最大输出力矩	0.48～0.58 N·m
最大损耗力矩	≤0.02 N·m

2.4.2.2　太阳帆板驱动机构（SADA）

静止轨道卫星多数安装有南北两翼太阳帆板（部分遥感卫星因载荷散热的原因采取单翼太阳帆板布局），每翼太阳帆板均和 SADA 相连。SADA 用于支撑太阳帆板，并驱动太阳帆板按照既定的速度旋转，同时也负责传输太阳帆板与星内的电功率和电信号。

SADA 通常按照模块化进行设计，包含如下具有独立功能的模块组件：轴承组件、齿轮组件、功率导电环组件、信号导电环组件、零位传感器、基准镜等。其他主要零部件还有结构主板、后盖、前盖、与电池阵对接的法兰、电机等。典型静止轨道卫星使用的 SADA 的基本组成如图 2.4－16 所示。

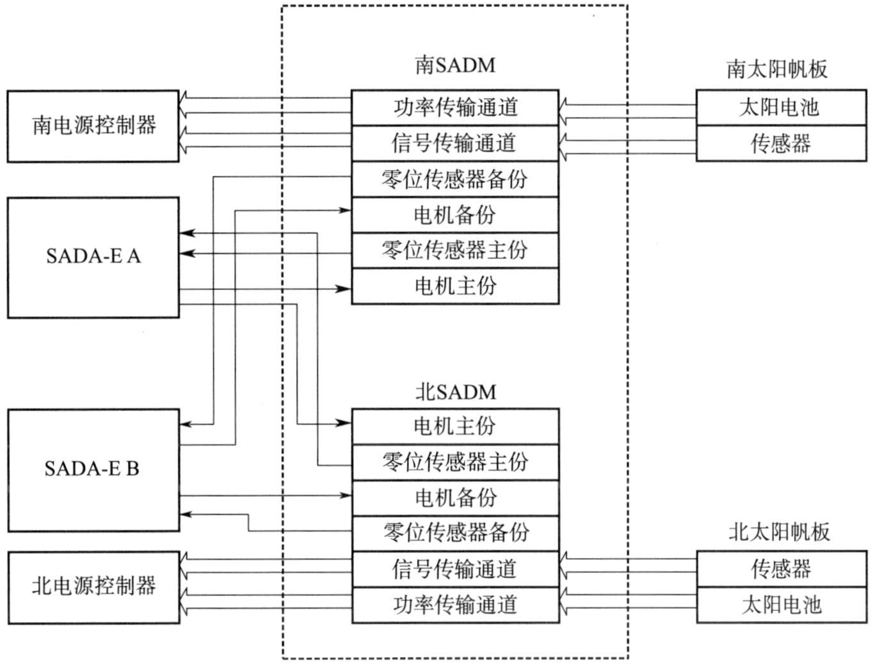

图 2.4－16　典型静止轨道卫星使用的 SADA 的基本组成

静止轨道卫星使用的 SADA 通常包含如下 4 种工作模式：

1）保持模式：在保持模式下，电机不转动。在应急模式下，当 SADA 转动到零位置时自动保持。

2）巡航模式：按顺时针或逆时针方向，以每天一圈的角速度，按步进方式旋转。

3）增量模式：根据指令，以较快的角速度，按顺时针或逆时针方向步进旋转。在完成角度增量以后，电机按原先正常模式状态运行。

4）应急模式：以较快的角速度，按原来转动的方向步进旋转，到达零位置后进入保持模式。

静止轨道卫星使用的 SADA 的典型技术指标见表 2.4－12。

表 2.4-12 静止轨道卫星使用的 SADA 的典型技术指标

项目名称		技术指标
导电环	功率环	正向 12×6 A
		负向 12×6 A
	信号环	25×0.25 A
步距角		<0.018°
驱动力矩裕度		>2
保持力矩		≥3 N·m

静止轨道遥感卫星对卫星稳定度的要求较高，常规 SADA 不能满足其稳定度的要求，需要采用细分步距的驱动机构，其典型技术指标见表 2.4-13[12]。

表 2.4-13 细分步距的 SADA 的典型技术指标

项目	技术指标
功率环(正向)	12×5 A
功率环(负向)	12×5 A
信号环	25×0.25 A
驱动力矩裕度	>2
步距角	<0.000 8°

2.4.2.3 推力器

静止轨道卫星使用的推力器一般包括小推力的姿控发动机（如 10 N 推力器）和大推力的变轨发动机（常称为远地点发动机，如 490 N 发动机），属于推进系统，作为控制系统的执行机构工作。静止轨道卫星使用的通常为双组元统一推进系统，远地点发动机和姿控发动机共用一套推进剂供应系统。推进系统通常选用甲基肼为燃烧剂，绿色四氧化二氮为氧化剂，氦气为挤压气体，三者分别贮存在燃烧剂贮箱、氧化剂贮箱和高压气瓶中，高压氦气减压后在远地点发动机工作时为两个贮箱提供压力。

卫星在转移轨道和中间轨道机动期间，推进系统为挤压式恒压工作模式，所需气体由高压氦气瓶提供。远地点发动机在点火工作期间，高压氦气瓶经减压器维持推进剂贮箱的压力，保证发动机正常工作。

远地点发动机完成轨道转移任务后，将断开对远地点发动机的推进剂供应和对两个贮箱的氦气供应，使推进系统处于最小漏率配置状态，推进系统以落压的方式工作，直至寿命终止。

10 N 推力器（姿控发动机）的功能包括：

1）在卫星与运载火箭分离后，由 10 N 推力器提供力矩，对卫星进行速率阻尼，并建立对日定向姿态。

2）每次变轨机动前，为整星提供力矩，把卫星调整到有利于变轨点火的最佳姿态。

3）在远地点发动机点火前，进行推进剂沉底。在变轨机动期间，用 10 N 推力器控制变轨姿态。

4）在远地点发动机出现故障的情况下，由多个 10 N 推力器完成从转移轨道到同步轨道的变轨过程。

5）在正常模式工作期间，10 N 推力器用于执行姿态或轨道快速机动、动量轮角动量卸载、卫星定点位置调整等任务。

6）在帆板或天线展开不到位的故障情况下，由 10 N 推力器提供各种所需要的动力。

10 N 推力器的典型技术指标见表 2.4－14。

表 2.4－14　10 N 推力器的典型技术指标

项目	技术指标
额定推力	10 N
混合比（氧化剂/燃烧剂）	1.65
比冲（稳态）	≥285 s
最小冲量	50×(1±15%)mN·s
单个推力器点火次数	≥50 万次
推力偏斜（推力向量与推力器中心线交角）	≤0.5°
配对推力器推力相对差	<2%

用远地点发动机把卫星由转移轨道推到准同步轨道，点火次数通常为 4～7 次，最长单次点火时间一般不超过 1.5 h。

远地点发动机的典型技术指标见表 2.4－15。

表 2.4－15　远地点发动机的典型技术指标

项目	技术指标
额定推力	490×(1±3%)N
混合比（氧化剂/燃烧剂）	1.65
比冲	≥312 s
发动机在轨一次最长工作时间	1.5 h
起动次数	≥20 次
推力向量偏斜（推力向量与发动机中心线交角）	≤0.1°

2.5　卫星控制系统方案设计

卫星控制系统方案设计相关的主要工作包括：控制模式设计、姿态确定方案设计、姿态控制方案设计、轨道确定（导航）方案设计、轨道控制方案设计、系统故障诊断隔离与重构（FDIR）方案设计等。本节简要介绍控制模式、姿态确定、姿态控制等方面的方案设计要点及工作流程，以使读者建立和深化对于卫星控制系统方案设计的整体概念和直观理解。后续章节将陆续阐述轨道确定、轨道控制、FDIR，以及姿态控制算法等方面的设计。

2.5.1 控制模式设计

静止轨道卫星按各阶段的主要任务和功能，划分具体工作模式，通常包括太阳捕获模式（Sun Acquisition Mode，SAM）、惯性指向模式（Inertial Pointing Mode，IPM）、远地点点火模式（Apogee Firing Mode，AFM）、电推轨道提升模式（Orbit Raising Mode，ORM）、位置保持模式（Station Keeping Mode，SKM）、正常工作模式（Normal Working Mode，NWM）、停控模式（No Control Mode，NCM）等，见表 2.5－1。目前，静止轨道卫星上已普遍配置星敏感器。由于主用星敏感器，工作模式和测控流程得到了大幅简化，可以取消以往的地球捕获模式（Earth Acquisition Mode，EAM）和地球指向模式（Earth Pointing Mode，EPM）。另外，可以增加停控模式，作为紧急情况下的故障安全出口。面向带有大型天线的卫星，还可根据需要增加天线展开模式（Antenna Deployment Mode，ADM）。

表 2.5－1 控制系统主要工作模式划分

<table>
<tr><th>模式</th><th>滚动角/俯仰角测量</th><th>偏航角测量</th><th>角速度测量</th><th>执行机构</th></tr>
<tr><td>太阳捕获模式</td><td>太阳可见时采用太阳敏感器测量；
太阳不可见时（例如地影区）采用陀螺积分</td><td>不控</td><td>有</td><td>化学推力器</td></tr>
<tr><td>惯性指向模式</td><td colspan="2">星敏感器＋陀螺滤波</td><td>有</td><td>化学推力器</td></tr>
<tr><td>远地点点火模式</td><td colspan="2">星敏感器＋陀螺滤波</td><td>有</td><td>姿控用化学推力器
轨控用远地点发动机</td></tr>
<tr><td>电推轨道提升模式</td><td colspan="2">星敏感器＋陀螺滤波</td><td>有</td><td>姿控用动量轮
卸载用化学推力器或电推力器
轨控用电推力器</td></tr>
<tr><td rowspan="3">位置保持模式</td><td colspan="2">星敏感器＋陀螺/动力学滤波</td><td>有</td><td rowspan="3">化学推力器</td></tr>
<tr><td colspan="2">地球敏感器＋太阳敏感器＋陀螺滤波</td><td>有</td></tr>
<tr><td colspan="2">全星敏感器几何定姿</td><td>无</td></tr>
<tr><td rowspan="3">正常工作模式</td><td colspan="2">星敏感器＋陀螺/动力学滤波</td><td>有</td><td rowspan="3">姿控用动量轮
卸载用电推力器或化学推力器
轨控用电推力器或化学推力器</td></tr>
<tr><td colspan="2">地球敏感器＋太阳敏感器＋陀螺滤波</td><td>有</td></tr>
<tr><td colspan="2">全星敏感器几何定姿</td><td>无</td></tr>
</table>

2.5.1.1 太阳捕获模式

星箭分离后首先进入太阳捕获模式，建立星体 $-Z$ 轴对日定向的巡航姿态，确保卫星能源。或卫星发生严重故障时，星上自主切入太阳捕获模式。

太阳捕获模式主要实现星箭分离后的速率阻尼、太阳捕获（包括俯仰搜索和滚动搜索）、巡航等功能。同时，太阳捕获模式也作为转移轨道的故障安全模式和同步轨道最坏情况下的安全模式。

当星箭分离后，或在转移轨道运行中发生故障时，启动太阳捕获模式。先对卫星进行速率阻尼，待各轴角速率都小于一定阈值后即开始太阳搜索。在搜索过程中一旦太阳敏感器见到太阳后，便转入巡航，将对日面指向太阳。默认巡航角速度为 0，地面可遥控修改为绕巡航轴建立一定的巡航角速度。

太阳捕获模式的控制器，以对日面两个太阳敏感器的输出信号 ϕ_{ss} 和 θ_{ss} 分别作为滚动轴及俯仰轴的角位置反馈信号，以陀螺信号作为三轴角速率反馈信号。在地影期间，将 X 轴、Y 轴位置反馈信号改为陀螺速率积分信号，即太阳捕获模式下的地影期间使用陀螺积分测量滚动俯仰姿态进行姿态控制。

2.5.1.2　惯性指向模式

通过对日定向、对地定向或对惯性空间某个方向定向，用于建立巡航姿态、远地点点火姿态、电推轨道提升的初始姿态等。

惯性指向模式主要完成以下 3 个功能：对日定向、对地定向、对惯性空间某个方向定向。该模式的目的是充分利用星敏感器定姿能力，用星敏感器直接建立相对惯性空间的姿态。该模式可以直接进行姿态机动，以建立远地点的惯性姿态或电推轨道提升的初始姿态；或者转入地球指向的惯性姿态。

利用星敏感器全天球捕获能力实现对日定向，可作为太阳捕获模式的备份。在进行对日定向时，当俯仰角和滚动角控制到目标角附近时，将太阳帆板复位，同时对于偏置动量卫星，为减少喷气，需要对动量轮进行减速控制。

利用星敏感器全天球捕获能力实现对地定向，可以不再需要基于地球敏感器的地球搜索模式。惯性指向模式在转移轨道段可用于点火后地面测控姿态的保持。当完成定点捕获后，可在该模式下起动动量轮，建立转正常模式时的动量轮标称角动量和整星姿态。

利用星敏感器全天球捕获能力实现对惯性空间的任意指向姿态，可用于建立远地点点火姿态或电推轨道提升的初始姿态。在惯性指向模式下，建立点火姿态可省去地球捕获、地球指向 2 个环节。

2.5.1.3　远地点点火模式

远地点点火模式主要用于转移轨道远地点发动机点火期间的姿态控制，需要克服太阳帆板挠性振动、贮箱液体晃动等对姿态的影响，确保远地点发动机点火期间姿态稳定并满足姿态控制精度的要求。

2.5.1.4　电推轨道提升模式

为了节省化学推进剂的装填量，减轻卫星的发射重量，越来越多的静止轨道卫星同时配置有化学推进分系统以及电推进分系统，或者采用全电推配置。采用化学推进＋电推进的联合变轨策略或全电推变轨策略时，需要在电推变轨期间控制卫星指向点火目标姿态，同时根据推力估算进行轨道外推；转移轨道段有自主定轨需求时，需要间隔一定时间进行姿态对地，以便于导航敏感器工作。

2.5.1.5 位置保持模式

位置保持模式特指使用化学推进系统进行位置保持操作、使用化学推力器实施姿态控制的模式，是电推进定点捕获和全电推位保的备份模式。该模式用于准同步轨道的定点捕获和倾角修正以及定点后的东西位置和南北位置保持轨道控制，并使卫星保持对地定向姿态。在控制器设计时需要综合考虑质量特性、太阳帆板挠性特性、贮箱液体晃动参数特性、敏感器性能等因素进行设计，以满足卫星控制系统的指标要求。

此外，当正常模式下发生角速度超差故障、姿态角长期超差故障，或动量轮故障时，星上自主通过故障处理逻辑切换到位置保持模式，完成动量轮控制到推力器喷气控制的姿态执行机构切换，并维持对地定向，尽量保证载荷的工作条件，因此位置保持模式可作为同步轨道段正常模式的降级备份模式。

2.5.1.6 正常工作模式

正常工作模式是卫星在轨长期工作时保持对地三轴稳定时使用的工作模式。在正常工作模式下，卫星三轴姿态由角动量交换装置（如动量轮）控制，相关的功能模块主要包括三轴姿态确定和控制、动量轮角动量卸载、电推进位保和姿态偏置等。此外，还需利用高轨导航敏感器的测量信息，进行在轨自主导航。

2.5.1.7 停控模式

敏感器故障且无可选备用组合时，或发生角速度超差时转入停控模式。控制系统在该模式下仅进行姿态计算、轨道计算和部件状态监测，不进行姿态控制。

2.5.2 姿态确定方案设计

2.5.2.1 静止轨道卫星姿态确定系统典型配置

为了确定卫星的姿态，首先要获取卫星的姿态测量信息，因此需要星载姿态敏感器进行测量。姿态敏感器通常可分为两大类：**方位敏感器**和**惯性敏感器**。方位敏感器用于测量外部参考目标（基准矢量）相对星体的方位，从而获得星体在参考坐标系中的姿态信息；基准矢量可以是参考天体（地球、太阳、其他恒星），也可利用地球磁场和无线电信标等。惯性敏感器主要是指陀螺，其在星体内部建立基准，测量星体相对此参考基准的姿态变化。

对于三轴稳定卫星，可以直接测量参考天体或参考目标在敏感器坐标系的方向，并通过安装矩阵得出参考基准矢量在卫星本体系的方向。根据不同的参考基准，姿态敏感器主要有如下几类：

1）参考天体位置的敏感器，如太阳敏感器、星敏感器。

2）利用地球物理特性的敏感器，如红外地球敏感器、磁强计等。

3）参考惯性信标的敏感器，如陀螺和角加速度计。

4）参考无线电信标的射频敏感器。

目前静止轨道卫星常用的姿态敏感器主要是太阳敏感器、红外地球敏感器、星敏感器、陀螺等。

1）太阳敏感器通过敏感太阳光，获取太阳相对敏感器的方位。根据姿态测量的要求决定太阳敏感器的安装方式。由于太阳辐射强，太阳敏感器的信号处理方便，结构简单；但处于地球阴影区时，太阳敏感器无法工作。

2）红外地球敏感器通过测量瞄准轴偏离地心的程度，来获取俯仰和滚动姿态信息。由于地球边缘的辐射模糊，红外地球敏感器的测量精度往往不高，且若欲获取偏航姿态信息，需要利用地球圆盘辐射二维分布的精确知识。

3）星敏感器通过敏感恒星辐射来测量航天器中某一个基准轴与已知恒星视线之间的夹角，来提供卫星相对于参考坐标系的姿态，要求测得两颗或两颗以上的恒星数据。由于恒星的张角很小（0.005″～0.05″），可以认为是点光源目标，并且恒星具有高精度的位置稳定性，因而星敏感器的测量精度可以很高。但恒星光信号弱，必须考虑到杂散光干扰问题；且恒星数量巨大，对恒星的实时识别造成了困难。

4）陀螺将储存在高速旋转的陀螺转子中的角动量作为参考矢量，提供相对惯性系的角速度或相对参考系的空间转动。相对方位敏感器而言，陀螺可提供姿态的动态变化信息，且由于陀螺是自主式敏感器，随时可提供与外部环境无关的测量信息。但陀螺具有常值漂移和相关偏移，需要利用光学敏感器进行修正。

比较而言，在目前应用的姿态敏感器中，星敏感器的测量精度最高，太阳敏感器和红外地球敏感器次之。陀螺可连续测得卫星相对惯性空间的姿态角速度，通过积分可得姿态角，并借助外部信息进行漂移补偿。为了获得更理想的姿态测量信息，一般不单独采用某一姿态敏感器进行三轴姿态测量和确定，而往往采用几种敏感器组合的方式。星上采用的典型敏感器组合定姿方式包括：

1）一套陀螺＋2 个斜装星敏感器＋冗余敏感器（如太阳敏感器）：该配置方式成本较高，但姿态确定精度高，因此广泛应用于高精度要求的卫星。由于星敏感器视场较窄，需要其他敏感器进行粗定姿或备份。

2）陀螺＋红外地球敏感器＋数字太阳敏感器：由于红外地球敏感器无法测量星体偏航姿态，数字太阳敏感器无法在地影区工作，因此这两种敏感器通常组合使用。

3）其他组合方式：如陀螺＋红外地球敏感器，利用陀螺定轴性来保持偏航姿态；或者无陀螺方式，仅采用方位敏感器组合进行姿态确定。这些组合方式的定姿精度较低，主要应用于对姿态要求不高的卫星上。

2.5.2.2　姿态确定算法

在姿态测量信息的基础上，姿态确定算法作为姿态确定系统的“软件”，其算法的精度、计算量、对系统非线性的适应能力等，直接影响姿态确定结果的精度、实时性和可靠性。所谓姿态确定方案就是对姿态敏感器的测量信息进行处理，通过某种算法得出星体相对基准系的姿态。一般可分为**确定性方法**和**状态估计方法**[3]。

（1）确定性方法

确定性方法是根据多组观测矢量值，求出星体相对基准系的姿态矩阵。如双矢量定姿法[3]，方法简单，但定姿精度较低。Wahba 于 1965 年提出了一个求解姿态矩阵的最小二乘性能指标，指标中包含所有的矢量测量信息（$i \geqslant 2$），最小化此性能指标，可以得到姿态矩阵最小二乘意义上的最优解。根据姿态矩阵的不同描述法，可以得出不同的算法，如QUAST法（四元数估计法）、FOAM法（快速最优矩阵估计法）、Euler-q法（欧拉轴/角估计法）等[13]。关于确定性方法的研究重点主要是如何针对合适的姿态参数，设计最优化算法，使确定精度更高，计算速度更快。

（2）状态估计方法

状态估计方法是通过建立状态量变化的状态方程及观测方程，应用某种估计算法，根据观测信息估计出状态量，并成为一定准则下的最优估计[3,14]。在卫星姿态确定中，结合卫星姿态动力学或运动学模型，建立星体姿态变化的方程，根据时变的测量量来估计星体姿态。同时，观测量的一些不确定因素，如敏感器偏差、对准误差等，也可以作为状态变量进行估计。这样，在一定程度上能够消除某些测量不确定因素的影响，提高姿态确定精度。

常规的状态估计方法如卡尔曼滤波法已广泛应用于多个领域，包括信号降噪、跟踪运动目标、线性或非线性控制等。对于卫星姿态确定，卡尔曼滤波法特别适用于“三轴陀螺＋姿态角敏感器”的情况[13,15-16]。卡尔曼滤波法的本质特征是采用状态空间法描述系统模型，它与实际动态系统的误差可分为过程噪声误差和模型误差。应用卡尔曼滤波算法对系统模型的准确性有一定要求，需要状态、模型误差和测量误差统计特性的先验知识。

随着静止轨道卫星对姿态确定精度的要求越来越高，正常工作模式主要采用星敏感器＋陀螺的组合方式进行姿态确定，同时静止轨道卫星在转移轨道段和同步轨道段可采用的姿态确定算法主要包括以下6种：

①星敏感器＋陀螺组合定姿

星敏感器固连于卫星本体上，通过观测空间方位已知的恒星，能够直接确定卫星本体相对惯性空间的姿态，进而根据轨道参数可以计算得到卫星相对轨道系或其他参考系的姿态。星敏感器测量和处理数据需要一定时间，测量的姿态参数往往有一定的时间滞后，因此可以与陀螺配合使用，一方面利用陀螺补偿星敏感器时间滞后引起的姿态偏差，另一方面利用星敏感器标定陀螺的常值漂移。这样得到的卫星姿态是相对惯性坐标系的姿态，当给定卫星的轨道参数后，就可以进一步得到卫星相对轨道坐标系的姿态参数。

②星敏感器＋动力学组合定姿

综合考虑控制力矩、耦合力矩、摩擦力矩、干扰力矩（来自太阳光压及有效载荷）等的影响，建立小角度条件下的卫星姿态动力学方程，据此预估卫星惯性姿态四元数，同时预估卫星三轴角速度。然后，根据星敏感器测量信息计算新息，对卫星惯性姿态四元数和角速度的估计值进行修正。该方式作为在陀螺故障情况下的备份定姿方式，但是由于动力学预估精度比陀螺测量精度差，所以这种方式的定姿精度和姿态指向控制精度低于星敏感器＋陀螺组合定姿的有陀螺测量的情况。

③地球敏感器＋太阳敏感器＋陀螺组合定姿

以陀螺测量三轴姿态角速度，建立卫星姿态运动方程，据此估计卫星姿态角信息及陀螺漂移，并根据地球敏感器测量信息对估计误差进行修正。在太阳敏感器可见时，可通过太阳敏感器和地球敏感器双矢量定姿对陀螺漂移进行估计。在太阳敏感器不可见时，偏航陀螺漂移不可观，使用太阳敏感器可见时估计的漂移值或使用地面注入值。当估计值或地面注入值存在误差时，偏航姿态存在偏差。若滤波参数设计合适，该方式对滚动轴和俯仰轴的定姿精度较高，偏航轴的定姿精度则受陀螺漂移估计误差的影响。该方式作为星敏感器长期不可用的备份方式。

④地球敏感器＋偏航观测器定姿

利用地球敏感器测量卫星本体坐标系相对轨道坐标系的滚动角和俯仰角，利用偏航观测器估计偏航角。该方式作为星敏感器长期不可用的备份方式。

⑤太阳敏感器＋陀螺定姿

利用太阳敏感器测量相对太阳方位的滚动角和俯仰角，利用陀螺积分提供偏航角，测量三轴角速度，当无太阳出现信号时，利用陀螺积分提供相对太阳方位的滚动角、俯仰角和偏航角。该方式作为太阳捕获模式中的姿态确定方式。

⑥全陀螺定姿

采用陀螺测量三轴姿态角速度，利用陀螺积分确定三轴姿态。该方式只在特殊情况下（如切机后）短暂使用。

2.5.2.3　星敏感器＋陀螺组合滤波定姿方案

星敏感器＋陀螺组合滤波定姿是静止轨道卫星上最重要的姿态确定方式，本小节对该内容进行重点阐述。

陀螺与星敏感器具有互补性。陀螺动态响应快，随机测量误差小，短时精度高。星敏感器可稳定获得对惯性空间的姿态，测量有滞后，存在随机误差。

因此，星敏感器＋陀螺组合定姿过程主要包括 3 部分：1）基于陀螺的测量数据，对姿态四元数进行积分计算得到卫星姿态的预估值；2）利用星敏感器的测量数据，对卫星姿态估计的误差进行卡尔曼滤波校正，并估计陀螺的漂移；3）根据给定的轨道参数，将卡尔曼滤波得到的相对惯性坐标系的姿态，转换为相对轨道坐标系的姿态参数。整个定姿原理如图 2.5－1 所示。图中，符号下标 k 表示当前计算步数，$\hat{\bar{\boldsymbol{q}}}_k$ 表示姿态四元数估计值，$\hat{\boldsymbol{b}}_k$ 表示陀螺常值漂移估计值，$\boldsymbol{Z}_m$ 表示星敏感器输出的光轴单位矢量。

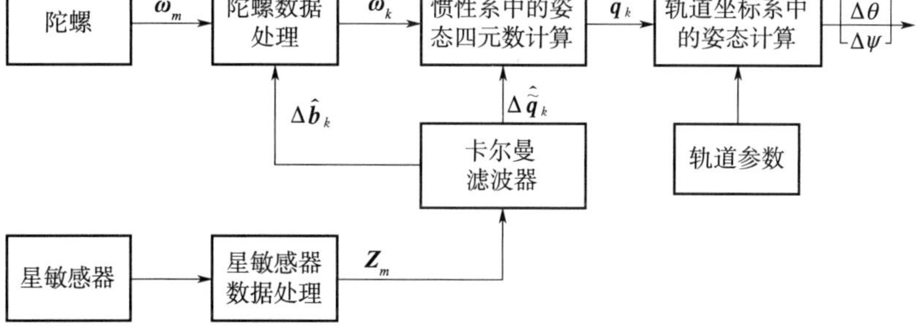

图 2.5－1　星敏感器＋陀螺组合定姿原理

由图 2.5-1 可知，组合定姿的姿态信息主要由陀螺提供（等效积分），星敏感器起到了修正偏差的作用。如果没有星敏感器引入，陀螺常漂的影响无法消除。

进行定姿算法设计的前提是建立相关的测量模型和系统模型。对于星敏感器，其输出的光轴单位矢量在惯性坐标系中的坐标为

$$\boldsymbol{Z}_m = [Z_{mx} \quad Z_{my} \quad Z_{mz}]^{\mathrm{T}}$$

因此，星敏感器输出的测量模型可表示为

$$\boldsymbol{Z}_m = \boldsymbol{Z}_I + \Delta \boldsymbol{Z}_I$$

式中 $\boldsymbol{Z}_I$ ——星敏感器光轴单位矢量在惯性坐标系中的实际值；

$\Delta \boldsymbol{Z}_I$ ——测量误差，满足白噪声特征。

在定姿算法中，陀螺系统的角速度测量模型可表示为

$$\boldsymbol{g}(t) = \boldsymbol{\omega}(t) + \boldsymbol{b} + \boldsymbol{n}_g$$

其中，陀螺的测量噪声 $\boldsymbol{n}_g = [n_{gx} \quad n_{gy} \quad n_{gz}]^{\mathrm{T}}$ 为高斯平稳白噪声。

陀螺的常值漂移 $\boldsymbol{b}$ 可认为是一个由高斯白噪声驱动的随机游走过程

$$\dot{\boldsymbol{b}} = \boldsymbol{n}_b$$

根据陀螺的测量输出 $\boldsymbol{g}(t)$，可得到星体角速度的测量值为

$$\hat{\boldsymbol{\omega}} = \boldsymbol{g}(t) - \hat{\boldsymbol{b}}$$

至于状态估计用的系统状态方程和观测方程，有多种建立方式，限于篇幅不再赘述。

■**提示：滤波**是指从混合在一起的诸多信号中提取出所需信号的过程。对于确定性信号的滤波，其具有确定的频谱特性，因此可以根据各信号所处频带的不同，设置具有相应频率特性的滤波器，如低通滤波器、高通滤波器、带通滤波器、带阻滤波器等。这种针对确定性信号的滤波处理称为**常规滤波**。对于随机信号，滤波实际上是指从观测量中通过算法估计出所需信号，其实质上是**状态估计**。这与常规滤波是完全不同的。

2.5.3 姿态控制方案设计

静止轨道卫星在转移轨道段通常采用化学推力器进行姿态控制，在同步轨道段主要采用动量轮等角动量交换装置进行姿态控制，采用化学推力器或电推力器完成角动量卸载。

2.5.3.1 基于化学推力器的姿态控制

基于化学推力器的喷气控制是静止轨道卫星在转移轨道段的基本控制方式。其特点是喷气控制力矩大、响应快，适用于快速阻尼、姿态捕获、姿态机动、变轨期间姿态控制等。但它是以消耗推进剂为前提的，因此不适合卫星定点以后的长期运行。

喷气控制用恒定推力器以开关的方式工作，虽然不是线性连续控制，但通过脉冲调制（调频或调宽等）技术可以获得很小的脉宽（最小可达 10 ms 量级）。除了部分基于最优控制原理和相平面分析技术的直接型开关控制外，在静止轨道卫星喷气姿态控制中多采用脉冲调制器将控制算法给出的信号转换为驱动推力器工作的脉冲信号。脉冲调制器有多种类型，如脉宽调制器（Pulse Width Modulator，PWM）、脉宽脉频调制器（Pulse Width

Pulse Frequency Modulator，PWPFM)、伪速率调制器（Pseudo Rate Modulator，PRM）等，控制律设计也复杂多样。本书第 4 章将对喷气姿态控制的相关设计进行详细阐述。

2.5.3.2　基于角动量交换机构的姿态控制

基于角动量（工程中常简称为动量）交换机构的姿态控制是静止轨道卫星长期工作时的主要控制方式。利用角动量交换装置进行姿态控制的系统，在系统设计中主要考虑以下几个问题：1）角动量交换装置类型与构型的选择；2）角动量交换装置容量选取与动量管理；3）控制律设计。

角动量交换装置的类型包括反作用动量轮（或称飞轮）、控制力矩陀螺（CMG）以及框架动量轮等。其中，最常用的是反作用动量轮，其特点是结构相对简单、可靠性高。控制力矩陀螺输出的控制力矩较大，适合抗大扰动与快速机动场合，但结构比较复杂、重量功耗较高。框架动量轮比较复杂，工程上用得很少。

对于采用动量轮的系统，构型选择是指动量轮是正交安装还是斜置安装。原则上提供三通道控制力矩只需每个轴上各装一个动量轮，但考虑到可靠性和寿命要求，通常都采用冗余配置，如 4 个动量轮或更多。此时就牵涉到构型问题。一般说来，斜置安装对提高可靠性有利，有时则对提高效率有利；但控制算法上稍复杂。

对于采用 CMG 的系统，首先需要选择具体类型，即采用单框架 CMG 还是双框架 CMG。在单框架 CMG 中又有金字塔、棱锥、双平行（屋顶式）与三平行等多种构型。构型还与控制能力（角动量包络大小）相关。

下面简单介绍静止轨道卫星中应用最为广泛的动量轮构型——4 轮金字塔构型。在此构型下，4 个动量轮完全相同，其标称角动量（分别记为 h_1，h_2，h_3，h_4）方向与 $-Y$ 轴的夹角 β 皆相等并均匀分布，其中，h_1 和 h_3 位于 XOY 平面内，h_2 和 h_4 位于 YOZ 平面内，如图 2.5-2 所示。安装角 β 以及动量轮容量的选择与整星偏置角动量、轮控系统在单位时间内需要吸收的干扰角动量（尤其是 $-Y$ 轴上的干扰角动量）以及饱和卸载间隔等因素有关。4 个动量轮都健康时，各动量轮工作在正偏置方式，整星构成沿 $-Y$ 轴的偏置角动量或零角动量；当其中一个动量轮出故障时，用剩余的 3 轮工作，其中，对称的 2 轮工作在角动量偏置方式，另外一个则工作在角动量过零方式，此时整星以偏置角动量方式为佳。

对于有机动需求的卫星可运行于整星零角动量方式，无明确机动需求的卫星可运行于整星偏置动量方式。控制律计算结束后根据不同的轮型，进行控制力矩的分配，动量轮输出控制力矩前进行摩擦力矩补偿。

角动量管理的核心是角动量卸载。其基本做法是：计算合成角动量，将合成角动量与内外阈值进行比较，超过外阈值则进行卸载，低于内阈值则停止卸载；在卸载过程中进行干扰力矩补偿，以减小姿态的波动。对于带大天线的卫星，由于太阳光压力矩和重力梯度力矩在本体积累的角动量较大，应避免卸载周期项而仅卸载累积量，因此可设置定时卸载方式。本书第 5 章将对基于角动量交换的姿态控制问题进行详细阐述。

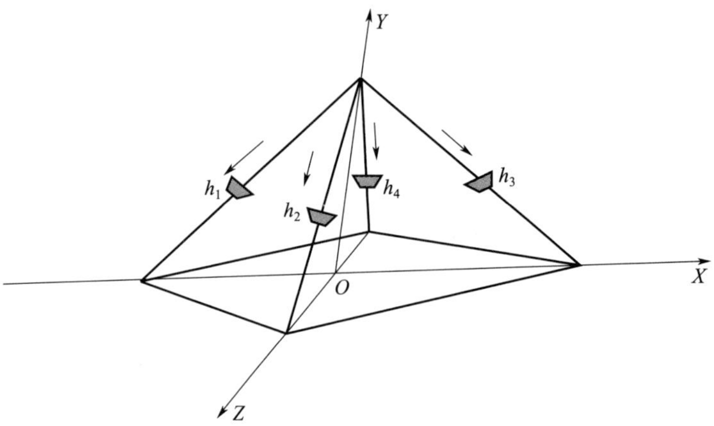

图 2.5-2 金字塔型动量轮构型示意图

2.6 卫星控制系统数字化仿真

卫星控制系统仿真包括**数字化仿真**、**实时原型仿真**、**半物理仿真**、**全物理仿真**等多种手段。其中，数字化仿真是最基本和最重要的一种仿真，其作用在于：验证、完善控制系统方案，分析、评价卫星控制系统性能并优化参数，对控制系统的故障模式和对策进行研究，为卫星控制系统软件测试、技术测试提供参照。

本节对卫星控制系统数字化仿真的原理、要点和步骤等进行简单阐述。其他仿真手段参见第 11 章。

2.6.1 面向工程应用的数字化仿真

2.6.1.1 数学仿真的原理

在卫星控制领域，**数学仿真**（或称**数值仿真**）是数字化仿真的核心。数学仿真的基本原理是，将卫星控制系统数学模型转化成仿真计算模型，经过集成、调试和优化后建立适用的数学仿真试验系统，对卫星控制系统进行仿真分析。数学仿真试验系统包括卫星动力学与运动学模型、敏感器模型、执行机构模型、控制算法、空间环境模型等部分。数学仿真试验系统原理如图 2.6-1 所示。

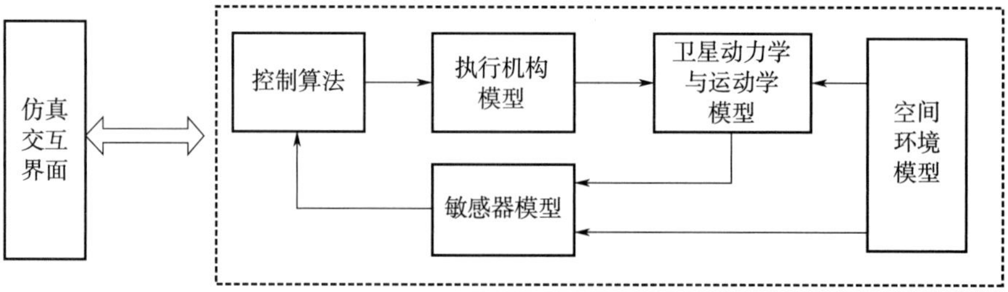

图 2.6-1 数学仿真试验系统原理

2.6.1.2　仿真准备

数学仿真试验系统一般包括：

1）卫星轨道动力学模型：卫星轨道动力学模型通常用惯性坐标系下向量形式的微分方程组描述，公式参见第 6 章。

2）卫星姿态动力学模型：卫星姿态动力学模型通常用质心坐标系下向量形式的微分方程组描述，公式参见第 3 章。

3）运动学模型。

4）敏感器模型。

5）执行机构模型，包括理论模型、误差模型、非线性模型等。

6）空间环境模型，包括中心天体非球形引力模型、大天体引力摄动模型、光压模型、大气模型、空间电磁场模型等。

7）控制算法，其接口、功能和性能达到试验要求。

8）仿真数据集，包括模型参数、工况参数、用例数据、其他工程常数、参变量等。

2.6.1.3　仿真试验系统的集成与调试

数学仿真试验系统的集成与逐级调试过程如下：

1）数学仿真模型校核：

a）确认各个模型的正确性；

b）确认控制算法的正确性；

c）确认各个模块接口、精度、适用性等达到试验要求。

2）完成各模块的协议、接口等在仿真平台中的调试。

3）完成仿真程序整体联调，建立仿真试验系统。

2.6.1.4　仿真试验的步骤

数学仿真试验的步骤如下：

1）配置模型。

2）配置数值积分或离散近似算法。

3）设定工况参数，如时间基准、初值、质量、惯量、安装参数、拉偏系数等。

4）生成并运行可执行程序。

5）采用规范的测试判读方法，对试验数据和曲线进行判读：

a）轨道确定：轨道计算、天体星历计算、方位计算等的正确性；

b）轨道控制：轨道转移、轨道保持和轨迹控制的正确性；

c）姿态确定：姿态敏感器输出的正确性和姿态确定的精度；

d）姿态控制：姿态定向和姿态机动控制的稳定度、超调量和精度等指标；

e）模式功能实现：各模式功能、性能指标的实现情况，模式切换的正确性；

f）系统拉偏：关键参数拉偏后的性能变化情况，包括质量、惯量、质心、干扰力矩、挠性参数、液体晃动参数、敏感器和执行机构时延、安装偏差等参数；

g）故障诊断与处理：单机和系统级故障诊断与处理的正确性。

6）记录仿真试验条件、状态、判读结果、关键事件和发现的问题等。

7）重复1）～6），完成所有工况。

2.6.1.5 仿真试验的处理

（1）仿真试验数据处理

1）仔细判读试验数据和曲线。

2）对试验数据进行存盘、整理和编号。

3）对系统的性能指标、仿真参数等进行统计。

（2）仿真试验中断处理

如果试验过程出现下列情况，应中断试验：

1）仿真系统参数、算法和步长等设置错误。

2）数据输入/输出传递错误。

3）仿真数据明显异常，包括持续异常振荡、超出限制值等。

4）仿真程序出现无输出、卡死、溢出等故障。

5）仿真计算机出现异常断电、死机等故障。

试验中断后应：

1）停止仿真，记录系统仿真状态，保存已输出的仿真数据。

2）进行故障分析、定位，查明故障原因，之后排除故障。

3）分析故障前试验数据，确定是否有效。

4）记录试验中出现的故障和排除故障的方法。

2.6.2 控制系统数字孪生与智慧化仿真技术

早期的数字化仿真指的就是数学仿真（数值仿真）。随着软件技术及仿真技术的发展，目前的数字化仿真已有了更广的含义。就卫星控制领域而言，数字化仿真的概念已拓展为以数学仿真为核心，以数字化信息传递为纽带，贯穿控制系统设计、集成及在轨飞行全链条的可视化、平行化仿真。

随着航天型号任务日益多样化、复杂化和密集化，呈现出研制周期短、质量要求高的型号任务特征。与此同时，随着在轨型号数量的不断增多和航天器服役时间的持续增长，其维护支持难度也日渐凸显。**基于模型的系统工程**（Model - Based Systems Engineering，**MBSE**）在航天器设计制造领域发挥着越来越重要的作用[17-19]。进一步，通过**数字孪生**（**Digital Twin**，或称数字化双胞胎）和数字纽带结合成智能云端服务，将带来革命性设计仿真体验，逐步走向智慧化设计仿真集成系统[20]。其中，数字孪生是整个智慧化仿真系统的核心。

数字孪生是一个集成了多物理量、多尺度的仿真过程，其主要特点是：基于物理模型构建其完整映射的虚拟模型，利用历史数据以及传感器实时数据刻画物理对象的全生命周期过程[21-24]。数字孪生技术的主要特点：1）它对物理对象各类数据进行集成，是一个忠实的映射；2）它存在于物理对象的全生命周期，并与其共同进化，不断积累相关知识；3）它不仅对物理对象进行描述，而且能够基于模型对物理对象进行优化；4）它能够在物理对象生命周期结束后，将模型作为数字化资产长期保存和应用，实现超期生存[22-25]。数字孪生技术能够突破许多物理条件的限制，通过数据和模型双驱动的仿真、监控、预测、优化和控制，最终达到提高控制系统仿真可信度，提高卫星在轨健康监测水平，在线优化控制系统效能等目的。

以卫星控制系统为对象，可以建立图 2.6－2 所示的天地一体化数字孪生系统。

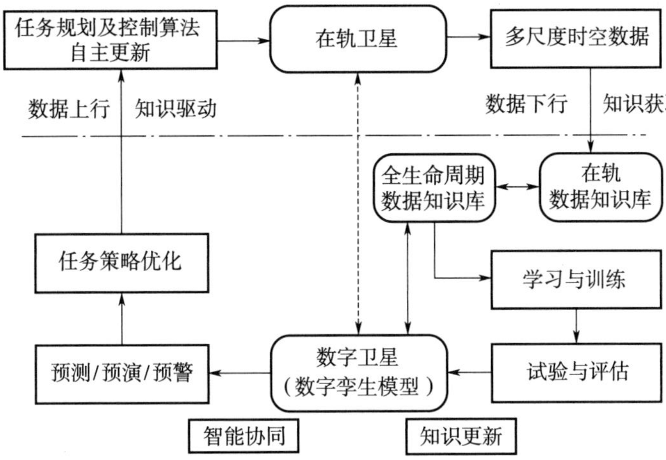

图 2.6－2　卫星控制系统天地一体化数字孪生系统

以数字孪生为基础的智慧设计仿真系统整体架构如图 2.6－3 所示，分为功能支撑、技术实现、泛在应用 3 个层级[26]。

功能支撑层包括“统一知识模型管理子系统”“多源异构数据关联管理子系统”“分布式协同计算子系统”，用于为技术实现层提供知识模型库、大数据挖掘能力和高速并行计算环境。

技术实现层包括“信息物理融合的模型驱动设计仿真平台”“VR 可视化与虚拟验证子系统”“基于数字孪生的在轨支持子系统”。以“信息物理融合的模型驱动设计仿真平台”调用“统一知识模型管理子系统”中的模型和算法，搭建并生成单航天器或多航天器间交互的星上控制器和地面仿真软件，对应完成正常工况及故障工况的自动配置，用于设计—仿真—验证—设计闭环迭代。“VR 可视化与虚拟验证子系统”提供了高度交互性、精细化的演示验证环境，可以直观地、多视角地呈现多星或星座任务关系、空间操控实现效果等。“基于数字孪生的在轨支持子系统”为在轨非预期情况或紧急故障现象提供敏捷设计开发及验证平台，通过数字孪生技术手段使地面模型尽可能逼近在轨状态，从而在地面系统中快速复现在轨问题、制定策略，提供可靠的地面支持措施。

信息物理融合存在诸多挑战，也有着广阔的前景[27]。泛在应用层给出了智慧设计仿真系统典型的应用场景：

1）基于多学科大数据和智能建模知识体系，通过物理实体的材料、几何形状、连接

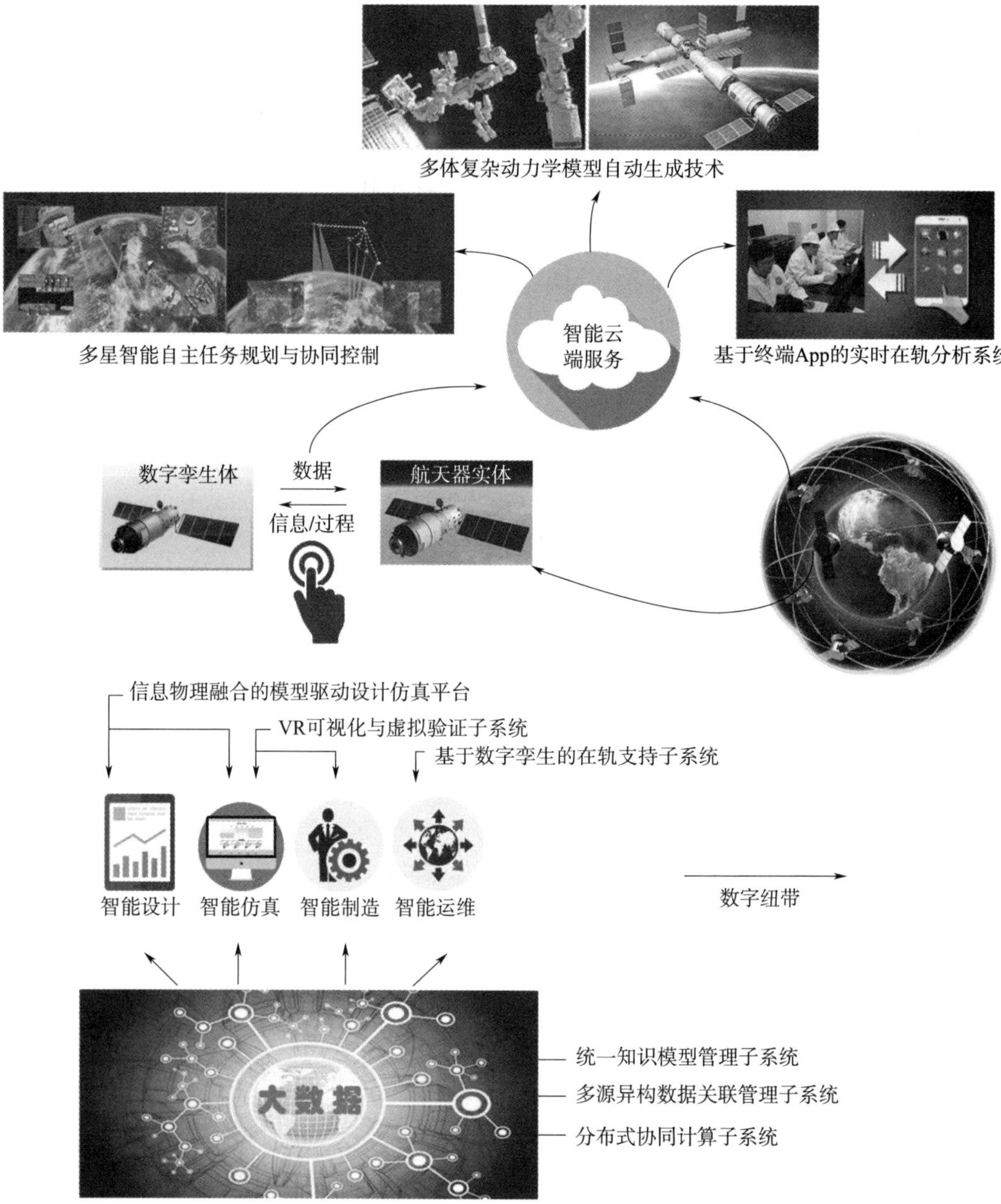

图 2.6－3　以数字孪生为基础的智慧设计仿真系统整体架构

方式等参数，自动生成质量特性、挠性参数和边界条件等数学模型要素；同时，可基于地面试验、测试及在轨遥测数据库，通过大数据管理能力和高性能计算集群的并行计算能力，采用深度学习等方法实现模型的智能化构建，为难以进行机理建模的复杂原理部件提供高精细度、高准确度智能模型，利用智能模型代替实物进行方案的早期测试验证，以满足方案构建即可行，实现研制全过程以模型驱动的“端到端”数字化集成。

2）对于具备一定继承性的型号，能够基于专家系统搜索、比对，生成合适的控制方案，其中需要新开发的算法，能够基于智能学习训练，给出合理的设计方案供设计师选择；对于新研型号，能够根据任务指标选择现有型谱中产品，或提出新产品研制需求，能够根据现有知识体系识别关键技术。

3）协同技术已成为复杂产品开发过程中设计、仿真与优化的重要支撑技术[9]。高难度复杂任务的开发过程将基于统一的模型库、知识库、中枢平台和计算资源，通过协同数据共享、动态工作融汇、协同版本管理等技术，最大程度地发挥多人异地动态协同设计和仿真的融合能力。

4）针对多星或星群网络，能够智能自适应地完成多星任务规划调度、星座优化控制、星座构型重组等，支持星座在轨正常、高效地运行，协同执行突发灾害应急测绘、全球热点地区持续观测等任务，只要给定关注区域位置，无须其他人工参与工作。

5）卫星在轨运行状态可通过数字纽带实时更新智慧设计仿真大数据，并通过智能分析比对来识别在轨异常状态，自动发布到设计师可随时访问的终端 App 应用程序，极大地丰富设计体验和提高处理实时性。

6）应对在轨未知状况，可基于卫星的数字孪生体进行敏捷开发设计，对于较为复杂的在轨处理算法，应先对数字孪生体完成平行验证，确保方案的可行性。

7）基于数字纽带的在轨数据分析为系统方案和产品评估提供第一手的、最有价值的信息，通过智能化仿真分析和决策可直接指导方案改进和产品升级。

2.7　小结

本章对静止轨道卫星控制系统的设计流程进行了详细介绍。重点阐述了系统设计相关的前端工作，包括：系统任务分析、系统概要设计与部件选型、系统方案设计、系统数学仿真等。这些工作项目（或称流程要素）基本覆盖了静止轨道卫星控制系统设计的主要内容，掌握这些内容对控制系统工程师开展工作至关重要。尤其需要指出的是，随着卫星研制模式的变革，现代 V 型流程设计技术、MBSE 技术、数字孪生与数字伴飞技术等正在获得广泛认可和重视。这些技术的进步将引发包括控制系统在内的卫星设计研制模式的巨大变革。

参考文献

[1] WERTZ J R，LARSON W J. Space Mission Analysis and Design (3rd Edition) [M]. Dordrecht：Kluwer Academic Publishers，1999.

[2] MARTIN L，SCHATALOV M，HAGNER M. A Methodology for Model - based Development and Automated Verification of Software for Aerospace Systems [C]. IEEE AC Paper ＃2282，2012.

[3] 屠善澄. 卫星姿态动力学与控制 [M]. 北京：中国宇航出版社，2001.

[4] 章仁为. 卫星轨道姿态动力学与控制 [M]. 北京：北京航空航天大学出版社，1998.

[5] 姚静，易东云，聂鹏程，等. 三轴稳定卫星的星敏感器对地定姿精度分析 [J]. 飞行器测控学报，2006 (5)：27 - 31.

[6] 田宏. 影响星敏感器姿态计算精度的因素分析 [J]. 导航与航天运载技术，2004 (5)：14 - 17.

[7] REALS G A，CRUM R C，DOUGHERTY H J，et al. Hubble Space Telescope Precision Pointing Control System [J]. J Guidance，1988，11 (2)：119 - 123.

[8] 边志强，蔡陈生，吕旺，等. 遥感卫星高精度高稳定度控制技术 [J]. 上海航天，2014，31 (3)：24 - 33.

[9] IWATA T. Attitude Dynamics and Disturbances of the Advanced Land Observing Satellite (ALOS)：Modeling，Identification，and Mitigation [R]. AIAA 2008 - 6263，2008.

[10] 杨孟飞，华更新，冯彦君，等. 航天器控制计算机容错技术 [M]. 北京：国防工业出版社，2014.

[11] 郝云彩. 空间光学敏感器技术进展与应用 [J]. 空间控制技术与应用，2017，43 (4)：9 - 18.

[12] 张猛，祝晓丽，陆娇娣，等. 一种高稳定度太阳帆板驱动机构控制方法 [J]. 空间控制技术与应用，2010，36 (4)：46 - 49.

[13] LABIBIAN A，BAHRAMI H A，HAGHSHENAS J. Development of a Computationally Efficient Algorithm for Attitude Estimation of a Remote Sensing Satellite [C]. Proc of SPIE，Vol 10423，2017.

[14] 梁彦，潘泉，杨峰，等. 复杂系统的现代估计理论及应用 [M]. 北京：科学出版社，2009.

[15] LEFFRETS E J，MARKLEY F L，SHUSTER M D. Kalman Filtering for Spacecraft Attitude Estimation [J]. Journal of Guidance Control & Dynamics，1982，5 (5)：416 - 429.

[16] 吕振铎，雷拥军. 卫星姿态测量与确定 [M]. 北京：国防工业出版社，2013.

[17] WASEEM M，SADIQ M U. Application of Model - based Systems Engineering in Small Satellite Conceptual Design - A SysML Approach [J]. IEEE Aerospace and Electronic Systems Magazine，2018，33 (4)：24 - 34.

[18] LIU X X，GUO J，GILL E. Towards Model - driven Development of AOCS/GNC for Small Satellite Missions [C]. 65th IAC，Toronto，Canada，2014.

[19] LIU X X，GUO J，GILL E. Model Driven Development of GNC Functionalities for Small Satellite FF Missions [C]. 8th IWSCFF，Delft，Nederland，2015.

[20] 刘潇翔，王淑一，刘羽白，等. 航天器性能与可靠性数字孪生技术及实现 [C]. 第十九届空间及

运动体控制技术学术会议，厦门，2020.

[21] KORTH B，SCHWEDE C，ZAJAC M. Simulation - ready Digital Twin for Realtime Management of Logistics Systems [C]. 2018 IEEE International Conference on Big Data，Seattle，USA，2018.

[22] MERKLE L，SEGURA A S，GRUMMEL J T，et al. Architecture of a Digital Twin for Enabling Digital Services for Battery Systems [C]. 2019 IEEE International Conferenceon Industrial Cyber Physical Systems，Taipei，China，2019.

[23] SONI R，BHATIA M，SINGH T. Digital Twin：Intersection of Mind and Machine [J]. Int J of Computational Intelligence and IoT，2019，2 (3)：667 - 670.

[24] 陶飞，刘蔚然，刘检华，等. 数字孪生及其应用探索 [J]. 计算机集成制造系统，2018，24 (1)：1 - 18.

[25] 杨林瑶，陈思远，王晓，等. 数字孪生与平行系统：发展现状、对比及展望 [J]. 自动化学报，2019，45 (11)：2001 - 2031.

[26] 刘潇翔，汤亮，曾海波，等. 航天控制系统基于数字孪生的智慧设计仿真 [J]. 系统仿真学报，2019，31 (3)：377 - 384.

[27] MCKEE D W，CLEMENT S J，ALMUTAIRI J，et al. Survey of Advances and Challenges in Intelligent Autonomy for Distributed Cyber - physical Systems [J]. CAAI Transactions on Intelligence Technology (S2468 - 2322)，2018，3 (2)：75 - 82.

第3章　静止轨道卫星姿态运动学与动力学

3.1　概述

卫星姿态是指卫星相对参考坐标系的方位或指向，通常用其固连体坐标系相对某参考坐标系的转动关系来描述。**卫星姿态运动**是指卫星绕其自身质心的旋转运动。**姿态运动学**主要研究旋转运动变量的自身规律，通常体现为姿态角、姿态角速度以及姿态角加速度等参量之间的关系，而不涉及产生运动的原因。**姿态动力学**主要研究卫星在内外力矩作用下绕其质心转动的力学规律，也包含卫星内部组成部分之间在其内力和内力矩作用下的相对运动规律[1-4]。姿态运动学及动力学是卫星姿态控制设计的基础，其重要性是不言而喻的。

卫星姿态运动学及动力学从理论研究到工程应用都已比较成熟。但是，针对具体应用场合，仍然不断有一些工程问题需要研究。尤其是随着卫星任务需求的多样化以及星体结构的复杂化，挠性、液体晃动、多体、间隙与摩擦相关的非线性等多种因素关联耦合，给卫星动力学分析及控制提出了挑战。

本章将以静止轨道卫星为对象，采用系统化、工程化的手段，系统阐述卫星姿态运动学与动力学建模及特性分析，并尽量揭示数学表达式背后的物理含义。深入掌握姿态运动学和动力学的相关知识，有助于建立对卫星控制系统的整体把握，有助于透彻理解控制系统设计的内在要求。

3.2　姿态描述

在描述卫星姿态运动时，需要定义固连于卫星的体坐标系以及空间参考坐标系，两个坐标系之间的角度关系描述了卫星的姿态状况。姿态描述的前提是建立相应的坐标系。在此基础上，姿态参数的表达有多种形式，常用的有方向余弦阵、欧拉角、欧拉轴角、四元数等[1,2,5]。在静止轨道卫星工程实践中，这些描述形式都有特定的应用价值。

3.2.1　坐标系与坐标变换

设定一个坐标系 F_A：$OX_AY_AZ_A$，其单位矢量为 $\vec{i}_A$，$\vec{j}_A$，$\vec{k}_A$，则矢量 $\vec{r}$ 在坐标系 F_A 中的表达式为

$$\vec{r}=r_{Ax}\vec{i}_A+r_{Ay}\vec{j}_A+r_{Az}\vec{k}_A=[r_{Ax}\quad r_{Ay}\quad r_{Az}][\vec{i}_A\quad \vec{j}_A\quad \vec{k}_A]^{\mathrm{T}} \tag{3.2-1}$$

将坐标系 F_A 的3个基矢量写成矩阵形式，记为 $\vec{\boldsymbol{F}}_A$，即 $\vec{\boldsymbol{F}}_A\triangleq[\vec{i}_A\quad \vec{j}_A\quad \vec{k}_A]^{\mathrm{T}}$。显然，$\vec{\boldsymbol{F}}_A$ 是一个由矢量组成的矩阵（写成列矩阵形式），因而称为**矢量矩阵**或**矢量列阵**（简

称**矢阵**）[1]。根据矢量矩阵的定义，显然有

$$\vec{\boldsymbol{F}}_A \cdot \vec{\boldsymbol{F}}_A^{\mathrm{T}}=\begin{bmatrix}\vec{i}_A\\ \vec{j}_A\\ \vec{k}_A\end{bmatrix}\cdot\begin{bmatrix}\vec{i}_A & \vec{j}_A & \vec{k}_A\end{bmatrix}=\begin{bmatrix}\vec{i}_A\cdot\vec{i}_A & \vec{i}_A\cdot\vec{j}_A & \vec{i}_A\cdot\vec{k}_A\\ \vec{j}_A\cdot\vec{i}_A & \vec{j}_A\cdot\vec{j}_A & \vec{j}_A\cdot\vec{k}_A\\ \vec{k}_A\cdot\vec{i}_A & \vec{k}_A\cdot\vec{j}_A & \vec{k}_A\cdot\vec{k}_A\end{bmatrix}=\begin{bmatrix}1&0&0\\0&1&0\\0&0&1\end{bmatrix}=\boldsymbol{I}_3$$

将矢量 $\vec{r}$ 在坐标系 F_A 中的分量写成列矩阵形式，记为 $\boldsymbol{r}_A \triangleq [r_{Ax} \quad r_{Ay} \quad r_{Az}]^{\mathrm{T}}$，则矢量 $\vec{r}$ 可表示为

$$\vec{r}=\boldsymbol{r}_A^{\mathrm{T}}\vec{\boldsymbol{F}}_A=\vec{\boldsymbol{F}}_A^{\mathrm{T}}\boldsymbol{r}_A \tag{3.2-2}$$

显然，矢量的分量列阵是与坐标系有关的，而矢量本身与坐标系无关。

利用矢量矩阵的定义，可以方便地求取矢量在特定坐标系下的分量。相关的运算形式统一而简洁，如下所示

$$\vec{\boldsymbol{F}}_A\cdot\vec{r}=\vec{\boldsymbol{F}}_A\cdot(\vec{\boldsymbol{F}}_A^{\mathrm{T}}\boldsymbol{r}_A)=(\vec{\boldsymbol{F}}_A\cdot\vec{\boldsymbol{F}}_A^{\mathrm{T}})\boldsymbol{r}_A=\boldsymbol{I}_3\cdot\boldsymbol{r}_A=\boldsymbol{r}_A$$

$$\vec{a}+\vec{b}=\vec{\boldsymbol{F}}_A^{\mathrm{T}}(\boldsymbol{a}_A+\boldsymbol{b}_A)=(\boldsymbol{a}_A^{\mathrm{T}}+\boldsymbol{b}_A^{\mathrm{T}})\vec{\boldsymbol{F}}_A$$

$$\vec{a}\cdot\vec{b}=\boldsymbol{a}_A^{\mathrm{T}}\vec{\boldsymbol{F}}_A\cdot\vec{\boldsymbol{F}}_A^{\mathrm{T}}\boldsymbol{b}_A=\boldsymbol{a}_A^{\mathrm{T}}\boldsymbol{b}_A$$

$$\begin{aligned}\vec{a}\times\vec{b}&=\boldsymbol{a}_A^{\mathrm{T}}\vec{\boldsymbol{F}}_A\times\vec{\boldsymbol{F}}_A^{\mathrm{T}}\boldsymbol{b}_A=\begin{bmatrix}a_{Ax} & a_{Ay} & a_{Az}\end{bmatrix}\begin{bmatrix}\vec{0} & \vec{k}_A & -\vec{j}_A\\ -\vec{k}_A & \vec{0} & \vec{i}_A\\ \vec{j}_A & -\vec{i}_A & \vec{0}\end{bmatrix}\boldsymbol{b}_A\\&=\begin{bmatrix}\vec{i}_A & \vec{j}_A & \vec{k}_A\end{bmatrix}\begin{bmatrix}0 & -a_{Az} & a_{Ay}\\ a_{Az} & 0 & -a_{Ax}\\ -a_{Ay} & a_{Ax} & 0\end{bmatrix}\boldsymbol{b}_A\\&=\vec{\boldsymbol{F}}_A^{\mathrm{T}}\boldsymbol{a}_A^{\times}\boldsymbol{b}_A\end{aligned}$$

上面最后一个式子中的 $\boldsymbol{a}_A^{\times}$ 为矢量叉乘矩阵。利用矢量叉乘矩阵，分量形式的矢量运算变得简洁明了，相关运算示例为（略去表示坐标系的下标）

$$\boldsymbol{a}^{\times}\boldsymbol{b}^{\times}\boldsymbol{c}^{\times}=(\boldsymbol{a}^{\mathrm{T}}\boldsymbol{c})\boldsymbol{b}-(\boldsymbol{a}^{\mathrm{T}}\boldsymbol{b})\boldsymbol{c}=(\boldsymbol{b}\boldsymbol{a}^{\mathrm{T}}-(\boldsymbol{a}^{\mathrm{T}}\boldsymbol{b})\boldsymbol{I})\boldsymbol{c}$$

$$\boldsymbol{a}^{\mathrm{T}}\boldsymbol{b}^{\times}\boldsymbol{c}=\boldsymbol{b}^{\mathrm{T}}\boldsymbol{c}^{\times}\boldsymbol{a}=\boldsymbol{c}^{\mathrm{T}}\boldsymbol{a}^{\times}\boldsymbol{b}$$

$$\boldsymbol{a}^{\times}\boldsymbol{b}^{\times}\boldsymbol{c}^{\times}+\boldsymbol{b}^{\times}\boldsymbol{c}^{\times}\boldsymbol{a}^{\times}+\boldsymbol{c}^{\times}\boldsymbol{a}^{\times}\boldsymbol{b}^{\times}=\boldsymbol{0}$$

$$(\boldsymbol{a}^{\times}\boldsymbol{b})^{\mathrm{T}}(\boldsymbol{c}^{\times}\boldsymbol{d})=(\boldsymbol{a}^{\mathrm{T}}\boldsymbol{c})(\boldsymbol{b}^{\mathrm{T}}\boldsymbol{d})-(\boldsymbol{a}^{\mathrm{T}}\boldsymbol{d})(\boldsymbol{b}^{\mathrm{T}}\boldsymbol{c})$$

■**提示 1**：矢量矩阵的概念及运算规律由 Peter C. Hughes 于 20 世纪 80 年代进行了系统化阐释，30 多年来已成为航天器运动学与动力学研究的有力工具。

■**提示 2**：矢量、矢量在坐标系下的矩阵表示（行矩阵或列矩阵）、矢量矩阵这三者是有区别的，在符号上不宜将其混同。

对于两个不同的坐标系 F_A 和 F_B 以及某个矢量 $\vec{r}$，有

$$\vec{r}=\vec{\boldsymbol{F}}_B^{\mathrm{T}}\boldsymbol{r}_B=\vec{\boldsymbol{F}}_A^{\mathrm{T}}\boldsymbol{r}_A \tag{3.2-3}$$

将上式与 $\vec{\boldsymbol{F}}_B$ 做点乘，得

$$\vec{\boldsymbol{F}}_B \cdot \vec{\boldsymbol{F}}_B^{\mathrm{T}} \boldsymbol{r}_B = \vec{\boldsymbol{F}}_B \cdot \vec{\boldsymbol{F}}_A^{\mathrm{T}} \boldsymbol{r}_A$$

因 $\vec{\boldsymbol{F}}_B \cdot \vec{\boldsymbol{F}}_B^{\mathrm{T}} = \boldsymbol{I}$（单位矩阵），故有

$$\boldsymbol{r}_B = \vec{\boldsymbol{F}}_B \cdot \vec{\boldsymbol{F}}_A^{\mathrm{T}} \boldsymbol{r}_A = \boldsymbol{C}_{BA} \boldsymbol{r}_A$$

矩阵 $\boldsymbol{C}_{BA}(=\vec{\boldsymbol{F}}_B \cdot \vec{\boldsymbol{F}}_A^{\mathrm{T}})$ 称为坐标系 F_A 至 F_B 的变换矩阵，或称为坐标系 F_B 相对 F_A 的变换矩阵。坐标变换的实质是矢量的分量矩阵的变换。

根据定义，有

$$\boldsymbol{C}_{BA} = \vec{\boldsymbol{F}}_B \cdot \vec{\boldsymbol{F}}_A^{\mathrm{T}} = \begin{bmatrix} \vec{i}_B \cdot \vec{i}_A & \vec{i}_B \cdot \vec{j}_A & \vec{i}_B \cdot \vec{k}_A \\ \vec{j}_B \cdot \vec{i}_A & \vec{j}_B \cdot \vec{j}_A & \vec{j}_B \cdot \vec{k}_A \\ \vec{k}_B \cdot \vec{i}_A & \vec{k}_B \cdot \vec{j}_A & \vec{k}_B \cdot \vec{k}_A \end{bmatrix} \tag{3.2-4}$$

可见，坐标变换矩阵 $\boldsymbol{C}_{BA}$ 的元素是相应坐标轴之间的方向余弦，因此又称为**方向余弦阵**。

坐标变换矩阵具有以下性质

$$\boldsymbol{C}_{AB} = \boldsymbol{C}_{BA}^{-1} = \boldsymbol{C}_{BA}^{\mathrm{T}} \tag{3.2-5}$$

坐标变换矩阵建立了矢量在不同坐标系间的转换关系，也直接表达了坐标系之间的转换关系，即

$$\vec{\boldsymbol{F}}_B = \boldsymbol{C}_{BA} \vec{\boldsymbol{F}}_A \tag{3.2-6}$$

上式表明，矩阵 $\boldsymbol{C}_{BA}$ 的 3 个行向量即为坐标系 $\vec{\boldsymbol{F}}_B$ 的 3 个坐标轴在坐标系 $\vec{\boldsymbol{F}}_A$ 下的分量。

■**提示**：坐标变换矩阵应当用下标清晰地标示其转换规律，符号表达的不规范会带来诸多不便。

3.2.2　静止轨道卫星常用坐标系

3.2.2.1　卫星机械坐标系

卫星机械坐标系 $O_J X_J Y_J Z_J$ 是卫星部件安装的重要参考基准，如图 3.2-1 所示。坐标原点：卫星下端框与火箭机械分离面内，与卫星对接框几何中心重合。Z_J 轴：垂直于卫星与运载的连接分离面，指向对地板；X_J 轴：指向卫星东板；Y_J 轴：指向卫星南板。

3.2.2.2　卫星质心坐标系

卫星质心坐标系 $O_C X_C Y_C Z_C$ 有时也称为卫星本体坐标系（下标多用 B 表示），是卫星控制系统中最常用的参考坐标系之一。坐标原点：卫星质心。3 个坐标轴方向与卫星机械坐标系的 3 个坐标轴方向一致。X_C 称为滚动轴，Y_C 称为俯仰轴，Z_C 称为偏航轴。

3.2.2.3　卫星轨道坐标系

卫星轨道坐标系 $O_O X_O Y_O Z_O$ 也是卫星控制系统中最常用的参考坐标系之一，静止轨道卫星的正常工作姿态通常就定义在该坐标系下，如图 3.2-2 所示。坐标原点：卫星质心。Z_O 轴：指向地心；X_O 轴：在轨道平面内与 Z_O 轴垂直，指向卫星飞行速度方向；根据右手正交坐标系的定义，显然，Y_O 轴与轨道平面垂直。

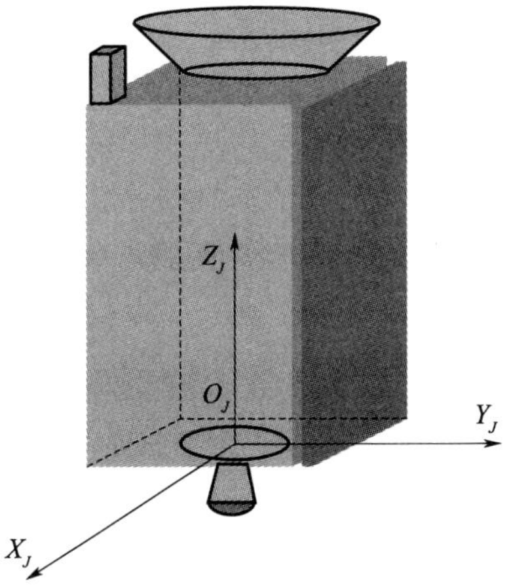

图 3.2-1　卫星机械坐标系

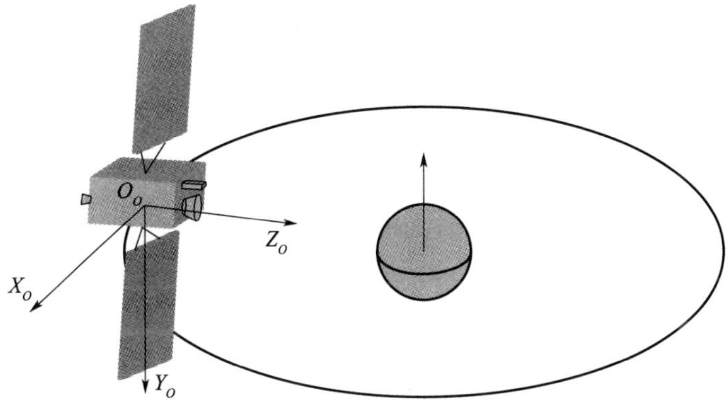

图 3.2-2　卫星轨道坐标系

3.2.2.4　卫星东南坐标系

卫星东南坐标系 $O_DX_DY_DZ_D$ 通常用于静止轨道卫星在倾斜轨道运行时的姿态定义。坐标原点：卫星质心。Z_D 轴：指向地心；X_D 轴：指向卫星地理正东方向；Y_D 轴：指向卫星地理正南方向。

3.2.2.5　地心赤道惯性坐标系

地心赤道惯性坐标系 $O_IX_IY_IZ_I$ 是研究卫星轨道运动时最常用的坐标系。坐标原点：地心。X_I 轴：指向赤道平面与黄道平面相交节线的升交点（指向春分点）；Z_I 轴：与地球自转角速度矢量一致；Y_I 轴：与 X_I 轴和 Z_I 轴构成右手正交坐标系。春分点和赤道平面有不同的精确定义且与时间有关，因此在实际使用时应说明它们的定义和历元时刻。目前最常用的地心赤道惯性坐标系是 J2000 赤道惯性坐标系，其春分点对应的历元时刻为 2000 年 1 月 1 日 12 时，赤道为平赤道。地心赤道惯性坐标系严格意义上并非真正的惯性坐标系，但对于卫星工程应用而言，其非惯性因素基本可以忽略[10]。

3.2.2.6 地理坐标系

地理坐标系有时也称地球固连坐标系，有直角坐标系和球面坐标系两种表达形式，原点都取为地心。直角坐标形式的地理坐标系 $O_GX_GY_GZ_G$ 下，X_G 在赤道平面内指向格林尼治子午线，Z_G 与地球自转角速度矢量一致。球坐标形式的地理坐标系 $F_G(r, \lambda, \varphi)$ 下，r 为地心至某点的距离，λ 为地理经度，φ 为地理纬度。

■**提示 1：** 坐标系有直角坐标系、球面坐标系、柱面坐标系等不同表达形式，如不专门指出，默认指直角坐标系。

■**提示 2：** 卫星工程中的常用坐标系没有权威统一的定义，在使用时务必明确其定义。

3.2.3 方向余弦矩阵

用**方向余弦矩阵**表示的姿态矩阵是姿态描述的一般形式。如 3.2.1 节所阐述的，方向余弦矩阵表达了两个坐标系之间的转换关系。记卫星质心坐标系 $O_CX_CY_CZ_C$ 的单位矢量为 $\vec{i}_C$，$\vec{j}_C$，$\vec{k}_C$，卫星轨道坐标系 $O_OX_OY_OZ_O$ 的单位矢量为 $\vec{i}_O$，$\vec{j}_O$，$\vec{k}_O$，两个坐标系之间的关系为

$$\begin{bmatrix}\vec{i}_C\\ \vec{j}_C\\ \vec{k}_C\end{bmatrix}=\boldsymbol{C}_{CO}\begin{bmatrix}\vec{i}_O\\ \vec{j}_O\\ \vec{k}_O\end{bmatrix}\triangleq\begin{bmatrix}C_{11} & C_{12} & C_{13}\\ C_{21} & C_{22} & C_{23}\\ C_{31} & C_{32} & C_{33}\end{bmatrix}\begin{bmatrix}\vec{i}_O\\ \vec{j}_O\\ \vec{k}_O\end{bmatrix} \tag{3.2-7}$$

方向余弦矩阵 $\boldsymbol{C}_{CO}$ 完全确定了卫星姿态在参考坐标系（轨道坐标系）中的状态（方位），因此也称为**姿态矩阵**[1,11]。

方向余弦矩阵是单位正交矩阵，由单位矢量的模值条件可得以下 3 个约束方程

$$\begin{cases}C_{11}^2+C_{12}^2+C_{13}^2=1\\ C_{21}^2+C_{22}^2+C_{23}^2=1\\ C_{31}^2+C_{32}^2+C_{33}^2=1\end{cases}$$

由坐标轴的正交特性可得以下另外 3 个约束方程

$$\begin{cases}C_{11}C_{21}+C_{12}C_{22}+C_{13}C_{23}=0\\ C_{11}C_{31}+C_{12}C_{32}+C_{13}C_{33}=0\\ C_{21}C_{31}+C_{22}C_{32}+C_{23}C_{33}=0\end{cases}$$

可见，在方向余弦矩阵 9 个元素中，只有 3 个是独立的。也就是说，用 3 个独立的参数就可以描述卫星三轴姿态在参考坐标系中的状态。

方向余弦矩阵还有如下性质：任意矩阵元素与它的代数余子式相等，即

$$C_{ij}=(-1)^{i+j}M_{ij} \tag{3.2-8}$$

■**提示：** 将矢量叉乘关系 $\vec{i}_C=\vec{j}_C\times\vec{k}_C$ 在式（3.2-7）的坐标系 $O_OX_OY_OZ_O$ 中按分量展开即可得到式（3.2-8）所示的性质。

用方向余弦矩阵表达坐标系之间的连续旋转关系是很方便的。设有 3 个坐标系 F_A 、

F_B 、F_C，记从 F_A 旋转到 F_B（即 F_B 相对于 F_A）的方向余弦矩阵为 $\boldsymbol{C}_{BA}$，从 F_B 旋转到 F_C 的方向余弦矩阵为 $\boldsymbol{C}_{CB}$，从 F_A 旋转到 F_C 的方向余弦矩阵为 $\boldsymbol{C}_{CA}$，则有关系式

$$\boldsymbol{C}_{CA}=\boldsymbol{C}_{CB}\boldsymbol{C}_{BA}$$

用方向余弦矩阵描述姿态的优点是：不含三角函数，进行坐标变换时代数计算比较容易，其矩阵导数的计算也比较紧凑简单；缺点是：9 个元素不独立，有多重解。方向余弦矩阵是众多姿态描述方法中最基础的一种，利用方向余弦矩阵作为中间桥梁，可以将各种姿态描述方法关联起来。

3.2.4 欧拉角

欧拉角姿态描述法只有 3 个角度参数，具有明显的几何意义。其定义是，将参考坐标系相继转动 3 次得到星体固连坐标系，且每次的旋转轴都是被转动坐标系的某一坐标轴，每次的转动角即为**欧拉（Euler）角**。

将绕 X 轴的转角记为 $\boldsymbol{C}_X(\varphi)$，绕 Y 轴的转角记为 $\boldsymbol{C}_Y(\theta)$，绕 Z 轴的转角记为 $\boldsymbol{C}_Z(\psi)$，则每次的旋转矩阵（称为基元旋转矩阵）为

$$\boldsymbol{C}_X(\varphi)=\begin{bmatrix}1 & 0 & 0\\ 0 & \cos\varphi & \sin\varphi\\ 0 & -\sin\varphi & \cos\varphi\end{bmatrix}$$

$$\boldsymbol{C}_Y(\theta)=\begin{bmatrix}\cos\theta & 0 & -\sin\theta\\ 0 & 1 & 0\\ \sin\theta & 0 & \cos\theta\end{bmatrix}$$

$$\boldsymbol{C}_Z(\psi)=\begin{bmatrix}\cos\psi & \sin\psi & 0\\ -\sin\psi & \cos\psi & 0\\ 0 & 0 & 1\end{bmatrix}$$

采用欧拉角描述姿态时，对应的姿态矩阵与 3 次转动的顺序有关。欧拉转序从应用上可分为两类：第一类为第一次和第三次转动绕同类坐标轴进行，第二次转动绕另两类坐标轴中的某一轴进行；第二类为每次转动皆绕不同类别的坐标轴进行。用 X、Y、Z 表示转轴的类别，共有以下 12 种欧拉转序[11,14]：

第一类：$X-Y-X$，$X-Z-X$，$Y-X-Y$，$Y-Z-Y$，$Z-X-Z$，$Z-Y-Z$

第二类：$X-Y-Z$，$X-Z-Y$，$Y-X-Z$，$Y-Z-X$，$Z-X-Y$，$Z-Y-X$

在卫星工程中最常用的欧拉角转序是 $Z-X-Z$（称为 3－1－3 转序）、$Z-X-Y$（称为 3－1－2 转序）和 $Z-Y-X$（称为 3－2－1 转序）。其中，3－1－3 转序多用于描述自旋卫星的姿态，3－1－2 转序和 3－2－1 转序多用于描述三轴稳定卫星的姿态，参见图 3.2－3 的坐标系转换关系。

根据坐标变换矩阵（方向余弦矩阵）的性质，对于 3－1－2 转序，有以下旋转过程

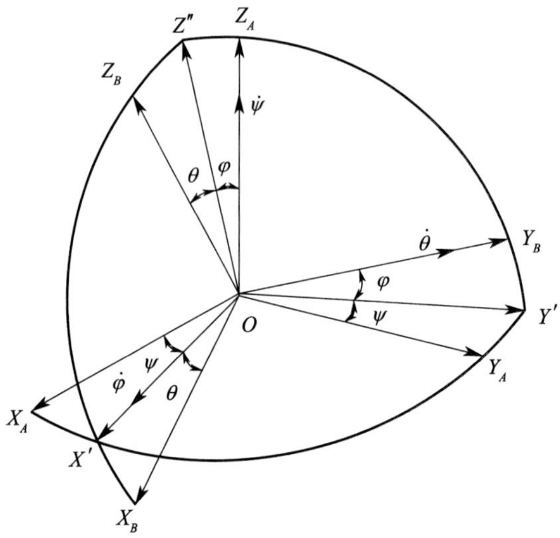

图 3.2-3　坐标系旋转与欧拉角

$$OX_AY_AZ_A \xrightarrow{C_Z(\psi)} OX'Y'Z_A \xrightarrow{C_X(\varphi)} OX'Y_BZ'' \xrightarrow{C_Y(\theta)} OX_BY_BZ_B$$

对应的公式表达式为

$$\boldsymbol{C}_{312}(\psi,\varphi,\theta)=\boldsymbol{C}_Y(\theta)\boldsymbol{C}_X(\varphi)\boldsymbol{C}_Z(\psi)$$

$$=\begin{bmatrix}\cos\theta\cos\psi-\sin\varphi\sin\theta\sin\psi & \cos\theta\sin\psi+\sin\varphi\sin\theta\cos\psi & -\cos\varphi\sin\theta\\ -\cos\varphi\sin\psi & \cos\varphi\cos\psi & \sin\varphi\\ \sin\theta\cos\psi+\sin\varphi\cos\theta\sin\psi & \sin\theta\sin\psi-\sin\varphi\cos\theta\cos\psi & \cos\varphi\cos\theta\end{bmatrix} \tag{3.2-9}$$

对照方向余弦矩阵的表达式（3.2-7）可以得到欧拉角与方向余弦矩阵元素的关系

$$\begin{cases}\psi=\arctan\left(-\dfrac{C_{21}}{C_{22}}\right)\\ \varphi=\arcsin(C_{23})\\ \theta=\arctan\left(-\dfrac{C_{13}}{C_{33}}\right)\end{cases}$$

当欧拉角 $\varphi=90°$时，欧拉转动处于奇异状态，θ 角和 ψ 角不能唯一确定。

对于 3-1-3 转序，则有

$$\boldsymbol{C}_{313}(\psi,\theta,\varphi)=\boldsymbol{C}_Z(\varphi)\boldsymbol{C}_X(\theta)\boldsymbol{C}_Z(\psi)$$

$$=\begin{bmatrix}\cos\varphi\cos\psi-\cos\theta\sin\varphi\sin\psi & \cos\varphi\sin\psi+\cos\theta\sin\varphi\cos\psi & \sin\theta\sin\varphi\\ -\sin\varphi\cos\psi-\cos\theta\cos\varphi\sin\psi & -\sin\varphi\sin\psi+\cos\theta\cos\varphi\cos\psi & \sin\theta\cos\varphi\\ \sin\theta\sin\psi & -\sin\theta\cos\psi & \cos\theta\end{bmatrix} \tag{3.2-10}$$

对照方向余弦矩阵的表达式可以得到欧拉角与方向余弦矩阵元素的关系

$$\begin{cases}\psi = \arctan\left(-\dfrac{C_{31}}{C_{32}}\right) \\ \theta = \arccos(C_{33}) \\ \varphi = \arctan\left(\dfrac{C_{13}}{C_{23}}\right)\end{cases}$$

当欧拉角 $\theta = 0$ 时，欧拉转动处于奇异状态，φ 角和 ψ 角不能唯一确定。

同理，对于 3－2－1 转序，有

$$\begin{aligned}\boldsymbol{C}_{321}(\psi,\theta,\varphi) &= \boldsymbol{C}_X(\varphi)\,\boldsymbol{C}_Y(\theta)\,\boldsymbol{C}_Z(\psi) \\ &= \begin{bmatrix}\cos\theta\cos\psi & \cos\theta\sin\psi & -\sin\theta \\ -\cos\varphi\sin\psi + \sin\varphi\sin\theta\cos\psi & \cos\varphi\cos\psi + \sin\varphi\sin\theta\sin\psi & \sin\varphi\cos\theta \\ \sin\varphi\sin\psi + \cos\varphi\sin\theta\cos\psi & -\sin\varphi\cos\psi + \cos\varphi\sin\theta\sin\psi & \cos\varphi\cos\theta\end{bmatrix}\end{aligned} \tag{3.2-11}$$

如果 3 个欧拉角皆为小量，则式（3.2－9）和式（3.2－11）的小角度近似式为

$$\boldsymbol{C}_{312}(\psi,\varphi,\theta) \approx \boldsymbol{C}_{321}(\psi,\theta,\varphi) \approx \begin{bmatrix}1 & \psi & -\theta \\ -\psi & 1 & \varphi \\ \theta & -\varphi & 1\end{bmatrix} \tag{3.2-12}$$

可见，小角度近似时，对于第二类转序，方向余弦矩阵的表达式可认为与欧拉角的转序无关。对于 3－1－2 或 3－2－1 转序，ψ 称为偏航角，θ 称为俯仰角，φ 称为滚动角。

在小角度情形下，可以将 3 个欧拉角记成向量形式 $\boldsymbol{\Theta} = [\varphi \quad \theta \quad \psi]^{\mathrm{T}}$，上述近似关系可以表示为

$$\boldsymbol{C} = \boldsymbol{I}_3 - \boldsymbol{\Theta}^{\times}$$

用欧拉角描述姿态的优点是：几何意义直观，在转序确定的情况下只用 3 个参数即确定了唯一的指向；缺点是：包含多次三角运算，大角度情况下有奇点问题。

■**提示 1**：坐标系的连续旋转有两种方式：在全局坐标系下进行（即每次的旋转轴都是同一个坐标系的），在局部坐标系下进行（即每次的旋转轴都是当前坐标系的）。在卫星运动学中，后者更有实用价值。本节介绍的欧拉角就是通过局部坐标系的连续旋转而定义的。

■**提示 2**：欧拉角的定义有狭义和广义之分。狭义的欧拉角是指 3－1－3 顺序旋转（即第一次旋转和第三次旋转的转轴相同）对应的转角，3 个角分别称为进动角、章动角、自转角；而把转轴各不相同的旋转（如 3－2－1 顺序旋转）称为卡尔丹（Cardan）角或布莱恩特（Bryant）角[1,6,16]。广义的欧拉角是指局部坐标系下任意连续旋转得到的旋转角序列。在卫星运动学中，普遍采用广义欧拉角。

3.2.5　欧拉轴/角

欧拉轴/角参数表达式源自著名的**欧拉定理**：刚体绕固定点的任一角位移，可由绕通过此点的某一轴转动一定角度而得到。通过对该定理数学意义的阐释可以得到描述卫星姿

态运动的**欧拉轴/角**参数表达式。

对于正交实矩阵 $\boldsymbol{C}$，其至少有一个特征值为 1 的特征矢量，即存在一个满足以下等式的单位矢量 $\boldsymbol{e}$（用列阵表示）

$$\boldsymbol{e}=\boldsymbol{C}\boldsymbol{e} \tag{3.2-13}$$

式（3.2－13）表明，转轴单位矢量 $\boldsymbol{e}$ 在体坐标系中的分量与在参考坐标系中的分量相同，任何姿态转动都对应一个转换矩阵 $\boldsymbol{C}$。可见，可以用特定的转轴矢量和转动角来描述卫星相对参考系的姿态运动，即欧拉轴/角参数表达式，记为（$\vec{e}$，ϕ），其矢量表达式为

$$\vec{\phi}=\phi\vec{e}$$

其对应的矩阵形式为

$$\boldsymbol{\Phi}=\phi\boldsymbol{e}=\phi\ [e_x\quad e_y\quad e_z]^{\mathrm{T}}$$

也可记为（$\boldsymbol{e}$，ϕ）。

欧拉轴/角参数表达式共有 4 个：转轴单位矢量 $\vec{e}$（称为欧拉轴）在参考坐标系中的 3 个分量 e_x，e_y，e_z（和体坐标系中的分量一样）以及绕此转轴的转角 ϕ（称为欧拉转角）。由于约束条件 $e_x^2+e_y^2+e_z^2=1$ 的存在，因此，欧拉轴/角参数表达式只有 3 个参数是独立的。在一些文献中，欧拉轴/角参数表达式也称为 Euler－Lexell－Rodriguez 参数表达式[6]。

对于欧拉轴/角参数和方向余弦矩阵的对应关系，有多种推导方法，有些还需要一定的技巧。这里介绍两种方法，第一种方法基于矢量运算，其特点是几何关系清晰，便于加深对欧拉轴/角参数本质的理解；第二种方法基于坐标转换，其过程比较直接，便于加深对坐标转换的理解[1,6]。

方法一：基于矢量运算的关系推导。

如图 3.2－4 所示，记原参考坐标系为 F_A，F_A 绕欧拉轴 $\vec{e}$ 旋转角度 ϕ 后成为 F_B。将矢量 $\vec{v}$ 向 $\vec{e}$ 轴的垂直平面内投影得到 $\vec{v}_\perp$，从而可将 $\vec{v}$ 分解为 $\vec{v}_\perp$ 和 $\vec{v}_\parallel$ 两个垂直分量。F_A 绕 $\vec{e}$ 旋转 ϕ 至 F_B 的过程，对于 F_B 上固连的观察者而言，相当于矢量 $\vec{v}$ 绕 $\vec{e}$ 旋转了 $-\phi$，变为 $\vec{v}'$。同样，将其分解为两个垂直分量 $\vec{v}'_\perp$ 和 $\vec{v}'_\parallel$，有

$$\vec{v}_\parallel=(\vec{v}\cdot\vec{e})\vec{e},\quad \vec{v}_\perp=\vec{v}-\vec{v}_\parallel=\vec{v}-(\vec{v}\cdot\vec{e})\vec{e}$$

$$\begin{aligned}\vec{v}'_\perp&=\vec{v}_\perp\cos(-\phi)+\vec{v}_\times\sin(-\phi)\\&=\vec{v}_\perp\cos\phi-\vec{e}\times\vec{v}_\perp\sin\phi\\&=\vec{v}_\perp\cos\phi-\vec{e}\times(\vec{v}-\vec{v}_\parallel)\sin\phi\\&=(\vec{v}-\vec{v}_\parallel)\cos\phi-\vec{e}\times\vec{v}\sin\phi\end{aligned}$$

则

$$\begin{aligned}\vec{v}'&=\vec{v}'_\parallel+\vec{v}'_\perp\\&=\vec{v}_\parallel+(\vec{v}-\vec{v}_\parallel)\cos\phi-\vec{e}\times\vec{v}\sin\phi\\&=\vec{v}\cos\phi+\vec{v}_\parallel(1-\cos\phi)-\vec{e}\times\vec{v}\sin\phi\\&=\vec{v}\cos\phi+(\vec{v}\cdot\vec{e})\vec{e}(1-\cos\phi)-\vec{e}\times\vec{v}\sin\phi\end{aligned}$$

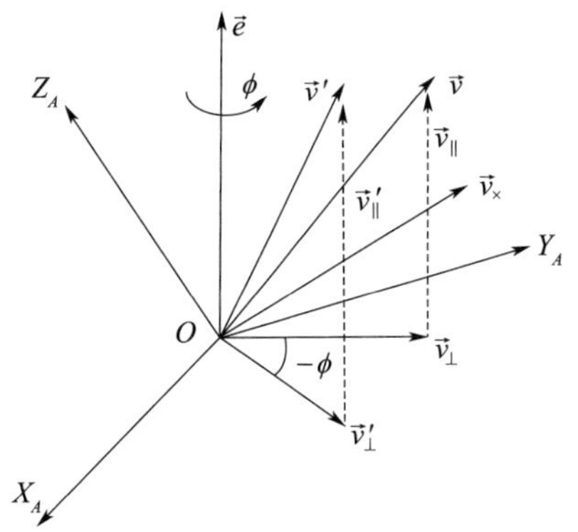

图 3.2-4　欧拉轴/角到方向余弦矩阵的变换关系

上式在坐标系 F_B 中的分量表示为

$$\boldsymbol{v}'=[\boldsymbol{I}\cos\phi+(1-\cos\phi)\boldsymbol{e}\boldsymbol{e}^{\mathrm{T}}-\sin\phi\boldsymbol{e}^{\times}]\boldsymbol{v}$$

即 $\boldsymbol{v}_B=\boldsymbol{C}_{BA}\boldsymbol{v}_A$。

因此，有

$$\boldsymbol{C}_{BA}=\cos\phi\boldsymbol{I}+(1-\cos\phi)\boldsymbol{e}\boldsymbol{e}^{\mathrm{T}}-\sin\phi\boldsymbol{e}^{\times} \tag{3.2-14}$$

式中　$\boldsymbol{e}^{\times}$——叉乘矩阵，用处非常广泛，它是一个反对称矩阵，具体形式为

$$\boldsymbol{e}^{\times}=\begin{bmatrix}0 & -e_z & e_y\\ e_z & 0 & -e_x\\ -e_y & e_x & 0\end{bmatrix}$$

■**提示 1：** 上述推导直观揭示了欧拉轴/角的几何含义。该推导过程类似机器人运动学中的罗德里格斯旋转变换，不同点在于：罗德里格斯旋转变换是研究同一坐标系下的矢量旋转过程，而这里的推导是研究同一矢量在不同坐标系下的表征关系。

■**提示 2：** 向量的叉乘矩阵应用非常广泛，但有少数文献定义的叉乘矩阵与上面的通用定义不一致（相当于 $-\boldsymbol{e}^{\times}$），使用时注意不要弄错。

方法二：基于坐标转换的关系推导。

将参考坐标系记为 F_A，体坐标系记为 F_B，坐标系 F_B 相对于 F_A 的方向余弦矩阵记为 $\boldsymbol{C}_{BA}$。为了将 $\boldsymbol{C}_{BA}$ 用 e_x，e_y，e_z 和 ϕ 表示，对参考坐标系 F_A 进行两次欧拉旋转。

第一次旋转：将参考坐标系 F_A 旋转至 $F_{A'}$，使 F_A 的 X_A 坐标轴与欧拉转轴 $\boldsymbol{e}$ 一致，则其转换矩阵为

$$\boldsymbol{C}_{A'A}=\boldsymbol{R}=\begin{bmatrix}e_x & e_y & e_z\\ R_{21} & R_{22} & R_{23}\\ R_{31} & R_{32} & R_{33}\end{bmatrix} \tag{3.2-15}$$

第二次旋转：将坐标系 F_A 和 $F_{A'}$ 保持其固连关系，一起绕欧拉转轴 $\boldsymbol{e}$（也是 $F_{A'}$ 的 X 轴）旋转角度 ϕ。显然，经过此次旋转，坐标系 F_A 将与 F_B 重合；而 $F_{A'}$ 变成了一个新的坐标系 $F_{A''}$，其转换矩阵为

$$\boldsymbol{C}_{A''A'}=\boldsymbol{C}_1(\phi)=\begin{bmatrix}1 & 0 & 0\\ 0 & \cos\phi & \sin\phi\\ 0 & -\sin\phi & \cos\phi\end{bmatrix} \tag{3.2-16}$$

注意：坐标系 F_A 和 $F_{A'}$ 是在保持固连关系不变的情况下一起旋转的，有图 3.2－5 所示的关系。

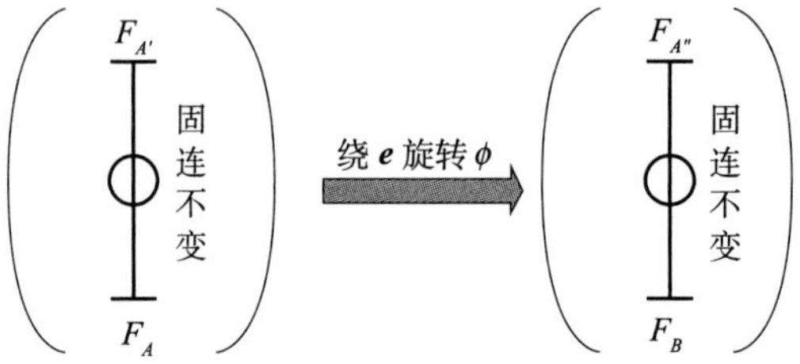

图 3.2－5　坐标系转换关系

因此，有 $\boldsymbol{C}_{A''B}=\boldsymbol{C}_{A'A}=\boldsymbol{R}$。

第三次旋转：由于 $\boldsymbol{C}_{BA''}=\boldsymbol{R}^{-1}$，因此利用变换矩阵 $\boldsymbol{R}^{-1}=\boldsymbol{R}^{\mathrm{T}}$ 对坐标系 $F_{A''}$ 进行旋转，则旋转后的 $F_{A''}$ 将变成与 F_B 一致。

根据上述旋转矩阵的传递关系可知

$$\boldsymbol{C}_{BA}=\boldsymbol{C}_{BA''}\boldsymbol{C}_{A''A'}\boldsymbol{C}_{A'A}=\boldsymbol{C}_{AA'}\boldsymbol{C}_1(\phi)\boldsymbol{C}_{A'A}=\boldsymbol{R}^{\mathrm{T}}\boldsymbol{C}_1(\phi)\boldsymbol{R} \tag{3.2-17}$$

将式（3.2－15）、式（3.2－16）代入式（3.2－17）得

$$\begin{aligned}
C_{11}&=e_x^2+(R_{21}^2+R_{31}^2)\cos\theta\\
C_{12}&=e_xe_y+(R_{21}R_{22}+R_{31}R_{32})\cos\theta+(R_{21}R_{32}-R_{22}R_{31})\sin\theta\\
C_{13}&=e_xe_z+(R_{21}R_{23}+R_{31}R_{33})\cos\theta+(R_{21}R_{33}-R_{23}R_{31})\sin\theta\\
&\ \vdots\\
C_{33}&=e_z^2+(R_{23}^2+R_{33}^2)\cos\theta
\end{aligned}$$

根据方向余弦矩阵 $\boldsymbol{R}$ 的单位正交性质，有以下 6 个约束方程

$$\begin{aligned}
e_x^2+R_{21}^2+R_{31}^2&=1\\
e_y^2+R_{22}^2+R_{32}^2&=1\\
e_z^2+R_{23}^2+R_{33}^2&=1\\
e_xe_y+R_{21}R_{22}+R_{31}R_{32}&=0\\
e_ye_z+R_{22}R_{23}+R_{32}R_{33}&=0\\
e_xe_z+R_{21}R_{23}+R_{31}R_{33}&=0
\end{aligned}$$

此外，根据式（3.2－8），对于方向余弦矩阵 $\boldsymbol{R}$ 有

$$\begin{aligned}
e_x&=R_{22}R_{33}-R_{23}R_{32}\\
e_y&=R_{23}R_{31}-R_{21}R_{33}\\
e_z&=R_{21}R_{32}-R_{22}R_{31}
\end{aligned}$$

基于上述 9 个约束关系式即可得到 $\boldsymbol{C}_{BA}$ 的表达式为

$$\boldsymbol{C}_{BA}=\begin{bmatrix} c\phi+e_x^2(1-c\phi) & e_xe_y(1-c\phi)+e_zs\phi & e_xe_z(1-c\phi)-e_ys\phi \\ e_ye_x(1-c\phi)-e_zs\phi & c\phi+e_y^2(1-c\phi) & e_ye_z(1-c\phi)+e_xs\phi \\ e_ze_x(1-c\phi)+e_ys\phi & e_ze_y(1-c\phi)-e_xs\phi & c\phi+e_z^2(1-c\phi) \end{bmatrix} \tag{3.2-18}$$

式中，$c\phi \triangleq \cos\phi$，$s\phi \triangleq \sin\phi$。式（3.2－18）也可以简记为

$$\boldsymbol{C}_{BA}=\cos\phi\boldsymbol{I}+(1-\cos\phi)\boldsymbol{e}\boldsymbol{e}^{\mathrm{T}}-\sin\phi\boldsymbol{e}^{\times}$$

即式（3.2－14）。

在文献中，经常能见到式（3.2－14）的各种等价形式，例如

$$\boldsymbol{C}_{BA}=\boldsymbol{I}-\sin\phi\boldsymbol{e}^{\times}+(1-\cos\phi)(\boldsymbol{e}^{\times})^2$$

$$\boldsymbol{C}_{BA}=\boldsymbol{I}-\sin\phi\boldsymbol{e}^{\times}+2\sin^2\frac{\phi}{2}(\boldsymbol{e}^{\times})^2$$

$$\boldsymbol{C}_{BA}=\boldsymbol{I}-2\sin\frac{\phi}{2}\boldsymbol{e}^{\times}\left(\cos\frac{\phi}{2}\boldsymbol{I}-\sin\frac{\phi}{2}\boldsymbol{e}^{\times}\right)$$

$$\boldsymbol{C}_{BA}=\cos\phi(\boldsymbol{I}-\boldsymbol{e}\boldsymbol{e}^{\mathrm{T}})-\sin\phi\boldsymbol{e}^{\times}+\boldsymbol{e}\boldsymbol{e}^{\mathrm{T}}$$

式（3.2－18）给出了欧拉轴/角参数到方向余弦矩阵的转换关系，由该式也可以推出方向余弦矩阵到欧拉轴/角参数的转换关系

$$\boldsymbol{e}=\frac{1}{2\sin\phi}\begin{bmatrix} C_{23}-C_{32} \\ C_{31}-C_{13} \\ C_{12}-C_{21} \end{bmatrix} \tag{3.2-19}$$

$$\phi=\arccos\frac{1}{2}(C_{11}+C_{22}+C_{33}-1)=\arccos\frac{1}{2}(\mathrm{trace}\boldsymbol{C}-1)$$

式（3.2－19）中的向量部分也可以表示为叉乘矩阵形式[1]（这在某些公式推导时比较有用）

$$\boldsymbol{e}^{\times}=\frac{1}{2\sin\phi}(\boldsymbol{C}^{\mathrm{T}}-\boldsymbol{C})$$

下面探讨用欧拉轴/角参数式表示的坐标系连续旋转变换。和 3.2.3 节类似，记从坐标系 F_A 旋转到 F_B 的欧拉轴/角为（$\boldsymbol{e}_{BA}$，ϕ_{BA}），从 F_B 旋转到 F_C 的欧拉轴/角为（$\boldsymbol{e}_{CB}$，ϕ_{CB}），从 F_A 旋转到 F_C 的欧拉轴/角为（$\boldsymbol{e}_{CA}$，ϕ_{CA}）。利用欧拉轴/角与方向余弦矩阵之间的转换关系式，经过简单推导可以求得

$$\cos\frac{\phi_{CA}}{2}=\cos\frac{\phi_{BA}}{2}\cos\frac{\phi_{CB}}{2}-\sin\frac{\phi_{BA}}{2}\sin\frac{\phi_{CB}}{2}\boldsymbol{e}_{BA}^{\mathrm{T}}\boldsymbol{e}_{CB}$$

$$\boldsymbol{e}_{CA}=\left(\boldsymbol{e}_{BA}\sin\frac{\phi_{BA}}{2}\cos\frac{\phi_{CB}}{2}+\boldsymbol{e}_{CB}\cos\frac{\phi_{BA}}{2}\sin\frac{\phi_{CB}}{2}+\boldsymbol{e}_{BA}^{\times}\boldsymbol{e}_{CB}\sin\frac{\phi_{BA}}{2}\sin\frac{\phi_{CB}}{2}\right)\Big/\sin\frac{\phi_{CA}}{2}$$

在小角度情形下，姿态运动可近似看作绕定轴旋转一个小角度。式（3.2－14）可近似为

$$\boldsymbol{C}\approx\boldsymbol{I}-\phi\boldsymbol{e}^{\times}+\frac{1}{2}\phi^2(\boldsymbol{e}\boldsymbol{e}^{\mathrm{T}}-\boldsymbol{I})$$

对于坐标系连续旋转变换，相应地有以下近似表达式

$$\boldsymbol{C}_{CB}\boldsymbol{C}_{BA} \approx \boldsymbol{C}_{BA}\boldsymbol{C}_{CB} \approx \boldsymbol{I} - \phi_{BA}\boldsymbol{e}_{BA}^{\times} - \phi_{CB}\boldsymbol{e}_{CB}^{\times}$$

可见，尽管对于一般情形（非无限小角位移），姿态运动与转动顺序是有严格对应关系的，但对于小角度运动，可以近似认为与转序无关。

最后简要介绍欧拉轴/角表达的坐标系之间的几何关系。如图 3.2－6 所示，记 θ_x，θ_y，θ_z 为参考坐标系 F_A 和体坐标系 F_B 之间的夹角，则方向余弦矩阵 $\boldsymbol{C}_{BA}$ 中对角线上的元素可以表示为

$$C_{ii} = \cos\theta_i = \cos\phi + e_i^2(1-\cos\phi)$$

对上式进行三角恒等变换可得

$$\sin^2\frac{\theta_i}{2} = (1-e_i^2)\sin^2\frac{\phi}{2}$$

将 $i=x$，y，z 分别代入上式，并将三式相加可得

$$\sin^2\frac{\phi}{2} = \frac{1}{2}\left(\sin^2\frac{\theta_x}{2} + \sin^2\frac{\theta_y}{2} + \sin^2\frac{\theta_z}{2}\right) \tag{3.2-20}$$

式（3.2－20）给出了 3 个坐标轴偏离角与欧拉转角之间的关系[11]。当角度较小时，还可进一步简化为

$$\phi \approx \sqrt{(\theta_x^2 + \theta_y^2 + \theta_z^2)/2} \tag{3.2-21}$$

式（3.2－21）常用于姿态误差分析中。

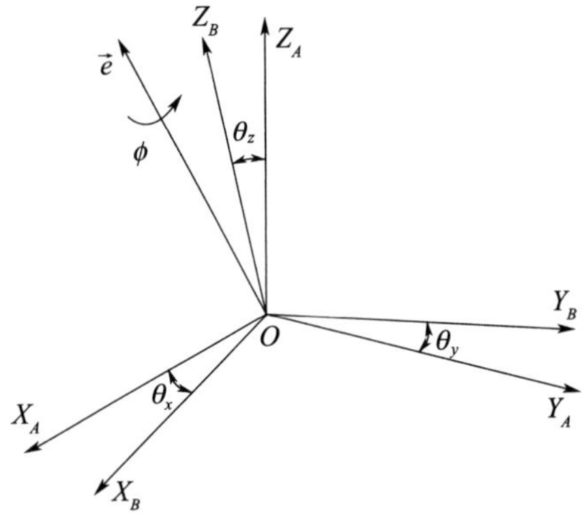

图 3.2－6　欧拉转角与坐标系之间的关系

用欧拉轴/角参数式描述姿态的优点是几何意义非常直观，常用于对姿态运动进行辅助分析；但由于表达式中既有矢量，又有标量，且矩阵运算时包含三角函数，因此在姿态运动学中很少直接使用，而是更多使用其改进形式——姿态四元数。

3.2.6　姿态四元数

数学上的**四元数**概念最早由 Hamilton 引入，定义为由 1 个实数单位和 3 个虚数单位组成的包含 4 个实数的超复数[7]

$$\tilde{q} \triangleq (q_1, q_2, q_3, q_4) \triangleq q_1 i + q_2 j + q_3 k + q_4$$

在应用中，通常将 i，j，k 视为三维空间的单位矢量，这样，四元数视为矢量和标量之和，即

$$\tilde{q}=V(\tilde{q})+S(\tilde{q})=\vec{q}+q_4 \tag{3.2-22}$$

其中，$V(\tilde{q})$ 表示四元数的矢量部分，$S(\tilde{q})$ 表示四元数的标量部分。将四元数的矢量部分投射到某坐标系（例如 F_R）下，则有

$$\tilde{q}_{\mathrm{R}}=q_1\vec{i}_{\mathrm{R}}+q_2\vec{j}_{\mathrm{R}}+q_3\vec{k}_{\mathrm{R}}+q_4 \tag{3.2-23}$$

在运动学中，四元数通常限定为基于欧拉轴/角参数的**姿态四元数**（也称为**欧拉四元数**），定义为

$$\tilde{q}\triangleq\vec{q}+q_4\triangleq\vec{e}\sin\frac{\phi}{2}+\cos\frac{\phi}{2} \tag{3.2-24a}$$

对应的矩阵形式为（在不引起混淆的情况下，略去表示坐标系的下标）

$$\tilde{\boldsymbol{q}}\triangleq\begin{bmatrix}\boldsymbol{q}\\q_4\end{bmatrix}=\begin{bmatrix}q_1 & q_2 & q_3 & q_4\end{bmatrix}^{\mathrm{T}}=\begin{bmatrix}e_x\sin\frac{\phi}{2} & e_y\sin\frac{\phi}{2} & e_z\sin\frac{\phi}{2} & \cos\frac{\phi}{2}\end{bmatrix}^{\mathrm{T}} \tag{3.2-24b}$$

式（3.2-24b）中，$\boldsymbol{q}\triangleq\boldsymbol{e}\sin\frac{\phi}{2}$ 为四元数的矢量部分，q_4 为标量部分。显然，姿态四元数矢量部分 $\vec{q}$ 的模为 $\sin\frac{\phi}{2}$。

姿态四元数中 4 个参数不是独立的，而是需满足以下约束方程

$$q_1^2+q_2^2+q_3^2+q_4^2=1$$

因此，姿态四元数中也只有 3 个参数是独立的。

■**提示 1**：在不同文献中，姿态四元数的表示方法极为混乱。就矩阵（列阵）表示法而言，存在两种表示形式：一种是矢量在前、标量在后；另一种是标量在前、矢量在后。下标也有两种表示法：一种是从 0 开始；另一种是从 1 开始。在使用时需要特别留意。本书采用矢量在前、下标从 1 开始的表示法，其优点是：先矢量后标量，可与欧拉轴/角的几何意义明确对应（先确定一个转轴矢量，然后绕该轴旋转一个角度）；下标从 1 开始，则 4 即表示第 4 个参数。

■**提示 2**：姿态四元数中包含矢量，而矢量的分量大小是就特定坐标系而言的，因此在运动学中使用四元数的分量时也必须明确其对应的坐标系。只有在不会产生歧义的情况下才可以忽略坐标系。

姿态四元数是四元数的一种，它满足四元数的普遍性质。下面简要介绍四元数的代数运算性质[7,18]。熟悉这些性质对于姿态四元数的相关演算是必要的。设两个代数式表示的四元数分别为

$$\tilde{q}_A=\vec{q}_A+q_{A,4}$$
$$\tilde{q}_B=\vec{q}_B+q_{B,4}$$

四元数的加法、四元数与标量的乘法都是显而易见的，不再赘述。四元数的乘法定义

为（符号∘称为圈积）

$$\tilde{q}_C=\tilde{q}_A\circ\tilde{q}_B=(q_{B,4}\vec{q}_A+q_{A,4}\vec{q}_B+\vec{q}_A\times\vec{q}_B)+(q_{A,4}q_{B,4}-\vec{q}_A\cdot\vec{q}_B) \tag{3.2-25}$$

上述结果用到了以下基本约定：

1）若 α、β 为实数标量，则 $\alpha\circ\beta=\alpha\beta$；

2）若 α 为实数标量，$\vec{a}$ 为矢量，则 $\alpha\circ\vec{a}=\alpha\vec{a}$；

3）若 $\vec{a}$、$\vec{b}$ 为矢量，则 $\vec{a}\circ\vec{b}=-\vec{a}\cdot\vec{b}+\vec{a}\times\vec{b}$；

4）对于四元数中 3 个直角坐标系单位矢量，其运算规则为

$$\begin{cases}\vec{i}\circ\vec{i}=\vec{j}\circ\vec{j}=\vec{k}\circ\vec{k}=-1\\ \vec{i}\circ\vec{j}=-\vec{j}\circ\vec{i}=\vec{k}\\ \vec{j}\circ\vec{k}=-\vec{k}\circ\vec{j}=\vec{i}\\ \vec{k}\circ\vec{i}=-\vec{i}\circ\vec{k}=\vec{j}\end{cases}$$

四元数的乘法满足分配律和结合律，即对于四元数 $\tilde{q}_A$、$\tilde{q}_B$、$\tilde{q}_C$，需满足以下关系

$$\tilde{q}_A\circ(\tilde{q}_B+\tilde{q}_C)=\tilde{q}_A\circ\tilde{q}_B+\tilde{q}_A\circ\tilde{q}_C$$

$$\tilde{q}_A\circ\tilde{q}_B\circ\tilde{q}_C=\tilde{q}_A\circ(\tilde{q}_B\circ\tilde{q}_C)$$

但不满足交换律，即 $\tilde{q}_A\circ\tilde{q}_B\neq\tilde{q}_B\circ\tilde{q}_A$。对于标量部分，有 $S(\tilde{q}_A\circ\tilde{q}_B)=S(\tilde{q}_B\circ\tilde{q}_A)$；并且还满足循环置换法则，即

$$S(\tilde{q}_A\circ\tilde{q}_B\circ\tilde{q}_C)=S(\tilde{q}_B\circ\tilde{q}_C\circ\tilde{q}_A)=S(\tilde{q}_C\circ\tilde{q}_A\circ\tilde{q}_B)$$

共轭四元数定义为

$$\tilde{q}^*\triangleq-\vec{q}+q_4$$

则有

$$\tilde{q}\circ\tilde{q}^*=\tilde{q}^*\circ\tilde{q}=q_1^2+q_2^2+q_3^2+q_4^2=\|\tilde{q}\|^2 \tag{3.2-26}$$

$\|\tilde{q}\|$ 称为 $\tilde{q}$ 的**范数**。若 $\|\tilde{q}\|=1$（即 $\tilde{q}\circ\tilde{q}^*=1$），则称该四元数为**规范四元数**。显然，姿态四元数是规范四元数。

对于两个四元数 $\tilde{q}_A$、$\tilde{q}_B$，不难验证

$$(\tilde{q}_A+\tilde{q}_B)^*=\tilde{q}_A^*+\tilde{q}_B^*,(\tilde{q}_A\circ\tilde{q}_B)^*=\tilde{q}_B^*\circ\tilde{q}_A^*,\|\tilde{q}_A\circ\tilde{q}_B\|=\|\tilde{q}_A\|\circ\|\tilde{q}_B\|$$

上述运算性质对于多个四元数显然也是成立的。

四元数的逆定义为

$$\tilde{q}^{-1}\triangleq\tilde{q}^*/\|\tilde{q}\| \tag{3.2-27}$$

它满足：$\tilde{q}\circ\tilde{q}^{-1}=\tilde{q}^{-1}\circ\tilde{q}=1$。显然，对于规范四元数，有 $\tilde{q}^{-1}=\tilde{q}^*$。

根据四元数逆的定义可以求解四元数方程式 $\tilde{p}=\tilde{q}\circ\tilde{r}$（假设 $\tilde{r}$ 未知）为

$$\tilde{r}=\tilde{q}^{-1}\circ\tilde{p}=\frac{\tilde{q}^*\circ\tilde{p}}{\|\tilde{q}\|}$$

四元数乘积之逆可基于上述方程式求出

$$\tilde{p}^{-1}=\frac{\tilde{p}^*}{\|\tilde{p}\|}=\frac{(\tilde{q}\circ\tilde{r})^*}{\|\tilde{q}\circ\tilde{r}\|}=\frac{\tilde{r}^*\circ\tilde{q}^*}{\|\tilde{r}\|\circ\|\tilde{q}\|}=\tilde{r}^{-1}\circ\tilde{q}^{-1}$$

该结论可以推广至多个四元数的乘积

$$(\tilde{q}_1 \circ \tilde{q}_2 \circ \cdots \circ \tilde{q}_n)^{-1} = \tilde{q}_n^{-1} \circ \tilde{q}_{n-1}^{-1} \circ \cdots \circ \tilde{q}_1^{-1}$$

对于多个四元数的连乘，不满足交换律，因此没有规律可言。但对于只含矢量部分（即标量部分为 0）的四元数，其连乘是有规律的。下面考察四元数矢量部分连乘的运算。设有 3 个四元数 $\tilde{q}_A$，$\tilde{q}_B$，$\tilde{q}_C$，对应的矢量部分分别为 $\vec{q}_A$，$\vec{q}_B$，$\vec{q}_C$，则根据式（3.2-25)，有

$$S(\vec{q}_A \circ \vec{q}_B \circ \vec{q}_C) = S(\vec{q}_B \circ \vec{q}_C \circ \vec{q}_A) = S(\vec{q}_C \circ \vec{q}_A \circ \vec{q}_B)$$

可见，3 个四元数连乘的标量部分满足循环置换法则。根据共轭四元数的定义和性质，可得 $(\vec{q}_A \circ \vec{q}_B \circ \vec{q}_C)^* = (-\vec{q}_C) \circ (-\vec{q}_B) \circ (-\vec{q}_A) = -\vec{q}_C \circ \vec{q}_B \circ \vec{q}_A$。四元数与其共轭四元数的标量部分相同，矢量部分符号相反，因此有以下关系式

$$S((\vec{q}_A \circ \vec{q}_B \circ \vec{q}_C)^*) = S(\vec{q}_A \circ \vec{q}_B \circ \vec{q}_C) = -S(\vec{q}_C \circ \vec{q}_A \circ \vec{q}_B)$$

$$V((\vec{q}_A \circ \vec{q}_B \circ \vec{q}_C)^*) = -V(\vec{q}_A \circ \vec{q}_B \circ \vec{q}_C) = -V(\vec{q}_C \circ \vec{q}_A \circ \vec{q}_B)$$

上述关系式在运动学推导中有一定作用。

和欧拉轴/角类似，用姿态四元数描述姿态运动以及坐标变换关系是很方便的。先考察同一坐标系下的矢量旋转。设卫星上某个点的位置矢量为 $\vec{r}_0$，在刚体四元数 $\tilde{q}_{1/0}$ 的作用下，$\vec{r}_0$ 旋转到 $\vec{r}_1$，则有以下关系式

$$\vec{r}_1 = \tilde{q}_{1/0} \circ \vec{r}_0 \circ \tilde{q}_{1/0}^{-1} = \tilde{q}_{1/0} \circ \vec{r}_0 \circ \tilde{q}_{1/0}^*$$

更通用的做法是将矢量也扩充为四元数形式，设 $\vec{r}_0$ 和 $\vec{r}_1$ 对应的四元数分别为 $\tilde{R}_0$ 和 $\tilde{R}_1$，则有

$$\tilde{R}_1 = \tilde{q}_{1/0} \circ \tilde{R}_0 \circ \tilde{q}_{1/0}^{-1} = \tilde{q}_{1/0} \circ \tilde{R}_0 \circ \tilde{q}_{1/0}^*$$

如果卫星依次进行 2 次转动，它们分别由四元数 $\tilde{q}_{1/0}$ 和 $\tilde{q}_{2/1}$ 表示（瞬时轴通过同一点)，则有

$$\tilde{R}_2 = \tilde{q}_{2/1} \circ \tilde{R}_1 \circ \tilde{q}_{2/1}^* = \tilde{q}_{2/1} \circ (\tilde{q}_{1/0} \circ \tilde{R}_0 \circ \tilde{q}_{1/0}^*) \circ \tilde{q}_{2/1}^* = (\tilde{q}_{2/1} \circ \tilde{q}_{1/0}) \circ \tilde{R}_0 \circ (\tilde{q}_{2/1} \circ \tilde{q}_{1/0})^*$$

可见，卫星依次进行由 $\tilde{q}_{1/0}$ 和 $\tilde{q}_{2/1}$ 表示的转动，等效于由 $\tilde{q}_{2/1} \circ \tilde{q}_{1/0}$ 确定的一次转动。

下面考察同一矢量在不同坐标系之间的变换关系[7]。设四元数 $\tilde{\boldsymbol{q}}_{A\backslash B}$ 表示从坐标系 F_A 旋转到 F_B，因是定轴转动，此时该四元数在两个坐标系下的“映像”（坐标）相同。矢量 $\vec{r}$ 在两个坐标系的分量式分别为 $\boldsymbol{r}_A$ 和 $\boldsymbol{r}_B$，则有

$$\boldsymbol{r}_B = \tilde{\boldsymbol{q}}_{A\backslash B}^* \circ \boldsymbol{r}_A \circ \tilde{\boldsymbol{q}}_{A\backslash B}$$

同样，也可以将矢量扩充为四元数形式，记 $\boldsymbol{r}_A$ 和 $\boldsymbol{r}_B$ 对应的四元数分别为 $\tilde{\boldsymbol{R}}_A$ 和 $\tilde{\boldsymbol{R}}_B$，则有

$$\tilde{\boldsymbol{R}}_B = \tilde{\boldsymbol{q}}_{A\backslash B}^* \circ \tilde{\boldsymbol{R}}_A \circ \tilde{\boldsymbol{q}}_{A\backslash B}$$

如果卫星依次进行 2 次坐标变换，变换的四元数分别由四元数 $\tilde{\boldsymbol{q}}_{A\backslash B}$ 和 $\tilde{\boldsymbol{q}}_{B\backslash C}$ 表示，则有

$$\begin{aligned}\tilde{\boldsymbol{R}}_C &= \tilde{\boldsymbol{q}}_{B\backslash C}^* \circ \tilde{\boldsymbol{R}}_B \circ \tilde{\boldsymbol{q}}_{B\backslash C} = \tilde{\boldsymbol{q}}_{B\backslash C}^* \circ (\tilde{\boldsymbol{q}}_{A\backslash B}^* \circ \tilde{\boldsymbol{R}}_A \circ \tilde{\boldsymbol{q}}_{A\backslash B}) \circ \tilde{\boldsymbol{q}}_{B\backslash C} \\ &= (\tilde{\boldsymbol{q}}_{A\backslash B} \circ \tilde{\boldsymbol{q}}_{B\backslash C})^* \circ \tilde{\boldsymbol{R}}_A \circ (\tilde{\boldsymbol{q}}_{A\backslash B} \circ \tilde{\boldsymbol{q}}_{B\backslash C})\end{aligned}$$

可见，卫星依次进行由 $\tilde{\boldsymbol{q}}_{A\backslash B}$ 和 $\tilde{\boldsymbol{q}}_{B\backslash C}$ 表示的坐标变换，等效于由 $\tilde{\boldsymbol{q}}_{A\backslash B}\circ\tilde{\boldsymbol{q}}_{B\backslash C}$ 确定的一次坐标变换。对比可以发现，矢量连续旋转和坐标系连续旋转的运算结合顺序刚好相反。这是不难理解的，矢量绕 $\vec{e}$ 旋转角 θ，等效于坐标系绕 $-\vec{e}$ 旋转角 θ，因此，对于同一旋转变换，形式上有 $\tilde{\boldsymbol{q}}_{A\backslash B}=\tilde{\boldsymbol{q}}^*_{1/0}$。

下面介绍四元数乘法的矩阵表示方法。式（3.2-25）对应的矩阵表示法为

$$\begin{bmatrix} q_{C,1} \\ q_{C,2} \\ q_{C,3} \\ q_{C,4} \end{bmatrix}=\begin{bmatrix} q_{A,4} & -q_{A,3} & q_{A,2} & q_{A,1} \\ q_{A,3} & q_{A,4} & -q_{A,1} & q_{A,2} \\ -q_{A,2} & q_{A,1} & q_{A,4} & q_{A,3} \\ -q_{A,1} & -q_{A,2} & -q_{A,3} & q_{A,4} \end{bmatrix}\begin{bmatrix} q_{B,1} \\ q_{B,2} \\ q_{B,3} \\ q_{B,4} \end{bmatrix} \tag{3.2-28a}$$

或

$$\begin{bmatrix} q_{C,1} \\ q_{C,2} \\ q_{C,3} \\ q_{C,4} \end{bmatrix}=\begin{bmatrix} q_{B,4} & q_{B,3} & -q_{B,2} & q_{B,1} \\ -q_{B,3} & q_{B,4} & q_{B,1} & q_{B,2} \\ q_{B,2} & -q_{B,1} & q_{B,4} & q_{B,3} \\ -q_{B,1} & -q_{B,2} & -q_{B,3} & q_{B,4} \end{bmatrix}\begin{bmatrix} q_{A,1} \\ q_{A,2} \\ q_{A,3} \\ q_{A,4} \end{bmatrix} \tag{3.2-28b}$$

简记为

$$\tilde{\boldsymbol{q}}_C=\boldsymbol{Q}_A\tilde{\boldsymbol{q}}_B=\begin{bmatrix} q_{A,4}\boldsymbol{I}_3+\boldsymbol{q}_A^{\times} & \boldsymbol{q}_A \\ -\boldsymbol{q}_A & q_{A,4} \end{bmatrix}\tilde{\boldsymbol{q}}_B \tag{3.2-28c}$$

或

$$\tilde{\boldsymbol{q}}_C=\boldsymbol{Q}_B\tilde{\boldsymbol{q}}_A=\begin{bmatrix} q_{B,4}\boldsymbol{I}_3-\boldsymbol{q}_B^{\times} & \boldsymbol{q}_B \\ -\boldsymbol{q}_B & q_{B,4} \end{bmatrix}\tilde{\boldsymbol{q}}_A \tag{3.2-28d}$$

下面研究四元数与方向余弦矩阵的转换关系。在式（3.2-18）中，利用三角公式 $\sin\phi=2\sin\dfrac{\phi}{2}\cos\dfrac{\phi}{2}$，$\cos\phi=2\cos^2\dfrac{\phi}{2}-1=1-2\sin^2\dfrac{\phi}{2}$ 可得

$$\begin{aligned}\boldsymbol{C}(\boldsymbol{q})&=\begin{bmatrix} q_1^2-q_2^2-q_3^2+q_4^2 & 2(q_1q_2+q_3q_4) & 2(q_1q_3-q_2q_4) \\ 2(q_1q_2-q_3q_4) & -q_1^2+q_2^2-q_3^2+q_4^2 & 2(q_2q_3+q_1q_4) \\ 2(q_1q_3+q_2q_4) & 2(q_2q_3-q_1q_4) & -q_1^2-q_2^2+q_3^2+q_4^2 \end{bmatrix} \\ &=(q_4^2-\boldsymbol{q}^{\mathrm{T}}\boldsymbol{q})\boldsymbol{I}+2\boldsymbol{q}\boldsymbol{q}^{\mathrm{T}}-2q_4\boldsymbol{q}^{\times}\end{aligned} \tag{3.2-29}$$

式中　$\boldsymbol{q}^{\times}$——叉乘矩阵。

由式（3.2-29）可以得到方向余弦矩阵到四元数的转换关系

$$
\begin{cases}
q_4 = \pm \dfrac{1}{2}(1 + C_{11} + C_{22} + C_{33})^{1/2} \\
q_1 = \dfrac{1}{4q_4}(C_{23} - C_{32}) \\
q_2 = \dfrac{1}{4q_4}(C_{31} - C_{13}) \\
q_3 = \dfrac{1}{4q_4}(C_{12} - C_{21})
\end{cases}
\tag{3.2-30a}
$$

上式中，q_4 的正负号任取，取正号相当于绕定轴转动角度 ϕ，取负号则表示转动角度为 $2\pi + \phi$。不过，当 $1 + C_{11} + C_{22} + C_{33} \approx 0$ 时，由上式计算出来的四元数分量 q_1，q_2，q_3 可能会因为 q_4 作为分母而导致较大的误差。因此，可根据式（3.2-29）酌情选用以下计算式[3,19]

$$
\begin{cases}
q_1 = \pm \dfrac{1}{2}(1 + C_{11} - C_{22} - C_{33})^{1/2} \\
q_2 = \dfrac{1}{4q_1}(C_{12} + C_{21}) \\
q_3 = \dfrac{1}{4q_1}(C_{13} + C_{31}) \\
q_4 = \dfrac{1}{4q_1}(C_{23} + C_{32})
\end{cases}
\tag{3.2-30b}
$$

$$
\begin{cases}
q_2 = \pm \dfrac{1}{2}(1 - C_{11} + C_{22} - C_{33})^{1/2} \\
q_1 = \dfrac{1}{4q_2}(C_{12} + C_{21}) \\
q_3 = \dfrac{1}{4q_2}(C_{32} + C_{23}) \\
q_4 = \dfrac{1}{4q_2}(C_{31} - C_{13})
\end{cases}
\tag{3.2-30c}
$$

$$
\begin{cases}
q_3 = \pm \dfrac{1}{2}(1 - C_{11} - C_{22} + C_{33})^{1/2} \\
q_1 = \dfrac{1}{4q_3}(C_{13} + C_{31}) \\
q_2 = \dfrac{1}{4q_3}(C_{23} + C_{32}) \\
q_4 = \dfrac{1}{4q_3}(C_{12} - C_{21})
\end{cases}
\tag{3.2-30d}
$$

从物理意义上看，与方向余弦矩阵类似，连续两次转动后的姿态四元数等于各次转动的四元数的乘积。即，如果令第一次转动的四元数为 $\tilde{q}_A$，第二次转动的四元数为 $\tilde{q}_B$，两次连续转动后的姿态四元数为 $\tilde{q}_C$，则三者的关系正如式（3.2－25）所示；若用矩阵表示这种旋转变换关系，则如式（3.2－28）所示。下面再结合一个实例对这种变换关系进行阐述。

考察地心赤道惯性坐标系 F_I、卫星轨道坐标系 F_O、卫星本体坐标系 F_B。记 F_O 相对 F_I 的姿态四元数为 $\tilde{q}_{OI}$，F_B 相对 F_O 的姿态四元数为 $\tilde{q}_{BO}$，F_B 相对 F_I 的姿态四元数为 $\tilde{q}_{BI}$，则有

$$\tilde{q}_{BI}=\tilde{q}_{OI}\circ\tilde{q}_{BO}$$

将上式两边左乘 $\tilde{q}_{OI}^{-1}$，则有

$$\tilde{q}_{OI}^{-1}\circ\tilde{q}_{BI}=\tilde{q}_{OI}^{-1}\circ\tilde{q}_{OI}\circ\tilde{q}_{BO}$$

即得

$$\tilde{q}_{BO}=\tilde{q}_{OI}^{-1}\circ\tilde{q}_{BI}$$

而 3 个坐标系之间的方向余弦矩阵关系为

$$\boldsymbol{C}_{BI}=\boldsymbol{C}_{BO}\boldsymbol{C}_{OI}$$

$$\boldsymbol{C}_{BO}=\boldsymbol{C}_{BI}\boldsymbol{C}_{OI}^{-1}=\boldsymbol{C}_{BI}\boldsymbol{C}_{IO}$$

■**提示：**考察两个确定的坐标系之间的转换关系时，基于姿态四元数圈积形式的变换顺序和基于方向余弦矩阵乘积形式的变换顺序相反。

如前所述，在小角度情形下，有

$$\boldsymbol{C}_{BO}=\boldsymbol{I}-\boldsymbol{\Theta}^{\times}=\begin{bmatrix}1 & \psi & -\theta\\ -\psi & 1 & \varphi\\ \theta & -\varphi & 1\end{bmatrix} \tag{3.2-31}$$

将式（3.2－31）与式（3.2－29）对照，在小角度情形下 $q_4\approx 1$，两个小量相乘≈0，则可得

$$\varphi\approx 2q_1,\ \theta\approx 2q_2,\ \psi\approx 2q_3$$

即

$$\boldsymbol{C}_{BO}=\boldsymbol{I}-2\boldsymbol{q}^{\times}$$

再对照欧拉轴/角的定义，在小角度转动（严格说是无限小角位移）情形下，还有以下近似关系

$$\phi\ [e_x\quad e_y\quad e_z]^{\mathrm{T}}\approx 2\ [q_1\quad q_2\quad q_3]^{\mathrm{T}}$$

上述近似关系式常用于一些简单的估算中。

姿态四元数常用于姿态机动中，因此再分析一下姿态机动四元数的转换关系。设初始姿态四元数为 $\tilde{q}_S$，目标姿态四元数为 $\tilde{q}_T$，所需的姿态机动四元数为 $\tilde{q}_\Delta$，则有

$$\tilde{q}_T=\tilde{q}_S\circ\tilde{q}_\Delta$$

因此有

$$\tilde{q}_\Delta=\tilde{q}_S^{-1}\circ\tilde{q}_T=\tilde{q}_S^{*}\circ\tilde{q}_T$$

另外，根据姿态四元数的定义［式（3.2－24b）］，很容易得出欧拉轴/角参数为

$$\begin{cases} \phi = 2\arccos q_4 \\ e_x = q_1 / \sin \dfrac{\phi}{2} \\ e_y = q_2 / \sin \dfrac{\phi}{2} \\ e_z = q_3 / \sin \dfrac{\phi}{2} \end{cases} \tag{3.2-32}$$

可见，在姿态机动问题中，由初始姿态和目标姿态很容易得到姿态机动参数，并可进一步得出欧拉轴的方向和转角，从而获得比较明确的几何意义。

姿态四元数描述法的优点是参数数量不多（与方向余弦矩阵相比），不含三角函数（与欧拉角描述法和欧拉轴/角描述法相比），也不存在奇异问题，因此在姿态运动学和动力学中应用广泛，尤其适于大角度机动场合使用。

3.2.7 罗德里格斯参数

姿态四元数描述法中包含一个约束方程，因而并非姿态的最少参数描述。在涉及大量运算的应用场合，希望用最少参数（3 个）描述，以降低计算量。在这种场合下，可考虑采用罗德里格斯参数。**标准罗德里格斯参数**定义为

$$\boldsymbol{g} \triangleq \begin{bmatrix} g_1 \\ g_2 \\ g_3 \end{bmatrix} \triangleq \begin{bmatrix} q_1/q_4 \\ q_2/q_4 \\ q_3/q_4 \end{bmatrix} = \boldsymbol{e} \tan \frac{\phi}{2} \tag{3.2-33}$$

标准罗德里格斯参数也称为**欧拉-罗德里格斯参数**，其向量形式由吉布斯最早给出，因此也称**吉布斯向量参数**[2,6]。由式（3.2-33）的定义可知，标准罗德里格斯参数在 $\phi = \pm 180°$ 时是奇异的。因此，出现了**修正罗德里格斯参数**[8,9]

$$\boldsymbol{g} \triangleq \begin{bmatrix} g_1 \\ g_2 \\ g_3 \end{bmatrix} \triangleq \boldsymbol{e} \tan \frac{\phi}{4} \tag{3.2-34}$$

修正罗德里格斯参数在 $\phi = \pm 360°$ 时仍然是奇异的，但是相对于标准罗德里格斯参数其非奇异范围扩大了一倍。对于绝大多数卫星而言，姿态机动范围一般不超过 180°，标准罗德里格斯参数就可以满足使用要求。

联立式（3.2-29）和式（3.2-33）可得罗德里格斯参数到方向余弦矩阵的转换公式

$$\boldsymbol{C}(\boldsymbol{g}) = \frac{1}{1+g^2} \begin{bmatrix} 1+g_1^2-g_2^2-g_3^2 & 2(g_1g_2+g_3) & 2(g_1g_3-g_2) \\ 2(g_1g_2-g_3) & 1-g_1^2+g_2^2-g_3^2 & 2(g_2g_3+g_1) \\ 2(g_1g_3+g_2) & 2(g_2g_3-g_1) & 1-g_1^2-g_2^2+g_3^2 \end{bmatrix} \tag{3.2-35a}$$

式中，$g^2 = g_1^2 + g_2^2 + g_3^2$。式（3.2-35a）也经常表示成以下更简洁的形式

$$\boldsymbol{C}(\boldsymbol{g}) = \frac{1}{1+\boldsymbol{g}^{\mathrm{T}}\boldsymbol{g}} [(1-\boldsymbol{g}^{\mathrm{T}}\boldsymbol{g})\boldsymbol{I} + 2\boldsymbol{g}\boldsymbol{g}^{\mathrm{T}} - 2\boldsymbol{g}^{\times}] \tag{3.2-35b}$$

由式（3.2－35a）可得方向余弦矩阵到罗德里格斯参数的转换公式为

$$\boldsymbol{g}=\begin{bmatrix} g_1 \\ g_2 \\ g_3 \end{bmatrix}=\frac{1}{1+C_{11}+C_{22}+C_{33}}\begin{bmatrix} C_{23}-C_{32} \\ C_{31}-C_{13} \\ C_{12}-C_{21} \end{bmatrix} \tag{3.2-36}$$

罗德里格斯参数描述法的优点是参数简洁，运算量小，也有比较明确的几何意义；缺点是在±180°附近存在奇异。为了克服这个缺点，近年来陆续出现了多种改进的罗德里格斯参数形式。不过对于卫星工程而言，正常的姿态范围一般不会超过180°，因此，近年来罗德里格斯参数在姿态确定和姿态控制等方面的应用日益广泛。

3.3 姿态运动学

姿态运动学的主要任务是建立姿态角速度与姿态描述参数之间的微分方程。由于姿态描述形式的不同，表征运动学关系的微分方程也各不相同。

3.3.1 方向余弦矩阵对应的运动学方程

考察两个不同的坐标系 F_A 和 F_B，设 F_B 中的固连矢量相对 F_A 的转动角速度为 $\vec{\omega}_{BA}$，其在 F_B 下的表示为

$$\vec{\omega}_{BA}=[\omega_x \quad \omega_y \quad \omega_z][\vec{i}_B \quad \vec{j}_B \quad \vec{k}_B]^{\mathrm{T}}=\boldsymbol{\omega}_{BA}^{\mathrm{T}}\vec{\boldsymbol{F}}_B$$

根据式（3.2－6）可知

$$\vec{\boldsymbol{F}}_A=\boldsymbol{C}_{BA}^{-1}\vec{\boldsymbol{F}}_B=\boldsymbol{C}_{BA}^{\mathrm{T}}\vec{\boldsymbol{F}}_B$$

对上式进行坐标系 F_A 的时间微分运算可得

$$\begin{aligned}\boldsymbol{0}&=\dot{\boldsymbol{C}}_{BA}^{\mathrm{T}}\vec{\boldsymbol{F}}_B+\boldsymbol{C}_{BA}^{\mathrm{T}}\dot{\vec{\boldsymbol{F}}}_B \\ &=\dot{\boldsymbol{C}}_{BA}^{\mathrm{T}}\vec{\boldsymbol{F}}_B+\boldsymbol{C}_{BA}^{\mathrm{T}}\begin{bmatrix}\vec{\omega}_{BA}\times\vec{i}_B \\ \vec{\omega}_{BA}\times\vec{j}_B \\ \vec{\omega}_{BA}\times\vec{k}_B\end{bmatrix} \\ &=\dot{\boldsymbol{C}}_{BA}^{\mathrm{T}}\vec{\boldsymbol{F}}_B+\boldsymbol{C}_{BA}^{\mathrm{T}}\begin{bmatrix}0 & \omega_3 & -\omega_2 \\ -\omega_3 & 0 & \omega_1 \\ \omega_2 & -\omega_1 & 0\end{bmatrix}\begin{bmatrix}\vec{i}_B \\ \vec{j}_B \\ \vec{k}_B\end{bmatrix} \\ &=\dot{\boldsymbol{C}}_{BA}^{\mathrm{T}}\vec{\boldsymbol{F}}_B-\boldsymbol{C}_{BA}^{\mathrm{T}}\boldsymbol{\omega}^{\times}\vec{\boldsymbol{F}}_B\end{aligned}$$

式中 $\boldsymbol{\omega}^{\times}$——角速度叉乘矩阵。

因而可得

$$\dot{\boldsymbol{C}}_{BA}^{\mathrm{T}}-\boldsymbol{C}_{BA}^{\mathrm{T}}\boldsymbol{\omega}^{\times}=\boldsymbol{0}$$

对左右进行矩阵转置得

$$\dot{\boldsymbol{C}}_{BA}+\boldsymbol{\omega}^{\times}\boldsymbol{C}_{BA}=\boldsymbol{0}$$

即

$$\dot{\boldsymbol{C}}_{BA}=-\boldsymbol{\omega}^{\times}\boldsymbol{C}_{BA} \tag{3.3-1}$$

式（3.3-1）即方向余弦矩阵形式的**运动学微分方程**。由式（3.3-1）还可得到

$$\boldsymbol{\omega}^{\times}=-\dot{\boldsymbol{C}}_{BA}\boldsymbol{C}_{BA}^{\mathrm{T}}=\boldsymbol{C}_{BA}\dot{\boldsymbol{C}}_{AB} \tag{3.3-2}$$

上式第二个等式由 $\boldsymbol{C}_{BA}\boldsymbol{C}_{AB}=\boldsymbol{I}$ 求导可得。

为了便于对几何意义的理解，还可以从欧拉轴/角参数出发推出上式。记 t 时刻的方向余弦矩阵为 $\boldsymbol{C}(t)$，经 Δt 时间绕 $\boldsymbol{e}$ 轴转动小角度 $\Delta\phi=\omega\Delta t$，$\boldsymbol{\omega}=\omega\boldsymbol{e}$，$t+\Delta t$ 时刻的方向余弦矩阵为 $\boldsymbol{C}(t+\Delta t)$，中间的转动矩阵记为 $\boldsymbol{C}_{\Delta}$，则有

$$\boldsymbol{C}(t+\Delta t)=\boldsymbol{C}_{\Delta}\boldsymbol{C}(t) \tag{3.3-3}$$

由式（3.2-14）可得

$$\boldsymbol{C}_{\Delta}=\cos\Delta\phi\boldsymbol{I}+(1-\cos\Delta\phi)\boldsymbol{e}\boldsymbol{e}^{\mathrm{T}}-\sin\Delta\phi\boldsymbol{E}^{\times}$$

小角度条件下有 $\cos\Delta\phi\approx 1$，$\sin\Delta\phi\approx\Delta\phi=\omega\Delta t$，因此有

$$\boldsymbol{C}_{\Delta}=\boldsymbol{I}-\boldsymbol{\omega}^{\times}\Delta t$$

因此式（3.3-3）可展开为

$$\boldsymbol{C}(t+\Delta t)=\boldsymbol{C}(t)-\boldsymbol{\omega}^{\times}\boldsymbol{C}(t)\Delta t$$

则有

$$\dot{\boldsymbol{C}}(t)=\lim_{\Delta t\to 0}\frac{\boldsymbol{C}(t+\Delta t)-\boldsymbol{C}(t)}{\Delta t}=-\boldsymbol{\omega}^{\times}\boldsymbol{C}(t)$$

下面考察坐标系连续旋转变换下的角速度关系。根据前面的推导，在 F_A、F_B、F_C 三个坐标系下，有如下关系式：$\boldsymbol{\omega}_{BA}^{\times}=-\dot{\boldsymbol{C}}_{BA}\boldsymbol{C}_{AB}$，$\boldsymbol{\omega}_{CB}^{\times}=-\dot{\boldsymbol{C}}_{CB}\boldsymbol{C}_{BC}$，$\boldsymbol{\omega}_{CA}^{\times}=-\dot{\boldsymbol{C}}_{CA}\boldsymbol{C}_{AC}$，结合关系式 $\boldsymbol{C}_{CA}=\boldsymbol{C}_{CB}\boldsymbol{C}_{BA}$ 可以得到

$$\begin{aligned}\boldsymbol{\omega}_{CA}^{\times}&=-(\dot{\boldsymbol{C}}_{CB}\boldsymbol{C}_{BA}+\boldsymbol{C}_{CB}\dot{\boldsymbol{C}}_{BA})\boldsymbol{C}_{AC}\\&=-\dot{\boldsymbol{C}}_{CB}\boldsymbol{C}_{BC}-\boldsymbol{C}_{CB}\dot{\boldsymbol{C}}_{BA}\boldsymbol{C}_{AB}\boldsymbol{C}_{BC}\\&=\boldsymbol{\omega}_{CB}^{\times}+\boldsymbol{C}_{CB}\boldsymbol{\omega}_{BA}^{\times}\boldsymbol{C}_{BC}\\&=\boldsymbol{\omega}_{CB}^{\times}+(\boldsymbol{C}_{CB}\boldsymbol{\omega}_{BA})^{\times}\end{aligned}$$

根据向量叉乘矩阵与向量的对应关系，显然有

$$\boldsymbol{\omega}_{CA}=\boldsymbol{\omega}_{CB}+\boldsymbol{C}_{CB}\boldsymbol{\omega}_{BA}$$

对上式两边皆乘以坐标系矢量矩阵 $\vec{\boldsymbol{F}}_C$ 得

$$\vec{\boldsymbol{F}}_C^{\mathrm{T}}\boldsymbol{\omega}_{CA}=\vec{\boldsymbol{F}}_C^{\mathrm{T}}\boldsymbol{\omega}_{CB}+\vec{\boldsymbol{F}}_C^{\mathrm{T}}\boldsymbol{C}_{CB}\boldsymbol{\omega}_{BA}=\vec{\boldsymbol{F}}_C^{\mathrm{T}}\boldsymbol{\omega}_{CB}+\vec{\boldsymbol{F}}_B^{\mathrm{T}}\boldsymbol{\omega}_{BA}$$

上式即对应以下矢量关系

$$\vec{\omega}_{CA}=\vec{\omega}_{CB}+\vec{\omega}_{BA}$$

3.3.2　欧拉角对应的运动学方程

欧拉角表示的运动学方程与转序有关。以静止轨道卫星中常用的 3-1-2 转序为例，假设初始坐标系为轨道坐标系 F_O，3 次转动后的本体坐标系为 F_B。F_B 相对 F_O 的角速度 $\vec{\omega}_{BO}$ 在 F_B 下的向量列阵记为 $\boldsymbol{\omega}_{BO}=[\omega_{BOx}\quad\omega_{BOy}\quad\omega_{BOz}]^{\mathrm{T}}$。对于 3-1-2 转序有

$$\boldsymbol{\omega}_{BO}=\begin{bmatrix}\omega_{BOx}\\ \omega_{BOy}\\ \omega_{BOz}\end{bmatrix}=\boldsymbol{C}_y(\theta)\left\{\begin{bmatrix}0\\ \dot{\theta}\\ 0\end{bmatrix}+\boldsymbol{C}_x(\varphi)\left[\begin{bmatrix}\dot{\varphi}\\ 0\\ 0\end{bmatrix}+\boldsymbol{C}_z(\psi)\begin{bmatrix}0\\ 0\\ \dot{\psi}\end{bmatrix}\right]\right\}$$

$$=\begin{bmatrix}0\\ \dot{\theta}\\ 0\end{bmatrix}+\boldsymbol{C}_y(\theta)\begin{bmatrix}\dot{\varphi}\\ 0\\ 0\end{bmatrix}+\boldsymbol{C}_y(\theta)\boldsymbol{C}_x(\varphi)\begin{bmatrix}0\\ 0\\ \dot{\psi}\end{bmatrix}$$

$\boldsymbol{C}_y(\theta)$，$\boldsymbol{C}_x(\varphi)$ 的表达式见 3.2.4 节。上式的运算结果为

$$\begin{bmatrix}\omega_{BOx}\\ \omega_{BOy}\\ \omega_{BOz}\end{bmatrix}=\begin{bmatrix}\dot{\varphi}\cos\theta-\dot{\psi}\cos\varphi\sin\theta\\ \dot{\theta}+\dot{\psi}\sin\varphi\\ \dot{\varphi}\sin\theta+\dot{\psi}\cos\varphi\cos\theta\end{bmatrix} \tag{3.3-4}$$

式（3.3－4）即为用欧拉角表示的姿态角速度。式中的角速度是指本体坐标系相对轨道坐标系的。在工程应用中，陀螺测量的角速度是相对惯性参考系的。若考虑卫星本体相对惯性参考系的角速度，则还需要考虑轨道角速度的影响。将星体相对惯性参考系（如地心赤道惯性坐标系）的角速度 $\vec{\omega}_{BI}$ 在 F_B 下的向量列阵记为 $\boldsymbol{\omega}_{BI}=[\omega_{BIx}\quad\omega_{BIy}\quad\omega_{BIz}]^{\mathrm{T}}$，对于 3－1－2 转序有

$$\boldsymbol{\omega}_{BI}=\begin{bmatrix}\omega_{BIx}\\ \omega_{BIy}\\ \omega_{BIz}\end{bmatrix}=\boldsymbol{C}_y(\theta)\left\{\begin{bmatrix}0\\ \dot{\theta}\\ 0\end{bmatrix}+\boldsymbol{C}_x(\varphi)\left[\begin{bmatrix}\dot{\varphi}\\ 0\\ 0\end{bmatrix}+\boldsymbol{C}_z(\psi)\left(\begin{bmatrix}0\\ 0\\ \dot{\psi}\end{bmatrix}+\begin{bmatrix}0\\ -\omega_0\\ 0\end{bmatrix}\right)\right]\right\}$$

$$=\begin{bmatrix}0\\ \dot{\theta}\\ 0\end{bmatrix}+\boldsymbol{C}_y(\theta)\begin{bmatrix}\dot{\varphi}\\ 0\\ 0\end{bmatrix}+\boldsymbol{C}_y(\theta)\boldsymbol{C}_x(\varphi)\begin{bmatrix}0\\ 0\\ \dot{\psi}\end{bmatrix}+\boldsymbol{C}_y(\theta)\boldsymbol{C}_x(\varphi)\boldsymbol{C}_z(\psi)\begin{bmatrix}0\\ -\omega_0\\ 0\end{bmatrix}$$

将相关表达式代入可得

$$\begin{bmatrix}\omega_{BIx}\\ \omega_{BIy}\\ \omega_{BIz}\end{bmatrix}=\begin{bmatrix}\dot{\varphi}\cos\theta-\dot{\psi}\cos\varphi\sin\theta\\ \dot{\theta}+\dot{\psi}\sin\varphi\\ \dot{\varphi}\sin\theta+\dot{\psi}\cos\varphi\cos\theta\end{bmatrix}+\begin{bmatrix}-\cos\theta\sin\psi-\sin\varphi\sin\theta\cos\psi\\ -\cos\varphi\cos\psi\\ -\sin\theta\sin\psi+\sin\varphi\cos\theta\cos\psi\end{bmatrix}\omega_0 \tag{3.3-5}$$

式（3.3－5）可进一步写成以下通用形式

$$\boldsymbol{\omega}_{BI}=\boldsymbol{A}\dot{\boldsymbol{\Theta}}+\boldsymbol{B}\omega_0 \tag{3.3-6}$$

式中，$\boldsymbol{\Theta}=[\varphi\quad\theta\quad\psi]^{\mathrm{T}}$，$\boldsymbol{A}$，$\boldsymbol{B}$ 的表达式和转序有关，对于 3－1－2 转序，即

$$\boldsymbol{A}_{312}=\begin{bmatrix}\cos\theta & 0 & -\cos\varphi\sin\theta\\ 0 & 1 & \sin\varphi\\ \sin\theta & 0 & \cos\varphi\cos\theta\end{bmatrix},\ \boldsymbol{B}_{312}=\begin{bmatrix}-\cos\theta\sin\psi-\sin\varphi\sin\theta\cos\psi\\ -\cos\varphi\cos\psi\\ -\sin\theta\sin\psi+\sin\varphi\cos\theta\cos\psi\end{bmatrix}$$

对于 3－2－1 转序为

$$\boldsymbol{A}_{321}=\begin{bmatrix}1 & 0 & -\sin\theta\\ 0 & \cos\varphi & \sin\varphi\cos\theta\\ 0 & -\sin\varphi & \cos\varphi\cos\theta\end{bmatrix},\ \boldsymbol{B}_{321}=\begin{bmatrix}-\cos\theta\sin\psi\\ -\cos\varphi\cos\psi-\sin\varphi\sin\theta\sin\psi\\ \sin\varphi\cos\psi-\cos\varphi\sin\theta\sin\psi\end{bmatrix}$$

由式（3.3－6）可得欧拉角的变化率表达式为

$$\dot{\boldsymbol{\Theta}} = \boldsymbol{A}^{-1}\boldsymbol{\omega}_{BI} - \boldsymbol{A}^{-1}\boldsymbol{B}\omega_0 \tag{3.3-7}$$

式（3.3－7）即欧拉角形式的运动学微分方程。注意：式（3.3－7）在无奇异点的情况下才成立，并且由于矩阵 $\boldsymbol{A}$ 不是正交的（因为从几何看 $\dot{\varphi}$，$\dot{\theta}$，$\dot{\psi}$ 并不相互垂直）矩阵，因此 $\boldsymbol{A}^{-1}$ 不能简单地利用原矩阵转置来获取，而需要按矩阵求逆的定义来求取。

对于 3－1－2 转序，可得

$$\boldsymbol{A}^{-1} = \begin{bmatrix} \cos\theta & 0 & \sin\theta \\ \sin\theta\tan\varphi & 1 & -\cos\theta\tan\varphi \\ -\sin\theta/\cos\varphi & 0 & \cos\theta/\cos\varphi \end{bmatrix}$$

$$\boldsymbol{A}^{-1}\boldsymbol{B} = \begin{bmatrix} -\sin\psi \\ -\cos\psi/\cos\varphi \\ \cos\psi\tan\varphi \end{bmatrix}$$

对于 3－2－1 转序，可得

$$\boldsymbol{A}^{-1} = \begin{bmatrix} 1 & \sin\varphi\tan\theta & \cos\varphi\tan\theta \\ 0 & \cos\varphi & -\sin\varphi \\ 0 & \sin\varphi/\cos\theta & \cos\varphi/\cos\theta \end{bmatrix}$$

$$\boldsymbol{A}^{-1}\boldsymbol{B} = \begin{bmatrix} \sin\psi/\cos\theta \\ \cos\psi \\ \sin\psi\tan\theta \end{bmatrix}$$

上述方程皆为非线性方程。下面考察小角度、小角速度情形下的线性化问题。在小角度、小角速度情形下，按一阶近似，有 $\sin\alpha \approx 0$，$\cos\alpha \approx 1$，式（3.3－6）可转换为

$$\begin{bmatrix} \omega_{BIx} \\ \omega_{BIy} \\ \omega_{BIz} \end{bmatrix} = \begin{bmatrix} \dot{\varphi} - \omega_0\psi \\ \dot{\theta} - \omega_0 \\ \dot{\psi} + \omega_0\varphi \end{bmatrix} \tag{3.3-8}$$

式（3.3－8）在工程近似估算中经常用到。需要说明一下：这只是一阶近似的结果，二阶近似则没有这么简洁。

3.3.3　欧拉轴/角对应的运动学方程

欧拉轴/角与角速度的关系可通过式（3.3－2）和式（3.2－14）推出。推导要点：对式（3.2－14）求导得到 $\dot{\boldsymbol{C}}_{BA}$ 的表达式，然后将 $\boldsymbol{C}_{BA}$ 和 $\dot{\boldsymbol{C}}_{BA}$ 代入式（3.3－2），进行相关化简即可。推导中需要利用欧拉轴/角参数的一些矩阵运算性质，如 $\boldsymbol{e}^{\mathrm{T}}\dot{\boldsymbol{e}} = \boldsymbol{0}$，$\dot{\boldsymbol{e}}^{\times}\boldsymbol{e} = -\boldsymbol{e}^{\times}\dot{\boldsymbol{e}}$，$\dot{\boldsymbol{e}}^{\times}\boldsymbol{e}^{\times} = \boldsymbol{e}\dot{\boldsymbol{e}}^{\mathrm{T}}$ 等，不再详述[1]。结果如下

$$\boldsymbol{\omega} = \dot{\phi}\boldsymbol{e} - (1-\cos\phi)\boldsymbol{e}^{\times}\dot{\boldsymbol{e}} + \sin\phi\dot{\boldsymbol{e}} \tag{3.3-9}$$

显然，若绕固定轴转动，则

$$\boldsymbol{\omega} = \dot{\phi}\boldsymbol{e} \tag{3.3-10}$$

此外，对于小角度运动，可以近似认为转动瞬轴不变，则也有近似关系 $\boldsymbol{\omega} = \dot{\boldsymbol{\phi}}$。

下面求解用角速度表示的欧拉轴/角导数式。由式（3.3-10）可知

$$\dot{\phi}=\boldsymbol{e}^{\mathrm{T}}\boldsymbol{\omega} \tag{3.3-11}$$

对式（3.3-9）两边乘以 $\boldsymbol{e}^{\times}$ 得

$$\boldsymbol{e}^{\times}\boldsymbol{\omega}=(1-\cos\phi)\dot{\boldsymbol{e}}+\sin\phi\boldsymbol{e}^{\times}\dot{\boldsymbol{e}} \tag{3.3-12}$$

式（3.3-12）推导中利用了关系式 $\boldsymbol{e}^{\times}\boldsymbol{e}^{\times}=\boldsymbol{e}\boldsymbol{e}^{\mathrm{T}}-\boldsymbol{I}$。对式（3.3-12）两边继续乘以 $\boldsymbol{e}^{\times}$ 得

$$\boldsymbol{e}^{\times}\boldsymbol{e}^{\times}\boldsymbol{\omega}=-\sin\phi\dot{\boldsymbol{e}}+(1-\cos\phi)\boldsymbol{e}^{\times}\dot{\boldsymbol{e}} \tag{3.3-13}$$

式（3.3-12）和式（3.3-13）可看作以 $\dot{\boldsymbol{e}}$ 和 $\boldsymbol{e}^{\times}\dot{\boldsymbol{e}}$ 为未知数的方程组，联立解得

$$\dot{\boldsymbol{e}}=\frac{1}{2}\left(\boldsymbol{e}^{\times}-\cot\frac{\phi}{2}\boldsymbol{e}^{\times}\boldsymbol{e}^{\times}\right)\boldsymbol{\omega} \tag{3.3-14}$$

式（3.3-11）和式（3.3-14）即为欧拉轴/角形式的运动学微分方程，可用于积分求解欧拉轴/角。当然，在工程应用时，应注意满足约束条件 $\boldsymbol{e}^{\mathrm{T}}\boldsymbol{e}=1$。

3.3.4　姿态四元数对应的运动学方程

根据姿态四元数的定义

$$\boldsymbol{q}=\boldsymbol{e}\sin\frac{\phi}{2},\ q_4=\cos\frac{\phi}{2}$$

对上式求导，并将式（3.3-11）和式（3.3-14）的表达式代入，可得姿态四元数形式的运动学微分方程如下

$$\dot{\boldsymbol{q}}=\frac{1}{2}(\boldsymbol{q}^{\times}+q_4\boldsymbol{I})\boldsymbol{\omega} \tag{3.3-15a}$$

$$\dot{q}_4=-\frac{1}{2}\boldsymbol{q}^{\mathrm{T}}\boldsymbol{\omega} \tag{3.3-15b}$$

对于小角度运动，上式的一阶近似为

$$\dot{\boldsymbol{q}}\approx\frac{1}{2}\boldsymbol{\omega},\ q_4\approx 1$$

该近似关系可用于简单的工程估算。

式（3.3-15）的矩阵展开表达式为

$$\begin{bmatrix}\dot{q}_1\\ \dot{q}_2\\ \dot{q}_3\\ \dot{q}_4\end{bmatrix}=\frac{1}{2}\begin{bmatrix}q_4 & -q_3 & q_2 & q_1\\ q_3 & q_4 & -q_1 & q_2\\ -q_2 & q_1 & q_4 & q_3\\ -q_1 & -q_2 & -q_3 & q_4\end{bmatrix}\begin{bmatrix}\omega_x\\ \omega_y\\ \omega_z\\ 0\end{bmatrix} \tag{3.3-16a}$$

简记为

$$\dot{\tilde{\boldsymbol{q}}}=\frac{1}{2}\boldsymbol{Q}(\tilde{\boldsymbol{q}})\begin{bmatrix}\boldsymbol{\omega}^{\mathrm{T}} & 0\end{bmatrix}^{\mathrm{T}}=\frac{1}{2}\begin{bmatrix}q_4\boldsymbol{I}_3+\boldsymbol{q}^{\times} & \boldsymbol{q}\\ -\boldsymbol{q} & q_4\end{bmatrix}\begin{bmatrix}\boldsymbol{\omega}\\ 0\end{bmatrix} \tag{3.3-16b}$$

式中，$\boldsymbol{Q}(\tilde{\boldsymbol{q}})$ 和式（3.2-28）中的 $\boldsymbol{Q}_A$ 表达式相同。当然，式（3.3-16a）也可以写成

$$
\begin{bmatrix} \dot{q}_1 \\ \dot{q}_2 \\ \dot{q}_3 \\ \dot{q}_4 \end{bmatrix} = \frac{1}{2}\begin{bmatrix} 0 & \omega_z & -\omega_y & \omega_x \\ -\omega_z & 0 & \omega_x & \omega_y \\ \omega_y & -\omega_x & 0 & \omega_z \\ -\omega_x & -\omega_y & -\omega_z & 0 \end{bmatrix}\begin{bmatrix} q_1 \\ q_2 \\ q_3 \\ q_4 \end{bmatrix} \tag{3.3-17a}
$$

简记为

$$
\dot{\tilde{\boldsymbol{q}}} = \frac{1}{2}\boldsymbol{\Omega}(\boldsymbol{\omega})\tilde{\boldsymbol{q}} \tag{3.3-17b}
$$

式中

$$
\boldsymbol{\Omega}(\boldsymbol{\omega}) = \begin{bmatrix} -\boldsymbol{\omega}^{\times} & \boldsymbol{\omega} \\ -\boldsymbol{\omega}^{\mathrm{T}} & 0 \end{bmatrix} = \begin{bmatrix} 0 & \omega_z & -\omega_y & \omega_x \\ -\omega_z & 0 & \omega_x & \omega_y \\ \omega_y & -\omega_x & 0 & \omega_z \\ -\omega_x & -\omega_y & -\omega_z & 0 \end{bmatrix}
$$

对比式（3.3－16a）和式（3.3－17a），可以发现，如果定义一个“角速度四元数”，则运算形式将更加统一，即可定义以下“角速度四元数”

$$
\tilde{\boldsymbol{\omega}} \triangleq \begin{bmatrix} \boldsymbol{\omega} \\ 0 \end{bmatrix} = [\omega_x \quad \omega_y \quad \omega_z \quad 0]^{\mathrm{T}}
$$

则式（3.3－17b）可表示为

$$
\dot{\tilde{\boldsymbol{q}}} = \frac{1}{2}\tilde{\boldsymbol{\omega}} \circ \tilde{\boldsymbol{q}}
$$

上式在部分场合的公式推导中用起来比较方便。

在式（3.3－16b）中，$\boldsymbol{Q}(\tilde{\boldsymbol{q}})$ 是齐次矩阵，因此很容易得到

$$
\begin{bmatrix} \omega_x \\ \omega_y \\ \omega_z \\ 0 \end{bmatrix} = 2\begin{bmatrix} q_4 & q_3 & -q_2 & -q_1 \\ -q_3 & q_4 & q_1 & -q_2 \\ q_2 & -q_1 & q_4 & -q_3 \\ q_1 & q_2 & q_3 & q_4 \end{bmatrix}\begin{bmatrix} \dot{q}_1 \\ \dot{q}_2 \\ \dot{q}_3 \\ \dot{q}_4 \end{bmatrix} \tag{3.3-18a}
$$

简记形式为

$$
[\boldsymbol{\omega}^{\mathrm{T}} \quad 0]^{\mathrm{T}} = 2\boldsymbol{Q}^{\mathrm{T}}(\tilde{\boldsymbol{q}})\,\dot{\tilde{\boldsymbol{q}}} \tag{3.3-18b}
$$

式（3.3－18b）可改写为更实用的形式

$$
\boldsymbol{\omega} = 2\left[q_4\boldsymbol{I}_3 - \boldsymbol{q}^{\times} \quad -\boldsymbol{q}\right]\dot{\boldsymbol{q}} \tag{3.3-19}
$$

式（3.3－19）即为由姿态四元数计算姿态角速度的公式。

3.3.5　罗德里格斯参数对应的运动学方程

对标准罗德里格斯参数的定义式（3.2－33）进行求导，并将 $\dot{\boldsymbol{e}}$ 和 $\dot{\phi}$ 表达式［见式（3.3－14）和式（3.3－11）］代入，整理可得罗德里格斯参数形式的运动学微分方程如下[2,9]

$$\dot{\boldsymbol{g}} = \frac{1}{2}\left[\boldsymbol{I} + \boldsymbol{g}\boldsymbol{g}^{\mathrm{T}} + \boldsymbol{g}^{\times}\right]\boldsymbol{\omega} \tag{3.3-20a}$$

其展开形式为

$$\begin{bmatrix} \dot{g}_1 \\ \dot{g}_2 \\ \dot{g}_3 \end{bmatrix} = \frac{1}{2}\begin{bmatrix} 1+g_1^2 & g_1g_2-g_3 & g_1g_3+g_2 \\ g_2g_1+g_3 & 1+g_2^2 & g_2g_3-g_1 \\ g_3g_1-g_2 & g_3g_2+g_1 & 1+g_3^2 \end{bmatrix}\begin{bmatrix} \omega_x \\ \omega_y \\ \omega_z \end{bmatrix} \tag{3.3-20b}$$

由式（3.3－20a）不难得到由罗德里格斯参数计算姿态角速度的公式

$$\boldsymbol{\omega} = \frac{2}{1+\boldsymbol{g}^{\mathrm{T}}\boldsymbol{g}}\left[\boldsymbol{I} - \boldsymbol{g}^{\times}\right]\dot{\boldsymbol{g}} \tag{3.3-21a}$$

对应的展开形式为

$$\begin{bmatrix} \omega_x \\ \omega_y \\ \omega_z \end{bmatrix} = \frac{2}{1+g_1^2+g_2^2+g_3^2}\begin{bmatrix} 1 & g_3 & -g_2 \\ -g_3 & 1 & g_1 \\ g_2 & -g_1 & 1 \end{bmatrix}\begin{bmatrix} \dot{g}_1 \\ \dot{g}_2 \\ \dot{g}_3 \end{bmatrix} \tag{3.3-21b}$$

3.4 刚体卫星姿态动力学

本节首先介绍动力学研究中常用的一些基本概念，然后推导刚体动力学方程组，最后探讨动力学方程组的解，并对解的特性进行系统分析。

3.4.1 基本概念

3.4.1.1 并矢

并矢：依序并列的两个矢量（既不点乘，也不叉乘），记为 $\vec{\vec{D}} \triangleq \vec{a}\vec{b}$。

并矢的运算规则如下：

1）并矢与矢量的标积（点积）为矢量：$\vec{\vec{D}} \cdot \vec{r} = \vec{a}(\vec{b} \cdot \vec{r})$，$\vec{r} \cdot \vec{\vec{D}} = (\vec{r} \cdot \vec{a})\vec{b}$；

2）并矢与并矢的标积仍为并矢：设 $\vec{\vec{C}} = \vec{c}\vec{d}$，则 $\vec{\vec{D}} \cdot \vec{\vec{C}} = \vec{a}(\vec{b} \cdot \vec{c})\vec{d}$，$\vec{\vec{C}} \cdot \vec{\vec{D}} = \vec{c}(\vec{d} \cdot \vec{a})\vec{b}$；

3）满足结合律，但不满足交换律：$\vec{\vec{D}} \cdot (\vec{\vec{C}} \cdot \vec{r}) = (\vec{\vec{D}} \cdot \vec{\vec{C}}) \cdot \vec{r}$。

单位并矢：由单位矢量组成的并矢，记为 $\vec{\vec{I}}$。

共轭并矢：将组成并矢两个矢量交换次序后得到的新并矢，并矢 $\vec{\vec{D}} \triangleq \vec{a}\vec{b}$ 的共轭并矢记为 $\vec{\vec{D}}^* \triangleq \vec{b}\vec{a}$。

在动力学中，经常用到矢量的**混合积**、**二重矢积**公式

$$\vec{a} \cdot (\vec{b} \times \vec{c}) = \vec{b} \cdot (\vec{c} \times \vec{a}) = \vec{c} \cdot (\vec{a} \times \vec{b}) \tag{3.4-1}$$

$$\vec{a} \times (\vec{b} \times \vec{c}) = \vec{b}(\vec{a} \cdot \vec{c}) - \vec{c}(\vec{a} \cdot \vec{b}) \tag{3.4-2}$$

$$\vec{a} \times (\vec{b} \times \vec{c}) + \vec{b} \times (\vec{c} \times \vec{a}) + \vec{c} \times (\vec{a} \times \vec{b}) = 0 \tag{3.4-3}$$

上述公式可以加入并矢进行表示，如下所示[16]

$$\vec{a}\times(\vec{b}\times\vec{c})=[(\vec{c}\cdot\vec{a})\vec{\vec{I}}-\vec{c}\vec{a}]\cdot\vec{b} \tag{3.4-4}$$

$$(\vec{a}\times\vec{b})\cdot(\vec{c}\times\vec{d})=\vec{a}\cdot[(\vec{d}\cdot\vec{b})\vec{\vec{I}}-\vec{d}\vec{b}]\cdot\vec{c} \tag{3.4-5}$$

上述公式在动力学推导中经常用到。

和矢量一样，并矢的最终数值计算也需要在相应的坐标系下进行。在坐标系 $F_A(OX_AY_AZ_A)$ 下，根据并矢的定义，将组成并矢的两个矢量用坐标分量阵表达，可得

$$\vec{\vec{D}}\triangleq\vec{a}\vec{b}=\vec{\boldsymbol{F}}_A^{\mathrm{T}}\boldsymbol{a}\boldsymbol{b}^{\mathrm{T}}\vec{\boldsymbol{F}}_A=\vec{\boldsymbol{F}}_A^{\mathrm{T}}\boldsymbol{D}\vec{\boldsymbol{F}}_A \tag{3.4-6}$$

式中　$\boldsymbol{D}$ ——并矢在坐标系 F_A 下的矩阵表达式，其具体形式如下

$$\boldsymbol{D}=\boldsymbol{a}\boldsymbol{b}^{\mathrm{T}}=\begin{bmatrix}a_xb_x & a_xb_y & a_xb_z\\ a_yb_x & a_yb_y & a_yb_z\\ a_zb_x & a_zb_y & a_zb_z\end{bmatrix} \tag{3.4-7}$$

其紧凑形式为[1]

$$\boldsymbol{D}=\vec{\boldsymbol{F}}_A\cdot\vec{\vec{D}}\cdot\vec{\boldsymbol{F}}_A^{\mathrm{T}} \tag{3.4-8}$$

显然，共轭并矢的坐标矩阵式为

$$\boldsymbol{D}^*=\boldsymbol{b}\boldsymbol{a}^{\mathrm{T}}=\boldsymbol{D}^{\mathrm{T}}$$

并矢的运算可利用其坐标矩阵的运算代替［基于式（3.4-6）］，例如

$$\begin{aligned}&\vec{u}=\vec{\vec{D}}\cdot\vec{r}\\&\Rightarrow\vec{\boldsymbol{F}}_A^{\mathrm{T}}\boldsymbol{u}=\vec{\boldsymbol{F}}_A^{\mathrm{T}}\boldsymbol{D}\vec{\boldsymbol{F}}_A\cdot\vec{r}=\vec{\boldsymbol{F}}_A^{\mathrm{T}}\boldsymbol{D}\boldsymbol{r}\\&\Rightarrow\boldsymbol{u}=\boldsymbol{D}\boldsymbol{r}\end{aligned}$$

$$\begin{aligned}&\vec{v}=\vec{r}\cdot\vec{\vec{D}}\\&\Rightarrow\boldsymbol{v}^{\mathrm{T}}\vec{\boldsymbol{F}}_A=\vec{r}\cdot\vec{\boldsymbol{F}}_A^{\mathrm{T}}\boldsymbol{D}\vec{\boldsymbol{F}}_A=\boldsymbol{r}^{\mathrm{T}}\boldsymbol{D}\vec{\boldsymbol{F}}_A\\&\Rightarrow\boldsymbol{v}^{\mathrm{T}}=\boldsymbol{r}^{\mathrm{T}}\boldsymbol{D}\end{aligned}$$

$$\begin{aligned}&\vec{\vec{W}}=\vec{\vec{D}}\vec{\vec{C}}\\&\Rightarrow\vec{\boldsymbol{F}}_A^{\mathrm{T}}\boldsymbol{W}\vec{\boldsymbol{F}}_A=\vec{\boldsymbol{F}}_A^{\mathrm{T}}\boldsymbol{D}\vec{\boldsymbol{F}}_A\vec{\boldsymbol{F}}_A^{\mathrm{T}}\boldsymbol{C}\vec{\boldsymbol{F}}_A=\vec{\boldsymbol{F}}_A^{\mathrm{T}}\boldsymbol{D}\boldsymbol{C}\vec{\boldsymbol{F}}_A\\&\Rightarrow\boldsymbol{W}=\boldsymbol{D}\boldsymbol{C}\end{aligned}$$

$$\begin{aligned}z&=\vec{u}\cdot\vec{\vec{D}}\cdot\vec{v}\\&=\boldsymbol{u}^{\mathrm{T}}\vec{\boldsymbol{F}}_A\cdot\vec{\boldsymbol{F}}_A^{\mathrm{T}}\boldsymbol{D}\vec{\boldsymbol{F}}_A\cdot\vec{\boldsymbol{F}}_A^{\mathrm{T}}\boldsymbol{v}=\boldsymbol{u}^{\mathrm{T}}\boldsymbol{D}\boldsymbol{v}\end{aligned}$$

将同一并矢在不同坐标系下表示为

$$\vec{\vec{D}}=\vec{\boldsymbol{F}}_A^{\mathrm{T}}\boldsymbol{D}\vec{\boldsymbol{F}}_A=\vec{\boldsymbol{F}}_B^{\mathrm{T}}\boldsymbol{D}\vec{\boldsymbol{F}}_B$$

将上式第二个等式左边与 $\vec{\boldsymbol{F}}_A$ 点乘，右边与 $\vec{\boldsymbol{F}}_B$ 点乘，并利用以下关系式

$$\vec{\boldsymbol{F}}_A\cdot\vec{\boldsymbol{F}}_A^{\mathrm{T}}=\boldsymbol{I},\vec{\boldsymbol{F}}_A\cdot\vec{\boldsymbol{F}}_B^{\mathrm{T}}=\boldsymbol{C}_{AB},\vec{\boldsymbol{F}}_B\cdot\vec{\boldsymbol{F}}_A^{\mathrm{T}}=\boldsymbol{C}_{BA}$$

可导出并矢的坐标变换公式

$$\boldsymbol{D}_A = \boldsymbol{C}_{AB}\,\boldsymbol{D}_B\boldsymbol{C}_{BA} \tag{3.4-9}$$

因此，并矢是一种**二阶张量**。

■**提示 1**：张量的严格数学定义比较烦琐[20]。一种简化定义是：由若干的坐标系改变时满足一定坐标转换关系的有序数组成的集合。张量是矢量和矩阵概念的推广，即标量可以看作零阶张量，矢量是一阶张量，并矢和矩阵是二阶张量，三阶张量则好比立体矩阵。

■**提示 2**：张量分析方法在力学中应用广泛，具有高度概括、形式简洁的特点。力学中的张量概念侧重于从坐标变换的角度理解，数学中的张量概念侧重于从线性空间公理化体系的角度理解。

3.4.1.2 刚体的角动量与惯量张量

如图 3.4-1 所示，设刚体绕固定点 O 转动，瞬时角速度矢量为 $\vec{\omega}$，考察刚体内任意点 p 处微元质量，其相对 O 点的矢径为 $\vec{r}$，则刚体相对点 O 的**角动量**（也称**动量矩**）定义为

$$\vec{H} = \int \vec{r} \times \vec{v}\,\mathrm{d}m \tag{3.4-10}$$

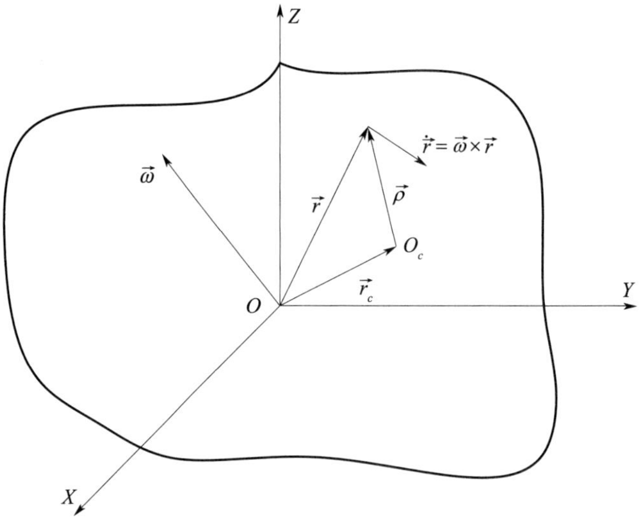

图 3.4-1 刚体的定点转动

将关系式 $\vec{v} = \vec{\omega} \times \vec{r}$ 代入式（3.4-10），并利用二重矢积运算公式可得

$$\vec{H} = \int \vec{r} \times (\vec{\omega} \times \vec{r})\mathrm{d}m = \int [r^2\vec{\omega} - (\vec{r} \cdot \vec{\omega})\vec{r}]\mathrm{d}m = \int (r^2\,\vec{\vec{I}} - \vec{r}\vec{r})\mathrm{d}m \cdot \vec{\omega}$$

引入并矢符号 $\vec{\vec{J}}$，定义为

$$\vec{\vec{J}} = \int (r^2\,\vec{\vec{I}} - \vec{r}\vec{r})\mathrm{d}m \tag{3.4-11}$$

$\vec{\vec{J}}$ 称为刚体对 O 点的**惯量张量**。惯量张量是表征刚体相对某个点的质量分布状况的物理量。角动量可进一步表达为

$$\vec{\vec{H}}=\vec{\vec{J}}\cdot\vec{\omega} \tag{3.4-12}$$

考虑一般情况，如图 3.4-1 所示，有 $\vec{r}=\vec{r}_c+\vec{\rho}$，代入式（3.4-11），利用 $\int\vec{\rho}\mathrm{d}m=0$，导出

$$\vec{\vec{J}}=\vec{\vec{J}}_c+m(r_c^2\vec{\vec{I}}-\vec{r}_c\vec{r}_c) \tag{3.4-13}$$

式中　$\vec{\vec{J}}_c$——刚体对质心的惯量张量，表达式如下

$$\vec{\vec{J}}_c=\int(\rho^2\vec{\vec{I}}-\vec{\rho}\vec{\rho})\mathrm{d}m \tag{3.4-14}$$

■**提示：**矢量和并矢都是相对某个起始点（参考点）而言的，在运算中，矢量和并矢是可以平移的；但在工程应用中，考虑物理意义时，矢量和并矢通常都需明确其起始点。

3.4.1.3　惯量矩阵

将惯量张量 $\vec{\vec{J}}$ 向体固连坐标系 $OXYZ$ 投影，可以得到刚体相对 O 点的在该坐标系下表示的**惯量矩阵**

$$\boldsymbol{J}=\begin{bmatrix} J_{xx} & -J_{xy} & -J_{xz} \\ -J_{xy} & J_{yy} & -J_{yz} \\ -J_{xz} & -J_{yz} & J_{zz} \end{bmatrix} \tag{3.4-15}$$

其中，J_{xx}，J_{yy}，J_{zz} 为各轴的**惯量矩（转动惯量）**，J_{xy}、J_{xz}、J_{yz} 为**惯量积**，表达式分别如下所示

$$J_{xx}=\int(y^2+z^2)\mathrm{d}m,J_{yy}=\int(x^2+z^2)\mathrm{d}m,J_{zz}=\int(x^2+y^2)\mathrm{d}m$$

$$J_{xy}=\int xy\mathrm{d}m,J_{xz}=\int xz\mathrm{d}m,J_{yz}=\int yz\mathrm{d}m$$

显然，惯量矩阵是实对称矩阵。

将式（3.4-13）向坐标系 $OXYZ$ 投影，导出

$$\boldsymbol{J}=\boldsymbol{J}_c+m\begin{bmatrix} y_c^2+z_c^2 & -x_cy_c & -x_cz_c \\ -x_cy_c & x_c^2+z_c^2 & -y_cz_c \\ -x_cz_c & -y_cz_c & x_c^2+y_c^2 \end{bmatrix} \tag{3.4-16}$$

若已知刚体相对质心的惯量矩阵 $\boldsymbol{J}_c$，可利用式（3.4-16）计算刚体对任意点的惯量矩阵。

对应地，角动量公式（3.4-12）也可写成矩阵形式

$$\boldsymbol{H}=\boldsymbol{J\omega} \tag{3.4-17}$$

利用并矢的坐标变换公式，可将相对同一点的惯量矩阵在不同坐标系之间进行相似正交变换，即

$$\boldsymbol{J}_s=\boldsymbol{C}_{sr}\boldsymbol{J}_r\boldsymbol{C}_{rs} \tag{3.4-18}$$

由线性代数知识可知，实对称矩阵必可由相似正交变换转化为对角阵。这时惯量矩阵具有很简单的形式

$$\boldsymbol{J}=\begin{bmatrix} J_{xx0} & 0 & 0 \\ 0 & J_{yy0} & 0 \\ 0 & 0 & J_{zz0} \end{bmatrix} \tag{3.4-19}$$

与式（3.4－19）对应的体坐标系称为刚体的**主轴坐标系**，各坐标轴称为刚体的**惯量主轴**，J_{xx0}，J_{yy0}，J_{zz0} 称为**主惯量矩**。刚体相对其质心的惯量主轴和主惯量矩称为**中心惯量主轴**和**中心主惯量矩**。在主轴坐标系，角动量等的表达具有最简洁的形式

$$\boldsymbol{H}=[J_{xx0}\omega_x \quad J_{yy0}\omega_y \quad J_{zz0}\omega_z]^{\mathrm{T}}$$

■**提示 1**：在工程计算中，对于角动量和惯量矩阵等物理量，不要忽略两个要素：参考点、所选用的坐标系。

■**提示 2**：除了极少数特殊情况外，刚体的角动量矢量和角速度矢量通常并不共线。

3.4.1.4　刚体的动能

做定点运动的刚体在每个瞬时的运动等效于绕转动瞬轴的定轴转动，因此刚体内各点的瞬时速度可直接利用定轴转动的计算公式得到

$$\vec{v}=\dot{\vec{r}}=\vec{\omega}\times\vec{r}$$

刚体的动能定义为[1]

$$T=\frac{1}{2}\int\vec{v}\cdot\vec{v}\,\mathrm{d}m$$

将刚体上任意点的速度表达式代入该定义式，并利用矢量的混合积公式可得

$$\begin{aligned}T&=\frac{1}{2}\int\vec{v}\cdot\vec{v}\,\mathrm{d}m=\frac{1}{2}\int\dot{\vec{r}}\cdot(\vec{\omega}\times\vec{r})\,\mathrm{d}m=\frac{1}{2}\vec{\omega}\cdot\int(\vec{r}\times\dot{\vec{r}})\,\mathrm{d}m\\&=\frac{1}{2}\vec{\omega}\cdot\vec{H}=\frac{1}{2}\vec{\omega}\cdot\vec{\vec{J}}\cdot\vec{\omega}\end{aligned}$$

上式写成矩阵形式为

$$T=\frac{1}{2}\boldsymbol{\omega}^{\mathrm{T}}\boldsymbol{H}=\frac{1}{2}\boldsymbol{\omega}^{\mathrm{T}}\boldsymbol{J}\boldsymbol{\omega} \tag{3.4-20}$$

当坐标系取为主轴坐标系时，动能的表达式简化为

$$T=\frac{1}{2}(J_{xx0}\omega_x^2+J_{yy0}\omega_y^2+J_{zz0}\omega_z^2) \tag{3.4-21}$$

3.4.2　动力学方程

自 20 世纪 90 年代以来，静止轨道卫星的姿态控制方式已普遍采用基于角动量交换装置的三轴稳定控制方式，自旋稳定和双自旋稳定控制已经极少见到。因此，本书对动力学的介绍直接从三轴稳定卫星开始。本节的讨论对象为刚体卫星。设卫星本体（含固连的动量轮/控制力矩陀螺等**角动量交换装置，**统称**角动量控制装置**）的角动量为 $\vec{H}$，其绝对角速度（即相对于惯性系的）为 $\vec{\omega}$；角动量控制装置的合成角动量为 $\vec{h}$，它相对星体的等效合成角速度为 $\vec{\omega}_W$，则整星的角动量为

$$\vec{H}_S=\vec{H}+\vec{h}=\vec{\vec{J}}\vec{\omega}+\vec{h} \tag{3.4-22}$$

根据角动量定理，有

$$\dot{\vec{H}}+\dot{\vec{h}}+\vec{\omega}\times(\vec{H}+\vec{h})=\vec{T} \tag{3.4-23}$$

式中　$\vec{T}$ ——施加于星体的外部力矩（包括太阳光压等干扰力矩、化学推力器产生的喷气控制力矩等）；

$\dot{\vec{H}}$ ，$\dot{\vec{h}}$ ——相对于卫星本体坐标系的导数。

对于 $\dot{\vec{h}}$ 有

$$\dot{\vec{h}}=\mathring{\vec{h}}+\vec{\omega}_W\times\vec{h} \tag{3.4-24}$$

式中　$\mathring{\vec{h}}$ ——相对于角动量控制装置质心固连坐标系的导数（相对导数[17]）。

将式（3.4－22）、式（3.4－24）代入式（3.4－23），可得如下动力学方程（**欧拉动力学方程**）

$$\vec{\vec{J}}\dot{\vec{\omega}}+\vec{\omega}\times(\vec{\vec{J}}\cdot\vec{\omega}+\vec{h})=-\mathring{\vec{h}}-\vec{\omega}_W\times\vec{h}+\vec{T} \tag{3.4-25}$$

式中，等号左边的 $\vec{\omega}\times(\vec{\vec{J}}\cdot\vec{\omega}+\vec{h})$ 为陀螺力矩项，等号右边第一项是角动量控制装置的角动量大小变化产生的反作用力矩，右边第二项是角动量控制装置相对星体坐标系转动引起角动量控制装置的角动量方位变化而产生的陀螺反作用力矩，这两项都可成为角动量控制装置的控制力矩，也是角动量控制装置的分类依据。方向固定、角动量大小可调的角动量控制装置称为**动量轮**（或称**反作用飞轮**）；角动量大小固定、方向可调的角动量控制装置称为**控制力矩陀螺**；角动量大小和方向皆可调的角动量控制装置称为**框架动量轮**（也称为**变速控制力矩陀螺**）。在静止轨道卫星中，动量轮应用最为广泛；在需要快速机动、获得大力矩的特殊场合，控制力矩陀螺也偶有使用；由于框架动量轮结构复杂，在工程中应用极少。

对于角动量方位固定的动量轮而言，$\vec{\omega}_W\times\vec{h}=0$，式（3.4－25）简化为

$$\vec{\vec{J}}\dot{\vec{\omega}}+\vec{\omega}\times(\vec{\vec{J}}\cdot\vec{\omega}+\vec{h})=-\mathring{\vec{h}}+\vec{T}$$

将上式在星体固连坐标系（例如卫星质心坐标系）下表示，对应的姿态动力学方程为

$$\boldsymbol{J}\dot{\boldsymbol{\omega}}+\boldsymbol{\omega}^{\times}(\boldsymbol{J\omega}+\boldsymbol{h})=-\dot{\boldsymbol{h}}+\boldsymbol{T} \tag{3.4-26}$$

式中　$\boldsymbol{\omega}^{\times}$ ——角速度矢量叉乘矩阵

$$\boldsymbol{\omega}^{\times}=\begin{bmatrix}0 & -\omega_z & \omega_y\\ \omega_z & 0 & -\omega_x\\ -\omega_y & \omega_x & 0\end{bmatrix}$$

在主轴惯量系且惯量阵为对角阵时，式（3.4－26）可展开为

$$\begin{cases}J_x\dot{\omega}_x+(J_z-J_y)\omega_y\omega_z=-\dot{h}_x+h_y\omega_z-h_z\omega_y+T_x\\ J_y\dot{\omega}_y+(J_x-J_z)\omega_z\omega_x=-\dot{h}_y+h_z\omega_x-h_x\omega_z+T_y\\ J_z\dot{\omega}_z+(J_y-J_x)\omega_x\omega_y=-\dot{h}_z+h_x\omega_y-h_y\omega_x+T_z\end{cases} \tag{3.4-27}$$

显然，欧拉动力学方程是互相耦合的非线性方程组。为了便于特性分析和控制律设计，可将式（3.3-6）代入式（3.4-27）中，得到小角度情形下以欧拉角表示的动力学方程

$$\begin{cases} J_x\ddot{\varphi}+[(J_y-J_z)\omega_0^2-\omega_0h_y]\varphi+[(J_y-J_z-J_x)\omega_0-h_y]\dot{\psi}+h_z\dot{\theta}=-\dot{h}_x+\omega_0h_z+T_x \\ J_y\ddot{\theta}+h_x(\dot{\psi}+\omega_0\varphi)-h_z(\dot{\varphi}-\omega_0\psi)=-\dot{h}_y+T_y \\ J_z\ddot{\psi}+[(J_y-J_x)\omega_0^2-\omega_0h_y]\psi-[(J_y-J_z-J_x)\omega_0-h_y]\dot{\varphi}-h_x\dot{\theta}=-\dot{h}_z-\omega_0h_x+T_z \end{cases} \tag{3.4-28}$$

在小角度情形下，考虑系统如下形式的固有干扰力矩——重力梯度力矩（参见3.7节）

$$\begin{cases} T_{gx}\approx-3\omega_0^2(J_y-J_z)\varphi \\ T_{gy}\approx-3\omega_0^2(J_x-J_z)\theta \\ T_{gz}\approx 0 \end{cases} \tag{3.4-29}$$

联立式（3.4-28）和式（3.4-29）可得

$$\begin{cases} J_x\ddot{\varphi}+[4(J_y-J_z)\omega_0^2-\omega_0h_y]\varphi+[(J_y-J_z-J_x)\omega_0-h_y]\dot{\psi}+h_z\dot{\theta}=-\dot{h}_x+\omega_0h_z+T_{cx}+T_{dx} \\ J_y\ddot{\theta}+h_x(\dot{\psi}+\omega_0\varphi)-h_z(\dot{\varphi}-\omega_0\psi)+3\omega_0^2(J_x-J_z)\theta=-\dot{h}_y+T_{cy}+T_{dy} \\ J_z\ddot{\psi}+[(J_y-J_x)\omega_0^2-\omega_0h_y]\psi-[(J_y-J_z-J_x)\omega_0-h_y]\dot{\varphi}-h_x\dot{\theta}=-\dot{h}_z-\omega_0h_x+T_{cz}+T_{dz} \end{cases} \tag{3.4-30}$$

在式（3.4-30）中，将重力梯度力矩以外的外力矩分成了两部分：控制力矩 T_{ci} 和干扰力矩 $T_{di}(i=x,y,z)$。

3.4.3 动力学特性分析

本节在上节动力学方程的基础上，对姿态动力学的相关特性进行阐述。主要考察不控状态下卫星自由转动的相关特性，尤其是运动稳定性。在不控状态下，由于初始角速度和外界扰动的存在，卫星将处于自旋状态。在静止轨道卫星中，自旋稳定方式已经极少使用，但其动力学特性是三轴稳定卫星特性分析和控制律设计的基础，在故障抢救和安全底线设计中也具有重要的现实意义。

3.4.3.1 轴对称刚体卫星动力学特性分析

刚体卫星姿态动力学是经典力学中刚体绕定点转动问题的深入和扩展，主要考察刚体卫星在不控状态下的自由运动特性。为了从动力学方程中获得角速度的具体表达式，需要对问题进行适当简化。首先讨论轴对称刚体卫星的自由转动特性。这里的刚体是指卫星的结构材料为刚性材料，卫星在外力的作用下只产生整体运动，而没有弹性变形或塑性变形，也没有液体推进剂等产生的晃动与摩擦，因此不会给运动带来能量损耗。选定的参考坐标系为与卫星固连的主惯量坐标系，坐标原点为卫星质心。在此坐标系下，各惯量积等于零，卫星姿态动力学方程具有最简单的形式［可由式（3.4-27）得到］。

$$\begin{cases} J_x\dot{\omega}_x + (J_z - J_y)\omega_y\omega_z = 0 \\ J_y\dot{\omega}_y + (J_x - J_z)\omega_z\omega_x = 0 \\ J_z\dot{\omega}_z + (J_y - J_x)\omega_x\omega_y = 0 \end{cases} \tag{3.4-31}$$

为了便于分析，假设卫星的对称轴为自旋轴 OZ，且 $J_x = J_y = J_t$，则式（3.4－31）可进一步简化为

$$\begin{cases} J_t\dot{\omega}_x + (J_z - J_t)\omega_y\omega_z = 0 \\ J_t\dot{\omega}_y + (J_t - J_z)\omega_z\omega_x = 0 \\ J_z\dot{\omega}_z = 0 \end{cases} \tag{3.4-32}$$

令 $\Omega_p = \left(\dfrac{J_z}{J_t} - 1\right)\omega_{z0}$，式（3.4－32）可简写为

$$\begin{cases} \dot{\omega}_x + \Omega_p\omega_y = 0 \\ \dot{\omega}_y - \Omega_p\omega_x = 0 \\ \dot{\omega}_z = 0 \end{cases} \tag{3.4-33}$$

上面这个方程组的解为

$$\boldsymbol{\omega} = \begin{bmatrix} \omega_x \\ \omega_y \\ \omega_z \end{bmatrix} = \begin{bmatrix} \omega_{t0}\cos(\Omega_p t + \varphi) \\ \omega_{t0}\sin(\Omega_p t + \varphi) \\ \omega_{z0} \end{bmatrix} \tag{3.4-34}$$

解的初始条件为 $\omega_x(0) = \omega_{t0}\cos\varphi$，$\omega_y(0) = \omega_{t0}\sin\varphi$，$\omega_z(0) = \omega_{z0}$。从式（3.4－34）可以看出星体姿态运动的特点：在卫星质心坐标系中，角速度分量 ω_x，ω_y 呈周期性变化，周期为 $2\pi/\Omega_p$，而自旋角速度为常数 ω_{z0}。角速度矢量可进一步表示为

$$\begin{aligned} \vec{\omega} &= \omega_{t0}\cos(\Omega_p t + \varphi)\vec{i} + \omega_{t0}\sin(\Omega_p t + \varphi)\vec{j} + \omega_z\vec{k} \\ &= \vec{\omega}_t + \omega_z\vec{k} \end{aligned} \tag{3.4-35}$$

式中，$\vec{\omega}_t = \omega_x\vec{i} + \omega_y\vec{j}$ 是 ω_x，ω_y 的合成角速度矢量，称为**横向角速度**。横向角速度矢量 $\vec{\omega}_t$ 绕 OZ 轴（其单位矢量记为 $\vec{k}$）旋转，转速为 Ω_p。可见，星体的瞬时角速度矢量绕自旋轴做圆锥运动，如图 3.4－2 所示。$\vec{\omega}_t$ 引起的运动称为**章动**。$\vec{\Omega}_p$ 称为**本体章动角速度**[1,11-13]。

对于扁粗型卫星（就旋转轴而言），其自旋轴的转动惯量 J_z 大于横向轴的转动惯量 J_t（即**惯量比**大于 1），故 $\Omega_p > 0$。此时，星体角速度矢量 $\vec{\omega}$ 绕自旋轴做圆锥运动的方向和自旋转速方向相同，即 $\vec{\Omega}_p$ 和 $\vec{\omega}_z$ 方向相同。对于细长型卫星，其自旋轴的转动惯量 J_z 小于横向轴的转动惯量 J_t（即惯量比小于 1），则有 $\Omega_p < 0$。此时 $\vec{\Omega}_p$ 和 $\vec{\omega}_z$ 方向相反。

与角速度矢量的空间分解对应，角动量矢量也可在卫星本体坐标系中分解为横向部分和纵向部分

$$\begin{aligned} \vec{H} &= J_x\omega_x\vec{i} + J_y\omega_y\vec{j} + J_z\omega_z\vec{k} \\ &= J_t\vec{\omega}_t + J_z\omega_z\vec{k} \end{aligned} \tag{3.4-36}$$

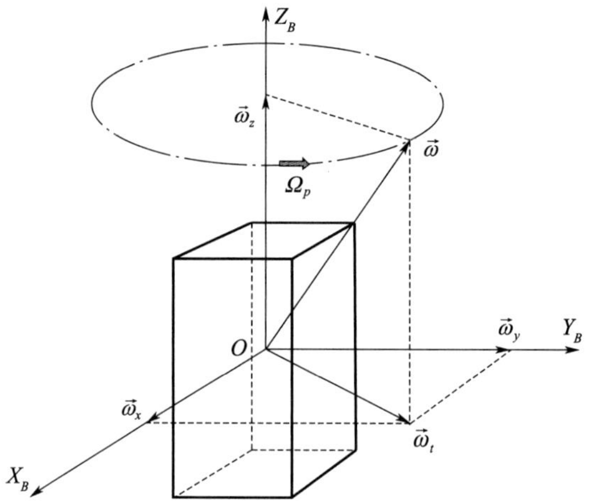

图 3.4-2　角速度矢量空间分解关系

$\vec{H}$ 矢量轴与 OZ 轴（即 $\vec{k}$ 矢量）的夹角称为**章动角**

$$\phi = \arctan \frac{J_t \omega_t}{J_z \omega_z} = \arccos \frac{J_z \omega_z}{H} \tag{3.4-37}$$

比较式（3.4-34）和式（3.4-35）可得

$$\vec{\omega} = \frac{1}{J_t}\vec{H} + \left(1 - \frac{J_z}{J_t}\right)\omega_z \vec{k} = \frac{H}{J_t}\vec{h}_0 - \Omega_p \vec{k} \tag{3.4-38}$$

式中　$\vec{h}_0$——角动量单位矢量。

由式（3.4-38）可知，星体的角动量 $\vec{H}$ 、角速度 $\vec{\omega}$ 和自旋轴 $\vec{k}$ 3 个矢量在同一个纵平面内。根据角动量守恒定律，$\vec{H}$ 在惯性空间的方向和大小不变。因此，该纵平面绕矢量轴 $\vec{H}$ 旋转。也就是说，角速度矢量 $\vec{\omega}$ 同时做两种运动：一是绕星体主惯量轴的转动，其大小为 $-\Omega_p$（如前所述，Ω_p 称为本体章动角速度）；二是绕星体角动量矢量的转动，其大小为 $\Omega_h \triangleq H/J_t$， 称为**空间章动角速度**[1,11-13]，如图 3.4-3 所示。

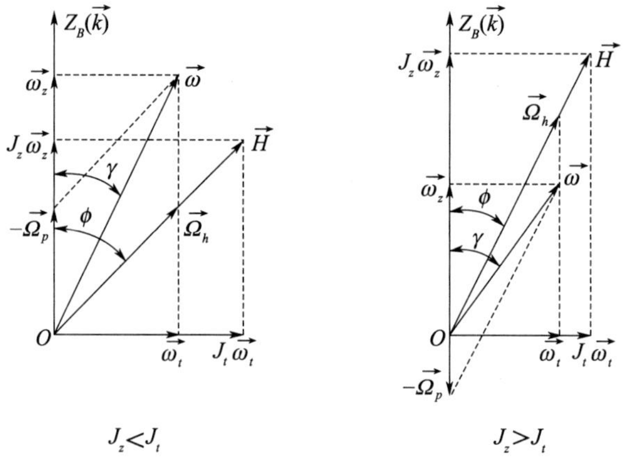

图 3.4-3　角动量与角速度矢量关系

下面进一步分析卫星空间运动关系。从空间看，角速度矢量 $\vec{\omega}$ 绕 $\vec{k}$ 轴的旋转构成了一个锥体，称为**本体锥**，半锥角为 γ，沿着该锥的运动称为**本体进动**。$\vec{\omega}$ 绕角动量矢量轴 $\vec{H}$ 的旋转也构成了一个锥体，称为**空间锥**，半锥角为 $\phi-\gamma$，沿着该锥的运动称为**空间进动**。显然，这两个锥沿 $\vec{\omega}$ 相切。因此，卫星以 $\vec{\omega}$ 相对惯性空间的运动，从几何上看就是本体锥无滑动地相对空间锥的转动，如图 3.4－4 所示。注意，如果星体是细长型的（即 $J_z<J_t$），则 $\phi>\gamma$，$\vec{\omega}$ 在 $\vec{H}$ 和 $\vec{k}$ 之间，空间锥在本体锥外；由于 $\Omega_p<0$，所以本体锥的旋转方向和自旋方向相反，本体章动角速度 Ω_p 小于星体自旋角速度 ω_z。如果星体是扁粗型的（即 $J_z>J_t$），则 $\phi<\gamma$，$\vec{H}$ 在 $\vec{\omega}$ 和 $\vec{k}$ 之间，空间锥在本体锥内；由于 $\Omega_p>0$，所以本体锥的旋转方向和自旋方向相同，本体章动角速度 Ω_p 大于星体自旋角速度 ω_z。

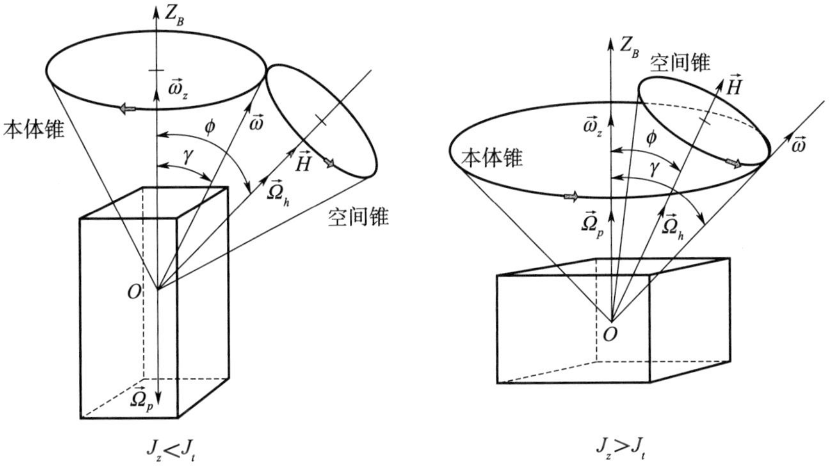

图 3.4－4　空间锥与本体锥示意图

■**提示**：在卫星的平动运动中，其（线）动量和（线）速度方向是一致的；而在卫星的转动运动（姿态运动）中，角动量和角速度的方向通常是不一致的。即使在参考坐标轴选为惯量主轴的情况下，只要三轴转动惯量各不相同，角动量和角速度的方向一般就不会相同，除非角速度方向轴位于惯量主轴上。换句话说，只有当卫星沿着其惯量主轴转动时，其运动才具有严格的定轴性。

3.4.3.2　一般刚体卫星的自由转动特性

下面讨论一般卫星的自由转动特性，即取消前面所述的 $J_x=J_y=J_t$ 的假设，表示卫星中没有对称轴，是一般意义的卫星。但参考坐标系的坐标轴仍选用主惯量轴。由式（3.4－31）可得

$$J_{xx0}\omega_x^2+J_{yy0}\omega_y^2+J_{zz0}\omega_z^2=\text{const}$$

将上式与式（3.4－21）相比可知，上式值是主惯量轴坐标系内转动动能 T 的两倍，即

$$J_{xx0}\omega_x^2+J_{yy0}\omega_y^2+J_{zz0}\omega_z^2=2T \tag{3.4－39}$$

将式（3.4－31）中的各式分别乘以 $J_{xx0}\omega_x$、$J_{yy0}\omega_y$、$J_{zz0}\omega_z$ 后相加并积分，可得

$$J_{xx0}^2\omega_x^2+J_{yy0}^2\omega_y^2+J_{zz0}^2\omega_z^2=H^2 \tag{3.4－40}$$

卫星在空间的自由转动应服从式（3.4－39）和式（3.4－40）所要求的角速度约束。上述两式写成几何标准形式为

$$\frac{\omega_x^2}{2T/J_{xx0}}+\frac{\omega_y^2}{2T/J_{yy0}}+\frac{\omega_z^2}{2T/J_{zz0}}=1 \tag{3.4-41}$$

$$\frac{\omega_x^2}{(H/J_{xx0})^2}+\frac{\omega_y^2}{(H/J_{yy0})^2}+\frac{\omega_z^2}{(H/J_{zz0})^2}=1 \tag{3.4-42}$$

可见，这两个式子表示的是**能量椭球**和**角动量椭球**。卫星自由转动的角速度解应是这两个椭球表面的交线（图 3.4－5）。这条交线称为**本体极迹**[1,11-13]。若转动惯量不变而改变总能量，将得到角动量椭球上的一族本体极迹，它们描述了卫星所有可能的自由转动运动。显然，本体极迹是条封闭的曲线。如果卫星是轴对称的（例如 $J_x=J_y$），则能量椭球和角动量椭球就是绕 Z 轴的旋转椭球，此时本体极迹形成一个正圆。注意：上述描述是在卫星本体坐标系下进行的；如果在空间固连坐标系下考察该问题，也可得到类似几何解释[1,11]，包括**空间极迹**等概念，不再赘述。

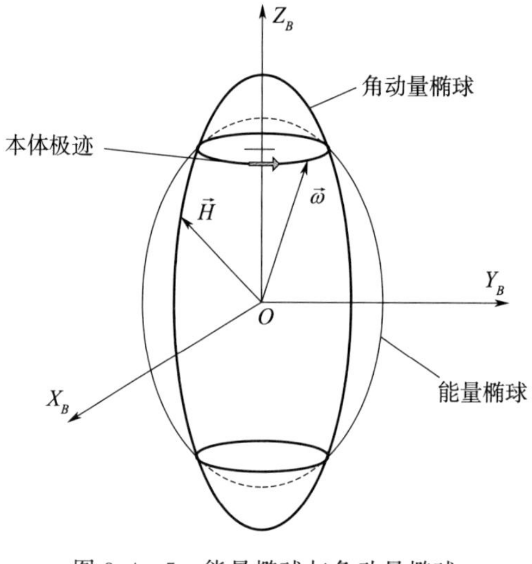

图 3.4－5　能量椭球与角动量椭球

为了便于进一步分析，将角速度 $\vec{\omega}$ 进行规格化定义

$$\vec{\xi}=\frac{1}{\sqrt{2T}}\vec{\omega}$$

则式（3.4－41）和式（3.4－42）可分别转化为

$$\frac{\xi_x^2}{1/J_{xx0}}+\frac{\xi_y^2}{1/J_{yy0}}+\frac{\xi_z^2}{1/J_{zz0}}=1 \tag{3.4-43}$$

$$\frac{\xi_x^2}{(H/J_{xx0})^2/(2T)}+\frac{\xi_y^2}{(H/J_{yy0})^2/(2T)}+\frac{\xi_z^2}{(H/J_{zz0})^2/(2T)}=1 \tag{3.4-44}$$

将式（3.4－43）和式（3.4－44）直接合并可得

$$J_{xx0}\left(J_{xx0}-\frac{H^2}{2T}\right)\xi_x^2+J_{yy0}\left(J_{yy0}-\frac{H^2}{2T}\right)\xi_y^2+J_{zz0}\left(J_{zz0}-\frac{H^2}{2T}\right)\xi_z^2=0$$

由上式可知，$\frac{H^2}{2T}$ 的值必在最大主惯量与最小主惯量之间。不失一般性，假设各主惯量的关系为 $J_{zz0}<J_{yy0}<J_{xx0}$，则有 $J_{zz0}<\frac{H^2}{2T}<J_{xx0}$。从式（3.4-43）和式（3.4-44）中分别消去 ξ_x，ξ_y，ξ_z 可得以下 3 个方程式

$$\begin{cases} J_{yy0}(J_{xx0}-J_{yy0})\xi_y^2+J_{zz0}(J_{xx0}-J_{zz0})\xi_z^2=J_{xx0}-\dfrac{H^2}{2T} \\ -J_{xx0}(J_{yy0}-J_{xx0})\xi_x^2+J_{zz0}(J_{zz0}-J_{yy0})\xi_z^2=\dfrac{H^2}{2T}-J_{yy0} \\ J_{xx0}(J_{xx0}-J_{zz0})\xi_x^2+J_{yy0}(J_{yy0}-J_{zz0})\xi_y^2=\dfrac{H^2}{2T}-J_{zz0} \end{cases} \tag{3.4-45}$$

上式第一、第三个方程是能量椭球式（3.4-43）的本体极迹在 YZ 和 XY 平面内的投影，都是椭圆。第二个方程是本体极迹在 XZ 平面内的投影，是双曲线。当 $\frac{H^2}{2T}=J_{yy0}$ 时，该方程式对应双曲线的两条渐近线，如图 3.4-6 所示。

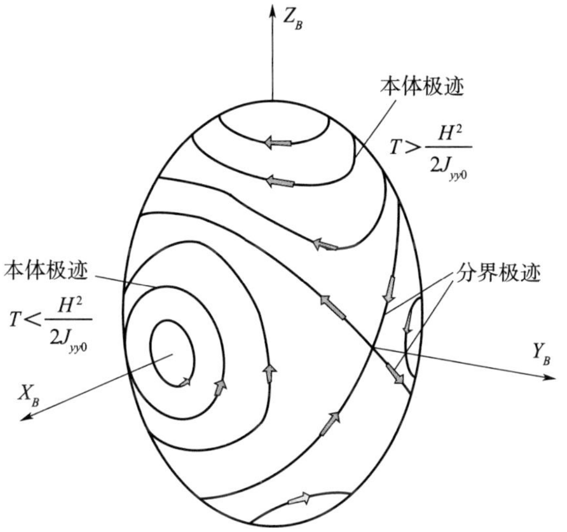

图 3.4-6　不同能量时的本体极迹族

根据式（3.4-45）和图 3.4-6 可知：当角动量给定时，如果卫星的动能较大，即 $T>\frac{H^2}{2J_{yy0}}$，则所有本体极迹的中心线都是 Z 轴，即卫星的角速度矢量绕最小惯量主轴 Z 轴进行椭圆形的锥运动；相反，如果卫星的动能较小，即 $T<\frac{H^2}{2J_{yy0}}$，则卫星的角速度矢量绕最大惯量主轴 X 轴进行椭圆形的锥运动。在极限情况下，若动能取最大值或最小值（$T=\frac{H^2}{2J_{zz0}}$ 或 $T=\frac{H^2}{2J_{xx0}}$），则本体极迹退缩为坐标轴上的一个点，即卫星绕 Z 轴或 X 轴进行恒定转动。显然，卫星绕中间主惯量轴 Y 的恒定转动是不稳定的。当卫星受到小的扰动

后，角速度矢量端点就会落入 $T>\frac{H^2}{2J_{yy0}}$ 或 $T<\frac{H^2}{2J_{yy0}}$ 的本体极迹区，卫星将改为绕 Z 轴或 X 轴进行锥形转动。可见，刚体卫星的无力矩自由转动，只在绕最大惯量轴或最小惯量轴时才是稳定的，绕中间惯量轴的转动是不稳定的。

上述分析过程利用了几何图示的直观性；如果直接求取式（3.4－31）的欧拉动力学方程的解析解，也可以得出上述结论[1,2]。

3.4.3.3 有能量耗散的自由转动稳定性

上一小节的结论是在刚体假设下得到的。实际上，卫星都不是理想刚体，尤其是静止轨道卫星，通常都装有大型的挠性太阳电池阵，并携带大量液体推进剂。这些挠性体运动和液体运动，都需要耗散能量。当卫星有能量耗散时，自由转动运动的稳定特性会发生变化。具体说来，就是绕最小惯量轴的转动也将变得不稳定。下面以一种比较直观的方法进行阐释。

如前所述，$\frac{H^2}{2T}=J_{yy0}$ 是能量椭球上本体极迹运动的分界线。因此可定义转动惯量变量 $J=\frac{H^2}{2T}$，在角动量 H 守恒的条件下，对其求导得

$$\frac{\dot{J}}{J}+\frac{\dot{T}}{T}=0 \tag{3.4-46}$$

在能量耗散的情况下，$\dot{T}<0$，则根据式（3.4－46）应有 $\dot{J}>0$，即 J 是随着时间的推移而增加的。对照图 3.4－6 可知，对应于 Z 轴的极迹 J 最大，而对应于 X 轴的极迹 J 最小。假设初始时刻卫星极迹位于 Z 轴上，由于能量耗散，工作点将逐渐离开 Z 轴而进入附近的极迹曲线区域。由于能量不断减小，极迹曲线不封闭，将离 Z 轴越来越远。当极迹曲线与分界极迹相交后，便进入绕 X 轴的极迹曲线区域，并最终以螺旋线形式，达到与 X 轴重合。由上述过程可知，在有能量耗散时，绕最小惯量轴的转动也是不稳定的，只有绕最大惯量轴的转动才是稳定的。该结论在工程实践中具有重要的指导作用。

3.5 挠性卫星姿态动力学

这里的挠性卫星是指带有挠性附件的卫星，即由刚性主体和挠性附件组成的卫星。静止轨道三轴稳定卫星普遍带有数米至数十米跨度的挠性太阳电池阵，以及大口径挠性天线（部分通信天线或电子侦收天线外径可达数十米），系统动力学无法用简单的刚体或半刚体动力学模型来描述。带挠性附件卫星姿态动力学建模的主要问题是，如何描述挠性附件的弹性运动，以及主体与附件之间的运动耦合。挠性附件本质上是**分布参数系统**，具有无限个自由度。在工程上，需要采用**集中参数法**或**有限元法**，将无限自由度简化为有限自由度，得出描述附件弹性振动的振型和模态坐标[10,11,15]。在此基础上，用**混合坐标**来描述整个卫星的姿态运动，即卫星主体（中心刚体）的运动用常规的刚体运动学参数（如欧拉

角）来描述，而挠性附件的运动用离散的模态坐标来描述，形成混合坐标的动力学模型[23-26]。本节先以基于简单悬臂梁模型的卫星平面运动为对象阐述建模思路，分析挠性动力学相关的基本概念和物理特性，在此基础上再介绍工程化的完整建模过程。

3.5.1　基于悬臂梁模型的挠性卫星动力学建模

为了便于对问题本质特征的理解，本节考察相对简单的情形。设卫星带有一块材质均匀的挠性太阳电池阵，并有弹性形变为小量、角速度为小量等假设条件。考察单自由度情形，即卫星在平面内运动，太阳电池阵用弹性**悬臂梁**（一端固支，另一端自由）等效近似，如图 3.5－1 所示。设卫星中心刚体绕 Z 轴的转动惯量为 J_{z0}，太阳电池阵的截面面积为 A，密度为 ρ，卫星绕 Z 轴的转动角度为 θ。结构尺寸数据如图 3.5－1 所示。形变后微元的位置矢量为 $\vec{r}$，未形变时微元的位置矢量为 $\vec{r}_0$，其在 X 轴上的坐标为 $r_0=x$。

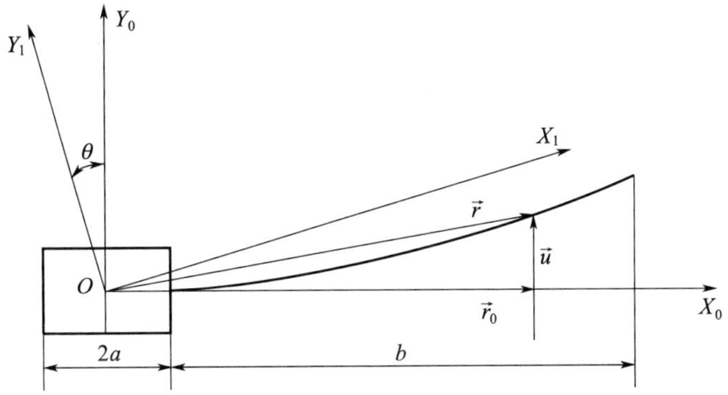

图 3.5－1　基于悬臂梁模型的挠性卫星

系统的总动能为[10]

$$T=\frac{1}{2}J_{z0}\dot{\theta}^2+\frac{1}{2}\rho A\int_a^{a+b}(\dot{\vec{r}}+\dot{\vec{\theta}}\times\vec{r})\times(\dot{\vec{r}}+\dot{\vec{\theta}}\times\vec{r})\mathrm{d}x$$

考虑 $\vec{r}=\vec{r}_0+\vec{u}$，$\dot{\vec{r}}_0=0$，并略去三阶及以上小量，上式变为

$$\begin{aligned}T&=\frac{1}{2}J_{z0}\dot{\theta}^2+\frac{1}{2}\rho A\int_a^{a+b}(\dot{\vec{u}}+\dot{\vec{\theta}}\times\vec{r}_0)\times(\dot{\vec{u}}+\dot{\vec{\theta}}\times\vec{r}_0)\mathrm{d}x\\&=\frac{1}{2}J_{z0}\dot{\theta}^2+\frac{1}{2}\rho A\int_a^{a+b}\left[\left(\frac{\partial u}{\partial t}\right)^2-2x\dot{\theta}\frac{\partial u}{\partial t}\right]\mathrm{d}x+\frac{1}{2}\rho A\int_a^{a+b}(\dot{\vec{\theta}}\times\vec{r}_0)\times(\dot{\vec{\theta}}\times\vec{r}_0)\mathrm{d}x\\&=\frac{1}{2}J_z\dot{\theta}^2+\frac{1}{2}\rho A\int_a^{a+b}\left[\left(\frac{\partial u}{\partial t}\right)^2-2x\dot{\theta}\frac{\partial u}{\partial t}\right]\mathrm{d}x\end{aligned}$$

式中　J_z——太阳电池阵未变形时卫星绕 Z 轴的转动惯量

$$J_z=J_{z0}+\rho A\int_a^{a+b}x^2\mathrm{d}x$$

太阳电池阵的总应变势能为

$$U=E_I\int_a^{a+b}\left(\frac{\partial^2 u}{\partial x^2}\right)^2\mathrm{d}x$$

式中　E_I——抗弯刚度。

若作用在卫星上的控制力矩（广义力）所做的功为 U_c，则有以下拉格朗日函数[10]

$$L = T - U + U_c$$
$$= \frac{1}{2}J_z\dot{\theta}^2 + \int_a^{a+b}\left\{\frac{1}{2}\rho A\left[\left(\frac{\partial u}{\partial t}\right)^2 - 2x\dot{\theta}\frac{\partial u}{\partial t}\right] - E_I\left(\frac{\partial^2 u}{\partial x^2}\right)^2\right\}\mathrm{d}x + U_c$$

由变分方程 $\delta\int_{t_0}^{t_1} L\,\mathrm{d}t = 0$ 可求得卫星分布式参数动力学方程[10]

$$\begin{cases} J_z\ddot{\theta} - \rho A\displaystyle\int_a^{a+b} x\frac{\partial^2 u}{\partial x^2}\mathrm{d}x = T_z \\ \rho A\dfrac{\partial^2 u}{\partial t^2} + E_I\dfrac{\partial^4 u}{\partial x^4} - \rho A x\ddot{\theta} = 0 \end{cases} \tag{3.5-1}$$

式中　T_z——控制力矩。

式（3.5－1）的第二个方程对应悬臂梁的弯曲振动，其边界条件为

$$u(a,t) = \frac{\partial u(a,t)}{\partial x} = \frac{\partial^2 u(a+b,t)}{\partial x^2} = \frac{\partial^3 u(a+b,t)}{\partial x^3} = 0$$

为了便于分析，宜对振动方程进行归一化处理，因此先对原变量进行无量纲处理，令：$\eta = u/b$，$\xi = (x-a)/b$，则悬臂梁的弯曲振动方程和边界条件变为[10]

$$\begin{cases} \rho A\dfrac{\partial^2 \eta}{\partial t^2} + \dfrac{E_I}{b^4}\dfrac{\partial^4 \eta}{\partial \xi^4} = 0 \\ \eta\big|_{\xi=0} = \dfrac{\partial \eta}{\partial \xi}\bigg|_{\xi=0} = \dfrac{\partial^2 \eta}{\partial \xi^2}\bigg|_{\xi=0} = \dfrac{\partial^3 \eta}{\partial \xi^3}\bigg|_{\xi=0} = 0 \end{cases} \tag{3.5-2}$$

上述方程可用变量分离法求解，解的形式为[21,22]

$$\eta(\xi,t) = \sum_{i=1}^{\infty} X_i(\xi)P_i(t) \tag{3.5-3}$$

式（3.5－3）中的 $X_i(\xi)$ 称为**固有振型**（简称**振型**），其通解为[10,21]

$$X_i(\xi) = c_{i1}\sin\lambda_i\xi + c_{i2}\cos\lambda_i\xi + c_{i3}\mathrm{sh}\lambda_i\xi + c_{i4}\mathrm{ch}\lambda_i\xi$$

式中，系数 c_{i1}，c_{i2}，c_{i3}，c_{i4} 可通过边界条件获得。

式（3.5－3）中的 $P_i(t)$ 称为**模态坐标**，表达式为

$$P_i(t) = P_{i0}\sin(\omega_i t + \varphi_0)$$

式中　ω_i——**模态频率**（振型频率）。

■**提示：**模态是一个振动系统振型和频率的统称[21]。其中，振型是指各点振动幅值所构成的图形。模态分析则是指：将线性定常系统振动微分方程组中的物理坐标变换为模态坐标，使方程组解耦，成为一组以模态坐标及模态参数描述的独立方程，并求出系统的模态参数。这个坐标变换过程中的变换矩阵称为模态矩阵，其每列为模态振型。

利用模态分析理论中的正交性质可进一步求出振动位移 $u(x,t)$ 的表达式。令

$$\phi_i(x) = \frac{X_i(\xi)}{\sqrt{\rho A b}} \quad i = 1,2,\cdots$$

振动位移 $u(x, t)$ 可展开为

$$u(x,t)=\sum_{i=1}^{N}\phi_i(x)p_i(t) \tag{3.5-4}$$

式中，$\phi_i(x)$ 称为**归一化振型**，$p_i(t)=\sqrt{\rho Ab}P_i(t)$ 称为**归一化模态坐标**。把式（3.5－4）代入式（3.5－1）中，经过若干处理后可得以下形式的动力学微分方程

$$\begin{cases}J_z\ddot{\theta}(t)-\boldsymbol{B}_r^{\mathrm{T}}\ddot{\boldsymbol{p}}(t)=T_z\\ \ddot{\boldsymbol{p}}(t)+\boldsymbol{\Omega}^2\boldsymbol{p}(t)-\boldsymbol{B}_r\ddot{\theta}(t)=\boldsymbol{0}\end{cases} \tag{3.5-5}$$

式中相关符号定义如下

$$\boldsymbol{p}(t)=[p_1(t)\quad p_2(t)\quad\cdots\quad p_N(t)]^{\mathrm{T}}$$

$$\boldsymbol{B}_r=[B_{r1}\quad B_{r2}\quad\cdots\quad B_{rN}]^{\mathrm{T}},B_{ri}=\int_a^{a+b}\rho Ax\phi_i(x)\mathrm{d}x$$

$$\boldsymbol{\Omega}=\mathrm{diag}[\omega_1\quad\omega_2\quad\cdots\quad\omega_N]$$

式中　$\boldsymbol{p}$ ——模态坐标向量；

$\boldsymbol{B}_r$ ——耦合系数矩阵；

$\boldsymbol{\Omega}$ ——模态频率矩阵。

式（3.5－5）可进一步化简为

$$\begin{cases}(J_z-\boldsymbol{B}_r^{\mathrm{T}}\boldsymbol{B}_r)\ddot{\theta}(t)-\boldsymbol{B}_r^{\mathrm{T}}\boldsymbol{\Omega}^2\boldsymbol{p}(t)=T_z\\ \ddot{\boldsymbol{p}}(t)+\boldsymbol{\Omega}^2\boldsymbol{p}(t)-\boldsymbol{B}_r\ddot{\theta}(t)=\boldsymbol{0}\end{cases} \tag{3.5-6}$$

式（3.5－6）是标准的二阶常微分方程组，可在此基础上进行控制系统设计分析和仿真分析。

3.5.2　挠性动力学特性分析

在挠性动力学特性分析中，按照振动模态的约束方式，有两种处理方法。方法一：按**约束模态**处理，即在考察挠性附件模态振动时，将中心刚体作为固定约束考虑。这种挠性运动模型称为**固定-自由振动模型**[11,21]。方法二：按**非约束模态**处理，即在考察挠性附件模态振动时，将中心刚体和挠性附件作为整体考虑，不再有固定端的约束条件。这种挠性运动模型称为**自由-自由振动模型**[11,21]。

3.5.2.1　固定-自由振动模型

对式（3.5－5）的两个方程分别进行拉普拉斯变换可得

$$J_zs^2\theta(s)-B_{r1}s^2p_1(s)-\cdots-B_{rN}s^2p_N(s)=T_z(s)$$

$$p_i(s)=\frac{B_{ri}s^2}{s^2+\omega_i^2}\theta(s)$$

将上面的第二式代入第一式并化简可得

$$\frac{\theta(s)}{T_z(s)}=\frac{1}{J_zs^2\left(1-\sum\limits_{i=1}^{N}\dfrac{k_is^2}{s^2+\omega_i^2}\right)} \tag{3.5-7}$$

式中，$k_i=B_{ri}^2/J_z$ 称为**模态增益**，它表征了模态耦合作用的效果。式中的模态频率 ω_i 和耦合系数 B_{ri} 是在挠性附件被孤立（一端固定）约束情况下得出的，因此上式传递函数被称为约束模型或固定-自由振动模型。固定-自由振动模型的传递函数框图如图 3.5-2 所示，可见约束模态的动力学作用呈反馈形式。

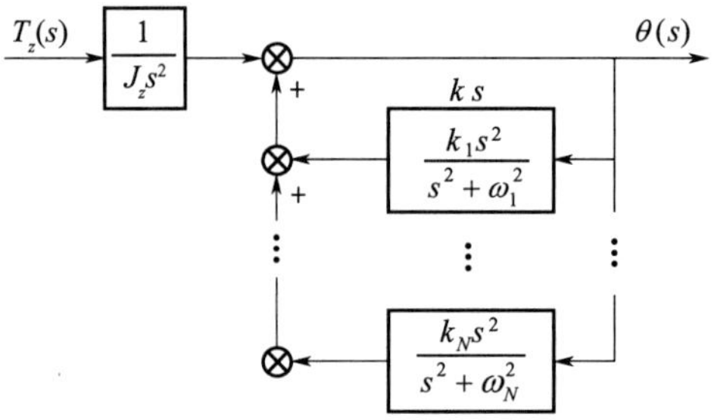

图 3.5-2 固定-自由振动模型的传递函数框图

结合 B_{ri} 的定义和挠性动力学方程可以推得

$$\sum_{i=1}^{N} B_{ri}^2=\rho A\int_a^{a+b} x^2\,\mathrm{d}x \triangleq J_p \tag{3.5-8}$$

式中 J_p ——挠性附件的转动惯量。

式（3.5-8）表明，各挠性模态的耦合系数平方之和等于挠性附件绕转动轴的转动惯量。显然，由模态增益的定义可进一步求得

$$\sum_{i=1}^{N} k_i=\frac{J_p}{J_z}=\frac{J_p}{J_{z0}+J_p} \tag{3.5-9}$$

可见，全部模态增益之和可直观理解为挠性转动惯量与整星转动惯量之比。显然，该比值在 0 和 1 之间。

一般而言，高阶模态的耦合系数较小，它们对转动惯量的贡献也很小，因此在工程应用中可以截去这些模态。可利用式（3.5-8）或式（3.5-9）评估模态截断误差的影响。

3.5.2.2 自由-自由振动模型

将中心刚体和挠性附件作为一个整体进行模态建模。在式（3.5-5）中，将第一式代入第二式，消去 $\ddot{\theta}$ 可得

$$\left(\boldsymbol{I}-\frac{\boldsymbol{B}_r\boldsymbol{B}_r^{\mathrm{T}}}{J_z}\right)\ddot{\boldsymbol{p}}+\boldsymbol{\Omega}^2\boldsymbol{p}=\frac{\boldsymbol{B}_r}{J_z}T_z$$

上式可进一步简写成

$$\ddot{\boldsymbol{p}}+\boldsymbol{\Lambda}^2\boldsymbol{p}=-\boldsymbol{C}T_z \tag{3.5-10}$$

其中

$$\boldsymbol{\Lambda}^2=\frac{\boldsymbol{\Omega}^2}{\boldsymbol{I}-\boldsymbol{B}_r\boldsymbol{B}_r^{\mathrm{T}}/J_z}$$

$$\boldsymbol{C}=\frac{\boldsymbol{B}_r}{J_z(\boldsymbol{I}-\boldsymbol{B}_r\boldsymbol{B}_r^{\mathrm{T}}/J_z)}$$

$\boldsymbol{\Lambda}$ 和 **$\boldsymbol{C}$** 的分量为

$$\Lambda_i = \frac{\omega_i}{\sqrt{1-k_i}} \tag{3.5-11}$$

$$C_i = \frac{B_{ri}}{J_z(1-B_{ri}^2/J_z)} = \frac{k_i}{(1-k_i)B_{ri}}$$

Λ_i 称为**非约束模态频率**。

对式（3.5-10）进行拉普拉斯变换可得

$$\frac{p_i(s)}{T_z(s)} = \frac{-C_i}{s^2+\Lambda_i^2}$$

将上式代入式（3.5-5）的姿态动力学方程中，可得相应的传递函数

$$\frac{\theta(s)}{T_z(s)} = \frac{1+\sum_{i=1}^{N}\frac{K_i s^2}{s^2+\Lambda_i^2}}{J_z s^2} \tag{3.5-12}$$

式中　K_i ——**非约束模态增益**，其表达式为

$$K_i = \frac{k_i}{1-k_i} \tag{3.5-13}$$

由 Λ_i 和 K_i 的表达式可知，非约束模态的频率和增益都大于约束模态的频率和增益。自由-自由振动模型的传递函数框图如图 3.5-3 所示，可见非约束模态的动力学作用呈正向叠加形式。

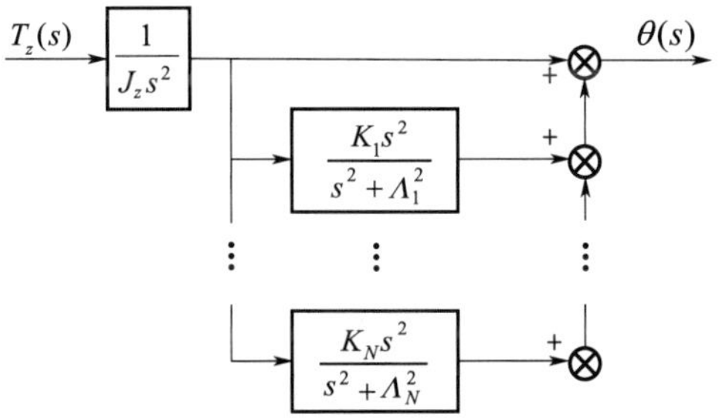

图 3.5-3　自由-自由振动模型的传递函数框图

■**提示：**固定-自由振动模型比自由-自由振动模型容易计算，并且可通过地面试验验证，常用于控制系统设计和仿真；自由-自由振动模型代表卫星在轨飞行状态，用较少阶数就能够比较精确地逼近真实值，常用于在轨状态评估。

3.5.3　挠性卫星动力学工程化建模

前面针对平面内的基于悬臂梁模型的挠性动力学进行了建模和分析，目的在于理解挠性动力学的基本物理概念和分析过程。实际的静止轨道卫星比上述模型要复杂得多。本小节介绍工程上的常用做法。挠性卫星动力学工程化建模的主要思路是：利用有限元分析软件，分析和计算出挠性附件的振型、频率和耦合系数，将挠性附件方程离散化为有限自由

度系统，再根据挠性附件与卫星中心刚体的连接情况，建立整星**有限自由度动力学模型**（也称为**集中参数混合模型**），从而为控制系统的分析、设计和数值仿真提供依据[10,23-26]。

假设卫星由一个中心刚体和 M 个一端与其相连的挠性附件（如太阳电池阵等）组成，如图 3.5-4 所示。将这 $M+1$ 个部分用标号 $i(i=1,2,\cdots,M+1)$ 区分，每个部分称为构件 i。因此，除中心刚体（标号为 $M+1$）外，构件就是挠性附件。图中的字母表示如下：

$O_IX_IY_IZ_I$ ：惯性坐标系；

$O_BX_BY_BZ_B$ ：本体坐标系（取为卫星质心坐标系，O_B 为挠性附件未变形时整星的质心）；

$O_iX_iY_iZ_i$ ：构件 i 局部坐标系；

$\vec{a}_{oi}$ ：构件 i 的安装点相对于卫星质心的位置矢量；

$\vec{a}_{ik}$ ：构件 i 的第 k 个质量微元 m_{ik} 未变形时相对卫星本体坐标系原点的位置矢量；

$\vec{r}_{ik}$ ：构件 i 的第 k 个质量微元 m_{ik} 未变形时相对构件 i 坐标系原点的位置矢量；

$\vec{w}_{ik}$ ：构件 i 的第 k 个质量微元 m_{ik} 变形后相对卫星本体坐标系原点的位置矢量；

$\vec{u}_{ik}$ ：构件 i 的第 k 个质量微元 m_{ik} 的变形位移矢量；

$\vec{R}_c$ ：卫星质心相对惯性坐标系原点的位置矢量；

$\vec{R}_{ik}$ ：构件 i 的第 k 个质量微元 m_{ik} 变形后相对惯性坐标系原点的位置矢量。

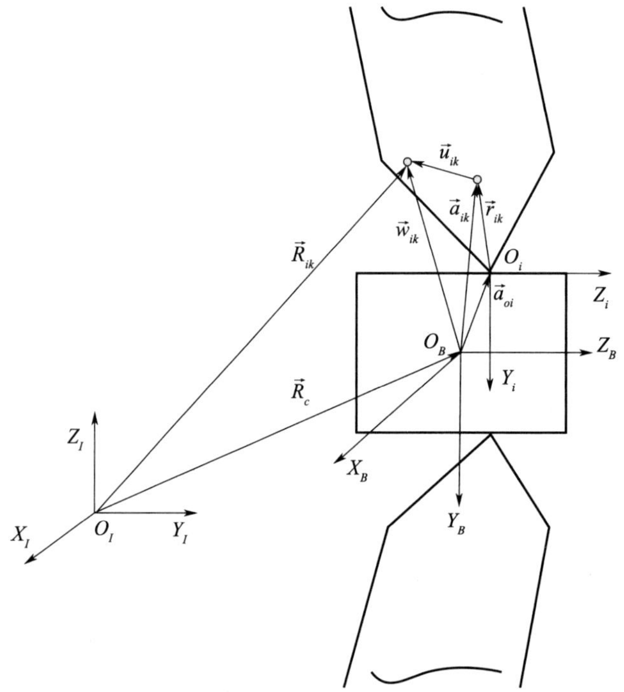

图 3.5-4　带多个挠性附件的卫星

考察构件 i 中任意质量微元 m_{ik}，其变形后在惯性空间中的线速度为[10]

$$\dot{\vec{R}}_{ik} = \dot{\vec{R}}_c + \overset{\circ}{\vec{w}}_{ik} + \vec{\omega} \times \vec{w}_{ik} \tag{3.5-14}$$

式中，上标。号表示在本体坐标系下求导（相对导数）。

假设挠性体的变形很小，其变形后的位移为一阶小量，角速度也为小量。由于 $\vec{w}_{ik} = \vec{a}_{ik} + \vec{u}_{ik}$，$\vec{a}_{ik} = \vec{a}_{oi} + \vec{r}_{ik}$，$\vec{a}_{oi}$ 和 $\vec{r}_{ik}$ 均为固定值，略去二阶及以上小量后，式（3.5-14）变为

$$\dot{\vec{R}}_{ik} = \vec{v}_c + \overset{\circ}{\vec{u}}_{ik} + \vec{\omega} \times \vec{a}_{ik}$$

式中　$\vec{v}_c$ ——卫星质心的线速度，反映卫星的平动运动。

整个卫星系统的（线）动量为

$$\begin{aligned}\vec{P} &= \sum_{i,k} m_{ik} \dot{\vec{R}}_{ik} \\ &= m\vec{v}_c + \sum_{i,k} m_{ik} \overset{\circ}{\vec{u}}_{ik} + \vec{\omega} \times \sum_{i,k} m_{ik} \vec{a}_{ik}\end{aligned}$$

式中　m ——整星质量。

■**提示：** 本节的研究对象是卫星姿态动力学，不考虑万有引力作用下的卫星质心轨道动力学；因此此处的卫星线速度 $\vec{v}_c$ 是由于卫星姿态运动（包括挠性振动）引起的平动运动，是小量，不要与轨道动力学中卫星的实际运动速度混淆。

由于坐标系原点 O_B 为挠性附件未变形时整星的质心，故 $\sum_{i,k} m_{ik} \vec{a}_{ik} = 0$，则系统的动量方程可简化为

$$\vec{P} = m\vec{v}_c + \sum_{i,k} m_{ik} \overset{\circ}{\vec{u}}_{ik}$$

根据牛顿第二定律，忽略二阶小量，可得以下卫星线运动方程

$$m\dot{\vec{v}}_c + \sum_{i,k} m_{ik} \overset{\circ\circ}{\vec{u}}_{ik} = \vec{F}_d \tag{3.5-15}$$

式中　$\vec{F}_d$ ——作用在卫星上的万有引力以外的外力（如推力器的喷气推力）。

利用有限元法可以求得挠性附件 i 在其附件坐标系下的约束模态振型为

$$\vec{\boldsymbol{\Phi}}_{ik} = [\phi_{i1}(\vec{r}_{ik}) \quad \phi_{i2}(\vec{r}_{ik}) \quad \cdots \quad \phi_{iN}(\vec{r}_{ik})] \quad k = 1,2,\cdots,n_i$$

式中　n_i ——挠性附件 i 的节点总数；

N ——模态阶数；

$\vec{\boldsymbol{\Phi}}_{ik}$ ——N 维矢量行阵，对应挠性附件 i 坐标系下的表达式为 $\boldsymbol{\Phi}_{ik}$，是 $3 \times N$ 矩阵。

根据有限元分析结果，形变位移矢量 $\vec{u}_{ik}$ 在挠性附件 i 坐标系下的表达式为

$$\boldsymbol{u}_{ik} = \boldsymbol{\Phi}_{ik} \boldsymbol{p}_i(t) \tag{3.5-16}$$

式中　$\boldsymbol{p}_i(t) = [p_{i1} \quad p_{i2} \quad \cdots \quad p_{iN}]^{\mathrm{T}}$ ——挠性附件 i 的模态坐标向量。

将式（3.5-15）在卫星本体坐标系下表示，并代入式（3.5-16），有

$$m\dot{\boldsymbol{v}}_c + \sum_i \boldsymbol{B}_{Ti} \ddot{\boldsymbol{p}}_i = \boldsymbol{F}_d \tag{3.5-17}$$

式中　$\boldsymbol{B}_{Ti} = \boldsymbol{C}_{Bi} \boldsymbol{B}_{Ti0}$ ——挠性附件 i 在卫星本体坐标系下的**平动耦合系数**[10,15]；

$\boldsymbol{B}_{Ti0}=\sum_{k}m_{ik}\boldsymbol{\Phi}_{ik}$ ——挠性附件 i 相对连接点 O_i 在挠性附件 i 坐标系下的平动耦合系数。

设 $\vec{H}$ 和 $\vec{T}_d$ 为系统相对点的绝对角动量和所受外力矩，根据角动量定律有

$$\vec{T}_d=\dot{\vec{H}}=\frac{\mathrm{d}}{\mathrm{d}t}\left\{\sum_{i,k}m_{ik}\vec{w}_{ik}\times\dot{\vec{R}}_{ik}\right\}$$

$$=\frac{\mathrm{d}}{\mathrm{d}t}\left\{\sum_{i,k}m_{ik}(\vec{a}_{oi}+\vec{r}_{ik}+\vec{u}_{ik})\times(\vec{v}_s+\mathring{\vec{u}}_{ik}+\vec{\omega}\times(\vec{a}_{oi}+\vec{r}_{ik}))\right\}$$

根据假设条件 $\vec{u}_{ik}$，$\vec{v}_s$，$\vec{\omega}$，$\dot{\vec{\omega}}$ 等皆为小量，上面的角动量方程可以进行线性化处理，得到

$$\vec{T}_d=\sum_{i,k}m_{ik}(\vec{a}_{oi}+\vec{r}_{ik})\times\mathring{\mathring{\vec{u}}}_{ik}+\sum_{i,k}m_{ik}\vec{a}_{ik}\times(\dot{\vec{\omega}}\times\vec{a}_{ik})$$

$$=\sum_{i,k}m_{ik}(\vec{a}_{oi}+\vec{r}_{ik})\times\mathring{\mathring{\vec{u}}}_{ik}+\vec{\vec{J}}\cdot\dot{\vec{\omega}}$$

式中 $\vec{\vec{J}}$ ——卫星未变形时的惯量张量。

将上式在卫星本体坐标系下表示，并代入 $\boldsymbol{u}_{ik}$ 的模态表达式（3.5-16），再利用有限元分析结果，可得

$$\begin{aligned}\boldsymbol{T}_d&=\sum_{i,k}m_{ik}\boldsymbol{a}_{oi}^{\times}\ddot{\boldsymbol{u}}_{ik}+\sum_{i,k}\boldsymbol{r}_{ik}^{\times}\ddot{\boldsymbol{u}}_{ik}+\boldsymbol{J}\dot{\boldsymbol{\omega}}\\&=\sum_{i=1}^{M}\sum_{k=1}^{ni}m_{ik}(\boldsymbol{a}_{oi}^{\times}\boldsymbol{C}_{Bi}\boldsymbol{\Phi}_{ik}+\boldsymbol{C}_{Bi}\boldsymbol{r}_{ik}^{\times}\boldsymbol{\Phi}_{ik})\boldsymbol{p}_i+\boldsymbol{J}\dot{\boldsymbol{\omega}}\end{aligned}\tag{3.5-18}$$

记

$$\begin{aligned}\boldsymbol{B}_{Ri}&=\sum_{k}m_{ik}(\boldsymbol{a}_{oi}^{\times}\boldsymbol{C}_{Bi}\boldsymbol{\Phi}_{ik}+\boldsymbol{C}_{Bi}\boldsymbol{r}_{ik}^{\times}\boldsymbol{\Phi}_{ik})\\&=\boldsymbol{a}_{oi}^{\times}\boldsymbol{B}_{Ti}+\boldsymbol{C}_{Bi}\boldsymbol{B}_{Ri0}\end{aligned}$$

式中，$\boldsymbol{B}_{Ri0}=\sum_{k}m_{ik}\boldsymbol{r}_{ik}^{\times}\boldsymbol{\Phi}_{ik}$，称为挠性附件 i 相对连接点 O_i 在挠性附件 i 坐标系下的**转动耦合系数**[10,15]。而 $\boldsymbol{B}_{Ri}$ 称为挠性附件 i 在卫星本体坐标系下的转动耦合系数。因此，式（3.5-18）所示的卫星角动量方程可改写为以下简洁形式

$$\boldsymbol{J}\dot{\boldsymbol{\omega}}+\sum_{i}\boldsymbol{B}_{Ri}\ddot{\boldsymbol{p}}_i=\boldsymbol{T}_d\tag{3.5-19}$$

在上述推导过程的基础上，利用分析力学中的变分原理，基于拉格朗日方程可以得到挠性附件的运动方程（推导过程略）

$$\ddot{\boldsymbol{p}}_i+\boldsymbol{\Omega}_i^2\boldsymbol{p}_i+\boldsymbol{B}_{Ti}^{\mathrm{T}}\boldsymbol{v}_{sT}+\boldsymbol{B}_{Ti}^{\mathrm{T}}\boldsymbol{\omega}=\boldsymbol{0}\quad(i=1,2,\cdots,M)\tag{3.5-20}$$

式中 $\boldsymbol{\Omega}_i=\mathrm{diag}[\omega_{i1},\ \omega_{i2},\ \cdots,\ \omega_{iN}]$ ——挠性模态角频率矩阵。

考虑挠性附件的结构阻尼，以及角动量交换装置的作用，可以得到完整的挠性卫星动力学方程组为

$$\begin{cases}m\dot{\boldsymbol{v}}_c+\sum_{i}\boldsymbol{B}_{Ti}\ddot{\boldsymbol{p}}_i=\boldsymbol{F}_d\\\boldsymbol{J}\dot{\boldsymbol{\omega}}+\boldsymbol{\omega}^{\times}(\boldsymbol{J}\boldsymbol{\omega}+\boldsymbol{h})+\dot{\boldsymbol{h}}+\sum_{i}\boldsymbol{B}_{Ri}\ddot{\boldsymbol{p}}_i=\boldsymbol{T}_d\\\ddot{\boldsymbol{p}}_i+2\boldsymbol{D}_i\boldsymbol{\Omega}_i\dot{\boldsymbol{p}}_i+\boldsymbol{\Omega}_i^2\boldsymbol{p}_i+\boldsymbol{B}_{Ti}^{\mathrm{T}}\boldsymbol{v}_c+\boldsymbol{B}_{Ti}^{\mathrm{T}}\dot{\boldsymbol{\omega}}=\boldsymbol{0}\end{cases}\tag{3.5-21}$$

式中　$\boldsymbol{D}_i = \mathrm{diag}[d_{i1}, d_{i2}, \cdots, d_{iN}]$——挠性模态阻尼矩阵。

由式（3.5-21）可见，由于挠性附件的影响，卫星的平动和转动发生了耦合。经过简单的处理可以更清楚地看到这种耦合。从式（3.5-21）的第三式解出 $\ddot{\boldsymbol{p}}_i$，代入前两式可得

$$\begin{cases}\left(m\boldsymbol{I} - \sum_i \boldsymbol{B}_{Ti}\boldsymbol{B}_{Ti}^{\mathrm{T}}\right)\dot{\boldsymbol{v}}_c - \left(\sum_i \boldsymbol{B}_{Ti}\boldsymbol{B}_{Ri}^{\mathrm{T}}\right)\dot{\boldsymbol{\omega}} - \sum_i \boldsymbol{B}_{Ti}(2\boldsymbol{D}_i\boldsymbol{\Omega}_i\dot{\boldsymbol{p}}_i + \boldsymbol{\Omega}_i^2\boldsymbol{p}_i) = \boldsymbol{F}_d \\ \left(\boldsymbol{J} - \sum_i \boldsymbol{B}_{Ri}\boldsymbol{B}_{Ri}^{\mathrm{T}}\right)\dot{\boldsymbol{\omega}} - \left(\sum_i \boldsymbol{B}_{Ri}\boldsymbol{B}_{Ti}^{\mathrm{T}}\right)\dot{\boldsymbol{v}}_c + \boldsymbol{\omega}^{\times}(\boldsymbol{J}\boldsymbol{\omega} + \boldsymbol{h}) + \dot{\boldsymbol{h}} - \sum_i \boldsymbol{B}_{Ri}(2\boldsymbol{D}_i\boldsymbol{\Omega}_i\dot{\boldsymbol{p}}_i + \boldsymbol{\Omega}_i^2\boldsymbol{p}_i) = \boldsymbol{T}_d \\ \ddot{\boldsymbol{p}}_i + 2\boldsymbol{D}_i\boldsymbol{\Omega}_i\dot{\boldsymbol{p}}_i + \boldsymbol{\Omega}_i^2\boldsymbol{p}_i + \boldsymbol{B}_{Ti}^{\mathrm{T}}\boldsymbol{v}_c + \boldsymbol{B}_{Ti}^{\mathrm{T}}\dot{\boldsymbol{\omega}} = \boldsymbol{0}\end{cases} \tag{3.5-22}$$

记

$$\boldsymbol{M}_0 = m\boldsymbol{I} - \sum_i \boldsymbol{B}_{Ti}\boldsymbol{B}_{Ti}^{\mathrm{T}}, \boldsymbol{J}_0 = \boldsymbol{J} - \sum_i \boldsymbol{B}_{Ri}\boldsymbol{B}_{Ri}^{\mathrm{T}}$$

式中　$\boldsymbol{M}_0$——中心刚体的质量矩阵；

$\boldsymbol{J}_0$——中心刚体的惯量矩阵。

由耦合系数矩阵的表达式可知，对于太阳电池阵这种可转动的挠性附件，当它转动时，其转动耦合系数矩阵是随角度变化的；但是根据式（3.5-22），$\dot{\boldsymbol{\omega}}$ 和 $\dot{\boldsymbol{v}}_c$ 前的系数矩阵（即 $\boldsymbol{J}_0$ 和 $\boldsymbol{M}_0$）分别代表中心刚体的惯量矩阵和质量矩阵，因此不随太阳电池阵的转动角度变化。

3.6　充液卫星姿态动力学

静止轨道卫星通常带有多个液体推进剂贮箱，贮箱中的全部推进剂约占整星质量的一半以上。轨道转移时，液体推进剂的晃动、冲击等将对卫星姿态产生不良影响，导致姿态指向超差、姿态振荡乃至失稳。因此，对液体晃动的分析与抑制是静止轨道卫星控制系统设计的一个重要项目。充液卫星姿态动力学建模的主要问题是，如何描述贮箱内的液体运动，以及卫星主体与运动液体之间的运动耦合。和上节所述的挠性附件一样，贮箱内的液体系统也是分布参数系统，具有无限个自由度。空间环境下的液体动力学行为非常复杂。在工程上，主要采用线性化的力学等效模型来近似描述液体的运动特性[10,27]。本节首先介绍液体运动相关的基本概念，然后针对加速度条件下的液体小幅横向晃动进行数学建模，并对晃动动力学的基本特性进行分析，最后介绍工程上使用的力学等效晃动模型。

3.6.1　基本概念

卫星贮箱内的液体运动是非常多样的，包括：卫星横向（平行于液体自由表面）运动引起的横向晃动、卫星纵向（垂直于液体自由表面）运动引起的纵向晃动、绕液体自由面法向的旋转晃动、表面飞溅、重定向冲击等。这些运动和贮箱所处的加速度环境有关。在低加速度条件下，液体运动的非线性特性较强，但这时液体运动对卫星本体的作用力也较

小。在有一定加速度的条件下（例如变轨发动机工作期间、位置保持机动期间），液体沿加速度方向的纵向晃动位移很小，对卫星的影响可以忽略；而垂直于加速度方向的横向晃动特性最为显著，是对卫星姿态影响最大的一种运动，也是工程上需要重点关注的一种运动。

以下先介绍流体力学相关的几个定义[28-30]：

质量力与表面力：质量力也称为**体积力**，是不需要接触，作用于全部液体上的力，如重力、惯性力（例如卫星运动加速度产生的力）、离心力等；表面力是与液体接触而直接作用于液体表面的力，包括压力、表面张力，黏性力等。

邦德数（Bd）：液体重力（对应加速度的惯性力）和表面张力之比，是表征表面张力影响的无量纲数，公式为

$$Bd=\frac{\rho g R^2}{\sigma}$$

式中 ρ ——液体密度；

g ——加速度；

R ——贮箱的特征尺寸（对于大多数静止轨道卫星而言，就是圆柱形贮箱的内腔半径）；

σ ——表面张力系数。

在微重力环境下，Bd 值较小（量级在 10 以下），表面张力的影响比较突出，但这种情况下液体运动对卫星的影响也很小，一般不予考虑。在静止轨道卫星变轨期间，加速度 g 虽然不大［静止轨道卫星远地点变轨期间，$g\approx(0.005\sim0.05)g_0$；位置保持期间，$g\approx(0.0005\sim0.005)g_0$］，$Bd$ 值量级也可达到 10^2，乃至更高，表面张力影响可以忽略不计。

雷诺数（Re）：液体惯性力和黏性力之比，是表征黏性影响（阻尼特性）的无量纲数，公式为

$$Re=\frac{\rho v D}{\mu}$$

式中 v ——液体流速；

D ——通道直径；

μ ——液体黏度。

对于理想流体，黏性的影响是小量。对于静止轨道卫星使用的液体推进剂而言，Re 约为 10^6 量级，黏性力也远小于惯性力，但在最终的动力学方程中阻尼项一般不能忽略。

伽利略数（Ga）：和 Re 类似，也是表征液体黏性的无量纲数，公式为

$$Ga=\frac{g\rho^2 R^3}{\mu^2}$$

Ga 的计算更为直接，多用于地面试验中。地面的 Ga 数量级约为 10^{12}，静止轨道卫星变轨期间的 Ga 数量级约为$10^9\sim10^{11}$。

力学建模条件约定[10,27,28]如下：

1）贮箱为刚体，其固有频率远远高于液体运动固有频率。

2）液体均匀且不可压缩。

3）液体接近理想流体，黏性影响是一阶小量。由于空间环境下推进剂液体的 Re 和 Ga 很大，这种假设条件是合理的。

4）液体表面张力的影响可以忽略。静止轨道卫星变轨期间推进剂液体的 Bd 不算太小，这种假设条件是可以接受的。

5）液体在贮箱中的运动近似为线性小幅运动。以影响最大的横向晃动为例，液体表面质点运动幅度一般不会超过液面半径的 15%，线性化近似带来的误差较小。

■**提示：** 在流体力学领域中大量使用相似原理，通过模型实验来获取相关规律和力学参数。在相似判据的基础上专家学者提出了若干无量纲数，用来反映哪种作用力占主导因素。上面提到的 Bd，Re 等都是一些常用的无量纲数。

3.6.2 液体横向晃动建模及分析

考察图 3.6－1 所示的发动机推力加速度下的贮箱液体推进剂横向运动。S_F 为液体自由表面，S_{F0} 为液体平衡态表面，ξ 为表面波高，$\vec{a}_B$ 为卫星加速度矢量。液体质量微元在卫星本体坐标系中的位置矢量为 $\vec{r}$，在本体坐标系中的相对速度矢量为 $\vec{u}$。液体内部空间记为 V，贮箱内表面记为 S_T。在研究液体晃动时，将卫星本体按刚体处理。因此卫星本体的动力学方程和前面阐述的刚体动力学方程形式相同，区别是多了液体晃动产生的干扰力和力矩。下面研究与液体自身运动相关的方程。

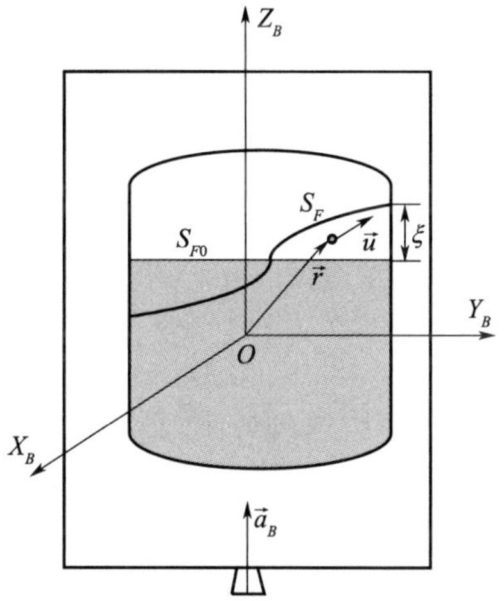

图 3.6－1　推力加速度下贮箱推进剂横向运动

液体运动的动量方程被称为 Navier－Stokes 方程（简称为 N－S 方程），表达式如下[29]

$$\frac{\partial \vec{u}}{\partial t}+2\vec{\omega}\times\vec{u}+\dot{\vec{\omega}}\times\vec{r}+\vec{\omega}\times(\vec{\omega}\times\vec{r})=-\vec{a}_B-\frac{1}{\rho}\nabla p+\nu\,\nabla^2\vec{u} \tag{3.6-1}$$

式中　p ——压强；

ρ ——密度；

ν ——运动黏度；

∇——Hamilton 算子（矢量微分算子）。

$$\nabla=\frac{\partial}{\partial x}\vec{i}+\frac{\partial}{\partial y}\vec{j}+\frac{\partial}{\partial z}\vec{k}$$

式（3.6－1）中的右边 3 项分别代表质量力项、压差力项、黏性力项。

根据贮箱中液体的连续性特性，对于内部液体（V 内）有以下约束条件

$$\nabla\cdot\vec{u}=0$$

此外，贮箱固壁-液体边界条件为

$$\vec{n}\cdot\vec{u}=0(S_T\text{ 上})$$

液体自由面边界条件为

$$\vec{n}\cdot\vec{u}=\xi(S_F\text{ 上})$$

$$p=\text{const}(S_F\text{ 上})$$

为了简单起见，先暂时忽略卫星的角速度，忽略黏性，并认为卫星的加速度为常值，则液体动力学方程变为

$$\frac{\partial\vec{u}}{\partial t}=-\frac{1}{\rho}\nabla p-a_B\vec{k}\tag{3.6-2}$$

设加速度 $\dot{\vec{u}}$ 的势函数为 $\varphi(\vec{r},t)$，即

$$\dot{\vec{u}}=\nabla\varphi(\vec{r},t)\tag{3.6-3}$$

则根据式（3.6－2）可得该势函数的积分为

$$\varphi=-\frac{p}{\rho}-a_B(z-z_0)\tag{3.6-4}$$

将式（3.6－3）和式（3.6－4）代入各约束方程和边界条件方程可得[10]

$$\begin{cases}\nabla^2\varphi=0 & \forall V\\ \dfrac{\partial\varphi}{\partial n}=0 & \forall S_T\\ \dfrac{\partial\varphi}{\partial z}=\ddot{\xi} & \forall S_F\\ p=\rho a\xi & \forall S_F\end{cases}\tag{3.6-5}$$

利用分离变量法求解运动方程。令 $\varphi=\phi(\vec{r})\beta(t)$，代入式（3.6－4）和式（3.6－5），并消去 p 和 ξ 可得

$$\ddot{\beta}+\lambda^2\beta=0\tag{3.6-6}$$

在式（3.6－6）中，特征值 λ 实际上代表液体运动的固有角频率。相应的边界条件变为[10]

$$\begin{cases}\nabla^2\phi=0 & \forall V\\ \dfrac{\partial\phi}{\partial n}=0 & \forall S_T\\ \dfrac{\partial\phi}{\partial z}-\dfrac{\lambda^2}{a}\phi=0 & \forall S_F\end{cases}$$

可以证明，ϕ 满足正交性和完备性，因此对于整个液体系统可以得到[10]

$$\begin{cases}\varphi=\sum_{i=1}^{\infty}\phi_i(\vec{r})\beta_i(t) & \forall V\\ \xi=\sum_{i=1}^{\infty}\phi_i(\vec{r})s_i(t) & \forall S_T\end{cases} \tag{3.6-7}$$

式中，ϕ_i 代表液体运动的各阶振型，s_i 代表对应的振型坐标（广义坐标），其方程为

$$\ddot{s}_i=(\lambda_i^2/a)\beta_i$$

对于方形贮箱和圆柱形贮箱等特殊情形，可以求出式（3.6－7）中运动振型 ϕ_i 和运动频率 λ_i 的解析表达式。但对于大多数工程情形，很难得到这些参数的解析表达式，更一般的做法是利用有限元分析的数值手段求解相关参数。

下面进一步探讨卫星与液体的耦合运动。推导过程比较烦琐，因此直接给出最终的方程组

$$\begin{cases}m\vec{a}_B-m\vec{r}_c\times\dot{\vec{\omega}}+\sum_{i=1}^{\infty}K_{ti}\ddot{\vec{s}}_i=\vec{F}_d\\ m\vec{r}_c\times\vec{a}_B+(\vec{\vec{J}}_B+\vec{\vec{J}}_L)\cdot\dot{\vec{\omega}}+\sum_{i=1}^{\infty}[(K_{r0i}\vec{k}+K_{ti}\vec{r}_T)\times\ddot{\vec{s}}_i]-a_B\vec{k}\times\sum_{i=1}^{\infty}K_{ti}\vec{s}_i=\vec{T}_d\\ \vec{\vec{P}}_{12}\cdot[K_{ti}\vec{a}_B-(K_{r0i}\vec{k}+K_{ti}\vec{r}_T)\times\dot{\vec{\omega}}+\mu_i(\ddot{\vec{s}}_i+\lambda_i^2\vec{s}_i)]=0(i=1,2,\cdots)\end{cases} \tag{3.6-8}$$

其中

$$\vec{s}_i=s_{ix}\vec{i}+s_{iy}\vec{j}$$

式中　m ——整星质量；

$\vec{F}_d$，$\vec{T}_d$ ——卫星所受的外力和外力矩；

$\vec{r}_c$ ——卫星质心对坐标原点的位置矢量；

K_{ti} ——液体 i 阶运动的平动耦合系数；

K_{r0i} ——相对贮箱中心的转动耦合系数；

μ_i ——广义质量；

$\vec{\vec{J}}_B$ ——卫星本体的惯量张量；

$\vec{\vec{J}}_L$ ——整个液体对卫星质心的惯量张量；

$\vec{\vec{P}}_{12}=\vec{i}\vec{i}+\vec{j}\vec{j}$ ——矢量投影算子，作用是在式（3.6－8）中取第一、二个分量（第三个分量无意义）。

从式（3.6－8）所示的方程可以获得对于充液卫星动力学形式的直观认识。但是该方程用于控制系统分析和设计是很不方便的。即便用有限元方法求出了相应的耦合系数和广义质量等参数，方程的物理意义也不简洁。因此，在工程上，更好的做法是利用力学等效原理建立更加简洁明晰的低阶线性等效模型。

3.6.3　液体横向晃动的等效动力学模型

等效动力学模型的建立和简化应符合以下原则：

1）等效模型应能基本反映液体对于卫星的作用力和力矩；

2）等效模型应全部是离散坐标的常微分方程，方程阶数应尽可能低；

3）等效模型的液体运动可以和简单的机械系统（如质量-弹簧振子或单摆）类比，即两者之间具有相同的微分方程形式；

4）卫星刚体部分的姿态运动参数应保留。

工程上，质量-弹簧振子和单摆这两种等效模型都用得较多，并且在线性范围内两者的动力学特征完全等价，可以互相转换。本书以二维质量-弹簧振子进行建模。

■**提示：**等效单摆模型相较等效质量-弹簧模型的优点是：单摆的自然振动频率 λ_i 与纵向加速度 a_B 显性相关（$\lambda_i=\sqrt{a_B/l_i}$，l_i 为摆长），而质量-弹簧系统不存在这种显式关系（需要另行计算）；等效质量-弹簧模型相较等效单摆模型的优点是：质量-弹簧模型对于液体晃动的模拟更加形象直观，更容易被工程师所接受。

如图 3.6-2 所示，假设卫星由中心刚体和两个串联的充液贮箱组成。卫星所受定常加速度方向平行于卫星本体坐标系的 Z_B 轴，因此液体横向晃动发生在 X_B 和 Y_B 方向。将贮箱中的液体等效为平行于 $O_BX_BY_B$ 平面的若干等效质量-弹簧系统。这里以一个贮箱为例进行建模。记第 i 个质量-弹簧系统的质量为 m_i，平衡位置相对 O_B 点的位置矢量为 $\vec{r}_i$。当弹簧振子运动时，振子相对平衡位置的位置矢量为 $\vec{w}_i=w_{ix}\vec{i}+w_{iy}\vec{j}$，则振子相对坐标原点 O_B 的位置矢量为 $\vec{p}_i=\vec{r}_i+\vec{w}_i$。记固定质量块的质量为 m_0，相对 O_B 点的位置矢量为 $\vec{r}_0$，相对 O_B 点的惯量张量为 $\vec{\vec{J}}_0$。

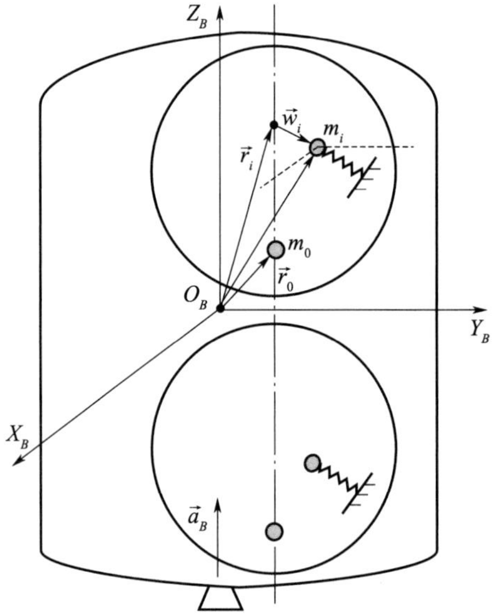

图 3.6-2　质量-弹簧等效模型

考察第 i 个质量-弹簧系统，其运动方程为

$$m_i[\ddot{\vec{w}}_i+\dot{\vec{\omega}}\times(\vec{r}_i+\vec{w}_i)+\vec{a}_B]=-\vec{F}_i \tag{3.6-9}$$

忽略高阶小量得

$$\vec{F}_i=-m_i(\ddot{\vec{w}}_i+\dot{\vec{\omega}}\times\vec{r}_i+\vec{a}_B) \tag{3.6-10}$$

其中，$-\vec{F}_i=-k_i\vec{w}_i$ 为弹簧的恢复力（则 $\vec{F}_i$ 为弹簧振子对航天器本体的反作用力），将 $-\vec{F}_i$ 的表达式代入式（3.6-10），并忽略高阶小量可得

$$\vec{\vec{P}}_{12}\cdot\left(\ddot{\vec{w}}_i+\frac{k_i}{m_i}\vec{w}_i+\dot{\vec{\omega}}\times\vec{r}_i+\vec{a}_B\right)=0 \tag{3.6-11}$$

式中　$\vec{\vec{P}}_{12}$ ——上一小节已经使用的矢量投影算子。

第 i 个质量-弹簧振子相对 O_B 点的力矩为（忽略高阶小量）

$$\begin{aligned}\vec{T}_i&=(\vec{r}_i+\vec{w}_i)\times\vec{F}_i\\&=-m_i\vec{r}_i\times\ddot{\vec{w}}_i-m_i\vec{r}_i\times(\dot{\vec{\omega}}\times\vec{r}_i)-m_i\vec{r}_i\times\vec{a}_B-m_i\vec{w}_i\times\vec{a}_B\\&=-m_i\vec{r}_i\times\ddot{\vec{w}}_i-\vec{\vec{J}}'_i\cdot\dot{\vec{\omega}}-m_i\vec{r}_i\times\vec{a}_B+\vec{a}_B\times m_i\vec{w}_i\end{aligned} \tag{3.6-12}$$

其中，$\vec{\vec{J}}'_i=m_i[(\vec{r}_i\cdot\vec{r}_i)\vec{\vec{I}}-\vec{r}_i\vec{r}_i]$，这里 $\vec{\vec{I}}=\vec{i}\vec{i}+\vec{j}\vec{j}+\vec{k}\vec{k}$ 为单位并矢张量，公式推导中用到了二重矢量变换公式［参见式（3.4-2）］。

固定质量块的运动方程相对简单，如下所示

$$m_0(\dot{\vec{\omega}}\times\vec{r}_0+\vec{a}_B)=-\vec{F}_0 \tag{3.6-13a}$$

$$\vec{\vec{J}}_0\cdot\dot{\vec{\omega}}=-\vec{T}_0 \tag{3.6-13b}$$

则各个质量-弹簧振子和固定质量对航天器本体的力以及相对 O_B 点的力矩为

$$\begin{aligned}\vec{F}_L&=\sum_i\vec{F}_i+\vec{F}_0\\&=-\sum_i m_i\ddot{\vec{w}}_i-\dot{\vec{\omega}}\times\left(\sum_i m_i\vec{r}_i+m_0\vec{r}_0\right)-\left(\sum_i m_i+m_0\right)\vec{a}_B\end{aligned} \tag{3.6-14a}$$

$$\begin{aligned}\vec{T}_L&=\sum_i\vec{F}_i+\vec{r}_0\times\vec{F}_0+\vec{T}_0\\&=-\sum_i(m_i\vec{r}_i\times\ddot{\vec{w}}_i)-\left(\vec{\vec{J}}_0+\vec{\vec{J}}'_0+\sum_i\vec{\vec{J}}'_i\right)\cdot\dot{\vec{\omega}}-\left(m_0\vec{r}_0+\sum_i m_i\vec{r}_i\right)\times\vec{a}_B+\vec{a}_B\times\sum_i m_i\vec{w}_k\end{aligned} \tag{3.6-14b}$$

航天器本体的运动方程（暂不考虑挠性附件的模态振动）为

$$m_B\vec{a}_B-m_B\vec{r}_c\times\dot{\vec{\omega}}=\vec{F}_L+\vec{F}_d \tag{3.6-15a}$$

$$m_B\vec{r}_c\times\vec{a}_B+\vec{\vec{J}}\cdot\dot{\vec{\omega}}=\vec{T}_L+\vec{T}_d \tag{3.6-15b}$$

注：上式方程即为 3.4 节所述的刚体运动方程，这里再简单提示其推导过程要点

$$\vec{v}_c = \vec{v}_0 + \vec{\omega} \times \vec{r}_c \Rightarrow \vec{a}_c = \vec{a}_B + \dot{\vec{\omega}} \times \vec{r}_c$$

$$\vec{H} = \int \vec{r} \times \dot{\vec{r}} \mathrm{d}m = \int \vec{r} \times (\dot{\vec{r}}_0 + \vec{\omega} \times \vec{r}_i) \mathrm{d}m$$

$$= \int [\vec{r} \times \vec{v}_B + \vec{r} \times (\vec{\omega} \times \vec{r})] \mathrm{d}m$$

$$= m_B \vec{r}_c \times \vec{v}_B + \vec{\vec{J}} \cdot \vec{\omega}$$

将式（3.6－14）代入式（3.6－15）可得

$$\left(m_B + m_0 + \sum_i m_i\right) \vec{a}_B - \left(m_B \vec{r}_c + m_0 \vec{r}_0 + \sum_i m_i \vec{r}_i\right) \times \dot{\vec{\omega}} + \sum_i m_i \ddot{\vec{w}}_i = \vec{F}_d$$

$$\left(m_B \vec{r}_c + m_0 \vec{r}_0 + \sum_i m_i \vec{r}_i\right) \times \vec{a}_B + \left(\vec{\vec{J}}_B + \vec{\vec{J}}_0 + \vec{\vec{J}}_0' + \sum_i \vec{\vec{J}}_i'\right) \cdot \dot{\vec{\omega}} + \sum_i (m_i \vec{r}_i \times \ddot{\vec{w}}_i) - \vec{a}_B \times \sum_i m_i \vec{w}_k = \vec{T}_d$$

若记

$$m = m_R + m_0 + \sum_i m_i$$

$$m \vec{r}_c = m_B \vec{r}_c + m_0 \vec{r}_0 + \sum_i m_i \vec{r}_i$$

$$\vec{\vec{J}} = \vec{\vec{J}}_B + \vec{\vec{J}}_0 + \vec{\vec{J}}_0' + \sum_i \vec{\vec{J}}_i'$$

则有

$$m \vec{a}_B - m \vec{r}_c \times \dot{\vec{\omega}} + \sum_i m_i \ddot{\vec{w}}_i = \vec{F}_d \tag{3.6-16a}$$

$$m \vec{r}_c \times \vec{a}_B + \vec{\vec{J}} \cdot \dot{\vec{\omega}} + \sum_i (m_i \vec{r}_i \times \ddot{\vec{w}}_i) - \vec{a}_B \times \sum_i m_i \vec{w}_i = \vec{T}_d \tag{3.6-16b}$$

实际上液体都是有黏性的，因此在式（3.6－11）中应考虑阻尼项，写成以下形式

$$\vec{P}_{12} \cdot (\vec{a}_B - \vec{r}_i \times \dot{\vec{\omega}} + \ddot{\vec{w}}_i + 2 d_i \lambda_i \dot{\vec{w}}_i + \lambda_i^2 \vec{w}_i) = 0 \tag{3.6-16c}$$

其中，d_i 是第 i 阶晃动振型的阻尼比，$\lambda_i = \sqrt{k_i / m_i}$ 是第 k 阶晃动振型的角频率。

对比式（3.6－16）和式（3.6－8）可见，如果以下条件成立，则基于质量-弹簧振子的动力学模型和原系统动力学模型等价

$$K_{ti} \vec{s} = m_i \vec{w}_i$$

$$\frac{\mu_i}{K_{ti}} = 1$$

$$\lambda_i^2 = \frac{k_i}{m_i}$$

$$\frac{K_{r0i}}{K_{ti}} \vec{k} + \vec{r}_T = \vec{r}_i$$

可见，对于质量-弹簧模型，其运动变量就是晃动振型坐标，即 $\vec{w}_i = \vec{s}_i$，并且其参数的选取也是很直接的

$$\begin{cases} m_i = K_{ti} \\ k_i = K_{ti}\lambda_i^2 \\ \vec{r}_i = \dfrac{K_{r0i}}{K_{ti}}\vec{k} + \vec{r}_T \\ m_0 = m - m_R - \sum\limits_i m_i \\ \vec{p}_0 = \left((m - m_B)\vec{r}_c - \sum\limits_i m_i \vec{r}_i\right)/m_0 \\ \vec{J}_0 = \vec{J}_L - \vec{J}_0' - \sum\limits_i \vec{J}_i' \end{cases} \tag{3.6-17}$$

对于单摆模型，建模过程类似，不再赘述。两种等效模型是等价的，只要选取的摆长 l_i 满足：$l_i\vec{\gamma}_i = \vec{w}_i$（$\vec{\gamma}_i$ 为摆角）[10]。

在工程上，通常的做法是利用有限元分析软件或地面等效晃动试验获得各振型的广义质量、耦合系数等，然后利用式（3.6-17）得到质量-弹簧模型的相关参数。利用数值计算，获得的耦合系数、晃动频率等一般还比较准确，但阻尼系数的误差通常比较大，在工程上一般根据保守原则，选取较低的阻尼系数。

为了稳妥起见，对于新设计的贮箱，可采用**地面常重力晃动试验**获取液体晃动的相关参数。地面常重力晃动试验是在实验室的地球引力场中，用模型贮箱和模拟工质进行振动试验，以确定晃动动力学的各种特性参数。这种试验在 20 世纪 60 年代火箭推进剂晃动研究中已经普遍采用，后来在卫星大型贮箱充液晃动研究中也广泛采用[31]。这种地面试验能够对理论分析和数值计算结果起到较好的验证作用，并且能够适用于构型复杂的贮箱（如内部带流体管理装置的贮箱）。

地面晃动试验设计需要遵从以下准则：1）模型贮箱形状及内部构造与实物几何相似；2）模型贮箱和实物一样具有足够的刚度；3）满足或大体满足各种无量纲相似数准则，如邦德数准则、伽利略数准则和弗劳德数准则等。

地面晃动试验装置主要包括承载模型贮箱的支撑悬挂系统、激振系统、测量装置等部分。图 3.6-3 是一个典型的卫星贮箱地面晃动试验装置组成示意图。对于远地点变轨和南北位置保持等不同工况，模型贮箱的安装方位也不同，图中所示的是远地点变轨工况。直接测量参数主要有 3 个：晃动位移、晃动产生的力和力矩。经过数据处理后可以得到一阶晃动等效质量-弹簧模型或质量单摆模型的所有参数，包括晃动频率、晃动平衡点位置、晃动质量和质心、静止质量和质心、阻尼系数等。

在地面晃动试验装置上，一般可开展以下两类试验：

1）强迫振动试验。用推拉台等激振系统对充液贮箱做水平正弦激励，一般采用定位移激励。调节振动台的振动频率，待液体进入平稳晃动后记录晃动位移、力和力矩的时间历程。改变振动频率后重复试验，试验频率一般应覆盖 0.5～1.5 倍一阶晃动频率。利用测量数据对位移到力的传递函数进行拟合，可以得到晃动质量、晃动频率等参数。

2）自由衰减试验。用激振系统沿水平方向激励充液贮箱，调整振动频率至液体充分

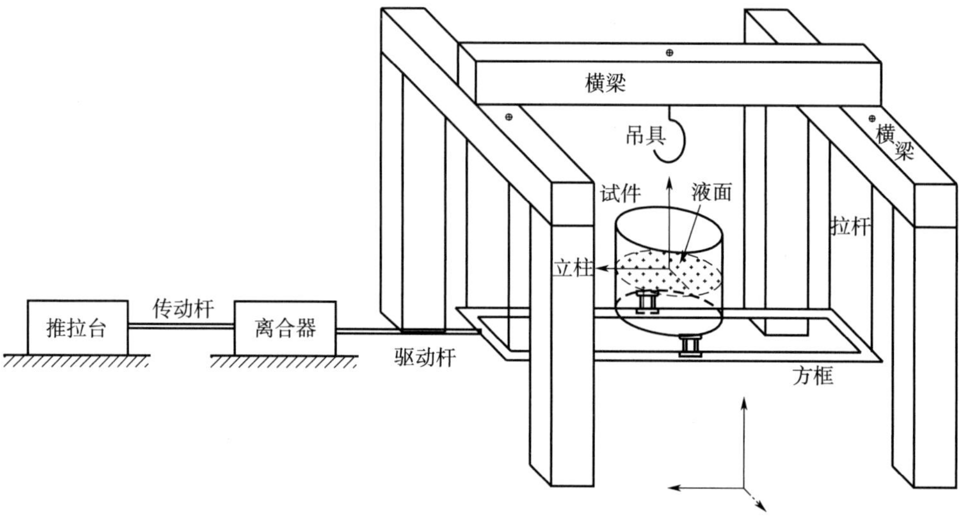

图 3.6-3　卫星贮箱地面晃动试验装置组成示意图

晃动，然后利用制动装置使贮箱突然停止运动，从而使贮箱内的液体做自由衰减晃动。利用测量数据可确定晃动质心位置、晃动频率、晃动阻尼比等参数。

在这两种试验方法中，自由衰减试验可以得到比较准确的晃动频率和阻尼，但不能获得模型的全部参数；强迫振动试验可以得到模型的全部参数，但阻尼值的误差较大。因此应将两种方法结合起来，以获得全面而准确的结果。试验中，一般先进行自由衰减试验，得出晃动频率和阻尼，再进行强迫振动试验，采用参数线性拟合得出液体总质量和晃动质量等参数。

3.6.4　挠性充液卫星动力学综合模型

前面分别阐述了刚体卫星、挠性卫星、充液卫星的动力学模型，下面给出挠性、充液条件下的综合模型。

为了便于工程应用，可将整个卫星分为刚性中心体、挠性附件、液体晃动模型中的固定质量、液体晃动模型中的晃动质量等几部分。将除去晃动质量后的航天器称为等效体。将参考坐标系 $O_BX_BY_BZ_B$（本体坐标系）的原点 O_B 取为平衡状态时的等效体质心。考虑两个串联贮箱和南北两块挠性太阳帆板。液体晃动模型取一阶振型，挠性模态取前 5 阶振型。考虑动量轮系的控制作用，忽略高阶小量。将矢量和并矢张量在坐标系 $O_BX_BY_BZ_B$ 下以向量或矩阵形式表示。

完整的动力学方程为

$$\left(m_b+\sum_{j=1,2}m_j\right)\boldsymbol{a}-\sum_{j=1,2}m_j\boldsymbol{r}_j^{\times}\dot{\boldsymbol{\omega}}+\sum_{j=1,2}m_j\ddot{\boldsymbol{w}}_j+\sum_{i=1,2}\boldsymbol{B}_{Ti}\ddot{\boldsymbol{p}}_i=\boldsymbol{F} \tag{3.6-18a}$$

$$\begin{aligned}&\sum_{j=1,2}m_j\boldsymbol{r}_j^{\times}\boldsymbol{a}+\left(\boldsymbol{J}_b+\sum_{j=1,2}\boldsymbol{J}_j\right)\dot{\boldsymbol{\omega}}+\boldsymbol{\omega}^{\times}\left[\left(\boldsymbol{J}_b+\sum_{j=1,2}\boldsymbol{J}_j\right)\boldsymbol{\omega}+\boldsymbol{h}\right]+\\&\sum_{j=1,2}m_j(\boldsymbol{r}_j^{\times}\ddot{\boldsymbol{w}}_j-\boldsymbol{a}^{\times}\boldsymbol{w}_j)+\sum_{i=1,2}\boldsymbol{B}_{Ri}\ddot{\boldsymbol{p}}_i=\boldsymbol{T}-\dot{\boldsymbol{h}}\end{aligned} \tag{3.6-18b}$$

$$\boldsymbol{P}_{12}(\boldsymbol{a}-\boldsymbol{r}_j^{\times}\dot{\boldsymbol{\omega}}+\ddot{\boldsymbol{w}}_j+2\boldsymbol{d}_j\boldsymbol{\lambda}_j\dot{\boldsymbol{w}}_j+\boldsymbol{\lambda}_j^2\boldsymbol{w}_j)=\boldsymbol{0} \quad (3.6-18c)$$

$$\boldsymbol{B}_{Ti}^{\mathrm{T}}\boldsymbol{a}+\boldsymbol{B}_{Ri}^{\mathrm{T}}\dot{\boldsymbol{\omega}}+\ddot{\boldsymbol{p}}_i+2\boldsymbol{D}_i\boldsymbol{\Omega}_i\dot{\boldsymbol{p}}_i+\boldsymbol{\Omega}_i^2\dot{\boldsymbol{p}}_i=\boldsymbol{0} \quad (3.6-18d)$$

式中　$j=1$，2 表示第 j 个贮箱中的一阶等效摆，$i=1$，2 表示第 i 个挠性附件；

$\boldsymbol{D}_i$ ——挠性附件的结构阻尼矩阵；

$\boldsymbol{\Omega}_i$ ——挠性附件的模态角频率矩阵；

$\boldsymbol{B}_{Ti}$ ——挠性附件的平动耦合系数矩阵；

$\boldsymbol{B}_{Ri}$ ——挠性附件的转动耦合系数矩阵；

$\boldsymbol{r}_j^{\times}$ ——晃动质量位置叉乘矩阵；

$\boldsymbol{d}_j$ ——晃动质量阻尼矩阵；

$\boldsymbol{\lambda}_j$ ——晃动质量角频率矩阵。

上述方程组在静止轨道卫星姿态控制设计及数值仿真中大量使用。

3.7　多体卫星姿态动力学

随着空间技术的发展以及空间任务要求的提高，静止轨道卫星的结构日趋复杂。相当一部分静止轨道卫星需要用多体动力学来建模。这些多体卫星包括：带有大型固定天线的卫星、带有大型可转动天线的卫星、带有多级指向机构的卫星等。近年来，挠性（柔性）多体航天器的动力学与控制问题已成为航天领域的两个热点领域。不但在理论方面取得了众多成果，而且在工程上的进展也非常显著。大型桁架式通信卫星以及带有大型挠性天线的移动通信卫星、电子侦察卫星、跟踪与数据中继卫星等的上天应用，表明挠性多体航天器动力学与控制领域的工程研究取得了实质性的成效[32,36]。

多体动力学包括**多刚体动力学**和**挠性多体动力学**两大类。其中，大多数复杂卫星都需要用挠性多体动力学来建模。相较多刚体动力学而言，挠性多体动力学建模更加复杂和烦琐。目前，多刚体动力学已经发展得比较充分了，理论和软件工具都比较完善。相比较而言，大多数挠性多体动力学建模问题都与对象的具体结构密切相关，因此不易获得通用化的建模手段。

鉴于卫星多体动力学，尤其是挠性多体动力学的复杂性以及与卫星具体结构的高度关联性，本书将不对多体卫星姿态动力学进行系统建模，而只是概要介绍与控制工程相关的挠性多体卫星动力学建模要点，以使读者对涉及的知识点有一个感性认识。对于多体动力学，尤其是挠性多体动力学有了一定的了解后，在遇到具体对象时，再有针对性地进行系统建模和深入分析。

挠性多体卫星建模的主要难点在于：1）挠性系统本质上是无穷维连续系统，其原始模型阶次非常高，即使采取降阶措施，其动力学模型往往还是很复杂；2）各部件之间的运动学和动力学耦合关系复杂，系统通常是非线性、时变的；3）被控卫星通常具有较高的指向精度、姿态稳定度以及形状控制等要求，控制器的设计通常要求动力学模型在足够精确的同时保持足够低的阶数。

挠性多体卫星动力学建模是在多刚体动力学建模技术与挠性体建模技术的有机结合的基础上发展起来的。它不是多刚体动力学和弹性动力学的简单结合，而是具有自身的新的特点和难点，如刚-柔耦合、需要模型降阶等。

挠性多体卫星动力学建模的主要任务是建立系统的具有程式化和通用性的数学模型，涉及坐标系选取、系统拓扑构型描述、模化方法、建模原理选择、模型简化、数值计算、动力学与控制耦合研究等多方面研究内容[32-37]。下面分别对这些方面的研究进展情况进行阐述分析。

（1）坐标系选取

建立运动学和动力学模型的基础是选择合适的参考坐标系。在挠性多体卫星的运动学和动力学描述中，比较常用的有：惯性坐标系、浮动坐标系、共转坐标系等。其中，惯性坐标系是全局坐标系，浮动坐标系和共转坐标系属于描述挠性体运动而引入的中间坐标系。

浮动坐标系是建立在挠性体小变形假设基础上的一种坐标系[32,33]。该坐标系方法是在20世纪60年代末期提出的。由于多数航天器挠性附件在运动过程中都基本符合这一假设，故该坐标系得到了广泛应用。该坐标系的特点是对每个挠性部件定义一个浮动坐标系，在该坐标系下描述部件的平均等效刚体运动。浮动坐标系既要描述系统的整体运动，又要描述挠性体的小变形运动。**共转坐标系**（也称为**迁移坐标系**）方法最初是作为自然模态方法的一部分而提出来的，后来逐渐扩展到梁、薄壳等挠性体的动力学建模中。该坐标系的特点是对每个体元定义一个共转坐标系，在该坐标系下描述体元的平均等效刚体运动[38]。

（2）系统拓扑构型描述

在挠性多体卫星的研究中，为了使建立的动力学模型具有通用性，在动力学方程中需要包含描述系统拓扑构型的信息。多体系统中各物体的连接方式称为系统的拓扑构型。目前挠性多体卫星的拓扑构型大体可分为**树型**和**链型**两大类，部件体之间的连接可用铰来描述。为了数学描述和计算的方便，可引入统一的规则标号方法。例如，对于树系统，规则标号方法规定如下[35]：1）与根物体 B_0 的邻接物体记为 B_1，关联的铰为 H_1；2）每个物体与其内接铰的序号相同；3）每个物体的序号大于其内接物体的序号；4）每个铰的指向一律背离 B_0 方向。卫星系统是一个无根多体动力学系统，为了使系统拓扑构型在运动学上与有根系统保持一致，一般定义卫星轨道坐标系为根物体 B_0，轨道坐标系原点到卫星浮动坐标系原点的矢径为虚铰 H_1。

对于多体系统的拓扑构型描述，国内外已有不少学者进行了研究。主要方法有关联数组法、关联矩阵法、通路矩阵法、内接物体数组法等。其中，关联数组和内接物体数组要求的数据较少，可使动力学方程数量减少。近年来，图论方法开始被应用于多体动力学的研究中，其优点是可以生成最小方程集[39]。

（3）模化方法

所谓模化是指用合适的数学模型对物理模型进行描述和处理。这是应用建模原理对系统进行动力学建模的前提和基础。在卫星动力学建模过程中，首先需要透彻了解系统的构型、组成和特点，并从工程实用角度将复杂的卫星对象简化为便于用数学模型表征的工程实用物理模型。确定了模化方法之后，就可以选择建模原理建立相应的动力学方程。常用的模化方法主要有分布参数法、集中参数法、离散坐标法、混合坐标法和综合法等[15,33]。

分布参数法是把卫星中心体视为刚体，用常微分方程描述卫星的姿态和轨道运动，而将卫星挠性附件视为分布参数系统，用分布参数表示的偏微分方程描述变形运动。卫星系统的挠性结构属于质量连续分布的系统，因而在本质上是无限维系统。用分布参数法可精确描述其动力学特征。尽管它是结构挠性特征的准确描述，但对现实的结构来讲，其动力学模型非常复杂，所得到的方程不易求解，只能对一些简单的情况，如均匀的杆、梁等求得解析解；并且，由于它是无限维的，难以进行控制系统的设计与实现。因此，这种方法在工程上的应用受到限制，主要用于理论研究。

集中参数法的基本原理是将挠性结构也看作有限个刚体的集合，每个刚体有 6 个自由度，刚体之间用弹簧及阻尼器连接，用经典的刚体力学原理来推导动力学方程，这样就使挠性体的偏微分方程全部化为常微分方程。集中参数法物理概念清晰，原理简单易懂，并且方程的求解较分布参数法容易得多，易于为一般控制工程师所接受和采用。但因其只考虑小刚体的 6 个运动自由度，而未顾及本身的变形，因此这种近似的模化方法精度低，同时选择小刚体的个数并确定其弹性刚度与阻尼系数，还没有一个恰当的准则，因而本方法在实际中也未被广泛采用。

离散坐标法也称为离散参数法，是一类工程实用的模化方法。这类方法是把卫星的挠性体离散化为一系列形状规则的简单单元（或质点），各单元之间通过节点（无质量弹簧和黏性阻尼器）连接。中心体作为刚体，与挠性体之间用铰链连接。离散坐标法的优点是对卫星各部分的相对运动范围未加限制，因此适合于挠性体大变形情形。对于不太复杂的卫星系统，该方法是很有效的。但是对于复杂的挠性多体卫星系统，模型中要采用大量的单元或质点，导致方程的阶数很高，而且不易寻求合适的截断准则来降低模型阶数，因而求解计算量很大。离散坐标法又分为瑞利-里茨（Rayleigh - Ritz）法、有限元法、模态综合法等。

混合坐标法用刚体坐标描述部件的体坐标系运动，用弹性坐标（一般为模态坐标）来描述部件的相对弹性变形，得到的方程具有熟悉的刚体动力学方程和振动方程的形式，便于解耦分析和控制系统设计。因此，该方法兼具离散坐标法和分布参数法的优点，又克服了两者各自的缺点，在挠性多体卫星中获得了广泛应用。本书 3.5.3 节针对挠性卫星姿态动力学的工程化建模就是这样处理的。对于中心刚体加大型复合挠性结构类卫星，只要计及挠性体与中心体之间连接点的复合位移变形，就可采用混合坐标法来建立系统动力学模型。目前，混合坐标法与有限元法结合得较多，混合坐标法中的模态函数一般由有限元法进行结构分析得到，或由试验得到。因此在此方法中，模态的准确性依赖于模态分析技术与试验技术的发展。

混合坐标法在数值计算时可能会出现困难。这是由于该方法中描述刚体运动的坐标通常是慢变大幅值变量，而描述挠性体相对变形的坐标通常是快变微幅变量，这两类变量出现在严重非线性和时变耦合动力学方程中，其数值计算将呈病态。对于这两种变量的耦合，混合坐标法本质上是挠性多体系统动力学的一种零次近似耦合，在部件进行大范围快速运动时，该方法的准确性存在问题，会出现所谓的**动力刚化**（Dynamic Stiffening，也称为应力刚化、几何刚化等）现象[40,41]，即刚体大范围的高速转动将引起挠性体刚度的增大，其主要原因归结为部件间的大范围运动与其弹性变形间的耦合。动力刚化问题已成为近年来挠性多体动力学中的研究热点之一。

（4）建模原理选择

给定卫星系统的拓扑结构，选定合适的坐标系，对挠性体进行有效的模化后，接下来的工作就是选择合适的动力学建模原理建立系统的动力学方程。归纳起来，挠性多体卫星的建模原理和方法可分为两类：一类是以牛顿-欧拉法（Newton - Euler Method）为代表的矢量力学法，另一类是以拉格朗日方法（Lagrange Method）为代表的分析力学方法。

矢量力学法通常统称为**牛顿-欧拉法**。其建模依据为动量定理和动量矩定理。在动力学方程的推导过程中，对每个物体进行隔离分析，直接应用动量定理和动量矩定理列出隔离的单个物体的动力学方程。方程中包含约束力/约束力矩，约束力/约束力矩的出现增加了计算的复杂性，这是该方法的主要缺点。这种方法原理简明、物理概念清晰，适用于中心刚体带挠性附件的卫星系统。但只有在简单链型系统的情形下是可取的，随着系统复杂程度的增加，对约束的处理变得非常困难[42]。在静止轨道卫星工程实践中，矢量力学法是工程师使用最多的一种建模方法。

分析力学法主要有**拉格朗日方法、凯恩（Kane）方法、虚功原理方法**等。这类方法将系统作为整体考虑，在建模过程中不出现约束反力，使未知变量的数目减少到最低程度。分析力学法的一个不足之处是在系统建模过程中，系统的物理特性尤其是作用力、力矩及约束的关系不直观。

使用拉格朗日方程建立航天器动力学模型，只需得到系统的动能和势能，不需考虑各物体之间的约束力，所以建模过程比较简便。对于有约束的系统，可以很方便地引入拉格朗日乘子来处理系统的约束。由于拉格朗日乘子表征了铰间的作用力，可以满足工程分析求解两体间约束反力的需要，因此也没有消去铰链约束力的必要，而且可以机械地导出动力学方程。在应用拉格朗日方法时，由于多挠性体系统中必须采用连体动坐标系来描述各体的方位及运动，因此在求动能和势能表达式的偏导数和时间导数时，必须进行细致的运算，以防出错。目前，采用混合坐标法对挠性体进行模化，采用拉格朗日方程推导系统的动力学方程是挠性多体航天器动力学建模的主要方法之一[43,44]。

凯恩方法综合了牛顿-欧拉法和拉格朗日法的优点[45]。从形式上看，其方程与达朗贝尔原理相类似。该方法引入了偏速度、偏角速度来建立系统的动力学方程，能自动消除无功约束力，直接导出动力学方程，避免了动力学函数的微分计算，适合于计算机符号推导和编程。对于构型较为复杂的柔性多体系统，可以得到比较简单的方程式，特别适用于非完整系统。该方法的缺点是物理意义不直观，需要进一步的求解才能得到实际的物理变量，并且要采用惯性力和惯性力矩，偏速度和偏角速度也往往靠观察得到。

虚功原理是力学的一个基本原理，利用虚功原理的建模表述为系统的惯性力虚功、外力虚功等于系统柔性体的虚应变能增加。该方法的物理意义明确，这是该方法的一个重要特点。此外，该方法也避免了消除系统约束力的麻烦，可不进行复杂的微分求导运算，这点与凯恩方法类似[46]。

（5）模型简化

挠性多体卫星的动力学模型往往很复杂，在工程应用中通常需要进行一定的简化。对于挠性多体卫星，动力学模型简化主要是指模型降阶。在挠性多体卫星动力学建模过程中，由于挠性体挠性运动的引入使动力学模型的阶数大大增加。即使通过挠性位移的模态展开法引入模态坐标后，动力学模型的阶数仍然过高。同时，对控制系统的分析设计而言，为了揭示系统本质，便于控制器的工程设计，也要求被控卫星动力学模型的阶数不能太高。

模型简化的原则是：一方面，模型应该足够准确，真实反映原系统的本质特性和行为，即必须保留原始系统重要的动力学特性，如稳定性和阻尼特性等；另一方面，模型应尽可能的简单，以利于控制系统的分析和设计优化[47]。模型简化就是寻找能满足以上两方面要求的模型的折中方法。另外，做好能同时给出模型简化的物理意义和解释。到目前为止，绝大多数的模型降阶方法都是在模态坐标下进行的。

模态降阶的主要方法包括：基于惯性完备性准则的降阶方法[48]、基于模态/分量价值分析的降阶方法[49]、平衡/内平衡降阶方法[50]、参数匹配降阶方法[51]等。

（6）数值计算

挠性多体卫星的动力学方程由于其强耦合和非线性，通常得不到相应的解析解。因此，数值仿真成为卫星动力学研究的一项重要内容。在挠性多体动力学系统的仿真计算中，通常需将有限元分析软件、动力学解算软件、后处理软件等结合起来。有限元分析软件通常充当前端输入，而动力学解算软件是整个仿真计算的核心[52]。

3.8 空间环境力矩

在卫星控制系统设计中，设计师不仅需要透彻了解被控对象，也就是卫星的动力学特性，还需知晓卫星所处的空间环境及外扰情况。空间环境对卫星动力学的影响体现在力和力矩两方面。力的影响主要是各种轨道摄动因素，将在本书的第 6 章进行相应阐述。环境力矩的影响则是姿态动力学和姿态控制中需要重点考虑的因素。

空间环境力矩主要有 4 种：太阳光压力矩、重力梯度力矩、地磁力矩和气动力矩。对于静止轨道卫星而言，太阳光压力矩影响最大；重力梯度力矩和地磁力矩相对较小，但多数情况下不能完全忽略；气动力矩极小，可以不用考虑。因此，本书重点对前 3 种环境力矩进行阐述。

3.8.1 太阳光压力矩

卫星在轨期间，各种辐射作用于卫星表面将产生相应的辐射压力。当辐射压力的合力方向不过卫星质心时，则产生辐射压力矩。卫星所受的辐射包括太阳光的直射、地球本身的辐射及对太阳光的反射、月球对太阳光的反射等。其中，太阳光的照射是主要的辐射源。对于静止轨道卫星而言，辐射压力矩通常就是指太阳光压力矩。

太阳光压的物理机制是太阳光量子与卫星表面的动量交换。考察单位面积上垂直入射的太阳光产生的压强。根据爱因斯坦的质能转换公式 $E = mc^2$， 可以认为入射的光量子具有等价的质量 m， 则单位面积上太阳光量子产生的等价角动量增量为[4]

$$\Delta h = \frac{E}{c} = \frac{C_s \Delta t}{c}$$

式中　C_s ——太阳常数［定义为日地平均距离处单位面积上接收到的太阳辐射功率，其值为 $(1\ 353 \pm 20)\mathrm{W/m^2}$］。

根据牛顿第二定律，单位面积上所受的太阳辐射力（即压强）为

$$p = \frac{\Delta H}{\Delta t} = \frac{C_s}{c} \tag{3.8-1}$$

对于完全吸收的表面（如黑体）而言，太阳辐射压强约为 $p = 4.5 \times 10^{-6}\ \mathrm{N/m^2}$。

光量子与卫星表面的动量交换分为吸收和反射两种形式（不考虑透明材料导致的透射）。根据材料的不同，卫星表面对太阳光的反射又可分为两种形式：镜面反射和漫反射。如图 3.8－1 所示。对于镜面反射，光线入射角（入射光线与表面法线的夹角）等于反射角（反射光线与表面法线的夹角）。对于漫反射，反射光向各个方向散开，各方向上的能量强度正比于该方向与法向夹角的余弦[4]。

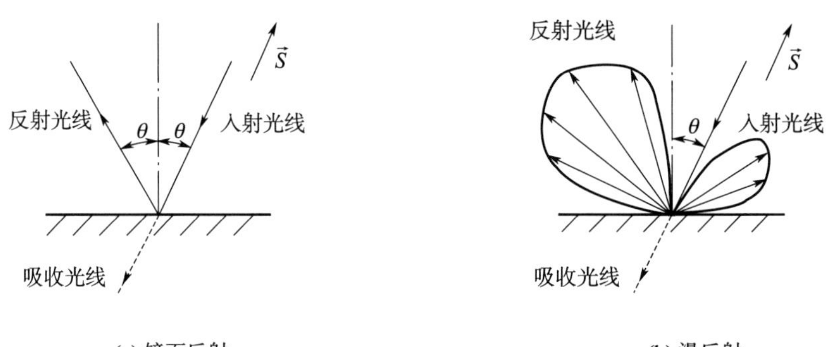

图 3.8－1　太阳光的反射类型

下面分情况计算面积微元上的太阳辐射压力。假设卫星表面材料的反射率为 σ（即全部入射光线中反射部分占比 σ， 吸收部分占比 $1-\sigma$），镜面反射系数为 η（即反射的光线中，镜面反射部分占比 η， 漫反射部分占比 $1-\eta$）。综合考虑，吸收光线占比 $1-\sigma$， 镜面反射光线占比 $\sigma\eta$， 漫反射光线占比 $\sigma(1-\eta)$。 按这 3 种情况分别计算面积微元上的太阳辐射压力[1,4,53]。如图 3.8－2 所示。以入射点为原点建立平面坐标系 OXY，Y 轴与表面微元的法线方向一致，X 轴位于表面微元内，坐标轴的单位矢量分别为 $\vec{i}$，$\vec{j}$， 入射光线与表面法线的夹角为 θ， 微元面积为 $\mathrm{d}A$， 则垂直于入射光线的投影面积为 $\mathrm{d}A\cos\theta$。

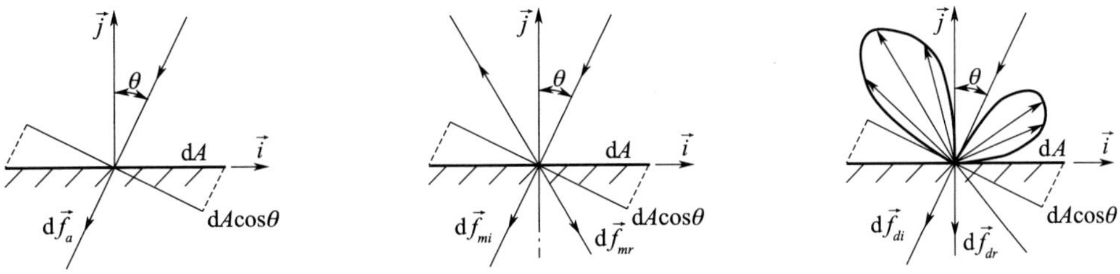

(a) 吸收部分　(b) 镜面反射部分　(c) 漫反射部分

图 3.8-2　太阳辐射压力的计算

(1) 吸收光线产生的压力

将该压力按坐标轴分解为两部分，得到

$$
\begin{aligned}
d\vec{f}_a &= (1-\sigma)p\,dA\cos\theta(-\vec{j}\cos\theta - \vec{i}\sin\theta) \\
&= -[(1-\sigma)p\,dA\cos\theta\sin\theta]\vec{i} - [(1-\sigma)p\,dA\cos^2\theta]\vec{j}
\end{aligned}
$$

(2) 镜面反射光线产生的压力

$$
d\vec{f}_{mi} + d\vec{f}_{mr} = (-2\sigma\eta p\,dA\cos^2\theta)\vec{j}
$$

(3) 漫反射光线产生的压力

$$
\begin{aligned}
d\vec{f}_{di} + d\vec{f}_{dr} = &-[(1-\eta)\sigma p\,dA\cos^2\theta]\vec{j} - [(1-\eta)\sigma p\,dA\cos\theta\sin\theta]\vec{i} - \\
&[(1-\eta)\sigma\frac{2}{3}p\,dA\cos\theta]\vec{j}
\end{aligned}
$$

微元上所受的总压力为

$$
\begin{aligned}
d\vec{f}_s &= d\vec{f}_a + (d\vec{f}_{mi} + d\vec{f}_{mr}) + (d\vec{f}_{di} + d\vec{f}_{dr}) \\
&= \{-[(1-\eta)\sigma\cos\theta\sin\theta]\vec{i} - [(1+\sigma\eta)\cos^2\theta + \frac{2}{3}(1-\eta)\sigma\cos\theta]\vec{j}\}p\,dA
\end{aligned}
\tag{3.8-2}
$$

太阳辐射在卫星表面产生的净压力的合力通常并不通过卫星质心，因而会产生一个干扰力矩。在工程上，可以认为合成的太阳辐射压力通过一个“压心”。因此，当卫星质心确定后，压心与质心间的距离是衡量太阳光压的一个重要度量。太阳光压力矩的计算式为

$$
\vec{T}_s = \int_{s_f} \vec{r}_s \times d\vec{f}_s \tag{3.8-3}
$$

式中　s_f ——卫星的受照面积，由以下条件确定：$\vec{s}\cdot\vec{j} > 0$。

太阳光压力矩与卫星的质心位置、形状、表面材料光学特性，以及部件之间的遮挡关系、太阳高度角等诸多因素有关。工程上一般需对模型进行适当简化，在此基础上采用数值仿真软件进行分析计算，然后将计算结果按傅里叶级数展开，将其分解为周期项和常数项。

在卫星本体（质心）坐标系下，太阳光压力矩拟合公式形式如下

$$
T_{si}(t) = a_{i0} + \sum_{j=1}^{N} a_{ij}\cos\left(2\pi j\frac{t}{\tau_o}\right) + \sum_{j=1}^{N} b_{ij}\sin\left(2\pi j\frac{t}{\tau_o}\right) \tag{3.8-4}
$$

式中　$i=x$，y，z ——代表卫星三轴；

a_{i0}，a_{ij}，b_{ij} ——拟合系数；

τ_o ——轨道周期，对于地球同步轨道卫星，$\tau_o=86\ 400\ \mathrm{s}$；

N ——拟合阶数，通常取到 4～5 阶。

工程上，一般给出春秋分点和夏至点、冬至点的光压力矩拟合数据作为控制系统的设计输入条件。对于静止轨道卫星，太阳光压力矩的量级一般为 $1\times10^{-6}\sim1\times10^{-4}$ N·m。

对于静止轨道卫星，太阳光压力矩可分为周期项（日周期）和长期项两部分。其中，长期项决定了角动量在惯性空间的积累，也就是决定了动量轮角动量卸载所需的推进剂消耗量。

3.8.2　重力梯度力矩

非规则物体在引力场中，其所受引力的分布与其质量分布及姿态有关，一般情况下引力的合力并不通过质心，这种由于引力势能梯度引起的力矩称为引力梯度力矩。对于地球卫星而言，就是重力梯度力矩。

重力梯度力矩的直观理解如图 3.8－3 所示。考察运行于圆轨道的杆状卫星，假设其质量集中于杆的两端，即卫星由无质量杆和两个质量球组成（$m_1=m_2$）。当卫星处于水平状态时，由于几何对称，m_1 和 m_2 所受的地心引力也相等，重力对姿态不产生影响。但若姿态发生了偏离，则两个质量球的地心距离 $r_1<r_2$，故对应的引力 $F_1>F_2$，因此，卫星将受到额外的力矩 $\vec{T}_g$ 影响，导致姿态向垂直状态偏转，直至达到垂直状态（稳定状态）。

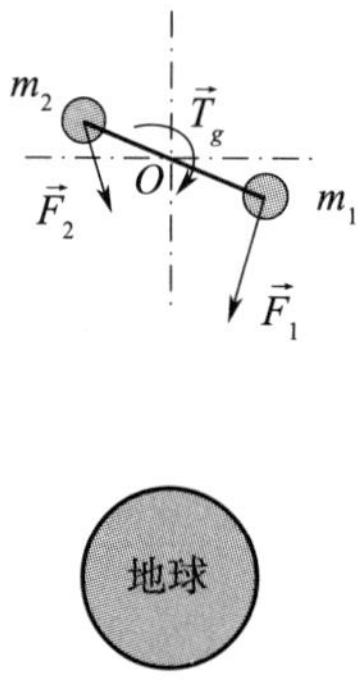

图 3.8－3　重力梯度力矩的直观理解

下面推导卫星重力梯度力矩的表达式。如图 3.8－4 所示，O 为卫星质心，$\vec{r}_0$ 为质心矢径，星体上质量微元 dm 相对地心和卫星质心的矢径分别为 $\vec{r}$ 和 $\vec{\rho}$。

卫星所受的重力梯度力矩为

$$\vec{T}_g=\int_s\vec{\rho}\times\mathrm{d}\vec{F}=-\int_s\vec{\rho}\times\frac{\mu\vec{r}}{r^3}\mathrm{d}m$$

式中　$\mu=GM_E=3.986\times10^{14}$ N·m/kg ——地球引力常量。

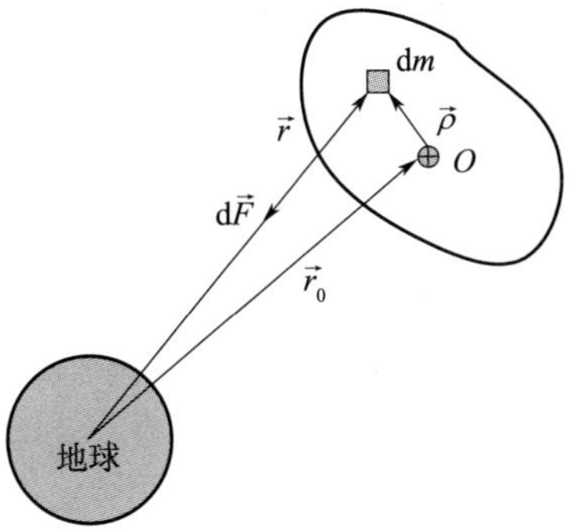

图 3.8-4　重力梯度力矩

根据几何关系可知，$\vec{r}=\vec{r}_0+\vec{\rho}$，$r^2=r_0^2+\rho^2+2\vec{r}_0\cdot\vec{\rho}$，考虑到 $\rho\ll r$，应用二项式定理，有近似展开式[1,13]

$$r^{-3}\approx r_0^{-3}\left(1-\frac{3\vec{r}_0\cdot\vec{\rho}}{r_0^2}\right)$$

将其代入 $\vec{T}_g$ 表达式，得

$$\vec{T}_g=-\frac{\mu}{r^3}\int_s\vec{\rho}\times\vec{r}_0\,\mathrm{d}m-\frac{3\mu}{r_0^5}\int_s(\vec{r}_0\times\vec{\rho})(\vec{\rho}\cdot\vec{r}_0)\,\mathrm{d}m$$

上式第一项显然为 0，第二项中 $\vec{\rho}(\vec{\rho}\cdot\vec{r}_0)=(\vec{\rho}\vec{\rho})\cdot\vec{r}_0$，因此 $\vec{T}_g$ 可转化为

$$\vec{T}_g=-\frac{3\mu}{r_0^5}\left[\vec{r}_0\times\left(\int_s\vec{\rho}\vec{\rho}\,\mathrm{d}m\right)\cdot\vec{r}_0\right]$$

根据惯量张量的定义公式，有 $\int_s\vec{\rho}\vec{\rho}\,\mathrm{d}m=\int_s\rho^2\,\vec{\vec{I}}_3\,\mathrm{d}m-\vec{\vec{J}}_S$，因 $\vec{r}_0\times\vec{\vec{I}}_3\cdot\vec{r}_0=0$，故有

$$\vec{T}_g=\frac{3\mu}{r_0^5}(\vec{r}_0\times\vec{\vec{J}}_S\cdot\vec{r}_0)=\frac{3\mu}{r_0^3}(\vec{e}\times\vec{\vec{J}}_S\cdot\vec{e})\tag{3.8-5}$$

式中　$\vec{e}=-\vec{r}_0/r_0$——卫星指向地心的单位矢量。

将重力梯度力矩和惯量矩阵的参考坐标系选为卫星本体（质心）坐标系，则 $\vec{e}$ 的分量 $\boldsymbol{e}$ 即为姿态矩阵（卫星本体坐标系相对轨道坐标系的方向余弦矩阵）$\boldsymbol{C}_{BO}$ 的第 3 列

$$\boldsymbol{e}=[c_{13}\quad c_{23}\quad c_{33}]^{\mathrm{T}}\tag{3.8-6}$$

则式（3.8-5）的分量表达式为[1,10,13]

$$\boldsymbol{T}_g=\frac{3\mu}{r_0^3}\begin{bmatrix}(J_z-J_y)c_{23}c_{33}+J_{yz}(c_{23}^2-c_{33}^2)-J_{xy}c_{13}c_{33}+J_{xz}c_{13}c_{23}\\(J_x-J_z)c_{13}c_{33}+J_{zx}(c_{33}^2-c_{13}^2)+J_{yx}c_{23}c_{33}-J_{yz}c_{23}c_{13}\\(J_y-J_x)c_{13}c_{23}+J_{xy}(c_{13}^2-c_{23}^2)-J_{zx}c_{33}c_{23}+J_{zy}c_{33}c_{13}\end{bmatrix}\tag{3.8-7}$$

在小角度情形下，式（3.8-6）近似为［见式（3.2-12）］：$\boldsymbol{e}=[-\theta\quad\varphi\quad 1]^{\mathrm{T}}$，则重力梯度力矩表达式为

$$\boldsymbol{T}_g=\frac{3\mu}{r_0^3}\begin{bmatrix}(J_z-J_y)\varphi-J_{yz}+J_{xy}\theta\\(J_z-J_x)\theta+J_{zx}+J_{yx}\varphi\\-J_{zx}\varphi-J_{zy}\theta\end{bmatrix}\tag{3.8-8}$$

如果卫星的惯性积为0，则重力梯度力矩为

$$\boldsymbol{T}_g = \frac{3\mu}{r_0^3}\begin{bmatrix}(J_z - J_y)\varphi \\ (J_z - J_x)\theta \\ 0\end{bmatrix} \tag{3.8-9}$$

因此，在多数情况下，重力梯度力矩的 Z 轴分量近似为0，重力梯度力矩的大小与主惯量差成正比、与轨道高度的立方成反比。对于圆轨道，有

$$\frac{3\mu}{r_0^3} = \omega_0^2$$

式中　ω_0^2——轨道角速度。

此时式（3.8-9）为

$$\boldsymbol{T}_g = 3\omega_0^2\begin{bmatrix}(J_z - J_y)\varphi \\ (J_z - J_x)\theta \\ 0\end{bmatrix} \tag{3.8-10}$$

对于大多数静止轨道卫星，由于轨道高度大，重力梯度力矩相对较小。例如，假设卫星主惯量差为7 000 kg·m^2（由于太阳帆板构型原因，绝大多数通信类静止轨道卫星的 Y 轴惯量较小，而 X、Z 轴惯量较大），姿态偏差角为1°，则其重力梯度力矩约为 2.0×10^{-6} N·m，较质量相近的低轨卫星约小1个量级。但是，对于构型特殊的卫星，例如带有大型天线的移动通信卫星，卫星主惯量差可达10 000 kg·m^2 以上，重力梯度力矩量级达 10^{-5} N·m，其影响是不能忽略的。

3.8.3 地磁力矩

地磁力矩源于卫星磁矩（由回路电流和磁性材料等产生）与地磁场的相互作用。卫星所在点的地磁场（大小与方向）与轨道高度、经纬度、太阳活动强度以及卫星姿态等因素都有关系。

地磁场的来源包括地球内核、地球表层和高层大气等，机理和要素非常复杂。其中，地球内部熔岩的电流系统被认为是地磁场的主要来源，称为基本磁场，是地磁场各组成部分中相对比较稳定的部分[10]。

为了尽可能完整地描述地磁场随空间和时间的变化规律，近几十年来，相关机构和专家已提出了多种数学模型。用得较多的模型有：国际地磁参考场（IGRF）模型、世界地磁模型（WMM）、国家地球物理数据中心（NGDC）模型、扩展磁场模型（EMM）、Tsyganenko模型等。其中，在航天领域用得最多的是IGRF[54]模型和WMM[55]。IGRF模型和WMM都采用球坐标系下的球谐函数来描述地磁场的位势。以IGRF模型为例，其表达式为

$$V = R_e\sum_{n=1}^{\infty}\sum_{m=0}^{n}\left(\frac{R_e}{r}\right)^{n+1}P_{nm}(\cos\theta)(g_{nm}\cos m\lambda + h_{nm}\sin m\lambda) \tag{3.8-11}$$

式中　R_e——地球半径；

r——卫星地心距；

θ ——地理余纬（$=90°-\varphi$，φ 为地理纬度）；

λ ——地理经度；

P_{nm} —— n 次 m 阶缔合勒让德函数；

g_{nm}，h_{nm} ——高斯系数。

可见，该参考系是以地球自转轴为极轴、以地理余纬为极角、以地理经度为周向角的球坐标系。

地磁场磁感应强度（也叫作磁通密度）矢量 $\vec{B}$（单位：T 或 Wb/m²）可由地磁位势的梯度运算得到

$$\vec{B}=-\nabla V \tag{3.8-12}$$

也有些文献习惯使用磁场强度矢量 $\vec{H}$（单位：A/m），$\vec{H}$ 也可由地磁位势的梯度运算得到

$$\vec{H}=-\nabla V_H \tag{3.8-13}$$

式中，下标 H 表示位势，是对应于 $\vec{H}$ 的。

$\vec{B}$ 和 $\vec{H}$ 的关系为

$$\vec{B}=\mu_0\vec{H}$$

式中　μ_0——真空磁导率。

■**提示：** 从理论上说，描述磁场大小和方向的矢量应叫作"磁场强度"，类似于"电场强度"。但是由于历史原因，物理学家把这个名称冠给了 $\vec{H}$ 这个量。因此，真正对应"磁场强度"的物理量只好使用了"磁感应强度"这一叫法。在物理学中，$\vec{B}$ 是一个更基本的量。

在式（3.8-11）对应的球坐标系下，地磁场的 3 个分量为

$$\boldsymbol{B}=\hat{r}B_r+\hat{\theta}B_\theta+\hat{\lambda}B_\lambda=-\left(\hat{r}\frac{\partial V}{\partial r}+\hat{\theta}\frac{1}{r}\frac{\partial V}{\partial \theta}+\hat{\lambda}\frac{1}{r\sin\theta}\frac{\partial V}{\partial \lambda}\right) \tag{3.8-14}$$

工程上普遍使用直角坐标系，因此可建立当地地磁坐标系 $OX_mY_mZ_m$（"北-东-地"坐标系）：Z_m 轴指向地心，X_m 轴指向当地水平面的正北方向，Y_m 指向当地水平面的正东方向。两个坐标系下对应的磁场强度分量关系为

$$B_x=-B_\theta,\ B_y=B_\lambda,\ B_z=-B_r \tag{3.8-15}$$

对应的计算公式为

$$\begin{cases}B_x=\dfrac{1}{r}\dfrac{\partial V}{\partial \theta}=\displaystyle\sum_{n=1}^{\infty}\left(\frac{R_e}{r}\right)^{n+2}\sum_{m=0}^{n}[g_{nm}\cos(m\lambda)+h_{nm}\sin(m\lambda)]\frac{\partial P_{nm}}{\partial\theta}\\ B_y=-\dfrac{1}{r\sin\theta}\dfrac{\partial V}{\partial \lambda}=\dfrac{1}{\sin\theta}\displaystyle\sum_{n=1}^{\infty}\left(\frac{R_e}{r}\right)^{n+2}\sum_{m=0}^{n}m[g_{nm}\sin(m\lambda)-h_{nm}\cos(m\lambda)]P_{nm}\\ B_z=\dfrac{\partial V}{\partial r}=-\displaystyle\sum_{n=1}^{\infty}\left(\frac{R_e}{r}\right)^{n+2}(n+1)\sum_{m=0}^{n}[g_{nm}\cos(m\lambda)+h_{nm}\sin(m\lambda)]P_{nm}\end{cases} \tag{3.8-16}$$

式中，$\cos(m\lambda)$，$\sin(m\lambda)$，P_{nm}，$\dfrac{\partial P_{nm}}{\partial\theta}$ 等都可以利用递推公式计算得到。

工程中常用的简化模型有以下 3 种：$n=1$ 时，称为偶极子模型（其中，$m=0$ 时，称为自旋轴偶极子模型，只有 1 个因子项；$m=1$ 时，称为倾斜偶极子模型，由 3 项组成）；$n=2$ 时，称为四极子模型，由 8 项组成；$n=3$ 时，称为八极子模型，由 15 项组成[5,10]。

自旋轴偶极子模型的磁位势为

$$V=g_{10}R_e^3\frac{\cos\theta}{r^2}$$

对应的磁矩（磁偶极矩，单位为 $\mathrm{A\cdot m^2}$）大小为 $\mu_E=g_{10}R_e^3$，磁轴指向南地极。

倾斜偶极子模型的磁位势为

$$V=R_e\left(\frac{R_e}{r}\right)^2[P_{10}(\cos\theta)g_{10}+P_{11}(\cos\theta)(g_{11}\cos\lambda+h_{11}\sin\lambda)]$$

对应的磁矩（磁偶极矩）$\mu_E=R_e^3\sqrt{g_{10}^2+g_{11}^2+h_{11}^2}$，其磁轴不再平行地球自旋轴，而是与地球自旋轴成夹角 $\theta_0\approx11.4°$。

在地磁场仿真计算时，可采用基于 IGRF 系数表或 WMM 系数表的完整模型。在计算地磁干扰力矩时，通常使用简化的一阶偶极子模型，如图 3.8－5 所示。

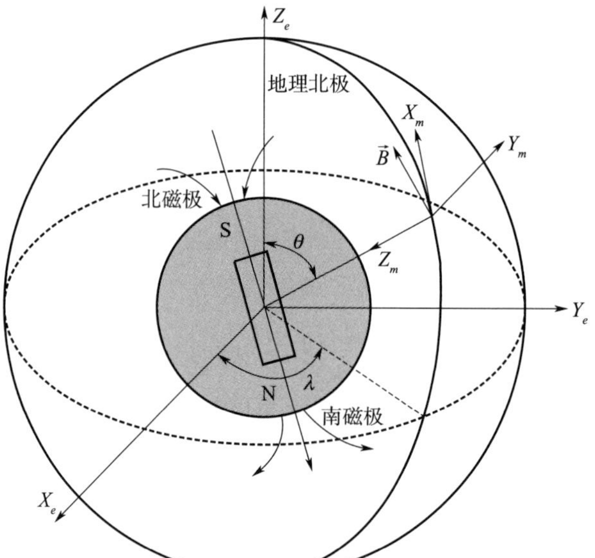

图 3.8－5　地磁坐标系及偶极子模型

在式（3.8－16）中，只考虑 g_{10} 式，忽略其他全部小量，可得距离地心 $\vec{r}$ 处的磁场为

$$\begin{cases}B_x=\dfrac{R_e^3}{r^3}g_{10}\sin\theta\\B_y=0\\B_z=\dfrac{2R_e^3}{r^3}g_{10}\cos\theta\end{cases}\tag{3.8-17}$$

因此，点 $\vec{r}$ 处的磁场幅值为

$$B = \frac{R_e^3 g_{10}}{r^3}(1 + 3\sin^2\theta)^{1/2} \tag{3.8-18}$$

式（3.8－18）常用于卫星地磁力矩量级的初步估算。

作用于卫星上的地磁力矩由卫星内各种磁体的磁矩矢量 $\vec{M}$ 与地磁场磁感应强度矢量 $\vec{B}$ 相互作用产生。在卫星本体坐标系下，地磁力矩计算公式为

$$\boldsymbol{T}_m = \boldsymbol{M}^{\times} \boldsymbol{B} \tag{3.8-19}$$

其分量为

$$\begin{cases} T_{mx} = M_{by}B_{bz} - M_{bz}B_{by} \\ T_{my} = M_{bz}B_{bx} - M_{bx}B_{bz} \\ T_{mz} = M_{bx}B_{by} - M_{by}B_{bx} \end{cases}$$

对于低轨遥感卫星，地磁力矩约为 $10^{-6} \sim 10^{-5}$ N·m 量级；对于同步轨道通信卫星，地磁力矩约为 $10^{-7} \sim 10^{-6}$ N·m 量级。

参考文献

[1] HUGHES P C. Spacecraft Attitude Dyanaimcs [M]. New York：John Wiley & Sons，1986.

[2] WIE B. Space Vehicle Dynamics and Control [M]. Virginia：AIAA，1998.

[3] SIDI M J. Spaceraft Dynamics and Control：A Practical Engineering Approach [M]. Cambridge：Cambridge University Press，1997.

[4] CHOBOTOV V A. Spacecraft Attitude Dynamics and Control [M]. Malabar：Krieger Publishing Company，1991.

[5] WERTZ J R. Spacecraft Attitude Determination and Control [M]. Dordrecht：Reidel Publishing Company，2002.

[6] JAZAR R N. Advanced Dynamics—Rigid Body Multibody and Aerospace Applications [M]. New Jersey：John Wiley & Sons，2011.

[7] 勃拉涅茨，什梅格列夫斯基．四元数在刚体定位问题中的应用 [M]. 梁振和，译．北京：国防工业出版社，1977.

[8] YOUNES A B，TURNER J D，MORTARI D，et al. A Survey of Attitude Error Representations [C]. AIAA 2012-4422，2012.

[9] 周江华，苗育红，王明海．姿态运动的 Rodrigues 参数描述 [J]. 宇航学报，2004，25 (5)：514-519.

[10] 屠善澄．卫星姿态动力学与控制 [M]. 北京：中国宇航出版社，2001.

[11] 章仁为．卫星轨道姿态动力学与控制 [M]. 北京：北京航空航天大学出版社，1998.

[12] 耿长福．航天器动力学 [M]. 北京：中国科学技术出版社，2006.

[13] 刘暾，赵钧．空间飞行器动力学 [M]. 哈尔滨：哈尔滨工业大学出版社，2003.

[14] 解永春，雷拥军，郭建新．航天器动力学与控制 [M]. 北京：北京理工大学出版社，2018.

[15] 曲广吉．航天器动力学工程 [M]. 北京：中国科学技术出版社，2000.

[16] 刘延柱．高等动力学 [M]. 北京：高等教育出版社，2001.

[17] 范钦珊．工程力学教程 (III) [M]. 北京：高等教育出版社，1998.

[18] 肖业伦．航空航天器运动的建模——飞行动力学的理论基础 [M]. 北京：北京航空航天大学出版社，2003.

[19] 赵育善，师鹏．航天器飞行动力学建模理论与方法 [M]. 北京：北京航空航天大学出版社，2012.

[20] 黄克智．张量分析 [M]. 北京：清华大学出版社，2003.

[21] 傅志方，华宏星．模态分析理论与应用 [M]. 上海：上海交通大学出版社，2000.

[22] 师汉民．机械振动系统——分析测试建模对策 [M]. 武汉：华中科技大学出版社，2004.

[23] LIKINS P W，WIRSCHING P H. Use of Synthetic Modes in Hybrid Coordinate Dynamic Analysis [J]. AIAA Journal，1968，6 (10)：1867-1872.

[24] LINKINS P W. Dynamics and Contol of Flexible Space Vehicles [R]. NASA Technical Report 32-1329，1970.

[25] LIKINS P W. Finite Element Appendage Equations for Hybrid Coordinate Dynamics Analysis [J]. International Journal of Solids & Structures，1972 (8)：709－731.

[26] HUGHES P C. Recent Advances in the Attitude Dynamics of Spacecraft with Flexible Solar Arrays [J]. Canadian Aeronautics & Space Journal，1973，19 (4)：165－171.

[27] DODGE F T. The New Dynamic Behavior of Liquids in Moving Containers [R]. Taxes：Southwest Research Institute，2000.

[28] 王照林，刘延柱．充液系统动力学 [M]. 北京：科学出版社，2002.

[29] 陈卓如．工程流体力学 [M]. 3 版．北京：高等教育出版社，2013.

[30] 王洪伟．我所理解的流体力学 [M]. 北京：国防工业出版社，2019.

[31] KANA D D，DODGE F T. Study of Liquid Slosh in the Tracking and Data Relay Satellite Hydrazine Tanks [R]. NASA CR 166745，1981.

[32] SHABANA A A. Flexible Multibody Dynamics：Review of Past and Recent Developments [J]. Multibody Syst Dyn，1997 (1)：189－222.

[33] 陆佑方．柔性多体系统动力学 [M]. 北京：高等教育出版社，1996.

[34] 刘延柱，潘振宽，戈新生．多体系统动力学 [M]. 2 版．北京：高等教育出版社，2014.

[35] 洪嘉振．计算多体系统动力学 [M]. 北京：高等教育出版社，1999.

[36] 王佐伟，刘江，尹静，等．挠性多体航天器动力学与控制建模及试验 [R]. 中国空间技术研究院情报研究报告，2012.

[37] MEIROVITCH L，QUINN R D. Equations of Motion for Maneuvering Flexible Spacecraft [J]. J of Guidance Control & Dynamics，1987，10 (5)：453－465.

[38] WALLRAPP O，WIEDEMANN S. Comparison of Results in Flexible Multibody Dynamics Using Various Approaches [J]. Nonlinear Dynamics，2003 (34)：189－206.

[39] MCPHEE J J，REDMOND S M. Modeling Multibody Systems with Indirect Coordinates [J]. Comput. Methods Appl. Mech. Eng.，2006，195 (50)：6942－6957.

[40] KANE T R，RYAN R R，BANERJEE A K. Dynamics of a Cantilever Beam Attached to a Moving Base [J]. J of Guidance Control & Dynamics，1987，10 (2)：139－151.

[41] 蒋建平，李东旭．挠性多体结构卫星刚柔耦合动力学建模与仿真 [J]. 动力学与控制学报，2004，2 (2)：23－27.

[42] JAIN A，RODRIGUEZ G. Recursive Flexible Multibody System Dynamics Using Spatial Operators [J]. J of Guidance Control & Dynamics，1992，15 (6)：1453－1466.

[43] MEIROVITCH L，STEMPLE T. Hybrid Equations of Motion for Flexible Multibody Systems Using Quasi－coordinates [J]. J of Guidance Control & Dynamics，1995，18 (4)：678－688.

[44] WU G Y，HE X S，PAI P F. Geometrically Exact Total－Lagrangian Modeling and Nonlinear Finite Elements Analysis of Highly Flexible Multibody Systems [C]. AIAA 2010－2787，2010.

[45] KANE T R，LEVINSON D A. Formulation of Equations of Motion for Complex Spacecraft [J]. J of Guidance Control & Dynamics，1980，3 (2)：99－112.

[46] ROBERTS D T. Assessment of Finite Elements Approximations for Nonlinear Flexible Multibody Dynamics [D]. Massachusetts Institute of Technology，1991.

[47] LIKINS P W. Appendage Modal Coordinate Truncation Criterion in Hybrid Coordinate Dynamic Analysis [J]. J of Spacecraft & Rockets，1976 (15)：611－617.

[48] HUGHES P C, SKETON R E. Modal Truncation for Flexible Spacecraft [J]. J of Guidance & Control, 1981, 4 (3): 291 - 297.

[49] GRIGORIADIS K M, SUBRAMANIAM M. Model Reduction of Large Space Structures Using Approximate Component Cost Analysis [J]. J of Guidance Control & Dynamics, 1999, 22 (4): 551 - 557.

[50] GREGORY C Z. Reduction of Large Flexible Models Using Internal Balancing Theory [J]. J of Guidance, 1984, 7 (6): 725 - 732.

[51] VILLEMAGNE C D, SKELTON R E. Modeling Reduction Using a Projection Formulation [J]. Int J of Control, 1987 (46): 214 - 216.

[52] LEE Y J, SUBRAMANIAM M, VENUGOPAL R, et al. Integrated System Tool for Flexible Multibody Dynamics and Control System Analysis [C]. AIAA - 99 - 4228, 1999.

[53] NASA. Spacecraft Radiation Torques [R]. NASA SP - 8027, 1969.

[54] THÉBAULT E, FINLAY C C, BEGGAN C D, et al. International Geomagnetic Reference Field: the 12th Generation [J]. Earth, Planets and Space, 2015, 67 (1): 67 - 79.

[55] MAUS S, MACMILLAN S, MCLEAN S, et al. The US/UK World Magnetic Model for 2010 - 2015 [DB/OL]. http: //www. ngdc. noaa. gov/geomag/WMM/, 2010.

第 4 章　静止轨道卫星喷气姿态控制

4.1　概述

从控制特点看，静止轨道卫星的姿态控制可分为两类：**基于喷气推力器的控制**（简称**喷气控制**）和**基于角动量交换装置的控制**（简称**角动量交换控制**）。喷气控制属于开关控制，其特点是控制力矩大、控制力矩不连续、控制精度偏低；角动量交换控制属于连续控制，其特点是控制力矩小、控制力矩连续、控制精度高。本章详细阐述喷气姿态控制的原理与设计，下一章重点阐述角动量交换控制的原理与设计。

对于静止轨道卫星，喷气控制主要用于姿态快速机动（包括对日定向机动、对地定向机动、变轨点火前姿态机动等）、转移轨道变轨期间姿态控制、同步轨道位置保持（简称位保）机动期间姿态控制等场合。静止轨道卫星喷气姿态控制的主要特点是：控制精度要求相对较低，但被控对象动力学特性比较复杂，对动态过程时间有一定要求。

在大推力变轨发动机点火期间，推进剂液体在加速度环境下将产生横向晃动，给卫星姿态带来较大扰动。因此，如何克服液体晃动带来的不利影响是变轨期间控制系统的一项重要任务。并且随着推进剂的快速消耗，卫星质心和转动惯量等特性参数也在不断变化，这就进一步加大了姿态控制难度[1]。部分卫星为确保能源供应，在轨道转移前已经将太阳帆板展开，在此情况下如何快速抑制挠性附件振动，如何防止处于开关调制状态的喷气脉冲对挠性附件振动的激发等，都是必须仔细考虑的，姿态控制的难度进一步增加。

在位保机动期间，通常利用小推力发动机产生变轨加速度。推进剂液体在加速度环境下将产生横向晃动，给卫星姿态带来一定扰动。尤其不利的是，卫星定点后，太阳帆板、各类天线等已全部展开，在脉冲加速度作用下，这些挠性附件的模态振动影响将变得非常突出，刚-挠-液之间的动力学耦合显著增加了姿态控制的难度[4]。

在姿态快速机动期间，也存在刚-挠-液之间的动力学耦合问题。在确保控制过程快速性的同时，还必须及时抑制可能产生的挠性振动及液体晃动影响。

大推力变轨以及位保机动期间，姿态控制的执行器通常为固定推力的小推力发动机，采用开关控制来实现既定控制目标。其输出的控制力矩通常是固定的，且受喷气冲量的限制，其等效控制分辨力难以精细化。也就是说，喷气控制本质上是一种**非线性离散控制**。在控制器设计及特性分析方面较常规控制系统有一定的特殊性。此外，由于推进剂属于消耗性原料，其消耗量严重制约卫星的工作寿命，因此如何高效率地使用推进剂是喷气控制系统的重要设计要求。

综上所述，对于大推力变轨以及位保机动期间的姿态控制，研究重点是：针对液体晃动及挠性振动等干扰影响，考虑被控对象变结构、变参数、非线性等特性，设计合适的控制律，确保喷气脉冲控制的稳定，并尽量减少推进剂消耗。

本章首先介绍喷气控制的相关原理，然后阐述各种控制器的设计，包括基于经典控制方法的控制器设计和基于新型控制方法的控制器设计。自 20 世纪 80 年代以来，各种新型控制方法层出不穷，在特定领域解决特定问题方面展示出各自独特的效果。本书介绍几种工程实用性较好的控制方法：基于自适应模糊系统的控制方法、基于自抗扰原理的控制方法、基于滑模变结构原理的控制方法、基于特征模型的控制方法。本章大部分内容源自作者近年来的工作成果。

4.2 喷气控制原理

4.2.1 喷气控制系统的工作原理及特点

以**喷气发动机**（**化学推力器**）为执行机构的三轴稳定姿态控制系统是一种主动式零动量姿态控制系统。喷气控制的主要优点：1）控制力矩大，很容易实现三轴解耦控制；2）响应快、过渡过程时间短。喷气控制的主要缺点：1）使用消耗性原料，工作寿命受到严重制约；2）属于开关式控制，控制精度偏低；3）输出控制力矩固定，不易实现复杂控制逻辑。

喷气发动机包括**冷气发动机**、**单组元发动机**和**双组元发动机**等种类。冷气发动机采用常温高压惰性气体作为推进剂，系统简单，但比冲很低，主要用于短寿命航天器上。单组元发动机主要采用无水肼作为推进剂，系统相对简单，可以满足长寿命、高精度使用要求，但比冲还是偏低。双组元发动机采用可燃剂和氧化剂作为推进剂，稳态比冲很高，并可产生较大推力，广泛应用于各类大型航天器上。静止轨道卫星多采用双组元发动机。静止轨道卫星上双组元发动机的任务包括：姿态捕获、轨道转移期间的姿态控制、同步轨道段的姿态快速机动、对角动量交换装置进行卸载等。

作为姿态控制用的喷气发动机，其稳态输出推力一般是固定的。要获得变化的控制量，需要改变喷气时间长度（**喷气脉宽**）以及两次喷气之间的时间间隔（**喷气频率**），使系统处于脉冲调宽或调频的工作状态。由最小推力脉冲所产生的喷气冲量称为**最小冲量**，它决定了姿态稳定期间极限环的宽度。

图 4.2-1 所示为喷气姿态控制系统的原理框图。

首先分析喷气系统的动力学特性。由于喷气控制力矩一般远大于干扰力矩，且推力器响应速度远快于星体角速度响应，因此在小角度情形下卫星姿态动力学可视为三轴解耦，即

$$\begin{cases} J_x\ddot{\varphi} = T_{cx} + T_{dx} \\ J_y\ddot{\theta} = T_{cy} + T_{dy} \\ J_z\ddot{\psi} = T_{cz} + T_{dz} \end{cases} \tag{4.2-1}$$

因此，三轴可以独立分析和设计。以俯仰轴为例，系统为最简单的二阶系统

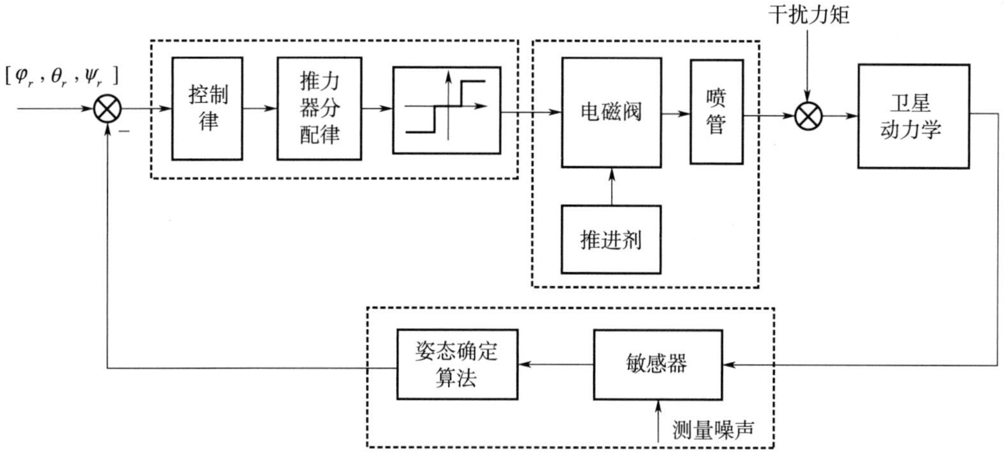

图 4.2-1　喷气姿态控制系统的原理框图

$$\ddot{\theta}=\frac{T_{cy}}{J_y}+\frac{T_{dy}}{J_y}=a_{cy}+a_{dy} \tag{4.2-2}$$

对于连续系统，等效控制量 a_{cy} 的设计很简单，无须赘述；但对于常值开关型系统，必须考虑系统自身的新特性。

■**提示：**喷气控制是一种典型的开关型控制，与常规的基于连续型执行机构的控制有很大不同。另外，也不要将其与通常的采样（数字）控制系统相混淆。

如图 4.2-2 所示，推力器中电磁阀的输入输出关系是非线性的磁滞关系，$u_{on}-u_{off}$ 是推力器的开关**滞环宽度**。

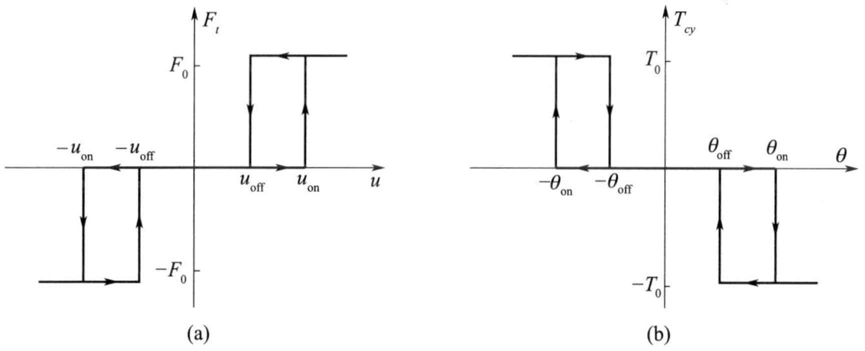

图 4.2-2　电磁阀磁滞特性

假设控制信号仅采用姿态误差（即比例控制 $u=-k\theta$），则控制力矩与姿态误差角的关系如图 4.2-2（b）所示，$\theta_{on}-\theta_{off}$ 是姿态误差滞环宽度。控制力矩的表达式为[5]

$$T_{cy}=\begin{cases}-T_0, & \text{if } (\theta \geqslant \theta_{\mathrm{on}}\ \&\&\ \dot{\theta}>0) \parallel (\theta \geqslant \theta_{\mathrm{off}}\ \&\&\ \dot{\theta}<0) \\ 0, & \text{if } (-\theta_{\mathrm{off}}<\theta<\theta_{\mathrm{on}}\ \&\&\ \dot{\theta}>0) \parallel (-\theta_{\mathrm{on}}<\theta<\theta_{\mathrm{off}}\ \&\&\ \dot{\theta}<0) \\ T_0, & \text{if } (\theta \leqslant -\theta_{\mathrm{on}}\ \&\&\ \dot{\theta}<0) \parallel (\theta \leqslant -\theta_{\mathrm{off}}\ \&\&\ \dot{\theta}>0)\end{cases} \tag{4.2-3}$$

式（4.2－3）表明，推力器产生的控制力矩是一开关函数，共有三档：负开、关闭、正开。控制力矩取哪一档的值，取决于星体的姿态偏差。

4.2.2　喷气控制系统的分析方法

在开关控制系统中，常用**相平面法**进行分析和设计。相平面法比较适用于二阶系统，其特点是图线标示、非常直观。仍以 Y 轴为例，相平面图以 θ 为横坐标、$\dot{\theta}$ 为纵坐标，则平面内的任一相点（θ，$\dot{\theta}$）表示了系统的一种状态。先考察式（4.2－3）所示的控制律。显然，该控制律将相平面分成了 3 个区，如图 4.2－3 所示。

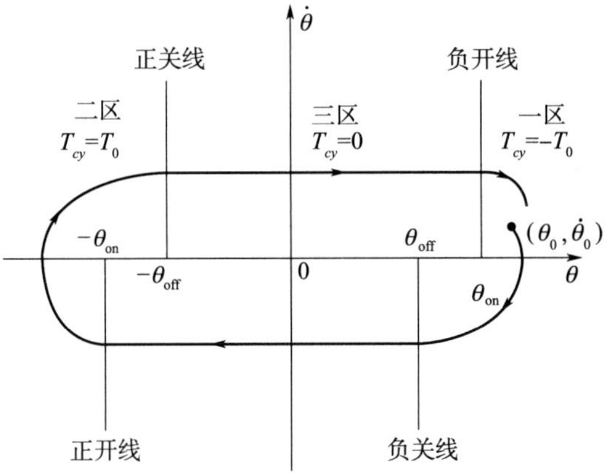

图 4.2－3　简单相平面分析

3 个区的交界是 4 条半直线，分别称为负开线、负关线、正开线、正关线，合称**开关线**。3 个区内相点的**运动轨线**特性分析如下[5]：

1）一区（减速区）：$T_{cy}=-T_0$，状态变量（θ，$\dot{\theta}$）进入这一区域时，产生负向控制力矩，以减小正偏差。由式（4.2－2）可得 $\ddot{\theta}=-a_{c0}$（暂不考虑干扰），因此相应的轨线方程为

$$\dot{\theta}^2=-2a_{c0}\theta+c \tag{4.2-4a}$$

式中　a_{c0}，c ——抛物线参数。

式（4.2－4a）表示相点轨迹是一族抛物线，相点在轨线上的走向是从上而下。

2）二区（加速区）：$T_{cy}=T_0$，状态变量（θ，$\dot{\theta}$）进入这一区域时，产生正向控制力矩，以减小负偏差。轨线方程为

$$\dot{\theta}^2 = 2a_{c0}\theta + c \qquad (4.2-4b)$$

相点在抛物线轨线上的走向是从下而上。

3）三区（自由滑行区）：$T_{cy}=0$，状态变量$(\theta,\dot{\theta})$进入这一区域时，系统不控、自由滑行。轨线方程为

$$\dot{\theta} = c$$

轨线是平行于横轴的直线族。相点在轨线上的走向，上半平面是从左向右，下半平面是从右向左。

由图 4.2-3 可以看出，相点在式（4.2-3）所示简单控制律的作用下，轨线是发散的。原因在于，由于推力器电磁阀的滞环特性，使得相点的运动加速时间在 2、4 象限大于 1、3 象限。为了使轨线收敛，需对上述控制律进行改进。最简单的办法是将图中的开关线逆时针旋转一个角度，如图 4.2-4 所示。

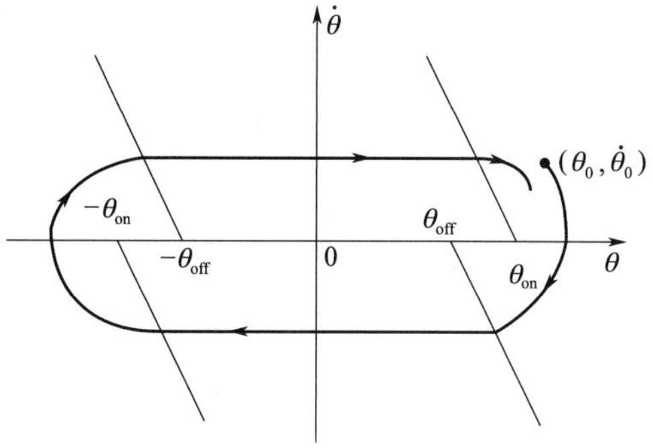

图 4.2-4 倾斜开关线下的运动轨线

在图 4.2-4 中，开关线变为：

负开线：$\theta + k\dot{\theta} = b$

负关线：$\theta + k\dot{\theta} = b - d$

正开线：$\theta + k\dot{\theta} = -b$

正关线：$\theta + k\dot{\theta} = -(b-d)$

式中 k ——开关线的斜率，是一个可供设计选择的参数（相当于引入了系统阻尼）；

b ——开阈值，$b=\theta_{on}$；

d ——滞环宽度，$d=\theta_{on}-\theta_{off}$。

对应的控制律为

$$T_{cy} = \begin{cases} -T_0, & \text{if } (\theta + k\dot{\theta} \geqslant b \ \&\& \ \dot{\theta} > 0) \parallel (\theta + k\dot{\theta} \geqslant b - d \ \&\& \ \dot{\theta} < 0) \\ 0, & \text{if } [-(b-d) < \theta + k\dot{\theta} < b \ \&\& \ \dot{\theta} > 0] \parallel (-b < \theta + k\dot{\theta} < b - d \ \&\& \ \dot{\theta} < 0) \\ T_0, & \text{if } (\theta + k\dot{\theta} \leqslant -b \ \&\& \ \dot{\theta} < 0) \parallel [\theta + k\dot{\theta} \leqslant -(b-d) \ \&\& \ \dot{\theta} > 0] \end{cases} \qquad (4.2-5)$$

从其对应的开关线看，该控制律属于比例-微分控制（PD控制），是很常用的一种控制律。加在推力器电磁阀上的控制信号可表示为

$$u = K_c(\theta + k\dot{\theta}) \tag{4.2-6}$$

4.2.3　喷气控制系统的设计要求

在喷气控制系统中，由于阀门阈值和滞环宽度的限制，相点运动轨线并不收敛于原点，而是收敛于一个闭合曲线，称为**极限环**，如图 4.2-5 所示。

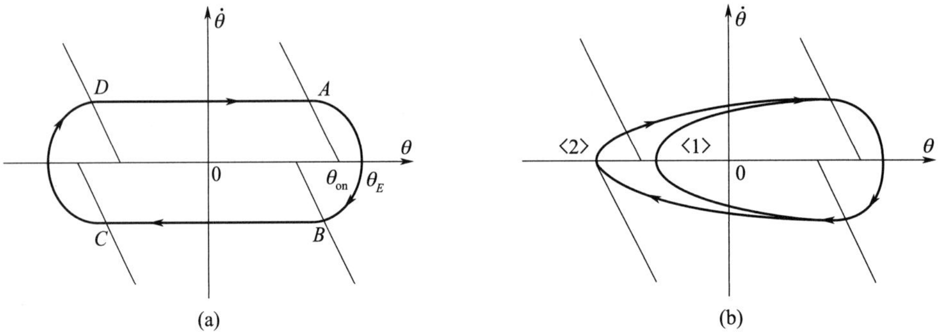

图 4.2-5　极限环

当初始相点 $(\theta_0, \dot{\theta}_0)$ 位于极限环外部时，由于推力器的控制力矩作用，相点最后控制到极限环上往复运动，但不能进入极限环内部。当初始相点位于极限环内部时，则推力器不工作。因此，极限环内部是无控区，称为**死区**。

图 4.2-5（a）表示干扰力矩为 0 时的极限环，称为**双边极限环**；当干扰力矩不为 0 时，极限环如图 4.2-5（b）所示，称为**单边极限环**。在图 4.2-5（b）中，极限环⟨2⟩是周期最长的单边极限环。这是期望的设计状态，因为在此情形下，喷气被完全用于克服干扰的影响，且喷气次数最少。

在图 4.2-5（a）中，A，B，C，D 这 4 个点具有重要意义。以 A 点为例，利用开关线方程很容易求得其状态参数为[1]

$$\begin{cases} \theta_A = \theta_{on} - \dfrac{d}{2} \\ \dot{\theta}_A = \dfrac{d}{2k} \end{cases} \tag{4.2-7}$$

利用式（4.2-4）的轨线方程，不难求得极限环的最大长度为

$$\theta_E = \theta_{on} + \frac{d}{2}\left(\frac{d}{4a_{c0}k^2} - 1\right) \tag{4.2-8}$$

通常，滞环宽度值很小，双边极限环可近似看作一个长方形，其长与高为

$$\begin{cases} \theta_E = \theta_{on} = b \\ \dot{\theta}_E = \dfrac{d}{2k} \end{cases} \tag{4.2-9}$$

每次的喷气时间为

$$t_{cy}=\frac{2\dot{\theta}_E}{a_{cy}} \tag{4.2-10}$$

极限环描述了状态相点在开关控制作用下的稳态过程。因此，喷气控制系统设计的一个核心要求就是设计具有合适形状和大小的极限环，使得在满足精度指标的前提下，喷气次数尽可能少。从提高精度的角度看，显然极限环越小越好，为此需要减小开关阈值和滞环宽度，并增大开关线的斜率（倒向横轴）。而从减少喷气消耗的角度看，则希望增加无控滑行的时间，为此需要增大极限环的长度。综合来看，希望极限环具有狭长的形状（即长度长、高度低）。但这显然受到推力器自身特性、干扰力矩特性、指标侧重点、测量噪声等多方面因素的约束。

极限环描述了系统的稳态情况。对于如何到达极限环，前面阐述的直线型开关线，只是一种比较直观的途径。更好的做法是基于最优控制原理，设计到达极限环的最优途径。喷气系统的最优控制包括时间最优控制、推进剂最优控制、混合指标最优控制等。

4.3　基于经典控制方法的喷气控制

4.3.1　方法概述

上节阐述的基于相平面的设计方法（包括最优控制方法）通常用于寿命较短、动力学特性相对简单（阶数不超过二阶）的卫星。为了获得预期控制效果，通常需要反复折中，进行精细化设计，所得的控制律往往很复杂，且通用性不强。在静止轨道卫星的喷气控制中，更多的是采用**脉冲调制技术**，把开关型控制问题转换为近似的连续型控制问题[2-4]。基于这种控制方法得到的控制律相对简单，通用性较强，在长寿命卫星中广泛应用。

这种经典控制方法的主要思路如下：

1）不考虑各轴之间的耦合，三轴独立设计控制回路；

2）控制律以经典 PID 控制为主，辅以各种校正滤波器实现必要的超前-滞后校正，以及针对特定模态的成形滤波；

3）控制量经过伪速率调制器（PRM）调制后，驱动推力器工作；

4）利用经典频域分析方法（如描述函数法和 Nichols 图示法）对系统稳定性进行分析，确保系统有足够的稳定裕度。

5）利用数学仿真，考察系统的时域性能。

其中，稳定性分析和仿真验证是各种工程控制系统都需要完成的工作，只是具体手段和方法的差异。

基于经典控制方法的喷气姿态控制系统（单通道）组成框图如图 4.3-1 所示。可见，控制器由 **PID 控制律、校正滤波器、伪速率调制器** 3 部分组成。相较于常规控制系统，PRM 的设计及分析有独特之处。

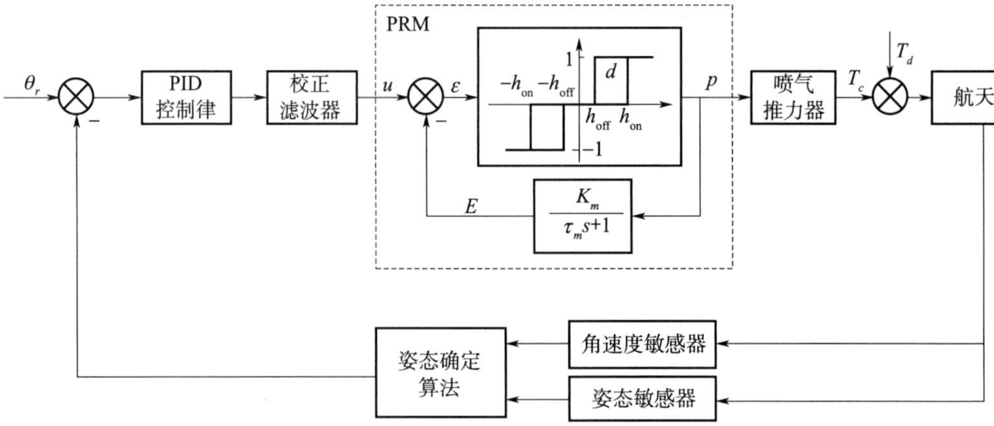

图 4.3-1　基于经典控制方法的喷气姿态控制系统组成框图

4.3.2　伪速率调制器的设计与分析

4.3.2.1　常规伪速率调制器

如前所述，除了部分基于最优控制原理和相平面分析技术的直接型开关控制外，在大多数应用场合，尤其是静止轨道卫星轨道机动期间的姿态控制中，一般采用脉冲调制器将控制算法给出的信号转换为驱动推力器工作的脉冲信号。常用的脉冲调制器有：**积分脉频调制器**（Integral Pulse Frequency Modulator，IPFM）、**脉宽调制器**（Pulse Width Modulator，PWM）、**脉宽脉频调制器**（Pulse Width Pulse Frequency Modulator，PWPFM）、**伪速率调制器**（Pseudo Rate Modulator，PRM）等。其中，PWPFM 和 PRM 在卫星上应用最为广泛。PRM 和 PWPFM 本质上是相同的（但并非完全等同），可以通过控制框图变换实现两者的相互转换[8]。PRM 和 PWPFM 的主要优点：在低频段能够获得近似线性的输入输出关系；能在对输入信号产生微分作用的同时具有较强的抗干扰能力等。相较于 PWPFM，PRM 还提供了低频段的相位超前作用[8]（从而不需要像 PWPFM 那样单独设计超前校正环节），对于提高控制性能较有意义，因而在卫星上的应用相对更为广泛。本书重点对 PRM 进行阐述。

如图 4.3-1 所示，PRM 由一个前向环节（施密特触发器）和一个反馈环节（一阶惯性环节）组成。其输入是控制量或姿态误差，输出是宽度和间隔随输入信号而改变的脉冲信号，待设计的参数包括施密特触发器的开阈值 h_{on} 、关阈值 h_{off}（或滞环宽度 d ）以及一阶惯性环节的增益系数 K_m 、时间常数 τ_m 共 4 个参数。下面介绍这些参数的计算式，并阐述其物理特性。

设 PRM 的输入为 $u(t)$，输出为 $p(t)$，一阶惯性环节的输出为 $E(t)$，$u(t)$ 和 $E(t)$ 的差值为 $\varepsilon(t)$。以正向脉冲为例进行分析，如图 4.3-2 所示。

$t=t_0$ 时，施密特触发器开始触发，此时的状态为：$u(t_0)=u_0$，$\varepsilon(t_0)=\varepsilon_0=h_{on}$，$E(t_0)=E_0=u_0-h_{on}$。

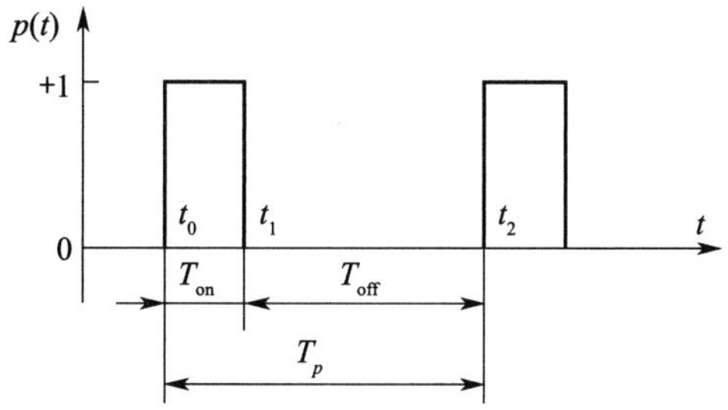

图 4.3-2　PRM 输出脉冲

在 $t_0 \leqslant t \leqslant t_1$ 时间段内，$p(t)=1$，$E(t)$ 按指数规律增加，误差 $\varepsilon(t)$ 随之减小。在 $t_1=t_0+T_{on}$ 时刻，施密特触发器归零关断，$p(t)=0$。此时的相关状态为

$$\varepsilon(t_1)=\varepsilon_1=h_{off}=h_{on}-d \tag{4.3-1}$$

$$u(t_1)=u_1=u_0+\dot{u}T_{on}=E_0+\varepsilon_0+\dot{u}T_{on}=E_0+h_{on}+\dot{u}T_{on} \tag{4.3-2}$$

$$E(t_1)=E_1=E_0\mathrm{e}^{-T_{on}/\tau_m}+K_m(1-e^{-T_{on}/\tau_m}) \tag{4.3-3}$$

由式（4.3-1）和式（4.3-2）可得

$$E_1-E_0=u_1-\varepsilon_1-E_0=d+\dot{u}T_{on} \tag{4.3-4}$$

由式（4.3-3）可得

$$E_0=E_1\mathrm{e}^{T_{on}/\tau_m}-K_m(\mathrm{e}^{T_{on}/\tau_m}-1)$$

从而有

$$E_1-E_0=(K_m-E_1)(\mathrm{e}^{T_{on}/\tau_m}-1) \tag{4.3-5}$$

联立式（4.3-4）和式（4.3-5）可得

$$T_{on}=\tau_m\ln\left(1+\frac{d+\dot{u}T_{on}}{K_m-E_1}\right) \tag{4.3-6}$$

根据小量近似公式[6,7]

$$\ln\left(1+\frac{b}{c}\right)=\frac{b}{c+b/2}$$

式（4.3-6）可近似表示为

$$T_{on}\approx\frac{\tau_m(d+\dot{u}T_{on})}{K_m-E_1+d/2+\dot{u}T_{on}/2}$$

利用关系式 $E_1=u_1-\varepsilon_1=u_1-h_{on}+d$ 可进一步得

$$T_{on}\approx\frac{\tau_m(d+\dot{u}T_{on})}{K_m-u_1+h_{on}-d/2+\dot{u}T_{on}/2} \tag{4.3-7}$$

式（4.3-7）左右两边皆有 T_{on}，可展开、整理，并利用 $T_{on}^2 \ll 1$ 可略去的特点，最终得到的近似值为

$$T_{on}\approx\frac{\tau_m d}{K_m-u_1+h_{on}-d/2-\tau_m\dot{u}} \tag{4.3-8}$$

在 $t_1 \leqslant t \leqslant t_2 = t_1 + T_{\text{off}}$ 时间段内，$p(t)=0$，$E(t)$ 按指数规律减小，误差 $\varepsilon(t)$ 随之增大。在 t_2 时刻，$\varepsilon(t_2)=\varepsilon_2=h_{\text{on}}$，施密特触发器再次触发，$p(t)=1$。此时的相关状态为

$$\varepsilon(t_2)=\varepsilon_2=h_{\text{on}}=u_1+\dot{u}T_{\text{off}}-E_2 \tag{4.3-9}$$

$$u(t_2)=u_2=u_1+\dot{u}T_{\text{off}}=E_1+\varepsilon_1+\dot{u}T_{\text{off}}=E_1+h_{\text{on}}-d+\dot{u}T_{\text{off}} \tag{4.3-10}$$

$$E(t_2)=E_2=E_1\mathrm{e}^{-T_{\text{off}}/\tau_m}=(u_1-h_{\text{off}})\mathrm{e}^{-T_{\text{off}}/\tau_m} \tag{4.3-11}$$

由式（4.3-9）和式（4.3-10）可得

$$E_2-E_1=-d+\dot{u}T_{\text{off}} \tag{4.3-12}$$

由式（4.3-11）可得

$$E_2-E_1=(u_1-h_{\text{on}}+d)(\mathrm{e}^{-T_{\text{off}}/\tau_m}-1) \tag{4.3-13}$$

联立式（4.3-12）和式（4.3-13）可得

$$T_{\text{off}}=-\tau_m\ln\left(1+\frac{-d+\dot{u}T_{\text{off}}}{u_1-h_{\text{on}}+d}\right) \tag{4.3-14}$$

仿照前面的近似处理思路，最终可得

$$T_{\text{off}}\approx\frac{\tau_m d}{u_1-h_{\text{on}}+d/2+\tau_m\dot{u}} \tag{4.3-15}$$

由式（4.3-8）和式（4.3-15）可得 PRM 输出的平均值为

$$p_{\text{av}}=\frac{T_{\text{on}}\times1+T_{\text{off}}\times0}{T_p}=\frac{1}{K_m}\left(u_1+\tau_m\dot{u}-h_{\text{on}}+\frac{d}{2}\right) \tag{4.3-16}$$

由式（4.3-16）可知，PRM 输出的平均值与控制律输出的姿态偏差（u）及角速度偏差（$\dot{u}$）近似成正比［附加项 $-(h_{\text{on}}-d/2)/K_m$ 量级很小，近似处理时可以忽略］，因此被称为伪速率调制器。显然，PRM 起到了近似的比例＋微分作用。

在式（4.3-6）中，令 $\dot{u}=0$，$E_1=0$，可得 PRM 给出的最小指令喷气时长为

$$T_{\text{on,min}}=\tau_m\ln\left(1+\frac{d}{K_m}\right)\approx\frac{\tau_m d}{K_m} \tag{4.3-17}$$

例如，若取 $K_m=1$，$\tau_m=2$，$d=0.01$，则 $T_{\text{on, min}}\approx0.02\ \text{s}=20\ \text{ms}$。$T_{\text{on, min}}$ 设计得较小，对于精细化控制和节省推进剂是有利的，但是不能小于喷气推力器所能给出的最小脉宽。

图 4.3-3 和图 4.3-4 分别给出了正弦输入及定常输入时 PRM 的状态量（E 和 ε）及输出 p 的波形曲线。图 4.3-5 给出了 PRM 输入-输出关系的一组典型仿真曲线，图中的 4 条直线分别代表正负开关线。

4.3.2.2 改进型伪速率调制器

早期的伪速率调制器（PRM）是由模拟器件实现的。前文对于 PRM 的特性分析也都是以模拟型连续系统为例进行阐述的。而实际上，目前的卫星控制器普遍都是由数字计算机实现的。因此，实际使用的 PRM 都是由软件算法实现的。在计算周期较小的条件下，数字型 PRM 与连续型 PRM 的差异并不大，前面的设计与分析思路基本上都是适用的。由于软件算法的灵活性，可以方便地对数字型 PRM 进行改进，使其具备更佳的性能。

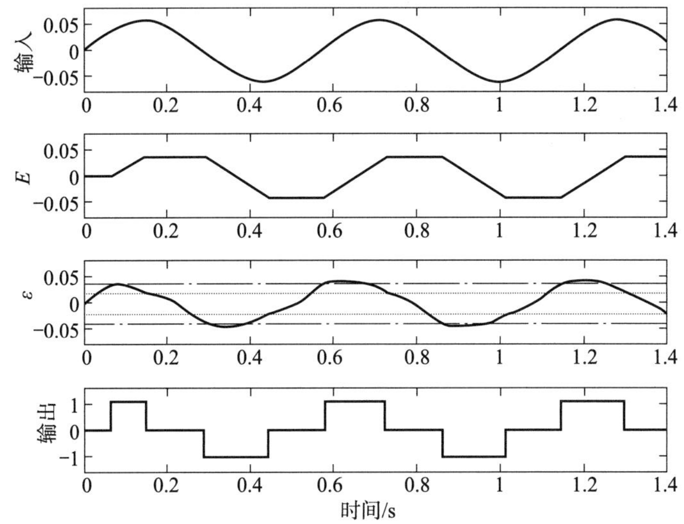

图 4.3-3 正弦输入时 PRM 状态及输出波形

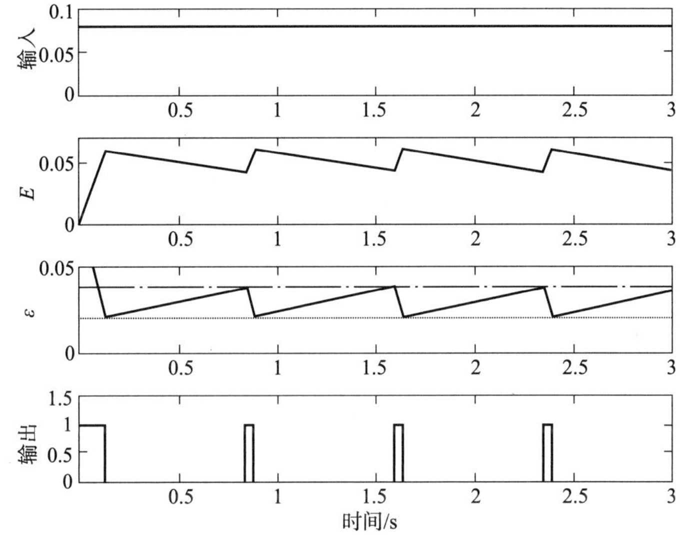

图 4.3-4 定常输入时 PRM 状态及输出波形

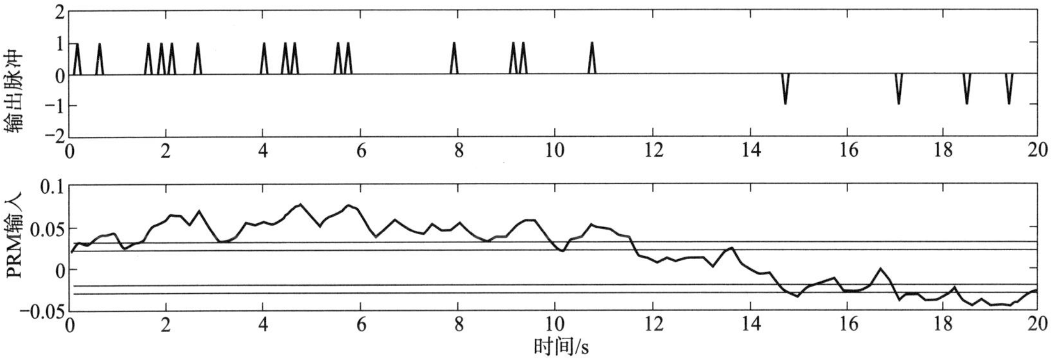

图 4.3-5 PRM 输入-输出关系的一组典型仿真曲线

（1）双时间常数 PRM

在常规 PRM 中，其一阶反馈环节的时间常数是一个固定值，开过程和关过程中的时间特性完全相同，难以兼顾跟踪精度与推进剂消耗的不同需求。因此，可考虑采用两个不同的时间常数来兼顾这两方面的需求[1]，如图 4.3－6 所示。

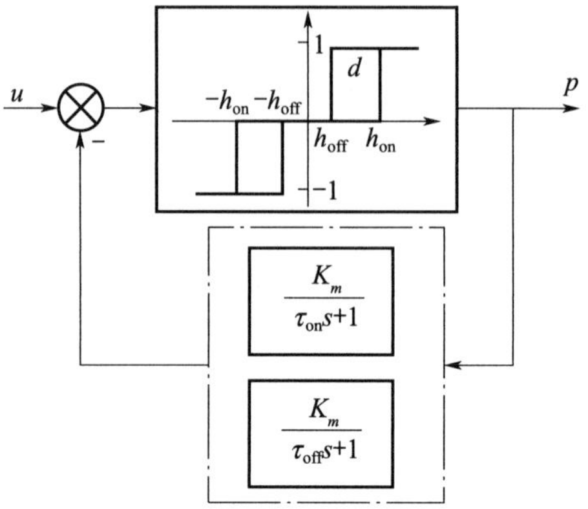

图 4.3－6　双时间常数 PRM

图中，τ_{on} 为推力器工作时的时间常数，τ_{off} 为推力器处于关闭状态时的时间常数，$\tau_{on} < \tau_{off}$。在推力器工作时，取较小的时间常数，可使反馈信号被快速跟踪；而当推力器关闭时，取较大的时间常数，反馈信号不会立刻被跟踪，因而推力器不会马上开启或关闭，从而避免了推力器的频繁开关，起到了节省推进剂的作用。

（2）参数自整定 PRM

固定参数 PRM 存在以下不足之处：1）参数固定，对系统的适应性不佳；2）作为一种强非线性环节，对其动态特性的分析非常困难，导致调制器参数的选择缺乏量化手段，在工程应用中通常只能结合经验和数学仿真来进行迭代设计。近年来有文献提出了利用 Matlab 等数值仿真软件对调制器参数进行离线寻优。但这种离线寻优存在以下不足：1）只能给出参数的大致范围，且各参数对性能的影响往往存在矛盾；2）参数一旦设计好以后就是固定值，不能在线（实时）调整，因此对系统变化的适应性不强。因此，现有的固定参数 PRM 在适应性和工程应用的便利性方面都存在不足。

为了克服现有 PRM 参数固定的不足，作者提出了一种利用模糊逻辑系统在线整定 PRM 参数的新型 PRM——参数自整定 PRM[9]。与现有的普通 PRM 相比，参数自整定 PRM 对系统的适应能力更强，并且可以减轻参数选择过程中的仿真和调试工作量。

参数自整定 PRM 由**常规 PRM**、**模糊逻辑系统模块**和**数据处理模块** 3 部分组成。其中，模糊逻辑系统模块由两个查表形式的模糊逻辑系统组成，利用其输出实现对 PRM 两个主要参数（开阈值 h_{on} 和滞环宽度 d）的实时自动调整，如图 4.3－7 所示。

对于卫星喷气姿态控制而言，PRM 中的一阶反馈环节通常与姿态控制律一同设计，其参数（K_m，τ_m）通常不需要频繁调整，因此可将其取固定值。而开阈值 h_{on} 和滞环宽度 d 这两个参数对调制器的性能影响较大，因此考虑对这两个参数进行实时调整。需要补

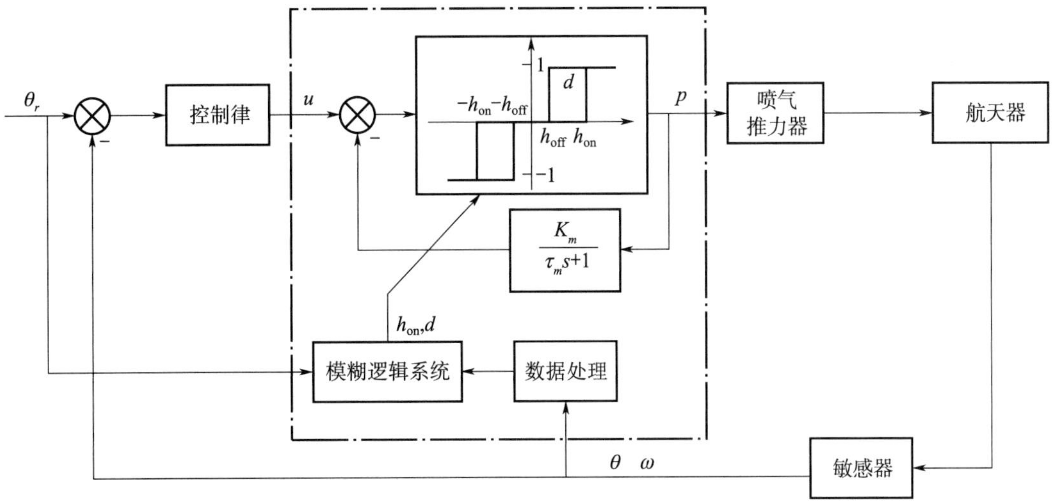

图 4.3-7 参数自整定 PRM 原理框图

充说明的是，由于 $h_{off}=h_{on}-d$，当开阈值 h_{on} 确定以后，对 d 的调节即等效于对关阈值 h_{off} 的调节。h_{on} 和 d 这两个参数分别由两个模糊逻辑系统的输出进行动态调节。

这两个模糊逻辑系统都采用常规的带模糊器和解模糊器的模糊逻辑系统，其基本结构相同，皆由模糊器、模糊规则库、模糊推理机、解模糊器 4 部分组成。模糊器的作用是将真值变量转换成模糊集合，解模糊器的作用是将模糊集合还原成真值变量，模糊推理机用于实现从输入域到输出域的非线性映射，模糊规则库是模糊逻辑系统的核心，是需要着重设计的。

第一个模糊逻辑系统用于对开阈值 h_{on} 的动态调节。其输入量有两个：目标姿态角 θ_r、经过处理的等效角加速度 α。其输出量即开阈值 h_{on}。模糊规则库用模糊规则表的形式描述。该规则表根据理论分析以及工程经验综合获得，见表 4.3-1。表中符号含义：S：小；M：中；B：大；S1：较小；S2：很小；B1：较大；B2：很大。

表 4.3-1 h_{on}的模糊调节规则

α \ θ_r	S2	S1	M	B1	B2
S	S2	S1	S1	M	B1
M	S1	S1	M	B1	B2
B	M	M	B1	B2	B2

第二个模糊逻辑系统用于对滞环宽度 d 的动态调节。其输入量有两个：与敏感器相关的等效噪声 N_s、经过处理的等效角加速度 α。其输出量即滞环宽度 d。模糊规则库用模糊规则表的形式描述。该规则表根据理论分析以及工程经验综合获得，见表 4.3-2。表中符号含义同表 4.3-1。

表 4.3-2 d 的模糊调节规则

N_s \ α	S2	S1	M	B1	B2
S	S2	S1	M	B1	B1
M	S1	M	M	B1	B2
B	B1	B1	B2	B2	B2

对于第一个模糊逻辑系统，其输入变量、输出变量的论域分别为

$$\theta_r = [0, 0.24],\ \alpha = [0, 0.001],\ h_{\text{on}} = [0, 0.24]$$

其模糊集分别为

$$\theta_r = \{\text{S2}, \text{S1}, \text{M}, \text{B1}, \text{B2}\}$$
$$\alpha = \{\text{S}, \text{M}, \text{B}\}$$
$$h_{\text{on}} = \{\text{S2}, \text{S1}, \text{M}, \text{B1}, \text{B2}\}$$

第二个模糊逻辑系统，其输入变量、输出变量的论域分别为

$$\alpha = [0, 0.001],\ N_s = [0, 0.1],\ d = [0, 0.16]$$

其模糊集分别为

$$\alpha = \{\text{S2}, \text{S1}, \text{M}, \text{B1}, \text{B2}\}$$
$$N_s = \{\text{S}, \text{M}, \text{B}\}$$
$$d = \{\text{S2}, \text{S1}, \text{M}, \text{B1}, \text{B2}\}$$

数据处理模块的作用是根据敏感器的类型和测量数据，处理得到等效角加速度 α 和等效噪声 N_s， 作为模糊逻辑系统的输入。等效角加速度利用陀螺测量的角速度差分并剔野、滤波得到。等效噪声 N_s 根据敏感器的类型和一段时间内的测量数据统计均方差加权得到。

4.3.3 PID 与校正滤波器的设计

在基于经典控制方法的三轴喷气控制系统设计中，控制律由 PID 控制律＋校正滤波器组成。其中，PID 控制律的设计方法和常规系统大体相同，但需更多地考虑喷气系统的自身特点。校正滤波器通常由一阶滤波器和二阶滤波器组成。一阶滤波器主要用于噪声滤波、实现必要的超前-滞后校正等。二阶滤波器主要用于模态成形控制，即对于某些特定的可能引起不稳定的模态频率引入成形滤波器，以降低控制回路中该频率的传递，或针对控制过程中的动态振荡，增大该频率的反馈，以抑制振荡，从而削弱模态引起的不稳定作用[17,18]。这类二阶滤波器也称为**结构滤波器**[4,17]。

4.3.3.1 PID 控制律

PID 控制是刚体卫星姿态控制的典型方式，也是液体晃动抑制和挠性模态抑制的基本措施。基本型 PID 控制律的 2 种传递函数形式为

$$G_{\text{PID}}(s) = K_p\left(1 + \frac{1}{T_i s} + T_d s\right) \tag{4.3-18a}$$

$$G_{\mathrm{PID}}(s)=K_p+\frac{K_i}{s}+K_d s \tag{4.3-18b}$$

式中　T_i ——积分时间常数；

T_d ——微分时间常数，

K_p，K_i，K_d ——比例、积分、微分增益。

在星载计算机上，PID 控制律都是以数字化离散形式实现的。位置式离散 PID 控制律的形式为

$$u_{\mathrm{PID}}(k)=K_p e(k)+K_i\sum_{j=0}^{k}e(j)+K_d\frac{e(k)-e(k-1)}{T_s} \tag{4.3-19}$$

从形式上可以看出，PID 控制律是系统误差的过去（累积误差，积分项）、现在（当前误差，比例项）和将来（误差趋势，微分项）的加权和（线性组合）。其对误差信息的利用是全面而系统的。这是 PID 控制获得众多成功应用的重要原因。一般而言，PID 控制的稳定裕度是很大的，但动态品质受 3 个参数的影响较大[11]。

对于 PID 参数的选取，首先需要初步确定系统带宽（主要由控制律的增益，尤其是 K_p 决定）。从抑制晃动和挠性模态振荡的角度看，压缩控制回路带宽是最简单而直接的方法，这种控制方法也称为频带隔离法。通常应使刚体控制回路的自然频率（近似公式 $\sqrt{K_c/J_s}$，K_c 为控制回路增益，J_s 为等效刚体卫星的单轴惯量）低于一阶模态频率（基频）的 1/3。大多数情况下，这个要求对于抑制挠性附件振动而言是可以满足的，对于抑制液体晃动则比较勉强。例如，对于常规静止轨道卫星，太阳翼的基频多为 0.05～0.5 Hz，液体晃动的基频多为 0.05～0.2 Hz（转移轨道大推力变轨时）、0.02～0.1 Hz（位置保持机动时）。但是，由于卫星所受干扰力矩远远小于喷气控制力矩，较低的控制带宽通常是可行的。如果因任务需要（如干扰力矩偏大、对控制精度和稳定时间要求较高）要提高系统带宽，则应采用特定的成形滤波器来抑制模态振动影响。

K_i 的主要作用是消除常值干扰下的系统静差。K_i 通常不能取得过大，否则将引起低频段的增益下降，甚至导致系统失稳。在静止轨道卫星喷气控制系统设计中，通常将 K_i 取为 K_p 的 1%量级。即便如此，积分控制还需考虑抗饱和设计。通常采用积分分离法，即当被控量与设定值偏差较大时，取消积分作用；当被控量接近给定值时再引入积分控制。更有效的办法是采用变速积分法，其基本思路是根据系统偏差大小自动改变积分速度，公式为

$$u_I(k)=K_i\left[\sum_{j=0}^{k-1}e(j)+f(e(k))e(k)\right]T_s \tag{4.3-20}$$

式中，$f(e(k))$ 的取值范围为 [0，1]，其与当前偏差值 $e(k)$ 的关系可以是线性或非线性的，为了简化计算，通常设计为线性函数，形式为[12]

$$f(e(k))=\begin{cases}1, & |e(k)|\leqslant A\\ \dfrac{-|e(k)|}{d}+1+\dfrac{A}{d}, & A<|e(k)|\leqslant A+d\\ 0, & |e(k)|>A+d\end{cases}$$

式中 A ——分离区间的起点；

d ——分离区间的宽度。

K_d 的主要作用是对变化趋势提前修正，从而改善系统动态特性，抑制系统振荡，是影响控制品质的重要参数。微分项的一个重要缺陷是容易引进高频干扰。因此，针对 K_d 控制也有不少改进方法[13]。例如，对于参考输入 θ_r 频繁变化的场合，可采取微分先行的改进措施，其思路是：只对输出量 θ 进行微分，而对于参考输入 θ_r 不进行微分。这样就可以避免参考输入升降时所引起的振荡，从而改善系统的动态特性。此外，还可以采用变速微分、非线性微分等改进方法。文献［14，15］中提出的逻辑微分控制律是一种很有效果的改进方法。以位置保持控制为例，其设计思路为：当输出离给定值较远时，希望快速到达给定值，此时需减小阻尼作用；进入稳态区后，尤其是微幅振荡时，则增大阻尼作用。利用开方运算实现“大于 1 时减小、小于 1 时增大”的调节机制。对应的 K_d 调节形式为

$$K_d = c\sqrt{\sum_{i=1}^{N} \left| y(k-N+i) - y(k-N+i-1) \right|} \tag{4.3-21a}$$

或

$$K_d = c\sqrt{\sum_{i=1}^{N} y^2(k-N+i) + [y(k-N+i) - y(k-N+i-1)]^2} \tag{4.3-21b}$$

式中，c 为归一化系数。

无论是基本的 PID 控制律还是各种改进的 PID 控制律，都涉及对其参数（或参数初值）的初步设计，这个过程称为**PID 参数整定**。PID 参数整定的方法和技术手段非常多，就实现过程而言，大致可分为离线整定和在线整定方法两大类，就方法本身而言，大致可分为常规整定方法和智能整定方法两大类。其中，常规整定方法包括响应曲线整定法、频域分析整定法、Ziegler - Nichols 整定法、临界比例度整定法等；智能整定方法主要是利用模糊逻辑系统、神经网络、专家系统、进化算法等智能算法对 PID 控制律的 3 个参数进行优化[12,13]。对于挠性充液卫星的喷气控制，可采用比较简单的算法进行初始参数选择。这里介绍一种工程上比较实用的整定方法——临界比例度整定法[12]。将控制律写成以下形式

$$u_{\mathrm{PID}}(t) = \frac{1}{k}\left(e + \frac{1}{T_i}\int_0^t e\,\mathrm{d}t + T_d \frac{\mathrm{d}e}{\mathrm{d}t}\right) \tag{4.3-22}$$

主要步骤如下：

1）先采用比例控制，从较大的比例度 k 开始，逐步减小 k，直至系统对阶跃输入的响应达到临界状态。将此时的比例度记为 k_c，临界振荡周期记为 T_c。

2）根据 Ziegler - Nichols 经验公式，确定 PID 控制律参数。取值如下：$k \approx 1.7k_c$，$T_i \approx 0.5T_c$，$T_d \approx 0.13T_c$。

■**提示 1：**PID 控制是工程上应用最广泛的一类控制方法。时至今日，在绝大部分工业过程控制系统、运动控制系统（包括卫星控制系统）中，PID 控制仍然处于基础和主体地位；在学术研究中，PID 控制也常被用作衡量其他控制律设计效果的参考基准。PID 控

制最大的特点是设计简单、易于实现、性能折中。在 PID 控制的基础上，出现了大量改进型方法[10-13]。很多现代控制理论和方法，其基本思想也都和 PID 控制相关。

■**提示 2**：PID 控制已有数十年的发展历史，目前其理论和方法仍在发展，例如近年来出现的分数阶 PID，仍有大量文献和成果出现[16]。

4.3.3.2　校正滤波器

校正滤波器主要由一阶滤波器和二阶滤波器组成。一阶滤波器主要用于噪声滤波，实现必要的超前-滞后校正等，原理相对简单，不再详细阐述。二阶滤波器主要用于模态成形控制，协调增益和相位需求，也称为结构滤波器，其传递函数的一般形式为

$$\frac{s^2/\omega_z^2+2\zeta_z s/\omega_z+1}{s^2/\omega_p^2+2\zeta_p s/\omega_p+1} \text{ 或 } \frac{\tau_1 s^2+\tau_2 s+1}{\tau_3 s^2+\tau_4 s+1}$$

式中　ω_z，ω_p ——滤波器零点、极点的角频率；

ζ_z，ζ_p ——对应阻尼比；

τ_1，τ_2，τ_3，τ_4——相应的系数。

通过选择不同的零点和极点配置，可以构成不同的成形滤波器，如带阻滤波器、带通滤清器、相位超前滤波器等。多数情况下，阻尼比取为正数，由此得到的滤波器称为最小相位滤波器；如果阻尼比 ζ_z 取为负值，则得到非最小相位滤波器。下面简要介绍几种典型的校正滤波器[4,17]：

（1）带阻（陷阱/陷波）滤波器

带阻滤波器的零极点配置为 $\omega_z=\omega_p$，$\zeta_z<\zeta_p$，$\zeta_z\ll 1$。其频率响应及根轨迹如图 4.3-8 所示，左边的伯德图中，左图对应 $\zeta_p=0.4$，右图对应 $\zeta_p=0.8$。带阻滤波器在频率 $\omega_c \triangleq \omega_z=\omega_p$ 处取得最小增益 $A_c=20\log_{10}(\zeta_z/\zeta_p)$ dB。可见，陷阱（阻带）的陡度取决于极点的阻尼比 ζ_p。带阻滤波器多用于增益稳定方式，其原理是：将陷阱频率（零点频率）设置在不稳定模态的极点频率处，使得在控制闭环中，该模态频率的振荡受到吸收或抑制，从而确保该模态不会因为反馈而引起不稳定。从根轨迹设计看，是将带阻滤波器的零点设置在卫星挠性振动或液体晃动模态的极点附近。带阻滤波器也是克服模态溢出的有效方法。

在挠性振动抑制或液体晃动抑制等场合中，带阻滤波器的应用是比较广泛的。在 5.8.3 节，我们将看到带阻滤波器在卫星挠性振动在线辨识与抑制中的应用。

（2）带通滤波器

带通滤波器的零极点配置为 $\omega_z=\omega_p$，$\zeta_p<\zeta_z$，$\zeta_p\ll 1$。其频率响应及根轨迹如图 4.3-9 所示，左边的伯德图中，左图对应 $\zeta_z=0.4$，右图对应 $\zeta_z=0.8$。带通滤波器在频率 $\omega_c \triangleq \omega_z=\omega_p$ 处取得最大增益 $A_c=20\log_{10}\left(\dfrac{\zeta_z}{\zeta_p}\right)$ dB。带阻滤波器也多用于增益稳定方式，其原理是：将谐振频率（极点频率）设置在特定模态频率处，通过加强该频率的负反馈，起到抑制或削弱振荡的作用。从根轨迹设计看，是将带通滤波器的极点设置在卫星一阶模态（挠性振动或液体晃动）的零点附近。

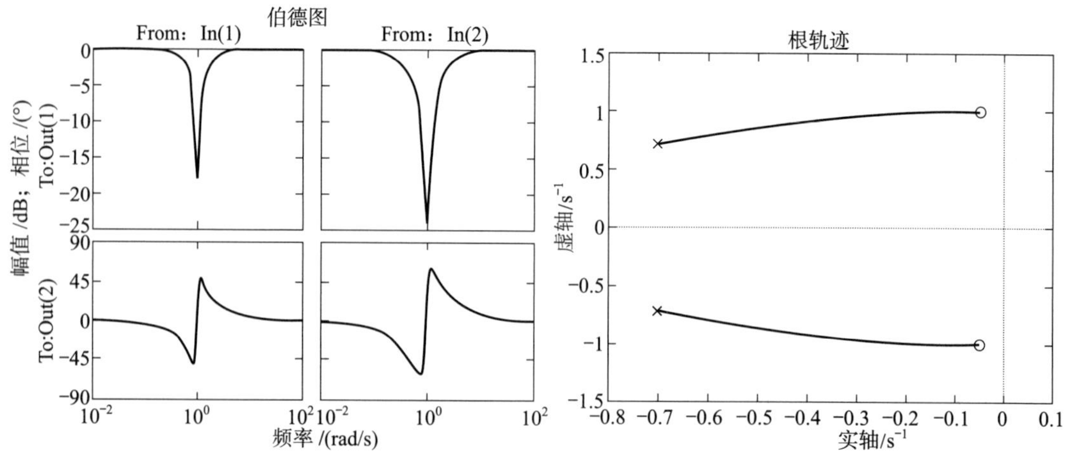

图 4.3-8　带阻滤波器的频率响应及根轨迹

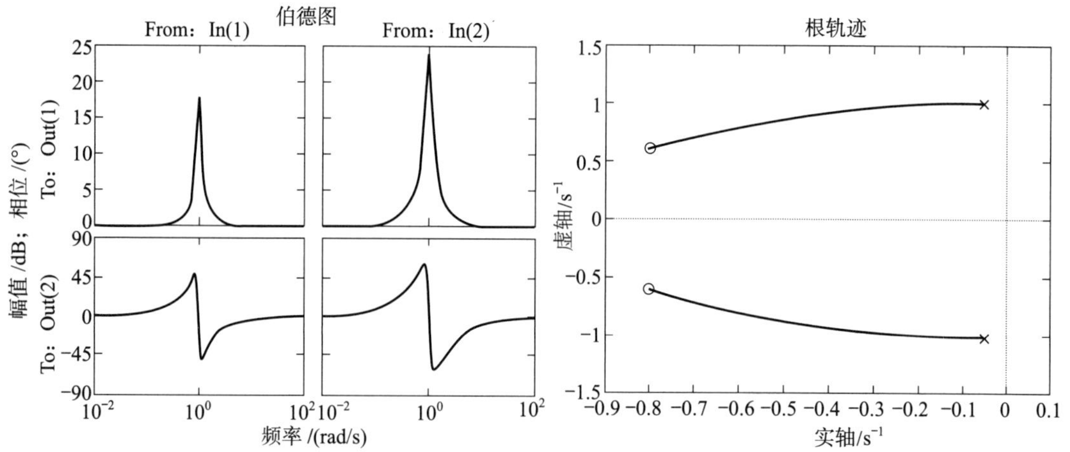

图 4.3-9　带通滤波器的频率响应及根轨迹

（3）相位超前滤波器

相位超前滤波器的零极点配置为 $\omega_z < \omega_p$，$\zeta_z < \zeta_p$。其频率响应及根轨迹如图 4.3-10 所示。最大相位在频率 $\omega_c \triangleq \sqrt{\omega_z \omega_p}$ 处取得。相位超前滤波器主要用于系统的相位稳定裕度。从根轨迹设计看，其极点远离虚轴。

（4）非最小相位带阻滤波器

非最小相位带阻滤波器的零点位于复平面的右半平面，即 $\zeta_z < 0$。对于大多数被控对象而言，非最小相位往往是不利的；但在某些特定场合，非最小相位滤波器能发挥独到作用。令 $|\zeta_z| \ll 1$，可以得到非最小相位带阻滤波器。其频率响应及根轨迹如图 4.3-11 所示。与最小相位带阻滤波器相比，非最小相位带阻滤波器的相位范围更大，更便于协调增益稳定与相位稳定之间的矛盾。从根轨迹设计看，其右半平面的零点可有效地把被控对象的模态极点压向左半平面。

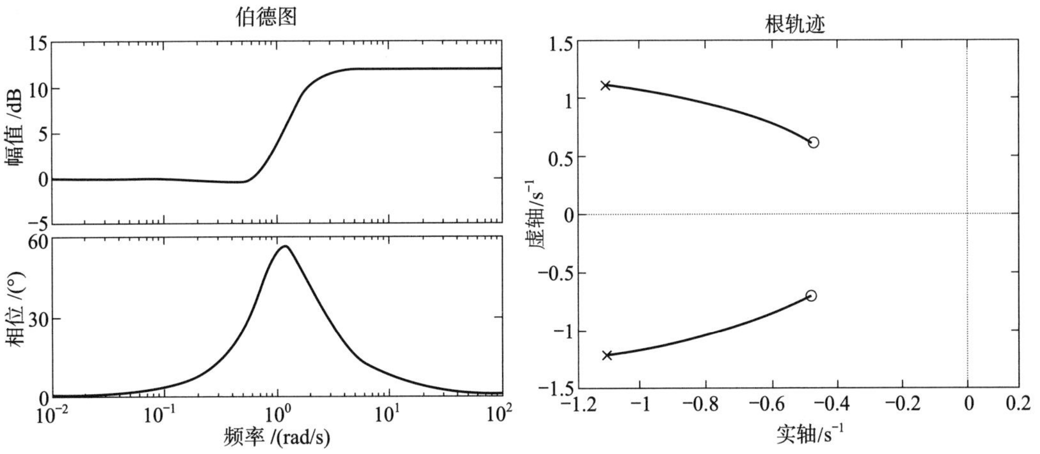

图 4.3-10　相位超前滤波器的频率响应及根轨迹

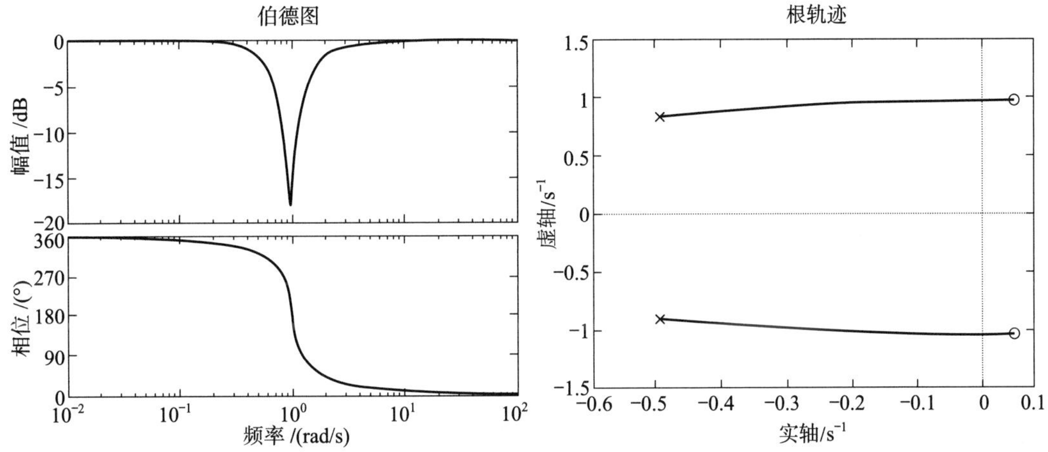

图 4.3-11　非最小相位带阻滤波器的频率响应及根轨迹

4.3.4　稳定性分析

设计上必须保证控制系统在各种工作条件下都是稳定的，且具有必要的稳定裕度。实际上，在前述的控制律设计过程中，已经将稳定性作为一个设计要素进行了综合考虑。控制律设计完成后，还需要开展专门的稳定性分析。对于基于经典控制方法的喷气控制系统，稳定性分析主要在频率域中开展，手段为**开环对数幅相图**（Nichols 图）。为此，首先需要建立系统的频域模型。对于连续环节，可直接使用传递函数建模；对于控制律等数字化环节，可以利用 Z 变换与拉普拉斯变换之间的关系，将数字化环节的 Z 域传递函数转换为 S 域传递函数；对于 PRM 这样的特殊环节，需要特殊考虑。

4.3.4.1　PRM 的描述函数

PRM 是一种典型的强非线性环节。**描述函数法**（也称为**谐波平衡法**）是分析这类非线性环节的有效手段。描述函数法的基本思想是：将系统中非线性环节在正弦信号作用下的输出用一次谐波（基波）分量来近似，从而得到非线性环节的近似等效频率特性。描述函数法虽然只是一种近似方法，但它把非线性系统的分析纳入经典频域法的框架中，具有重要的工程实用价值。绝大多数机电系统都具有低通滤波特性，高次谐波的影响是比较弱的，因此这种近似方法在工程上一般具有较好的可信度。

描述函数（Describing Function）的定义：在正弦输入信号的作用下，非线性环节的稳态输出中一次谐波分量和输入信号的复数比，即

$$N(A)=\frac{Y_1}{A}e^{j\varphi_1}=\frac{B_1+jA_1}{A}$$

式中 A ——正弦输入信号的振幅；

Y_1——输出一次谐波分量的振幅；

φ_1——输出一次谐波分量的相位。

由上述定义可知，描述函数可看作非线性环节的等效增益。

描述函数的获取有以下 3 种方法：

1）解析计算法。适用于非线性环节特性可显式表达，且便于积分的场合，如饱和、死区、间隙等。

2）数值积分法。当非线性环节特性由图表形式给出时可采用该方法。得到的是复平面频率特性曲线。

3）实验测量法。适合复杂非线性和动态非线性环节使用。要求非线性环节可孤立出来并能用正弦信号激励。获取其特性时既要改变频率，又要改变幅值。由实验结果绘制复平面频率特性曲线。

PRM 中的施密特触发器是一个带有死区及滞环的继电环节（幅值取为 1），其描述函数表达式可计算得到

$$N(A)=\frac{2}{\pi A}\left[\sqrt{1-\left(\frac{h_{off}}{A}\right)^2}+\sqrt{1-\left(\frac{h_{on}}{A}\right)^2}\right]-j\frac{2h_{on}}{\pi A^2}\left(1-\frac{h_{off}}{h_{on}}\right),\ A\geqslant h_{on}$$

描述函数法在非线性系统稳定性直观分析中具有重要价值。在描述函数法中，单轴系统控制框图可变换为图 4.3-12 所示的等效形式。图中，N 表示 PRM 的描述函数，G 表示除 PRM 以外的线性部分的传递函数。

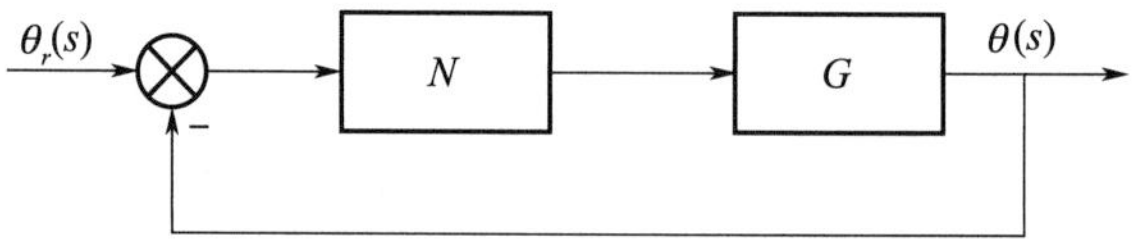

图 4.3-12 包含 PRM 描述函数的单轴控制系统框图

上述闭环系统的频率响应为

$$\frac{\theta(j\omega)}{\theta_r(j\omega)}=\frac{N(A)G(j\omega)}{1+N(A)G(j\omega)}$$

其特征方程为

$$1+N(A)G(j\omega)=0$$

即

$$G(j\omega) = -\frac{1}{N(A)} \triangleq -N^{-1}(A) \tag{4.3-23}$$

称 $-N^{-1}(A)$ 为非线性环节 PRM 的**负倒（负逆）描述函数**。当式（4.3-23）满足时，闭环系统将出现极限环，此时，相当于复平面上 $G(j\omega)$ 轨迹穿过临界点（$-1+j0$）。因此，如果 $G(j\omega)$ 轨迹曲线包围了 $-N^{-1}(A)$ 曲线，则闭环系统不稳定。

基于描述函数法的稳定性分析是线性系统频率响应分析法的推广，全部 $-N^{-1}(A)$ 都成为临界点。因此，稳定性分析的具体做法是，在开环对数幅相图（Nichols 图）上，分别画出 $-N^{-1}(A)$ 和 $G(j\omega)$ 的轨迹，利用 $-N^{-1}(A)$ 和 $G(j\omega)$ 之间的相对距离判断稳定性[1,8]。假设 $G(j\omega)$ 为最小相位系统，则稳定性判据为：如果 $-N^{-1}(A)$ 轨迹没有被 $G(j\omega)$ 包围，则系统是稳定的。当然，在工程应用中，还需留有足够裕度，使 $-N^{-1}(A)$ 轨迹和 $G(j\omega)$ 轨迹在相同频率处的相对位置具有足够距离。

由图 4.3-3 可以看出，由于一阶惯性环节的反馈作用，在正弦信号作用下，PRM 中施密特触发器的输入 ε 已不是正弦波形，因此难以求得负倒描述函数 $-N^{-1}(A)$ 的解析表达式，需要利用计算机仿真来绘制其对数幅相特性曲线。图 4.3-13 和图 4.3-14 给出了两组典型的 PRM 负倒描述函数 Nichols 曲线。绘制方法是，选择若干典型频率，从产生最小宽度单脉冲的正弦最小输入幅值开始逐渐增大，直到 PRM 输出双脉冲为止。

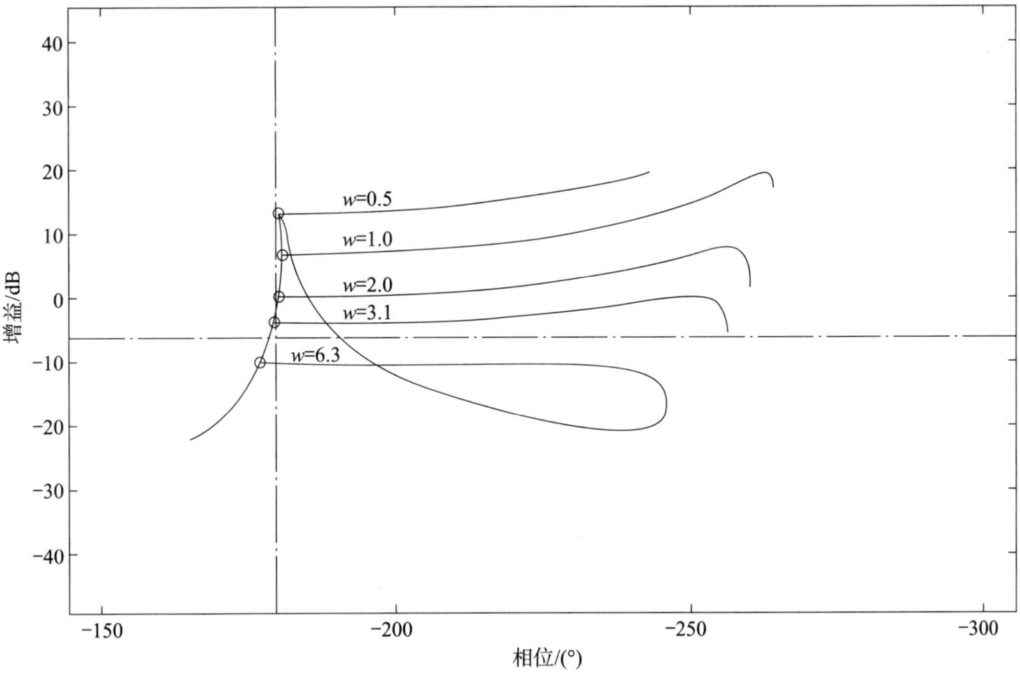

图 4.3-13　PRM 负倒描述函数 Nichols 图（一）

■**提示 1**：在多数教科书中，Nichols 图定义为绘制有等 M 线和等 N 线的开环对数幅相曲线图。

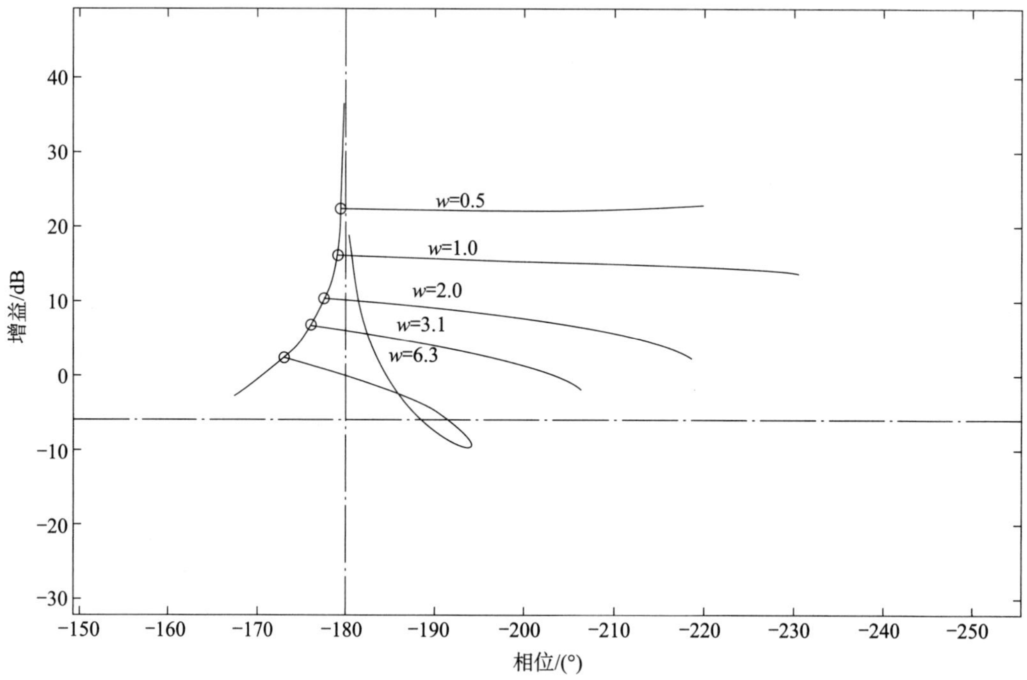

图 4.3-14 PRM 负倒描述函数 Nichols 图（二）

■**提示 2**：利用描述函数法，也可以对喷气控制器的稳态性能进行直接分析，并用于改进控制器设计[20]。

4.3.4.2 其他环节的传递函数

在稳定性分析中，除 PRM 以外的环节都可以用传递函数来建模。

(1) 动力学模型

本书第 3 章对卫星动力学模型进行了详细阐述。在稳定性分析中，对动力学微分方程进行相应的拉普拉斯变换即可。以刚体动力学为例，三轴姿态角的传递函数为

$$\begin{bmatrix}\phi\\ \theta\\ \psi\end{bmatrix}=\begin{bmatrix} J_x s^2+(J_y-J_z)\omega_0^2+h_b\omega_0 & -J_{xy}s^2+2J_{yz}\omega_0 s & \{-J_{xz}s^2+[(J_y-J_x-J_z)\omega_0+h_b]s-J_{xz}\omega_0^2\} \\ -J_{xy}s^2-2J_{yz}\omega_0 s+J_{xy}\omega_0^2 & J_y s^2 & -J_{yz}s^2+2J_{xy}\omega_0 s+J_{yz}\omega_0^2 \\ \{-J_{xz}s^2+[(J_x-J_y+J_z)\omega_0-h_b]s-J_{xz}\omega_0^2\} & -J_{yz}s^2-2J_{xy}\omega_0 s & J_z s^2+(J_y-J_x)\omega_0^2+h_b\omega_0 \end{bmatrix}^{-1}\begin{bmatrix}T_x\\ T_y\\ T_z\end{bmatrix}$$

对于挠性模态，根据截断准则及工程需要保留前若干阶模态，一般保留前 3～5 阶模态，特殊情况下需要保留更高阶模态。

(2) 敏感器和执行机构模型

需要考虑采样-保持环节以及时延环节的影响。采样-保持环节的频域表达式为 $(1-e^{-T_s s})/T_s s$。纯时延环节的频域表达式为 $e^{-\tau s}$。在 Nichols 图的绘制中，这些环节都是可以利用 $s=j\omega$ 直接计算的。

上述环节不具有线性传递函数形式。在线性系统中，为了便于统一分析，有时需要利用 Pade 近似技术将这些非线性环节近似转换为线性传递函数。以纯时延环节为例，基于典型 n 阶 Pade 近似的时延环节表达式为[19]

$$e^{-\tau s} \approx \frac{1-p_1\tau s+p_2(\tau s)^2-p_3(\tau s)^3+\cdots+(-1)^n p_n(\tau s)^n}{1+p_1\tau s+p_2(\tau s)^2+p_3(\tau s)^3+\cdots+p_n(\tau s)^n} \tag{4.3-24}$$

式中，$p_i(i=1,2,\cdots,n)$ 为多项式系数，表 4.3-3 给出了前 5 阶系数[21]。在绝大多数场合，取 4～5 阶可获得比较满意的逼近结果。

表 4.3-3　Pade 近似系数表（前 5 阶）

阶次 n	p_1	p_2	p_3	p_4	p_5
1	1/2	0	0	0	0
2	1/2	1/12	0	0	0
3	1/2	1/10	1/120	0	0
4	1/2	3/28	1/84	1/1 680	0
5	1/2	1/9	1/72	1/1 008	1/30 240

■**提示：** Pade 近似是一种基于有理函数的逼近方法，其突出优点是在极点附近可以获得很好的逼近效果。Pade 近似的相关理论及计算是比较复杂的；在控制工程应用中，通常直接引用一些成熟的结果。

（3）控制律模型

在姿轨控计算机上，控制律已是数字式环节。为了在频域中进行稳定性分析，需要利用 Z 变换与拉普拉斯变换之间的关系 $z=e^{sT_s}$，把数字控制器转换为 s 域传递函数形式。

4.3.4.3　基于 Nichols 图的稳定性分析

图 4.3-15 和图 4.3-16 给出了卫星轨道机动期间几组典型的 Nichols 曲线。图中，稳定裕度分为线性稳定裕度和非线性稳定裕度两类，且分别由增益裕度和相位裕度两部分组成，定义如下：

线性稳定裕度：线性部分轨线 $L(j\omega)$ 与（0 dB，$-180°$）点的距离裕度。

非线性稳定裕度：相同频率处 $L(j\omega)$ 和 $-N^{-1}(\omega, A_{\min})$［使得输出保持单脉冲的最小正弦输入（幅值 $A_{\min}$）对应的 PRM 负倒描述函数］之间的最小距离。

线性增益裕度又包含低频增益裕度（增益下限）和高频增益裕度（增益上限）。对于非线性裕度，为了简单起见，可以对增益裕度和相位裕度综合考虑，给出所谓的等效（增益）裕度。

在图 4.3-15 和图 4.3-16 中，可以看到有多个接近封闭的圆圈，称为谐振圈。谐振圈反映了挠性振动和液体晃动在基本频率附近的开环频率响应的剧烈变化。模态阻尼越小，对应的谐振圈越大，则控制律设计的自由度越小。

在工程上，需要确保在参数变化允差的最坏组合条件下，系统仍具备足够的稳定裕度。但是，系统的时域性能（如超调量、调节时间等）往往与稳定裕度相矛盾。例如，为了获得较大的增益裕量，需要减小控制器的增益，而这往往会导致系统超调量增加。因此，需要在稳定裕度和时域性能之间进行折中考虑。工程上常用的做法是，确保系统增益裕度不小于 6dB，相位裕度不小于 15°。

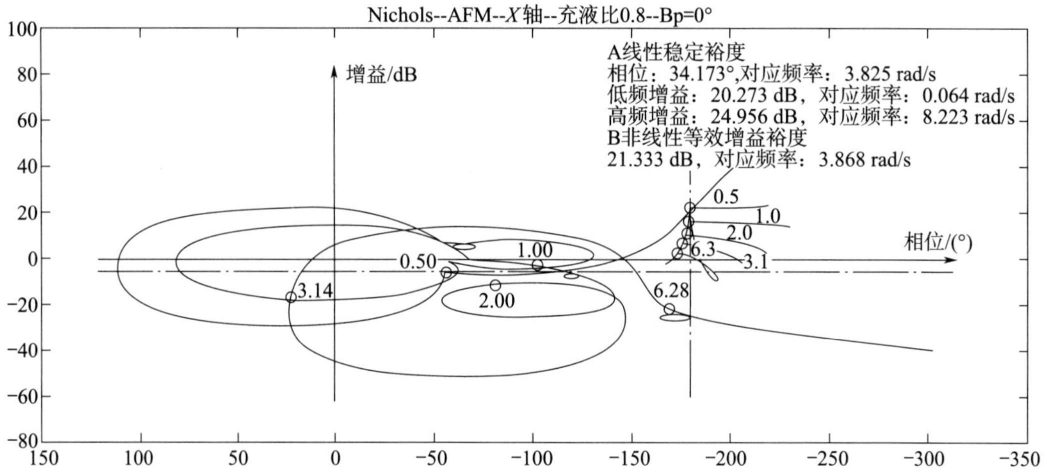

图 4.3-15　典型的 Nichols 曲线（远地点变轨模式）

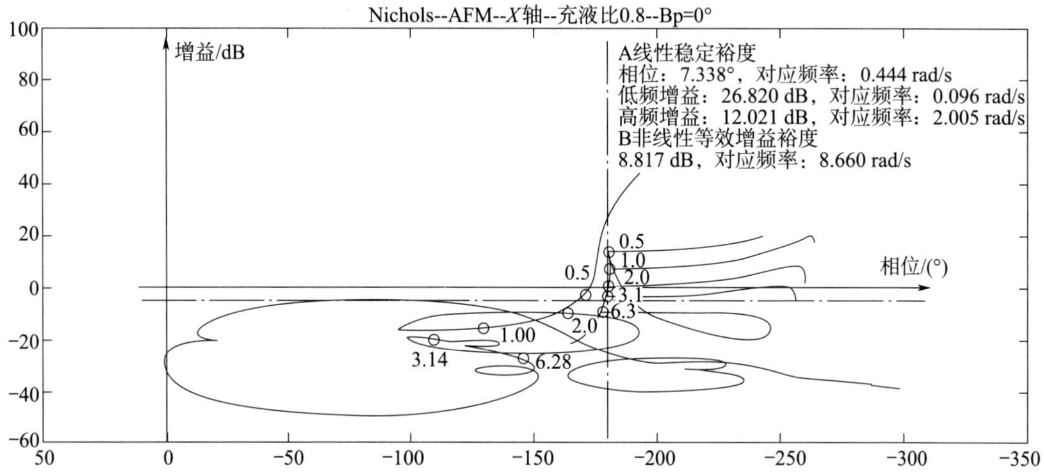

图 4.3-16　典型的 Nichols 曲线（位置保持模式）

4.3.5　数值仿真

在稳定性分析的基础上，需要开展详细的时域数学仿真。重点考察各种工况条件下，各轴的超调量、稳态精度、推力器喷气消耗量等指标是否满足设计要求。为了确保仿真的可信度，用于数学仿真的模型应尽可能精确和完备，不能轻易忽略各种非线性、时延、噪声、扰动、参数变化等因素的影响。在评估控制系统性能指标时，应综合考虑，不要片面追求单个指标的最优。

下面给出一组基于经典控制方法的远地点变轨姿态控制和位保机动姿态控制典型仿真结果。

4.3.5.1　远地点变轨期间的姿态控制

以假想的大型静止轨道通信卫星为例，在远地点变轨期间，被控对象的主要动力学参数为

干星转动惯量：$\boldsymbol{J}_d=\begin{bmatrix} 8\,000 & 20 & 200 \\ 20 & 4\,000 & -400 \\ 200 & -400 & 7\,000 \end{bmatrix}$ $\mathrm{kg \cdot m^2}$；干星质量 $m_d=2\,100$ kg。

两侧的太阳帆板各展开一块，前 3 阶模态频率：[0.3,0.8,2.1]Hz。

在变轨过程中，应考虑以下几种干扰力矩：1）远地点发动机点火产生的干扰力矩，三轴分别为 [4.5，4.5，0.1] N·m；2）太阳光压力矩，缓慢变化，最大值约为 1×10^{-4} N·m；3）其他干扰力矩，假设为零均值、均方差 2×10^{-4} N·m 的白噪声。

其他参数设置情况如下，采样周期 0.064 s；三轴角速度由速率陀螺测量，各轴等效测量误差：残余常值漂移 0.1（°）/h、噪声均方差 0.1（°）/h；三轴姿态角由星敏感器测量，各轴等效测量误差：均值 0.02°、均方差 0.005°；敏感器测量均考虑时延。

仿真初始条件如下：

三轴初始姿态：[0.1°；0.1°；0.15°]；

三轴初始角速度：[0.05（°）/s；−0.05（°）/s；0.08（°）/s]；

推进剂充液比：0.80。

从 100 s 开始远地点发动机点火，持续 450 s 后停止点火。

图 4.3－17～图 4.3－19 为远地点变轨期间的一组典型仿真曲线。

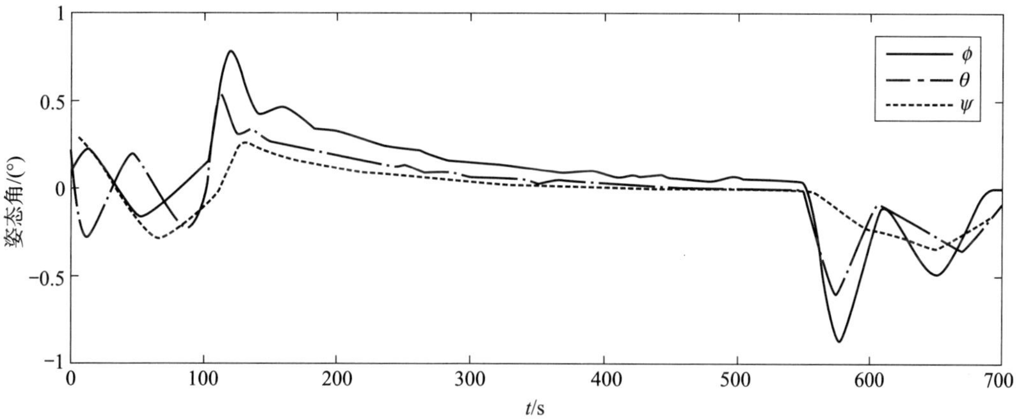

图 4.3－17　典型仿真曲线（远地点变轨模式，姿态角）

4.3.5.2　位置保持机动期间的姿态控制

在位置保持机动期间，假想被控对象的主要动力学参数为

干星转动惯量：$\boldsymbol{J}_d=\begin{bmatrix} 17\,000 & 100 & 1\,000 \\ 100 & 20\,000 & -80 \\ 1\,000 & -80 & 23\,000 \end{bmatrix}$ $\mathrm{kg \cdot m^2}$；干星质量 $m_d=2\,100$ kg。

太阳帆板前 5 阶模态频率 $\boldsymbol{\Lambda}_1=\boldsymbol{\Lambda}_2=\mathrm{diag}\{0.17,\ 0.4,\ 1.1,\ 1.2,\ 3.2\}$ Hz。

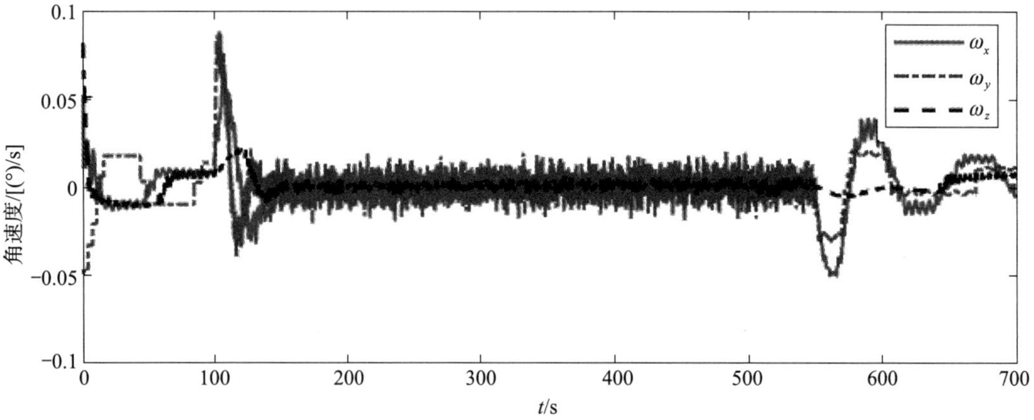

图 4.3-18　典型仿真曲线（远地点变轨模式，角速度，见彩插）

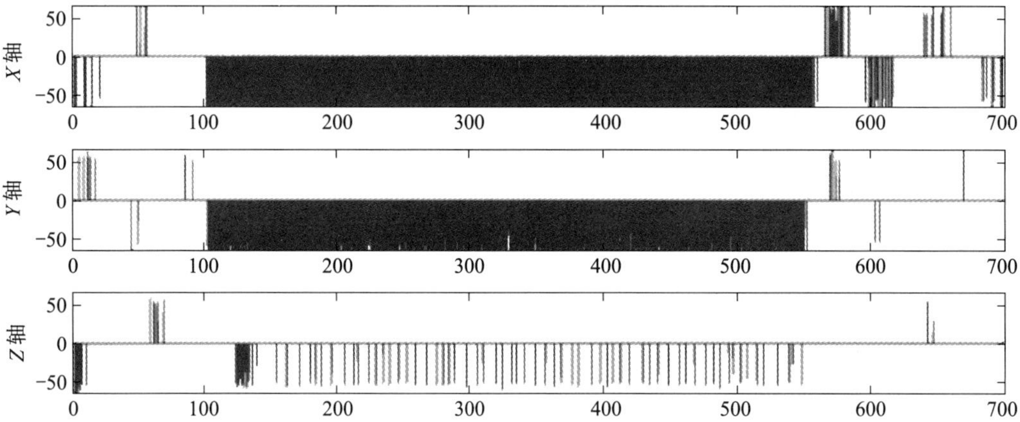

图 4.3-19　典型仿真曲线（远地点变轨模式，喷气脉冲）

通信天线前 5 阶模态频率 $\boldsymbol{\Lambda}_3 = \mathrm{diag}\{0.15,\ 0.18,\ 0.35,\ 0.7,\ 1.1\}$ Hz。

假设推力器轨控点火期间，因推力器布局原因，在滚动轴和偏航轴上产生近似常值的干扰力矩，其最大值约为 2.5 N·m。

敏感器参数设置如下，三轴角速度由速率陀螺测量，各轴等效测量误差：残余常值漂移 0.1（°）/h、噪声均方差 0.1（°）/h；三轴姿态角由星敏感器测量，各轴等效测量误差：均值 0.02°、均方差 0.005°；敏感器测量均考虑时延。

仿真初始条件如下：

三轴初始姿态：[0.08°；−0.08°；0.1°]；

三轴初始角速度：[0.01（°）/s；−0.01（°）/s；0.02（°）/s]；

推进剂充液比：0.18。从 100 s 开始进行位保点火。

仿真结果如图 4.3-20～图 4.3-23 所示。由仿真曲线可知，控制效果满足设计预期。在整个仿真历程中，X 轴累积喷气时间为 93.1 s，Y 轴累积喷气时间为 3.4 s，Z 轴累积喷气时间为 82.3 s。由姿态曲线可以看到，位保点火开始后，由于有较大的常值干扰力矩存在，姿态误差缓慢收敛。

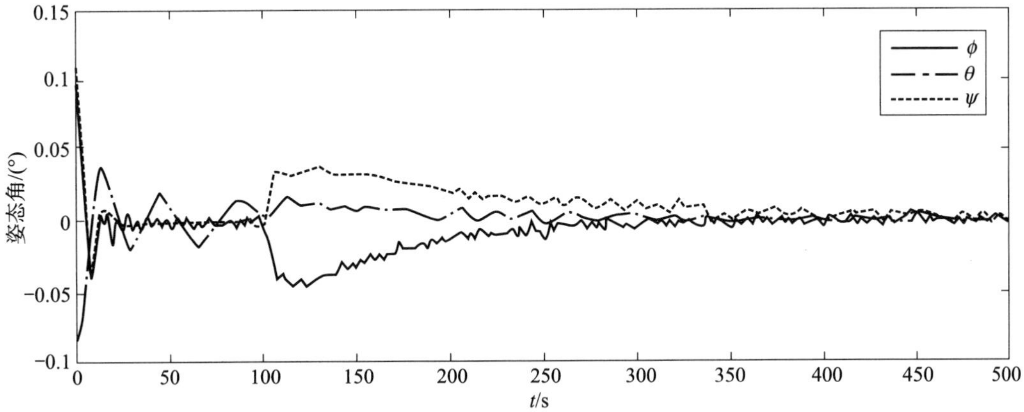

图 4.3-20　典型仿真曲线（位置保持模式，姿态角）

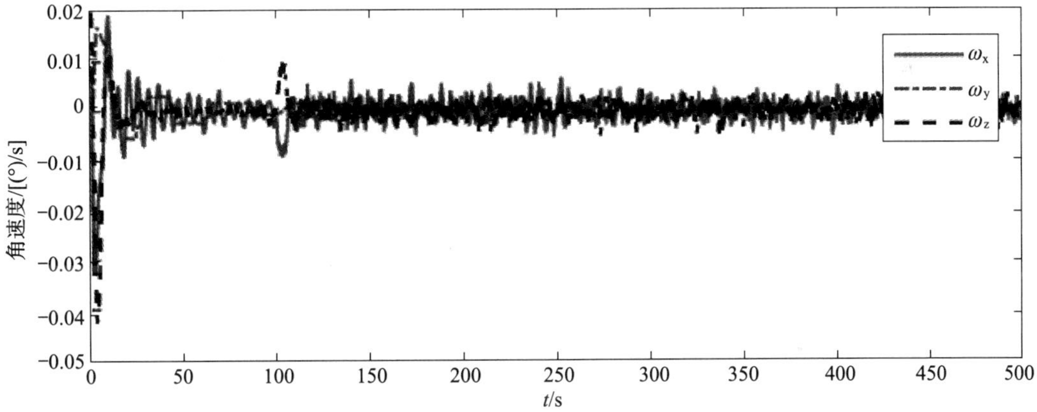

图 4.3-21　典型仿真曲线（位置保持模式，角速度，见彩插）

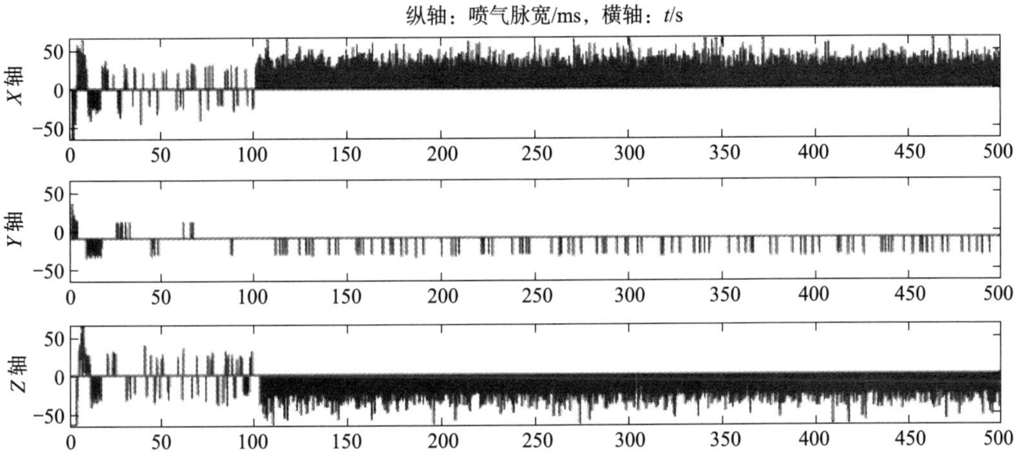

图 4.3-22　典型仿真曲线（位置保持模式，喷气脉冲）

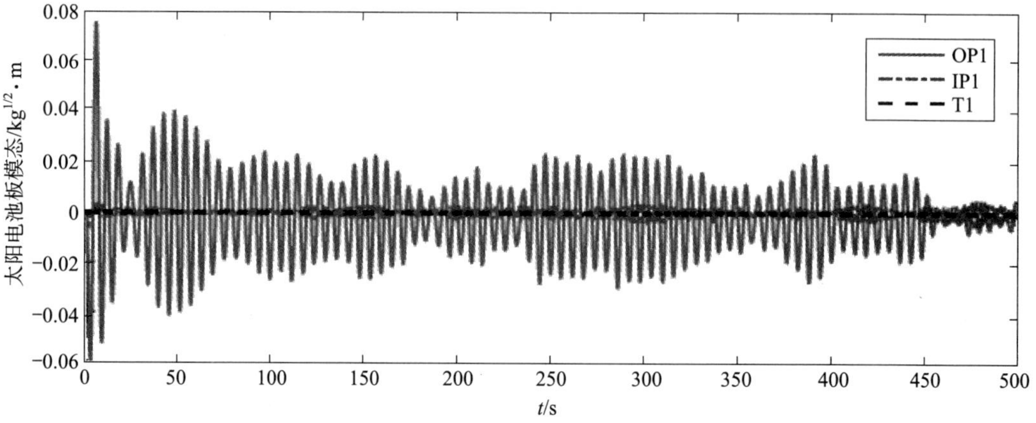

图 4.3-23　典型仿真曲线（位置保持模式，前 3 阶挠性模态，见彩插）

4.4　基于自适应模糊系统的喷气控制

4.4.1　方法概述

在本章上一节，介绍了基于经典控制方法的三轴喷气控制设计。随着静止轨道卫星复杂程度的增加以及控制要求的提高，传统经典控制方法的局限性逐渐凸显：设计过程过多依赖于设计师的经验，控制律参数需要反复迭代调试，控制律对变结构、变参数、非线性等特性的适应能力不足等。如本章 4.1 节所指出的，静止轨道卫星在轨道转移与机动时的动力学特性是非常复杂的。从控制角度看，这种**动力学特性的复杂性**主要体现在：1）液体推进剂的晃动带来相应的干扰力矩；2）太阳帆板的挠性振动对卫星本体姿态产生干扰；3）继电器型的喷气执行机构以及具有饱和特性的敏感器带来了较强的非线性；4）推进剂的不断消耗导致系统动力学特性随时间变化；5）在工程上液体晃动模型和挠性振动模型通过有限元和地面实验建立，存在参数和结构的不确定性；6）3 个姿态控制通道之间存在动力学耦合[27,28]。因此，轨道转移与机动期间的静止轨道卫星是带有液体晃动和帆板挠性振动，具有不确定性、时变的、非线性的高阶复杂对象，给控制系统的设计带来了较大难度。

30 多年来，针对不确定性、时变的、非线性的高阶复杂对象，各类新型控制理论及方法不断涌现，在特定领域、特定目标的控制中展示了各自的控制效果。从工程实用性的角度看，鲁棒自适应控制、滑模变结构控制、自适应模糊控制等在静止轨道卫星喷气姿态控制中的应用效果与推广价值是比较突出的[28-33]。在本章中，将针对静止轨道卫星喷气姿态控制问题，分别阐述以下几种控制方法的设计与应用：基于自适应模糊系统的控制方法、基于自抗扰原理的控制方法、基于滑模变结构原理的控制方法、基于特征模型的控制方法。

基于模糊逻辑系统（Fuzzy Logic System，FLS）的控制器设计方法在处理非线性、模型不确知问题中效果显著。**模糊逻辑系统**（通常简称**模糊系统**）的突出优点是：对于非线性系统具有良好的逼近性能，并可有效地利用专家提供的语言模糊信息[22,23]。常用的模糊系统有两种：TSK（Takagi－Sugeno－Kang，部分文献简称 T－S）型模糊系统、具有模糊产生器和模糊消除器的模糊系统。这两种模糊系统的基本框图如图 4.4－1 和图 4.4－2 所示。TSK 模糊系统的优点是给出了解析形式的输出方程，便于利用辨识和估计理论确定出系统的参数和阶数；缺点是：1）规则的结论部分是一个数学公式，难以提供一个自然的体系来表达专家知识；2）模糊逻辑的各种原则在这种体系架构中的应用自由度很有限，制约了系统应用的广度和灵活性[22]。具有模糊产生器和消除器的模糊系统克服了 TSK 型模糊系统的这两个缺点，更好地体现了模糊系统的独特优势，因此应用更为广泛，更具实用性。本书所采用的模糊系统正是具有模糊产生器和消除器的模糊系统。

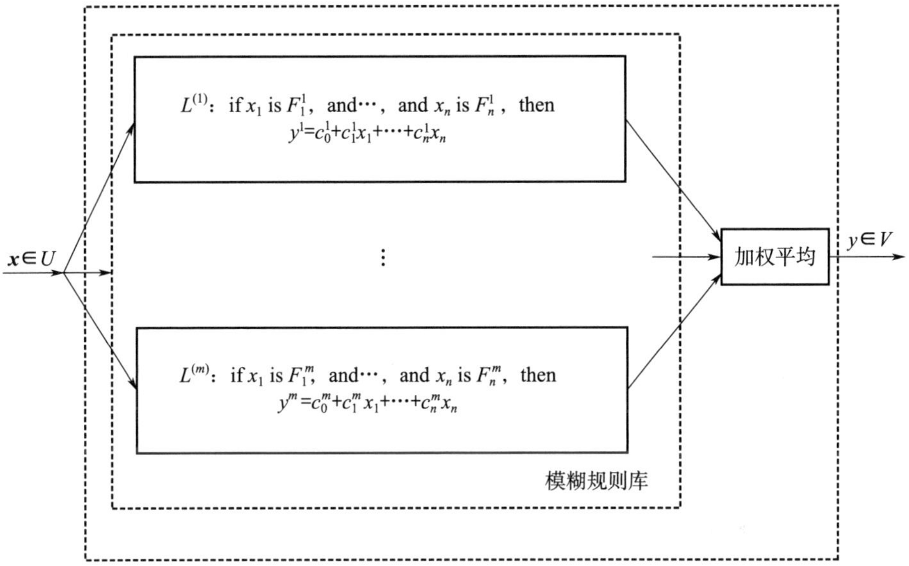

图 4.4－1　TSK 型模糊系统结构框图

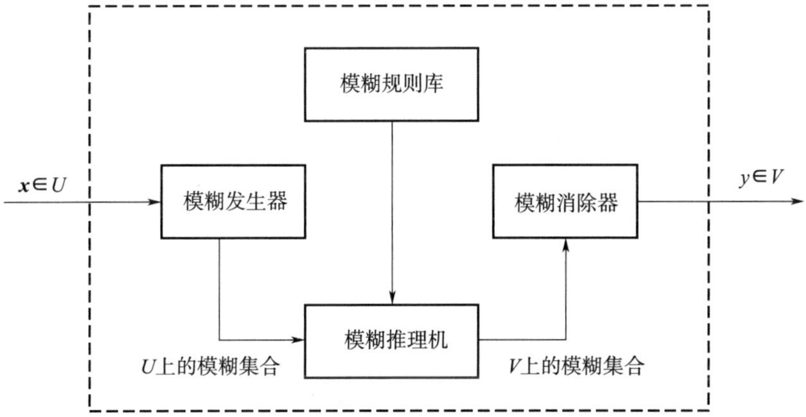

图 4.4－2　具有模糊发生器和模糊消除器的模糊系统结构框图

自20世纪80年代以来，模糊控制在工业及家电领域获得了广泛应用。自20世纪90年代以来，模糊控制的一个重要分支——**自适应模糊控制**（Adaptive Fuzzy Control，AFC）方面的研究取得了长足进展。并且，研究对象从**单输入/单输出（SISO）系统**扩展到了**多输入/多输出（MIMO）系统**[26,33]。

自适应模糊系统（Adaptive Fuzzy System，AFS）的定义是指具有学习算法的模糊系统[22,23]。这里的模糊系统是由服从模糊逻辑规则的一系列“if - then”规则所构造的；而学习算法依靠数据信息来对模糊系统的参数进行调整。在自适应模糊系统基础上构建的控制律就是自适应模糊控制律。

在传统自适应控制领域，自适应控制律分为直接型和间接型两类。与此对应，自适应模糊控制律也分为直接型和间接型两类。在**直接型自适应模糊控制律**中，模糊系统是直接用作控制器的，其模糊规则是用来描述控制律特性的。在**间接型自适应模糊控制律**中，模糊系统用于为被控对象建模，其模糊规则是用来描述被控对象特性的[22]。本章将分别阐述这两种自适应模糊控制律的设计与应用情况。

■**提示：** 自适应模糊控制也是一种广义上的自适应控制。自适应控制的本质特点是“以变应变”（边建模、边控制），因此初始模型的准确度对于自适应控制而言是很重要的。与常规自适应控制相比，自适应模糊控制的一个突出优点就是可以有效利用直观信息，因而初始参数的选取更容易、更准确。

4.4.2 问题描述

在3.6节，我们给出了静止轨道挠性充液卫星的完整动力学模型，见式（3.6 - 18a）～式（3.6 - 18d）。将式（3.6 - 18c）和式（3.6 - 18d）代入式（3.6 - 18a）和式（3.6 - 18b）中，以消去变量 $\ddot{w}_j$ 和 $\ddot{\boldsymbol{p}}_i$，得到含变量 $\boldsymbol{a}$，$\dot{\boldsymbol{\omega}}$，$\boldsymbol{\omega}$，$\dot{\boldsymbol{w}}_j$，$\boldsymbol{w}_j$，$\dot{\boldsymbol{p}}_i$ 和 $\boldsymbol{p}_i$ 的两组方程，再消去变量 $\boldsymbol{a}$ 可得以下形式的表达式

$$\dot{\boldsymbol{\omega}} = \boldsymbol{H}(\boldsymbol{\omega}, \boldsymbol{w}_j, \dot{\boldsymbol{w}}_j, \boldsymbol{p}_i, \dot{\boldsymbol{p}}_i, t) + \boldsymbol{J}_s^{-1}(t)\boldsymbol{T}_c \tag{4.4-1}$$

式中 $\boldsymbol{H}(\cdot)$ ——时变非线性函数向量，由于其表达式复杂而烦琐，此处从略；

$\boldsymbol{J}_s$ ——整星转动惯量阵；

$\boldsymbol{T}_c$ ——控制力矩向量。

如前所述，在挠性充液卫星的轨道机动中，其姿态控制系统中包含了强非线性环节PRM。由于该环节的存在，系统的控制输入属于非线性输入。这种非线性输入的引入大大增加了控制系统分析和设计的难度[25]。目前针对死区、饱和等典型非线性输入的控制问题已取得了不少成果[31-35]，但尚未见到针对PRM这种复杂非线性输入环节的现代控制算法的研究工作。下面介绍我们针对该问题的解决思路：

首先，将式（4.4 - 1）的方程进一步变换为以下形式

$$\dot{\boldsymbol{\omega}} = \boldsymbol{H}(\boldsymbol{\omega}, \boldsymbol{w}_j, \dot{\boldsymbol{w}}_j, \boldsymbol{p}, \dot{\boldsymbol{p}}, t) + \boldsymbol{J}_s^{-1}(t)\boldsymbol{N}(\boldsymbol{U}_{\mathrm{prm}}) \tag{4.4-2}$$

式中 $\boldsymbol{N}(\cdot)$ ——包括PRM和推力器组合逻辑在内的非线性环节；

$\boldsymbol{U}_{\mathrm{prm}}$ ——控制律给出的控制输入量。

定义欧拉姿态角 $\boldsymbol{\Phi}=[\varphi \quad \theta \quad \psi]^{\mathrm{T}}$。考虑轨道角速度影响的运动学关系为

$$\boldsymbol{\omega}=\boldsymbol{C}_1(\boldsymbol{\Phi})\dot{\boldsymbol{\Phi}}+\boldsymbol{C}_2(\boldsymbol{\Phi})\omega_0 \tag{4.4-3}$$

式中 $\boldsymbol{C}_1$，$\boldsymbol{C}_2$——方向余弦阵；

ω_0——轨道角速度。

将式（4.4-3）代入式（4.4-2），并记 $\boldsymbol{X}=\boldsymbol{\Phi}$，可获得以下状态方程

$$\ddot{\boldsymbol{X}}=\boldsymbol{F}(\boldsymbol{X},\dot{\boldsymbol{X}},t)+\boldsymbol{B}(\boldsymbol{X},t)\boldsymbol{N}(\boldsymbol{U}_{\mathrm{prm}})+\boldsymbol{D}(t) \tag{4.4-4}$$

式中 $\boldsymbol{F}(\boldsymbol{X},\dot{\boldsymbol{X}},t)=\left[a_x(\boldsymbol{X},\dot{\boldsymbol{X}},t) \quad a_y(\boldsymbol{X},\dot{\boldsymbol{X}},t) \quad a_z(\boldsymbol{X},\dot{\boldsymbol{X}},t)\right]^{\mathrm{T}}$——时变非线性函数向量；

$\boldsymbol{B}(\boldsymbol{X},t)=\boldsymbol{C}_1^{-1}(\boldsymbol{X})\boldsymbol{J}_s^{-1}(t)$——时变控制增益阵；

$\boldsymbol{D}(t)\in\mathbb{R}^3$——外部干扰向量。

注意，这里 $\dot{\boldsymbol{X}}=\dot{\boldsymbol{\Phi}}\neq\boldsymbol{\omega}$。在实际工程中，陀螺测量的是角速度矢量 $\boldsymbol{\omega}$，利用式（4.4-3）所示的运动学关系即可得到 $\dot{\boldsymbol{X}}$。因此，可以简单认为 $\boldsymbol{X}$（输出）和 $\dot{\boldsymbol{X}}$（输出的一阶导数）都是可测的。

根据卫星姿态运动的特点，在小角度控制要求下，滚动、俯仰、偏航 3 个通道通常可以分别测量和控制，$\boldsymbol{C}_1$ 近似为单位矩阵，$\boldsymbol{J}_s$ 近似为常值对角阵，子系统的耦合影响可以作为干扰处理，则式（4.4-4）所示的多输入/多输出系统可以看作由 3 个解耦子系统组成，每个子系统为二阶非线性系统，表达式如下

$$\begin{cases}\ddot{x}_m=f_m(\boldsymbol{x}_m)+b_m n(u_m)+d_m(t)\\ y_m=x_m\end{cases} \tag{4.4-5}$$

式中 $m=X,Y,Z$——控制通道；

$\boldsymbol{x}_m=[x_m \quad \dot{x}_m]^{\mathrm{T}}$；

f_m，d_m——复杂非线性函数，从物理意义上看，f_m 的主体部分为 T_{dm}/J_{sm}（T_{dm} 和 J_{sm} 分别为 m 通道上的确定性干扰力矩和惯转动量），还包括高阶非线性项以及其他通道的耦合干扰等；

d_m——作用于星体姿态的随机外部扰动。

由于卫星在轨道转移期间动力学参数不断变化且难以精确测量，f_m 和 d_m 实际上都是不确知的。由于 3 个通道的控制器设计思路相同，为了方便起见，在下文中省去下标 m，获得以下表达式

$$\begin{cases}\dot{x}_1=x_2\\ \dot{x}_2=f(\boldsymbol{x})+bn(u)+d(t)\\ y=x_1\end{cases} \tag{4.4-6}$$

注意式（4.4-6）中，x_1 代表姿态角（欧拉角），x_2 代表姿态角变化率而非角速度。

主要考虑轨道转移及位置保持期间的姿态稳定控制问题。控制目标是针对 $f(\boldsymbol{x})$ 和 $d(t)$ 未知的情形［对于实际系统而言，$f(\boldsymbol{x})$ 和 $d(t)$ 显然都是有界的］，设计相应的控制

律使得：闭环系统稳定，调节误差 $\boldsymbol{e}=\boldsymbol{0}-\boldsymbol{x}=[e\quad \dot{e}]^{\mathrm{T}}$ 进入指定范围内。此外，就实际的控制系统而言，还有许多具体因素需要考虑，例如敏感器的动态特性和测量噪声等。还需要再次强调，$\dot{e}$ 不能直接由陀螺的测量角速度获取，而需要利用式（4.4-3）进行转换。

在 4.3 节中，对 PRM 进行了详细阐述，给出了其平均输出 p_{av} 的表达式［式（4.3-16）］。在计算机上离散实现时，可进一步将 PRM 表示为

$$n(u_k)=\frac{1}{K_m}u_k+g_p(u_{k-1},n(u_{k-1})) \tag{4.4-7}$$

式中，$g_p(\cdot)$ 是难以用具体解析式描述的非线性函数，其值使得 $n(u_k)$ 为 1 或 −1 或 0。考虑到控制量 u 是状态量 $\boldsymbol{x}$（包括输出量）的函数，为了便于理论分析，式（4.4-7）可进一步表示为

$$n(u)=\frac{1}{K_m}u+g_p(\boldsymbol{x}) \tag{4.4-8}$$

虽然，$g_p(\cdot)$ 很难用具体解析式表达，然而利用控制器中包含的模糊系统却可以对其动态逼近，这正是本节控制方法的核心思想之一。

在控制律的设计中应对控制量 u 限幅，即 $|u|\leqslant u_{max}$，因此，$g_p(\boldsymbol{x})$ 是有界的（记其界为 M_p），即满足 $|g_p|\leqslant M_p$。

4.4.3 基于直接型自适应模糊系统的喷气控制

4.4.3.1 控制律设计

本小节阐述用于卫星喷气姿态控制的直接型自适应模糊控制律设计及分析。图 4.4-3 所示为直接型自适应模糊控制系统原理框图（单轴）。图中，虚线框所示部分为 PRM，控制律给出的控制量 u 经过该环节后被调制成不同脉宽和频率的脉冲序列信号 $n(u)$，并驱动相应的推力器给出最终的控制力矩 T_c；参数自适应律根据误差反馈对控制律中的模糊系统的参数进行自动调整。显然，在闭环系统中，模糊系统被用来直接构造控制律。

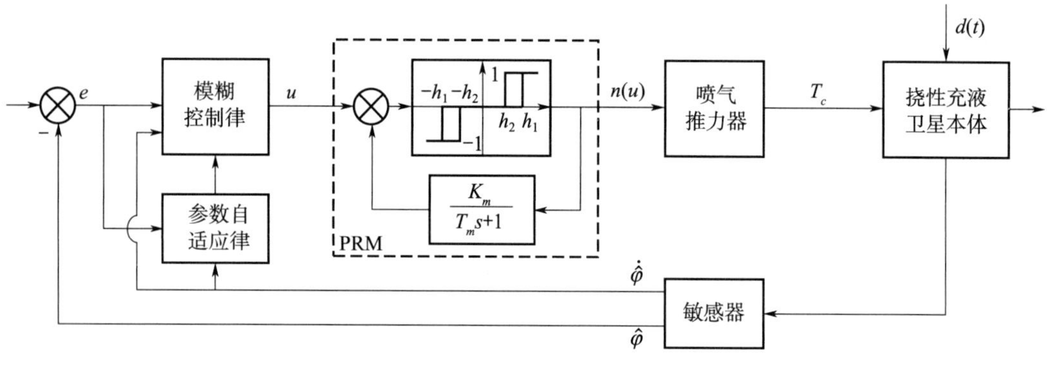

图 4.4-3　直接型自适应模糊控制系统原理框图

控制律表达式为

$$u=u_0+u_s \tag{4.4-9a}$$

$$u_0 = \boldsymbol{\theta}^{\mathrm{T}} \boldsymbol{\xi}(\boldsymbol{e}) \tag{4.4-9b}$$

$$u_s = a_s \mathrm{sat}(\boldsymbol{e}^{\mathrm{T}} \boldsymbol{R} \boldsymbol{h}) \tag{4.4-9c}$$

式中　u_0 项——基本控制律，由模糊系统实现；

　　u_s 项——稳定和补偿控制律，主要作用是保证大误差情况下的稳定性并对调节误差做进一步补偿。

饱和函数 sat(•) 定义为

$$\mathrm{sat}(x) \triangleq \begin{cases} \mathrm{sgn}(x), & |x| \geqslant \delta_s \\ x/\delta_s, & |x| < \delta_s \end{cases}$$

控制器中的参数说明如下：$\boldsymbol{\theta}^{\mathrm{T}}\boldsymbol{\xi}(\boldsymbol{e})$ 为自适应模糊系统，其中 $\boldsymbol{\theta} = [\theta_1 \quad \theta_2 \quad \cdots \quad \theta_N]^{\mathrm{T}}$ 为可调参数向量；$\boldsymbol{\xi} = [\xi_1 \quad \xi_2 \quad \cdots \quad \xi_N]^{\mathrm{T}}$ 为高斯型模糊基函数向量[22]，是误差向量 $\boldsymbol{e}$ 的函数；a_s 为取正值的设计系数；$\boldsymbol{h} = [0 \quad b]^{\mathrm{T}}$；$\boldsymbol{R}$ 为满足以下 Lyapunov 方程的 2×2 阶对称正定矩阵（$\boldsymbol{Q}$ 为任意选定的 2×2 阶正定矩阵）

$$\boldsymbol{A}^{\mathrm{T}} \boldsymbol{R} + \boldsymbol{R} \boldsymbol{A} = -\boldsymbol{Q} \tag{4.4-10}$$

式中

$$\boldsymbol{A} = \begin{bmatrix} 0 & 1 \\ -k_2 & -k_1 \end{bmatrix}$$

而 $\boldsymbol{k} = [k_2 \quad k_1]^{\mathrm{T}}$ 为给定的向量，其取值使得 $r(s) = s^2 + k_1 s + k_2$ 为赫尔维茨稳定多项式。

显然，如果主动力学 $f(\boldsymbol{x})$ 已知，则存在以下理想控制律使得

$$n(u_0^*) = \frac{1}{b}(-f(\boldsymbol{x}) + \boldsymbol{k}^{\mathrm{T}} \boldsymbol{e})$$

将式（4.4－9）代入式（4.4－6）并整理可得

$$\begin{cases} \dot{x}_1 = x_2 \\ \dot{x}_2 = \boldsymbol{k}^{\mathrm{T}} \boldsymbol{e} + bw + d(\boldsymbol{x}, t) + bn(u_s) \\ y = x_1 \end{cases} \tag{4.4-11}$$

式中，$w = n(u_0) - n(u_0^*) = n(\boldsymbol{\theta}^{\mathrm{T}} \boldsymbol{\xi}(\boldsymbol{e})) - n(u_0^*)$ 称为模糊系统的广义逼近误差。

下面基于稳定性的要求，考察自适应模糊系统 $\boldsymbol{\theta}^{\mathrm{T}}\boldsymbol{\xi}(\boldsymbol{e})$ 的设计。定义模糊系统中参数向量 $\boldsymbol{\theta}$ 的最优估计值为

$$\boldsymbol{\theta}^* \triangleq \arg \min_{\boldsymbol{\theta} \in \Omega} \left(\sup_{\boldsymbol{x} \in U_x} | u_0(\boldsymbol{x} \mid \boldsymbol{\theta}) - u_0^* | \right)$$

则模糊系统的最小广义逼近误差为

$$w^* = n(\boldsymbol{\theta}^{*\mathrm{T}} \boldsymbol{\xi}(\boldsymbol{e})) - n(u_0^*)$$

根据上述 $\boldsymbol{\theta}^*$ 和 w^* 的定义并结合式（4.4－7）所示的表达式，可将式（4.4－11）重新写成以下形式

$$\begin{cases} \dot{x}_1 = x_2 \\ \dot{x}_2 = \boldsymbol{k}^{\mathrm{T}} \boldsymbol{e} + bw^* - \dfrac{b}{K_m} \tilde{\boldsymbol{\theta}}^{\mathrm{T}} \boldsymbol{\xi} + \dfrac{b}{K_m} u_s + d + b\lambda_{cp} \end{cases} \tag{4.4-12}$$

式中，$\tilde{\boldsymbol{\theta}} \triangleq \boldsymbol{\theta}^* - \boldsymbol{\theta}$，$\lambda_{cp} \triangleq g_p(\boldsymbol{\theta}^{\mathrm{T}} \boldsymbol{\xi}) - g_p(\boldsymbol{\theta}^{*\mathrm{T}} \boldsymbol{\xi}) + g_p(u_s)$。

根据调节误差的定义不难由式（4.4-12）得到以下调节误差方程

$$\dot{\boldsymbol{e}}=\boldsymbol{A}\boldsymbol{e}+\frac{\boldsymbol{h}}{K_m}\tilde{\boldsymbol{\theta}}^{\mathrm{T}}\boldsymbol{\xi}-\frac{\boldsymbol{h}}{K_m}u_s-\boldsymbol{h}\varepsilon \tag{4.4-13}$$

式中，$\varepsilon\triangleq w^*+\dfrac{d}{b}+\lambda_{cp}$。

根据式（4.4-13）及稳定性要求设计以下形式的参数调节律

$$\dot{\boldsymbol{\theta}}=\begin{cases}\gamma\boldsymbol{e}^{\mathrm{T}}\boldsymbol{r}_2\boldsymbol{\xi}, & \text{if } \|\boldsymbol{\theta}\|<M_\theta \text{ or } (\|\boldsymbol{\theta}\|=M_\theta \text{ and } \boldsymbol{e}^{\mathrm{T}}\boldsymbol{r}_2\boldsymbol{\theta}^{\mathrm{T}}\boldsymbol{\xi}\leqslant 0)\\ \mathrm{P}(\gamma\boldsymbol{e}^{\mathrm{T}}\boldsymbol{r}_2\boldsymbol{\xi}), & \text{if } \|\boldsymbol{\theta}\|=M_\theta \text{ and } \boldsymbol{e}^{\mathrm{T}}\boldsymbol{r}_2\boldsymbol{\theta}^{\mathrm{T}}\boldsymbol{\xi}>0\end{cases} \tag{4.4-14}$$

式中 $\boldsymbol{r}_2$——矩阵 $\boldsymbol{R}$ 的第 2 列；

$\mathrm{P}(\cdot)$ ——投影算子[22]，表达式为

$$\mathrm{P}(\gamma\boldsymbol{e}^{\mathrm{T}}\boldsymbol{r}_2\boldsymbol{\xi})=\gamma\boldsymbol{e}^{\mathrm{T}}\boldsymbol{r}_2\boldsymbol{\xi}-\gamma\boldsymbol{e}^{\mathrm{T}}\boldsymbol{r}_2\frac{\boldsymbol{\theta}\boldsymbol{\theta}^{\mathrm{T}}\boldsymbol{\xi}}{\|\boldsymbol{\theta}\|^2}$$

■**提示：** 符号 $\|\cdot\|_p$ 表示向量、矩阵或时间函数的范数。省略右下角标时表示通常意义上的范数，即不限定具体形式的范数，多数情况下默认表示 L-2 范数；对于向量而言，默认表示欧氏范数（模）。也有文献用 $|\cdot|$ 表示向量的欧氏范数，由于容易与绝对值符号及集合基数符号混淆，不推荐这么用。

4.4.3.2 稳定性分析

闭环系统的稳定性归结为以下定理：

定理 4-1 对于式（4.4-6）所示的非线性系统，如果 $f(\boldsymbol{x})$ 和 $d(\boldsymbol{x},t)$ 有界，模糊系统的参数初值满足限定范围，采用式（4.4-9）所示的控制律以及式（4.4-14）所示的参数调节律，则有

1）模糊系统参数和系统状态有界，即 $\|\boldsymbol{\theta}\|\leqslant M_\theta$，$\|\boldsymbol{x}\|\leqslant M_x$；

2）$\lim\limits_{t\to\infty}\|\boldsymbol{e}(t)\|=0$。

证明：模糊系统参数的有界性由投影算法加以保证，其证明过程可参见文献［24］，不再赘述。下面证明其余结论。选取以下 Lyapunov 候选函数

$$V=\frac{1}{2}\boldsymbol{e}^{\mathrm{T}}\boldsymbol{R}\boldsymbol{e}+\frac{b}{2\gamma K_m}\tilde{\boldsymbol{\theta}}^{\mathrm{T}}\tilde{\boldsymbol{\theta}} \tag{4.4-15}$$

对式（4.4-15）进行时间求导并将式（4.4-13）代入得

$$\dot{V}=-\frac{1}{2}\boldsymbol{e}^{\mathrm{T}}\boldsymbol{Q}\boldsymbol{e}-\boldsymbol{e}^{\mathrm{T}}\boldsymbol{r}_2b\varepsilon-\frac{\boldsymbol{e}^{\mathrm{T}}\boldsymbol{r}_2b}{K_m}u_s+\frac{\boldsymbol{e}^{\mathrm{T}}\boldsymbol{r}_2b}{K_m}\tilde{\boldsymbol{\theta}}^{\mathrm{T}}\xi+\frac{b}{\gamma K_m}\tilde{\boldsymbol{\theta}}^{\mathrm{T}}\dot{\tilde{\boldsymbol{\theta}}} \tag{4.4-16}$$

将式（4.4-14）及 u_s 的表达式代入式（4.4-16）得

$$\dot{V}=-\frac{1}{2}\boldsymbol{e}^{\mathrm{T}}\boldsymbol{Q}\boldsymbol{e}-\boldsymbol{e}^{\mathrm{T}}\boldsymbol{r}_2b\varepsilon-\frac{\boldsymbol{e}^{\mathrm{T}}\boldsymbol{r}_2b}{K_m}a_s\mathrm{sat}(\boldsymbol{e}^{\mathrm{T}}\boldsymbol{r}_2b)+L_1\boldsymbol{e}^{\mathrm{T}}\boldsymbol{r}_2b\frac{\tilde{\boldsymbol{\theta}}^{\mathrm{T}}\boldsymbol{\theta}\boldsymbol{\theta}^{\mathrm{T}}\boldsymbol{\xi}}{K_m\|\boldsymbol{\theta}\|^2}$$

式中，若式（4.4-14）的第一式成立，有 $L_1=0$；若式（4.4-14）的第二式成立，有 $L_1=1$。

根据参数调节律的特点和投影算法的性质[22]，可知上式中最后一项非正，因此有

$$\dot{V}\leqslant -\frac{1}{2}\boldsymbol{e}^{\mathrm{T}}\boldsymbol{Q}\boldsymbol{e}-\boldsymbol{e}^{\mathrm{T}}\boldsymbol{r}_2 b\varepsilon-\frac{\boldsymbol{e}^{\mathrm{T}}\boldsymbol{r}_2 b}{K_m}a_s\,\mathrm{sat}(\boldsymbol{e}^{\mathrm{T}}\boldsymbol{r}_2 b)$$

$$\leqslant -\frac{1}{2}\boldsymbol{e}^{\mathrm{T}}\boldsymbol{Q}\boldsymbol{e}+|\boldsymbol{e}^{\mathrm{T}}\boldsymbol{r}_2|b\left[|\varepsilon|_{\max}-\frac{a_s}{K_m}|\mathrm{sat}(\boldsymbol{e}^{\mathrm{T}}\boldsymbol{r}_2 b)|\right]$$

根据 ε 的定义及其组成部分的物理意义，$|\varepsilon|_{\max}$ 是存在的。根据饱和函数的定义，则

1）当 $|\boldsymbol{e}^{\mathrm{T}}\boldsymbol{r}_2 b|<\delta_s$ 时，有

$$\dot{V}\leqslant -\frac{1}{2}\boldsymbol{e}^{\mathrm{T}}\boldsymbol{Q}\boldsymbol{e}+|\boldsymbol{e}^{\mathrm{T}}\boldsymbol{r}_2|b\left[|\varepsilon|_{\max}-\frac{a_s}{K_m}\frac{|\boldsymbol{e}^{\mathrm{T}}\boldsymbol{r}_2 b|}{\delta_s}\right]$$

只要适当选择参数使之满足 $a_s>\dfrac{|\varepsilon|_{\max}K_m\delta_s}{|\boldsymbol{e}^{\mathrm{T}}\boldsymbol{r}_2 b|}$，才有

$$\dot{V}\leqslant -\frac{1}{2}\boldsymbol{e}^{\mathrm{T}}\boldsymbol{Q}\boldsymbol{e}\leqslant -\frac{1}{2}\lambda_{\min}(\boldsymbol{Q})\|\boldsymbol{e}\|^2\leqslant 0$$

2）当 $|\boldsymbol{e}^{\mathrm{T}}\boldsymbol{r}_2 b|\geqslant\delta_s$ 时，同理有

$$\dot{V}\leqslant -\frac{1}{2}\boldsymbol{e}^{\mathrm{T}}\boldsymbol{Q}\boldsymbol{e}+|\boldsymbol{e}^{\mathrm{T}}\boldsymbol{r}_2|b\left(|\varepsilon|_{\max}-\frac{a_s}{K_m}\right)$$

只要适当选择参数使之满足 $a_s>K_m|\varepsilon|_{\max}$，才有

$$\dot{V}\leqslant -\frac{1}{2}\boldsymbol{e}^{\mathrm{T}}\boldsymbol{Q}\boldsymbol{e}\leqslant -\frac{1}{2}\lambda_{\min}(\boldsymbol{Q})\|\boldsymbol{e}\|^2\leqslant 0$$

由 Lyapunov 稳定性定理可知，闭环系统是稳定的，且 $V\in L_\infty$，$\boldsymbol{e}\in L_\infty$，因而 $\boldsymbol{x}\in L_\infty$（即 $\|\boldsymbol{x}\|\leqslant M_x$），并且由式（4.4-13）可得 $\dot{\boldsymbol{e}}\in L_\infty$。进一步有

$$\frac{\mathrm{d}}{\mathrm{d}t}\boldsymbol{e}^{\mathrm{T}}\boldsymbol{e}=2\boldsymbol{e}^{\mathrm{T}}\dot{\boldsymbol{e}}\in L_\infty$$

因此，根据 Barbalat 引理，有 $\lim\limits_{t\to\infty}\|\boldsymbol{e}(t)\|=0$。

4.4.3.3　数学仿真

以一类带有两个串联推进剂贮箱、两翼挠性太阳帆板、一个挠性伞状天线的静止轨道卫星为假想对象，考察液体发动机远地点变轨时的姿态控制性能。仿真恶劣工况，假设太阳帆板和伞状天线皆已展开。

在数学仿真中，干星的惯量质量及帆板挠性模态频率等参数设置为

$$\boldsymbol{J}_d=\begin{bmatrix}7\,700 & 10 & 200\\ 10 & 4\,000 & -400\\ 200 & -400 & 7\,000\end{bmatrix}\mathrm{kg\cdot m^2},\ m_d=2\,100\ \mathrm{kg}$$

$$\boldsymbol{\Lambda}_1=\boldsymbol{\Lambda}_2=\mathrm{diag}\{0.18,0.4,1.1,1.3,3.4\}\ \mathrm{Hz}$$

$$\boldsymbol{\Lambda}_3=\mathrm{diag}\{1.1,1.8,2.5,2.6,2.8\}\ \mathrm{Hz}$$

在变轨过程中，考虑以下几种干扰力矩：1）远地点发动机点火产生的干扰力矩，三轴分别为［4.5，4.5，0.1］N·m；2）太阳光压力矩，缓慢变化，最大值约为 1×10^{-4} N·m；3）其他干扰力矩，假设为零均值、均方差 2×10^{-4} N·m 的白噪声。

其他仿真条件如下，角速度由速率陀螺测量，测量误差：残余常值漂移 0.15（°）/h、

噪声均方差 0.15 (°) /h；三轴姿态角由姿态敏感器组合定姿获得，各轴等效测量误差：均值 0.02°、均方差 0.01°；采样周期 0.06 s。初始条件为：姿态角速度分别为 $[5\times10^{-3}, -5\times10^{-3}, -8\times10^{-3}]$ (°) /s，姿态角分别为 [0.2，0.2，0.3]°；贮箱充液比 0.8，晃动位移 0.005 m。假设远地点发动机点火 10 min。

模糊系统的隶属度函数取为高斯型，每个变量的模糊规则数目为 5 条。在初始规则的设置中，利用了从已知动力学和控制特性中直观得到的语言模糊信息。系统主要参数为

$$\gamma=10,\ \boldsymbol{R}=\begin{bmatrix}0.118 & 0.500\\0.500 & 2.806\end{bmatrix},\ a_s=5,\ \delta_s=1\times10^{-5}$$

采用常规控制算法（由 PID 和系列滤波器组合而成）的仿真结果如图 4.4-4～图 4.4-6 所示，600 s 内三轴姿态控制累积喷气时间为 175.0 s、140.3 s、6.3 s。采用本文算法的仿真结果如图 4.4-7～图 4.4-9 所示，三轴姿态控制累积喷气时间为 178.1 s、139.1 s、6.3 s。

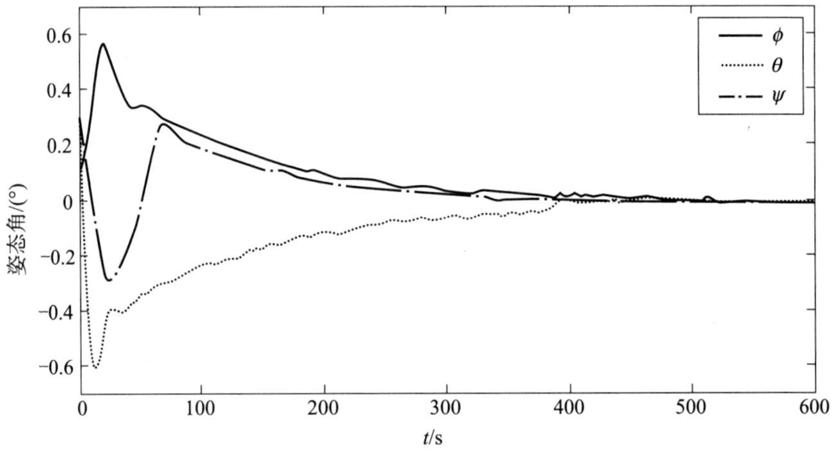

图 4.4-4　星体姿态角（常规控制）

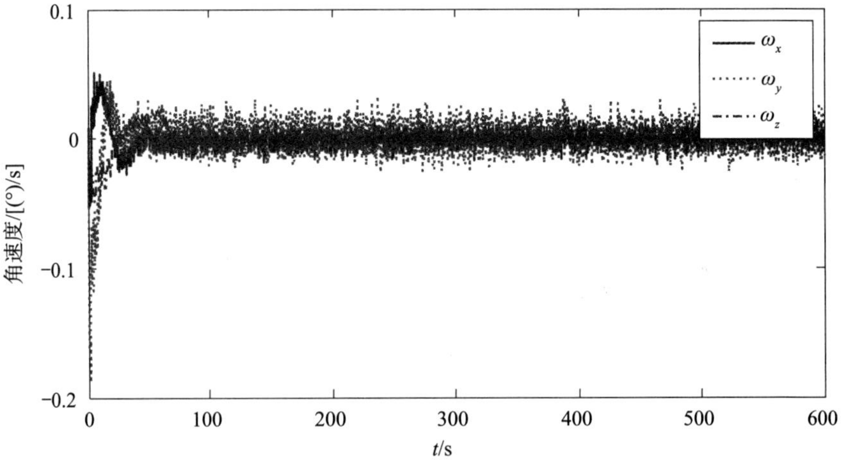

图 4.4-5　星体姿态角速度（常规控制，见彩插）

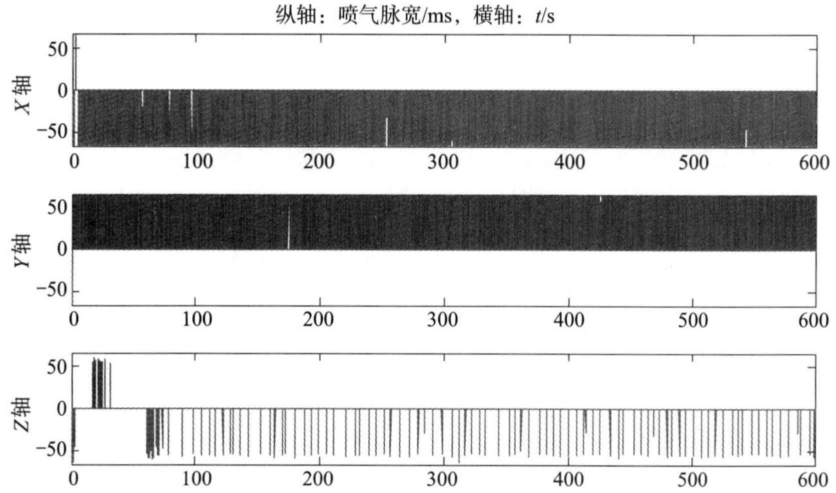

图 4.4-6　喷气脉冲（常规控制）

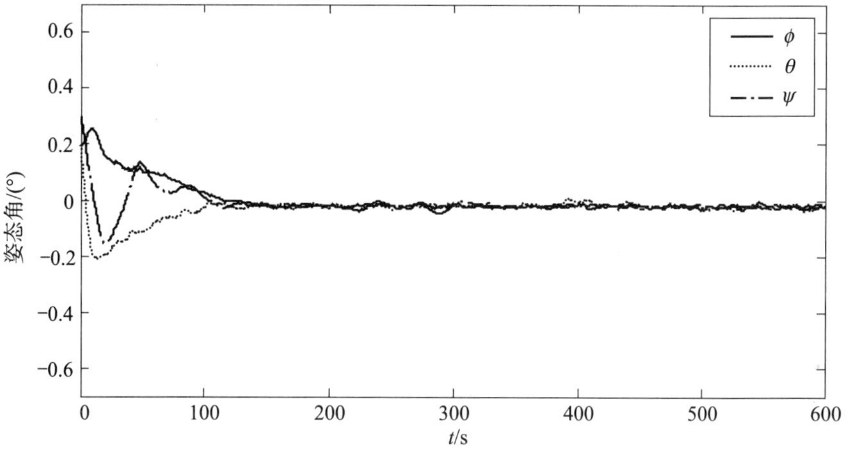

图 4.4-7　星体姿态角（直接自适应模糊控制）

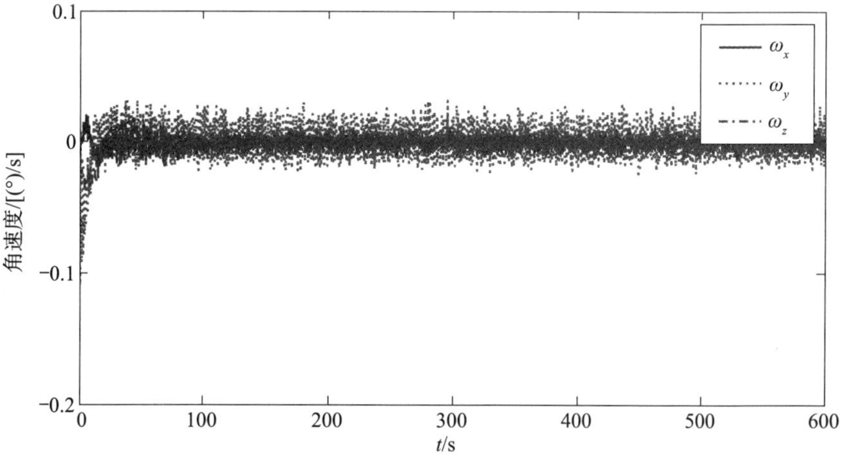

图 4.4-8　星体姿态角速度（直接自适应模糊控制，见彩插）

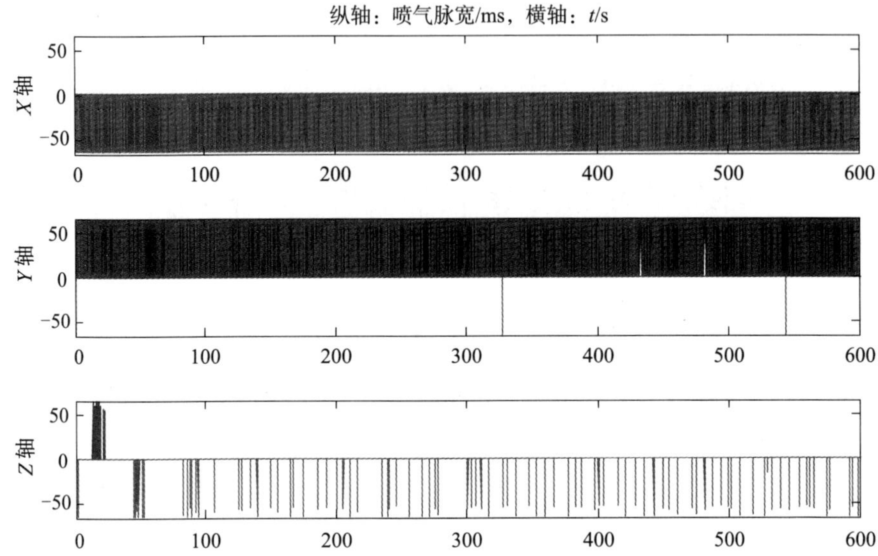

图 4.4-9　喷气脉冲（直接自适应模糊控制）

可见，与常规控制算法相比，在喷气消耗量大体相当的情况下，本文提出的控制算法在超调量、过渡过程时间、稳态精度等方面具有更好的控制效果。其主要原因在于：与常规控制算法相比，模糊系统对复杂非线性对象具有更好的逼近和适应能力，而本节给出的稳定补偿律进一步提高了对控制误差的反馈抑制能力。

4.4.4　基于间接型自适应模糊系统的喷气控制

4.4.4.1　系统方程

在 4.4.2 节，我们已经得到了系统的非线性状态方程。为了便于处理，再稍做变换。将式（4.4-8）代入式（4.4-6）可得以下表达式

$$\begin{cases} \dot{x}_1 = x_2 \\ \dot{x}_2 = f'(\boldsymbol{x}) + \dfrac{b}{K_m}u + d(t) \\ y = x_1 \end{cases} \tag{4.4-17}$$

式中，$f'(\boldsymbol{x}) = f(\boldsymbol{x}) + bg_p(\boldsymbol{x})$。

由于 $g_p(\boldsymbol{x})$ 是非连续的，因而 $f'(\boldsymbol{x})$ 也是非连续（离散）的。不过根据 PRM 的特性，满足 $f'(\boldsymbol{x}) \in L_2(U)$（平方可积，且积分是 Lebesgue 意义上的），其中 $U \in \mathbb{R}^n$ 为稠密集。根据模糊系统万能逼近定理的推论[22]，可以构造出一个模糊系统对包括 $g_p(\boldsymbol{x})$ 在内的整个非线性动力学 $f'(\boldsymbol{x})$ 进行动态逼近，从而在此基础上设计相应的控制器，这正是本节方法的核心思想之一。

4.4.4.2　控制律设计

图 4.4-10 所示为间接型自适应模糊控制系统原理框图[36]。图中，FLS 表示模糊系统，其输出 $\hat{f}'$ 用于控制器中，其参数 $\boldsymbol{\theta}$ 由参数自适应律根据状态反馈进行自动调整。$e=y_r-y$ 表示控制误差。

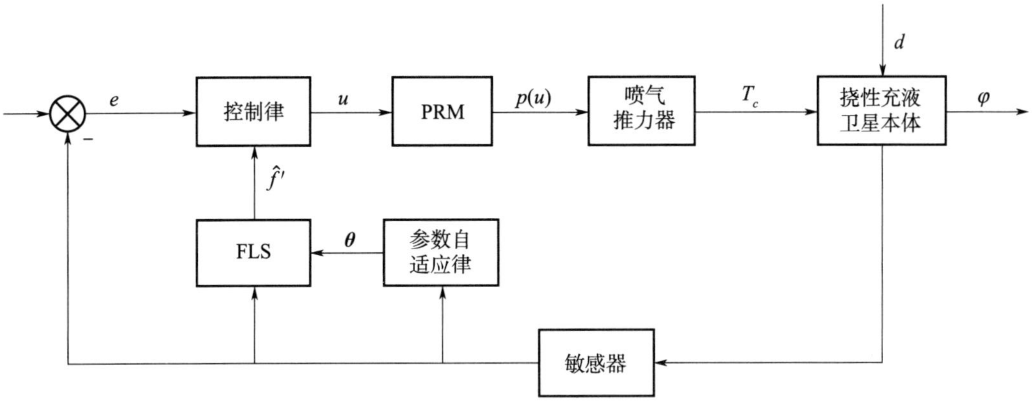

图 4.4-10　间接型自适应模糊控制系统原理框图

设计以下形式的控制律

$$u=\frac{K_m}{b}[-\hat{f}'(\boldsymbol{x}\mid\boldsymbol{\theta})+\boldsymbol{c}^{\mathrm{T}}\boldsymbol{e}+a_s\mathrm{sat}(\boldsymbol{e}^{\mathrm{T}}\boldsymbol{Rh})] \tag{4.4-18}$$

式中的饱和函数 sat(•) 定义如下

$$\mathrm{sat}(x)\triangleq\begin{cases}\mathrm{sgn}(x), & |x|\geqslant\delta_s\\ x/\delta_s, & |x|<\delta_s\end{cases}$$

控制器中的参数说明如下：$\hat{f}'$ 为模糊系统的输出，其构造将在后文给出；$\boldsymbol{e}=[e\quad\dot{e}]^{\mathrm{T}}$ 为控制误差向量；$\boldsymbol{c}=[c_2\quad c_1]^{\mathrm{T}}$ 由设计者给定，其取值使得 $r(s)=s^2+c_1s+c_2$ 为赫尔维茨稳定多项式；a_s 为正的设计系数；$\boldsymbol{h}=[0\quad 1]^{\mathrm{T}}$；$\boldsymbol{R}$ 为满足以下 Lyapunov 方程的 2×2 阶对称正定矩阵（$\boldsymbol{Q}$ 为任意选定的 2×2 阶正定矩阵）

$$\boldsymbol{A}^{\mathrm{T}}\boldsymbol{R}+\boldsymbol{RA}=-\boldsymbol{Q} \tag{4.4-19}$$

式中，$\boldsymbol{A}=\begin{bmatrix}0 & 1\\ -c_2 & -c_1\end{bmatrix}$。

下面基于稳定性要求，考察自适应模糊系统 $\hat{f}'(\boldsymbol{x}\mid\boldsymbol{\theta})$ 的设计。$\hat{f}'(\boldsymbol{x}\mid\boldsymbol{\theta})$ 的表达式为

$$\hat{f}'(\boldsymbol{x}\mid\boldsymbol{\theta})=\boldsymbol{\theta}^{\mathrm{T}}\boldsymbol{\xi}(\boldsymbol{x}) \tag{4.4-20}$$

式中　$\boldsymbol{\theta}=[\theta_1\quad\theta_2\quad\cdots\quad\theta_N]^{\mathrm{T}}$——可调参数向量；

$\boldsymbol{\xi}=[\xi_1\quad\xi_2\quad\cdots\quad\xi_N]^{\mathrm{T}}$——高斯型模糊基函数向量。

将式（4.4-18）代入式（4.4-17）并整理得到

$$\dot{\boldsymbol{e}}=\boldsymbol{Ae}+\boldsymbol{h}[\hat{f}'(\boldsymbol{x}\mid\boldsymbol{\theta})-f'(\boldsymbol{x})-d-a_s\mathrm{sat}(\boldsymbol{e}^{\mathrm{T}}\boldsymbol{Rh})] \tag{4.4-21}$$

定义参数 $\boldsymbol{\theta}$ 的最优估计值为

$$\boldsymbol{\theta}^{*} \triangleq \arg\min_{\boldsymbol{\theta}\in\Omega}\left[\sup_{x\in U_x} \left| \hat{f}'(\boldsymbol{x} \mid \boldsymbol{\theta}) - f'(\boldsymbol{x}) \right|\right]$$

定义模糊系统的最小逼近误差为

$$w \triangleq f'(\boldsymbol{x}) - \hat{f}'(\boldsymbol{x} \mid \boldsymbol{\theta}^{*})$$

则式（4.4－21）所示的误差方程可表示为（$\tilde{\boldsymbol{\theta}} \triangleq \boldsymbol{\theta} - \boldsymbol{\theta}^{*}$）

$$\dot{e} = \boldsymbol{A}\boldsymbol{e} + \boldsymbol{h}\tilde{\boldsymbol{\theta}}^{\mathrm{T}}\boldsymbol{\xi}(\boldsymbol{x}) - \boldsymbol{h}(w + d) - \boldsymbol{h}a_s \operatorname{sat}(\boldsymbol{e}^{\mathrm{T}}\boldsymbol{R}\boldsymbol{h}) \tag{4.4－22}$$

设计以下形式的参数调节律

$$\dot{\boldsymbol{\theta}} = \begin{cases} -\gamma \boldsymbol{e}^{\mathrm{T}}\boldsymbol{R}\boldsymbol{h}\boldsymbol{\xi}, & \text{if}(\|\boldsymbol{\theta}\| < M_\theta) \text{ or } (\|\boldsymbol{\theta}\| = M_\theta \text{ and } \boldsymbol{e}^{\mathrm{T}}\boldsymbol{R}\boldsymbol{h}\theta^{\mathrm{T}}\boldsymbol{\xi} \geqslant 0) \\ \mathrm{P}[-\gamma \boldsymbol{e}^{\mathrm{T}}\boldsymbol{R}\boldsymbol{h}\boldsymbol{\xi}], & \text{if } (\|\boldsymbol{\theta}\| \geqslant M_\theta \text{ and } \boldsymbol{e}^{\mathrm{T}}\boldsymbol{R}\boldsymbol{h}\theta^{\mathrm{T}}\boldsymbol{\xi} < 0) \end{cases} \tag{4.4－23}$$

式中 γ ——速率因子；

M_θ ——参数域；

$\mathrm{P}(\cdot)$ ——投影算子。

上述控制律的优势在于，充分利用了模糊系统对复杂非线性对象的良好逼近和适应能力，而饱和型补偿律进一步提高了对控制误差的反馈抑制能力。

4.4.4.3 稳定性分析

定理 4－2 对于式（4.4－17）所示的非线性系统，如果 $f'(\boldsymbol{x})$ 和 $d(t)$ 有界，且 $f'(\boldsymbol{x}) \in L_2(U)$，模糊系统的参数初值满足限定范围，闭环系统采用式（4.4－18）所示的控制律以及式（4.4－23）所示的参数调节律，则有：1）模糊系统参数和系统状态有界，即 $\|\boldsymbol{\theta}\| \leqslant M_\theta$，$\|\boldsymbol{x}\| \leqslant M_x$；2）$\lim_{t\to\infty}\|\boldsymbol{e}(t)\| = 0$。

定理的证明过程与上一小节类似，限于篇幅，此处从略。

4.4.4.4 数学仿真

以一类带有两个串联推进剂贮箱和两翼挠性太阳帆板的静止轨道卫星为假想对象，利用数学仿真考察南北位置保持机动时的姿态控制性能。在数学仿真中，干星转动惯量、干星质量及帆板挠性模态频率等动力学参数如下

$$\boldsymbol{J}_d = \begin{bmatrix} 17\,000 & -30 & 40 \\ -30 & 6\,650 & -70 \\ 40 & -70 & 13\,000 \end{bmatrix} \mathrm{kg \cdot m^2},\ m_d = 2\,000\ \mathrm{kg}$$

$$\boldsymbol{\Lambda}_1 = \boldsymbol{\Lambda}_2 = \operatorname{diag}\{0.1, 0.25, 0.65, 0.75, 1.9\}\ \mathrm{Hz}$$

推力器轨控点火产生的单轴干扰力矩最大值约为 2.5 N·m。角速度由速率陀螺测量，残余常值漂移 0.15（°）/h、噪声均方差 0.15（°）/h。姿态测量误差均方差 0.03°。采样周期 0.064 s。贮箱充液比 0.18。

从 100 s 开始进行位保点火。

模糊系统的隶属度函数取为高斯型，每个变量的模糊规则数目为 5 条。在初始规则的

设置中，利用了从已知动力学和控制特性中直观得到的语言模糊信息。系统主要设计参数为

$$\gamma = 0.003, \boldsymbol{R} = \begin{bmatrix} 0.0196 & 0.139 \\ 0.139 & 1.291 \end{bmatrix}, \boldsymbol{c} = [0.00072 \quad 0.0432]^{\mathrm{T}}$$

$$a_s = 1 \times 10^{-5}, \delta_s = 8 \times 10^{-4}$$

采用常规控制方法（由 PID 和系列滤波器组合而成）的仿真结果如图 4.4－11～图 4.4－13 所示，600 s 内三轴姿态控制累积喷气时间为 31.2 s、5.1 s、24.8 s。采用本节提出的间接自适应模糊控制方法的仿真结果如图 4.4－14～图 4.4－16 所示，三轴姿态控制累积喷气时间为 26.9 s、3.6 s、24.2 s。与常规控制方法相比，我们提出的间接自适应模糊控制方法在喷气消耗量有所减少的情况下，在超调量、过渡过程时间、稳态精度等方面取得了更好的控制效果。

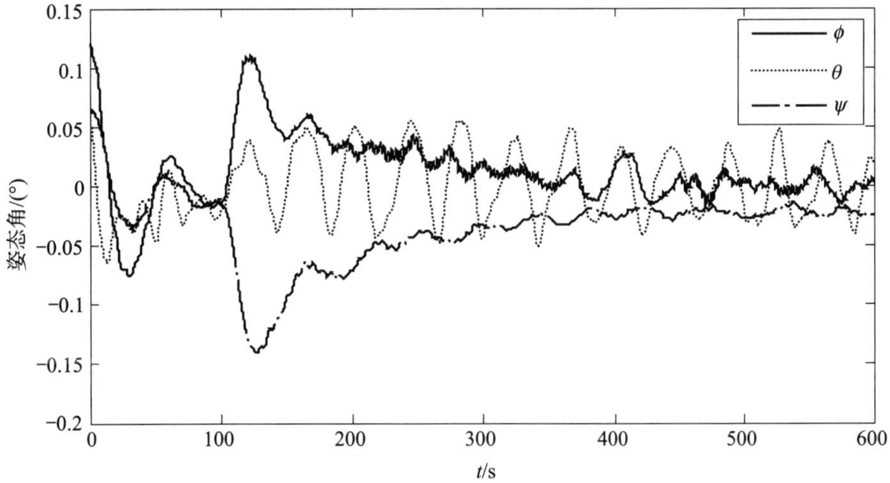

图 4.4－11　星体姿态角（常规控制）

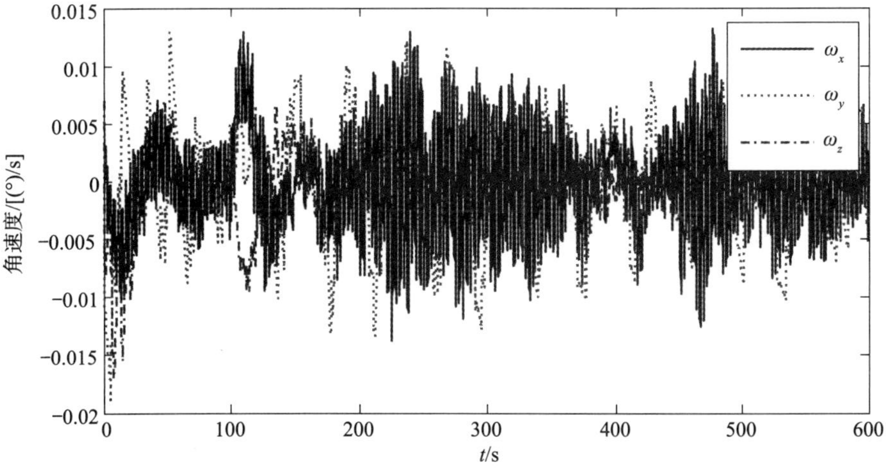

图 4.4－12　星体角速度（常规控制，见彩插）

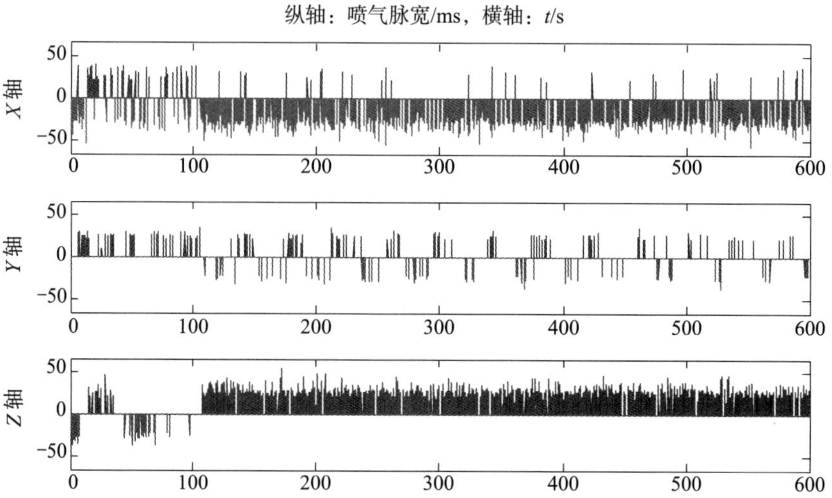

图 4.4-13　喷气脉冲（常规控制）

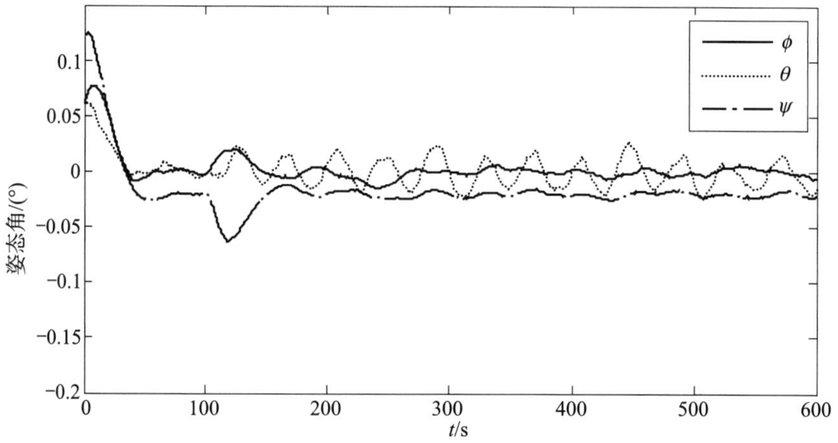

图 4.4-14　星体姿态角（间接自适应模糊控制）

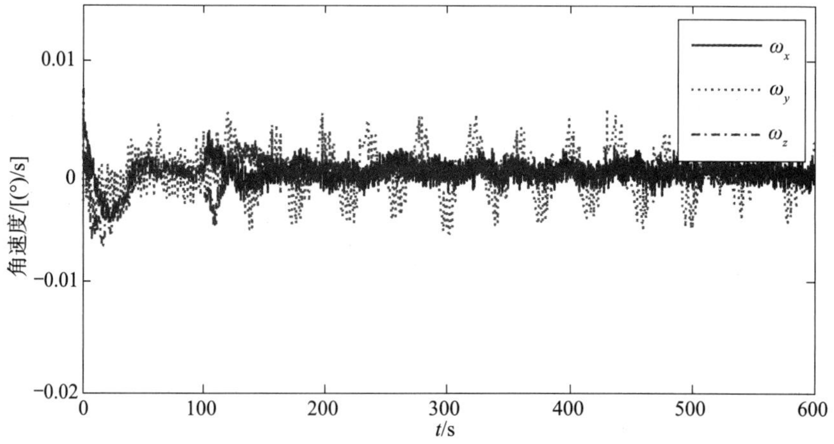

图 4.4-15　星体角速度（间接自适应模糊控制，见彩插）

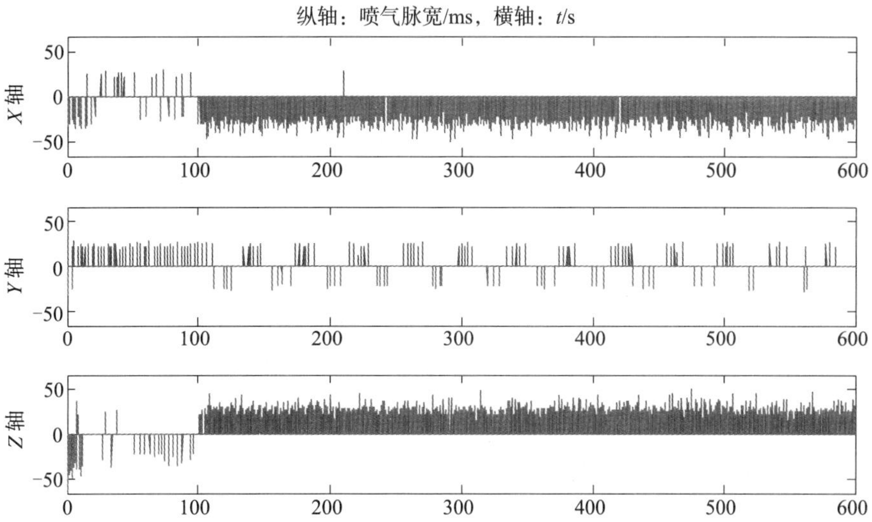

图 4.4-16　喷气脉冲（间接自适应模糊控制）

4.5　基于滑模变结构方法的喷气控制

4.5.1　方法概述

4.5.1.1　变结构控制的定义及基本原理

变结构控制（Variable Structure Control，VSC）是一类特殊的非线性控制。其非线性表现为控制量的不连续性。变结构控制方法的一个突出特点在于由该方法获得的闭环系统的结构并不固定，而是可以在动态过程中根据系统当前状态（如控制偏差及其各阶导数）有目的地不断变化，使系统按照预定的**滑动模态**（Sliding Mode，SM）所决定的状态轨迹运动[37]。所谓滑动模态是指在指定超面（或称流形）内的运动。滑动模态只取决于选定的**切换函数**，而和系统的动力学方程无关。因此，系统运动一旦进入滑动模态状态，则对于系统摄动和外界干扰具有完全的鲁棒性。这是变结构控制最突出的优点[37]。变结构控制的核心是滑动模态运动，因此变结构控制又被称为**滑动模态控制**（简称**滑模控制**）。多数情况下，将这种控制方法合称为**滑模变结构控制**。

滑模变结构控制的优点：1）对摄动和干扰具有很强的鲁棒性，适用范围广泛；2）控制律比较简单，无须系统辨识等环节；3）设计过程直观简洁，易于理解。滑模变结构控制的主要缺点是系统进入滑模面后的运动存在抖振。这种抖振对实际的物理系统是非常有害的，需要设法将其消除或削弱到允许范围之内。

下面对滑模变结构控制的设计原理进行阐述。首先介绍滑动模态的概念和原理[37-42]。考察以下一般形式的非线性控制系统

$$\dot{\boldsymbol{x}} = \boldsymbol{f}(\boldsymbol{x}, \boldsymbol{u}, t) \tag{4.5-1}$$

式中，状态 $\boldsymbol{x} \in \mathbb{R}^n$，控制 $\boldsymbol{u} \in \mathbb{R}^n$，$t$ 为时间。设在状态空间 $\mathbb{R}^n$ 里有一个 $n-1$ 维超面

S，其方程可表示为

$$s(\boldsymbol{x})=0, s(\boldsymbol{0})=0$$

此超面将空间 $\mathbb{R}^n$ 分成两部分：$s(\boldsymbol{x})>0$ 和 $s(\boldsymbol{x})<0$。在式（4.5－1）所示的系统中，从初始状态出发的运动一旦进入该超面后，则保持在该超面区域内运动，那么就称这种运动为滑动运动，这种运动状态称为滑动模态。该超面 S 称为滑动模态区。如果 S 使得式（4.5－1）所示系统的右端函数不连续，则称 $s(\boldsymbol{x})$ 为**切换函数**，$s(\boldsymbol{x})=0$ 为切换面，即有以下表达式成立

$$\boldsymbol{f}(\boldsymbol{x},\boldsymbol{u},t)=\begin{cases}\boldsymbol{f}^{+}(\boldsymbol{x},\boldsymbol{u},t), & \forall\ s(\boldsymbol{x})>0\\ \boldsymbol{f}^{-}(\boldsymbol{x},\boldsymbol{u},t), & \forall\ s(\boldsymbol{x})<0\end{cases}$$

如果运动能够进入滑动模态区，则当运动点到达切换面 $s(\boldsymbol{x})=0$ 附近时，必有

$$\lim_{s\to 0^{+}}\dot{s}<0,\ \lim_{s\to 0^{-}}\dot{s}>0$$

上述到达条件也可表示为

$$\lim_{s\to 0}s\dot{s}<0 \tag{4.5-2}$$

下面介绍滑模变结构控制的定义及基本原理。对于式（4.5－1）所示的非线性控制系统，需要确定切换函数向量

$$\boldsymbol{s}(\boldsymbol{x}),\ \boldsymbol{s}\in\mathbb{R}^m$$

并寻求变结构控制律

$$u_i(\boldsymbol{x})=\begin{cases}u_i^{+}(\boldsymbol{x}), & \forall\ s_i(\boldsymbol{x})>0\\ u_i^{-}(\boldsymbol{x}), & \forall\ s_i(\boldsymbol{x})<0\end{cases} \tag{4.5-3}$$

使得[37]：

1）满足到达条件：切换面 $\boldsymbol{s}(\boldsymbol{x})=\boldsymbol{0}$ 以外的运动点将于有限时间到达切换面；

2）滑动模态存在，即切换面是滑动模态区；

3）滑动运动渐近稳定，动态品质良好。

这样设计出来的控制系统即为滑模变结构控制系统。所谓变结构，体现在 $u_i^{+}(\boldsymbol{x})\neq u_i^{-}(\boldsymbol{x})$。

4.5.1.2 变结构控制的设计要点

滑模变结构控制设计主要包括两个步骤：1）寻求切换函数，保证滑动模态稳定；2）寻求变结构控制律，使到达条件得到满足。为了使阐述过程清晰而不失一般性，以如下形式的单输入仿射非线性控制系统为例进行介绍

$$\dot{\boldsymbol{x}}=\boldsymbol{f}(\boldsymbol{x},t)+\boldsymbol{b}(\boldsymbol{x},t)u \tag{4.5-4}$$

式中，$\boldsymbol{x}\in\mathbb{R}^n$，$u\in\mathbb{R}$。

（1）寻求切换函数

寻求切换函数 $s(\boldsymbol{x})$，使它所确定的滑动模态渐近稳定且具有良好的动态品质。对于滑动运动，需恒满足

$$s(\boldsymbol{x})=0,\ \dot{s}(\boldsymbol{x})=0$$

展开后一式可得

$$\dot{s}=\frac{\partial s}{\partial t}+\frac{\partial s}{\partial \boldsymbol{x}}\dot{\boldsymbol{x}}=\frac{\partial s}{\partial t}+\frac{\partial s}{\partial \boldsymbol{x}}(\boldsymbol{f}+\boldsymbol{b}u)=0 \tag{4.5-5}$$

式中

$$\frac{\partial s}{\partial \boldsymbol{x}} \triangleq \begin{bmatrix} \frac{\partial s}{\partial x_1} & \frac{\partial s}{\partial x_2} & \cdots & \frac{\partial s}{\partial x_n} \end{bmatrix}$$

记 $g \triangleq \frac{\partial s}{\partial \boldsymbol{x}}\boldsymbol{b}$，则可从式（4.5－5）中解出等效控制量

$$u_{eq}=-g^{-1}\left(\frac{\partial s}{\partial t}+\frac{\partial s}{\partial \boldsymbol{x}}\boldsymbol{f}\right) \tag{4.5-6}$$

将该控制量代入式（4.5－4），即可得到理想情形下滑动模态应满足的微分方程

$$\dot{\boldsymbol{x}}=\left(\boldsymbol{I}-g^{-1}\boldsymbol{b}\frac{\partial s}{\partial \boldsymbol{x}}\right)\boldsymbol{f}-g^{-1}\frac{\partial s}{\partial t}\boldsymbol{b} \tag{4.5-7}$$

可见，$s(\boldsymbol{x})$ 决定了滑动模态的稳定性。反过来说，通过对式（4.5－7）的稳定性分析，可以明确所选取的切换函数 $s(\boldsymbol{x})$ 是否可行。

（2）寻求变结构控制律

寻求变结构控制律 $u^{+}(\boldsymbol{x})$、$u^{-}(\boldsymbol{x})$［合写为 $u^{\pm}(\boldsymbol{x})$］，使得到达条件满足。显然，变结构控制系统的运动过程是由两个阶段组成的：第一阶段是正常运动，它全部位于切换面之外，或有限次穿越切换面；第二阶段是滑动模态，它位于切换面上的滑动模态区内。控制过程的品质，取决于这两段运动的品质。从设计上看，第二阶段的控制品质主要由 $s(x)$ 保证，而第一阶段的控制品质主要由 $u^{\pm}(\boldsymbol{x})$ 保证。

第一阶段的运动也称为趋近运动。我国已故控制专家高为炳院士及其合作者首创的趋近律方法是一种保证趋近运动品质的有效方法[37]。常见的趋近律有以下两种。

①指数趋近律

$$\dot{s}=-\alpha\,\mathrm{sgn}(s)-\beta s,\quad \alpha>0,\beta>0$$

β 取较大值、α 取较小值，可加速趋近过程、减小抖振。当然，α 也不能太小，否则控制作用的鲁棒性将受到影响。

②幂次趋近律

$$\dot{s}=-k\,|s|^{\alpha}\mathrm{sgn}(s),\quad k>0,0<\alpha<1$$

工程上，一般可取 $\alpha=0.5$。

关于变结构控制律 $u^{\pm}(\boldsymbol{x})$ 的设计，通常有以下几种形式：

1）自由结构。对 $u^{\pm}(\boldsymbol{x})$ 的形式不加任何限制，只要满足到达条件和 Lyapuov 稳定性要求。

2）常值继电型。表达形式：$u=u_0\mathrm{sgn}(s)$。u_0 为待求常数。

3）非线性继电型。表达形式：$u=u_0(\boldsymbol{x})\mathrm{sgn}(s)$。$u_0(\boldsymbol{x})$ 为待求的非线性函数。

4）带连续部分的继电型。表达形式：$u=u_c(\boldsymbol{x})+u_0(\boldsymbol{x})\mathrm{sgn}(s)$。$u_c(\boldsymbol{x})$ 为连续函数。

5）以等效控制为基础的形式。表达形式：$u=u_{eq}(\boldsymbol{x})+u_0(\boldsymbol{x})\mathrm{sgn}(s)$。$u_{eq}(\boldsymbol{x})$ 为等效

控制，它维持滑动模态的存在。到达条件由第 2 项保证。

设计思路举例。考虑式（4.5－4）的定常情况。选取线性切换函数 $s(\boldsymbol{x})=\boldsymbol{c}^{\mathrm{T}}\boldsymbol{x}$，其中，系数矩阵 $\boldsymbol{c}=[c_1\quad c_2\quad\cdots\quad c_n]^{\mathrm{T}}$。根据线性系统理论，适当选择 $\boldsymbol{c}$，必定可以使滑动模态渐近稳定且具有良好的动态品质。对 s 相对于时间求导得

$$\dot{s}=\boldsymbol{c}^{\mathrm{T}}\dot{\boldsymbol{x}}=\boldsymbol{c}^{\mathrm{T}}[\boldsymbol{f}(\boldsymbol{x})+\boldsymbol{b}(\boldsymbol{x})u]$$

将 $\dot{s}$ 与指数趋近律 $\dot{s}=-\varepsilon\,\mathrm{sgn}(s)-ks$ 等同，即

$$-\varepsilon\,\mathrm{sgn}(s)-ks=\boldsymbol{c}^{\mathrm{T}}[\boldsymbol{f}(\boldsymbol{x})+\boldsymbol{b}(\boldsymbol{x})u]$$

假设 $\boldsymbol{c}^{\mathrm{T}}\boldsymbol{b}(\boldsymbol{x})$ 可逆，即可解出

$$u=-(\boldsymbol{c}^{\mathrm{T}}\boldsymbol{b}(\boldsymbol{x}))^{-1}(\boldsymbol{c}^{\mathrm{T}}\boldsymbol{f}(\boldsymbol{x})+\varepsilon\,\mathrm{sgn}(\boldsymbol{c}^{\mathrm{T}}\boldsymbol{x})+k\boldsymbol{c}^{\mathrm{T}}\boldsymbol{x}) \tag{4.5-8}$$

■**提示：** 变结构控制最早由苏联学者 Utkin 和 Emelyanov 等人于 20 世纪 50 年代提出。自 20 世纪 70 年代以后，变结构控制获得了西方学者的重视，相关研究不断深入。自 20 世纪 80 年代以来，变结构控制在工程中逐渐取得广泛的实际应用。自 20 世纪 90 年代后，随着变结构控制与其他控制方法的融合，变结构控制已经成为控制领域中的一个重要分支。

4.5.2 基于 VSC 的直接开关型喷气控制

4.5.2.1 问题描述

考虑变结构控制的切换特性，可以将变结构控制律不经脉冲调制而直接驱动推力器产生期望的控制效果[43]。省去了 PRM 这样的强非线性环节后，控制器的工程实现得到了简化，相关的分析工作也更为简单。本节对这种没有脉冲调制环节的滑模变结构喷气控制进行阐述。

在前面的章节，已经得到了静止轨道挠性充液卫星的完整动力学模型。通用的动力学表达式如式（4.4－2）所示。将该式中的 PRM 环节忽略，即可得到以下所示的动力学方程

$$\dot{\boldsymbol{\omega}}=\boldsymbol{F}(\boldsymbol{\omega},t)+\boldsymbol{B}(t)\boldsymbol{U}+\boldsymbol{D}(t) \tag{4.5-9}$$

式中 $\boldsymbol{F}(\boldsymbol{\omega},t)$——时变非线性函数向量；

$\boldsymbol{B}(t)=\boldsymbol{J}(t)^{-1}$——时变控制增益阵［$\boldsymbol{J}(t)$ 为卫星转动惯量阵］；

$\boldsymbol{D}(t)=\boldsymbol{B}(t)\boldsymbol{T}_d(t)$——有界的外部干扰向量：$\|\boldsymbol{T}_d\|_1\leqslant d$。

注意这里的控制量 $\boldsymbol{U}$ 应是开关型的。为了简单起见，后文在不引起歧义的情况下将省去符号中的时间变量 t。

定义 $\boldsymbol{\varXi}=\int\omega\,\mathrm{d}t$（注意 $\dot{\boldsymbol{\Phi}}\neq\boldsymbol{\omega}$），即 $\dot{\boldsymbol{\varXi}}=\boldsymbol{\omega}$。$\boldsymbol{\varXi}$ 可称为拟欧拉角。注意，欧拉角是 $\boldsymbol{\Phi}=[\varphi\quad\theta\quad\psi]^{\mathrm{T}}$，与拟欧拉角是不同的。只有在小角度条件下，可以近似认为 $\boldsymbol{\Phi}\approx\boldsymbol{\varXi}$。

本节主要考察位置保持期间的姿态稳定控制问题。控制目标是针对 $\boldsymbol{F}(\boldsymbol{\omega},t)$ 和 $\boldsymbol{T}_d(t)$ 未知的情形，设计相应的控制律使得：闭环系统稳定，调节误差 $\boldsymbol{e}=\boldsymbol{0}-\boldsymbol{\varXi}=[-\varXi_x\quad-\varXi_y\quad-\varXi_z]^{\mathrm{T}}$ 以及误差变化率 $\dot{\boldsymbol{e}}=\boldsymbol{0}-\boldsymbol{\omega}=[-\omega_x\quad-\omega_y\quad-\omega_z]^{\mathrm{T}}$ 在规定时间进入指定范围内。显然，当拟欧拉角的误差趋近于零时，欧拉角的误差也同样趋近于零。

4.5.2.2　控制律设计

针对式（4.5－9）的直接开关型喷气控制问题，考察三轴滑模变结构控制设计。系统的原理框图如图 4.5－1 所示。

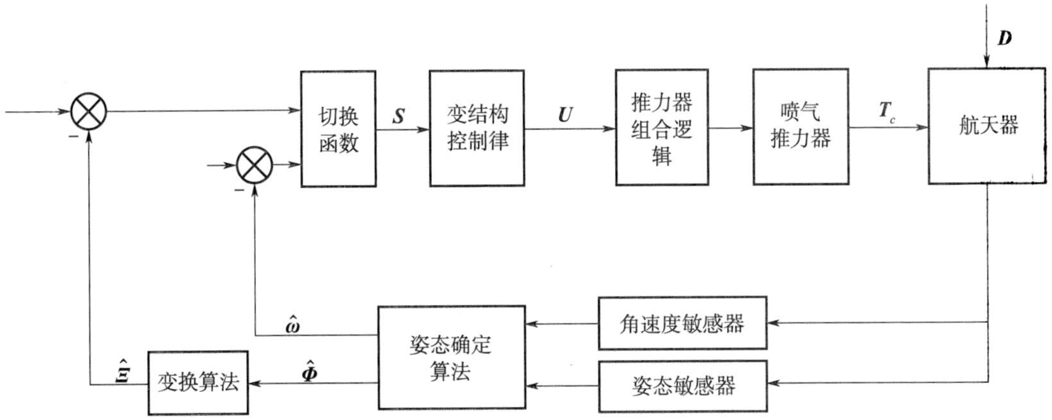

图 4.5－1　基于 VSC 的直接开关型喷气控制系统原理框图

设计以下切换函数列阵

$$\boldsymbol{S}=-\boldsymbol{K}_1\boldsymbol{e}-\dot{\boldsymbol{e}}-\boldsymbol{K}_2\int\boldsymbol{e}\,\mathrm{d}t \tag{4.5-10}$$

式中，$\boldsymbol{S}=[S_x\quad S_y\quad S_z]^{\mathrm{T}}$，$\boldsymbol{K}_1$、$\boldsymbol{K}_2$ 为对角阵，即 $\boldsymbol{K}_1=\mathrm{diag}(k_{1x},\ k_{1y},\ k_{1z})$、$\boldsymbol{K}_2=\mathrm{diag}(k_{2x},\ k_{2y},\ k_{2z})$，$k_{1x}$，$k_{1y}$，$k_{1z}$ 等为待设计的正实数。与常规变结构控制方案不同，式（4.5－10）给出的切换函数中带有积分项。积分项的目的在于克服常值干扰影响，消除稳态误差。

对式（4.5－10）两边求导得

$$\dot{\boldsymbol{S}}=-\boldsymbol{K}_1\dot{\boldsymbol{e}}-\ddot{\boldsymbol{e}}-\boldsymbol{K}_2\boldsymbol{e}=\boldsymbol{K}_1\boldsymbol{\omega}+\boldsymbol{K}_2\boldsymbol{\Xi}+\dot{\boldsymbol{\omega}} \tag{4.5-11}$$

设计变结构控制律为

$$\boldsymbol{U}=-\boldsymbol{D}_{\mathrm{dltsgn}}(\boldsymbol{S})\boldsymbol{T}_c \tag{4.5-12}$$

式中，$\boldsymbol{T}_c=[T_{cx}\quad T_{cy}\quad T_{cz}]^{\mathrm{T}}$ 为三轴推力器控制力矩列阵（$T_{ci}>0$），$\boldsymbol{D}_{\mathrm{dltsgn}}(\boldsymbol{S})$ 为以下形式的对角阵

$$\boldsymbol{D}_{\mathrm{dltsgn}}(\boldsymbol{S})\triangleq\mathrm{diag}[\mathrm{dltsgn}(S_x),\mathrm{dltsgn}(S_y),\mathrm{dltsgn}(S_z)] \tag{4.5-13}$$

式中，dltsgn(•) 为带边界层的符号函数（即带死区的继电函数），目的在于降低控制器对切换函数的敏感性，从而起到抑制抖振的作用[43-47]。函数定义为

$$\mathrm{dltsgn}(S_i)=\begin{cases}1, & \forall\ S_i>\delta_i\\ 0, & \forall\ |S_i|\leqslant\delta_i\\ -1, & \forall\ S_i<-\delta_i\end{cases} \tag{4.5-14}$$

式中，$\delta_i>0(i=x,\ y,\ z)$ 为边界层厚度。显然，边界层厚度的选取取决于控制精度指标。

由上述控制律可见，这里给出的滑模变结构控制律是比较简单的，每个通道只有 k_{1i} 、k_{2i} 和 δ_i 三个设计参数，且其物理意义比较直观，因此工程设计相对容易。

4.5.2.3 稳定性分析

下面分析在式（4.5-12）所示控制律作用下，式（4.5-9）所示系统的稳定性。选取以下 Lyapunov 候选函数

$$V=\frac{1}{2}\boldsymbol{S}^{\mathrm{T}}\boldsymbol{J}\boldsymbol{S} \tag{4.5-15}$$

对式（4.5-15）相对时间求导，并将式（4.5-11）代入得

$$\begin{aligned}\dot{V}&=\boldsymbol{S}^{\mathrm{T}}\boldsymbol{J}\dot{\boldsymbol{S}}\\&=\boldsymbol{S}^{\mathrm{T}}\boldsymbol{J}(\boldsymbol{K}_1\boldsymbol{\omega}+\boldsymbol{K}_2\boldsymbol{\Xi}+\dot{\boldsymbol{\omega}})\end{aligned}$$

将式（4.5-9）代入上式可得

$$\begin{aligned}\dot{V}&=\boldsymbol{S}^{\mathrm{T}}\boldsymbol{J}(\boldsymbol{K}_1\boldsymbol{\omega}+\boldsymbol{K}_2\boldsymbol{\Xi}+\boldsymbol{F}+\boldsymbol{BU}+\boldsymbol{BT}_d)\\&=\boldsymbol{S}^{\mathrm{T}}\boldsymbol{J}(\boldsymbol{K}_1\boldsymbol{\omega}+\boldsymbol{K}_2\boldsymbol{\Xi}+\boldsymbol{F})+\boldsymbol{S}^{\mathrm{T}}(\boldsymbol{U}+\boldsymbol{T}_d)\\&\leqslant\|\boldsymbol{S}^{\mathrm{T}}\boldsymbol{J}\|\cdot\|\boldsymbol{F}+\boldsymbol{K}_1\boldsymbol{\omega}+\boldsymbol{K}_2\boldsymbol{\Xi}\|+\|\boldsymbol{S}^{\mathrm{T}}\|\cdot\|\boldsymbol{T}_d\|+\boldsymbol{S}^{\mathrm{T}}\boldsymbol{U}\end{aligned}$$

式中，$\|\cdot\|$ 是向量的范数以及相容的矩阵范数，这里取为 1－范数。再将式（4.5-12）代入得

$$\begin{aligned}\dot{V}&\leqslant\|\boldsymbol{S}^{\mathrm{T}}\|\cdot\|\boldsymbol{J}\|\cdot\|\boldsymbol{F}+\boldsymbol{K}_1\boldsymbol{\omega}+\boldsymbol{K}_2\boldsymbol{\Xi}\|+\|\boldsymbol{S}^{\mathrm{T}}\|\cdot\|\boldsymbol{T}_d\|-\boldsymbol{S}^{\mathrm{T}}\boldsymbol{D}_{\mathrm{dltsgn}}(\boldsymbol{S})\boldsymbol{T}_c\\&=\|\boldsymbol{S}^{\mathrm{T}}\|\cdot\|\boldsymbol{J}\|\cdot\|\boldsymbol{F}+\boldsymbol{K}_1\boldsymbol{\omega}+\boldsymbol{K}_2\boldsymbol{\Xi}\|+\|\boldsymbol{S}^{\mathrm{T}}\|\cdot\|\boldsymbol{T}_d\|-(T_{cx}|S_x|+T_{cy}|S_y|+T_{cz}|S_z|)\end{aligned}$$

只要初始状态限定在给定的范围（这在实际工程中显然是满足的），可以假设 $\|\boldsymbol{J}\|\cdot\|\boldsymbol{F}+\boldsymbol{K}_1\boldsymbol{\omega}+\boldsymbol{K}_2\boldsymbol{\Xi}\|$ 有界，记为 $\|\boldsymbol{J}\|\cdot\|\boldsymbol{F}+\boldsymbol{K}_1\boldsymbol{\omega}+\boldsymbol{K}_2\boldsymbol{\Xi}\|\leqslant a$，因此可得

$$\dot{V}\leqslant(|S_x|+|S_y|+|S_z|)(a+d)-(T_{cx}|S_x|+T_{cy}|S_y|+T_{cz}|S_z|) \tag{4.5-16}$$

对于实际的静止轨道卫星，其姿态控制推力器的控制力矩都比较大（远大于内外扰动力矩），即有

$$a+d<T_{ci}(i=x,y,z)$$

因此，由式（4.5-16）可进一步得到

$$\dot{V}<0$$

可见，系统闭环稳定。

另外，根据选定的切换函数［式（4.5-10）］，滑模面 $\boldsymbol{S}=-\boldsymbol{K}_1\boldsymbol{e}-\dot{\boldsymbol{e}}-\boldsymbol{K}_2\int\boldsymbol{e}\,\mathrm{d}t=\boldsymbol{0}$ 上的运动显然也是稳定的。

4.5.2.4 数学仿真

以一类带有两个串联推进剂贮箱和两翼挠性太阳帆板的静止轨道卫星为假想对象，利用数学仿真考察南北位置保持机动时的姿态控制性能。卫星的动力学参数与 4.3.5 节相同，噪声及仿真初始条件等也都与之相同。

控制器主要参数值为

$$\boldsymbol{K}_1=\mathrm{diag}(1.2,1.0,1.3),\boldsymbol{K}_2=\mathrm{diag}(8\times10^{-4},8\times10^{-4},8\times10^{-4})$$

$$\boldsymbol{\delta}=[0.06\quad 0.06\quad 0.06]/57.3$$

仿真结果如图 4.5－2～图 4.5－4 所示。在整个仿真历程中，X 轴累积喷气时间为 90.6 s，Y 轴累积喷气时间为 4.2 s，Z 轴累积喷气时间为 68.4 s。与 4.3 节基于 PID 的常规控制方法相比，在控制效果相当的情况下喷气消耗略有减少。同时也需要看到，由于 Y 轴的喷气控制力矩较大而常值干扰力矩很小，在没有脉冲调制环节的情况下，Y 轴的固定力矩、固定脉宽控制导致控制角动量无法精细化，姿态误差在满足设计指标的同时呈现明显的极限环运动。当然，只要运动周期符合要求，这种极限环正是工程上所希望的。

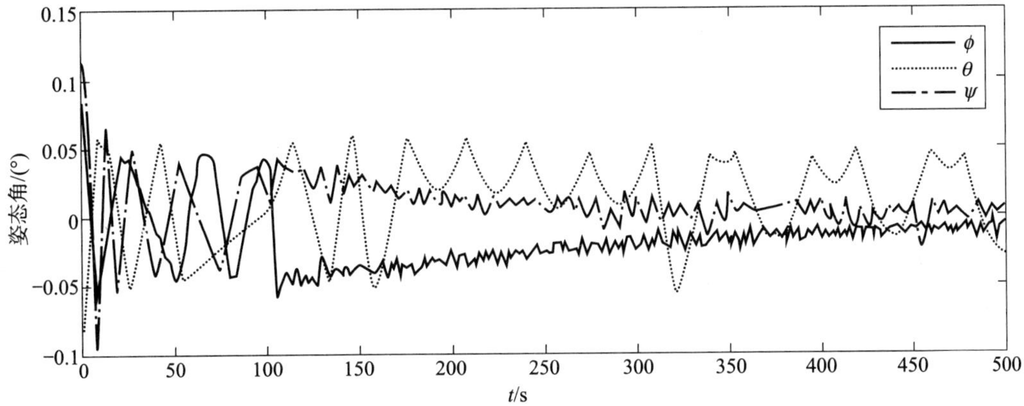

图 4.5－2 直接开关型 VSC 仿真曲线（姿态角）

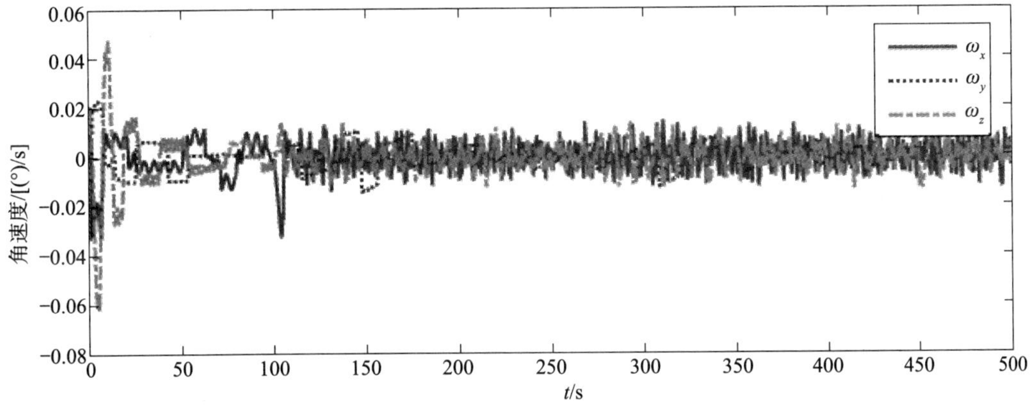

图 4.5－3 直接开关型 VSC 仿真曲线（角速度，见彩插）

4.5.3 基于 VSC 的脉冲调制型喷气控制

在基于直接开关型 VSC 的喷气控制中，控制律未经过脉冲调制，而是直接驱动恒值型推力器。这样虽然简化了设计，但也降低了控制效率。因此，可以针对含有脉冲调制环节的被控对象重新设计相应的变结构控制律。这里的脉冲调制环节仍采用静止轨道卫星最常用的 PRM。

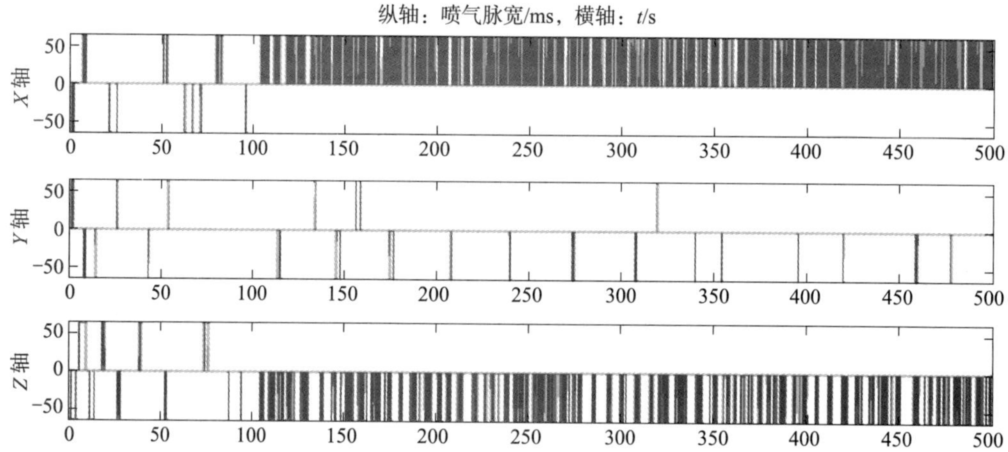

图 4.5-4 直接开关型 VSC 仿真曲线（喷气脉冲）

4.5.3.1 问题描述

式（4.4-17）给出了考虑脉冲调制环节后经过形式变换的挠性充液卫星非线性动力学方程。在多数情况下，可以将 PRM 环节中的反馈增益 K_m 取为 1。因此，标准形式的姿态动力学方程组可表示为

$$\ddot{x} = \boldsymbol{f}(\boldsymbol{x}) + \boldsymbol{B}\boldsymbol{u} + \boldsymbol{d}(\boldsymbol{x}, t) \tag{4.5-17}$$

这是多输入二阶非线性方程组。在式（4.5-17）中，$\boldsymbol{f}(\boldsymbol{x})$ 的分量 $f(\boldsymbol{x})$ 即为式（4.4-17）中的 $f'(\boldsymbol{x})$。

假设 $\boldsymbol{d}(\boldsymbol{x}, t)$ 有界，即满足

$$d_{Li} \leqslant d_i(\boldsymbol{x}, t) \leqslant d_{Ui}\ (i = x, y, z) \tag{4.5-18}$$

和 4.5.2 节一样，考察位置保持期间的姿态稳定控制问题。控制目标是针对式（4.5-17）所示的被控对象，设计相应的控制律，使得：闭环系统稳定，姿态误差（对于调节控制问题，姿态误差即状态 $\boldsymbol{x}$）以及误差变化率 $\dot{\boldsymbol{x}}$ 在规定时间内进入指定范围。

4.5.3.2 控制律设计

针对式（4.5-17）的脉冲调制型喷气控制问题，考察三轴滑模变结构控制设计。系统原理框图如图 4.5-5 所示。

将卫星每个通道看作一个子系统，由式（4.5-17）可得子系统的表达式为

$$\begin{cases} \dot{x}_{i1} = x_{i2} \\ \dot{x}_{i2} = f_i(\boldsymbol{x}) + b_i u_i + d_i(\boldsymbol{x}) \end{cases} \tag{4.5-19}$$

式中，$i = x, y, z$。对于这种由多个子系统组成的大系统，可采用分散解耦滑模变结构控制方式。

取第 i 个切换函数为

$$s_i(\boldsymbol{x}_i) = c_i x_{i1} + x_{i2} \tag{4.5-20}$$

式中，$c_i > 0$ 为待设计参数。对式（4.5-20）两边求导得

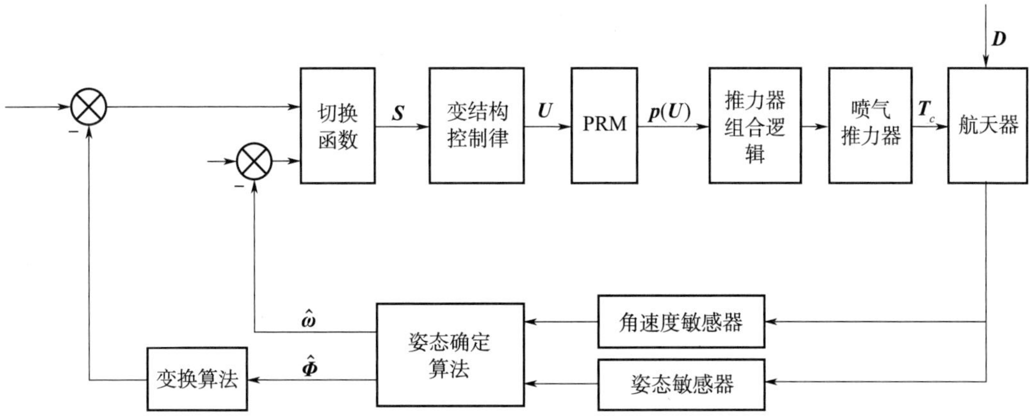

图 4.5－5　基于 VSC 的脉冲调制型喷气控制系统原理框图

$$\dot{s}_i = c_i x_{i2} + f_i(\boldsymbol{x}) + b_i u_i + d_i(\boldsymbol{x}) \tag{4.5-21}$$

采用基于趋近律的设计方法，选取指数型趋近律

$$\dot{s}_i = -\alpha_i \operatorname{sgn} s_i - \beta_i s_i \tag{4.5-22}$$

令其与式（4.5－21）相等，再结合式（4.5－19）可解出变结构控制律的表达式为

$$u_i = -\frac{1}{b_i}[c_i x_{i2} + f_i(\boldsymbol{x}) + d_i(\boldsymbol{x}) + \alpha_i \operatorname{sgn} s_i + \beta_i s_i] \tag{4.5-23}$$

式中　$f_i(\boldsymbol{x})$、$d_i(\boldsymbol{x})$——全局信息，其余项是子系统局部信息。

式（4.5－23）是理论上的控制律，式中 d_i 是未知的。下面给出一种确定 d_i 估计值的方法[48]。

记 d_i 的估计值为 $\hat{d}_i$。在式（4.5－23）中将 d_i 用 $\hat{d}_i$ 代替，并代入式（4.5－21）中可得

$$\dot{s}_i = -\alpha_i \operatorname{sgn} s_i - \beta_i s_i + d_i - \hat{d}_i \tag{4.5-24}$$

对照式（4.5－22）和式（4.5－24）可知，在趋近动态方程中出现了附加项 $d_i - \hat{d}_i$。下面根据到达条件 $s_i \dot{s}_i < 0$ 确定 $\hat{d}_i$。由式（4.5－24）可知

当 $s_i > 0$ 时，应满足 $d_i < \hat{d}_i$，所以可取 $\hat{d}_i = d_{Ui}$；

当 $s_i < 0$ 时，应满足 $d_i > \hat{d}_i$，所以可取 $\hat{d}_i = d_{Li}$。

即

$$\hat{d}_i = \frac{d_{Ui} + d_{Li}}{2} + \frac{d_{Ui} - d_{Li}}{2} \operatorname{sgn}(s_i) \tag{4.5-25}$$

从而得到以下控制律

$$u_i = -\frac{1}{b_i}[c_i x_{i2} + f_i(x) + \alpha_i \operatorname{sgn} s_i + \beta_i s_i + \hat{d}_i] \tag{4.5-26}$$

对于喷气控制而言，在保证控制精度的同时需要尽可能减少推进剂消耗，因此过于频繁地控制切换是没有必要的。和 4.5.2 节一样，将符号函数替换为带边界层的符号函数，表达式见式（4.5－14）。因此，得到以下所示的实用型控制律

$$u_i = -\frac{1}{b_i}[c_i x_{i2} + f_i(\boldsymbol{x}) + \alpha_i \mathrm{dltsgn} s_i + \beta_i s_i + \hat{d}_i] \tag{4.5-27}$$

在上述控制律中，如果 $\hat{d}_i$ 的估计精度比较高，则对标称动力学 $f_i(\boldsymbol{x})$ 的精度要求可相应放宽；同样地，如果能比较准确地获知标称动力学 $f_i(\boldsymbol{x})$，则对扰动估计 $\hat{d}_i$ 的精度要求可相应放宽。实际上，由于滑模变结构控制在滑动模态上的鲁棒性，即使不对扰动进行估计也不会有显著影响。如果存在常值干扰（如位保点火期间的常值干扰力矩），可以考虑在切换函数中将误差积分项加入进来，如同 4.5.2 节。

4.5.3.3 控制律改进

在变结构控制系统设计中，上述基于趋近律的设计方法是一种比较有效的方法。该方法具有通用性强，控制律设计简单，可在一定程度上削弱抖振等优点[37]。在这种趋近律中，参数 α_i 和 β_i 的设计是固定的，在系统运行中保持不变。从下面对这两个参数作用的分析中可以看出这种常规趋近律设计的不足之处。分开考虑 $s_i>0$ 和 $s_i<0$ 的情形，式(4.5-22) 这类趋近律是线性微分方程，其解为

$$s_i = -\left(\frac{\alpha_i}{\beta_i}\right)\mathrm{sgn}(s_i) + \left[s_i(t_0) + \left(\frac{\alpha_i}{\beta_i}\right)\mathrm{sgn}(s_i)\right]\mathrm{e}^{-\beta_i t} \tag{4.5-28}$$

可见，s_i 按指数规律趋近于切换面 $s_i(\boldsymbol{x}_i)=0$。增大 β_i 可加快趋近速度，但是考虑到实际系统中切换延时的存在，β_i 的取值也不能过大（这在后文还将详细分析）。α_i 的作用是保证变结构特性。α_i 取得太大，到达滑模时的抖振将相应增大；取得太小，又将牺牲变结构系统的鲁棒性能。

根据趋近律参数 α_i 和 β_i 对系统性能的影响，考虑基于模糊智能思想，利用模糊规则对这两个参数项进行在线调整[48]。基本依据是：当 s_i 偏差大时，增大 α_i，保持较大的 β_i；当 s_i 偏差小时，减小 α_i，保持较小的 β_i。先考虑 α_i 项，令 $u_{\alpha i}=-\alpha_i \mathrm{sgn}(s_i)$。

以 s_i 作为模糊调整律的输入，$u_{\alpha i}$ 作为输出。输入、输出的模糊集分别为

$$L(s_i) = \{NB, NM, NS, ZE, PS, PM, PB\} = \{\widetilde{A}_j \mid_{j=-3,-2,\cdots,3}\}$$

$$L(u_{\alpha i}) = \{NB, NM, NS, ZE, PS, PM, PB\} = \{\widetilde{B}_j \mid_{j=-3,-2,\cdots,3}\}$$

式中 NB ——负大；

NM ——负中；

NS ——负小；

ZE ——零；

PS ——正小；

PM ——正中；

PB ——正大。

经过尺度变换后，s_i 和 $u_{\alpha i}$ 的论域皆为 [−1，1]。为了在系统接近稳态时更精确，更“谨慎”地调整参数，对输入和输出语言变量都采用非线性区间划分法。取三角形隶属度函数，则第 j 个模糊语言变量的对应中心点可取为以下指数函数形式

$$r_j = \frac{j}{3} h^{3-|j|} \tag{4.5-29}$$

式中，h 的范围为（0，1），这里取 $h=0.75$。这种非线性划分的隶属度函数如图 4.5-6 所示。

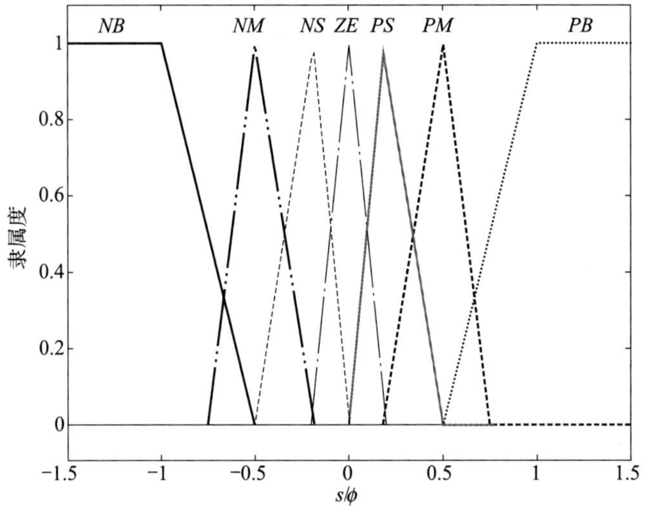

图 4.5-6　非线性划分的隶属度函数

定义模糊规则为

$$R_j: \quad \text{if } s_i \text{ is } \tilde{A}_j, \quad \text{then } u_{ai} \text{ is } \tilde{B}_{-j}$$

由第 j 条规则得到的模糊关系为

$$\tilde{R}_j = \tilde{A}_j \times \tilde{B}_{-j} \tag{4.5-30}$$

$\tilde{R}_j$ 的隶属度函数为

$$\mu_{Rj}(s_i, u_{ai}) = \mu_{Aj}(s_i) \wedge \mu_{B-j}(u_{ai}) \tag{4.5-31}$$

在式（4.5-30）和式（4.5-31）中，× 表示笛卡儿积，∧ 表示 min 运算，下同。

总的模糊规则所对应的模糊关系为

$$\tilde{R} = \bigvee_{j=-3}^{3} (\tilde{A}_j \times \tilde{B}_{-j}) \tag{4.5-32}$$

其隶属度函数为

$$\mu_R(s_i, u_{ai}) = \bigvee_{j=-3}^{3} [\mu_{Aj}(s_i) \wedge \mu_{B-j}(u_{ai})] \tag{4.5-33}$$

采用 Mamdani 的 max-min 合成规则，可得输出量 u_{ai} 的隶属度函数为

$$\mu_B(u_{ai}) = \bigvee_{s_i \in [-1,1]} [\mu_A(s_i) \wedge \mu_R(s_i, u_{ai})] \tag{4.5-34}$$

采用重心法去模糊化，则

$$u_{ai} = \frac{\int_{-1}^{1} u_{ai} \mu_B(u_{ai}) \mathrm{d}u_{ai}}{\int_{-1}^{1} \mu_B(u_{ai}) \mathrm{d}u_{ai}} \tag{4.5-35}$$

经过上述处理得到的切换信号是连续的。这种基于模糊逻辑的连续滑模调节可以有效地减少抖振。

下面讨论 β_i 的调整。前面已指出，增大 β_i 可以加快趋近速度。但考虑到实际系统中切换延时的存在，β_i 的取值是有限制的。设控制器的切换延时为 δt，切换延时引起的抖振幅值为 Δ。则此时式（4.5－22）相应的解为

$$s_i=-\left(\frac{\alpha_i}{\beta_i}\right)\operatorname{sgn}(s_i-\Delta\operatorname{sgn}\dot{s}_i)+\left[s_i(t_0)+\left(\frac{\alpha_i}{\beta_i}\right)\operatorname{sgn}(s_i-\Delta\operatorname{sgn}\dot{s}_i)\right]\mathrm{e}^{-\beta_i t} \tag{4.5-36}$$

进一步可得

$$\delta t=\frac{1}{\beta_i}\ln\left(\frac{\alpha_i+\beta_i\Delta}{\alpha_i-\beta_i\Delta}\right) \tag{4.5-37}$$

显然，为了使系统正常工作，应有 $\dfrac{\alpha_i}{\beta_i}>\Delta$，即 $\beta_i<\dfrac{\alpha_i}{\Delta}$。为了简单起见，可令 β_i 和 α_i 保持线性同步变化，即

$$\beta_i=k_\beta\alpha_i+\beta_0 \tag{4.5-38}$$

式中，$0<k_\beta<1/\Delta$，$\beta_0>0$。

由于 α_i 通过 $u_{\alpha i}$ 实现了基于模糊逻辑的连续变化，因而 β_i 也实现了连续的自动调整。将以上设计的 α_i 、β_i 的调节律代入式（4.5－27）可得以下形式的改进控制律

$$u_i=-\frac{1}{b_i}[c_i x_{i2}+f_i(\boldsymbol{x})-u_{\alpha i}+(k_\beta\mid u_{\alpha i}\mid+\beta_0)s_i+\hat{d}_i] \tag{4.5-39}$$

4.5.3.4 稳定性分析

滑模变结构控制系统的设计需要解决以下两个基本问题：1）到达条件 $s_i\dot{s}_i<0$，即滑动模态的存在性；2）滑动模态的稳定性。根据前面的设计思路，很容易得到以下结论：

定理 4－3 对于式（4.5－17）所示的非线性系统，当式（4.5－18）所示的假设条件满足时，对该系统施加式（4.5－39）和式（4.5－35）所示的模糊滑模控制律，则闭环系统的滑动模态存在且滑动模态渐近稳定。

证明：将式（4.5－39）所示的控制律代入式（4.5－21）可得

$$\dot{s}_i=u_{\alpha i}-(k_\beta\mid u_{\alpha i}\mid+\beta_0)s_i+(d_i-\hat{d}_i) \tag{4.5-40}$$

在模糊系统中，其输入输出关系的性质由模糊规则决定，对于式（4.5－35）所示的模糊调节律，显然有以下关系成立

$$\begin{cases}u_{\alpha i}=-\alpha_i<0, & \forall s_i>0\\ u_{\alpha i}=\alpha_i>0, & \forall s_i<0\end{cases} \tag{4.5-41}$$

根据 $\hat{d}_i$ 的确定过程，即式（4.5－25）可知

$$\text{当 } s_i>0 \text{ 时，有 } \hat{d}_i=d_{Ui}\text{，故 } d_i-\hat{d}_i\leqslant 0 \tag{4.5-42a}$$

$$\text{当 } s_i<0 \text{ 时，有 } \hat{d}_i=d_{Li}\text{，故 } d_i-\hat{d}_i\geqslant 0 \tag{4.5-42b}$$

根据式（4.5－41）和式（4.5－42）的性质，由式（4.5－40）即可得出结论：当

$s_i > 0$ 时，有 $\dot{s}_i < 0$；当 $s_i < 0$ 时，有 $\dot{s}_i > 0$。可见，在滑动面以外，到达条件 $s_i\dot{s}_i < 0$ 成立，即系统的运动将于有限时间内到达滑动模态 $s_i = 0$ 上。

根据定义，在滑动面上，$s_i = 0$。根据式（4.5-20）中所选取的切换函数可得 $c_i x_{i1} + \dot{x}_{i1} = 0$，显然，当 $c_i > 0$ 时，该滑动面上的运动是渐近稳定的。

4.5.3.5 数学仿真

利用数学仿真考察本小节给出的控制方法在南北位置保持机动时的控制效果。被控对象参数及仿真条件与 4.5.2 节完全相同。

控制器主要参数值如下

$$\boldsymbol{c} = [0.4 \quad 0.8 \quad 0.9]^{\mathrm{T}}, k_\beta = 0.5, \beta_0 = 0$$

仿真结果如图 4.5-7～图 4.5-9 所示。在整个仿真历程中，X 轴累积喷气时间为 89.5 s，Y 轴累积喷气时间为 3.5 s，Z 轴累积喷气时间为 62.0 s。与 4.5.2 节直接开关型 VSC 控制方法相比，本小节提出的脉冲调制型 VSC 在快速性提升的同时喷气消耗量却有所减少。综合来看，脉冲调制型 VSC 在精细化控制方面具有更好的性能。

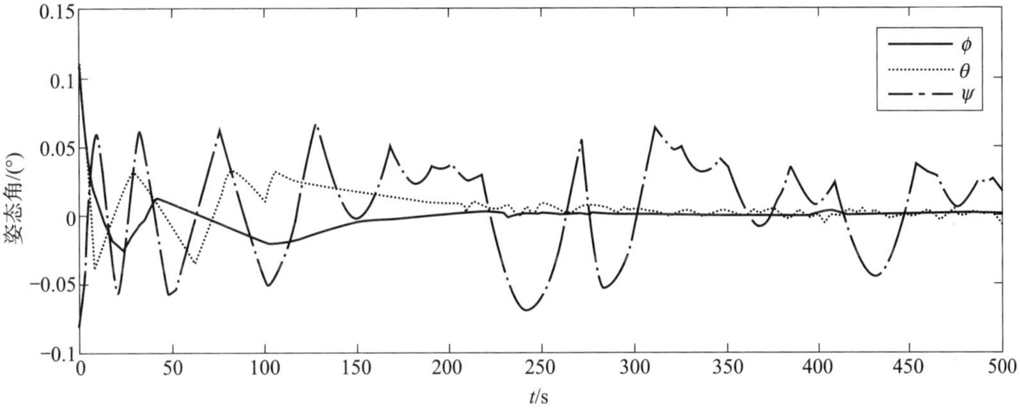

图 4.5-7 脉冲调制型 VSC 仿真曲线（姿态角）

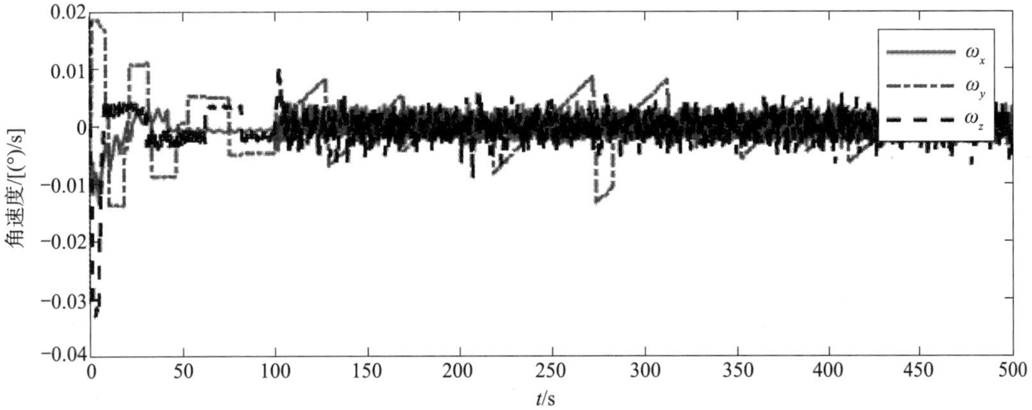

图 4.5-8 脉冲调制型 VSC 仿真曲线（角速度，见彩插）

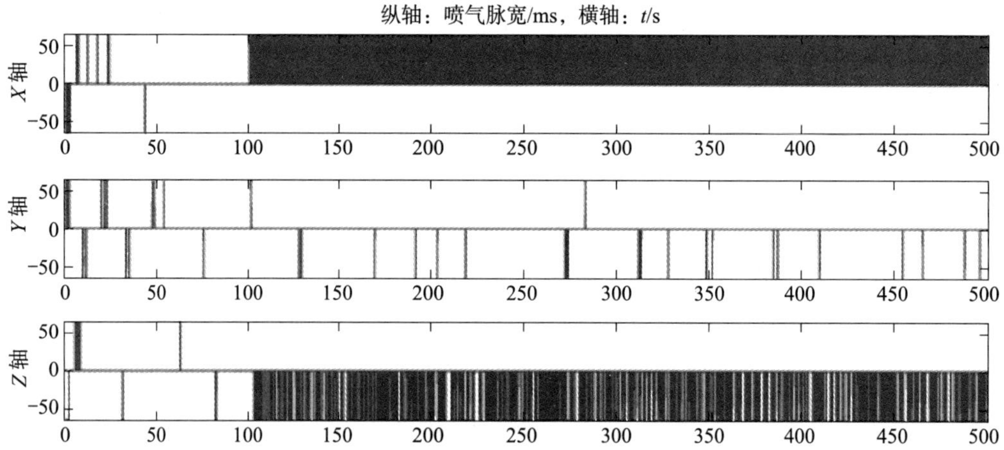

图 4.5－9 脉冲调制型 VSC 仿真曲线（喷气脉冲）

4.6 基于特征模型的喷气控制

4.6.1 方法概述

基于特征模型的智能自适应控制方法是吴宏鑫院士基于 20 多年的航天控制及工业过程控制工程实践，在研究和应用传统控制、自适应控制和智能控制的基础上，特别是在研究与发展**全系数自适应控制**的基础上，针对一般参数未知对象和具有不确定性大型复杂对象的实际控制问题，总结提炼出来的一套新型实用、系统性的控制理论和方法[15,49-51]。

基于特征模型的智能自适应控制理论和方法的基本特点是：从航天器和部分工业对象的物理机理、动力学特征和环境特征出发，结合控制目标与性能要求，建立其对象特征模型；以此特征模型为依据，利用已有的和新发展的控制理论及方法，特别是智能控制与自适应控制相结合的理论及方法，按照被控对象复杂程度和不同控制性能的要求，研究基于特征模型的自适应控制器设计理论和方法，研究由此控制器组成闭环系统的稳定性和目标可达性。

4.6.1.1 特征建模的定义及特性

所谓**特征建模**，就是将被控对象动力学特性、环境特征和控制性能要求相结合进行建模，而不仅仅是按照对象精确动力学分析建模[15,49]。

（1）对象动力学特征

对象动力学特征是指反映对象的运动与受力状态的特征。它包括系统基本结构特征和运动特性。系统基本结构特征是指：1）系统是线性（定常/时变）或非线性（定常/时变）特征；2）系统输出变量和输入控制量之间的关系度及阶次；3）系统是多变量还是单变量；4）系统结构本身的不确定性程度。运动特性是指：1）系统无控制量时本身的稳定性；2）是最小相位系统还是非最小相位系统；3）系统运动的滞后性；4）系统或内部加入控制力产生系统输出（或状态）的关系特征。

（2）环境特征

环境特征主要是指系统外部干扰的性质和程度。系统外部环境对系统结构与运动产生影响，例如飞行器在不同高度对应的大气密度对系统结构与运动有不同程度的干扰，这种干扰可能是长期干扰，也可能是短期干扰，可用数学方程描述，也可能不用数学方程描述。

（3）控制性能要求

控制系统设计时必须满足设定的控制目标和相关性能要求。控制目标是指被控对象输出的运动形式，如位置保持或位置跟踪；或者是要求控制系统满足某种要求，如节能减排等。控制性能是指：1）控制系统闭环稳定性、鲁棒性和适应性；2）控制系统输出误差，动、静品质及机动性。

特征模型应具有以下 5 个特性：

1）输出等价性。在同样允许输入控制作用下，对象特征模型和实际对象在输出上是等价的（即在动态过渡过程中两者输出之差能保持在允许的误差内），在稳定情况下，输出是相等的。

2）阶次决定性。特征模型的形式和阶次，除主要考虑对象动力学特征，如开环是否稳定、是否为非最小相位等条件外，主要取决于控制性能要求，首先是闭环稳定性和控制目标要求。

3）公式简易性。特征模型建立的数学式应比原对象动力学方程简单，易于控制器设计，工程实现容易、方便，一般情况下就是二阶或一阶变参数差分方程形式。

4）形式多样性。特征模型的形式可以是数学解析式、逻辑推理判断式、语言、图表等形式。对同一对象不同控制要求可以是二阶时变参数差分方程形式，也可以是一阶时变差分方程的形式或微分方程形式，还可以是带扩展状态估计的一阶、二阶差分方程形式。

5）与降阶模型的不同性。特征建模与传统降阶模型不同，尽管特征模型表面是把高阶模型变成低阶模型，但它并不丢失信息。它是把高阶模型有关信息都压缩到几个特征参量，或一个扩展状态估计中。一般情况下，特征模型用慢时变低阶差分方程描述。而降阶模型是低阶定常方程表达系统，它要丢掉高阶信息。

4.6.1.2　特征模型的分类

特征模型大致可分为确定性特征模型和智能性特征模型两大类[49]。

（1）确定性特征模型

确定性特征模型主要是针对那些能用明确的数学方程（其方程系数可以未知或已知）描述的对象，或物理机理非常明确的高阶复杂对象。确定性特征模型又可分为慢时变低阶差分方程形式的特征模型和可变结构的等式与不等式组合的特征模型两种形式。

1）慢时变低阶差分方程形式特征模型是对于连续可微的线性定常系统、线性时变系统、非线性定常系统和非线性时变系统，根据控制性能要求，建立一个相对不同对象的慢时变低阶差分方程形式的特征模型，或者建立适应不同运动区域的多个简单特征模型的切换组合特征模型。

2）可变结构的等式与不等式组合特征模型是对于那些不连续、非线性、变结构的对象，按照控制性能要求建立模型结构可变化的特征模型，它可以由切换形式或切换参数的差分方程组或不等式逻辑判别式组成。

上述特征模型可以通过对原对象动力学方程进行数学变换和推导获得，也可以直接构造获得。

（2）智能性特征模型

智能性特征模型主要是针对那些目前无法用明确的数学方程描述且带有不确定因素的复杂对象，它包含综合智能特征模型和基于物理机理的特征参量模型。

1）综合智能特征模型主要针对线性和非线性组合、多平衡点等复杂对象进行建模研究，如电解铝生产过程、生命系统工程、社会经济控制等复杂系统。

2）基于物理机理的特征参量模型主要针对物理机理明确、控制变量与输出变量之间的特征关系难以用动力学方程形式直接描述的复杂对象。对于专家经验和机理分析都清楚的对象，可以直接建立特征参量模型，如摆动扫描频率跟踪控制。

基于特征模型的智能自适应控制方法自提出以来，在理论和应用上均取得了重要进展，取得了一批丰硕成果。该方法在航天工程实践中的典型成果有：1）应用于“神舟飞船”返回再入控制中，其开伞落点控制精度达到世界先进水平；2）应用于“神舟飞船”和“天宫一号”空间实验室交会对接控制中，解决了帆板挠性大、羽流干扰严重、系统时延大、姿态和轨道耦合等一系列问题，实现了两航天器相对位置和相对姿态的高精度控制；3）在“嫦娥五号”返回试验器和新一代载人飞船试验船中也得到了成功应用，各项控制指标达到世界先进水平。

4.6.2 基于特征建模的控制方法设计要点

4.6.2.1 特征建模[15,49]

以单输入/单输出线性定常系统为例，介绍特征建模的原理要点。对于线性时变系统，以及部分非线性系统，在满足一定条件的前提下，也可建立相应的特征模型，详见文献[15]。

工程上常见的线性定常 n 阶对象的传递函数为

$$G(s)=\frac{b_m s^m+b_{m-1}s^{m-1}+\cdots+b_1 s+b_0}{s^n+a_{n-1}s^{n-1}+\cdots+a_1 s+a_0} \tag{4.6-1}$$

若可分解为

$$G(s)=\left(\frac{k_{v1}}{s}+\frac{k_{v2}}{s^2}\right)+\sum_{i=1}^{m_0}\frac{k_i}{s+\lambda_i}+\sum_{i=1}^{h}\left(\frac{k_{p+i}}{s+\lambda_{p+i}}+\frac{\bar{k}_{p+i}}{s+\bar{\lambda}_{p+i}}\right)+\sum_{i=1}^{p}\frac{k_{wi}}{(s+w_i)^2} \tag{4.6-2}$$

则在满足一定采样周期 t_s 的条件下，当要实现位置保持或位置跟踪控制时，其特征模型可用以下二阶时变（或变参数）差分方程来描述

$$y_C(k+1)=f_1(k)y(k)+f_2(k)y(k-1)+g_0(k)u(k)+g_1(k)u(k-1) \tag{4.6-3a}$$

式中　$u(k)$ ——系统控制输入；

$y_C(k+1)$ ——特征模型输出；

$y(k)$，$y(k-1)$ ——系统实际输出；

系数 $f_1(k)$，$f_2(k)$，$g_0(k)$，$g_1(k)$ ——特征模型的特征参量。

若式（4.6-1）中分子分母相对阶差 $n-m \geqslant 2$，则 $g_1(k)=0$，特征模型方程为

$$y_C(k+1)=f_1(k)y(k)+f_2(k)y(k-1)+g_0(k)u(k) \qquad (4.6-3b)$$

当对象 $G(s)$ 开环稳定或包含积分环节，则

1）式（4.6-3）的 $f_i(k)$，$g_i(k)$ 是慢时变的；

2）系数 $f_i(k)$，$g_i(k)$ 的范围可事先确定；

3）在动态过程中，在同样的输入控制 u 作用下，特征模型的输出 $y_C(k+1)$ 与实际对象输出 $y(k+1)$ 是等价的（适当选取采样周期可以保证输出误差在允许范围之内）；在稳定情况下，式（4.6-3）所示特征模型的静态增益 D_C 与式（4.6-1）所示原对象的静态增益（$D=b_0/a_0$）是相等的，即稳态情况下输出相等。

4）当对象静态增益 $D=1$ 时，在稳态情况下特征模型的系数之和等于 1，即

$$f_1(\infty)+f_2(\infty)+g_0(\infty)+g_1(\infty)=1$$

5）对象具有积分环节时，有

$$f_1(\infty)+f_2(\infty)=1$$

4.6.2.2　参数估计

建立了对象的特征模型之后，需要解决模型参数的估计问题。特征模型的参数估计具有以下特点[49]：

1）特征模型参数通过在线获得，属于闭环辨识问题，所用输入输出数据一般不满足持续激励条件。

2）特征模型参数估计的目的是控制，估计参数即为控制器的自适应调节参数，因此参数估计的效果评估不仅依赖于模型估计误差（特征模型与对象实际输出之差），而且依赖于控制误差。

3）对于大多数实际工程对象，特征模型参数具有一定的结构信息以及状态信息。

常规系统中的参数辨识与估计方法大部分皆可用于特征模型参数估计。当然，考虑到控制误差也反映参数估计效果，为了提高估计效果应当将控制误差作为一个要素引入估计算法中。为了简单起见，这里只介绍两种经典估计方法：带遗忘因子的最小二乘法、投影梯度法。特征模型方程如式（4.6-3b）所示。参数范围满足以下闭凸集条件

$$\overline{\Omega}=\left\{[f_1 \quad f_2 \quad g_0]^{\mathrm{T}} \in \mathbb{R}^3 \left| \begin{array}{c} f_1 \in [2-t_sL-t_s^2L,\ 2+t_sL+t_s^2L] \\ f_2 \in [-1-t_sL,\ -1+t_sL] \\ g_0 \in [\underline{g}t_s^2,\ \bar{g}t_s^2] \end{array} \right. \right\} \qquad (4.6-4)$$

式中　t_s ——采样周期；

L ——Lipschitz 常数；

$\bar{g}$，$\underline{g}$ ——控制增益函数的上界、下界。

记参数向量为

$$\boldsymbol{\theta}(k)=[f_1(k)\quad f_2(k)\quad g_0(k)]^{\mathrm{T}}$$

数据向量为

$$\boldsymbol{\Phi}(k)=[y(k)\quad y(k-1)\quad u(k)]^{\mathrm{T}}$$

则特征模型可记为

$$y(k+1)=\boldsymbol{\theta}^{\mathrm{T}}(k)\boldsymbol{\Phi}(k)$$

（1）带遗忘因子的最小二乘法

带遗忘因子的递推最小二乘法具有较快的收敛速度和较强的抗噪声干扰能力，是一种比较主流的估计算法，在控制及信号处理领域应用广泛。算法表达式为

$$\begin{cases}\hat{\boldsymbol{\theta}}(k)=\hat{\boldsymbol{\theta}}(k-1)+\boldsymbol{K}(k)[y(k)-\boldsymbol{\theta}^{\mathrm{T}}(k-1)\boldsymbol{\Phi}(k-1)]\\ \boldsymbol{K}(k)=\dfrac{\boldsymbol{P}(k-1)\boldsymbol{\Phi}^{\mathrm{T}}(k)}{\mu+\boldsymbol{\Phi}(k)^{\mathrm{T}}\boldsymbol{P}(k-1)\boldsymbol{\Phi}(k)}\\ \boldsymbol{P}(k)=\dfrac{1}{\mu}[\boldsymbol{I}-\boldsymbol{K}(k)\boldsymbol{\Phi}^{\mathrm{T}}(k)]\boldsymbol{P}(k-1)\end{cases}\tag{4.6-5}$$

式中　μ ——遗忘因子，取值范围一般为 [0.9，1]；

矩阵 $\boldsymbol{P}$ ——初值一般取 $\boldsymbol{P}(0)=\upsilon\boldsymbol{I}$，$\upsilon$ 为充分大的正实数。

（2）投影梯度法

投影梯度法相对最小二乘法收敛速度较慢，对噪声较为敏感，但因其形式简单而广泛用于各类参数估计中。

$$\hat{\boldsymbol{\theta}}(k)=P_{\overline{\Omega}}\left\{\hat{\boldsymbol{\theta}}(k-1)+\frac{\boldsymbol{\Phi}(k-1)}{c+\boldsymbol{\Phi}^{\mathrm{T}}(k-1)\boldsymbol{\Phi}(k-1)}[y(k)-\hat{\boldsymbol{\theta}}(k-1)\boldsymbol{\Phi}(k-1)]\right\}\tag{4.6-6}$$

式中　c ——可调参数；

$P_{\overline{\Omega}}\{\cdot\}$ ——投影算子，表示在闭凸集 $\overline{\Omega}$ 上做正交投影。

4.6.2.3　基于特征模型的自适应控制律

基于特征模型的自适应控制方法的控制结构图如图 4.6-1 所示[15]。

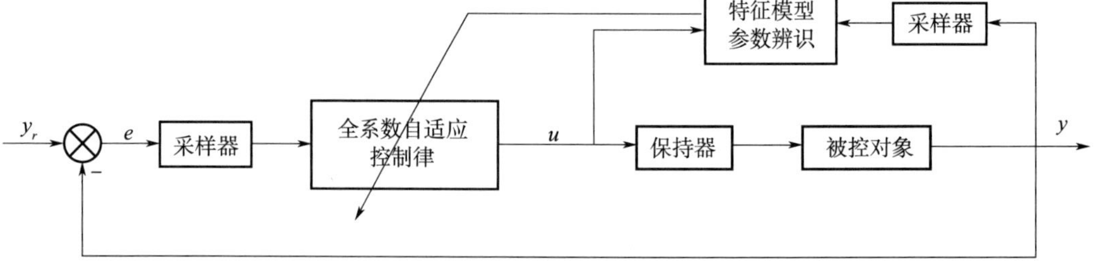

图 4.6-1　基于特征模型的自适应控制方法的控制结构图

其中，基于特征模型的自适应控制律通常包含维持/跟踪控制律、黄金分割自适应控制律、逻辑积分控制律和逻辑微分控制律 4 个部分[15]，具体如下：

（1）维持/跟踪控制律

$$u_0(k)=\frac{y_r(k+1)-\hat{f}_1(k)y_r(k)-\hat{f}_2(k)y_r(k-1)}{\hat{g}_0(k)+\lambda} \tag{4.6-7}$$

式中　$\hat{f}_1(k)$，$\hat{f}_2(k)$，$\hat{g}_0(k)$ —— k 时刻特征参量的估计值；

$y_r(k)$ ——参考输出；

$\lambda>0$——可调正常数。

（2）黄金分割自适应控制律

$$u_G(k)=-\frac{l_1\hat{f}_1(k)e(k)+l_2\hat{f}_2(k)e(k-1)}{\hat{g}_0(k)+\lambda} \tag{4.6-8}$$

式中　$e(k)=y(k)-y_r(k)$ ——输出跟踪误差；

$l_1=0.382$，$l_2=0.618$——黄金分割系数。

（3）逻辑积分控制律

$$\begin{aligned}&u_I(k)=cu_I(k-1)+k_Ie(k)\\&k_I=\begin{cases}k_1,e(k)[e(k)-e(k-1)]-\Delta\leqslant 0\\k_2,e(k)[e(k)-e(k-1)]-\Delta>0\end{cases}\end{aligned} \tag{4.6-9}$$

式中　$k_2>k_1>0$——积分系数；

Δ ——一小正数，$c\in\{-1,\ 0,\ 1\}$。

（4）逻辑微分控制律

$$\begin{cases}u_D=k_d[e(k)-e(k-1)]\\k_d=c_d\sqrt{\sum_{i=1}^{N}|e(k-N+i)-e(k-N+i-1)|}\end{cases} \tag{4.6-10}$$

式中　c_d ——可调参数。

在实际的控制算法中，一般选取维持/跟踪控制律、黄金分割自适应控制律、逻辑积分控制律和逻辑微分控制律的组合或者部分组合来进行控制，需要根据实际被控对象进行确定。

4.6.3 基于特征建模的喷气控制

4.6.3.1 控制律设计

将式（4.4-4）进行进一步整理，可以得到以下的等价形式

$$\ddot{\boldsymbol{X}}=\boldsymbol{M}(\boldsymbol{X},t)\dot{\boldsymbol{X}}+\boldsymbol{N}(t)\boldsymbol{U}_{prm}+\boldsymbol{G}(t) \tag{4.6-11}$$

式中，$\boldsymbol{M}(\boldsymbol{X},\ t)$，$\boldsymbol{N}(t)$，$\boldsymbol{G}(t)$ 均为变形整理后的时变非线性函数向量。

根据特征建模机理，在系统采样周期 t_s 情况下，可对式（4.6-11）建立相应离散形式的特征模型

$$\boldsymbol{X}(k+1)=\boldsymbol{f}_1(k)\boldsymbol{X}(k)+\boldsymbol{f}_2(k)\boldsymbol{X}(k-1)+\boldsymbol{g}_0(k)\boldsymbol{U}_{prm}(k)+\boldsymbol{g}_1(k)\boldsymbol{U}_{prm}(k-1)+\boldsymbol{d}(t) \tag{4.6-12}$$

式中，系数矩阵 $\boldsymbol{f}_1(k)$，$\boldsymbol{f}_2(k)$，$\boldsymbol{g}_0(k) \in \mathbb{R}^{3\times 3}$。

当对象为最小相位系统或某些弱非最小相位系统时，在工程上为了简化方便，一般只取一个 $\boldsymbol{g}(k)$ 即可，即

$$\boldsymbol{X}(k+1)=\boldsymbol{f}_1(k)\boldsymbol{X}(k)+\boldsymbol{f}_2(k)\boldsymbol{X}(k-1)+\boldsymbol{g}_0(k)\boldsymbol{U}_{prm}(k)+\boldsymbol{d}(t) \tag{4.6-13}$$

对式（4.6－13）采用以下离散化方法来近似分析各参数特性

$$\ddot{\boldsymbol{X}}=\frac{\boldsymbol{X}(k+1)-2\boldsymbol{X}(k)+\boldsymbol{X}(k-1)}{t_s^2},\ \dot{\boldsymbol{X}}=\frac{\boldsymbol{X}(k)-\boldsymbol{X}(k-1)}{t_s}$$

则有

$$\boldsymbol{f}_1(k)=2\boldsymbol{I}+t_s\boldsymbol{M}(X,t),\ \boldsymbol{f}_2(k)=-\boldsymbol{I}+t_s\boldsymbol{M}(X,t)$$

$$\boldsymbol{g}_0(k)=t_s^2\boldsymbol{N}(t),\ \boldsymbol{d}(t)=t_s^2\boldsymbol{G}(t)$$

考虑到采样时间 t_s 为一小量，则 $\boldsymbol{d}(t)\approx\boldsymbol{0}$。

由于被控对象采用喷气进行控制，因此，在这里控制率选择采用“黄金分割＋逻辑微分”控制形式，即 $u=u_G+u_D$，它可以有效地保证控制系统的稳定效果和控制效果。

4.6.3.2 数学仿真

以一类带有两个串联推进剂贮箱、两翼挠性太阳帆板的静止轨道卫星为假想对象，进行基于特征建模的远地点变轨喷气姿态控制方法仿真验证。

在数学仿真中，假设干星的惯量、质量及帆板（远地点变轨时两翼各只展开一块）挠性模态频率等参数设置为

$$\boldsymbol{J}_d=\begin{bmatrix}9\,000 & 20 & -400\\ 20 & 5\,000 & 150\\ -400 & 150 & 7\,000\end{bmatrix}\mathrm{kg\cdot m^2}$$

$$m_d=2\,000\ \mathrm{kg}$$

$$\boldsymbol{\Lambda}_1=\boldsymbol{\Lambda}_2=\mathrm{diag}\{0.2,0.4,1.1,1.3,3.3\}\ \mathrm{Hz}$$

在变轨过程中，考虑以下几种干扰力矩：1）远地点发动机点火产生的干扰力矩，三轴分别为[4.0，4.0，0.1]N·m；2）太阳光压力矩，缓慢变化，最大值约为 1×10^{-4} N·m；3）其他干扰力矩，假设为零均值、均方差 2×10^{-4} N·m 的白噪声。

其他仿真条件同 4.3.5 节。从 100 s 开始远地点发动机点火，持续 450 s 后停止点火，总时长 700 s。选取两组不同的遗忘因子 λ 分别进行仿真。

(1) $\lambda=0.001$ 时

仿真结果如图 4.6－2～图 4.6－4 所示。由仿真结果统计可知，在 700 s 内三轴姿态控制累积喷气时间为 181.6 s、86.0 s、6.9 s。

(2) $\lambda=0.000\,1$ 时

仿真结果如图 4.6－5～图 4.6－7 所示。由仿真结果统计可知，在 700 s 内三轴姿态控制累积喷气时间为 186.3 s、90.1 s、17.5 s。

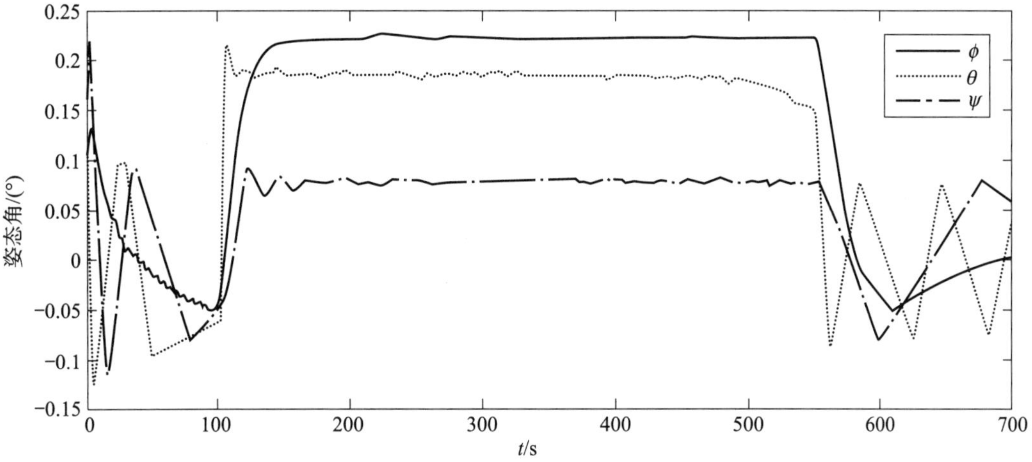

图 4.6－2　基于特征模型喷气控制仿真曲线（情况一，姿态角）

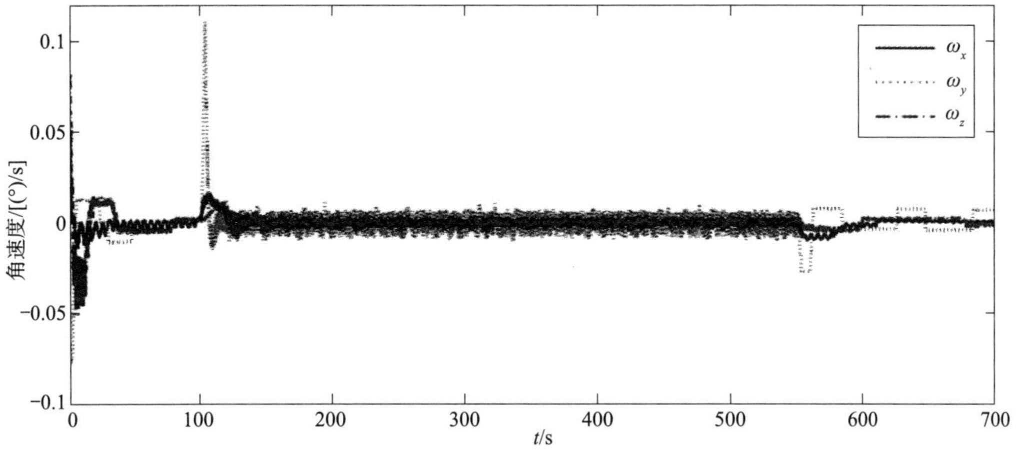

图 4.6－3　基于特征模型的喷气控制仿真曲线（情况一，姿态角速度，见彩插）

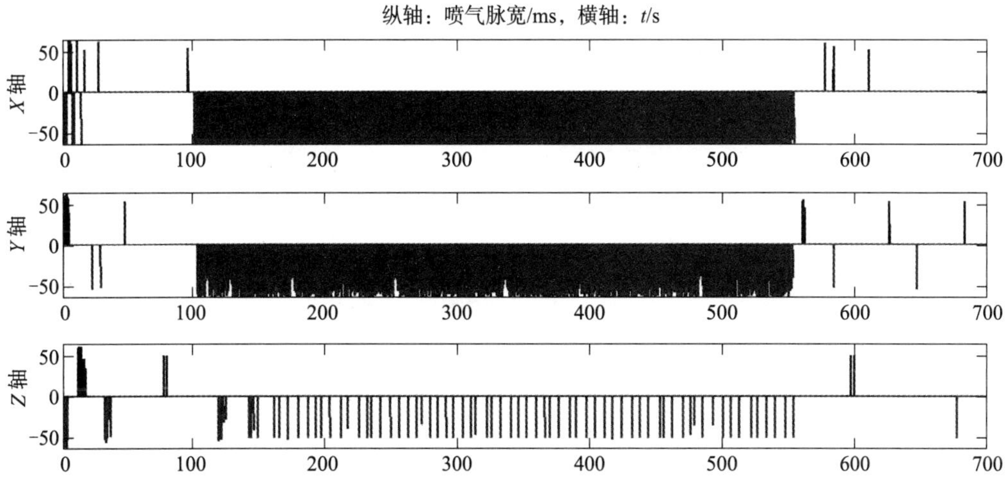

图 4.6－4　基于特征模型的喷气控制仿真曲线（情况一，喷气脉冲）

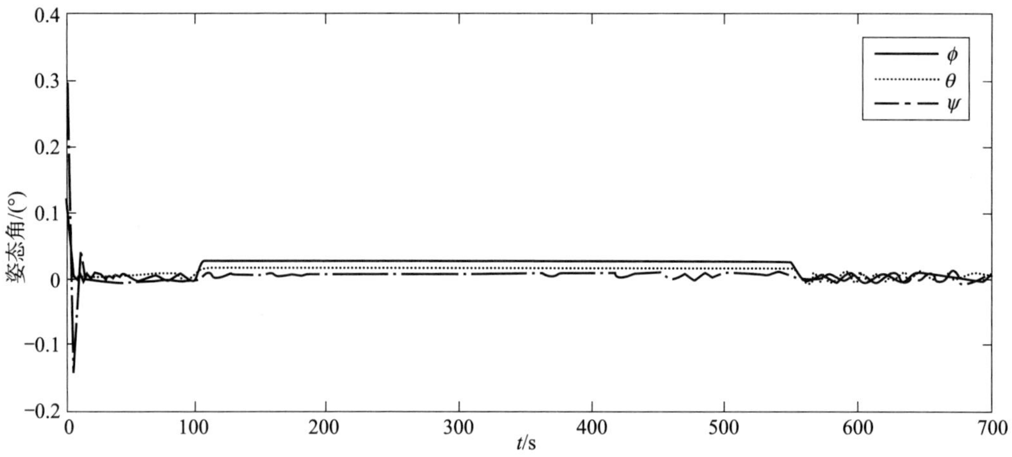

图 4.6-5　基于特征模型的喷气控制仿真曲线（情况二，姿态角）

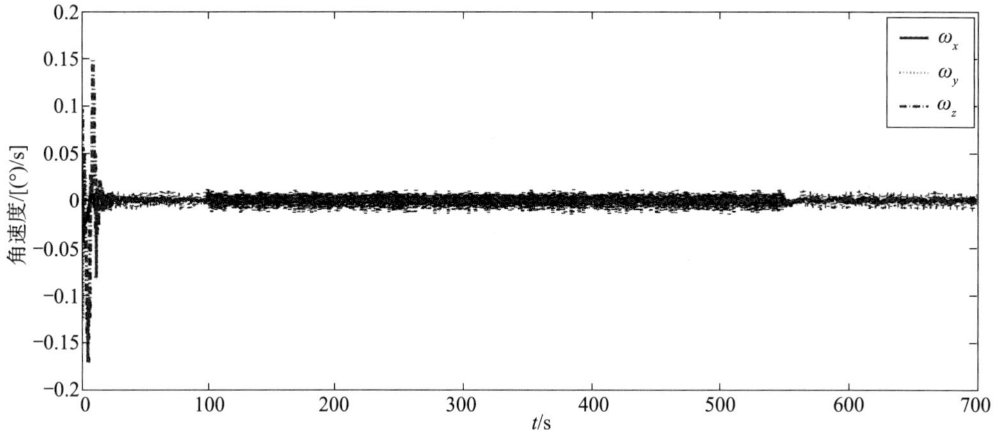

图 4.6-6　基于特征模型的喷气控制仿真曲线（情况二，姿态角速度，见彩插）

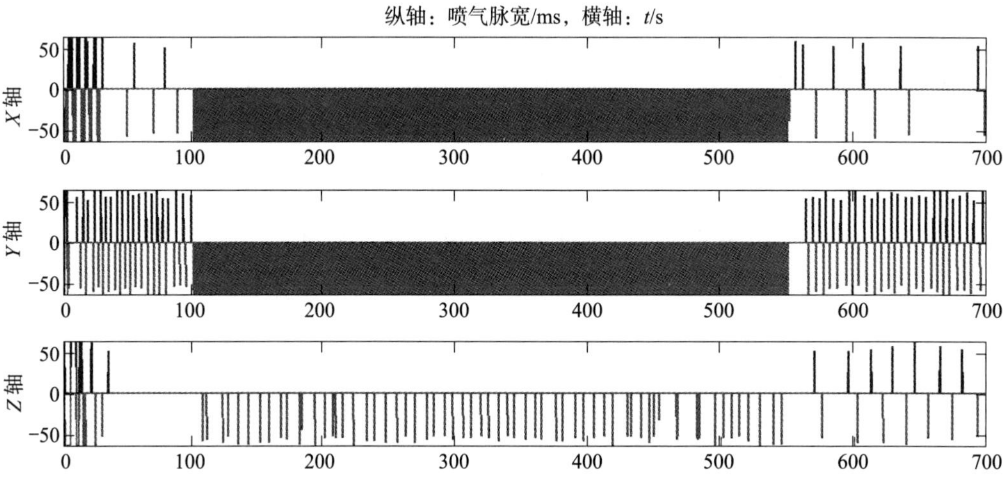

图 4.6-7　基于特征模型的喷气控制仿真曲线（情况二，喷气脉冲）

通过仿真结果可以看出，当遗忘因子 λ 选取不同数值时，基于特征模型的自适应喷气姿态控制效果略有差异。总体而言，控制器在超调量、过渡过程时间、稳态精度等方面的综合控制效果是比较好的。

4.7　基于喷气的姿态快速机动控制

4.7.1　概述

姿态机动是指从一种已知姿态控制到另一种指定姿态的过程。姿态机动可分为姿态重定向和姿态跟踪机动两类。从控制原理看，姿态重定向属于调节控制，姿态跟踪机动属于跟踪（随动）控制。

姿态重定向控制的输入为相对参考系的固定目标姿态，对机动过程中的控制性能一般不做要求，而是更关注机动工程中的能量消耗和时间花销。为了在给定时间内到达目标姿态并尽快稳定以满足载荷工作需要，同时考虑系统姿态测量、控制执行与航天器动力学特性等实际约束，一般需要根据星体初始姿态与目标姿态对机动过程进行规划，以使星体由初始姿态平稳地过渡到目标姿态。

姿态跟踪机动控制的输入为动态变化的目标姿态轨迹。该目标姿态轨迹通常是未知的，因此无法事先进行姿态路径规划。

可见，卫星姿态跟踪机动控制与常规控制系统的跟踪控制并无太大区别。因此，卫星姿态机动主要特指姿态重定向。在本书中，如无特别说明，姿态机动即指姿态重定向。与常规控制系统相比，卫星姿态机动（重定向）控制有其特殊性，主要体现在：1）机动过程通常受执行器和敏感器的约束，2）对能量或时间有较强限制。因此，卫星姿态机动是执行受限或测量受限条件下的多目标多约束控制。

对于遥感卫星，出于观测需要，姿态机动往往是比较频繁的。对于通信卫星，在天线方向图测试、平台对日捕获等场合，通常需要进行姿态机动。对于电子侦察、空间态势感知与对抗等军事卫星，姿态机动能力通常是必备要求。

姿态机动设计主要考虑以下 3 方面问题：

1）执行机构选择；

2）机动路径规划；

3）控制律设计。

对于静止轨道卫星姿态机动，其执行机构主要是化学推力器（喷气控制）和动量轮（角动量交换控制）两种。本节阐述基于喷气的姿态机动控制，5.6 节将阐述基于角动量交换的姿态机动控制。机动路径规划和机动控制律设计是需要重点研究的。其中，机动路径规划将在 4.7.2 节阐述；而机动控制律设计将按照喷气控制和角动量交换控制的不同，分别在本章和第 5 章中进行阐述。

在姿态机动中，为了避免运动学奇异问题，通常采用基于误差四元数的姿态控制律。

4.7.2 姿态机动路径规划

路径规划是卫星机动控制设计中的一项重要内容。这里只介绍与姿态机动对应的**姿态路径规划**，与轨道机动对应的**轨道路径规划**不在本章范围内。

在卫星姿态机动过程中，如果直接给控制系统输入三轴目标姿态指令，相当于给执行器一个较大的脉冲激励，会使卫星产生较大的突变角加速度和角速度。过大的角加速度会造成与卫星中心刚体耦合的太阳帆板等挠性附件强烈振动，严重干扰卫星姿态，使姿态指向很难迅速稳定以达到载荷工作要求，极端情况下还可能造成挠性附件的断裂。另外，控制力矩也可能超出执行机构的最大输出能力，而姿态角速度也可能超出陀螺的测量范围。因此，在大角度姿态机动时，合理的姿态机动路径规划是必要的[52]。

卫星姿态机动路径规划就是在给定的执行器力矩输出范围及敏感器测量范围的约束条件下，在保证姿态快速机动的同时，使切换过程末期和稳定过程初期的姿态稳定度尽可能高，且姿态控制精度满足给定的指标要求。为了控制卫星按照姿态机动轨迹飞行，通常将姿态轨迹参数与控制器参数共同作为设计变量，确保卫星能够精确跟踪规划出的复杂动作序列[53,54]。

4.7.2.1 路径规划形式

姿态机动路径规划根据路径形式可以分为梯形路径、S形路径、多项式路径等。

（1）梯形路径规划

梯形路径规划又称为 Bang－Coast－Bang 规划。它将卫星机动过程的角速度变化分解为 3 个过程，先恒加速，再匀速，最后恒减速到目标角速度。根据加减速阶段角速度的不同，梯形路径又可以分为等腰梯形路径和非等腰梯形路径[55]。

（2）S形路径规划

S形路径规划是在执行器、敏感器和挠性附件等多方面约束条件下，采用多目标优化算法求取机动路径参数，实现在约束下的快速机动，但路径形式复杂且对执行器要求较高。

（3）多项式路径规划

多项式路径规划是在初始和结束角速度、角加速度为零的约束下，求取路径规划参数的具体步骤和最小机动时间。多项式路径规划实现过程相对复杂，按可以有效消除姿态快速机动过程中挠性帆板产生的振动影响[56]。

在姿态机动路径规划中，一般采用足够光滑的特征曲线将初始姿态与目标姿态过渡连接起来，从而将姿态指向调节问题转化为姿态轨迹跟踪问题[57]。

由欧拉定理可知，刚体绕固定点的任意位移可由绕通过此点的某一轴转过一角度而得到。不妨假设，星体初始姿态四元素为 $\boldsymbol{q}_0$，目标姿态四元素为 $\boldsymbol{q}_t$，则存在固定转轴 $\boldsymbol{e}$ 及转角 χ_m，使得卫星由初始姿态绕转轴转到目标姿态。由 $\boldsymbol{q}_0$ 与 $\boldsymbol{q}_t$ 可算得姿态机动四元素 $\boldsymbol{q}_m$ 为

$$\boldsymbol{q}_m = \boldsymbol{q}_0^{-1} \otimes \boldsymbol{q}_t \tag{4.7-1}$$

记 $\boldsymbol{q}_m$ 的标量部分为 q_{m4}，矢量部分为 $\boldsymbol{q}_{mv}$，当初始姿态与目标姿态不重合时，可由 $\boldsymbol{q}_m$ 计算得到转角 χ_m 及转轴 $\boldsymbol{e}$ 为

$$\chi_m = 2\arccos(q_{m4}),\ \boldsymbol{e} = \frac{1}{\sin(\chi_m/2)}\boldsymbol{q}_{mv} \tag{4.7-2}$$

将姿态机动的三轴姿态轨迹规划问题转为对转角 θ_m 的一维变量规划，规划得到的转角时间历程 $\chi(t)$ 为足够光滑的曲线，且需满足以下边界约束条件

初值条件：$\chi(t_0)=0$，$\dot{\chi}(t_0)=0$；

终端条件：$\chi(t_m)=\chi_m$，$\dot{\chi}(t_m)=0$。

其中，t_0 和 t_m 分别为机动开始时刻与机动到位时刻。

由于星体姿态机动能力受角速度测量、执行机构力矩输出及角动量等限制，欧拉转角时间历程 $\chi(t)$ 还需满足

$$\max_{t\in[t_0,t_m]}|\dot{\chi}(t)| \leqslant \omega_{\max},\quad \max_{t\in[t_0,t_m]}|\ddot{\chi}(t)| \leqslant a_{\max}$$

式中，$\omega_{\max}$，$a_{\max}>0$。

针对工程实际应用及系统实现，轨迹规划选取特征曲线时除了便于考虑工程约束条件外，还希望尽量得到 $\chi(t)$、$\dot{\chi}(t)$ 和 $\ddot{\chi}(t)$ 的解析式。

4.7.2.2　路径规划加速度方式

(1) 定常加速度方式

定常加速度方式的轨迹为在控制受限下的时间最优 Bang - Coast - Bang (BCB) 轨迹。将机动轨迹按角速度变化分为加速、匀速和减速 3 个阶段，加速段角加速度采用大于零的常值 $a_{\max}$，匀速段角加速度为零，减速段角加速度为负向最大加速度 $-a_{\max}$。

机动过程中欧拉转角的加速度 $\ddot{\chi}(t)$ 为

$$\ddot{\chi}(t)=\begin{cases} a_{\max}, & t\in[t_0,t_1) \\ 0, & t\in[t_1,t_2) \\ -a_{\max}, & t\in[t_2,t_3) \end{cases} \tag{4.7-3}$$

机动过程中欧拉转角的角度 $\chi(t)$ 为

$$\chi(t)=\begin{cases} \dfrac{1}{2}a_{\max}t^2, & t\in[t_0,t_1) \\ a_{\max}t_1t-\dfrac{1}{2}a_{\max}t_1^2, & t\in[t_1,t_2) \\ -\dfrac{1}{2}a_{\max}t^2+a_{\max}(t_1+t_2)t-\dfrac{1}{2}a_{\max}(t_1^2+t_2^2), & t\in[t_2,t_3) \end{cases} \tag{4.7-4}$$

除姿态机动开始时刻 t_0 外，其他时间特征参量根据欧拉转角 χ_m 与约束条件 $\omega_{\max}$、$a_{\max}$ 自主计算得到。

整个轨迹相关参量如图 4.7-1 所示。

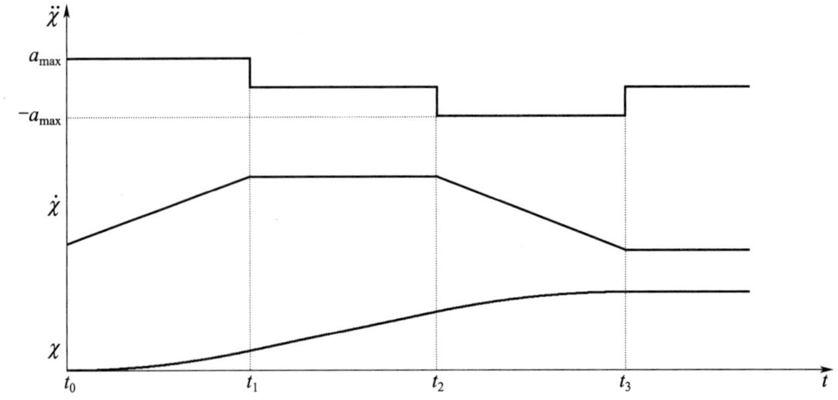

图 4.7-1　定常加速度轨迹曲线

(2) 正弦加速度方式

按角速度变化可分为加速、匀速和减速 3 个阶段，其中，加速段和减速段的角加速度为正弦函数形式，最大角加速度幅值为 a_{max}，匀速段加速度为零。

轨迹中包含 4 个时间特征参量，其满足

$$t_1 - t_0 = t_3 - t_2 = \frac{T_{sin}}{2}$$

式中　T_{sin} ——设定参数。

机动过程中欧拉转角的加速度 $\ddot{\chi}(t)$ 为

$$\ddot{\chi}(t) = \begin{cases} a_{max}\sin\left[\dfrac{2\pi}{T_{sin}}(t-t_0)\right], & t \in [t_0, t_1) \\ 0, & t \in [t_1, t_2) \\ -a_{max}\sin\left[\dfrac{2\pi}{T_{sin}}\left(t-t_2+\dfrac{1}{2}T_{sin}\right)\right], & t \in [t_2, t_3) \end{cases} \tag{4.7-5}$$

机动过程中欧拉转角的角度 $\chi(t)$ 为

$$\chi(t) = \begin{cases} a_{max}\dfrac{T_{sin}^2}{4\pi^2}\sin\left[\dfrac{2\pi}{T_{sin}}(t-t_0)\right] + a_{max}\dfrac{T_{sin}t}{2\pi}, & t \in [t_0, t_1) \\ a_{max}\dfrac{T_{sin}t}{\pi}\left(1-\dfrac{t_1}{2}\right), & t \in [t_1, t_2) \\ -a_{max}\dfrac{T_{sin}^2}{4\pi^2}\sin\left[\dfrac{2\pi}{T_{sin}}\left(t-t_2+\dfrac{T_{sin}}{2}\right)\right] + a_{max}\dfrac{T_{sin}}{2\pi}(t-t_1+t_2), & t \in [t_2, t_3) \end{cases} \tag{4.7-6}$$

同前，除姿态机动开始时刻 t_0 外，其他时间特征参量自主计算得到。整个轨迹相关参量如图 4.7-2 所示。

(3) 混合正弦加速度方式

混合正弦加速度轨迹根据速度变化可分为加速、匀速和减速 3 个阶段。再考虑在加速阶段和减速阶段中包含加速度幅值增加、加速度幅值恒定与加速度幅值减小 3 个子阶段。

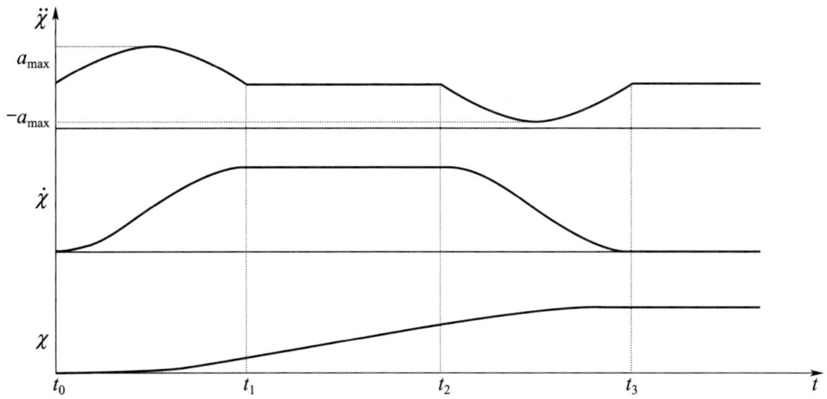

图 4.7－2　正弦加速度轨迹曲线

轨迹中包含 8 个时间点，其满足

$$t_1-t_0=t_3-t_2=t_5-t_4=t_7-t_6=\frac{T_{\sin}}{4}$$

式中　$T_{\sin}$——设定参数。

各阶段的角加速度 $\ddot{\chi}(t)$ 为

$$\ddot{\chi}(t)=\begin{cases}a_{\max}\sin\left[\dfrac{2\pi}{T_{\sin}}(t-t_0)\right], & t\in[t_0,t_1)\\ a_{\max}, & t\in[t_1,t_2)\\ a_{\max}\sin\left[\dfrac{2\pi}{T_{\sin}}\left(t-t_2+\dfrac{1}{4}T_{\sin}\right)\right], & t\in[t_2,t_3)\\ 0, & t\in[t_3,t_4)\\ a_{\max}\sin\left[\dfrac{2\pi}{T_{\sin}}(t-t_0-\Delta t_2-\Delta t_1)\right], & t\in[t_4,t_5)\\ -a_{\max}, & t\in[t_5,t_6)\\ a_{\max}\sin\left[\dfrac{2\pi}{T_{\sin}}(t-t_0-\Delta t_2-2\Delta t_1)\right], & t\in[t_6,t_7)\end{cases}\tag{4.7-7}$$

式中，$t_2-t_1=t_6-t_5=\Delta t_1$，$t_4-t_3=\Delta t_2$。

各阶段的角度 $\chi(t)$ 为

$$
\chi(t)=\begin{cases}
-a_{\max}\dfrac{T_{\sin}^2}{4\pi^2}\sin\left[\dfrac{2\pi}{T_{\sin}}(t-t_0)\right]+a_{\max}\dfrac{2\pi}{T_{\sin}}t, & t\in[t_0,t_1) \\
\dfrac{1}{2}a_{\max}(t^2+t_1^2)+a_{\max}t\left(\dfrac{T_{\sin}}{2\pi}-t_1\right)-a_{\max}\dfrac{T_{\sin}^2}{4\pi^2}, & t\in[t_1,t_2) \\
-a_{\max}\dfrac{T_{\sin}^2}{4\pi^2}\sin\left[\dfrac{2\pi}{T_{\sin}}\left(t-t_2+\dfrac{T_{\sin}}{4}\right)\right]+a_{\max}t\left(t_2+\dfrac{T_{\sin}}{2\pi}-t_1\right)+\dfrac{1}{2}a_{\max}(t_1^2-t_2^2), & t\in[t_2,t_3) \\
a_{\max}t\left(t_2+\dfrac{T_{\sin}}{\pi}-t_1\right)+\dfrac{1}{2}a_{\max}(t_1^2-t_2^2), & t\in[t_3,t_4) \\
-a_{\max}\dfrac{T_{\sin}^2}{4\pi^2}\sin\left[\dfrac{2\pi}{T_{\sin}}(t-t_0-\Delta t_1-\Delta t_2)\right]+a_{\max}t\left(t_2-t_1+\dfrac{T_{\sin}}{2\pi}\right)+ & \\
\dfrac{1}{2}a_{\max}\left[t_1^2-t_2^2-\dfrac{T_{\sin}(t_3-t_4)}{\pi}\right], & t\in[t_4,t_5) \\
-\dfrac{1}{2}a_{\max}t^2-a_{\max}t\left(t_5+t_2-t_1+\dfrac{T_{\sin}}{2\pi}\right)+a_{\max}\left[\dfrac{T_{\sin}^2}{4\pi^2}-\dfrac{t_5^2+t_2^2-t_1^2}{2}+\dfrac{T_{\sin}(t_4-t_3)}{2\pi}\right], & t\in[t_5,t_6) \\
-a_{\max}\dfrac{T_{\sin}^2}{4\pi^2}\sin\left[\dfrac{2\pi}{T_{\sin}}(t-t_0-\Delta t_1-2\Delta t_2)\right]+a_{\max}t\dfrac{T_{\sin}}{2\pi}- & \\
\dfrac{a_{\max}}{2}\left[t_6^2-2t_6\left(t_5+t_2-t_1+\dfrac{T_{\sin}}{2\pi}\right)+t_5^2+t_2^2-t_1^2-\dfrac{T_{\sin}}{\pi}(t_4-t_3-t_6)\right], & t\in[t_6,t_7)
\end{cases}
\tag{4.7-8}
$$

从角速度形式可以看出，该轨迹综合了定常加速度方式（时间短）与正弦加速度方式（轨迹平滑）两者的优点。整个轨迹相关参量如图 4.7-3 所示。

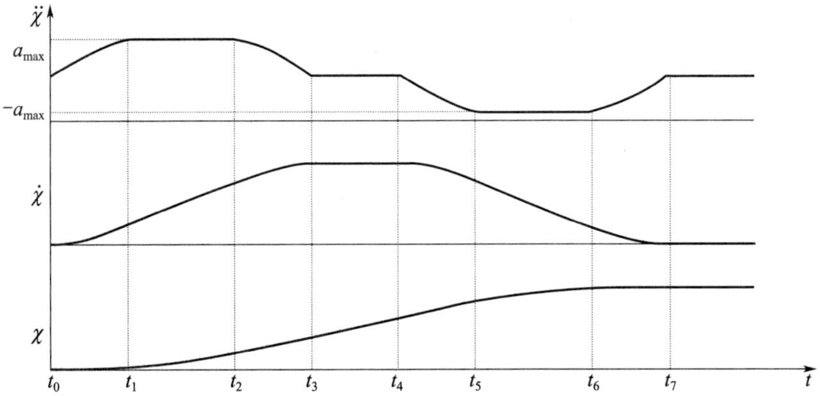

图 4.7-3　混合正弦加速度轨迹曲线

(4) 多项式加速度方式

加速度多项式路径规划方式与上述 3 种规划方式相反，其是先规划姿态机动角度变化曲线，然后微分得角速度变化曲线，再微分得角加速度变化曲线。

如果采用 5 次多项式进行路径规划，规划中卫星的角位置与时间相关的一元五次方程为

$$\chi(t)=a_0+a_1t+a_2t^2+a_3t^3+a_4t^4+a_5t^5,\quad t\in[t_0,t_m] \tag{4.7-9}$$

$$\dot{\chi}(t)=a_1+2a_2t+3a_3t^2+4a_4t^3+5a_5t^4,\quad t\in[t_0,t_m] \tag{4.7-10}$$

$$\ddot{\chi}(t)=2a_2+6a_3t+12a_4t^2+20a_5t^3,\quad t\in[t_0,t_m] \tag{4.7-11}$$

式中　$a_0\sim a_5$——待定参数。

另外，初始时刻及终止时刻的姿态角和姿态角速度需要满足

$$\begin{cases}\chi(t_0)=\chi_0\\ \chi(t_m)=\chi_m\\ \dot{\chi}(t_0)=0\\ \dot{\chi}(t_m)=0\end{cases} \tag{4.7-12}$$

式中　χ_0，χ_m——卫星的初始姿态角和目标姿态角。

加速度为 5 次多项式方式的轨迹曲线如图 4.7-4 所示。

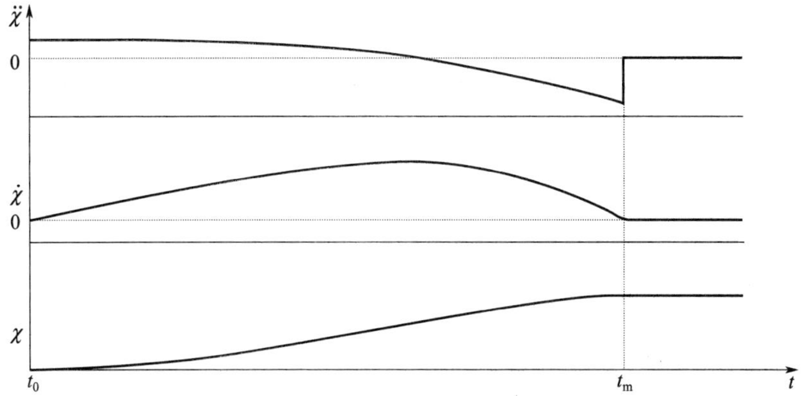

图 4.7-4　多项式加速度轨迹曲线

在姿态机动路径规划中，一般根据具体的姿态控制任务进行路径规划，既需考虑快速机动、快速稳定的能力，也需要考虑控制系统的稳定度等问题[58]。

4.7.3　基于跟踪微分和特征模型的喷气姿态机动控制

前文已多次指出，静止轨道卫星大多带有大型挠性附件和液体推进剂贮箱，卫星动力学特性复杂。在姿态快速机动过程中，这些动力学动态特性更加复杂、非线性更加显著，给高性能控制带来挑战。本节探讨基于跟踪微分和特征模型的喷气姿态机动控制律设计问题。

跟踪微分的概念最早是由韩京清于 1994 年提出的，主要用于解决实际工程中从不连续或携带随机噪声的测量信号中提取连续的跟踪及其微分信号等问题[59]。为了克服当跟踪信号充分小时颤振现象无法避免的问题，又提出了二阶跟踪微分的离散形式，不但可以消除颤振，而且动态响应好，稳态精度高，同时给出了构造跟踪微分的基本单元——**最速控制综合函数**（fhan）的推演算法。正是跟踪微分离散形式所具有的优良特性，使其在自抗扰控制、系统辨识、零点配置等场合得到了广泛的应用。

下面简要介绍跟踪微分器的设计[60]。

对于二阶积分串联型系统

$$\begin{cases}\dot{x}_1 = x_2 \\ \dot{x}_2 = u, |u| \leqslant r\end{cases} \tag{4.7-13}$$

$$u(x_1, x_2) = -r\,\mathrm{sign}\left(x_1 + \frac{x_2|x_2|}{2r}\right) \tag{4.7-14}$$

用 $x_1 - v_0(t)$ 代替 x_1，把式（4.7-13）和式（4.7-14）联立变形得

$$\begin{cases}\dot{x}_1 = x_2 \\ \dot{x}_2 = -r\,\mathrm{sign}\left(x_1 - v_0(t) + \frac{x_2|x_2|}{2r}\right)\end{cases} \tag{4.7-15}$$

式（4.7-15）的状态变量 $x_1(t)$，在加速度限制 $|\ddot{x}_1| \leqslant r$ 之下，将最快地跟踪输入信号 $v_0(t)$，而且 r 越大，跟踪得越快。显然，当 $x_1(t)$ 充分接近 $v_0(t)$ 时，可以把状态变量 $x_2(t)$ 当作输入信号 $v_0(t)$ 的近似微分。

对式（4.7-15）进行离散化，得到

$$\begin{cases}x_1(k+1) = x_1(k) + hx_2(k) \\ x_2(k+1) = x_2(k) + h\left[-r\,\mathrm{sign}\left(x_1(k) - v(k) + \frac{x_2(k)|x_2(k)|}{2r}\right)\right]\end{cases} \tag{4.7-16}$$

式中　h——离散计算步长。

通过分析，可以看出，该系统进入稳态后，将会产生高频颤振。为了克服这种颤振，引入最速控制综合函数 $\mathrm{fhan}(x_1, x_2, r, h_0)$，其算法公式为

$$u = \mathrm{fhan}(x_1, x_2, r, h_0)$$

$$\begin{cases}d = rh_0 \\ d_0 = h_0 d \\ y = x_1 + h_0 x_2 \\ a_0 = \sqrt{d^2 + 8r|y|} \\ a = \begin{cases}x_2 + \frac{(a_0 - d)}{2}\mathrm{sign}(y), |y| > d_0 \\ x_2 + \frac{y}{h}, |y| \leqslant d_0\end{cases} \\ \mathrm{fhan} = -\begin{cases}r\,\mathrm{sign}(a), |a| > d \\ r\,\frac{a}{d}, |a| \leqslant d\end{cases}\end{cases} \tag{4.7-17}$$

式中　h_0——待设计参数，通常取计算步长的整数倍。

则由文献［60］得到离散形式跟踪微分器为

$$\begin{cases}x_1(k+1) = x_1(k) + hx_2(k) \\ x_2(k+1) = x_2(k) + hu_D(k)\end{cases} \tag{4.7-18}$$

$$u_D(k) = \mathrm{fhan}(x_1(k) - v(k), x_2(k), r, T_0) \tag{4.7-19}$$

这个就是最速跟踪微分器的离散形式，也就是被广泛应用到自抗扰控制器中用来安排过渡过程提取微分信号的跟踪微分器。

最速跟踪微分器具有较好的微分效果和噪声抑制效果[61]，而基于特征模型的维持跟踪控制具有较好的路径跟踪效果。因此，本文姿态机动控制器选择为基于跟踪微分和特征模型的喷气姿态机动控制的联合控制策略

$$u(k)=u_0(k)+u_D(k) \tag{4.7-20}$$

$$u_0(k)=\frac{y_r(k+1)-\hat{f}_1(k)y_r(k)-\hat{f}_2(k)y_r(k-1)}{\hat{g}_0(k)+\lambda} \tag{4.7-21}$$

下面以一类带有两个串联推进剂贮箱、两翼挠性太阳帆板、一个挠性伞状天线的静止轨道假想卫星为对象，进行基于跟踪微分和特征模型的喷气姿态机动控制的联合控制策略方法的仿真验证。被控对象参数同 4.6.3 节。

仿真目标为：$t=0$ s，机动目标为 [60°；0；0]；$t=300$ s，机动目标为 [0；0；0]。在控制时，对目标角度进行路径规划。仿真结果如图 4.7-5～图 4.7-7 所示。

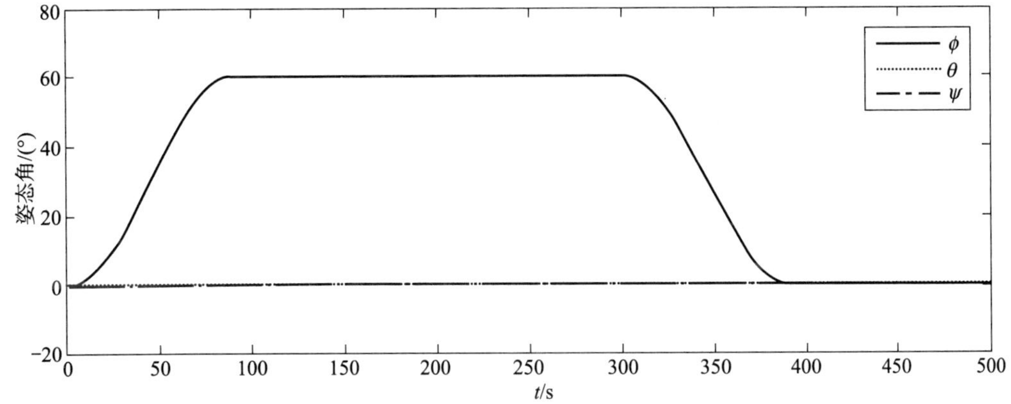

图 4.7-5　喷气姿态机动控制仿真曲线（姿态角）

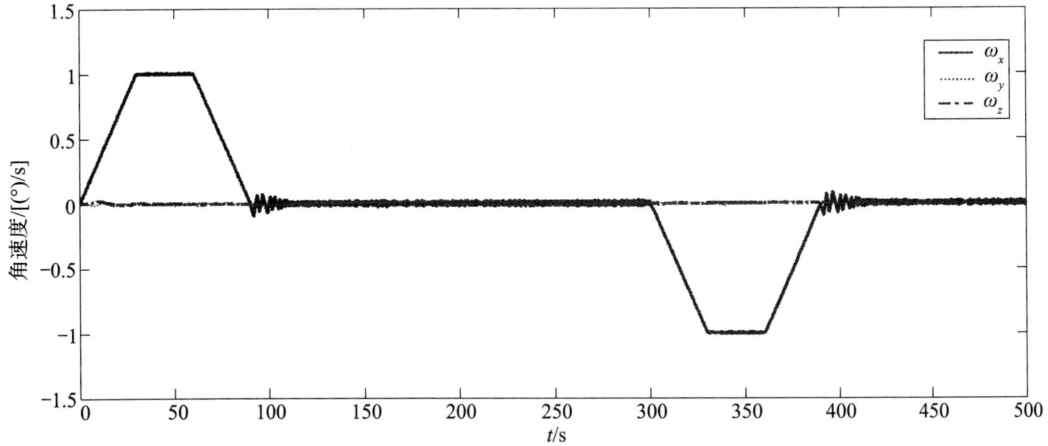

图 4.7-6　喷气姿态机动控制仿真曲线（角速度，见彩插）

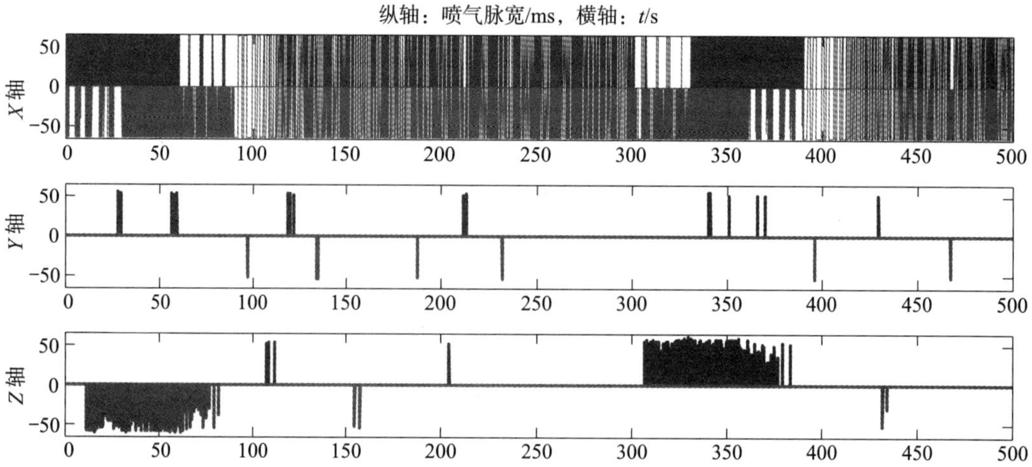

图 4.7-7　喷气姿态机动控制仿真曲线（喷气脉冲）

在整个姿态机动过程中，X 轴喷气时间为 424.2 s；Y 轴喷气时间为 1.3 s，Z 轴喷气时间为 14.1 s。

从总的仿真结果可以看出，本文所采用的基于跟踪微分和特征模型的喷气姿态机动控制的联合控制策略具有良好的控制性能。

4.7.4　基于特征模型的滑模喷气姿态机动控制

姿态机动问题可以等价为对象误差系统的镇定问题。因此，这一节将采用基于特征模型的滑模控制方法进行姿态机动控制。

假设对象误差特征模型为

$$e(k+1)=f_1(k)e(k)+f_2(k)e(k-1)+g_0(k)u(k) \tag{4.7-22}$$

式中　$e(k)=y(k)-y_r(k)$ ——跟踪误差；

$y(k)$，$y_r(k)$ ——对象输出和跟踪指令；

$u(k)$ ——控制输入；

$f_1(k)$，$f_2(k)$，$g_0(k)$ ——特征参量，其范围为[49]

$$\boldsymbol{\Omega}^0=\left\{(a_1,a_2,a_3)^{\mathrm{T}}\in\mathbb{R}^3\;\middle|\;\begin{array}{l}a_1\in[2-\Delta tL-\Delta t^2L,2+\Delta tL+\Delta t^2L]\\ a_2\in[-1-\Delta tL,-1+\Delta tL]\\ a_3\in[\underline{g}_0\Delta t^2,\bar{g}_0\Delta t^2]\end{array}\right\}$$

式中　Δt ——采样周期；

$\underline{g}_0$，$\bar{g}_0$ ——控制增益上下界；

L ——满足全局 Lipschitz 条件的常数。

控制系统设计目标是利用测量的输出信号设计反馈控制律，实现系统输出对跟踪指令的稳定精确跟踪。

在这里，定义误差面

$$s(k)=e(k)-k_s e(k-1) \tag{4.7-23}$$

式中，$0<k_s<1$。显然，当 $s(k)=0$ 时，$e(k)$ 将趋近于 0。

选用式（4.7-23）作为误差面，设计的离散滑模控制律为

$$u(k)=\frac{k_p s_\Delta(k)-\hat{f}_1(k)e(k)-\hat{f}_2(k)e(k-1)+k_s e(k)}{\hat{g}_0(k)} \tag{4.7-24}$$

式中，$0<k_s$，$k_p<1$。函数 $s_\Delta(k)$ 的表达式为[49]

$$s_\Delta(k)=s(k)-\sigma\,\text{sat}\left(\frac{s(k)}{\sigma}\right) \tag{4.7-25}$$

式中　$\sigma>0$——待设计的可调参数；

　　$\text{sat}(\cdot)$——饱和函数。

由文献［49］可知，所设计的离散滑模控制律 $u(k)$ 可确保系统状态有界，在此不再进行引述。

式（4.7-25）中 σ 是可调参数，它是由设计人员根据设计经验人为给定的。由于它的具体数值与误差面 $s(k)$ 有关，为了使 σ 值选取得更加合理和便捷，可以利用模糊系统来在线逼近它。为了简化设计，采用常规的带模糊器和解模糊器的模糊系统。模糊系统的输入变量为 $s(k)$，输出变量为 σ，模糊规则由查表方式实现。具体设计过程和 4.3.2 节及 4.5.3 节中的模糊系统类似，不再赘述。

为了验证基于特征模型的离散滑模控制方法的有效性，下面进行基于特征模型的离散滑模控制方法的数值仿真验证。

仿真条件和 4.7.3 节一致。针对可调参数 σ 的模糊系统的隶属度函数取为高斯型，变量的模糊规则数目为 5 条，$k_p=k_s=0.5$。

仿真结果如图 4.7-8～图 4.7-10 所示。

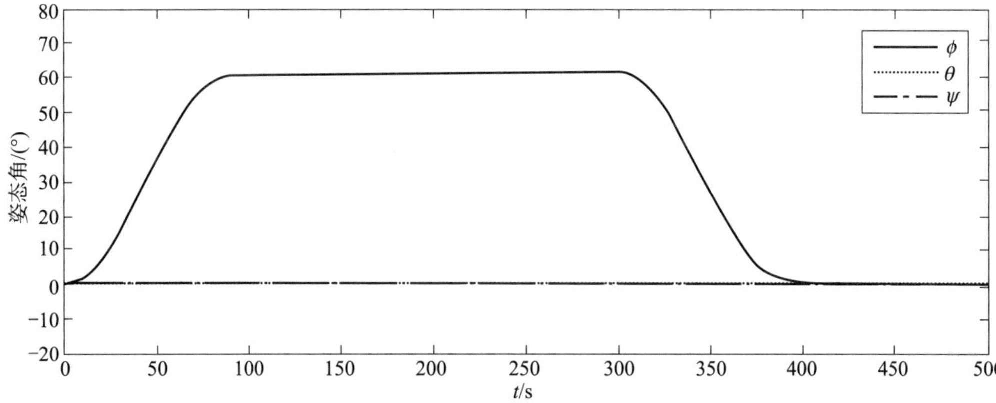

图 4.7-8　基于特征模型的滑模喷气姿态机动仿真曲线（姿态角）

在整个姿态机动过程中，X 轴喷气时间为 397.6 s；Y 轴喷气时间为 2.1 s，Z 轴喷气时间为 13.9 s。

从总的仿真结果可以看出，基于特征模型的离散滑模控制方法具有良好的姿态机动控制性能。

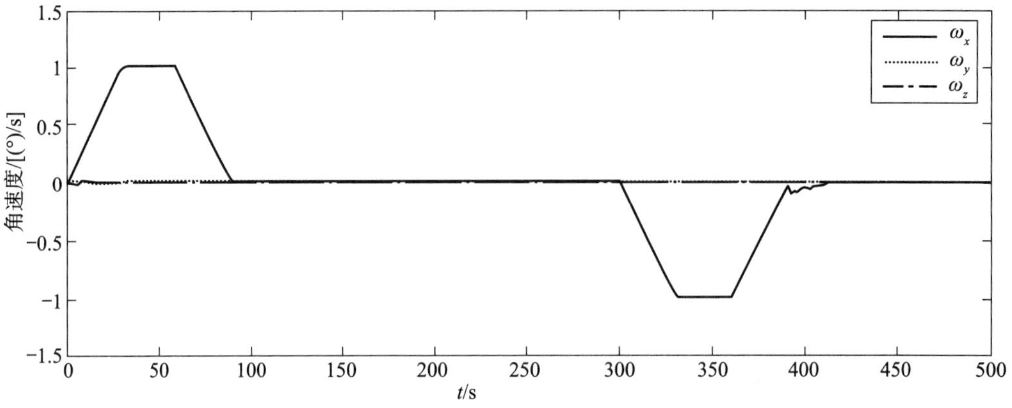

图 4.7－9　基于特征模型的滑模喷气姿态机动仿真曲线（角速度）

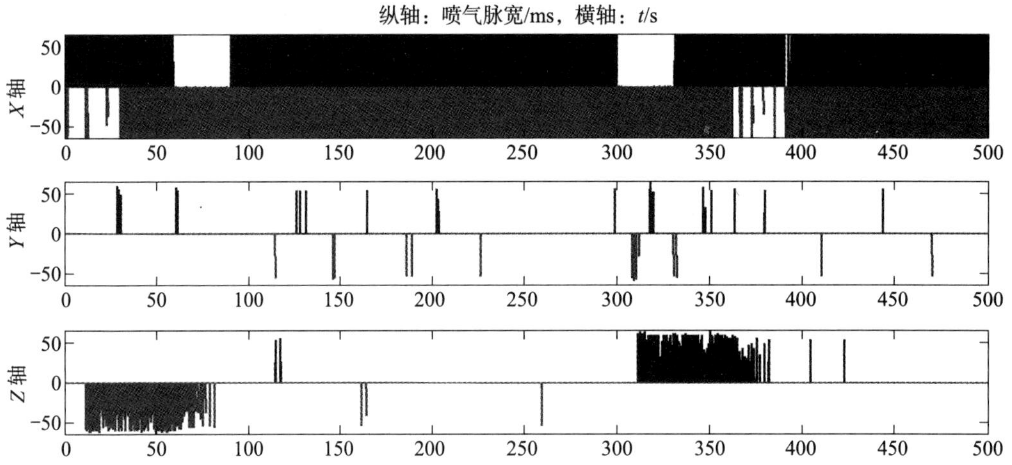

图 4.7－10　基于特征模型的滑模喷气姿态机动仿真曲线（喷气脉冲）

4.8　小结

静止轨道卫星喷气姿态控制主要用于姿态快速机动、变轨期间姿态控制、同步轨道位保机动期间姿态控制等场合。静止轨道卫星喷气姿态控制的主要特点是：控制精度要求相对较低，但被控对象动力学特性非常复杂。本章对卫星喷气姿态控制原理进行了详细介绍。在此基础上系统阐述了针对喷气控制问题的各种控制方法的设计及应用，这些方法涉及经典控制、自适应模糊控制、滑模变结构控制、特征建模控制等多种类型。最后专题阐述了基于喷气的姿态快速机动问题。这些内容构成了静止轨道卫星喷气姿态控制的主要内容。面对复杂的动力学特性，如何以尽可能少的推进剂消耗满足给定的控制任务要求，并确保足够的稳定裕度，是静止轨道卫星喷气姿态控制的难点所在，也是各种控制理论大有用武之地的一个研究方向。

参考文献

[1] 屠善澄．卫星姿态动力学与控制［M］．北京：中国宇航出版社，2001.

[2] 章仁为．卫星轨道姿态动力学与控制［M］．北京：北京航空航天大学出版社，1998.

[3] SIDI M J. Spacecraft Dynamics and Control：A Practical Engineering Approach［M］. Cambridge：Cambridge University Press，1997.

[4] WIE B. Space Vehicle Dynamics and Control［M］. Virginia：AIAA，1998.

[5] 黄圳圭．航天器姿态动力学［M］．长沙：国防科技大学出版社，1997.

[6] 杨大明．空间飞行器姿态控制系统［M］．哈尔滨：哈尔滨工业大学出版社，2000.

[7] SCOTT E D. Pseudo－rate Sawtooth－pulse Reset Control System Analysis and Design［J］. Journal of Spacecraft and Rockets，1967，4（6）：781－785.

[8] BITTNER H，FISCHER H D，SURAUER M. Design of Reaction Jet Attitude Control Systems for Flexible Spacecraft［C］. IFAC Automatical Contol in Space，Noordwijkerhout，Netherlands，1982.

[9] 王佐伟，刘江，杨帆．一种参数自整定伪速率调制［P］．ZL201210519456. X.

[10] ASTROM K J，HAGGLUND T. PID Controllers Theory Design and Tuning（2nd Edition）［M］. Research Triangle Park，North Carolina：Instrument Society of America，1995.

[11] 吴宏鑫，沈少萍．PID控制的应用与理论依据［J］．控制工程，2003，10（1）：37－42.

[12] 刘金琨．先进PID控制MATLAB仿真［M］．4版．北京：电子工业出版社，2016.

[13] 陶永华．新型PID控制及其应用［M］．2版．北京：机械工业出版社，2005.

[14] 吴宏鑫．全系数自适应控制理论及其应用［M］．北京：国防工业出版社，1990.

[15] 吴宏鑫，胡军，解永春．基于特征模型的智能自适应控制［M］．北京：中国科学技术出版社，2009.

[16] SHAH P，AGASHE S. Review of Fractional PID Controller［J］. Mechatronics，2016（38）：29－41.

[17] WIE B，BYUN K W. New Generalized Structural Filtering Concept for Active Vibration Control Synthesis［J］. J Guidance，1989，12（2）：147－154.

[18] ANTHONY T C，WIE B. Pulse－Modulated Control Synthesis for a Flexible Spacecraft［J］. J Guidance，1990，13（6）：1014－1022.

[19] SONG G，BUCK N V，AGRAWAL B N. Spacecraft Vibration Reduction Using Pulse－Width Pulse－Frequency Modulated Input Shaper［C］. AIAA－97－3748，1997.

[20] 邓雅，张锦江，马艳红，等．基于描述函数法的航天器非储能喷气控制器分析与设计［J］．航天控制，2016，34（1）：64－69.

[21] 薛定宇．反馈控制系统设计与分析——MATLAB语言应用［M］．北京：清华大学出版社，2000.

[22] WANG L X. Adaptive Fuzzy Systems and Control－Design and Stability Analysis［M］. Englewood Cliffs，NJ：Prentice Hall，1994.

[23] WANG L X. A Course in Fuzzy Systems and Control［M］. Englewood Cliffs，NJ：Prentice

Hall，1997.

[24] WANG L X. A Supervisory Controller for Fuzzy Control Systems that Guarantees Stability [J]. IEEE Trans. on Automatic Control，1994，39 (9)：1845 - 1848.

[25] HADDAD W H，FAUSZ J L，CHELLABOINA V S. Nonlinear Controllers for Nonlinear Systems with Input Nonlinearities [C]. The 36th Conf on Decision & Control，San Diego，California USA，1997.

[26] CHANG Y C. Robust Tracking Control for Nonlinear MIMO Systems Via Fuzzy Approaches [J]. Automatica，2000，36：1535 - 1545.

[27] 王佐伟，郭建新，董海鹰．具有非线性输入的挠性充液航天器自适应模糊控制 [J]. 空间控制技术与应用，2010，36 (1)：7 - 13.

[28] 解永春，吴宏鑫，吕振铎．液体远地点发动机工作期间卫星姿态的自适应控制 [J]. 航天控制，1993，11 (4)：32 - 38.

[29] CHO S，MCCLAMROCH N H，REYHANOGLU M. Feedback Control of a Space Vehicle with Unactuated Fuel Slosh Dynamics [C]. AIAA Guidance Navigation & Control Conference and Exhibit，Denver，CO，2000.

[30] SHAGEER H，TAO G. Modeling and Adaptive Control of Spacecraft with Fuel Slosh：Overview and Case Studies [C]. AIAA Guidance Navigation & Control Conference and Exhibit，Hilton Head，South Carolina，2007.

[31] YU F M，CHUNG H Y，CHEN S Y. Fuzzy Sliding Mode Controller Design for Uncertain Time - delayed Systems with Nonlinear Input [J]. Fuzzy Sets & Systems，2003，140 (2)：359 - 374.

[32] HSU K C，WANG W Y，LIN P Z. Sliding Mode Control for Uncertain Nonlinear Systems with Multiple Inputs Containing Sector Nonlinearities and Deadzones [J]. IEEE Trans on Systems Man & Cybernetics - Part B，2004，34 (1)：374 - 380.

[33] TONG S C，LI H X. Fuzzy Adaptive Sliding Mode Control for MIMO Nonlinear Systems [J]. IEEE Trans. on Fuzzy Systems，2003，11 (3)：354 - 360.

[34] 沈启坤，张天平．具有未知非线性死区的自适应模糊控制 [J]. 控制与决策，2007，22 (6)：689 - 692.

[35] 张天平．一类非线性系统的间接自适应模糊控制器的研究 [J]. 控制与决策，2002，17 (2)：199 - 214.

[36] 王佐伟，彭坤，刘新彦．基于自适应模糊系统的挠性充液航天器脉冲调制控制 [C]. 全国第十四届空间及运动体控制技术学术会议，四川九寨，2010.

[37] 高为炳．变结构控制的理论及设计方法 [M]. 北京：科学出版社，1996.

[38] 胡跃明．变结构控制理论与应用 [M]. 北京：科学出版社，2003.

[39] 刘金琨．滑模变结构控制 MATLAB 仿真：基本理论与设计方法 [M]. 3 版. 北京：清华大学出版社，2015.

[40] 胡剑波，庄开宇．高级变结构控制理论及应用 [M]. 西安：西北工业大学出版社，2008.

[41] EDWARDS C，SPURGEON S. Sliding Mode Control：Theory and Applications [M]. Abingdon：Taylor & Francis，1998.

[42] XIA Y Q，FU M Y. Compound Control Methodology for Flight Vehicles [M]. Berlin：Springer - Verlag，2013.

[43] 周荻，周成宝．基于开关执行器的空间飞行器大角度姿态控制 [J]. 系统工程与电子技术，2014，36 (9)：1792 - 1797.

[44] LIAO X H，SONG Y D. Attitude Tracking of Crew Exploration Vehicles (CEVs) Driven by on - off Actuators [C]. AIAA 2007 - 6688，2007.

[45] HU Q L. Simultaneous Vibration Reduction and Attitude Control of Flexible Spacecraft with on - off Actuators [J]. Intelligent Automation & Soft Computing，2011，17 (3)：343 - 354.

[46] LIN W S，CHEN C S. Robust Adaptive Sliding Mode Control Using Fuzzy Modeling for a Class of Uncertain MIMO Nonlinear Systems [J]. IEEE Proc. Control Theory Appl，2002，149 (3)：193 - 202.

[47] 张天平，冯纯伯．基于模糊逻辑的连续滑模控制 [J]. 控制与决策，1995，10 (6)：501 - 507.

[48] 王佐伟，吴宏鑫．月球探测车模糊变结构协调驱动控制 [C]. 2003 年中国智能自动化会议，香港，2003.

[49] 吴宏鑫，胡军．特征建模理论、方法和应用 [M]. 北京：国防工业出版社，2019.

[50] WU H X，HU J，XIE Y C. Theory and Applications of the Characteristic Modeling：an Introductory Overview [J]. International Journal of Intelligent Control & Systems，2015，20：1 - 8.

[51] 吴宏鑫，刘一武，刘忠汉，等．特征建模与挠性结构的控制 [J]. 中国科学 (E 辑)，2001，31 (2)：137 - 149.

[52] BANERJEE A. Limited Jerk and Torque Input Shaping for Flexible Spacecraft Slewing Control [C]. American Control Conference. Piscataway，2002.

[53] 王淑一，魏春岭，刘其睿．敏捷卫星快速姿态机动方法研究 [J]. 空间控制技术与应用，2011 (4)：36 - 40.

[54] 武晓雯．敏捷卫星姿态机动规划方法研究 [D]. 哈尔滨：哈尔滨工程大学，2016.

[55] WIE B，LU J B. Feedback Control Logic for Spacecraft Eigen - axis Rotations Under Slew Rate and Control Constrains [J]. Journal of Guidance Control and Dynamics，1995，18 (6)：1372 - 1379.

[56] ZHANG Y，ZHANG J R. Combined Control of Fast Attitude Maneuver and Stabilization for Large Complex Spacecraft [J]. Acta Mechanica Sinia，2013，19 (6)：875 - 882.

[57] 解永春，雷拥军，郭建新．航天器动力学与控制 [M]. 北京：北京理工大学出版社，2018.

[58] 周端，申晓宁，郭毓，等．基于多目标优化的挠性航天器姿态机动路径规划 [J]. 南京理工大学学报，2012，36 (5)：846 - 853.

[59] 韩京清，王伟．非线性跟踪-微分器 [J]. 系统科学与数学，1994，14 (2)：177 - 183.

[60] 韩京清，袁露林．跟踪-微分器的离散形式 [J]. 系统科学与数学，1999，19 (3)：268 - 273.

[61] TIAN D，DAISUKE Y，KOUHEI O. New Nonlinear Tracking Differential - Estimators：Theory and Practice [J]. International Journal of Innovative Computing，Information and Control，2012，8 (12)：8257 - 8271.

第 5 章　静止轨道卫星角动量交换姿态控制

5.1　概述

静止轨道卫星在轨长期工作期间，主要采用基于角动量交换的姿态控制方式。角动量交换控制属于连续控制，其特点是控制力矩小、控制力矩连续、控制精度高。其优缺点和第 4 章介绍的喷气姿态控制刚好互补。

基于角动量交换的姿态控制，其基本原理为**角动量守恒原理**及**角动量定理**。**角动量**（Angular Momentum）是一种比较通俗的说法，在力学教材中多称为**动量矩**（Moment of Momentum）[1]。在卫星工程中，为了简单起见，往往将角动量直接简称为动量。但实际上，动量和角动量（动量矩）是完全不同的两个概念，在涉及姿态与轨道耦合的场合，需要注意加以区别。

如第 2 章所述，角动量交换装置主要包括**动量轮**、**控制力矩陀螺**和**框架动量轮** 3 类。动量轮的特点是转轴方向固定、转速大小可调，因此其输出力矩大小可调，但方向固定（有正负之分）。在早期部分著作中，将转速正负可调的飞轮专称为“反作用轮”，“动量轮”只用来特指转速正负不可调（工作于所谓角动量偏置状态）的飞轮；随着技术的进步，这种区分已经没有意义了，因此本书统一使用“动量轮”这一叫法。控制力矩陀螺的特点是转速大小固定、转轴方向可调，利用陀螺力矩效应获得变化的输出力矩。框架动量轮的特点是转轴方向和转速大小皆可调[2]，因此也称为变速控制力矩陀螺。动量轮的结构相对简单、可靠性高，在卫星上使用最为广泛[3]，缺点是输出力矩偏小。控制力矩陀螺可以产生较大的输出力矩，在需要频繁进行姿态快速机动的卫星上大量使用，其缺点是结构比较复杂，重量功耗偏大。控制力矩陀螺可分为单框架控制力矩陀螺和双框架控制力矩陀螺两种。框架动量轮的结构更加复杂，可靠性不易保障，在卫星上很少使用。

本章主要介绍基于动量轮的姿态控制方案设计。首先分别阐述整星偏置角动量控制、整星零角动量控制的原理和设计要点。在此基础上，重点阐述若干先进控制算法在零角动量姿态控制中的应用，给出了自抗扰控制算法、融合型控制算法等的具体设计和应用，并阐述了基于角动量交换的姿态机动控制问题。最后，介绍角动量管理的相关内容。本章内容在融合国内外经典教材知识点的基础上，着重阐述先进控制理论的工程应用，给出了控制器设计上的改进（内容源自作者近年来的工作成果），以体现该领域的最新进展。

5.2　整星偏置角动量控制

5.2.1　角动量控制原理

在第 3 章中给出了卫星动力学相关方程，下面在此基础上阐述角动量控制的基本原理。设卫星本体的角动量为 $\boldsymbol{H}_B$，其绝对角速度为 $\boldsymbol{\omega}_B$，角动量交换装置的总角动量为 $\boldsymbol{H}_w$，它相对于星体的角速度为 $\boldsymbol{\omega}_r$，则整星的角动量 $\boldsymbol{H}$ 为

$$\boldsymbol{H}=\boldsymbol{H}_B+\boldsymbol{H}_w$$

根据角动量定理

$$\frac{\mathrm{d}\boldsymbol{H}}{\mathrm{d}t}=\dot{\boldsymbol{H}}_B+\dot{\boldsymbol{H}}_w+\boldsymbol{\omega}_B\times(\boldsymbol{H}_B+\boldsymbol{H}_w)=\boldsymbol{T} \tag{5.2-1}$$

式中　$\boldsymbol{T}$ ——外力矩，$\dot{\boldsymbol{H}}_w$ 是 $\boldsymbol{H}_w$ 相对卫星本体坐标系的微商。

因角动量交换装置相对卫星本体的角速度为 $\boldsymbol{\omega}_r$，故有

$$\dot{\boldsymbol{H}}_w=\frac{\partial\boldsymbol{H}_w}{\partial t}+\boldsymbol{\omega}_r\times\boldsymbol{H}_w \tag{5.2-2}$$

式中　$\frac{\partial\boldsymbol{H}_w}{\partial t}$ ——相对于角动量交换装置固连坐标系的微商。

把式（5.2-2）代入式（5.2-1）得

$$\dot{\boldsymbol{H}}_B+\boldsymbol{\omega}_B\times\boldsymbol{H}_B+\frac{\partial\boldsymbol{H}_w}{\partial t}+\boldsymbol{\omega}_B\times\boldsymbol{H}_w+\boldsymbol{\omega}_r\times\boldsymbol{H}_w=\boldsymbol{T}$$

当外力矩为零时，$\boldsymbol{T}=\boldsymbol{0}$，得

$$\dot{\boldsymbol{H}}_B+\boldsymbol{\omega}_B\times\boldsymbol{H}_B=-\frac{\partial\boldsymbol{H}_w}{\partial t}-\boldsymbol{\omega}_B\times\boldsymbol{H}_w-\boldsymbol{\omega}_r\times\boldsymbol{H}_w \tag{5.2-3}$$

式（5.2-3）右端 3 项便是角动量交换装置对星体的反作用力矩。其中，第一项是角动量交换装置角动量大小的变化而产生的反作用力矩；第二项是由于星体的转动引起角动量矢量方向改变而产生的作用于星体上的陀螺力矩，一般可通过设计适当的解耦回路来补偿；第三项是角动量交换装置相对星体坐标系转动，引起角动量的方位变化而产生的陀螺反作用力矩。第一项、第三项是角动量交换装置施加于星体的控制力矩。

5.2.2　偏置角动量控制系统分析

偏置动量系统主要是指具有陀螺定轴性的系统，即动量装置的角动量分布特性满足下式

$$\begin{cases}|h_y|\gg\max(I_x\omega_0,I_y\omega_0,I_z\omega_0)\\|h_y|\gg(|h_x|,|h_z|)\end{cases} \tag{5.2-4}$$

式中　h_y ——动量装置的角动量在本体坐标系 y 轴上的分量；

I_x，I_y，I_z ——沿星体主惯量轴的转动惯量；

ω_0——轨道角速度。

偏置动量装置又有多种形式，但从控制自由度的角度可以分为以下 3 类：**固定动量系统**、**单自由度动量系统**和**两自由度动量系统**[4]。

在固定动量系统中，动量装置的角动量在滚动、偏航平面无分量，即 $h_x = h_z = 0$；在俯仰轴方向安装一个偏置动量轮，卫星平台的俯仰姿态利用动量轮在偏置转速附近加速或减速实现反作用控制，滚动和偏航姿态采用偏置喷气控制，当卫星滚动姿态误差处于喷气控制的死区内时，系统是不控的，滚动和偏航误差的大小取决于死区的大小，而且由于死区的大小受到推力器最小冲量和章动的限制，滚动和偏航控制精度不可能太高。在单自由度动量系统中，动量装置在滚动、偏航平面上的分量只有一个自由度的变化，即 h_x，h_z 两者不是独立的。当角动量处在非饱和区内时，控制系统持续吸收偏航轴上的角动量，修正滚动误差，而且动量控制是连续的、线性的，可以实现比固定动量系统更高精度的滚动控制。在两自由度动量系统中，h_x，h_z 是互为独立的两个控制量，即动量装置在滚动、偏航平面上的分量的数值和方向都是可变的。由于偏置动量控制在沿俯仰轴方向设置了偏置动量，使卫星的滚动和偏航姿态耦合，只用地球敏感器给出的滚动信息控制滚动姿态即可使偏航稳定，可以实现在不用偏航敏感器情况下的偏航稳定，因此，偏置动量系统在静止轨道通信卫星的姿控中得到了广泛应用[5]。

本节主要介绍单自由度动量控制。单自由度动量控制主要有 L 型轮和 V 型轮两种方式，其中，V 型轮方式能够提供更大的偏置角动量和控制力矩。多数静止轨道卫星采用以下配置方式——主份姿态控制采用 V 型轮方式，V 型轮安装在俯仰－偏航平面；此外，在卫星本体的偏航轴上安装一个动量轮，可与主份 V 型轮中的任意一个构成 L 型轮控制构型，作为备份轮控构型（图 5.2－1），即整个轮控系统由 2 个偏置动量轮和 1 个反作用动量轮组成 V+L 构型，按 3 取 2 备份，能够在保证卫星姿态控制指标和轮控系统可靠性的前提下，减轻控制系统重量。这种动量轮构型方式在早期的商用通信卫星上应用较多。

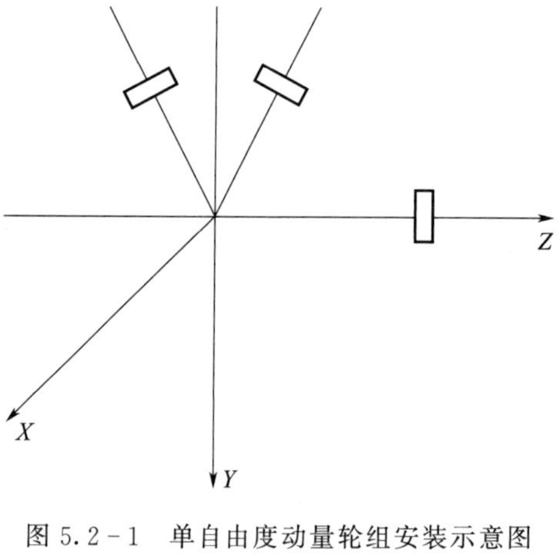

图 5.2－1　单自由度动量轮组安装示意图

对于具有大太阳帆板的静止轨道三轴稳定卫星，太阳光压力矩是主要的环境干扰力矩，可达10^{-5} N·m 的数量级，而重力梯度力矩相对太阳辐射力矩很小，通常只有10^{-7} N·m 的数量级，剩磁干扰力矩则可以通过卫星部件的剩磁控制使其减小到很小的程度。所以在后面的分析和设计中，只考虑太阳辐射力矩。

在小偏差的情况下，俯仰和滚动-偏航运动之间没有耦合，可以分别予以控制。俯仰控制比较简单，是一个无阻尼的单自由度刚体的转动控制问题。

根据第 3 章的阐述，三轴稳定卫星的滚动-偏航轴姿态动力学方程是

$$\begin{cases} I_x\ddot{\varphi}+[(I_y-I_z)\omega_0^2-\omega_0 h_y]\varphi+[(I_y-I_z-I_x)\omega_0-h_y]\dot{\psi}=-\dot{h}_x+\omega_0 h_z+T_x \\ I_z\ddot{\psi}+[(I_y-I_x)\omega_0^2-\omega_0 h_y]\psi-[(I_y-I_z-I_x)\omega_0-h_y]\dot{\varphi}=-\dot{h}_z-\omega_0 h_x+T_z \end{cases} \tag{5.2-5}$$

式中　I_x，I_y，I_z——沿星体主惯量轴的转动惯量；

φ，ψ——滚动角和偏航角；

h_x，h_y，h_z——飞轮转动部件的角动量在星本体坐标系各轴上的分量；

T_x，T_z——作用在星体上的外力矩在本体坐标系 X 轴和 Z 轴上的分量；

ω_0——轨道角速度。

令 $h_y=-h_B$ 为定值，由式（5.2-5）可得滚动-偏航耦合运动的特征方程为

$$\begin{vmatrix} I_x s^2+\omega_0[\omega_0(I_y-I_z)+h_B] & [\omega_0 J+h_B]s \\ -[\omega_0 J+h_B]s & I_z s^2+\omega_0[\omega_0(I_y-I_x)+h_B] \end{vmatrix}=0 \tag{5.2-6}$$

其中，$J=I_y-I_z-I_x$。式（5.2-6）即

$$I_x I_z(s^2+\omega_0^2)(s^2+\omega_n^2)=0 \tag{5.2-7}$$

其中，$\omega_n=\dfrac{1}{I_x I_z}[\omega_0(I_y-I_z)+h_B][\omega_0(I_y-I_x)+h_B]$。

由式（5.2-5）也可导出滚动-偏航控制对象的传递函数框图如图 5.2-2 所示，其中，$H_{2x}=(I_y-I_z)\omega_0-h_y$，$H_{2z}=(I_y-I_x)\omega_0-h_y$。由图 5.2-2 和式（5.2-7）可得，姿态的自由运动包含两种运动：一种是因沿轨道转动引起的姿态耦合运动，周期为轨道周期；另一种是由偏置角动量和星体惯量引起的章动，其角频率为 ω_n。

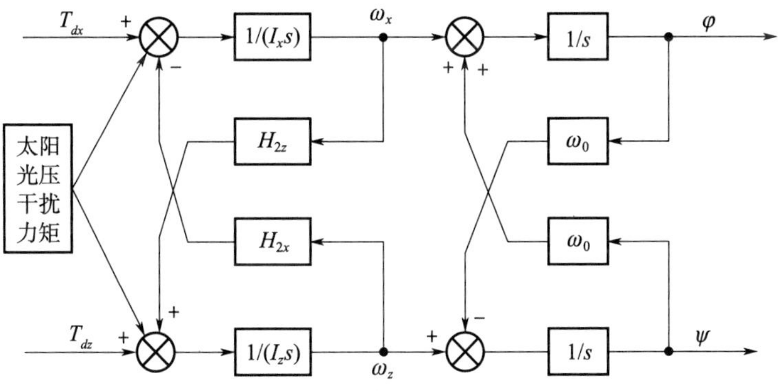

图 5.2-2　滚动-偏航姿态控制框图

对于高轨道卫星而言，章动频率比轨道频率高得多，因此，章动运动是短周期运动，姿态耦合运动是长周期运动，可以分别进行分析。根据式（5.2-5），长周期运动方程

式为

$$\begin{cases} \omega_0 h_B \varphi + h_B \dot{\psi} = -\dot{h}_x + \omega_0 h_z + T_x \\ -h_B \dot{\varphi} + \omega_0 h_B \psi = -\dot{h}_z - \omega_0 h_x + T_z \end{cases} \tag{5.2-8}$$

短周期运动的方程式为

$$\begin{cases} I_x \ddot{\varphi} + h_B \dot{\psi} = -\dot{h}_x + T_x \\ -h_B \dot{\varphi} + I_z \ddot{\psi} = -\dot{h}_z + T_z \end{cases} \tag{5.2-9}$$

在滚动-偏航相图上，卫星自由运动的轨迹如图 5.2-3 所示，星体角动量的端点沿章动圆逆时针转动，章动圆的圆心 P_0 以轨道频率顺时针转动。

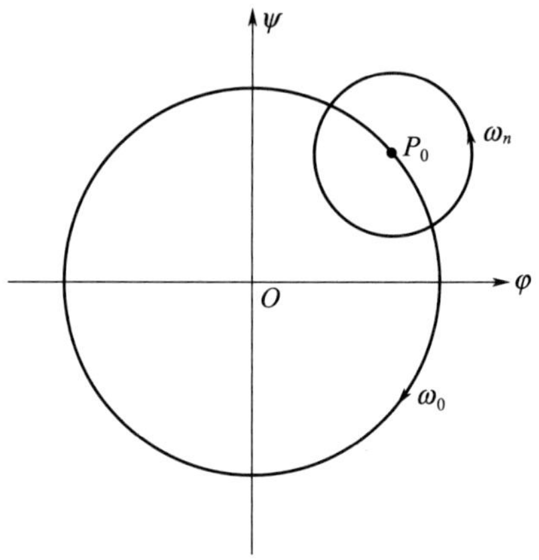

图 5.2-3 滚动-偏航自由运动相图

在星体坐标系的滚动和偏航轴上，太阳光压力矩可表示为（这里仅考虑常值项和一、二次谐波项，三次及三次以上谐波项较前者小很多，可以忽略）[6]

$$T_x = (A_x + A_{x1}\cos\omega_0 t + B_{x1}\sin\omega_0 t + A_{x2}\cos 2\omega_0 t + B_{x2}\sin 2\omega_0 t) \times 10^{-6} \tag{5.2-10a}$$

$$T_z = (A_z + A_{z1}\cos\omega_0 t + B_{z1}\sin\omega_0 t + A_{z2}\cos 2\omega_0 t + B_{z2}\sin 2\omega_0 t) \times 10^{-6} \tag{5.2-10b}$$

通过仿真，分析偏置动量卫星系统在太阳光压力矩作用下的响应，仿真参数为 $A_x = 2.34$，$A_{x1} = 0.6$，$B_{x1} = -0.44$，$A_{x2} = 1.35$，$B_{x2} = -0.91$，$A_z = 9.69$，$A_{z1} = 4.29$，$B_{z1} = -1.28$，$A_{z2} = 4.99$，$B_{z2} = -2.17$，$I_x = 2.7 \times 10^3 \text{kg} \cdot \text{m}^2$，$I_y = 0.77 \times 10^3 \text{kg} \cdot \text{m}^2$，$I_z = 2.8 \times 10^3 \text{ kg} \cdot \text{m}^2$，$h_y = -h_B = -50 \text{ N} \cdot \text{m} \cdot \text{s}$，$\omega_0 = 7.292 \times 10^{-5} \text{rad/s}$，仿真结果如图 5.2-4～图 5.2-7 所示。

由得到的仿真结果可以看出，当不加控制作用，仅有干扰力矩作用时，其常值项令卫星周期性进动，交变项使卫星的滚动-偏航角以阿基米德螺线形式偏离轨道法线，两者的共同作用也是使卫星的滚动-偏航误差不断增大。因此，为了保持卫星的滚动-偏航误差为零，必须对由干扰力矩引起的卫星姿态的变化进行控制。

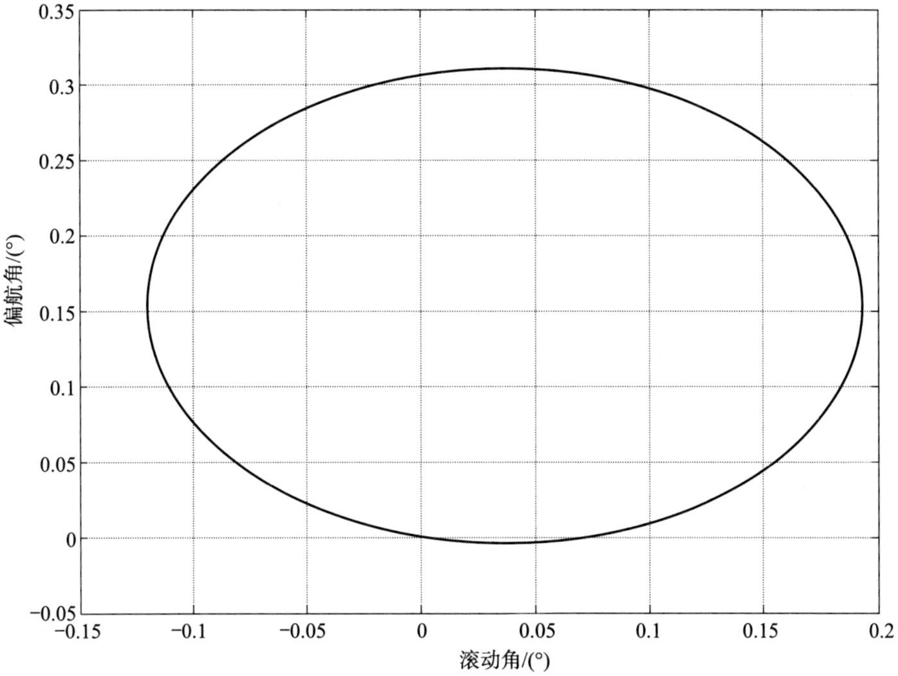

图 5.2 - 4　太阳光压常值项作用下的滚动-偏航相图

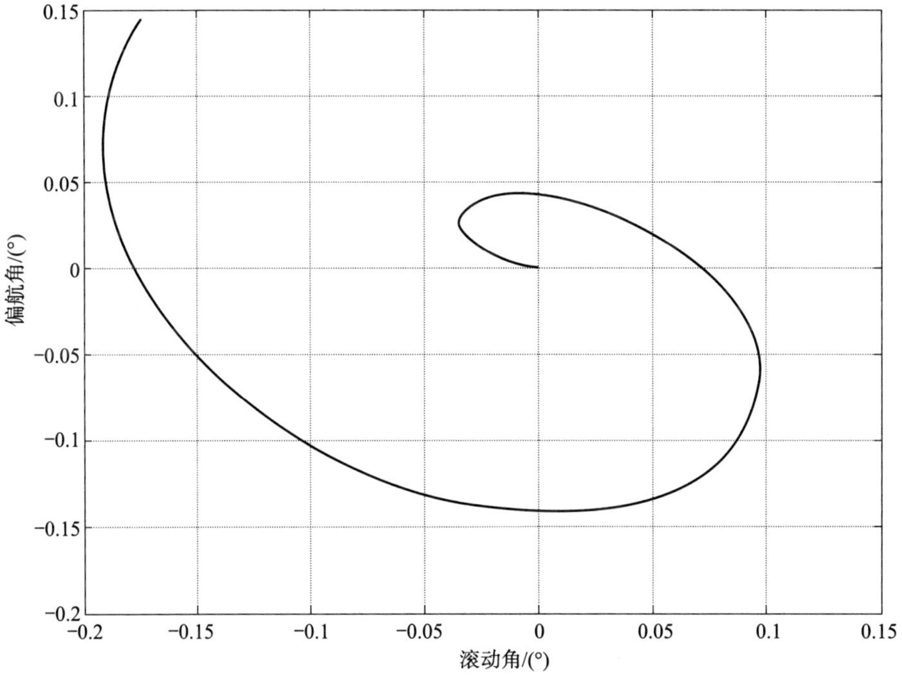

图 5.2 - 5　太阳光压一次谐波项作用下的滚动-偏航相图

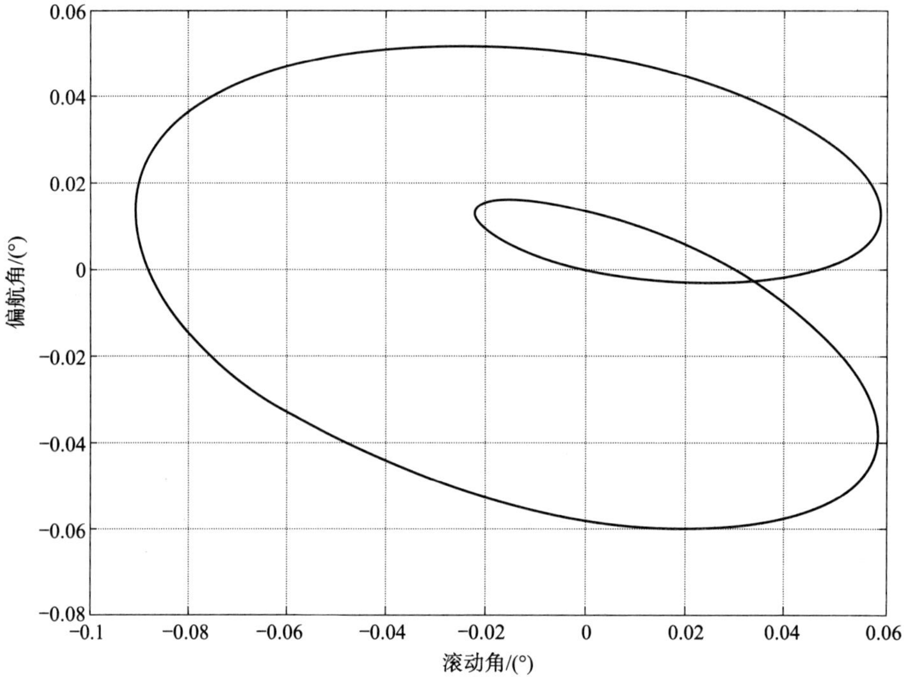

图 5.2-6　太阳光压二次谐波项作用下的滚动-偏航相图

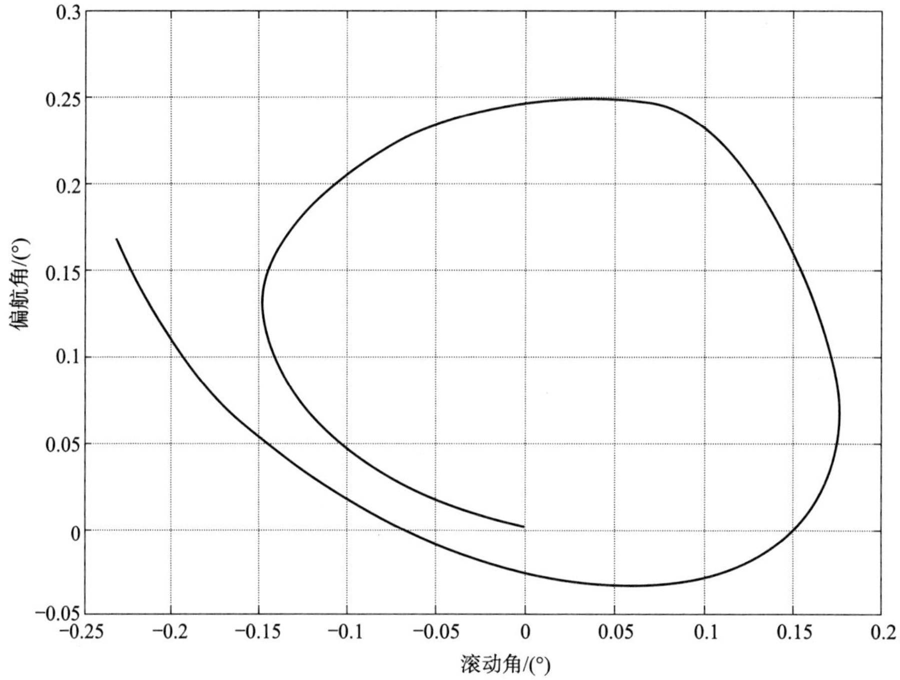

图 5.2-7　太阳光压作用下的滚动-偏航相图

5.2.3　偏置动量卫星滚动偏航通道控制

5.2.3.1　控制原理

分析卫星系统角动量 H 在太阳光压作用下在轨道坐标系中沿 X_O 、Z_O 轴变化的情况，由式（5.2－5）可得

$$\begin{cases}\dot{H}_x = \omega_0 H_z + T_{dx} \\ \dot{H}_z = -\omega_0 H_x + T_{dz}\end{cases} \tag{5.2-11}$$

式中　H_x ，H_z ——星体角动量 H 在 X_O ，Z_O 轴上的分量，有

$$\begin{cases}H_x = I_x\dot{\varphi} + [\omega_0(I_y - I_x) + h_B]\psi \\ H_z = I_z\dot{\psi} - [\omega_0(I_y - I_z) + h_B]\varphi + h_z\end{cases} \tag{5.2-12}$$

在星体坐标系的滚动轴和偏航轴上，太阳光压力矩可以表示成以下形式

$$\begin{cases}T_{dx} = A_x + A_{x1}\cos\omega_0 t \\ T_{dz} = A_z - A_{z1}\sin\omega_0 t\end{cases} \tag{5.2-13}$$

将式（5.2－13）代入式（5.2－11）可得角动量的变化规律为

$$\begin{cases}H_x = \dfrac{A_x}{\omega_0}\sin\omega_0 t + \dfrac{A_z}{\omega_0}(1-\cos\omega_0 t) + A_{x1}t\cos\omega_0 t + H_x(0)\cos\omega_0 t + H_z(0)\sin\omega_0 t \\ H_z = \dfrac{A_x}{\omega_0}(\cos\omega_0 t - 1) + \dfrac{A_z}{\omega_0}\sin\omega_0 t - A_{z1}t\sin\omega_0 t - H_x(0)\sin\omega_0 t + H_z(0)\cos\omega_0 t\end{cases} \tag{5.2-14}$$

式中　$H_x(0)$ ，$H_z(0)$ ——角动量的初值，此变化规律描述了太阳光压使卫星角动量的端点在轨道坐标系中的轨道平面上投影的轨迹。

式（5.2－14）的第一部分是由常值力矩 A_x，A_z 引起的圆周运动，圆心在 $\left(\dfrac{A_z}{\omega_0},\ -\dfrac{A_x}{\omega_0}\right)$，圆半径为 $\dfrac{1}{\omega_0}(A_x^2 + A_z^2)^{1/2}$，角频率为 ω_0，如图 5.2－8（a）所示。第二部分是由交变扰动力矩引起的，角动量端点以阿基米德螺线的形式偏离轨道法线，如图 5.2－8（b）所示。第三部分表示在没有干扰力矩的作用下角动量在轨道坐标中的周期性变化，如图 5.2－8（c）所示。可以看出，在太阳光压作用下，卫星的角动量在轨道平面上的投影将呈阿基米德螺线的形式发散，这直接反映出卫星的滚动、偏航姿态的变化趋势。

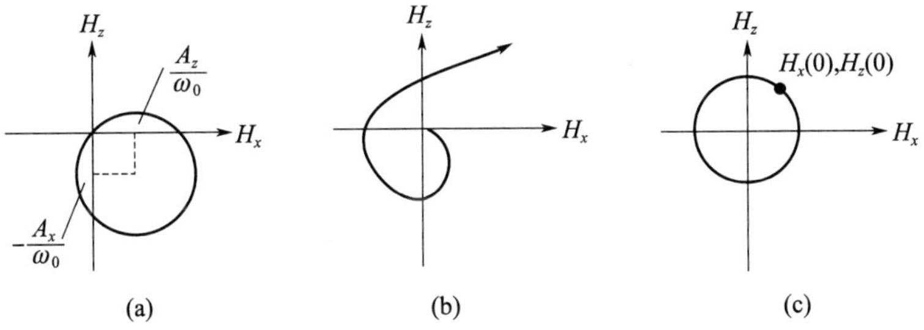

图 5.2－8　角动量轨迹图

由式（5.2-8）可以得到三轴稳定卫星的滚动-偏航轴姿态动力学长周期方程（其中 $h_x=0$）为

$$\begin{cases}\omega_0 h_B\varphi+h_B\dot{\psi}=\omega_0 h_z+T_x\\-h_B\dot{\varphi}+\omega_0 h_B\psi=-\dot{h}_z+T_z\end{cases}\tag{5.2-15}$$

对式（5.2-15）进行拉普拉斯变换，则可以得到长周期传递函数为

$$\begin{bmatrix}\varphi(s)\\\psi(s)\end{bmatrix}=\frac{1}{h_B^2(s^2+\omega_0^2)}\begin{bmatrix}h_B(s^2+\omega_0^2)\\0\end{bmatrix}h_z\tag{5.2-16}$$

由式（5.2-16）可以看出，由于控制动量在轨道上陀螺力矩的耦合作用，在开环传递函数中引入了一对复零点 $\pm\mathrm{i}\omega_0$，与姿态动力学特性的复极点 $\pm\mathrm{i}\omega_0$ 重合，形成零极点对消，反映在根轨迹图上，该轨道极点被轨道零点吸引，形成不衰减的姿态振荡。因此，此系统不完全可控，须附加外力矩控制，将姿态的轨道周期振荡幅值限制在外力矩作用的死区内。章动消除后，在外力矩作用死区内，卫星的角动量如式（5.2-17）所示，将根据此式进行长期角动量管理

$$\begin{cases}H_x=h_B\psi\\H_z=-h_B\varphi+h_z\end{cases}\tag{5.2-17}$$

由前面的论述可知，扰动角动量在滚动轴和偏航轴上相互交替，并以长周期螺旋方式增长着。如果没有偏航敏感器，滚动角的角动量 H_x 不可测，而用地球敏感器和动量飞轮的测速器，偏航轴角动量 H_z 可被近似地测出。通过控制系统施加喷气外力矩，限制角动量 H_z 的积累，从而间接地限制 H_x，间接地限制偏航误差。在 H_xH_z 平面上设置非饱和区 $H_z\leqslant\pm H_d$，在非饱和区内部角动量螺旋式发散，当控制系统测出偏航角动量 H_z 发散到非饱和区边界时，控制系统不断地驱动喷气外力矩器，迫使角动量沿着 $\pm H_d$ 边界内侧移动，直到轨道运动的耦合作用使角动量的轨迹自动地从边界朝非饱和区内部移动为止，接着角动量将螺旋式地发散到另一饱和区边界，形成极限环的工作方式，如图 5.2-9 所示。

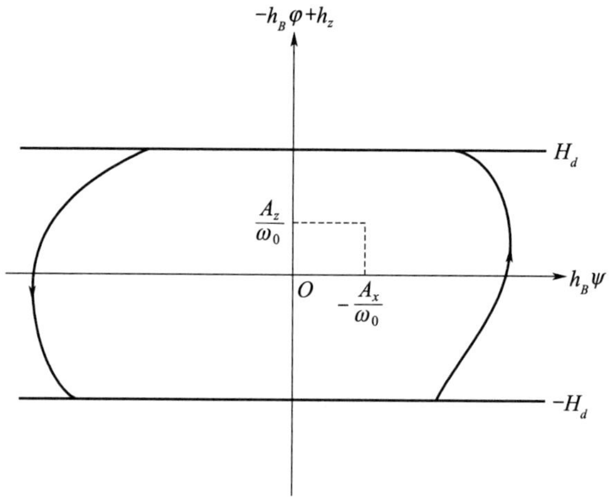

图 5.2-9　卫星角动量的控制图（偏航不可测）

如果卫星的偏航角不能保证全天都可测（如无星敏感器，仅使用太阳敏感器测量偏航角），可以用卡尔曼滤波的方法得到偏航角的估计值，这时就可以利用滚动角的测量值和偏航角的估计值同时来限制 H_x 和 H_z，这样就不需要间接地限制 H_x，不但提高了姿态控制响应的速度，而且卫星系统的控制精度也得到了很大的提高，此时，卫星角动量的控制图如图 5.2－10 所示，设置 H_x 的饱和区为 $H_x \leqslant \pm H_{dx}$，H_z 的饱和区为 $H_z \leqslant \pm H_{dz}$。

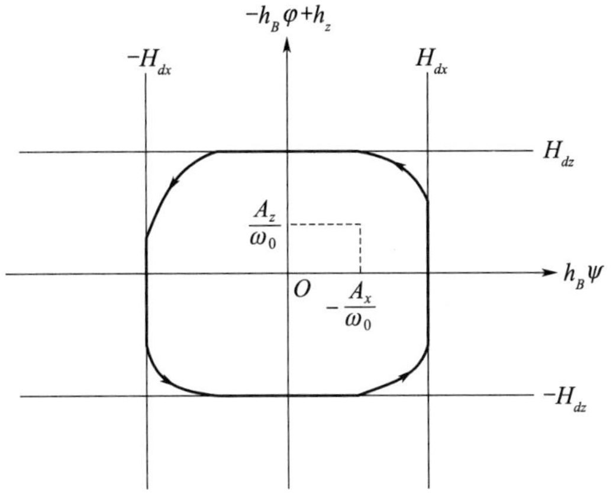

图 5.2－10　卫星角动量的控制图（偏航测量或滤波）

综合前面的叙述，最终可以得到卫星系统的滚动-偏航通道控制原理图，如图 5.2－11 所示。图中，φ_c 为滚动角的期望值，正常运行模式下通常为零，φ 为卫星的滚动姿态输出，卡尔曼滤波器根据地球敏感器测得的滚动角 φ 计算出偏航角的估计值，通过式（5.2－14）就可以计算出卫星角动量在轨道平面上的分量 H_x 和 H_z，然后根据预先设置的阈值来判断是否进行角动量卸载控制。

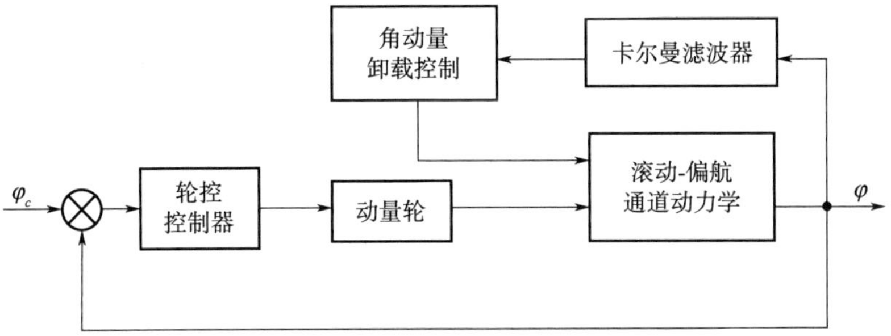

图 5.2－11　滚动-偏航通道控制原理图

5.2.3.2　偏航角估计

在用卡尔曼滤波进行偏航角估计时，需要将系统的动力学方程化成状态空间的形式。在第 3 章动力学方程的基础上，可以得到以下具体方程为

$$\begin{cases}I_x\ddot{\varphi}+s_{11}\ddot{q}_{11}+s_{12}\ddot{q}_{12}+n_{11}\ddot{q}_{21}+n_{12}\ddot{q}_{22}+t_1\ddot{q}_3-h_y\dot{\psi}-\omega_0h_y\varphi=\omega_0h_z+T_{cx}+T_{dx}\\I_z\ddot{\psi}+s_{31}\ddot{q}_{11}+s_{32}\ddot{q}_{12}+n_{31}\ddot{q}_{21}+n_{32}\ddot{q}_{22}+t_3\ddot{q}_3+h_y\dot{\varphi}-\omega_0h_y\psi=-\dot{h}_z+T_{cx}+T_{dz}\\\ddot{q}_{11}+s_{11}\ddot{\varphi}+s_{31}\ddot{\psi}+2\xi_{11}\omega_{11}\dot{q}_{11}+\omega_{11}^2q_{11}=0\\\ddot{q}_{12}+s_{12}\ddot{\varphi}+s_{32}\ddot{\psi}+2\xi_{12}\omega_{12}\dot{q}_{12}+\omega_{12}^2q_{12}=0\\\ddot{q}_{21}+n_{11}\ddot{\varphi}+n_{31}\ddot{\psi}+2\xi_{21}\omega_{21}\dot{q}_{21}+\omega_{21}^2q_{21}=0\\\ddot{q}_{22}+n_{12}\ddot{\varphi}+n_{32}\ddot{\psi}+2\xi_{22}\omega_{22}\dot{q}_{22}+\omega_{22}^2q_{22}=0\\\ddot{q}_3+t_1\ddot{\varphi}+t_3\ddot{\psi}+2\xi_3\omega_3\dot{q}_3+\omega_3^2q_3=0\end{cases}\tag{5.2-18}$$

式中，q_{11}，q_{12}，q_{21}，q_{22}，q_3，ω_{11}，ω_{12}，ω_{21}，ω_{22}，ω_3 和 ξ_{11}，ξ_{12}，ξ_{21}，ξ_{22}，ξ_3 分别为南北太阳帆板和天线的模态坐标、特征频率和挠性振动阻尼系数。

对式（5.2－18）进行规范化，令 $\boldsymbol{X}=[\boldsymbol{X}_1\quad\boldsymbol{X}_2]$，其中 $\boldsymbol{X}_1=[\varphi\quad\psi\quad q_{11}\quad q_{12}\quad q_{21}\quad q_{22}\quad q_3]^{\mathrm{T}}$，$\boldsymbol{X}_2=[\dot{\varphi}\quad\dot{\psi}\quad\dot{q}_{11}\quad\dot{q}_{12}\quad\dot{q}_{21}\quad\dot{q}_{22}\quad\dot{q}_3]^{\mathrm{T}}$，则式（5.2－18）可改写为

$$\boldsymbol{M}\ddot{\boldsymbol{X}}_1+\boldsymbol{H}_1\dot{\boldsymbol{X}}_1+\boldsymbol{H}_0\boldsymbol{X}_1=\boldsymbol{G}\boldsymbol{U}\tag{5.2-19}$$

式中

$$\boldsymbol{M}=\begin{bmatrix}I_x&0&s_{11}&s_{12}&n_{11}&n_{12}&t_1\\0&I_z&s_{31}&s_{32}&n_{31}&n_{32}&t_3\\s_{11}&s_{31}&1&0&0&0&0\\s_{12}&s_{32}&0&1&0&0&0\\n_{11}&n_{31}&0&0&1&0&0\\n_{12}&n_{32}&0&0&0&1&0\\t_1&t_3&0&0&0&0&1\end{bmatrix}$$

$$\boldsymbol{H}_1=\begin{bmatrix}0&h_B&0&0&0&0&0\\-h_B&0&0&0&0&0&0\\0&0&2\xi_{11}\omega_{11}&0&0&0&0\\0&0&0&2\xi_{12}\omega_{12}&0&0&0\\0&0&0&0&2\xi_{21}\omega_{21}&0&0\\0&0&0&0&0&2\xi_{22}\omega_{22}&0\\0&0&0&0&0&0&2\xi_3\omega_3\end{bmatrix}$$

$$\boldsymbol{H}_0=\mathrm{diag}[\omega_0h_B,\omega_0h_B,\omega_{11}^2,\omega_{12}^2,\omega_{21}^2,\omega_{22}^2,\omega_3^2]$$

$$\boldsymbol{U}=\begin{bmatrix}1&\cos\omega_0t&\sin\omega_0t&\cos2\omega_0t&\sin2\omega_0t&h_z&\dot{h}_z&T_{cx}&T_{cz}\end{bmatrix}^{\mathrm{T}}$$

太阳光压力矩的估计将在后面章节中论述，这里可以将其作为系统的输入量来进行处

理，则有

$$G=\begin{bmatrix} A_x & A_{x1} & B_{x1} & A_{x2} & B_{x2} & \omega_0 & 0 & 1 & 0 \\ A_z & A_{z1} & B_{z1} & A_{z2} & B_{z2} & 0 & -1 & 0 & 1 \\ 0&0&0&0&0&0&0&0&0 \\ 0&0&0&0&0&0&0&0&0 \\ 0&0&0&0&0&0&0&0&0 \\ 0&0&0&0&0&0&0&0&0 \\ 0&0&0&0&0&0&0&0&0 \end{bmatrix}$$

由式（5.2－19）可得：$\ddot{\boldsymbol{X}}_1=-\boldsymbol{M}^{-1}\boldsymbol{H}_1\dot{\boldsymbol{X}}_1-\boldsymbol{M}^{-1}\boldsymbol{H}_0\boldsymbol{X}_1+\boldsymbol{M}^{-1}\boldsymbol{GU}$，同时有：$\dot{\boldsymbol{X}}_1=\boldsymbol{X}_2$，$\ddot{\boldsymbol{X}}_1=\dot{\boldsymbol{X}}_2$，则有：$\dot{\boldsymbol{X}}_2=-\boldsymbol{M}^{-1}\boldsymbol{H}_1\boldsymbol{X}_2-\boldsymbol{M}^{-1}\boldsymbol{H}_0\boldsymbol{X}_1+\boldsymbol{M}^{-1}\boldsymbol{GU}$，所以可以得到卫星系统动力学方程的状态空间形式，即系统状态方程为

$$\dot{\boldsymbol{X}}=\boldsymbol{A}(t)\boldsymbol{X}+\boldsymbol{B}(t)\boldsymbol{U} \tag{5.2-20}$$

其中，$\boldsymbol{A}(t)=\begin{bmatrix}\boldsymbol{0} & \boldsymbol{I}\\ -\boldsymbol{M}^{-1}\boldsymbol{H}_0 & -\boldsymbol{M}^{-1}\boldsymbol{H}_1\end{bmatrix}$，$\boldsymbol{B}(t)=\begin{bmatrix}\boldsymbol{0}\\ \boldsymbol{M}^{-1}\boldsymbol{G}\end{bmatrix}$，均为时变矩阵。

对于偏置角动量卫星，出于可靠性等原因，在长期正常运行时往往会把（机械）陀螺关掉，因此不能长时获得角速度信号，而只有地球敏感器测得的滚动俯仰姿态误差信号，因此，卫星系统的观测方程为

$$\boldsymbol{Z}=\boldsymbol{CX} \tag{5.2-21}$$

其中，$\boldsymbol{C}=[1\quad 0\quad 0\quad 0\quad 0\quad 0\quad 0\quad 0\quad 0\quad 0\quad 0\quad 0]$。

将上述的连续状态方程和观测方程进行离散化，可以得到状态方程和观测方程的离散形式为

$$\begin{cases}\boldsymbol{X}((k+1)T)=\boldsymbol{G}(kT)\boldsymbol{X}(kT)+\boldsymbol{H}(kT)\boldsymbol{U}(kT)\\ \boldsymbol{Y}(kT)=\boldsymbol{CX}(kT)\end{cases} \tag{5.2-22}$$

式中　$\boldsymbol{G}(kT)$，$\boldsymbol{H}(kT)$——相应的系数矩阵；

　　T——采样周期。

在得到卫星系统动力学方程的离散状态空间形式之后，就可以利用卡尔曼滤波进行状态估计，得到卫星的偏航角估计值[7]。

5.2.3.3　数学仿真

数学仿真过程中用到的卫星结构参数为

卫星结构参数：$I_x=2\,950\ \text{kg}\cdot\text{m}^2$，$I_y=1\,600\ \text{kg}\cdot\text{m}^2$，$I_z=3\,350\ \text{kg}\cdot\text{m}^2$；

太阳光压干扰力矩系数：$A_x=-5.78\times10^{-6}\ \text{N}\cdot\text{m}$，$A_{x1}=2.20\times10^{-6}\ \text{N}\cdot\text{m}$，$B_{x1}=0.19\times10^{-6}\ \text{N}\cdot\text{m}$，$A_{x2}=-2.06\times10^{-6}\ \text{N}\cdot\text{m}$，$B_{x2}=6.12\times10^{-6}\ \text{N}\cdot\text{m}$，$A_z=-19.40\times10^{-6}\ \text{N}\cdot\text{m}$，$A_{z1}=0.39\times10^{-6}\ \text{N}\cdot\text{m}$，$B_{z1}=-2.85\times10^{-6}\ \text{N}\cdot\text{m}$，$A_{z2}=-2.77\times10^{-6}\ \text{N}\cdot\text{m}$，$B_{z2}=7.09\times10^{-6}\ \text{N}\cdot\text{m}$。

动量轮参数：额定偏置动量 $h_B = 94$ N·m·s，V 型轮夹角 $\eta = 20°$，V－L 型轮安装平面偏置角 $\zeta = 0°$，动量轮标称角动量 $H_1 = H_2 = 50$ N·m·s，H_x 的饱和区阈值 $H_{dx} = 0.3$ N·m·s，H_z 的饱和区阈值 $H_{dz} = 0.3$ N·m·s，滚动轴、偏航轴方向的推力器力矩冲量 $T_{cx} = T_{cz} = 0.05$ N·m·s。

仿真的初始条件为：$\varphi = -0.08°$，$\dot{\varphi} = -0.002$ (°)/s，$\psi = 0.12°$，$\dot{\psi} = -0.001\,8$ (°)/s。

使用卡尔曼滤波进行偏航姿态估计，其初始条件为：$\varphi = -0.06°$，$\dot{\varphi} = -0.001\,3$(°)/s，$\psi = 0.45°$，$\dot{\psi} = 0.000\,75$(°)/s。

仅利用 H_z 进行卫星姿态控制得到的仿真结果如图 5.2－12 所示。由图 5.2－12 可以看出，当没有偏航角估计值，仅根据滚动角测量值来进行姿态控制时，滚动角和偏航角的控制精度约分别是±0.08°和±0.30°。

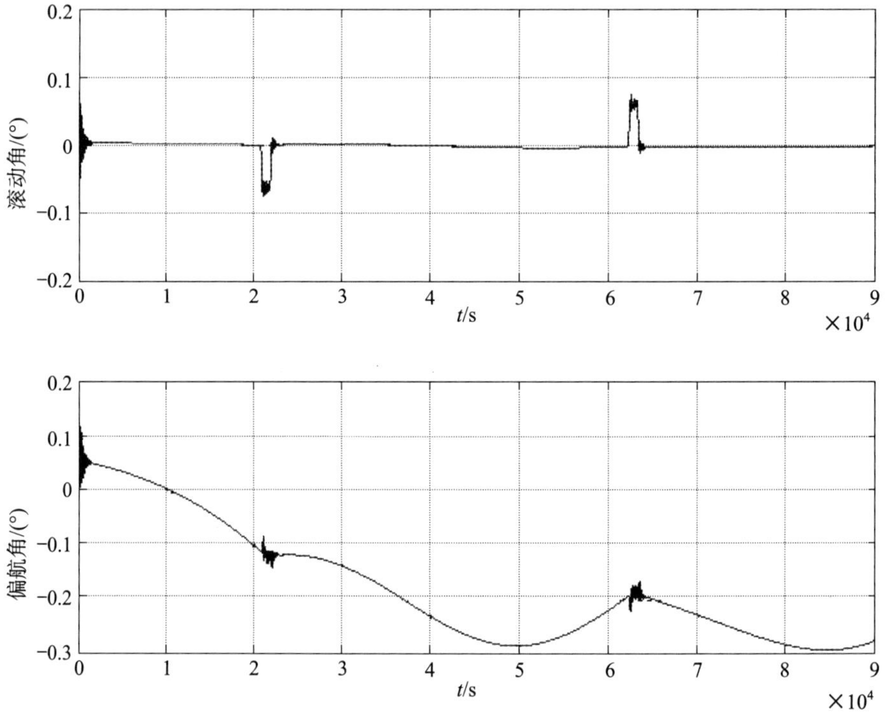

图 5.2－12　仅用 H_z 控制时的滚动角和偏航角

利用 H_x 和 H_z 进行卫星姿态控制得到的仿真结果如图 5.2－13 和图 5.2－14 所示。由图 5.2－13 和图 5.2－14 可以看出，当得到偏航角的估计值，根据滚动角测量值和偏航角估计值同时进行控制时，二者的控制精度分别为±0.08°和±0.20°。由此看出，偏航角估计值的引入使卫星姿态控制精度得到了较大的提高，进一步改善了卫星的工作性能[8]。

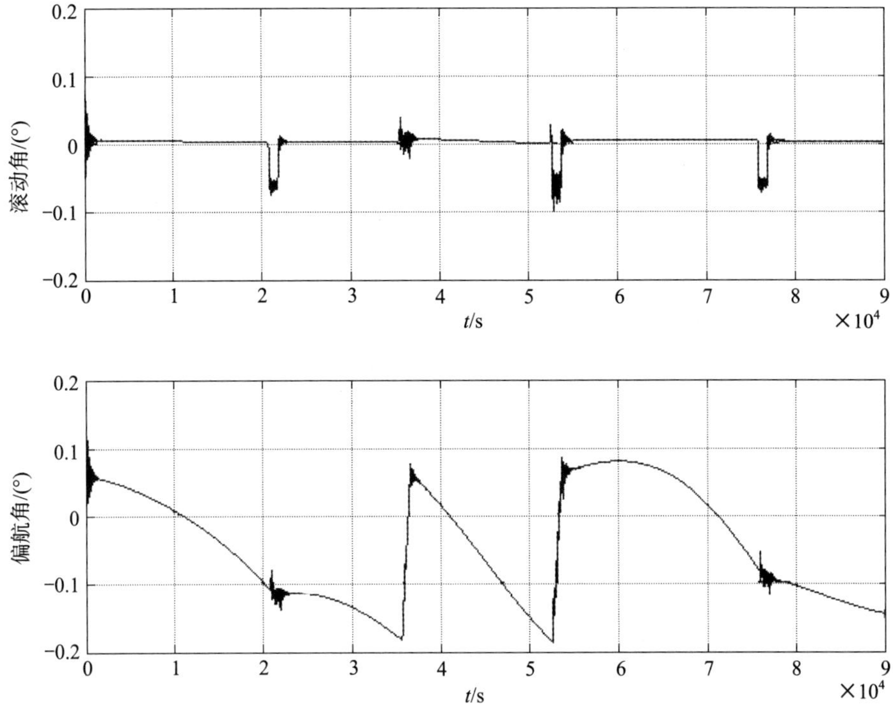

图 5.2－13　利用 H_x 和 H_z 控制时的姿态角

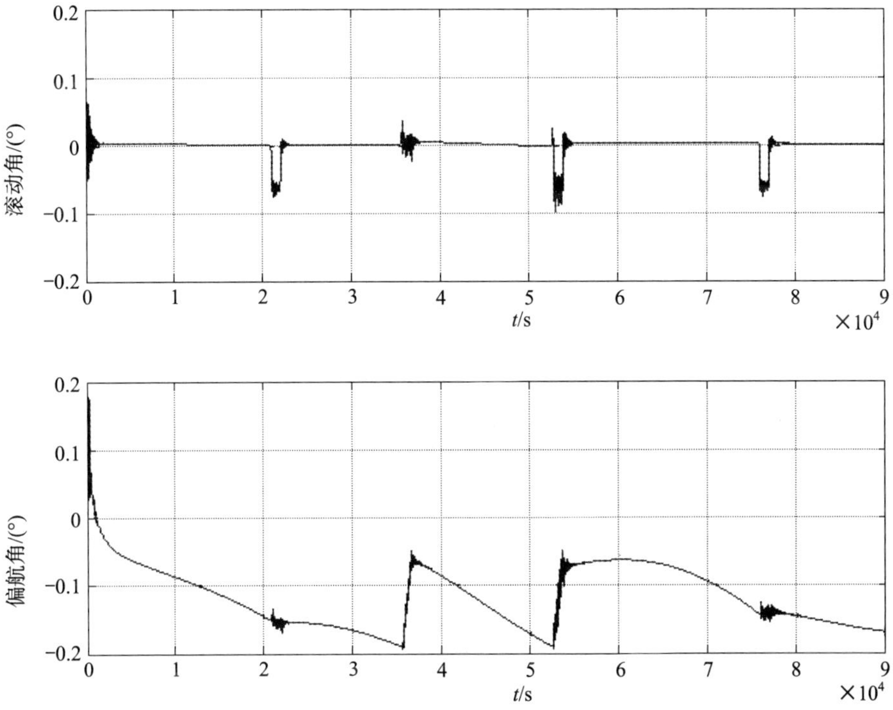

图 5.2－14　利用 H_x 和 H_z 控制时的滚动角和偏航角估计值

5.3　整星零角动量控制

对于那些指向精度及姿态稳定度要求较高的静止轨道卫星，多采用零角动量控制。这类卫星系统总角动量很小，三轴姿态的动力学方程基本上是相互独立的，须同时使用滚动、俯仰和偏航敏感器，组成 3 个独立的姿态控制回路。通常，在零角动量卫星中仍需角动量装置作为姿态控制执行机构，多由若干可变动量的动量轮或控制力矩陀螺组成，其合成角动量始终保持在零界附近，但单个动量轮或控制力矩陀螺储存角动量的能力足以吸收周期性空间扰动力矩产生的外扰角动量，实现高精度姿态稳定。基于轮控系统的卫星姿态控制回路如图 5.3－1 所示。

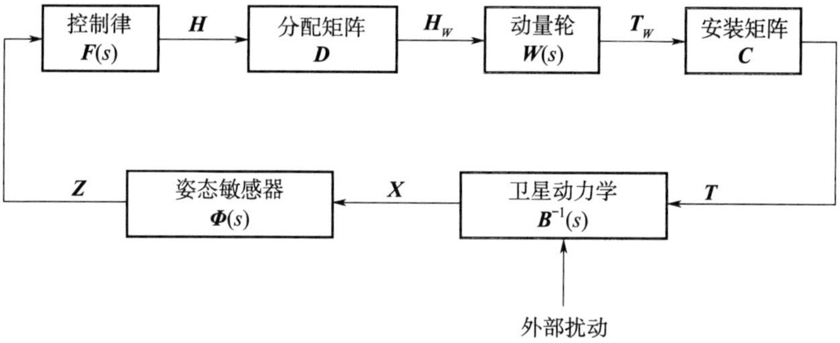

图 5.3－1　基于轮控系统的卫星姿态控制回路

5.3.1　环境干扰力矩影响分析

环境干扰力矩分析是卫星控制系统设计的前提。在阐述整星零角动量控制系统设计前，我们花一些篇幅对环境干扰力矩的影响进行详细分析。

5.3.1.1　太阳光压干扰

在 3.8 节中，已经给出了太阳光压力的计算公式。在卫星太阳光压力在轨辨识（相关内容将在后续章节给出）基础上，根据天线口径等机构尺寸和安装情况，可以计算太阳光压干扰。通常，太阳光压产生的干扰力矩方向与太阳矢量方式基本垂直（因存在漫反射，不完全垂直），且一年之内，随太阳在赤道惯性系下的方位变化，角动量在赤道惯性系下存在交变。在地影期（春秋分前后），太阳光压产生角动量积累。某高轨卫星典型轨道下太阳干扰与角动量波动情况（不考虑地影）如图 5.3－2～图 5.3－6 所示，仿真结果表明，该卫星所受太阳光压干扰引起的角动量波动在一年中最大的波动峰值约为 95 N·m·s。

5.3.1.2　重力梯度干扰

重力梯度力矩由卫星质量分布与轨道高度决定。在卫星结构不发生变化时，重力梯度力矩只和力臂有关。根据卫星的质量分布和卫星姿态，可建立卫星的重力梯度力矩模型。在第 3.8 节已经给出了相关的计算公式。

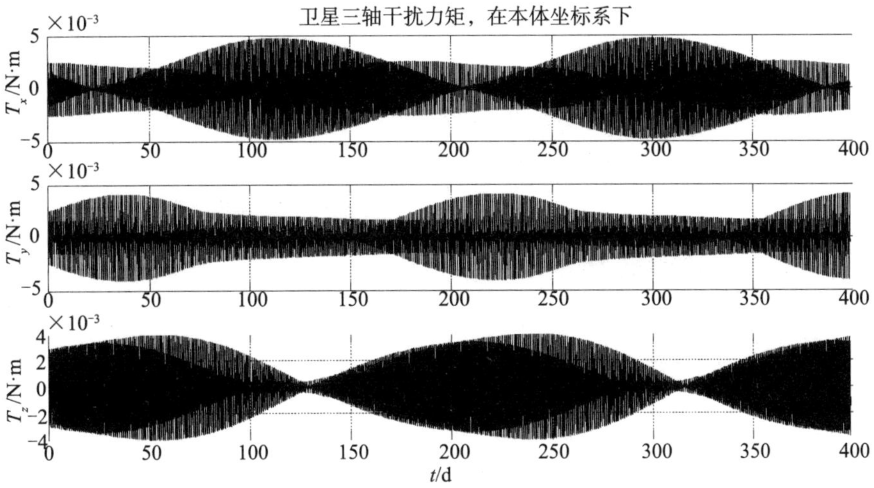

图 5.3-2　太阳光压三轴干扰力矩（本体坐标系下的三轴分量）

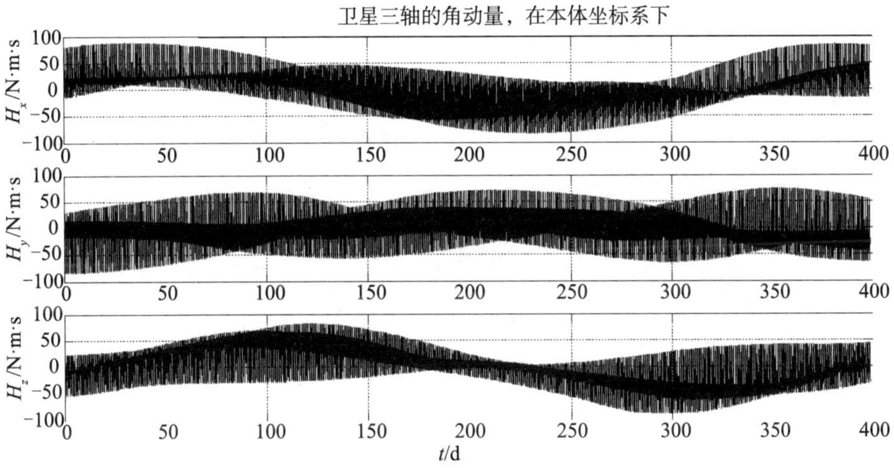

图 5.3-3　太阳光压产生的角动量（本体坐标系下的三轴分量）

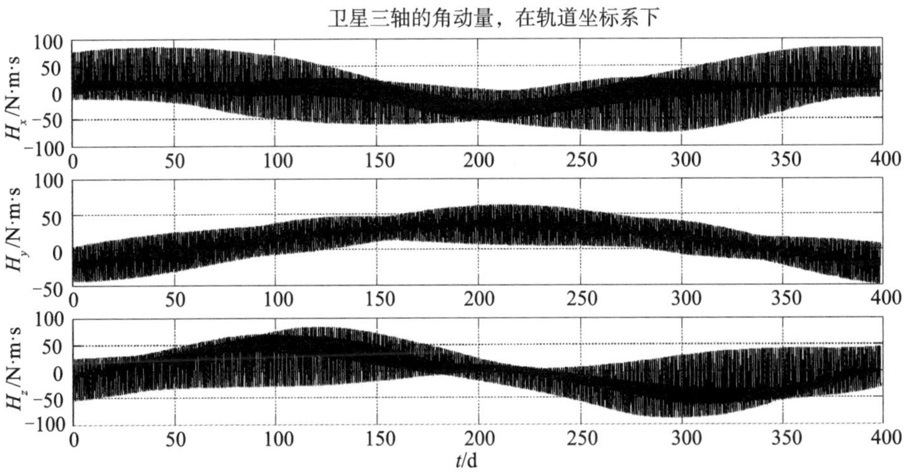

图 5.3-4　太阳光压产生的角动量（轨道坐标系下的三轴分量）

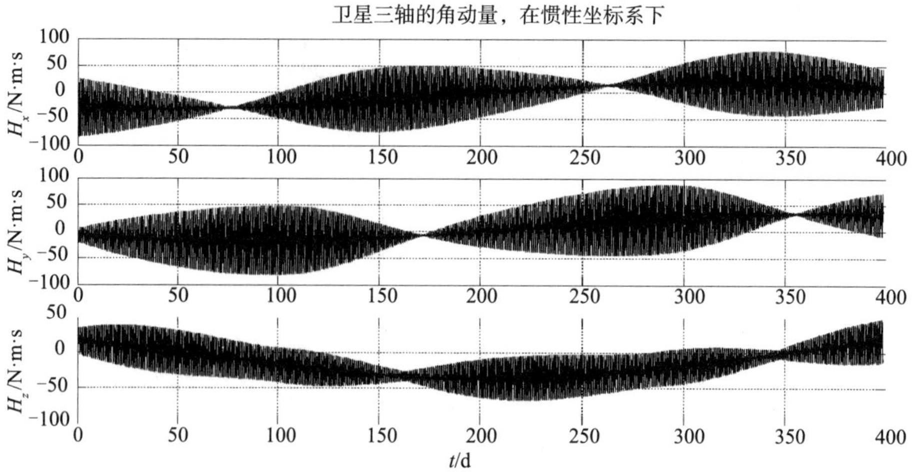

图 5.3-5　太阳光压产生的角动量（惯性坐标系下的三轴分量）

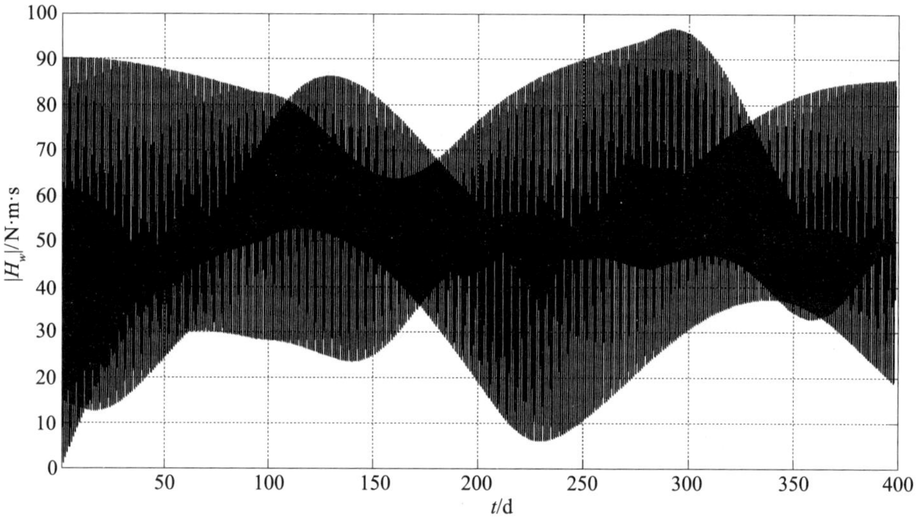

图 5.3-6　太阳光压产生的角动量幅值

根据卫星的质量特性计算各轴上引起的重力梯度干扰力矩以及积累的角动量。考虑偏航导引，某高轨卫星由重力梯度引起的角动量变化情况如图 5.3-7～图 5.3-10 所示。由于该卫星惯量积 I_{xz} 较大，卫星有较大重力梯度干扰力矩。若偏航不导引，重力梯度干扰力矩主要影响卫星俯仰轴：一天积累的角动量约为 30 N·m·s；若偏航导引，重力梯度干扰力矩影响卫星三轴，一天积累的角动量约为 20 N·m·s。由仿真结果可知，一天积累的角动量约为20 N·m·s。在偏航导引情况下，因重力梯度引起的角动量波动约在±10 N·m·s范围内。考虑大角度机动情况，因重力梯度引起的角动量波动在±15 N·m·s之内。

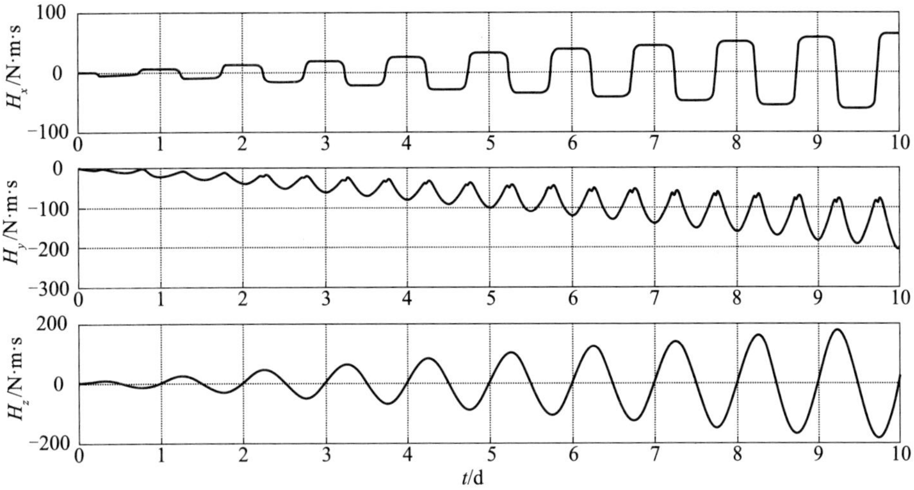

图 5.3-7 重力梯度力矩积累产生的角动量（本体坐标系下的三轴分量）

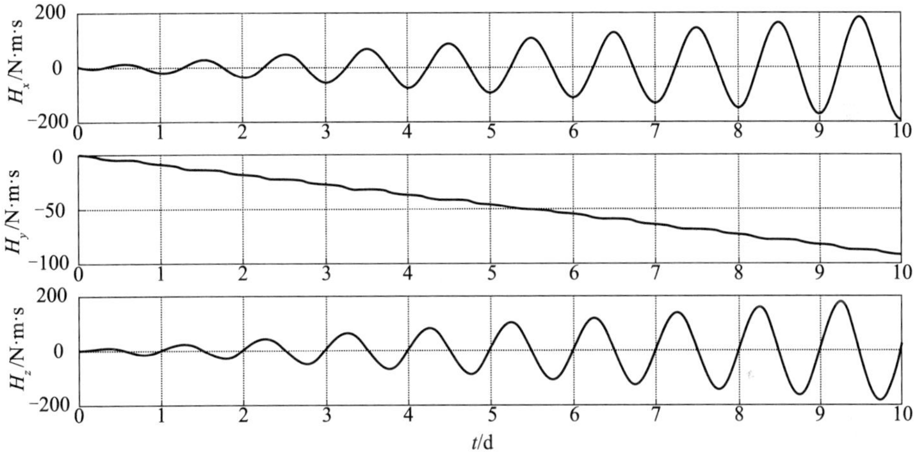

图 5.3-8 重力梯度力矩积累产生的角动量（轨道坐标系下的三轴分量）

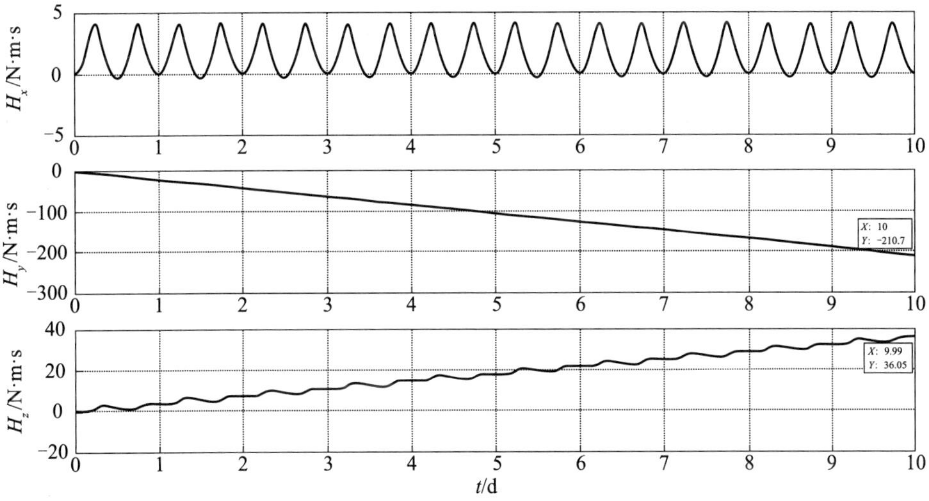

图 5.3-9 重力梯度力矩积累产生的角动量（惯性坐标系下的三轴分量）

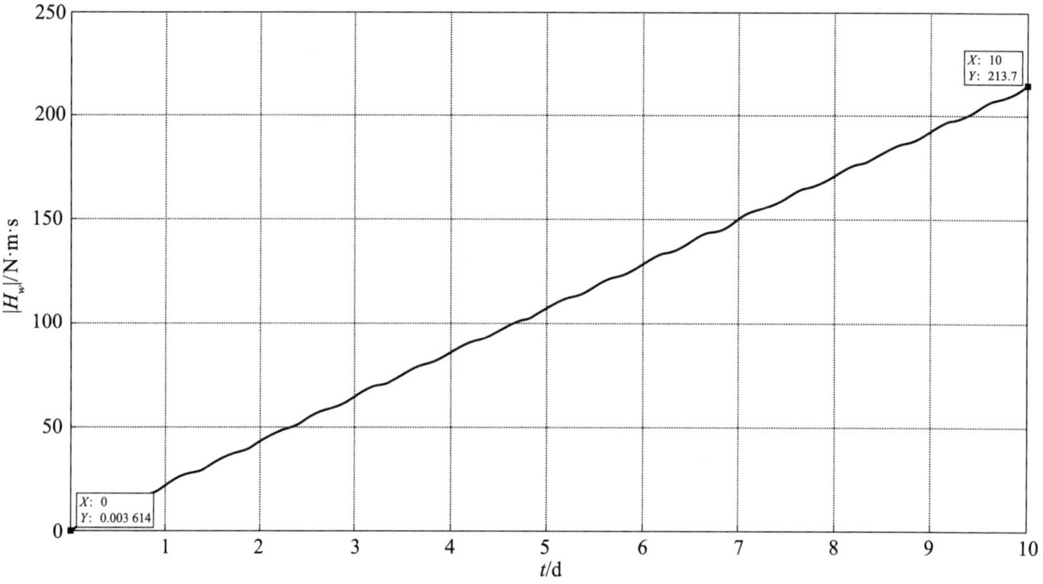

图 5.3-10 重力梯度力矩积累产生的角动量幅值

5.3.2 角动量装置构型选择

零动量飞轮的安装有多种形式。在系统统一性能指标下，必须考虑飞轮的角动量包络、控制精度和抗干扰能力。

轮控系统中一般选用标准系列的数个动量轮组成各种构型的轮控系统。从原理上说，只要轮系能提供 3 个轴上控制力矩就可以实现卫星姿态的三轴稳定。当采用多轮构成的轮控系统时，首先遇到的问题是安装矩阵的选择问题，即如何合理地安装这些动量轮，不但能提供三轴上的控制力拒，而且能实现某种指标下的优化。对于长寿命卫星，安装矩阵的选择主要是考虑当一个动量轮失效时，重构的冗余度，即能用数量最少的动量轮来获得最大的冗余度，而又使控制策略不过分复杂，例如，如果用 6 个动量轮，可以在每一个主轴上都安装两个，其中一个工作，另一个冷备份，当某一轴上的两个动量轮都失效时，就无法提供该轴的控制力矩。如果换一种方式，比如按 12 面体安装这 6 个动量轮，则允许任何 3 个动量轮失效后，其余 3 个动量轮仍能提供 3 个轴的控制力矩。因此，从冗余观点看，12 面体安装优于每轴安装两个的构型，但是它的故障模式切换和控制策略比后者要复杂得多。因此在选用动量轮的个数和安装方式时要权衡各种利弊[5]。

设有 N 个动量轮组成轮系，这 N 个动量轮的角动量分别为 h_1，h_2，…，h_N，通过安装矩阵 $\boldsymbol{C}$ 把角动量沿 3 个主轴方向进行分解，即

$$\begin{bmatrix} h_x \\ h_y \\ h_z \end{bmatrix} = \boldsymbol{C} \begin{bmatrix} h_1 \\ \vdots \\ h_N \end{bmatrix} \tag{5.3-1}$$

控制系统设计中在选定控制律，即确定了控制动量 h_x，h_y，h_z 之后，要根据轮系的

构型，即安装矩阵 $\boldsymbol{C}$ 把所需的控制动量分配到每个动量轮上，以实现给定的控制律，这就是分配矩阵的选择问题。如果轮系中动量轮的个数大于 3，分配方式很多。但如果要求分配方式某个指标达到最优值，比如使能耗最小，在数学上就归结为：在满足上式的约束条件下，求指标函数

$$J=\sum_{i=1}^{N}h_i^2 \tag{5.3-2}$$

的极小值。J 取以上形式是因为能耗与转速的平方成正比。这是一个有约束条件的函数极值问题，实际上是求最小范数解。由此可见，在给定的安装矩阵下使能量最优的分配矩阵 $\boldsymbol{D}$ 应为

$$\boldsymbol{D}=\boldsymbol{C}^{\mathrm{T}}\left(\boldsymbol{C}\boldsymbol{C}^{\mathrm{T}}\right)^{-1} \tag{5.3-3}$$

现设有 4 个动量轮组成构型如图 5.3-11 所示的系统，$O_bX_bY_bZ_b$ 为卫星本体坐标系。$h_i\,(i=1,2,3,4)$ 与 Y_b 轴的夹角均为 β；$\boldsymbol{h}_1\boldsymbol{h}_3$ 平面与 $X_bO_bY_b$ 平面的夹角为 α；$\boldsymbol{h}_2\boldsymbol{h}_4$ 平面与 $Z_bO_bY_b$ 平面的夹角也为 α；安装矩阵可以记为

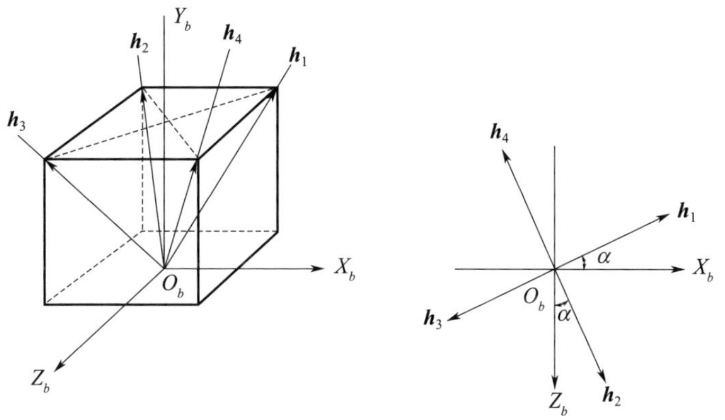

图 5.3-11　四轮构型的轮控系统安装矩阵、分配矩阵算法示意图

$$\boldsymbol{C}=\begin{bmatrix}\sin\beta\cos\alpha & \sin\beta\cos\alpha & -\sin\beta\cos\alpha & -\sin\beta\sin\alpha\\ \cos\beta & \cos\beta & \cos\beta & \cos\beta\\ -\sin\beta\sin\alpha & \sin\beta\cos\alpha & \sin\beta\sin\alpha & -\sin\beta\cos\alpha\end{bmatrix} \tag{5.3-4}$$

当 $h_1=h_2=h_3=h_4=h$ 时，$\boldsymbol{h}$ 在 X_b 轴和 Z_b 轴的分量为零，而在 Y_b 轴的角动量之和为 $4h\cos\beta$。将安装矩阵代入计算得到最佳分配矩阵 $\boldsymbol{D}$ 为

$$\boldsymbol{D}=\boldsymbol{C}^{\mathrm{T}}\left(\boldsymbol{C}\boldsymbol{C}^{\mathrm{T}}\right)^{-1}=\begin{bmatrix}\dfrac{\cos\alpha}{2\sin\beta} & \dfrac{1}{4\cos\beta} & -\dfrac{\sin\alpha}{2\sin\beta}\\ \dfrac{\sin\alpha}{2\sin\beta} & \dfrac{1}{4\cos\beta} & \dfrac{\cos\alpha}{2\sin\beta}\\ \dfrac{-\cos\alpha}{2\sin\beta} & \dfrac{1}{4\cos\beta} & \dfrac{\sin\alpha}{2\sin\beta}\\ \dfrac{-\sin\alpha}{2\sin\beta} & \dfrac{1}{4\cos\beta} & \dfrac{-\cos\alpha}{2\sin\beta}\end{bmatrix} \tag{5.3-5}$$

代入指标函数得

$$J=\frac{h_x^2}{2\sin^2\beta}+\frac{h_y^2}{4\cos^2\beta}+\frac{h_z^2}{2\sin^2\beta} \tag{5.3-6}$$

求 J 对 β 的极小值，得到最佳安装角

$$\beta^*=\arctan\sqrt{2}=57.74^\circ$$

把 β^* 代入上式，求得最小能耗为

$$J^*=\frac{3}{4}(h_x^2+h_y^2+h_z^2)$$

可见，上述安装方式比 3 个正交轮构型在能耗上节省了 1/4。

在工程设计时，不仅要考虑轮系的重量和功耗等因素，更主要的是要考虑冗余和可靠性、性能指标与精度等，总之要从整体优化方面考虑构型问题。而且从实际出发应尽量采用简单的构型，避免由于过分复杂而引起不必要的失误。

零动量飞轮控制系统的典型安装方式（图 5.3-12）如下：

1）3 个飞轮沿星体主轴正交安装，一个飞轮倾斜安装，作为冷备份。并且，4 个飞轮可以工作在偏置状态，以避免飞轮转速反复过零（影响轴承寿命）。

2）俯仰轴加斜装轮的构型，俯仰轴安装一个飞轮，X_b，Z_b 平面内安装一个飞轮，其余两轮斜装。

3）4 个飞轮关于俯仰轴对称，均匀分布倾斜安装，各飞轮投影在坐标轴上。

4）4 个飞轮关于俯仰轴对称，均匀分布倾斜安装，各飞轮投影在坐标面内。

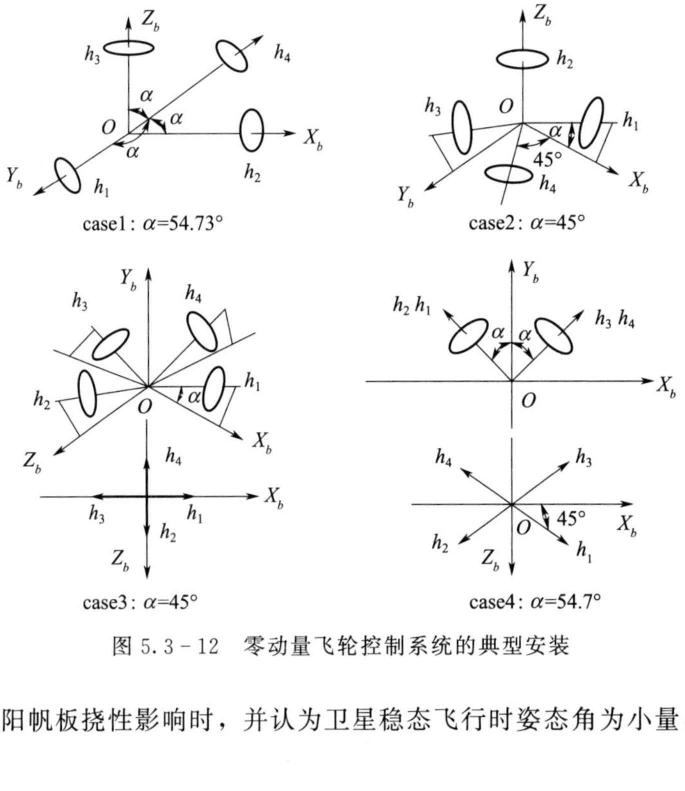

图 5.3-12 零动量飞轮控制系统的典型安装

当不考虑太阳帆板挠性影响时，并认为卫星稳态飞行时姿态角为小量，则分析卫星的

动力学方程可知，俯仰通道与滚动和偏航通道是解耦的，控制律可单独设计。由于轨道角速度影响，滚动和偏航通道之间存在着角动量耦合（包括星体和飞轮角动量）。当卫星进行大角度机动时，滚动和偏航之间的耦合更强，因此，需要针对具有耦合特性的非线性控制问题设计控制律。

（1）三正交动量轮系统

在最简单的零动量系统中，采用了 3 个正交安装的反作用飞轮，它们的角动量与星体主惯量轴平行，此 3 个飞轮分别独立地吸收沿滚动、俯仰、偏航轴上的外扰角动量。姿控系统根据姿态敏感器测得的姿态偏差，调节（增加或减少）飞轮的转速，实现连续的姿态控制。以俯仰通道为例，飞轮负向安装，略去通道之间耦合，俯仰姿态的控制方程为[4,12]

$$I_y\ddot{\theta}=\dot{h}_y+T_{dy}=J\dot{\Omega}+T_{dy} \tag{5.3-7}$$

式中　J ，$\dot{\Omega}$ ——反作用飞轮的惯量和转速。

假定上式的初值为零，积分后得

$$\dot{\theta}=\frac{1}{I_y}\left(\int T_{dy}\mathrm{d}t+J\Omega\right) \tag{5.3-8}$$

如外力矩 $T_{dy}=T_{oy}+T_{sy}\cos\omega_o t$，为了保持姿态稳定，要求 $\dot{\theta}=0$，控制系统应该自动按下式规律驱动飞轮的转速

$$\Omega=\frac{-1}{J}\left(T_{oy}t+\frac{T_{sy}}{\omega_o}\sin\omega_o t\right) \tag{5.3-9}$$

因此，周期性外扰 T_{sy} 引起飞轮转速变化，而常值外扰力矩 T_{oy} 引起飞轮转速单调地增大（或减小），这就是飞轮吸收外扰角动量的结果。当飞轮的转速超过允许范围的上界（或下界）时，必须沿俯仰轴的负（或正）方向施加一个去饱和用的喷气力矩或磁力矩 T_{Cy}。同理，控制系统为保持姿态稳定必使飞轮的转速按相反方向回到初始值，也就是将飞轮储存的外扰角动量释放出去，使飞轮能重新吸收外扰角动量。

上述控制方程表示的控制对象是纯惯性的，没有阻尼特性；在控制回路中，除有姿态误差的比例项外，还应引入微分项（超前校正），起系统阻尼作用。令角动量控制指令 $\dot{h}_{cy}$ 为

$$\dot{h}_{cy}=-K'_p(\tau_p\dot{\theta}_s+\theta_s) \tag{5.3-10}$$

式中　θ_s ——姿态敏感器的输出；

K'_p、τ_p ——比例、微分系数。

$\dot{h}_{cy}$ 可直接作为驱动反作用飞轮的输入。

驱动飞轮一般有两种模式：力矩模式和转速模式。在力矩模式中，根据动量指令 $\dot{h}_{cy}$ 直接调节电机的电流，产生电磁力矩；在转速模式中，电机转速通过伺服回路跟踪控制动量指令的积分。

任何一个具有角动量的飞轮都会引起陀螺耦合效应，为了简化控制模式，还应合理地选择飞轮的最大角动量和控制系统的参数，以便将每个通道之间的耦合降到最小的程度。

在评价耦合影响时，可以假定姿态控制系统的初始角动量处在 $h_x=h_z=0$、$h_y=\pm|h_y|_{\max}$ 的状态，令滚动、偏航通道控制器的控制规律为

$$sh_x(s)=G_x(s)\,[-\varphi(s)],\quad sh_z(s)=G_z(s)\,[-\psi(s)]$$

在卫星姿态动力学方程式中，略去二阶小量后，滚动、偏航姿态控制系统的传递函数方程为

$$\begin{cases}[I_x s^2+G_x(s)]\varphi(s)-h_y s\psi(s)=0\\ h_y s\varphi(s)+[I_z s^2+G_z(s)]\psi(s)=0\end{cases}\tag{5.3-11}$$

它的特征方程为

$$\left[1+\frac{G_x(s)}{I_x s^2}\right]\left[1+\frac{G_z(s)}{I_z s^2}\right]+\frac{h_y^2}{I_x I_y s^2}=0\tag{5.3-12}$$

如不考虑陀螺效应，上式左端第二项为零，两个姿控通道是独立的，闭环传递函数的极点，即 $I_x s^2+G_x(s)$ 和 $I_z s^2+G_z(s)$ 决定了系统的动态品质。从上式可以看出，应选择控制系统的参数和 $|h_y|_{\max}$，使

$$\frac{|h_y|_{\max}}{(I_x I_z)^{\frac{1}{2}}\ \|s\|_{\min}}\ll 1\tag{5.3-13}$$

式中　$\|s\|_{\min}$——闭环传递函数的极点离原点的最小距离。

这样，角动量 h_y 对滚动、偏航闭环系统的根轨迹影响最小，即引起的耦合作用最小。

(2) 金字塔型动量轮系统

为了提高控制能力，增强系统可靠性，现代卫星多采用金字塔构型的动量轮组。以4个角动量相同的飞轮所组成的金字塔构型为例，如图5.3-13所示。

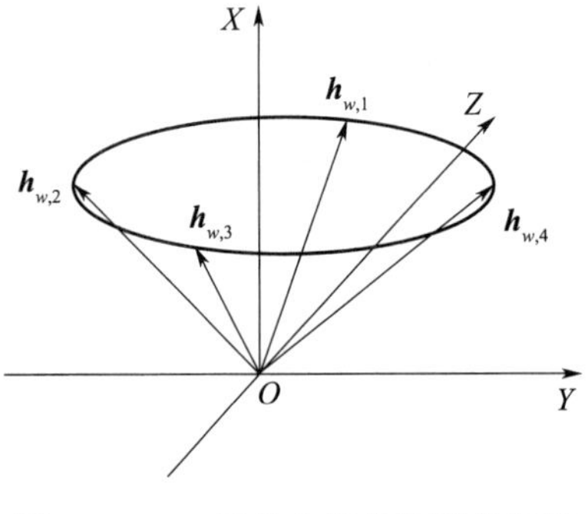

图5.3-13　飞轮金字塔构型的安装

在图5.3-13中，飞轮角动量单位化且满足 $-1\leqslant H_{w,i}\leqslant 1(i=1,2,3,4)$，各飞轮的安装方向为

$$\boldsymbol{h}_{w,1}=[0.816\,540,0,0.577\,287]^{\mathrm{T}}$$

$$\boldsymbol{h}_{w,2}=[0,0.816\,540,0.577\,287]^{\mathrm{T}}$$

$$\boldsymbol{h}_{w,3}=[-0.816\,540,0,0.577\,287]^{\mathrm{T}}$$

$$\boldsymbol{h}_{w,4}=[0,-0.816\,540,0.577\,287]^{\mathrm{T}}$$

对上述线性优化问题求解，可求得各飞轮角动量满足 $H_{\max,i}=-H_{\min,i}=1\ \mathrm{N\cdot m\cdot s}$

条件下的轮系角动量包络，如图 5.3-14 所示。由可视化包络图可知轮系角动量包络为十二面体，即包络面是由 12 个平面四边形所围成的封闭面。

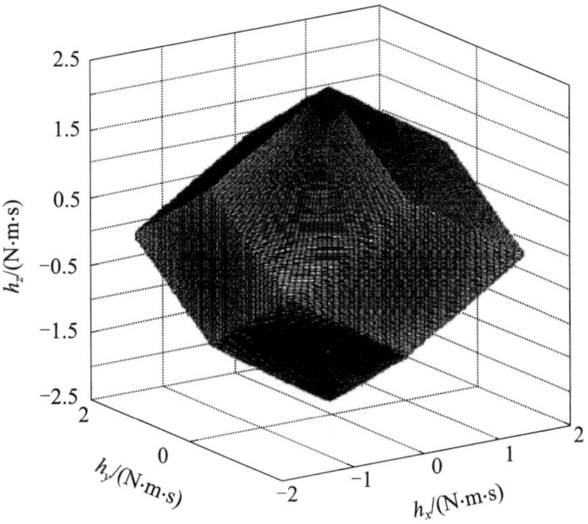

图 5.3-14　金字塔构型角动量包络

综合轮系合成角动量在可视化包络面所对应的各飞轮角动量值可直观地表现出角动量包络的相关性质：轮系合成角动量可看作 N 维超立方体映射到三维空间的多面体，该多面体由顶点、边和面组成。其中，顶点为所有飞轮饱和角动量合成，各边为除一个飞轮外其余飞轮均饱和下的角动量合成，面为除两飞轮外其余飞轮均饱和下的角动量合成。

为了提高控制能力，增强系统可靠性，可以进一步增加动量轮个数，如图 5.3-15 所示，动量轮组包含 6 个飞轮，各飞轮安装轴与星本体某主轴有相等的夹角 β。

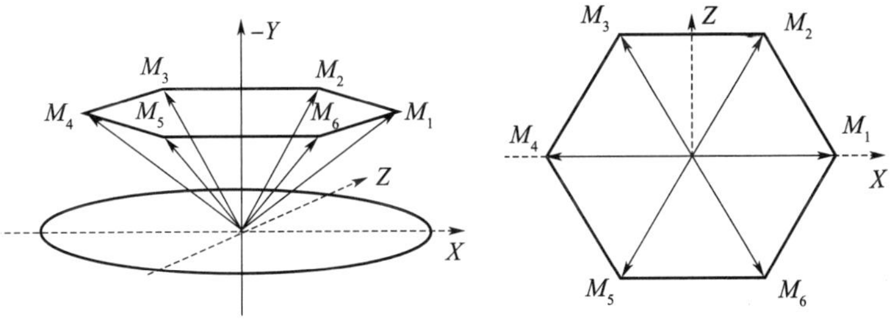

图 5.3-15　动量轮角动量在星体坐标系平面内的投影

定义 $\alpha=90°-\beta$，则动量轮组安装矩阵为

$$\boldsymbol{C}_w=\begin{bmatrix}\cos\alpha & \cos\alpha\sin30° & -\cos\alpha\sin30° & -\cos\alpha & -\cos\alpha\sin30° & \cos\alpha\sin30° \\ -\sin\alpha & -\sin\alpha & -\sin\alpha & -\sin\alpha & -\sin\alpha & -\sin\alpha \\ 0 & \cos\alpha\cos30° & \cos\alpha\cos30° & 0 & -\cos\alpha\cos30° & -\cos\alpha\cos30°\end{bmatrix}\tag{5.3-14}$$

根据控制能力的需求，可以选择六轮控、五轮控、四轮控（X 型、K 型、Ψ 型）等分配方式，提供多种容错备份手段。工程应用中可根据角动量包络分析进行工作模式设计。

5.3.3 轮系角动量包络分析

动量轮由于高精度连续方式输出力矩，因此广泛地作为航天器姿态控制系统的执行机构。为了实现三轴姿态控制以及满足角动量需求且具有一定冗余，一般配置 4 个或 4 个以上飞轮组成轮系系统输出控制力矩[9,10]。航天器在轨运行时受环境外扰力矩的作用，当无角动量卸载介入时轮系积累角动量将持续增大，使得飞轮组角动量饱和而丧失三轴控制能力。因此，系统一般配置磁卸载或喷气卸载装置，特别是当判定飞轮角动量超过设定安全阈值时自主触发喷气卸载。然而，喷气卸载势必引起星体姿态波动对载荷工作产生影响，因此合理地系统设计，并辅之有效地角动量管理以减小不必要的喷气卸载，是航天器实现载荷长时间连续工作的重要手段。

对于轮系航天器控制系统，轮系角动量包络分析是轮系构型、飞轮容量选择及角动量管理，乃至轮系可重构性分析等的先决条件[9,11]。

考虑任意两飞轮安装不平行的 $N(N \geqslant 3)$ 个飞轮所组成的轮系，飞轮 $i(i=1,2,\cdots,N)$ 安装方向 $\boldsymbol{h}_{w,i} \in \mathbb{R}^3$ 为单位向量，对应角动量 $H_{w,i} \in \mathbb{R}$ 满足以下约束[4]

$$H_{\min,i} \leqslant H_i \leqslant H_{\max,i} \tag{5.3-15}$$

式中 $H_{\min,i}$，$H_{\max,i}$——飞轮角动量最小值与最大值，当采用同类飞轮时一般有 $H_{\max,i} = -H_{\min,i} > 0$

记角动量向量为

$$\boldsymbol{H}_w = [H_{w,1} \quad \cdots \quad H_{w,N}]^{\mathrm{T}} \in \mathbb{R}^N$$

轮系合成角动量可表示为

$$\boldsymbol{H}_\Sigma = [\boldsymbol{h}_{w,1} \quad \cdots \quad \boldsymbol{h}_{w,N}]\boldsymbol{H}_w = \boldsymbol{C}_w\boldsymbol{H}_w \tag{5.3-16}$$

式中 $\boldsymbol{C}_w = [\boldsymbol{h}_{w,1} \quad \cdots \quad \boldsymbol{h}_{w,N}] \in \mathbb{R}^{3\times N}$——轮系安装矩阵。

轮系合成角动量可看作由 N 维超立方体到三维空间的映射。

对于星体坐标系下的任意单位向量

$$\boldsymbol{S}(\alpha,\beta) = \begin{bmatrix} \cos\alpha\cos\beta \\ \sin\alpha\cos\beta \\ \sin\beta \end{bmatrix}$$

式中，参数 $\alpha \in [0, 360^\circ]$，$\beta \in [-90^\circ, 90^\circ]$。

采用以下矩阵变换

$$\boldsymbol{C} = \begin{bmatrix} \cos\beta\cos\alpha & \cos\beta\sin\alpha & \sin\beta \\ -\sin\alpha & \cos\alpha & 0 \\ -\sin\beta\cos\alpha & -\sin\beta\sin\alpha & \cos\beta \end{bmatrix} \tag{5.3-17}$$

可使得 $\boldsymbol{S}$ 为

$$\hat{\boldsymbol{S}} = \boldsymbol{C}\boldsymbol{S} = [1 \quad 0 \quad 0]^{\mathrm{T}}$$

记 H_Σ 为轮系合成角动量 $\boldsymbol{H}_\Sigma$ 在 $\boldsymbol{S}$ 方向的投影，则有

$$\boldsymbol{C}_w\boldsymbol{H}_w = H_\Sigma\boldsymbol{S}$$

上式两边左乘 $\boldsymbol{C}$，有

$$\boldsymbol{C}\left[\boldsymbol{h}_{w,1}\quad\cdots\quad\boldsymbol{h}_{w,N}\right]\boldsymbol{H}_w=\begin{bmatrix}H_\Sigma\\0\\0\end{bmatrix}\tag{5.3-18}$$

记 $\hat{\boldsymbol{h}}_{w,i}=\boldsymbol{C}\boldsymbol{h}_{w,i}$，上式可以写为

$$\begin{bmatrix}\hat{\boldsymbol{h}}_{w,1}(1)&\cdots&\hat{\boldsymbol{h}}_{w,N}(1)\\\hat{\boldsymbol{h}}_{w,1}(2)&\cdots&\hat{\boldsymbol{h}}_{w,N}(2)\\\hat{\boldsymbol{h}}_{w,1}(3)&\cdots&\hat{\boldsymbol{h}}_{w,N}(3)\end{bmatrix}\boldsymbol{H}_w=\begin{bmatrix}H_\Sigma\\0\\0\end{bmatrix}\tag{5.3-19}$$

式中　$\hat{\boldsymbol{h}}_{w,i}(j)$ —— $\hat{\boldsymbol{h}}_{w,i}$ 的第 j 个元素，可以分解为以下两部分

$$\begin{cases}\left[\hat{\boldsymbol{h}}_{w,1}(1)\quad\cdots\quad\hat{\boldsymbol{h}}_{w,N}(1)\right]\boldsymbol{H}_w=H_\Sigma\\\begin{bmatrix}\hat{\boldsymbol{h}}_{w,1}(2)&\cdots&\hat{\boldsymbol{h}}_{w,N}(2)\\\hat{\boldsymbol{h}}_{w,1}(3)&\cdots&\hat{\boldsymbol{h}}_{w,N}(3)\end{bmatrix}\boldsymbol{H}_w=\begin{bmatrix}0\\0\end{bmatrix}\end{cases}\tag{5.3-20}$$

求轮系组合沿星体 $\boldsymbol{S}$ 方向的最大合成角动量问题，即为在不等式（5.3-15）和等式（5.3-20）约束下的线性规划问题

$$\max_{\boldsymbol{H}_w}H_\Sigma(\boldsymbol{H}_w)=\max_{\boldsymbol{H}_w}\left\{\left[\hat{\boldsymbol{h}}_{w,1}(1)\quad\cdots\quad\hat{\boldsymbol{h}}_{w,N}(1)\right]\boldsymbol{H}_w\right\}$$

上述具有约束的线性规划问题可转为标准线性规划问题求解，或利用 MATLAB 软件中 LINPROG 求解。通过参量 α 、β 定义域内取值使得 $\boldsymbol{S}$ 遍历空间方向，求解沿其方向的轮系合成角动量最大幅值 $H_\Sigma^*(\alpha,\beta)$，便可构建轮系可视化角动量包络。根据约束条件式可知，上述角动量包络可视化方法不仅适用于同类飞轮系统，还可适用于不同角动量范围的不同类型飞轮系统，以及各飞轮在容许角动量工作范围时的系统角动量分布情况。

5.4　基于自抗扰算法的零动量姿态控制

本节和下一节将介绍零动量姿态控制中的控制律算法设计问题。控制律类型选择和算法设计的关注重点是如何确保内外扰动和不确定因素作用下的综合控制性能。应该说，适合这些场合的控制算法种类繁多，各有特色。在工程上，基于可实现性和可靠性考虑，我们更关注那些设计过程简洁、物理意义明确、计算量适中、稳定可靠的实用型算法[13]。因此，重点阐述自抗扰控制、融合型控制等工程实用性较好的一些典型控制算法。

5.4.1　概述

自抗扰控制（Active Disturbance Rejection Control，ADRC）是中科院系统所韩京清于 1998 年正式提出的一种新型控制方法[14]。20 多年来，自抗扰控制已在多个领域得到了成功应用，在空间飞行器姿态控制应用方面也有一些文献进行了探讨[15-23]。

自抗扰控制方法的主要特点是：1）把作用于被控对象的所有不确定因素都归结为“未知扰动”，而用对象的输入输出数据对它进行估计并给予补偿，因此对不确定系统具有较好的鲁棒控制性能；2）控制律设计中对被控对象的信息量要求不高，只需要大致知道对象阶次和代表系统变化快慢的“时间尺度”等特征量即可，几乎不依赖被控对象的动力学模型；3）控制律计算量不太大，比较适合工程使用。

完整的自抗扰控制律包含以下3部分：过渡过程预设、扩张状态观测器、状态误差反馈控制律[14,17]，如图5.4-1（图中的符号含义在后文阐述）所示。下面对这3部分分别进行简单介绍。

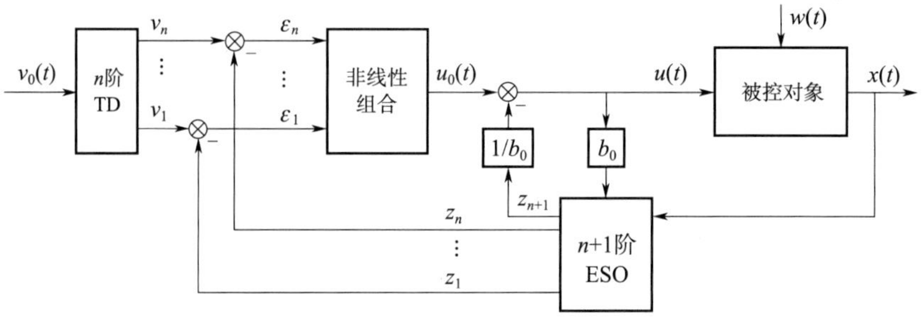

图5.4-1　自抗扰控制原理框图

（1）过渡过程预设

过渡过程预设的目的是减小初始误差，解决初始阶段超调与快速性的矛盾。过渡过程预设通常由跟踪微分器（Tracking Differentiator，TD）来实现[14]。连续非线性跟踪微分器的一般形式为

$$\begin{cases}\dot{v}_1=v_2\\ \dot{v}_2=v_3\\ \vdots\\ \dot{v}_{n-1}=v_n\\ \dot{v}_n=r^n f\left(v_1-v,\dfrac{v_2}{r},\cdots,\dfrac{v_n}{r^{n-1}}\right)\end{cases}$$

式中　v ——TD的输入信号；

$v_i(i=1,\ 2,\ \cdots,\ n)$——TD的输出信号；

v_1——跟踪输入信号 v；

r ——速度因子；

f ——非线性函数。

典型二阶TD的表达式如下

$$\begin{cases}\dot{v}_1=v_2\\ \dot{v}_2=-r\,\mathrm{sign}\left(v_1-v+\dfrac{v_2\mid v_2\mid}{2r}\right)\end{cases}$$

(2) 扩张状态观测器

扩张状态观测器（Extended State Observer，ESO）是实现自抗扰控制的关键，其作用是给出对象状态变量的估计 z_1，z_2，…，z_n，以及对象动力学+扰动的估计 z_{n+1}。扩张状态观测器的基本思想是：通过构造特定的非线性函数来实现对系统扩张状态变量的在线估计。该观测器不仅能估计对象状态，还能估计出对象的不确定性和干扰的总和[14]。下面简要介绍扩张状态观测器的原理。

考察带有未知扰动的 n 阶单输入/单输出非线性不确定对象

$$\begin{cases} x^{(n)} = f(x, \dot{x}, \cdots, x^{(n-1)}, t) + w(t) + bu \\ y = x \end{cases} \tag{5.4-1}$$

式中　$f(\cdot)$、w ——均未知；

y ——输出量（可测量）；

u ——控制量。

选定式（5.4-1）中系统的状态变量为 x，$\dot{x}$，…，$x^{(n-1)}$，将变量 $x^{(n)}$ 也扩张到状态变量中，得到被扩张的状态变量 x，$\dot{x}$，…，$x^{(n-1)}$，$x^{(n)}$。记 $x_1 = x$，…，$x_n = x^{(n-1)}$，$x_{n+1} = x^{(n)}$，则式（5.4-1）等价于

$$\begin{cases} \dot{x}_1 = x_2 \\ \quad \vdots \\ \dot{x}_n = x_{n+1} \\ \dot{x}_{n+1} = a(t) \end{cases}$$

式中　$a(t)$ ——等效总扰动 $\lambda(t) \triangleq f(\cdot) + w + (b - b_0)u$（$b_0$ 是 b 中的已知部分）的变化率，是未知函数。

设计扩张状态观测器的目标就是要构造出不依赖于 $f(x, \dot{x}, \cdots, x^{(n-1)}, t)$ 和 $w(t)$ 的非线性系统，使它能由测量量 $y = x$ 估计出被扩张的原系统状态变量 x_1，…，x_n，x_{n+1}。

以 y 为输入，构造以下形式的非线性系统

$$\begin{cases} e = z_1 - y \\ \dot{z}_1 = z_2 - \beta_1 g_1(e) \\ \vdots \\ \dot{z}_n = z_{n+1} - \beta_n g_n(e) + b_0 u \\ \dot{z}_{n+1} = -\beta_{n+1} g_{n+1}(e) \end{cases} \tag{5.4-2}$$

式中　z_i（$i=1, 2, \cdots, n+1$）——状态 x_i（$i=1, 2, \cdots, n$）及总扰动 $x_{n+1} = \lambda(t)$ 的估计值；

β_i（$i=1, 2, \cdots, n+1$）——可调增益；

g_i（$i=1, 2, \cdots, n+1$）——适当构造的函数。

设计目标是使得该系统的状态变量分别跟踪被扩张的原系统状态变量，即

$$z_1(t) \to x_1, \cdots, z_n \to x_n, z_{n+1} \to x_{n+1}$$

再记

$$\delta x_1 = z_1 - x_1(t), \cdots, \delta x_{n+1} = z_{n+1} - x_{n+1}(t)$$

可得

$$\begin{cases} \delta \dot{x}_1 = \delta x_2 - \beta_1 g_1(\delta x_1) \\ \quad \vdots \\ \delta \dot{x}_n = \delta x_{n+1} - \beta_n g_n(\delta x_1) + b_0 u \\ \delta \dot{x}_{n+1} = -a(t) - \beta_{n+1} g_{n+1}(\delta x_1) \end{cases} \tag{5.4-3}$$

对于一定范围内随意变化的 $a(t)$，可以选择函数 $g_1(\delta x_1)$，…，$g_{n+1}(\delta x_1)$，使式（5.4－3）所示系统均对原点稳定。通过这样选取函数，式（5.4－2）所示系统就能跟踪式（5.4－1）所示系统的扩张状态。因此将式（5.4－2）所示系统称作式（5.4－1）系统的“扩张状态观测器”。

通过以上扩张状态观测器的实现过程可知[14]：

1）扩张状态观测器［式（5.4－2）］与系统［式（5.4－1）］的具体表达式无关，而只与系统扩张状态 $x^{(n)}(t)$ 变化速率 $a(t)$ 的范围有关。因此，这种观测器的适应性和鲁棒性比一般的状态观测器强。

2）由于 $z_{n+1} \to x_{n+1} = x^{(n)} = \lambda = f(\cdot) + w + (b - b_0)u$，因此，尽管函数 $f(x, \dot{x}, \cdots, x^{(n-1)}, t)$ 和 $w(t)$ 未知，但系统运行过程中的动力学实时值（等效总扰动）$\lambda(t)$ 仍能估计出来。

g_i 通常取非线性函数，常用形式为[14]

$$\mathrm{fal}(x, \alpha, \delta) \triangleq \begin{cases} |x|^{\alpha} \mathrm{sign}(x), & |x| > \delta \\ \delta^{\alpha-1} x, & |x| \leqslant \delta \end{cases} \tag{5.4-4}$$

式中 $\mathrm{sign}(x)$——符号函数，指数 α 通常的取值范围为 $0 < \alpha < 1$。

当 $\alpha = 1$ 时，该函数称为线性函数；当 $\alpha = 0$ 时，该函数称为饱和函数。当 $\delta = 0$ 时，该函数没有线性区间。图 5.4－2 给出了不同参数值下函数 fal(•) 的输入输出关系，从中可以清楚地看出相关参数的影响。

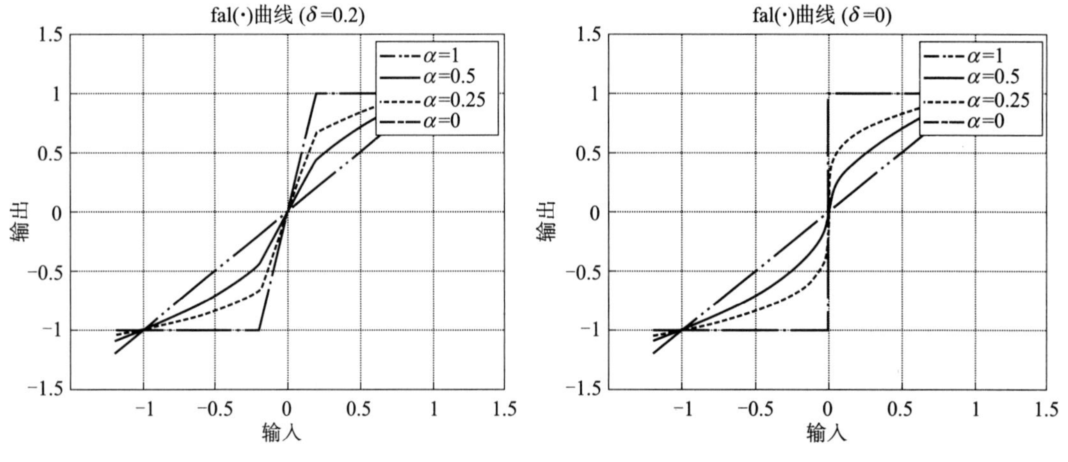

图 5.4－2 非线性函数 fal(•) 的输入输出特性

扩张状态观测器的收敛性问题比较复杂。对于低阶，尤其是线性情形（g_i 取线性函数），已有比较成熟的结论。例如，对于二阶扩张状态观测器，在参数 β_1，β_2 满足一定条件时（$\beta_1^2/4 > \beta_2 > \zeta_D$，$\zeta_D$ 为被估动力学变化率的界），扩张状态观测器将收敛到其自稳定域中，并且有较快的收敛速度。

(3) 状态误差反馈控制律

控制律分为两部分，即

$$u(t) = u_0(t) - z_{n+1}(t)/b_0 \tag{5.4-5}$$

式中　$u_0(t)$——基于控制积分串联型对象特性而设计的基本控制律，是状态误差 ε_1，ε_2，…，ε_n 的非线性（或线性）组合；

$-z_{n+1}(t)/b_0$——总扰动补偿律。

对于上述控制律，当 z_{n+1} 对未知总扰动 $f(\cdot)+w+(b-b_0)u$ 的估计误差足够小时，式（5.4-1）所示的系统转换成“积分串联型”

$$x^{(n)} = f(\cdot) + w + (b-b_0)u - z_{n+1} + u_0 \approx u_0$$

这是一种具有广泛适应性的标准控制型。

■**提示：** 和所有其他控制方法一样，自抗扰控制也存在一定的适用范围（尽管其适用范围比较广泛），且并非完美无瑕。一个比较突出的不足是待调参数较多，尤其是采用非线性扩张状态观测器和非线性反馈律时。采用线性扩张状态观测器和线性反馈律时，参数整定工作大为简化，但控制能力和控制效率通常不如非线性机制。

5.4.2 双回路自抗扰姿态控制

5.4.2.1 系统设计

在第 3 章中已经得到了式（3.6-18）所示的挠性充液静止轨道卫星完整动力学方程。将挠性振动影响、动量影响以及各通道之间的耦合作用看作姿态动力学模型的内部干扰，考察基于飞轮（反作用动量轮）的姿态控制，最终可以得到以下形式的姿态动力学模型

$$\dot{\boldsymbol{\Omega}} = \boldsymbol{F}_1(\cdot) + \boldsymbol{B}_1\boldsymbol{T}_c \tag{5.4-6}$$

式中，$\boldsymbol{\Omega} = [\omega_x \quad \omega_y \quad \omega_z]^{\mathrm{T}}$；$\boldsymbol{F}_1(\cdot)$ 为对象动力学、不确定项以及外部干扰的总和；$\boldsymbol{B}_1 = \mathrm{diag}(1/J_x,\ 1/J_y,\ 1/J_z)$；$\boldsymbol{T}_C = [T_{Cx} \quad T_{Cy} \quad T_{Cz}]^{\mathrm{T}}$（飞轮控制力矩）。

系统基于欧拉角描述的运动学方程为

$$\dot{\boldsymbol{\Phi}} = \boldsymbol{F}_2(\cdot) + \boldsymbol{B}_2\boldsymbol{\Omega} \tag{5.4-7}$$

其中

$$\boldsymbol{\Phi} = [\varphi \quad \theta \quad \psi]^{\mathrm{T}}$$

式中　$\boldsymbol{F}_2(\cdot)$——与轨道角速度有关的耦合项，转换矩阵 $\boldsymbol{B}_2$ 与转序有关，3-1-2 转序下的表达式为

$$\boldsymbol{B}_2 = \begin{bmatrix} \cos\theta & 0 & \sin\theta \\ \sin\theta\tan\varphi & 1 & -\cos\theta\tan\varphi \\ -\sin\theta/\cos\varphi & 0 & \cos\theta/\cos\varphi \end{bmatrix}$$

由上述动力学和运动学方程可知，如果将各通道之间的耦合看作扰动项，在小角度情形下，三轴动力学在输入输出关系上是解耦的，因此可以采用相同结构的控制器对 3 个通道进行独立控制。

由于角速度信号可测，考虑采用内外双回路闭环控制。在内外回路各利用一个二阶扩张状态观测器实现对状态和扰动的观测，通过非线性状态反馈和扰动补偿实现双回路自抗扰控制。控制系统框图（以俯仰轴通道为例）如图 5.4－3 所示[24]。图中，w_T 为作用于星体的外部扰动力矩，$\hat{\omega}$，$\hat{\theta}$ 分别为姿态确定算法输出的角速度估计值和姿态角估计值，u_a 是直接控制量，u_ω 是虚拟控制量。显然，这是一种串级控制，其主要特点是将高阶系统转换为多个低阶系统来分别控制，从而降低系统控制律的设计难度。为了克服姿态测量敏感器噪声以及高频扰动的影响，在扩张状态观测器之前，设计了基于跟踪微分器的预测滤波环节。

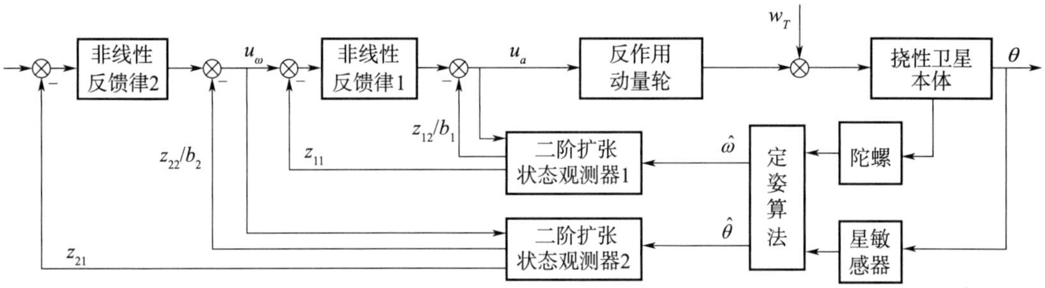

图 5.4－3　双回路自抗扰姿态控制框图

首先，考虑内环控制律的设计。内环的系统动力学如式（5.4－6）所示。控制律的输入为星体角速度偏差（即外环控制律的输出减去内环扩张状态观测器给出的角速度估计值），控制律的输出送给动量轮。采用以下形式的二阶扩张状态观测器

$$\begin{cases}\varepsilon_{e1}=z_{11}-\hat{\omega}\\ \dot{z}_{11}=z_{12}-\beta_{11}\varepsilon_{e1}+b_1u_a\\ \dot{z}_{12}=-\beta_{12}\cdot\mathrm{fal}(\varepsilon_{e1},\alpha_{e1},\delta_{e1})\end{cases}\tag{5.4-8}$$

式中，fal(·) 为式（5.4－4）所示的非线性函数。

设计以下反馈控制律

$$u_a=u_1-z_{12}/b_1\tag{5.4-9a}$$

$$u_1=k_{c1}\cdot\mathrm{fal}(\varepsilon_{c1},\alpha_{c1},\delta_{c1})\tag{5.4-9b}$$

式中　u_1——误差反馈控制律；

k_{c1}——增益系数，误差 $\varepsilon_{c1}=u_\omega-z_{11}$（$u_\omega$ 为外环控制器的最终输出）。

其次，考虑外环控制器的设计。如果内环控制良好且响应速度比外环快一个数量级以上（该条件不难通过控制器的设计来保证），则可将内环看作直通环节。对于外环控制律，其输入为姿态角偏差，输出为期望角速度。采用以下形式的二阶扩张状态观测器

$$\begin{cases}\varepsilon_{e2}=z_{21}-\hat{\theta}\\ \dot{z}_{21}=z_{22}-\beta_{21}\varepsilon_{e2}+b_2u_\omega\\ \dot{z}_{22}=-\beta_{22}\cdot \mathrm{fal}(\varepsilon_{e2},\alpha_{e2},\delta_{e2})\end{cases} \tag{5.4-10}$$

设计以下外环控制器

$$u_\omega=u_2-z_{22}/b_2 \tag{5.4-11a}$$

$$u_2=k_{c2}\cdot \mathrm{fal}(\varepsilon_{c2},\alpha_{c2},\delta_{c2}) \tag{5.4-11b}$$

式中　u_2——误差反馈控制律；

k_{c2}——增益系数，误差 $\varepsilon_{c2}=-z_{21}$。

对于这种串级自抗扰控制，在设计外环（第一级）控制律时，需要让其输出变化尽可能平滑一些，以使内环（第二级）更好地进行跟踪。此外，对于串级的被控对象，多数情况下内环系统的“时间尺度”较外环系统要小一些，也就是说内环的运动变化速度要更快一些。因此，在条件允许的情况下可针对内环、外环采用不同的采样计算步长，比较好的做法是将外环采样步长设置为内环的整数倍。

5.4.2.2　数学仿真

以一类假想的带运动载荷的静止轨道遥感卫星为对象，针对正常轮控模式设计双回路自抗扰控制律，通过数学仿真考察其效果。系统执行机构为反作用动量轮，采用 4 轮金字塔构型；姿态敏感器为中高精度陀螺和星敏感器。

在数学仿真中，整星的三轴主转动惯量取为 $\boldsymbol{J}_s=[8\,000\quad 7\,000\quad 4\,000]\mathrm{kg\cdot m^2}$，太阳帆板前 5 阶频率 $\boldsymbol{\Lambda}=\mathrm{diag}\{0.35,\ 1.1,\ 2.3,\ 5.1,\ 6.4\}$ Hz，太阳帆板转角 45°。

考虑以下几种干扰力矩的同时作用：

1）太阳光压力矩。

2）SADA 运动干扰力矩。

3）相机 A 运动干扰力矩。工作于周期性扫描模式，周期 5 s，回扫过程中在滚动轴上产生的最大干扰力矩假设为 1.5 N·m，假设采取前馈补偿后剩余 15%干扰力矩。

4）凝视相机运动干扰力矩。工作于区域扫描成像模式，产生的双轴最大干扰力矩假设分别为 1.4 N·m、0.6 N·m，每个工作周期的干扰力矩作用时间约为 0.35 s，假设采取前馈补偿后剩余 18%干扰力矩。

ADRC 的主要参数设计值如下，内环扩张状态观测器：$\alpha_{e1}=0.5$，$\delta_{e1}=t_s$，$\beta_{11}=30$，$\beta_{12}=110$；内环控制律：$\alpha_{c1}=0.5$，$\delta_{c1}=t_s$，$k_{c1}=75$；外环扩张状态观测器：$\alpha_{e2}=0.5$，$\delta_{e2}=6t_s$，$\beta_{21}=0.45$，$\beta_{22}=0.38$；外环控制律：$\alpha_{c2}=0.5$，$\delta_{c2}=3t_s$，$k_{c2}=0.03$。3 个通道的参数完全相同。

考虑到飞轮最大输出力矩（假设为 0.12 N·m）的限制，对 ADRC 中动力学补偿项乘以系数 0.45，即对动力学只进行部分补偿，以防止飞轮频繁饱和；虽然这将略微影响姿态角速度的控制效果，但由仿真结果可知，即使只进行 45%的动力学补偿，控制效果也是比较好的。

仿真结果如图 5.4－4～图 5.4－12 所示。可见，扩张状态观测器对动力学进行了较好的实时估计；在内外扰（含测量噪声）影响显著的情况下，双回路 ADRC 控制的过渡过程和稳态精度效果良好。当系统进入稳态后，角速度误差优于 5×10^{-4} (°)/s。

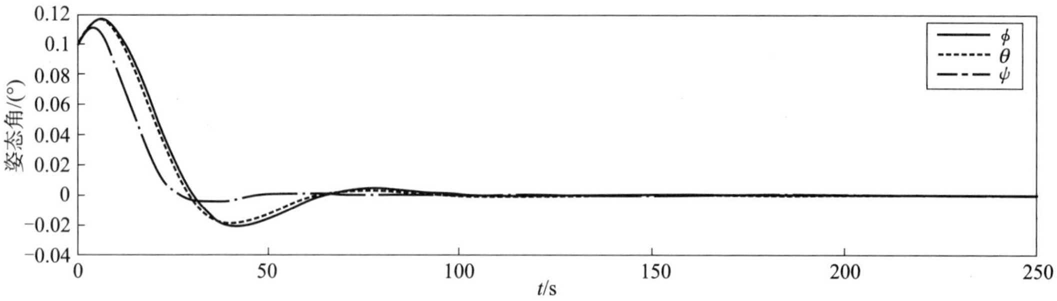

图 5.4－4　双回路 ADRC 仿真曲线——星体姿态角

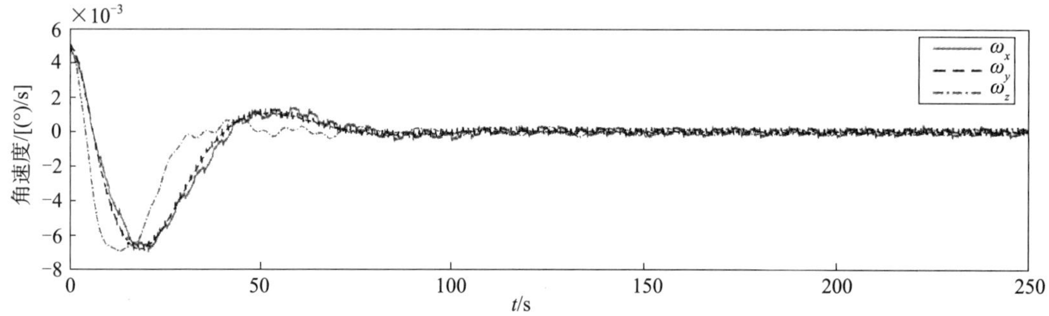

图 5.4－5　双回路 ADRC 仿真曲线——星体角速度

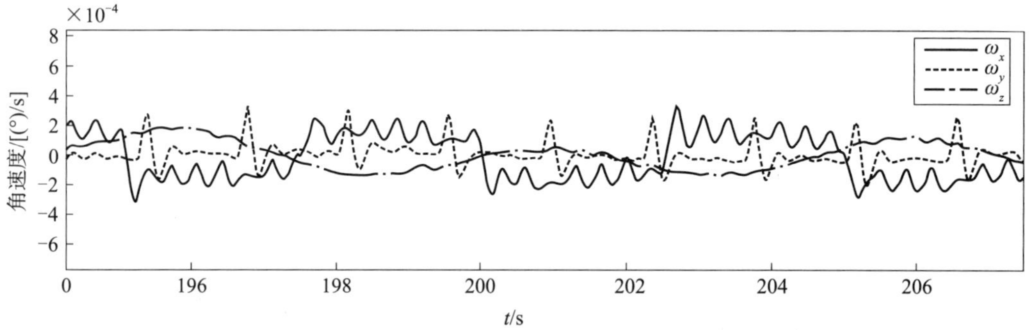

图 5.4－6　双回路 ADRC 仿真曲线——星体角速度（局部放大）

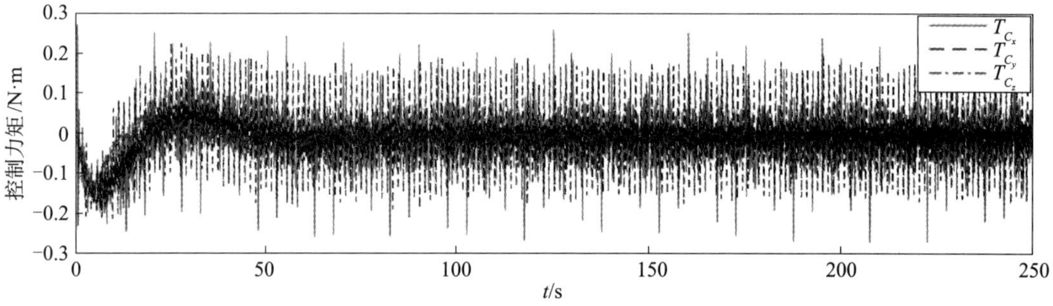

图 5.4－7　双回路 ADRC 仿真曲线——三轴控制力矩

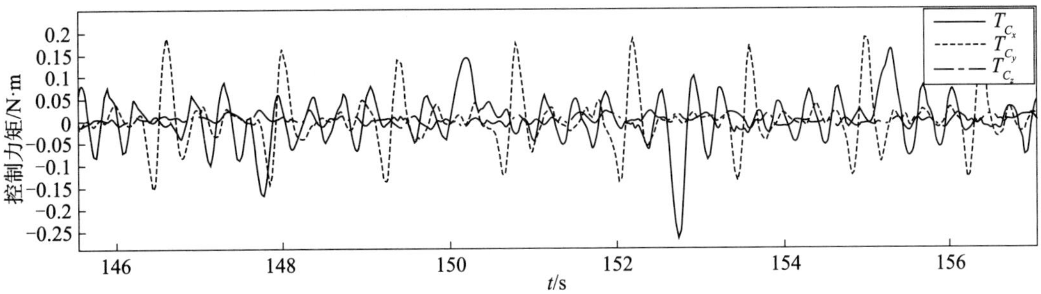

图 5.4－8　双回路 ADRC 仿真曲线——三轴控制力矩（局部放大）

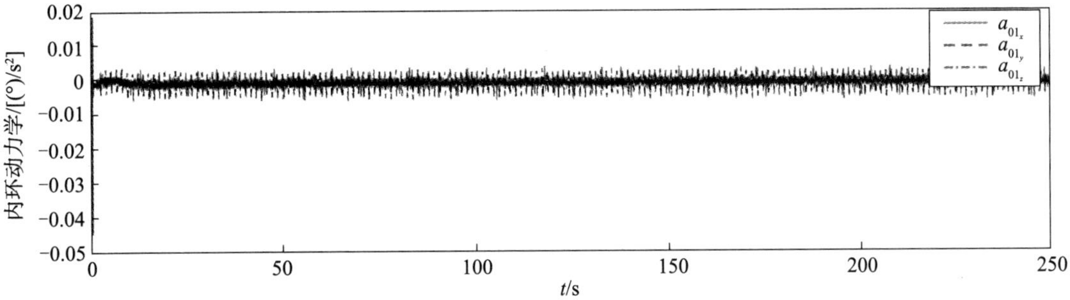

图 5.4－9　双回路 ADRC 仿真曲线——内环动力学

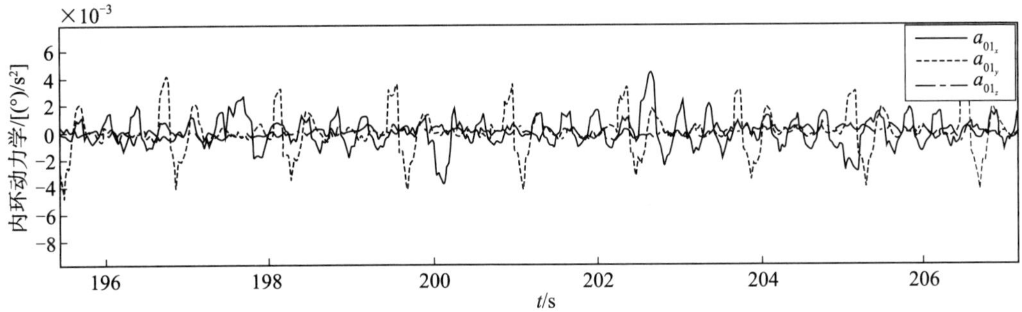

图 5.4－10　双回路 ADRC 仿真曲线——内环动力学（局部放大）

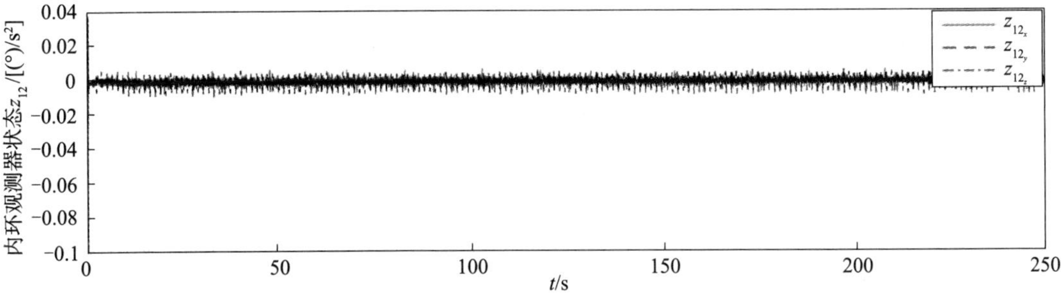

图 5.4－11　双回路 ADRC 仿真曲线——内环扰动观测值

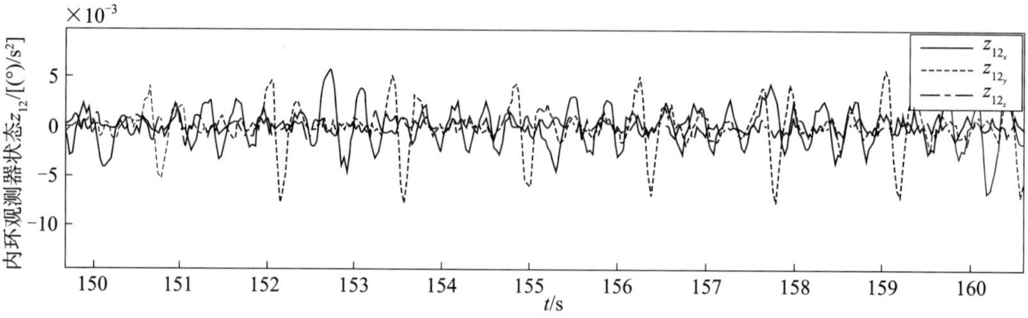

图 5.4－12　双回路 ADRC 仿真曲线——内环扰动观测值（局部放大）

5.4.3　单回路自抗扰姿态控制

5.4.3.1　系统设计

上文阐述的双回路自抗扰控制适用于角速度可测量的情形。如果陀螺出现故障，则角速度信息无法直接获取。在没有角速度信息的条件下，控制器对载荷运动干扰和挠性附件挠性振动的抑制能力将受到很大影响。解决该问题的主要思路是利用间接手段获得尽可能准确的角速度信息。三阶扩张状态观测器可以比较准确而快速地基于星体姿态角测量信息给出星体角速度信息，因此基于三阶扩张状态观测器的单回路自抗扰控制有望在无陀螺测量的情形下给出可用的控制效果。

单回路自抗扰喷气姿态控制的原理框图（以俯仰轴通道为例）如图 5.4－13 所示。为了提高控制过程的平稳性，引入了基于跟踪微分器的过渡过程预设环节。过渡过程预设环节的作用在于：解决超调与快速性之间的矛盾；扩大比例增益系数及微分增益系数的选取范围，从而降低参数整定的难度；扩大控制律所能适应的对象参数变化范围。

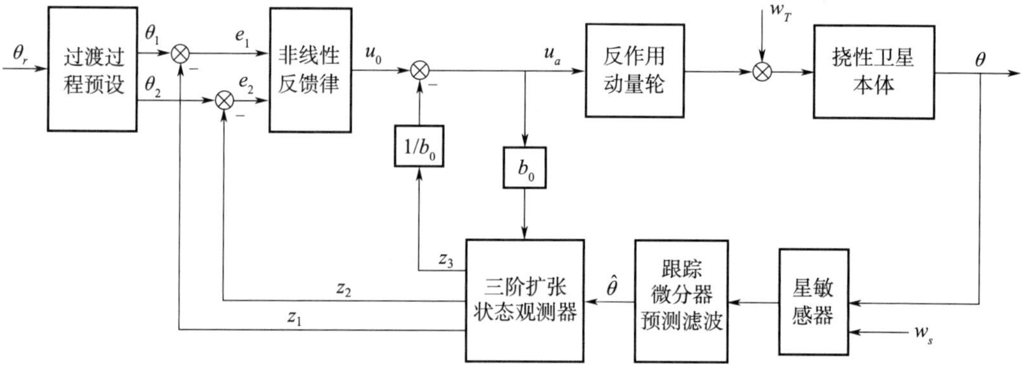

图 5.4－13　单回路自抗扰喷气姿态控制的原理框图

下面阐述各个环节的具体设计：

过渡过程预设环节，输入为系统设定值（参考姿态）θ_r，输出为跟踪微分器给出的预设姿态 θ_1 及姿态微分 θ_2。离散化计算公式为

$$\begin{cases} e_r(k)=\theta_1(k)-\theta_r(k) \\ \theta_1(k+1)=\theta_1(k)+h\theta_2(k) \\ \theta_2(k+1)=\theta_2(k)+h\cdot \text{fhan}(e_r(k),\theta_2(k),r,h_0) \end{cases} \tag{5.4-12}$$

式中　$\text{fhan}(x_1,\ x_2,\ r,\ h_0)$——韩京清提出的以下形式的非线性函数

$$\begin{cases} y=x_1+h_0x_2 \\ a_0=\sqrt{(rh_0)^2+8r\mid y\mid} \\ a=\begin{cases} x_2+\dfrac{a_0-rh_0}{2}\text{sign}(y), & \mid y\mid>rh_0^2 \\ x_2+\dfrac{y}{h_0}, & \mid y\mid\leqslant rh_0^2 \end{cases} \\ \text{fhan}=\begin{cases} -r\cdot\text{sign}(a), & \mid a\mid>rh_0 \\ -\dfrac{a}{h_0}, & \mid a\mid\leqslant rh_0 \end{cases} \end{cases} \tag{5.4-13}$$

式中　r——代表过渡过程的时间尺度，由预设的过渡过程时间 t_{r0} 和参考输入 θ_r 共同决定，通常按以下关系选取

$$r=\frac{4\mid\theta_r\mid}{t_{r0}^2}$$

三阶扩张状态观测器的离散化计算公式为

$$\begin{cases} \varepsilon(k)=z_1(k)-\hat{\theta}(k) \\ z_1(k+1)=z_1(k)+h[z_2(k)-\beta_1\varepsilon(k)] \\ z_2(k+1)=z_2(k)+h[z_3(k)-\beta_2\text{fal}(\varepsilon(k),\alpha_{e1},\delta_e)+b_0u_a(k)] \\ z_3(k+1)=z_3(k)+h[-\beta_3\text{fal}(\varepsilon(k),\alpha_{e2},\delta_e)] \end{cases} \tag{5.4-14}$$

式中，$\text{fal}(\cdot)$ 为式（5.4-4）所示的非线性函数。

对于扩张状态观测器，有两个问题需要注意：1）实际信号都是带有噪声的，而测量噪声对扩张状态观测器的影响比较大，在工程实际中需要采取措施，以减小其影响；2）需要分析待估计的“总扰动”到底包含哪些部分。下面对第 2 个问题稍加解释。显然，那些高频（相对于采样频率而言）扰动以及测量噪声是不需要观测和估计的，即使估计出来了也不是反馈控制律所需要的。如果把这些高频扰动和噪声估计出来并加入控制律反而会降低控制性能。当然，如果采样频率过低，则针对大扰动的估计精度将受到较大影响。因此，在采样频率一定的情况下，为了尽量降低高频扰动和噪声的影响，需要采取滤波措施且不能引入过大的时延。对于这种需求，带预报功能的跟踪微分器是一个较好的选择。跟踪微分器本身具有滤波功能。但滤波不可避免地带来相位延迟。跟踪微分器能给出微分信号，如果利用该微分信号进行适当的预报修正，就能兼顾滤波与相位补偿。

预测-微分型跟踪微分器算法公式如下[14]

$$\begin{cases} x_0(k)=x_{\text{in}}(k)+h_1x_2(k) \\ x_1(k+1)=x_1(k)+hx_2(k) \\ x_2(k+1)=x_2(k)+h\cdot\text{fhan}(x_1(k)-x_0(k),x_2(k),r,h_0) \end{cases} \tag{5.4-15}$$

式中 x_{in}——输入信号；

x_1——滤波后的输出信号；

x_2——输出的微分信号；

h_1——预测步长，通常取 $h_1=(1\sim 1.5)h_0$。

在式（5.4-15）中，第一式的作用是预报，后两式的作用是滤波跟踪并给出微分信号。

控制律 u_a 由非线性误差反馈律 u_0 和扰动补偿律 u_c 两部分组成，公式为

$$u_a=u_0+u_c \tag{5.4-16a}$$

$$u_0(k)=k_1\cdot \mathrm{fal}(e_1(k),\alpha_{c1},\delta_c)+k_2\cdot \mathrm{fal}(e_2(k),\alpha_{c2},\delta_c) \tag{5.4-16b}$$

$$u_c(k)=-\frac{z_3(k)}{b_0} \tag{5.4-16c}$$

式中 误差 $e_1=\theta_1-z_1$、$e_2=\theta_2-z_2$；

k_1，k_2——控制律系数；

b_0——控制增益 b 的已知部分，也可以用作决定补偿强弱的补偿因子，因此可以作为可调参数来用。

5.4.3.2 数学仿真

卫星控制任务及动力学参数与上一节完全相同。不同之处在于假设陀螺故障，无法提供角速度测量信息。

控制器相关的主要参数设计值如下：

过渡过程预设环节：$r=0.001\,6$，$h_0=5t_s$（$t_s=h$ 为采样周期，取 0.06 s）；

跟踪微分器滤波器环节：$r=50$，$h_0=10t_s$，$h_1=0.3t_s$；

扩张状态观测器：$\alpha_{e1}=0.5$，$\alpha_{e2}=0.25$，$\delta_e=t_s$，$\beta_1=20$，$\beta_2=80$，$\beta_3=150$；

控制律：$\alpha_{c1}=0.75$，$\alpha_{c2}=1.5$，$\delta_c=t_s$，$k_1=20$，$k_2=3\,000$。

仿真结果如图 5.4-14～图 5.4-18 所示。与双回路 ADRC 相比，单回路 ADRC 由于没有角速度测量，角速度信息完全由扩张状态观测器观测给出，在噪声、延时等因素的影响下，系统控制效果略有下降，但控制效果符合预期。系统进入稳态后，角速度误差优于 1.5×10^{-3}（°）/s。

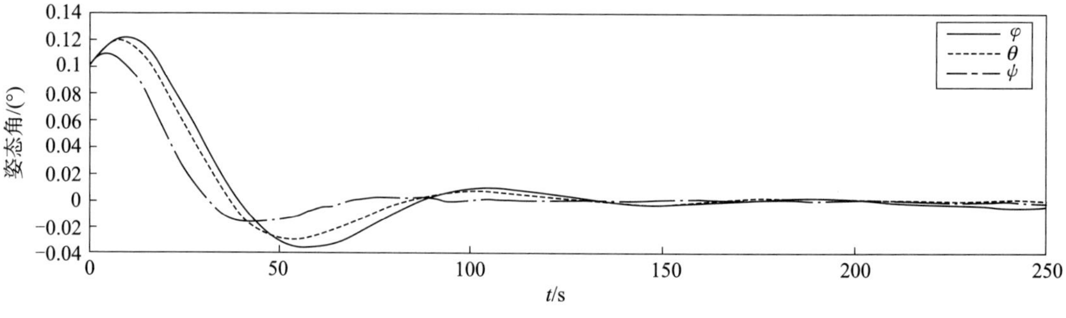

图 5.4-14 单回路 ADRC 仿真曲线——星体姿态角

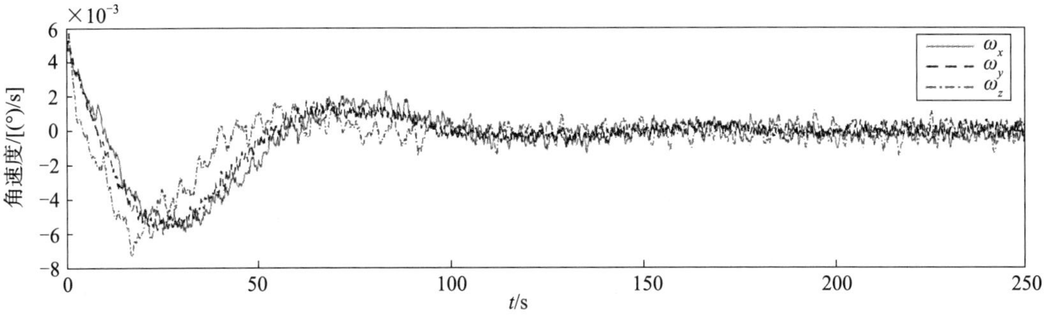

图 5.4－15　单回路 ADRC 仿真曲线——星体角速度

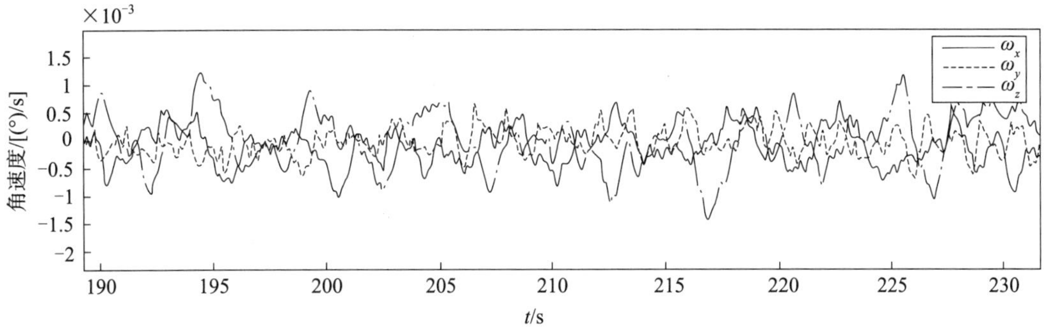

图 5.4－16　单回路 ADRC 仿真曲线——星体角速度（局部放大）

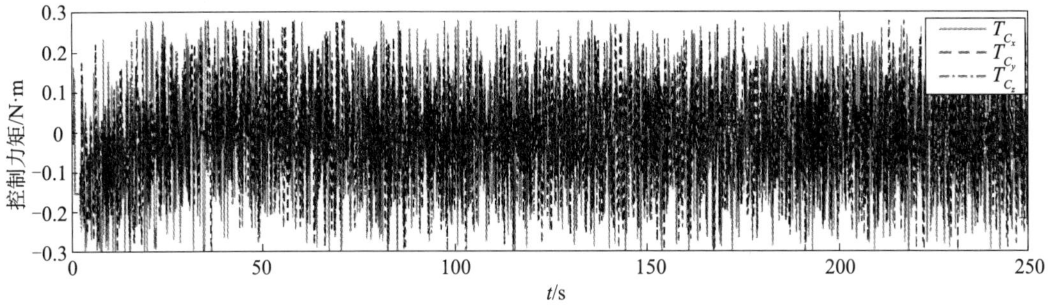

图 5.4－17　单回路 ADRC 仿真曲线——三轴控制力矩

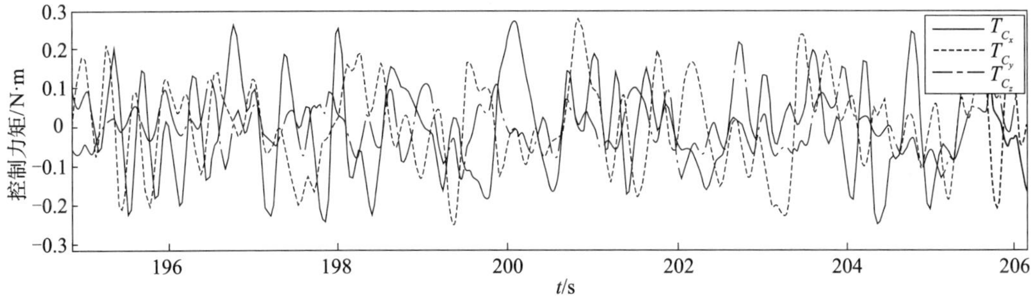

图 5.4－18　双回路 ADRC 仿真曲线——三轴控制力矩（局部放大）

5.5 基于融合算法的零动量姿态控制

5.5.1 概述

在前面的章节中，介绍了多类控制方法的设计及应用，包括基于 PID 的经典控制、自适应模糊控制、滑模变结构控制、基于特征模型的自适应控制、自抗扰控制等。这些控制方法都有各自的特点及适用场合，在工程中的应用也都比较广泛。必须指出，目前尚没有任何控制方法可以包罗万象，适用于任意被控对象[13]。由于现实世界中被控对象的多样性和复杂性，必须因地制宜，在深入分析被控对象特性及任务需求的基础上，实事求是地寻找合适的控制方法，并灵活地加以应用。另一方面，由于每一种控制方法都有其相应的优点和缺点，因此针对不同的应用场合，将不同的控制方法进行融合是一种很好的思路，在很多情况下往往可以取得比单一控制方法更好的效果。

本节将介绍几个典型的基于融合算法的姿态控制系统设计案例。主要**以模糊控制为主体，融合自抗扰、滑模等方法及思想，以提高系统的抗干扰能力及控制精度**。应用场景为运动载荷工作时的基于飞轮的正常模式姿态控制。

需要指出，近 30 年来控制领域中的各种理论、方法和技术手段发展迅速，各种优秀设计案例也不胜枚举，其中一个重要发展趋势就是多种控制方法的有机融合。这对控制工程师和研究人员的知识面及综合应用能力也提出了更高要求。本书给出的设计案例具有一定的典型性，虽然只是抛砖引玉，挂一漏万，但管中窥豹，可见一斑。随着航天任务复杂程度的加剧以及控制理论的融合与进步，未来的卫星控制系统在功能与性能等各方面都将不断提升。

5.5.2 基于间接型 AFS 和干扰补偿的姿态稳定控制

5.5.2.1 问题描述

在第 4 章中，介绍了利用模糊系统充当控制律的优越性。仿真结果表明，在复杂航天器的姿态控制中，利用具有自适应学习算法的模糊系统直接充当非线性控制器，确实可以获得较好的控制性能。在高精度、高稳定度姿态控制任务中，需要进一步考虑模糊系统逼近误差以及各种内外干扰力矩的影响。为此可以考虑在模糊控制的框架中引入各种补偿律。文献中使用较多的是滑模补偿律[26-30]。在本节，引入扩展状态观测器作为补偿律，与误差反馈控制律、间接型自适应模糊控制律一道，形成一种组合控制律[32]。

在 5.4 节，我们已经得到了基于飞轮控制的挠性航天器的姿态动力学方程和运动学方程，如式（5.4－6）和式（5.4－7）所示。两式联立，改写成一般形式，可以得到以下所示的状态方程为

$$\ddot{\boldsymbol{X}}=\boldsymbol{F}(\boldsymbol{X},\dot{\boldsymbol{X}})+\boldsymbol{B}\boldsymbol{U}+\boldsymbol{V} \tag{5.5-1}$$

式中　$\boldsymbol{X}=\boldsymbol{\Phi}$，$\boldsymbol{U}=\boldsymbol{T}_c$，$\boldsymbol{B}\in\mathbb{R}^{3\times3}$ ——控制增益阵；

$\boldsymbol{V}\in\mathbb{R}^{3}$——干扰向量（包括挠性模态的耦合影响）；

$\boldsymbol{F}(\boldsymbol{X},\dot{\boldsymbol{X}})=\left[f_x(\boldsymbol{X},\dot{\boldsymbol{X}})\quad f_y(\boldsymbol{X},\dot{\boldsymbol{X}})\quad f_z(\boldsymbol{X},\dot{\boldsymbol{X}})\right]^{\mathrm{T}}$。注意，这里 $\dot{\boldsymbol{X}}=\dot{\boldsymbol{\Phi}}\neq\boldsymbol{\omega}$。

考虑航天器的特点，子系统的耦合影响可以作为干扰处理，则式（5.5-1）所示的多输入/多输出系统可以看作由 3 个解耦子系统组成，每个子系统为二阶非线性系统，表达式为

$$\begin{cases}\ddot{x}_i=f_i(\boldsymbol{x}_i)+b_iu_i+d_i(\boldsymbol{x}_i,t)\\ y_i=x_i\end{cases}\tag{5.5-2}$$

式中，$i=x,\ y,\ z$；$\boldsymbol{x}_i=[x_i\quad\dot{x}_i]^{\mathrm{T}}$；$b_i>0$；$d_i$ 包括干扰力矩和其他通道的耦合；f_i 为非线性连续函数，由于在轨工作期间航天器动力学参数的变化难以精确获得，f_i 实际上是不确知的。

由于 3 个通道的控制器设计思路相同，为了方便起见，在下文中省去下标 i，将式（5.5-2）写成以下形式

$$\begin{cases}\ddot{x}=f(\boldsymbol{x})+bu+d(\boldsymbol{x},t)\\ y=x\end{cases}\tag{5.5-3}$$

考虑姿态稳定控制问题。控制目标是针对 $f(\boldsymbol{x})$ 和 d 未知的情形，设计相应的控制律使得：闭环系统全局稳定，且调节误差 $\boldsymbol{e}=\boldsymbol{0}-\boldsymbol{x}=[e\quad\dot{e}]^{\mathrm{T}}$ 尽可能小。假设系统满足以下条件

$$\text{Ⅰ)}\ |f(\boldsymbol{x})|\leqslant f_U(\boldsymbol{x})$$

$$\text{Ⅱ)}\ |d(t)|\leqslant D$$

式中　$f_U(\boldsymbol{x})$——已知正的连续函数；

　　D——已知正常数。

5.5.2.2　带监督控制的组合控制律

控制律设计的主要思路是：利用自适应模糊系统实时逼近系统的非线性动力学，获得相应的等效控制器；利用监督控制确保系统的稳定性；利用扩张状态观测器对逼近误差和内外干扰力矩进行实时观测并予以在线补偿，从而有效地克服未知干扰力矩以及模糊系统估计误差对姿态稳定度的影响[31]。

控制系统原理框图如图 5.5-1 所示。图中，FLS 表示模糊系统，用于逼近非线性函数 $f(\boldsymbol{x})$；ESO 表示扩张状态观测器，给出系统总扰动量（包括模糊系统的逼近误差）的估计 $z_2(t)$，而 z_2/b 的反馈起补偿扰动的作用。

控制律表达式为

$$u=u_0+u_c+u_s\tag{5.5-4a}$$

$$u_0=[-\hat{f}(\boldsymbol{x}\mid\boldsymbol{\theta})+\ddot{y}_r+\boldsymbol{k}^{\mathrm{T}}\boldsymbol{e}]/b\tag{5.5-4b}$$

$$u_c=-z_2/b\tag{5.5-4c}$$

$$u_s=I_0\operatorname{sgn}(\boldsymbol{e}^{\mathrm{T}}\boldsymbol{Rh})[|\hat{f}(\boldsymbol{x}\mid\boldsymbol{\theta})|+f_U(\boldsymbol{x})+|z_2|+D]/b\tag{5.5-4d}$$

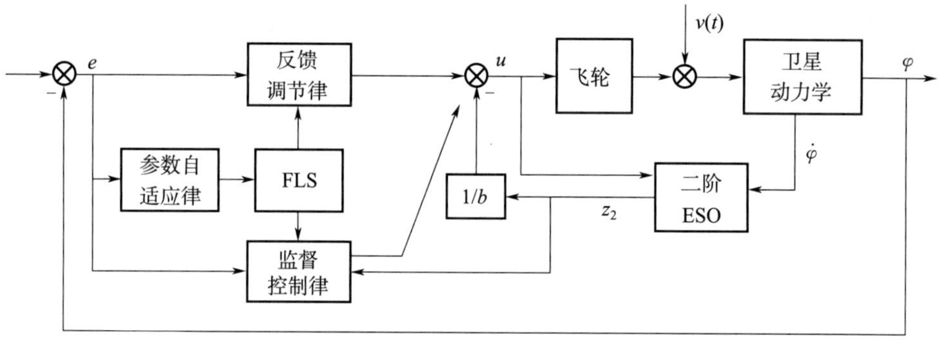

图 5.5-1　基于组合控制律的控制系统原理框图

式中　u_0——反馈调节律；

u_c——补偿控制律；

u_s——监督控制律，其目的是保障系统的稳定性；

$\boldsymbol{k}=[k_2 \quad k_1]^{\mathrm{T}}$——给定的系统向量，其取值使得 $r(s)=s^2+k_1s+k_2$ 为赫尔维茨稳定多项式；

z_2——二阶扩张状态观测器的输出；

I_0——指示函数，即当 $\|\boldsymbol{x}\| \geqslant M_x$（$M_x$ 是根据控制要求而设定的常数）时，$I_0=1$，否则 $I_0=0$；

$\hat{f}(\boldsymbol{x} \mid \boldsymbol{\theta})$——模糊系统，表达式为

$$\hat{f}(\boldsymbol{x} \mid \boldsymbol{\theta})=\boldsymbol{\theta}^{\mathrm{T}}\boldsymbol{\xi}(\boldsymbol{x}) \tag{5.5-5}$$

式中　$\boldsymbol{\theta}=[\theta_1 \quad \theta_2 \quad \cdots \quad \theta_N]^{\mathrm{T}}$——可调参数向量；

$\boldsymbol{\xi}=[\xi_1 \quad \xi_2 \quad \cdots \quad \xi_N]^{\mathrm{T}}$——模糊基函数向量。

在动力学方程中干扰项 d 的构成非常复杂，且频率变化范围较大，模糊系统难以对其快速逼近，并且模糊系统本身存在逼近误差。鉴于扩张状态观测器对非线性不确定系统具有良好的跟踪能力，考虑利用扩张状态观测器对干扰项以及模糊系统的逼近误差进行实时观测和补偿。扩张状态观测器的原理及设计见 5.4 节，这里不再赘述。

下面基于稳定性的要求，考察自适应模糊系统 $\hat{f}(\boldsymbol{x} \mid \boldsymbol{\theta})$ 的设计。

将式（5.5-4）代入式（5.5-3）并整理得到以下控制误差方程

$$\dot{\boldsymbol{e}}=\boldsymbol{A}\boldsymbol{e}+\boldsymbol{h}[\hat{f}(\boldsymbol{x} \mid \boldsymbol{\theta})-f(\boldsymbol{x})+z_2-d-bu_s] \tag{5.5-6}$$

其中

$$\boldsymbol{A}=\begin{bmatrix}0 & 1\\ -k_2 & -k_1\end{bmatrix},\ \boldsymbol{h}=\begin{bmatrix}0\\ 1\end{bmatrix}$$

定义参数 $\boldsymbol{\theta}$ 的最优估计值为

$$\boldsymbol{\theta}^*=\arg\min_{\boldsymbol{\theta}\in\Omega}[\sup_{x\in U_x}|\hat{f}(\boldsymbol{x} \mid \boldsymbol{\theta})-f(\boldsymbol{x})|]$$

定义模糊系统的最小逼近误差为

$$w = f(\boldsymbol{x}) - \hat{f}(\boldsymbol{x} \mid \boldsymbol{\theta}^*)$$

则式（5.5-6）所示的误差方程可表示为

$$\dot{\boldsymbol{e}} = \boldsymbol{A}\boldsymbol{e} + \boldsymbol{h}\tilde{\boldsymbol{\theta}}^{\mathrm{T}}\boldsymbol{\xi}(\boldsymbol{x}) + \boldsymbol{h}\varepsilon - \boldsymbol{h}bu_s \tag{5.5-7}$$

$$\tilde{\boldsymbol{\theta}} = \boldsymbol{\theta} - \boldsymbol{\theta}^*$$

式中　$\varepsilon \triangleq z_2 - (w + d)$——扩张状态观测器的观测误差。

设计以下形式的参数调节律

$$\dot{\boldsymbol{\theta}} = \begin{cases} -\gamma \boldsymbol{e}^{\mathrm{T}}\boldsymbol{R}\boldsymbol{h}\boldsymbol{\xi}(x),\ \text{if}(\|\boldsymbol{\theta}\| < M_\theta)\ \text{or}\ (\|\boldsymbol{\theta}\| = M_\theta\ \text{and}\ \boldsymbol{e}^{\mathrm{T}}\boldsymbol{R}\boldsymbol{h}\theta^{\mathrm{T}}\boldsymbol{\xi}(\boldsymbol{x}) \geqslant 0) \\ \mathrm{P}[-\gamma \boldsymbol{e}^{\mathrm{T}}\boldsymbol{R}\boldsymbol{h}\boldsymbol{\xi}(\boldsymbol{x})],\ \text{if}\ (\|\boldsymbol{\theta}\| = M_\theta\ \text{and}\ \boldsymbol{e}^{\mathrm{T}}\boldsymbol{R}\boldsymbol{h}\theta^{\mathrm{T}}\boldsymbol{\xi}(\boldsymbol{x}) < 0) \end{cases} \tag{5.5-8}$$

式中　$\mathrm{P}[\cdot]$——投影算子；

$\boldsymbol{R}$——满足以下 Lyapunov 方程的 2×2 阶对称正定矩阵（$\boldsymbol{Q}$ 为任意选定的 2×2 阶正定矩阵）

$$\boldsymbol{A}^{\mathrm{T}}\boldsymbol{R} + \boldsymbol{R}\boldsymbol{A} = -\boldsymbol{Q} \tag{5.5-9}$$

闭环系统的稳定性归结为以下定理：

定理 5-1　对于式（5.5-3）所示的非线性系统，若假设条件Ⅰ）和Ⅱ）满足，模糊系统和扩张状态观测器中的参数初值满足限定范围，采用式（5.5-4）所示的控制律以及式（5.5-8）所示的参数调节律，则有：

1）模糊系统参数及系统状态有界，即 $\|\boldsymbol{\theta}\| \leqslant M_\theta$；$\|\boldsymbol{x}\| \leqslant M_x$；

2）如果扩张状态观测器观测误差 $\varepsilon \in L_2$（平方可积），则 $\lim\limits_{t\to\infty}\|\boldsymbol{e}(t)\| = 0$。

证明如下：

模糊系统参数的有界性由投影算法加以保证，状态和控制误差的有界性由监督控制加以保证，其证明过程与文献［33］和［34］基本相同，不再赘述。下面证明其余结论，选取以下 Lyapunov 候选函数

$$V = \frac{1}{2}\boldsymbol{e}^{\mathrm{T}}\boldsymbol{R}\boldsymbol{e} + \frac{1}{2\gamma}\tilde{\boldsymbol{\theta}}^{\mathrm{T}}\tilde{\boldsymbol{\theta}} \tag{5.5-10}$$

两边对时间求导并代入式（5.5-7）和式（5.5-9）得

$$\dot{V} = -\frac{1}{2}\boldsymbol{e}^{\mathrm{T}}\boldsymbol{Q}\boldsymbol{e} + \boldsymbol{e}^{\mathrm{T}}\boldsymbol{R}\boldsymbol{h}\varepsilon - \boldsymbol{e}^{\mathrm{T}}\boldsymbol{R}\boldsymbol{h}bu_s + \boldsymbol{e}^{\mathrm{T}}\boldsymbol{R}\boldsymbol{h}\tilde{\boldsymbol{\theta}}^{\mathrm{T}}\boldsymbol{\xi} + \frac{1}{\gamma}\tilde{\boldsymbol{\theta}}^{\mathrm{T}}\dot{\tilde{\boldsymbol{\theta}}}$$

由式（5.5-4d）以及 $b > 0$ 可得 $\boldsymbol{e}^{\mathrm{T}}\boldsymbol{R}\boldsymbol{h}bu_s \geqslant 0$，因此有

$$\dot{V} \leqslant -\frac{1}{2}\boldsymbol{e}^{\mathrm{T}}\boldsymbol{Q}\boldsymbol{e} + \boldsymbol{e}^{\mathrm{T}}\boldsymbol{R}\boldsymbol{h}\varepsilon + \boldsymbol{e}^{\mathrm{T}}\boldsymbol{R}\boldsymbol{h}\tilde{\boldsymbol{\theta}}^{\mathrm{T}}\boldsymbol{\xi} + \frac{1}{\gamma}\tilde{\boldsymbol{\theta}}^{\mathrm{T}}\dot{\tilde{\boldsymbol{\theta}}}$$

将式（5.5-8）代入上式得

$$\dot{V} \leqslant -\frac{1}{2}\boldsymbol{e}^{\mathrm{T}}\boldsymbol{Q}\boldsymbol{e} + \boldsymbol{e}^{\mathrm{T}}\boldsymbol{R}\boldsymbol{h}\varepsilon + I_1\boldsymbol{e}^{\mathrm{T}}\boldsymbol{R}\boldsymbol{h}\frac{\tilde{\boldsymbol{\theta}}^{\mathrm{T}}\boldsymbol{\theta}\boldsymbol{\theta}^{\mathrm{T}}\xi}{\|\boldsymbol{\theta}\|^2}$$

式中，I_1 的含义为：当式（5.5-8）的第 2 行成立时，$I_1 = 1$，否则，$I_1 = 0$。

根据参数调节律的特点和投影算法的性质[35]，不难证明上式中最后一项非正，因

此有

$$\begin{aligned}\dot{V} &\leqslant -\frac{1}{2}\boldsymbol{e}^{\mathrm{T}}\boldsymbol{Q}\boldsymbol{e}+\boldsymbol{e}^{\mathrm{T}}\boldsymbol{R}\boldsymbol{h}\varepsilon \\ &\leqslant -\frac{\lambda_{\min}-1}{2}\|\boldsymbol{e}\|^{2}-\frac{1}{2}(\|\boldsymbol{e}\|^{2}-2\boldsymbol{e}^{\mathrm{T}}\boldsymbol{R}\boldsymbol{h}\varepsilon+\|\boldsymbol{R}\boldsymbol{h}\varepsilon\|^{2})+\frac{1}{2}\|\boldsymbol{R}\boldsymbol{h}\varepsilon\|^{2} \\ &\leqslant -\frac{\lambda_{\min}-1}{2}\|\boldsymbol{e}\|^{2}+\frac{1}{2}\|\boldsymbol{R}\boldsymbol{h}\varepsilon\|^{2}\end{aligned}$$

式中 $\lambda_{\min}$ ——$\boldsymbol{Q}$ 的最小特征值，由于 $\boldsymbol{Q}$ 是设计者事先选定的参数，因此可选择 $\boldsymbol{Q}$ 使得 $\lambda_{\min}>1$ 成立。

将上式两边取积分可得

$$\int_{0}^{t}\|\boldsymbol{e}(\tau)\|^{2}\mathrm{d}\tau \leqslant c_{1}+c_{2}\int_{0}^{t}\varepsilon^{2}(\tau)\mathrm{d}\tau \tag{5.5-11}$$

其中

$$c_{1}=\frac{2}{\lambda_{\min}-1}[|V(0)|+\sup|V(t)|]$$

$$c_{2}=\frac{\|\boldsymbol{R}\boldsymbol{h}\|^{2}}{\lambda_{\min}-1}$$

根据证明 1）和假设条件Ⅰ）可知，模糊系统的最小逼近误差 w 是有界的。根据模糊系统的万能逼近定理[34]，当采取足够多的模糊规则来逼近原系统时，w 将是一个很小的量。根据扩张状态观测器的性质以及扩张状态观测器观测误差 ε 的定义，ε 也将是一个小量。

如果 $\varepsilon\in L_{2}$ 成立，则根据式（5.5-11）可知 $\boldsymbol{e}\in L_{2}$。由证明 1）可知 $\boldsymbol{\theta}\in L_{\infty}$，$\boldsymbol{x}\in L_{\infty}$，且 $u_{s}\in L_{\infty}$，则由式（5.5-7）可得 $\dot{\boldsymbol{e}}\in L_{\infty}$。因此，根据 Barbalat 引理，有 $\lim\limits_{t\to\infty}\|\boldsymbol{e}(t)\|=0$。

5.5.2.3 组合控制律的简化

在式（5.5-4）所示的控制律中，为了保证系统的稳定性，引入了监督控制律。最终的总控制律是比较复杂的。实际上，最终的控制律可以适当简化。简化后的控制律为

$$u=u_{0}+u_{c} \tag{5.5-12a}$$

$$u_{0}=[\boldsymbol{k}^{\mathrm{T}}\boldsymbol{e}+c_{s}\operatorname{sat}(\boldsymbol{e}^{\mathrm{T}}\boldsymbol{R}\boldsymbol{h})]/b \tag{5.5-12b}$$

$$u_{c}=-[\hat{f}(\boldsymbol{x}\mid\boldsymbol{\theta})+z_{2}]/b \tag{5.5-12c}$$

式中 $\operatorname{sat}(\cdot)$ ——饱和函数，线性区间大小根据控制精度的要求而定；

c_{s} ——待设计的参数，为了满足系统的稳定性要求，需满足 $c_{s}>|\varepsilon|_{\max}$，$\varepsilon\triangleq z_{2}-(w+d)$ 代表扩张状态观测器的估计误差，$w\triangleq f(\boldsymbol{x})-\hat{f}(\boldsymbol{x}\mid\boldsymbol{\theta}^{*})$ 代表模糊系统的估计误差。

式（5.5-12）所示的控制律本质上和式（5.5-4）是相同的，因此稳定性分析思路也基本相同，无须赘述。后文的数学仿真使用式（5.5-12）所示的控制律。

5.5.2.4　数学仿真

以一类静止轨道气象观测卫星为例，利用数学仿真考察本节控制方法的效果。卫星动力学主要参数与文献［25］中的 GOES－8 卫星相同。主要动力学参数为

$$\boldsymbol{J}_s=\begin{bmatrix}2\ 936 & -2 & -24\\ -2 & 1\ 055 & -16\\ -24 & -16 & 2\ 996\end{bmatrix}\ \mathrm{kg\cdot m^2}$$

$$\boldsymbol{B}_{r1}=\begin{bmatrix}0 & 33.23 & 0 & -0.33 & -0.01\\ -0.01 & 0.33 & -0.07 & 4.87 & -0.12\\ -31.94 & 0 & -5.62 & 0.13 & -3.83\end{bmatrix}\sqrt{\mathrm{kg}}\cdot\mathrm{m}$$

$$\boldsymbol{B}_{r2}=\begin{bmatrix}-27.41 & 5.62 & 0 & 2.45 & 3.03\\ 0 & 0 & 0.49 & 0 & 0\\ 5.62 & 27.41 & 0 & -3.03 & 2.45\end{bmatrix}\sqrt{\mathrm{kg}}\cdot\mathrm{m}$$

$$\boldsymbol{\Lambda}_1=\mathrm{diag}(0.173,0.692,1.073,1.833,2.508)\ \mathrm{Hz}$$

$$\boldsymbol{\Lambda}_2=\mathrm{diag}(0.225,0.225,0.979,1.797,1.797)\ \mathrm{Hz}$$

在仿真中，考虑以下几种干扰力矩：1）有效载荷的扫描干扰力矩，周期 2.5 s，最大幅值［0.0；－0.015；0.002］N·m，不间断工作；2）飞轮摩擦力矩，均值 0.001 N·m，均方差 5×10^{-4} N·m；3）太阳光压力矩，缓慢变化（短期内对姿态的影响可以忽略）；4）其他干扰力矩，看作均值为 0、方差为 4×10^{-4} N·m 的白噪声。

其他仿真条件如下：考虑飞轮饱和限制，单个飞轮的最大力矩为 0.15 N·m；角速度测量噪声：均方差 0.02（°）/h；姿态角测量噪声：均方差 6″；采样周期 $T_s=0.064$ s。

模糊系统的隶属度函数取为高斯型，每个变量的模糊规则数目为 5 条。在初始规则的设置中，利用了从已知动力学特性中得到的语言模糊信息。正如在第 4 章中所指出的，模糊控制的一个突出优点是可以直接利用基于语言形式描述的被控对象先验信息。控制律的主要参数为

$$\boldsymbol{k}=\begin{bmatrix}0.006\ 4\\ 0.144\end{bmatrix},\ \boldsymbol{R}=\begin{bmatrix}0.074 & 0.391\\ 0.391 & 2.730\end{bmatrix},\ \gamma=0.005,\ c_s=2\times10^{-6}$$

扩张状态观测器的参数如下：

$$\alpha=0.5,\ \delta=8\times10^{-4},\ \beta_1=1.2,\ \beta_2=0.04$$

（1）无大干扰时的姿态稳定控制

初始姿态角及角速度分别为 0.06°和 1×10^{-3}（°）/s。对比两种控制方案：一种是常规自适应模糊控制［令式（5.5－12）控制律中的 $z_2=0$］，记为 NAFC；另一种即为本节给出的带扩张状态观测器补偿的自适应模糊控制，记为 AFCE。

NAFC 仿真结果如图 5.5－2～图 5.5－4 所示。AFCE 仿真结果如图 5.5－5～图 5.5－7 所示。对比可见，本节给出的组合控制律的控制效果有明显提升，主要体现在：姿态角的收敛过程更加平稳，几乎没有稳态误差；过渡过程中角速度超调量更小，对挠性附件振动的抑制效果也更好一些。

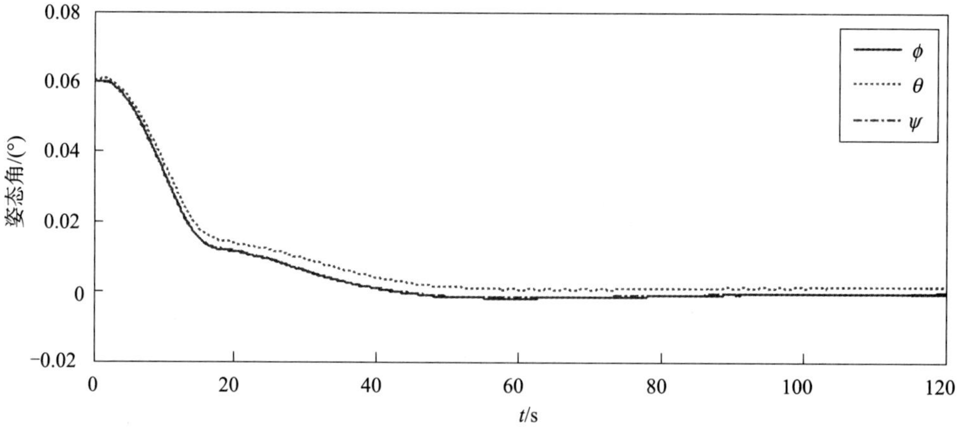

图 5.5 - 2　常规条件下的 NAFC 仿真曲线——星体姿态角

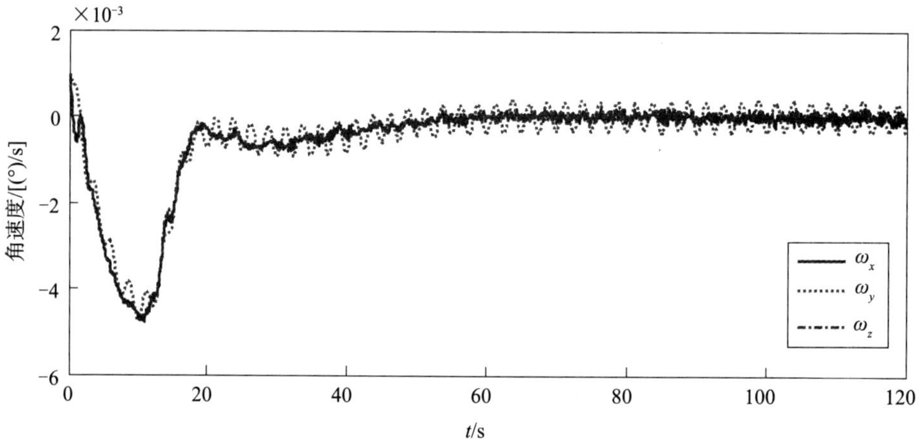

图 5.5 - 3　常规条件下的 NAFC 仿真曲线——星体角速度（见彩插）

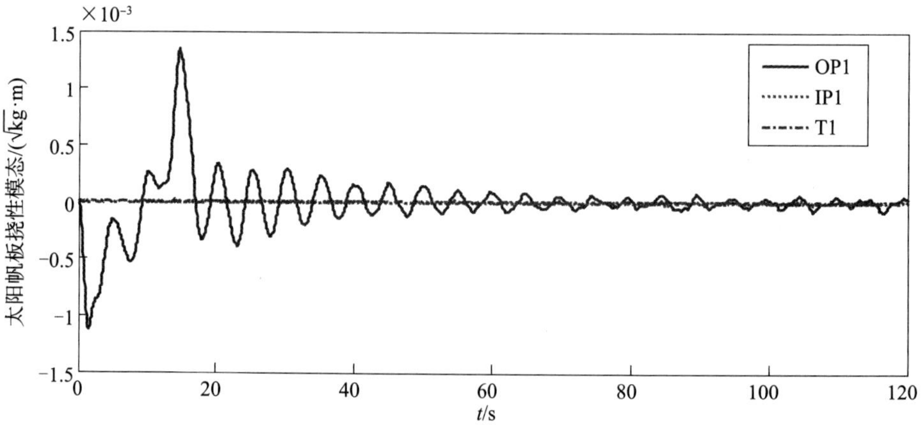

图 5.5 - 4　常规条件下的 NAFC 仿真曲线——太阳帆板挠性模态

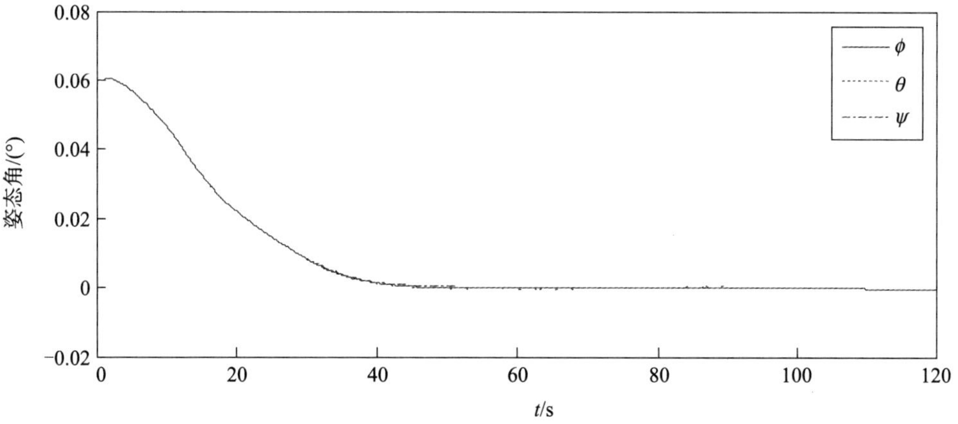

图 5.5-5　常规条件下的 AFCE 仿真曲线——星体姿态角

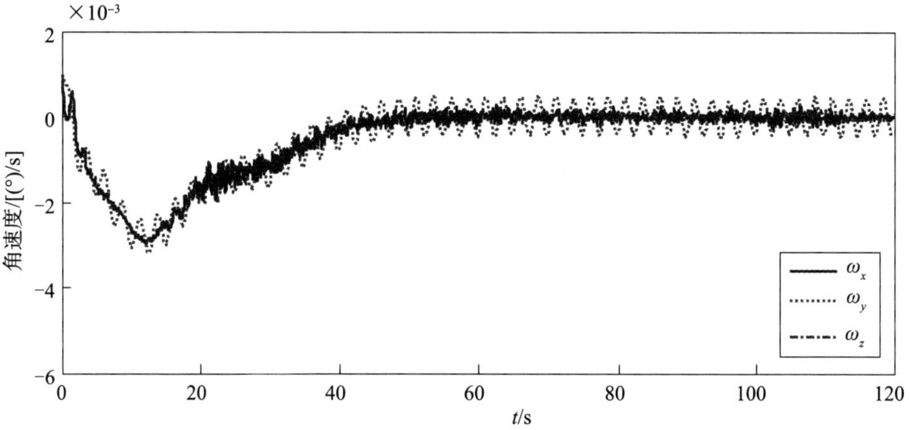

图 5.5-6　常规条件下的 AFCE 仿真曲线——星体角速度（见彩插）

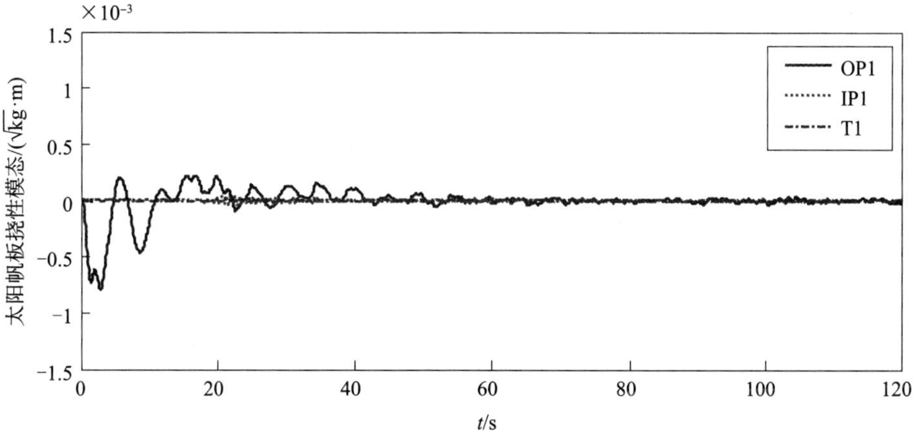

图 5.5-7　常规条件下的 AFCE 仿真曲线——太阳帆板挠性模态

(2) 有大干扰时的姿态稳定控制

下面考察突发大扰动情况下的控制能力和控制性能。假设仿真起始时系统已经进入稳态；第 40 s 时，在卫星滚动轴上施加一个较大的干扰力矩作用（可以看作是气象卫星上扫描相机的黑体校正运动，作用时长共 15 s)，如图 5.5－8 所示。同样，我们对比 NAFC 和 AFCE 两种控制律的控制效果。

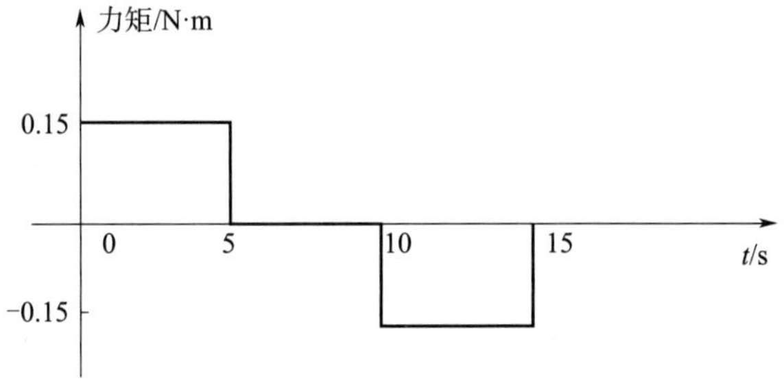

图 5.5－8　运动干扰力矩

大干扰时 NAFC 的控制结果如图 5.5－9 和图 5.5－10 所示。由图可见，在干扰力矩的影响下，滚动轴的姿态及角速度都出现了较大的超调，滚动姿态的收敛过程很长。作为对比，大干扰时 AFCE 的控制结果如图 5.5－11 和图 5.5－12 所示。可以看到，AFCE 的控制效果有明显提升：姿态及角速度的超调量显著减小，控制误差能够较快地收敛到预期指标内。

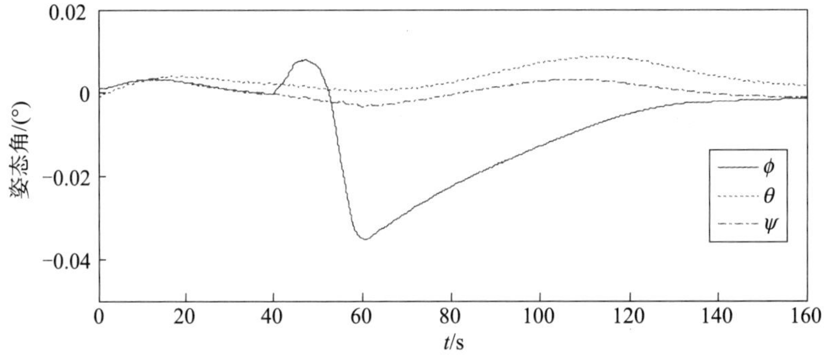

图 5.5－9　大干扰时的 NAFC 仿真曲线——星体姿态角

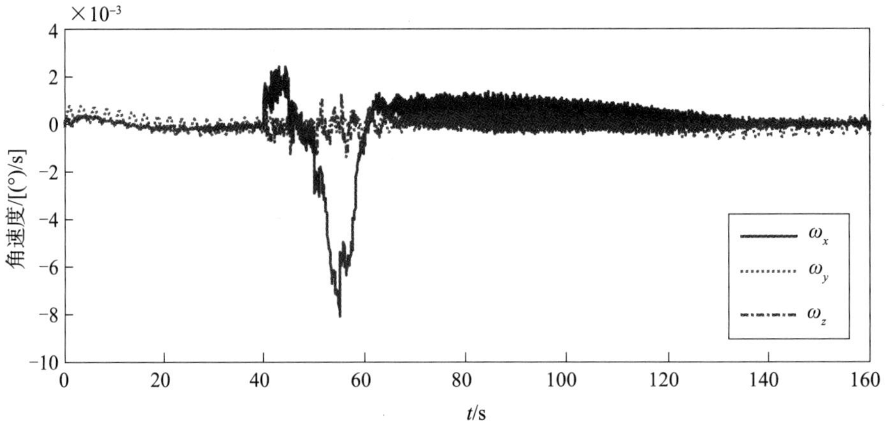

图 5.5－10　大干扰时的 NAFC 仿真曲线——星体角速度（见彩插）

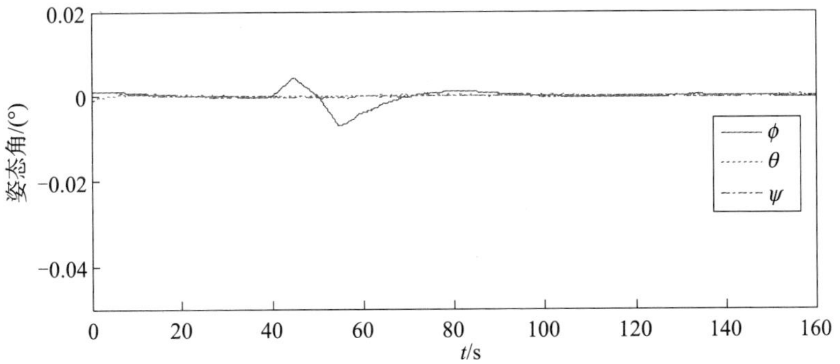

图 5.5-11　大干扰时的 AFCE 仿真曲线——星体姿态角

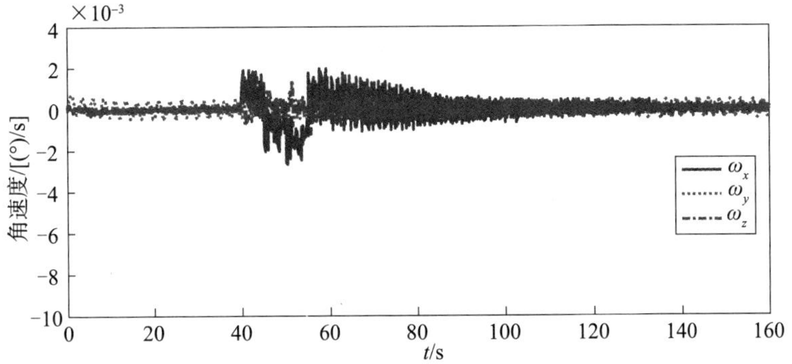

图 5.5-12　大干扰时的 AFCE 仿真曲线——星体角速度（见彩插）

5.5.3　基于直接型 AFS 和干扰补偿的姿态稳定控制

5.5.3.1　方法概述

在上一节的控制方案中，自适应模糊控制器属于间接型控制器，即模糊系统是用来为被控对象建模的。对于航天器姿态控制而言，通常可以直接获得初步的控制规则。为了有效利用这些直观的模糊控制规则（语言信息），可以考虑采用直接型模糊控制器作为基本控制器。本节将以一类带有活动式有效载荷的大型挠性航天器为背景，以高稳定度控制为目标，研究基于直接自适应模糊逻辑和自抗扰干扰补偿逻辑的控制律设计问题。这种融合型控制律的主要特点是：利用自适应模糊系统构造等效控制律，简化控制律设计；利用扩张状态观测器对逼近误差和内外干扰力矩进行实时观测并予以在线补偿，从而有效地克服未知干扰力矩以及模糊系统估计误差对姿态稳定度的影响。

被控对象动力学方程、假设条件、控制目标等皆与上一节相同。

5.5.3.2　控制律设计

基于直接型 AFS 和干扰补偿的控制系统原理框图如图 5.5-13 所示[33]。图中，AFC 表示自适应模糊控制律；ESO 表示扩张状态观测器，给出系统总扰动量（包括模糊系统的逼近误差）的估计 $z_2(t)$，而 z_2/b 的反馈起补偿扰动的作用。

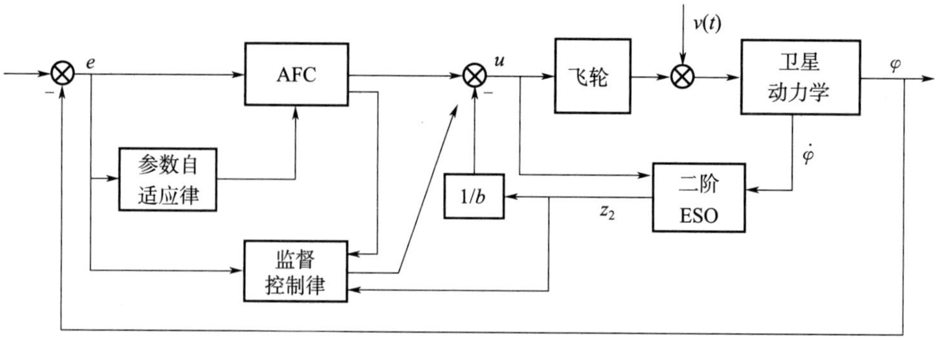

图 5.5-13　基于直接型 AFS 和干扰补偿的控制系统原理框图

控制律表达式为

$$u = u_0 + u_c + u_s \tag{5.5-13a}$$

$$u_0 = \boldsymbol{\theta}^{\mathrm{T}} \boldsymbol{\xi}(\boldsymbol{x}) \tag{5.5-13b}$$

$$u_c = -z_2 / b \tag{5.5-13c}$$

$$u_s = I_0 \operatorname{sgn}(\boldsymbol{e}^{\mathrm{T}} \boldsymbol{Rh})\left[|u_0| + \frac{1}{b}(f_U + |z_2| + D + |\boldsymbol{k}^{\mathrm{T}} \boldsymbol{e}|)\right] \tag{5.5-13d}$$

式中　u_0——基本控制律，由自适应模糊系统实现；

u_c——基于扩张状态观测器的补偿控制律；

u_s——监督控制律，相关符号见上一节。

下面基于稳定性要求，考察自适应模糊系统 $\boldsymbol{\theta}^{\mathrm{T}}\boldsymbol{\xi}(\boldsymbol{x})$ 的设计。将控制律代入动力学方程中并整理后可得到以下跟踪误差方程

$$\dot{\boldsymbol{e}} = \boldsymbol{Ae} + \boldsymbol{h}(u^* - u_0 - u_c - u_s) - \boldsymbol{h}(d/b) \tag{5.5-14}$$

式中　u^*——理想控制律，即

$$u^* = \frac{1}{b}[-f(\boldsymbol{x}) + \boldsymbol{k}^{\mathrm{T}} \boldsymbol{e}]$$

定义参数 $\boldsymbol{\theta}$ 的最优估计值

$$\boldsymbol{\theta}^* \triangleq \underset{\boldsymbol{\theta} \in \Omega}{\operatorname{argmin}}\left[\sup_{\boldsymbol{x} \in U_x} |u_0(\boldsymbol{x} \mid \boldsymbol{\theta}) - u^*|\right]$$

定义模糊系统的最小逼近误差

$$w \triangleq u_0(\boldsymbol{x} \mid \boldsymbol{\theta}^*) - u^*$$

则式（5.5-14）所示的误差方程可表示为

$$\dot{\boldsymbol{e}} = \boldsymbol{Ae} + \boldsymbol{h}\tilde{\boldsymbol{\theta}}^{\mathrm{T}} \boldsymbol{\xi}(\boldsymbol{x}) - \boldsymbol{h}u_s + \boldsymbol{h}(\varepsilon / b) \tag{5.5-15}$$

式中　$\tilde{\boldsymbol{\theta}} \triangleq \boldsymbol{\theta}^* - \boldsymbol{\theta}$；

$\varepsilon \triangleq z_2 - (bw + d)$——扩张状态观测器的观测误差。

设计以下形式的参数调节律

$$\dot{\boldsymbol{\theta}} = \begin{cases} \gamma \boldsymbol{e}^{\mathrm{T}} \boldsymbol{r}_n \boldsymbol{\xi}(\boldsymbol{x}), \text{ if}(\|\boldsymbol{\theta}\| < M_\theta) \text{ or } (\|\boldsymbol{\theta}\| = M_\theta \text{ and } \boldsymbol{e}^{\mathrm{T}} \boldsymbol{r}_n \boldsymbol{\theta}^{\mathrm{T}} \boldsymbol{\xi}(\boldsymbol{x}) \leqslant 0) \\ \mathrm{P}[\gamma \boldsymbol{e}^{\mathrm{T}} \boldsymbol{r}_n \boldsymbol{\xi}(\boldsymbol{x})], \text{ if } (\|\boldsymbol{\theta}\| = M_\theta \text{ and } \boldsymbol{e}^{\mathrm{T}} \boldsymbol{r}_n \boldsymbol{\theta}^{\mathrm{T}} \boldsymbol{\xi}(\boldsymbol{x}) > 0) \end{cases}$$

（5.5-16）

闭环系统的稳定性归结为以下定理：

定理 5－2　对于式（5.5－3）所示的非线性系统，若 5.5.2 节中的假设条件满足，AFC 和扩张状态观测器中的参数初值满足限定范围，采用式（5.5－13）所示的控制律以及式（5.5－16）所示的参数调节律，则有：

1）模糊系统参数、系统状态及控制量皆有界，即 $\|\boldsymbol{\theta}\| \leqslant M_\theta$，$\|\boldsymbol{x}\| \leqslant M_x$，$|u| \leqslant M_u$；

2）如果扩张状态观测器观测误差 $\varepsilon \in L_2$（平方可积），则 $\lim\limits_{t \to \infty} \|\boldsymbol{e}(t)\| = 0$。

证明过程和上一节基本类似，限于篇幅，此处从略。

5.5.3.3　数学仿真

以国外一类带有活动式有效载荷和挠性附件的静止轨道航天器为对象，利用数学仿真考察本文提出的控制算法的有效性。卫星动力学相关参数同上一节。

在仿真中，考虑以下几种干扰力矩：1）有效载荷扫描干扰力矩，扫描周期 2.4 s，在三轴上的最大幅值约为 [0.018，0.065，0.008] N·m；2）太阳帆板驱动机构运动干扰力矩，最大步进干扰力矩约为 0.03 N·m；3）其他干扰力矩，假设为零均值、均方差 2×10^{-4} N·m 的白噪声。其他仿真条件和上一节相同。

模糊系统的隶属度函数取为高斯型，每个变量的模糊规则数目为 5 条。在初始规则的设置中，利用了从已知动力学特性中得到的语言模糊信息。系统主要参数为

$$\boldsymbol{R} = \begin{bmatrix} 15 & 5 \\ 5 & 5 \end{bmatrix}, \quad \gamma = 0.5$$

扩张状态观测器参数如下：$\alpha = 0.5$，$\delta = 5 \times 10^{-5}$，$\boldsymbol{\beta} = [0.2 \quad 4]$。

图 5.5－14～图 5.5－16 给出了一组典型仿真结果。可见，在复杂干扰的作用下，本节提出的融合控制方法取得了较好的控制效果——系统能够较快地进入稳态，进入稳态后卫星姿态精度优于 0.01°，姿态稳定度优于 4×10^{-4}（°）/s。

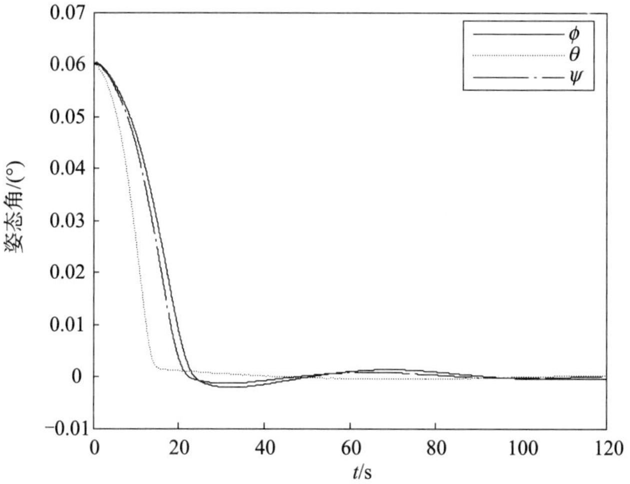

图 5.5－14　星体姿态角

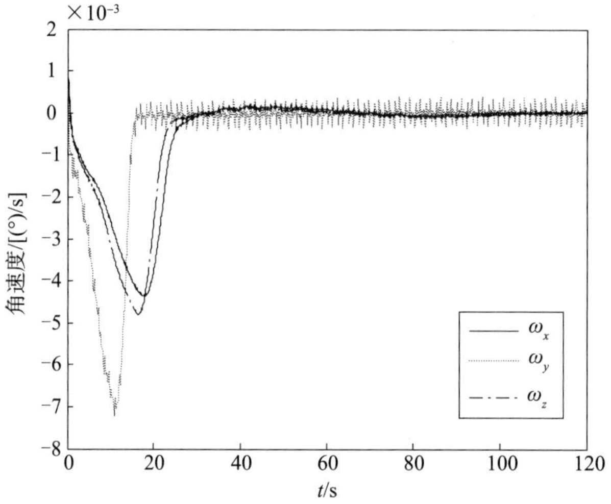

图 5.5-15　星体角速度

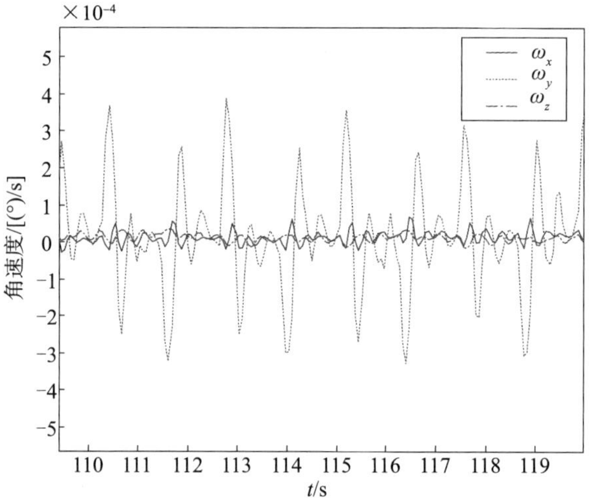

图 5.5-16　星体角速度（局部放大，见彩插）

5.5.4　滑模与模糊系统相融合的姿态控制

在控制算法融合方面，滑模变结构控制与模糊控制的融合非常具有典型性。在本书第4章中已经看到，尽管滑模变结构控制具有鲁棒性强、可适用于强非线性系统等优点，但是它也存在以下两个明显的缺陷：1）在切换面上存在抖振；2）要求对象动力学及扰动已知，或其范围可以明确给出。这两个缺陷恰恰都可以由模糊系统来克服：1）利用模糊系统逼近切换函数，可以削弱或克服抖振的影响；2）利用模糊系统逼近对象动力学或扰动，可以直接获得相应的等效控制。而模糊系统虽然具有“万能逼近”，可以利用专家语言信息等优点，但在控制系统鲁棒性方面不如滑模控制。因此，将滑模控制与模糊系统相融合，充分发挥两种方法各自的优点，是一种很好的解决思路。近年来，这方面的文献不断涌现[36-44]。本节将在梳理相关成果的基础上，阐述工程实用性较好的一些融合方法。

滑模与模糊系统相融合的控制方案在大体上可以分为以下 4 种典型方案：**1）利用模糊系统削弱抖振影响；2）利用模糊系统替代切换控制律；3）利用模糊系统逼近未知动力学；4）利用模糊系统充当等效控制律。**下面将对这 4 种典型融合方案分别进行介绍。

这 4 种融合方案还可以进一步组合，但进一步组合后设计及分析过程更加复杂，工程实用性受到较大影响，因此本书不予介绍。需要指出的是，从近年来的学术文献看，大量研究工作涉及各种先进控制算法的融合，有些还相当复杂；虽然实用性大打折扣，但其中的一些思路还是值得参考的，感兴趣的读者可以查阅相关文献。

5.5.4.1　利用模糊系统削弱抖振影响

在滑模变结构控制中，作用于滑动模态附近的切换控制对于系统的鲁棒控制性能至关重要。如第 4 章所介绍的，切换控制的一般形式为

$$u_{sw}=\alpha\,\mathrm{sgn}(s) \tag{5.5-17}$$

式中　s ——切换函数；

　　α ——切换增益。

切换控制的目的是抵抗扰动作用的不良影响，因此切换增益的选择应与系统所受扰动的大小密切相关。当扰动较大时，切换增益也应较大，以提高系统的抗干扰能力；反之，当扰动较小时，切换增益也应较小，以尽量减小抖振。因此，切换增益宜设计成时变的、自适应的。采用模糊系统对切换增益 α 进行在线调整是一个很好的选择。

假设控制律由常规的等效控制和上述切换控制两部分组成。在模糊系统设计中，其输出变量取为 $\Delta\alpha$ ；至于输入变量的选取，首先应满足滑模存在条件：$s\dot{s}<0$，在此基础上再考虑前文分析的性能需求。考虑到 $|s\dot{s}|$ 很小时，$|s|$ 未必小，因此，宜将 $s\dot{s}$ 和 s 都作为模糊系统的输入变量。

对于模糊规则的设计，其思路可简单概括为：

1）当 $|s\dot{s}|$ 不是很小时，如果 $s\dot{s}>0$ 且 $s\dot{s}$ 较大，则 $\Delta\alpha$ 应较大；如果 $s\dot{s}<0$ 且较小，则 $\Delta\alpha$ 应较小。

2）当 $|s\dot{s}|$ 很小时，如果 $|s|$ 较大，则 $\Delta\alpha$ 应较大。

输入变量 $s\dot{s}$ 和 s 的模糊集分别定义为

$$L(s\dot{s})=\{NB,NM,NS,ZE,PS,PM,PB\}$$

$$L(s)=\{NB,NS,ZE,PS,PB\}$$

输出变量 $\Delta\alpha$ 的模糊集定义为

$$L(\Delta\alpha)=\{NB,NM,NS,ZE,PS,PM,PB\}$$

在上述模糊集中，NB 表示负大，NM 表示负中，NS 表示负小，ZE 表示零，PS 表示正小，PM 表示正中，PB 表示正大。

模糊规则表见表 5.5-1。模糊系统的其他设计步骤不再赘述。

表 5.5-1　切换增益模糊规则表

s \ $s\dot{s}$	NB	NM	NS	ZE	PS	PM	PB
NB	NB	NM	NS	PB	PS	PM	PB
NS	NB	NM	NS	PS	PS	PM	PB
ZE	NB	NM	NS	ZE	PS	PM	PB
PS	NB	NM	NS	PS	PS	PM	PB
PB	NB	NM	NS	PB	PS	PM	PB

5.5.4.2　利用模糊系统替代切换控制律

对于切换控制律 u_{sw}，也可以将其整体上用模糊系统来替代。这样做的好处是控制作用完全连续化，从而可以彻底消除抖振。当然，这样做的代价是系统对于扰动不再具有完全的鲁棒性，控制律也不再是完全意义上的滑模控制。但是，在那些对于抖振有着严格限制的应用场合中这样的替代是值得的。

用于替代切换控制律的模糊系统有两种方案：一种是常规的基于表格形式的模糊系统，另一种是具有参数自调整功能的模糊系统。前者正是在 4.5.3 节中所给出的方案，其优点是设计过程直观，实现简单。后者的优点是逼近性能更佳，适应性更好。下面简要介绍后者的设计要点：

以式（5.5-3）所示动力学为被控对象，选取线性切换函数 $s(\boldsymbol{x})=c_1x_1+x_2$，$c_1>0$。理想控制律设计为

$$u=\frac{1}{b}(-f-c_1x_1-x_2-u_{sw}) \tag{5.5-18a}$$

$$u_{sw}=\alpha\,\mathrm{sgn}(s) \tag{5.5-18b}$$

将切换控制律 u_{sw} 用模糊系统替换后，实际的控制律为

$$u=\frac{1}{b}[-f-c_1x_1-x_2-\hat{u}_{sw}(s\mid\boldsymbol{\theta})] \tag{5.5-19a}$$

$$\hat{u}_{sw}(s\mid\boldsymbol{\theta})=\boldsymbol{\theta}^{\mathrm{T}}\boldsymbol{\xi}(s) \tag{5.5-19b}$$

式中　$\boldsymbol{\theta}$ ——可调参数向量；

$\boldsymbol{\xi}$ ——模糊基函数向量。

参数的自适应调整律为

$$\dot{\boldsymbol{\theta}}=-\gamma s\boldsymbol{\xi}(s) \tag{5.5-20}$$

式中，系数 $\gamma>0$。

定义参数 $\boldsymbol{\theta}$ 的最优估计值为

$$\boldsymbol{\theta}^{*}=\arg\min_{\boldsymbol{\theta}\in\Omega}[\sup_{s\in U_s}\mid\hat{u}_{sw}(s\mid\boldsymbol{\theta})-\alpha\,\mathrm{sgn}(s)\mid] \tag{5.5-21}$$

则切换函数的导数 $\dot{s}$ 可表达为

$$\begin{aligned}\dot{s} &= c_1\dot{x}_1 + \dot{x}_2 \\ &= c_1\dot{x}_1 + f(\boldsymbol{x}) + bu + d \\ &= -\hat{u}_{\mathrm{sw}}(s \mid \boldsymbol{\theta}) + d \\ &= \tilde{\boldsymbol{\theta}}^{\mathrm{T}}\boldsymbol{\xi}(s) + d - \hat{u}_{\mathrm{sw}}(s \mid \boldsymbol{\theta}^*)\end{aligned}$$

式中，参数最优估计误差 $\tilde{\boldsymbol{\theta}} \triangleq \boldsymbol{\theta} - \boldsymbol{\theta}^*$。

下面证明，上述设计可以保证系统的稳定性。选取以下 Lyapunov 候选函数

$$V = \frac{1}{2}s^2 + \frac{1}{2\gamma}\tilde{\boldsymbol{\theta}}^{\mathrm{T}}\tilde{\boldsymbol{\theta}} \tag{5.5-22}$$

则有

$$\begin{aligned}\dot{V} &= s\dot{s} + \frac{1}{\gamma}\tilde{\boldsymbol{\theta}}^{\mathrm{T}}\dot{\tilde{\boldsymbol{\theta}}} \\ &= s[\tilde{\boldsymbol{\theta}}^{\mathrm{T}}\xi(s) + d - \hat{u}_{\mathrm{sw}}(s \mid \boldsymbol{\theta}^*)] + \frac{1}{\gamma}\tilde{\boldsymbol{\theta}}^{\mathrm{T}}\dot{\tilde{\boldsymbol{\theta}}} \\ &= s\tilde{\boldsymbol{\theta}}^{\mathrm{T}}\xi(s) + \frac{1}{\gamma}\tilde{\boldsymbol{\theta}}^{\mathrm{T}}\dot{\tilde{\boldsymbol{\theta}}} + s[d - \hat{u}_{\mathrm{sw}}(s \mid \boldsymbol{\theta}^*)]\end{aligned}$$

由于

$$\hat{u}_{\mathrm{sw}}(s \mid \boldsymbol{\theta}^*) = \alpha\,\mathrm{sgn}(s)$$

故有

$$\dot{V} = \frac{1}{\gamma}\tilde{\boldsymbol{\theta}}^{\mathrm{T}}[\gamma s\boldsymbol{\xi}(s) + \dot{\boldsymbol{\theta}}] + sd - \alpha \mid s \mid \tag{5.5-23}$$

式中，$\dot{\tilde{\boldsymbol{\theta}}} = \dot{\boldsymbol{\theta}}$。

将式（5.5-20）代入式（5.5-23）可知，只要 $\alpha \geqslant \mid d \mid$（由设计保证），即有

$$\dot{V} = sd - \alpha \mid s \mid \leqslant 0$$

5.5.4.3　利用模糊系统逼近未知动力学

在式（5.5-18）所示的控制律中，要求动力学 f 和控制增益 b 已知，这在工程中有时不易做到。因此可以考虑采用模糊系统 $\hat{f}$，$\hat{b}$ 来分别逼近未知动力学 f 和未知控制增益 b。为了确保逼近精度和系统稳定性，模糊系统应具有参数自适应能力。则控制律变为

$$u = \frac{1}{\hat{b}}[-\hat{f} - c_1x_1 - x_2 - \alpha\,\mathrm{sgn}(s)] \tag{5.5-24}$$

式中的模糊系统表达式为

$$\hat{f}(\boldsymbol{x} \mid \boldsymbol{\theta}_f) = \boldsymbol{\theta}_f^{\mathrm{T}}\boldsymbol{\xi}(\boldsymbol{x}) \tag{5.5-25a}$$

$$\hat{b}(\boldsymbol{x} \mid \boldsymbol{\theta}_b) = \boldsymbol{\theta}_b^{\mathrm{T}}\boldsymbol{\xi}(\boldsymbol{x}) \tag{5.5-25b}$$

模糊系统的参数自适应律设计为

$$\dot{\boldsymbol{\theta}}_f = \gamma_1 s\boldsymbol{\xi}(\boldsymbol{x}) \tag{5.5-26a}$$

$$\dot{\boldsymbol{\theta}}_b = \gamma_2 s \boldsymbol{\xi}(\boldsymbol{x}) u \tag{5.5-26b}$$

式中，系数 $\gamma_1 > 0$，$\gamma_2 > 0$。

和前文的思路类似，定义模糊系统的参数最优估计误差 $\tilde{\boldsymbol{\theta}}_f$，$\tilde{\boldsymbol{\theta}}_b$，选取 Lyapunov 候选函数 $V = \dfrac{1}{2}\left(s^2 + \dfrac{1}{\gamma_1}\tilde{\boldsymbol{\theta}}_f^{\mathrm{T}}\tilde{\boldsymbol{\theta}}_f + \dfrac{1}{\gamma_2}\tilde{\boldsymbol{\theta}}_b^{\mathrm{T}}\tilde{\boldsymbol{\theta}}_b\right)$，不难证明系统的稳定性。

5.5.4.4 利用模糊系统充当等效控制律

在式（5.5-18）所示的控制律中，也可以用模糊系统来直接替代其中的等效控制部分，从而得到以下所示的控制律

$$u = \hat{u}_{\mathrm{eq}} + u_{\mathrm{sw}} \tag{5.5-27a}$$

$$\hat{u}_{\mathrm{eq}} = \boldsymbol{\theta}^{\mathrm{T}} \boldsymbol{\xi}(s) \tag{5.5-27b}$$

$$u_{\mathrm{sw}} = \alpha \operatorname{sgn}(s) \tag{5.5-27c}$$

模糊系统的参数自适应调整律为

$$\dot{\boldsymbol{\theta}} = -\lambda s \boldsymbol{\xi}(s) \tag{5.5-28}$$

式中，系数 $\lambda > 0$。

和前文的思路类似，定义模糊系统的参数最优估计误差 $\tilde{\boldsymbol{\theta}}$，选取 Lyapunov 候选函数 $V = \dfrac{1}{2}s^2 + \dfrac{b}{2\lambda}\tilde{\boldsymbol{\theta}}^{\mathrm{T}}\tilde{\boldsymbol{\theta}}$，不难证明系统的稳定性。

5.6 基于角动量交换的姿态机动控制

5.6.1 概述

在第 4.7 节中介绍了卫星姿态机动相关原理及设计方法，并着重阐述了基于喷气的姿态机动控制律设计问题。本节将重点阐述基于角动量交换的姿态机动控制律设计问题，尤其是要考虑针对**大角度快速机动**要求的姿态控制问题。

卫星大角度快速机动控制需要考虑以下约束条件和不利因素：

（1）执行器饱和

在实际工程中，角动量交换装置的最大输出力矩是严格受限的，尤其是动量轮，其最大输出力矩通常只有 0.1 N·m 的量级。在执行器输出力矩严格受限的条件下，控制律设计中需要适当降低对动态特性的要求。

（2）非线性特性

静止轨道卫星普遍结构比较复杂，挠性振动与液体晃动等干扰力矩的影响不容忽视。尤其是大角度机动时，系统的非线性特性更加突出，小角度时的线性化模型无法使用。

（3）参数不确定性

卫星在轨期间，由于推进剂消耗、机动过程中几何构型变化等因素影响，转动惯量、挠性耦合系数、模态阻尼比等参数难以准确获知，模型和参数的不确定性是客观存在的。

这种不确定性对于部分有高精度、高稳定度要求的机动场合的影响是很大的。

因此在基于角动量交换的大角度快速机动问题中，需要综合考虑上述实际工程因素的影响，设计出简单实用、稳定性好、动态响应优良的控制算法。

5.6.2 基于特征模型的平滑姿态机动

5.6.2.1 控制器设计

如前所述，特征模型具有建模简单、控制器设计方便、便于工程实现、不丢失信息等优点；因此，本文将采用特征模型的方法对轮控系统进行姿态机动控制器设计。下面结合路径规划进行阐述。

4.7 节对各种路径规划方法进行了系统阐述。相比较而言，采用轮控系统控制时，其对应的路径规划受到更多限制。为了尽快完成卫星的大角度机动，在机动过程中希望星体以最大角速度运动，但是卫星的机动速度受到动量轮提供最大力矩和角动量的限制。在动量轮能力受限和角速度测量受限的情况下，多采用梯形路径规划。为了实现预定的运动轨迹，最直接的方法是根据机动时初始角度和目标角度，并综合动量轮能力和陀螺角速度测量量程预先规划运动轨迹，采用状态线性反馈方法设计控制器，将调节控制问题转化为轨迹跟踪控制问题[45]。

卫星的姿态快速机动及稳定主要受限于卫星本身的动力学特性，如挠性附件的固有频率及阻尼；此外也受到控制系统的测量部件和动量轮能力及输出噪声的影响。噪声对卫星机动后系统稳定度的影响不可忽略。因此，快速机动及快速稳定控制设计需要考虑控制器对系统噪声的抑制作用。一般的控制器设计通常基于控制系统带宽 ω_n 和阻尼 ξ。对于给定的陀螺测速精度 σ_R、姿态测量精度 σ_P 和轮子的输出力矩精度 σ_{MW}，分别对于角速度测量噪声，系统输出角速度方差 $\sigma_{\dot\theta}^2$ 与 ω_n 和 ξ 成正比关系；对于姿态测量噪声，系统输出角速度方差 $\sigma_{\dot\theta}^2$ 和 ω_n^3 成正比关系，与 ξ 成反比关系；对于力矩噪声，系统输出角速度方差 $\sigma_{\dot\theta}^2$ 与 ω_n 和 ξ 均成反比关系。

为了提高快速机动的动态性能，控制器设计中往往需要 ω_n 较大，但是随着 ω_n 的增大，系统的姿态及姿态角速度测量噪声对系统的稳定度影响将变得突出，因此，需要针对机动控制中的快速性和稳态控制的平稳性两个目标来设计控制器，从而优化快速机动及稳定控制整体所需时间和系统稳定性能。

对于所规划出的路径跟踪问题，为了有效改善快速跟踪和稳态控制，根据已有的全系数自适应控制方法，控制器设计可以采用维持跟踪控制律

$$\boldsymbol{u}_T(k)=[\hat{\boldsymbol{g}}_0(k)+\beta(k)\boldsymbol{I}]^{-1}[\boldsymbol{X}_d(k+1)-\hat{\boldsymbol{f}}_1(k)\boldsymbol{X}_d(k)-\hat{\boldsymbol{f}}_2(k)\boldsymbol{X}_d(k-1)] \tag{5.6-1}$$

式中　$\boldsymbol{u}(k)$ ——控制输入；

$\boldsymbol{X}=[\varphi,\ \theta,\ \psi]^{\mathrm{T}}$ ——卫星的滚动角、俯仰角和偏航角；

$\hat{\boldsymbol{f}}_1(k)$，$\hat{\boldsymbol{f}}_2(k)$，$\hat{\boldsymbol{g}}_0(k)$ ——通过系统辨识获得的特征系数。

为了适应卫星在姿态偏差较大时的快速调节功能和快速机动性，尽量减小系统阻尼；为了满足稳定控制时的高稳定度，尽量增大系统的阻尼。依据上述目标，设计逻辑微分控制器 $u_{d,i}(k)(i=x, y, z)$

$$u_{d,i}(k)=\frac{K_{d0}}{\left|\sum_{s=k-m}^{k} e_i(s)\right|+C_2}\dot{e}_i(k) \tag{5.6-2}$$

式中，姿态角速度偏差 $\dot{\boldsymbol{e}}(k)=\dot{\boldsymbol{X}}_d(k)-\dot{\boldsymbol{X}}(k)$，常数 $K_{d0}>0$，常数 $C_2>0, 0\leqslant m\leqslant k$，$\lambda_1\geqslant 0$。由上述逻辑微分的表达式可知，微分系数随着系统姿态偏差变小而随之增大。

根据上述维持跟踪控制和逻辑微分控制律的设计，卫星系统的整个控制律为

$$\boldsymbol{u}=\boldsymbol{u}_T+\boldsymbol{u}_d \tag{5.6-3}$$

5.6.2.2 数学仿真

为了验证基于特征模型的自适应控制器在角动量交换姿态机动中的有效性，进行基于特征模型的自适应控制数学仿真验证。仿真条件同 4.7 节。

仿真目标为：$t=200$ s，机动目标为 [10°; 0; 0]；$t=900$ s，机动目标为 [0; 0; 0]。在控制时，对目标角度进行路径规划。仿真结果如图 5.6-1～图 5.6-3 所示。

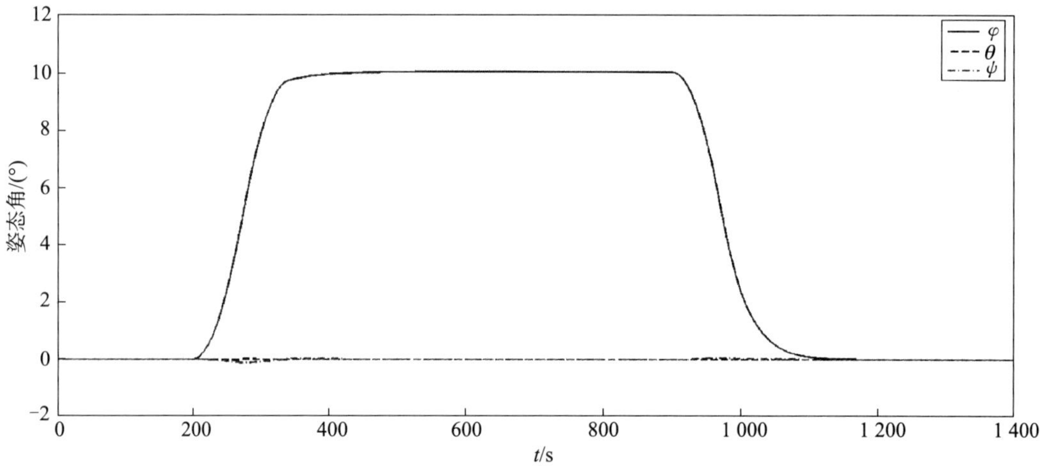

图 5.6-1 基于特征建模的角动量交换姿态机动控制仿真曲线（姿态角，见彩插）

从仿真结果可以看出，本节所设计的基于特征模型的自适应控制器在角动量交换姿态机动控制中具有良好的综合性能。

5.6.3 兼顾机动性能与稳态性能的姿态控制

如前所述，卫星在轨姿态控制任务通常包括两种：大角度的姿态机动控制和固定姿态（通常是零姿态）附近的姿态稳定控制。这两种控制的要求各有侧重：姿态机动控制强调过程的快速性和平稳性；姿态稳定控制强调固定姿态附近的稳态精度和姿态稳定度。由于任务要求和内在特点的不同，很难用一种结构固定、参数固定的控制律完成这两种控制任

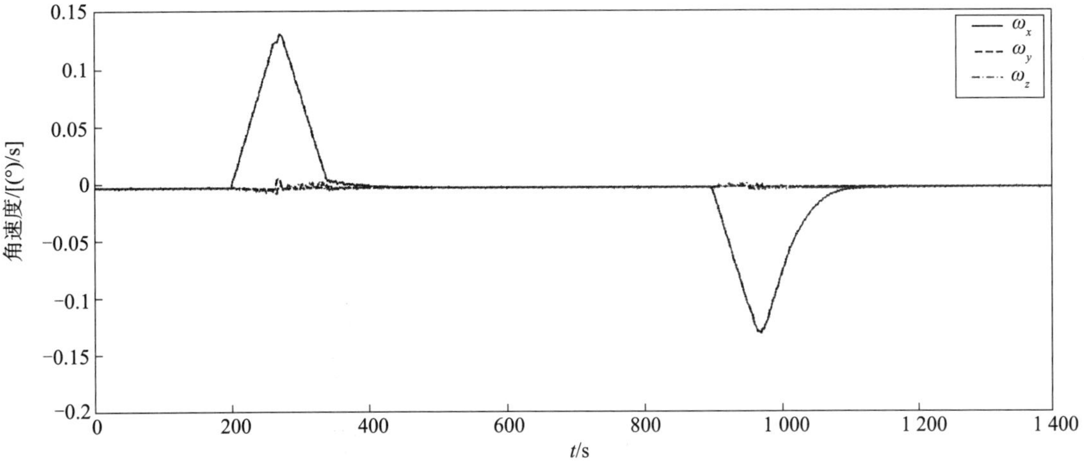

图 5.6－2　基于特征建模的角动量交换姿态机动控制仿真曲线（角速度，见彩插）

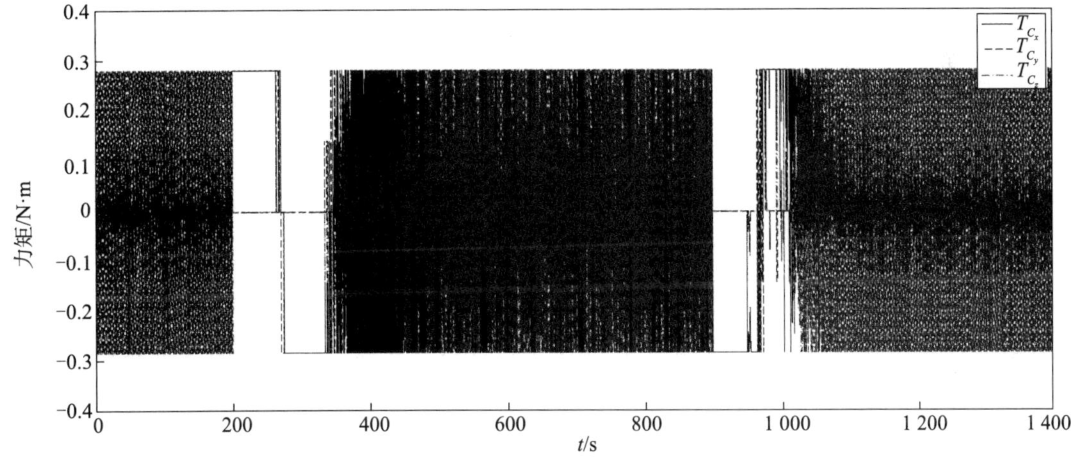

图 5.6－3　基于特征建模的角动量交换姿态机动控制仿真曲线（控制力矩，见彩插）

务。目前工程上最常用的做法是：一种控制结构、两套控制参数。这种做法的缺点是：在参数切换过程中姿态不够平稳；大角度姿态机动需要配合机动规划来实施，且机动前后往往存在较大的姿态超调。

针对上述不足，我们提出了一种兼顾机动性能与稳态性能的姿态控制新方法。这种控制方法在大角度姿态机动时无须额外的机动路径规划，可以直接用目标姿态进行控制，并且在不延长机动时间的前提下有效确保姿态的平稳性。

该方法的主要设计思路是：设计可动态切换的两套控制律，由调度逻辑进行自动切换；设计离散型非线性跟踪微分器在线安排过渡过程，以解决快速性与超调之间的矛盾；设计单神经元分流模型环节，利用其控制增益的在线自动调整能力实现对姿态误差信号进一步快速平滑，从而达到压缩过渡过程时间的同时减小姿态超调量的目标。控制原理如图 5.6－4 所示。

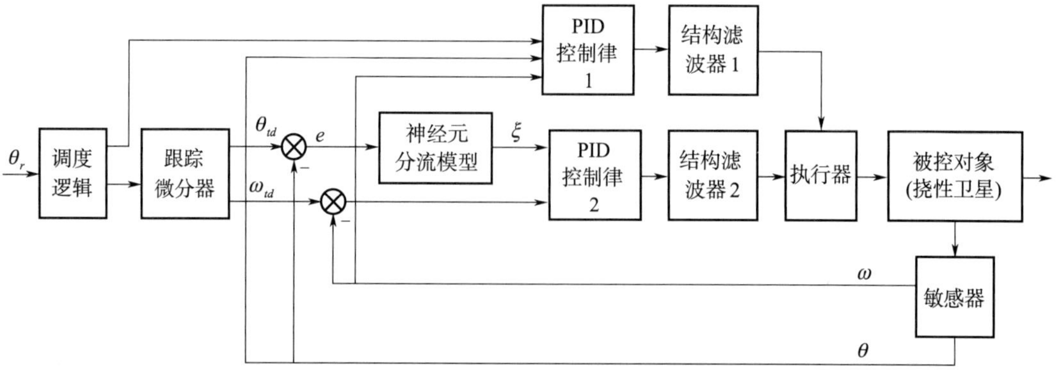

图 5.6-4 兼顾机动性能与稳态性能的姿态控制框图

设计要点阐述如下：

1）控制器的主体由两套结构相同、参数不同的“PID 控制律＋结构滤波器”组成。

两套控制器（分别记为控制器 1 和控制器 2）结构相同，都采用 PID 控制律＋结构滤波器的形式。但两套控制器的具体参数不同。控制器 1 用于执行常规的姿态调节控制任务，按照低带宽的原则进行参数设计。控制器 2 用于执行姿态机动控制任务，按照高带宽的原则进行参数设计。控制器的具体设计参见第 4 章，不再赘述。

2）设计调度逻辑，对两套控制器进行在线切换。

当执行常规的姿态调节控制时，采用控制器 1；当执行姿态机动控制时，采用控制器 2。

3）在控制器 2 前设计跟踪微分器和单神经元分流模型两个环节，以压缩过渡过程并减小超调量。其中，跟踪微分器用于在线安排过渡过程，以解决快速性与超调之间的矛盾。单神经元分流模型环节用于对姿态误差信号进一步快速平滑。

跟踪微分器本质上是一个最速控制综合函数，可以给出比较理想的过渡过程，用以解决控制过程中系统快速性与超调之间的矛盾。具体设计见 4.7 节。

尽管跟踪微分器给出的预设姿态是平滑的，但反馈的输出信号仍然可能有较大波动并可能激发挠性模态的振动，为此设计单神经元分流模型环节，用于对姿态误差信号进一步快速平滑。

神经元分流模型是一种简化的生物神经元动力学模型[46]，具有结构简单、计算量小、模型稳定、输出光滑且有界、增益自调整等特点，将其引入姿态误差信号的自适应平滑处理中是很合适的。其原理可归纳为

$$e(k)=\theta_{td}(k)-\theta(k) \tag{5.6-4}$$

$$\xi(k+1)=\xi(k)+h\{-A\xi(k)+[B-\xi(k)]S_e(e(k))-[D+\xi(k)]S_i(e(k))\} \tag{5.6-5}$$

式中 A ——衰减率；

B , D ——输出信号的上下界；

S_e , S_i ——兴奋和抑制输入，其计算公式为

$$S_e(e)=\max\{e,0\},\quad S_i(e)=\max\{-e,0\} \tag{5.6-6}$$

5.7　角动量管理

由于外部扰动力矩的作用，卫星系统的角动量会逐渐累积。而动量交换装置的一个缺点是不能卸载系统累积的角动量。根据欧拉角动量方程，作用在星体上的任何外部扰动力矩增大都会增大整个卫星系统的角动量。当没有主动姿态控制时，卫星角动量逐渐累积并产生角速度，从而改变卫星姿态。但是，用动量轮来保持卫星姿态时，星体累积的角动量就会转移到动量轮上。在周期性外部扰动力矩的作用下，动量轮储存的角动量也是周期性的，只要其不超过动量轮的角动量饱和极限，就不会出现控制问题。但是，在常值外部扰动力矩的作用下，动量轮的角动量会一直增加并最终饱和，且不能提供所需的反作用力矩。必须从动量交换装置上去除积累过多的角动量，这一过程叫作**角动量卸载**。

因此，对于轮控卫星，动量卸载是控制系统必不可少的组成部分。目前，对地指向三轴稳定的轮控卫星主要有两种卸载方式：**磁卸载**和**喷气卸载**。磁卸载是利用通电的磁力矩器和地磁场的作用产生力矩，因其值小，可以实现连续的动量卸载而不影响姿态稳定性能，且只消耗电能而不消耗推进剂。磁卸载是一种性能优良的卸载方式，在低轨轮控卫星上普遍采用，部分中轨卫星也有应用。然而，磁力矩很小同时也是该方式的局限所在，当其所能产生的磁力矩不能超过外扰力矩时，就必须考虑别的卸载方式。磁力矩大小主要取决于轨道处的地磁强度和磁力矩器所能产生的磁矩的大小，因受结构、功耗、星上剩磁要求等约束，磁力矩器磁矩受限。当卫星处于地球静止轨道等地磁场很弱的高轨道，或者因卫星特殊构型等因素导致外扰力矩特别大时，就会出现磁卸载方案不足以克服外扰力矩的问题，而必须考虑喷气卸载角动量管理等方案。

在长寿命三轴姿态稳定的轮控卫星上，为了满足轨道控制和应急控制等需求，喷气推力器一般也是标准配置，因此喷气卸载的设备条件是具备的。但是喷气控制力矩较大，在推力器工作期间，卫星姿态稳定性一般不能满足正常任务要求，因此喷气卸载只能间歇式地使用，其使用期间，卫星正常业务暂时中断。目前，低轨对地三轴稳定的轮控卫星一般采用喷气卸载作为磁卸载的备份和保护，在磁卸载出现故障时进行替换，或在飞轮组角动量超出设定的标称值一定范围时采用喷气卸载进行保护；静止轨道对地三轴稳定的轮控卫星普遍采用喷气卸载。它们共同的技术特点是，在飞轮组角动量超出设定的标称值一定范围时，采用喷气卸载，控制飞轮组角动量回到设定的标称值，然后切换回正常轮控；其中，标称值设定的原则一般为合成角动量接近零或在 $-Y$ 轴偏置预定值，超差判断一般依据任一飞轮转速接近饱和或接近零速（高稳定卫星一般避免飞轮转速过零，因为过零时存在控制死区和静摩擦反向的问题，从而影响控制精度）。

由于喷气卸载会中断卫星正常业务运行，通常对相邻两次喷气卸载的时间间隔有要求，我们称为任务允许卸载周期。在卫星受到的外扰力矩较小时，任务允许卸载周期内积累的角动量远小于飞轮组可调节的角动量容量，上述喷气卸载方案虽非最优，却也简单有效；但是，在卫星受到相当大的外扰力矩时，任务允许卸载周期内积累的角动量接近飞轮组可调节的角动量容量，该方案的缺陷变得突出，甚至不能满足任务要求。根据任务需求，高轨卫星需要设计一种节省推进剂且非卸载周期内发生飞轮组重新构型时不需喷气控制的冗余飞轮组动量自主管理方法。图 5.7－1 给出了一种零动量自主管理方法的基本工作流程[47]。

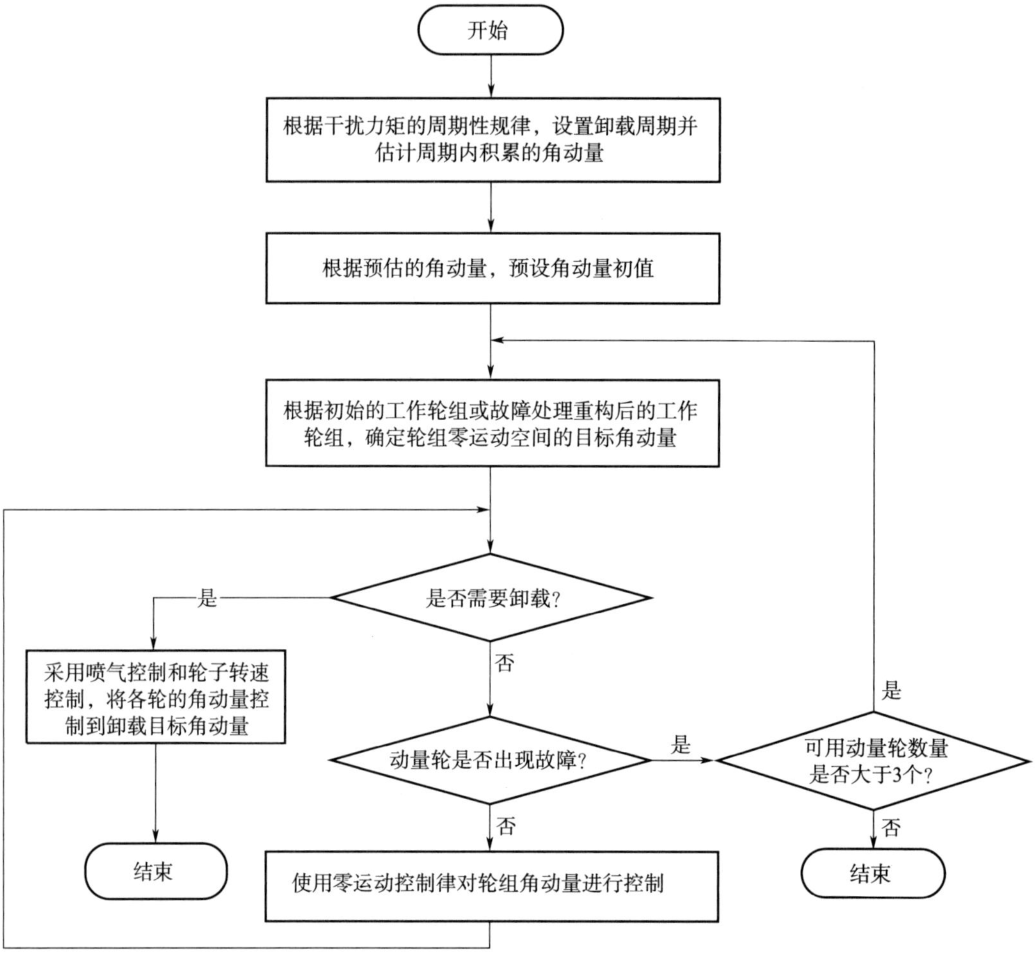

图 5.7－1 零动量自主管理方法的基本工作流程

利用三轴稳定卫星外扰力矩的周期性规律设置卸载周期 T，并估计卸载周期内外扰力矩积累的角动量 $\boldsymbol{H}_I(T)$，从而设计动量轮组的合成角动量 $\boldsymbol{H}_0$。随后，根据初始的工作轮组或故障处理重构后的工作轮组，确定工作轮组角动量目标值 $\boldsymbol{h}(t)$、工作轮组零运动空间的目标角动量 $\boldsymbol{h}_Z$ 和卸载目标角动量 $\boldsymbol{h}(0)$。在卸载时刻，采用喷气控制和轮子转速控制将工作轮组的角动量控制到卸载目标角动量；在非卸载时刻，根据零运动控制律对飞轮进行控制，将工作轮组角动量控制至所述工作轮组角动量目标值。

零运动控制律的公式为

$$\boldsymbol{T}_Z = -k\boldsymbol{MK}(\boldsymbol{Mh}_m - \boldsymbol{h}_Z)$$

式中　$\boldsymbol{T}_Z$ ——零运动控制力矩；

$\boldsymbol{M}$——$\boldsymbol{M}=\boldsymbol{I}-\boldsymbol{DC}$，$\boldsymbol{I}$ 是 $n\times n$ 的单位矩阵，n 为工作轮组的个数；

$\boldsymbol{h}_m$ ——测量的工作轮组角动量向量；

$\boldsymbol{K}$ ——时变正定矩阵；

k ——大于零的时变标量。

(1) $\boldsymbol{K}$ 的确定方法

令 $\Delta\boldsymbol{Hw}=\boldsymbol{Mh}_m-\boldsymbol{h}_Z$，$\Delta\boldsymbol{Hw}=[\Delta Hw_1 \quad \cdots \quad \Delta Hw_n]^{\mathrm{T}}$，$\Delta Hw_{\max}$ 为 $\Delta\boldsymbol{Hw}$ 中的绝对值最大值，令 $\boldsymbol{K}$ 为 $n\times n$ 对角阵，表示为 $\boldsymbol{K}=\begin{bmatrix} k_1 & & 0 \\ & \cdots & \\ 0 & & k_n \end{bmatrix}$。如果 $\Delta Hw_j(j=1, 2, \cdots, n)$ 的绝对值小于 2，则 $k_j=0.01$，否则，$k_j=\dfrac{0.02\cdot \mathrm{sgn}(\Delta Hw_j)}{\Delta Hw_j}$。

(2) k 的确定方法

令 $\boldsymbol{T}_{Tmp}=\boldsymbol{MK}(\boldsymbol{Mh}_m-\boldsymbol{h}_Z)$，$\boldsymbol{T}_{Tmp}=[T_{Tmp\_1} \quad \cdots \quad T_{Tmp\_n}]^{\mathrm{T}}$，$T_{Tmp\_\max}$ 为向量 $\boldsymbol{T}_{Tmp}$ 中的绝对值最大值。如果 $T_{Tmp\_\max}>0.02$，则 $k=\dfrac{0.02}{T_{Tmp\_\max}}$；如果 $\Delta Hw_{\max}>1$ 且 $T_{Tmp\_\max}\leqslant 0.001$，则 $k=5.0$；如果 $\Delta Hw_{\max}>1$ 且 $0.001<T_{Tmp\_\max}<0.01$，则 $k=\dfrac{0.01}{T_{Tmp\_\max}}$；否则，$k=1.0$。

该方法利用了外扰力矩呈现周期性的特点设置卸载周期，喷气卸载的角动量只包括在惯性系积累的角动量而不包括交变的角动量，因此没有造成推进剂的额外消耗；通过估计卸载周期内外扰力矩积累量，负偏置设置冗余轮组的合成目标标称值，可以减小整个卸载周期内轮组合成角动量的幅度；在零运动空间按照各轮转速尽量均匀、卸载周期内各轮转速不饱和不过零的原则，设置轮组零运动空间的目标角动量；这种措施优化了角动量卸载的方向，提高了轮组吸收外扰积累角动量的能力，从而减少喷气控制的频度。这种采用轮组零运动空间目标角动量设置方法和连续的零运动控制，使得系统具有飞轮组重新构型时无须喷气控制、维持轮控的能力。

考虑太阳光压干扰、重力梯度干扰，对典型高轨卫星在轨角动量卸载情况进行仿真，采用 4 个动量轮 MW1，MW2，MW4，MW5 作为执行机构，初始角动量分别为 −50.00 N·m·s、50.0 N·m·s、−50.0 N·m·s、50.0 N·m·s。每天判断是否卸载，若满足卸载条件，进行一次角动量卸载，仿真曲线如图 5.7-2～图 5.7-5 所示。由仿真曲线可以看出：卫星分别在 86 400 s、172 800 s、259 200 s 进行了 3 次角动量卸载，期间 4 个动量角动量包络满足要求。

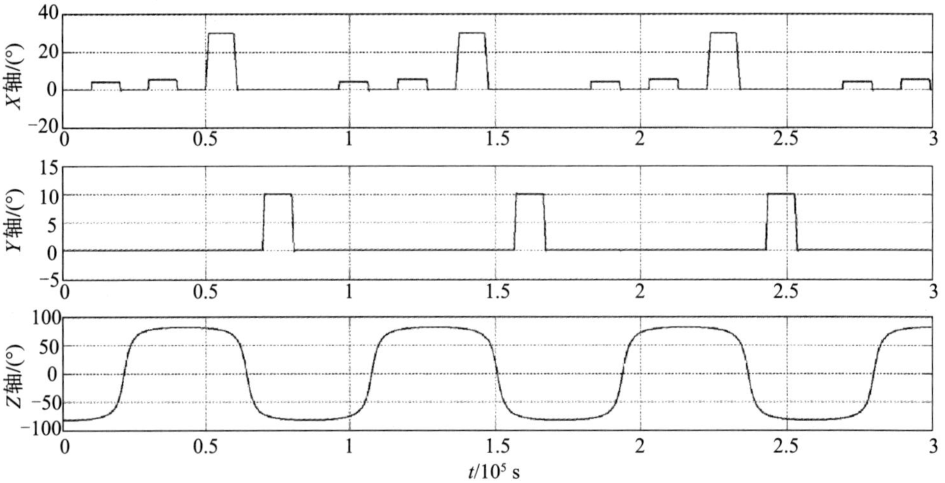

图 5.7－2　卫星动力学姿态仿真曲线

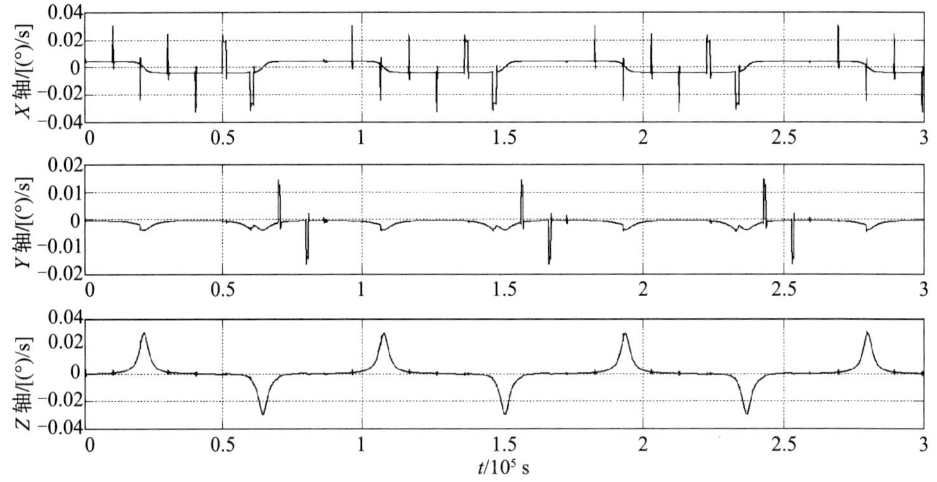

图 5.7－3　卫星动力学姿态角速度仿真曲线

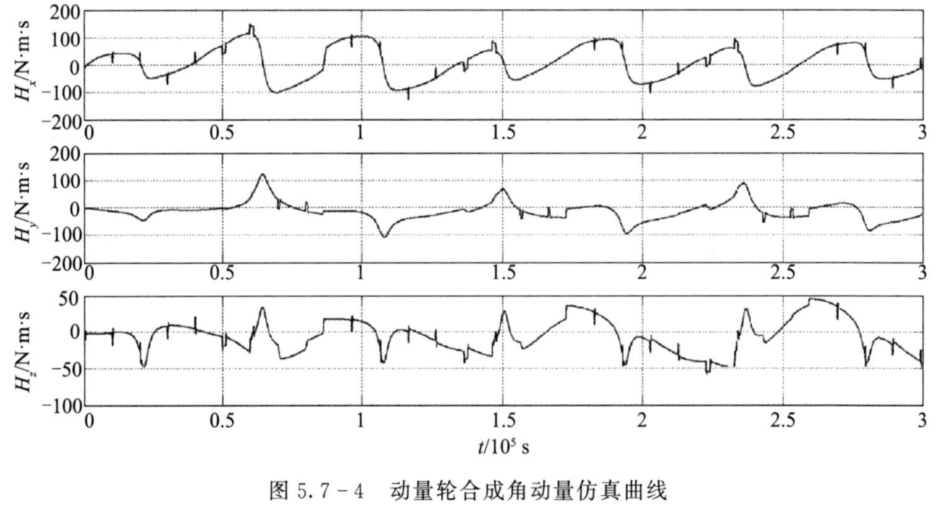

图 5.7－4　动量轮合成角动量仿真曲线

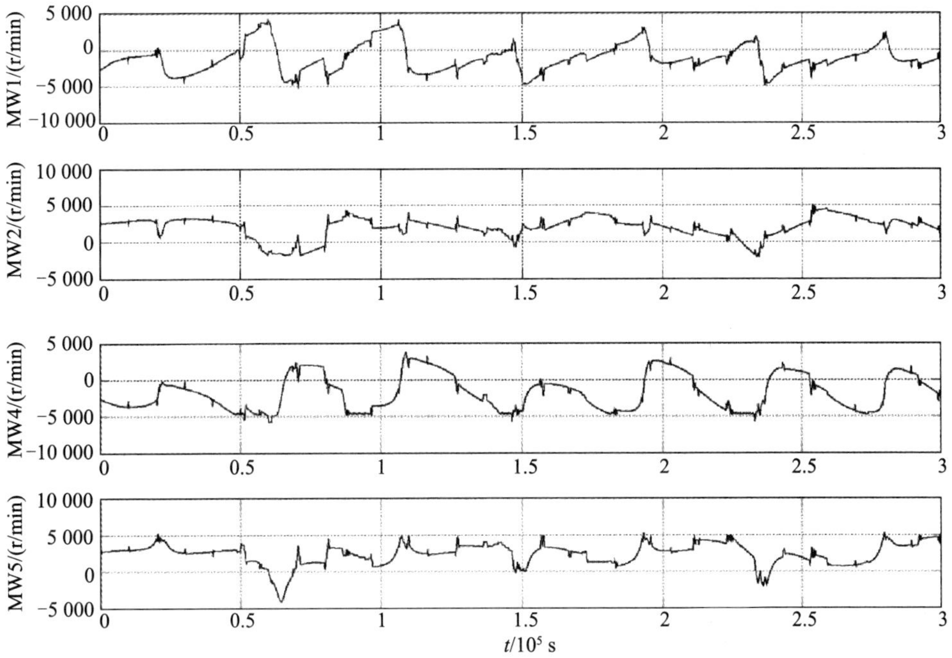

图 5.7－5　动量轮转速仿真曲线

5.8　在轨估计与辨识

状态估计与**系统辨识**是控制领域中的重要分支，其主要任务是根据系统输入输出数据来确定系统结构模型、给出系统参数或状态量的估计值。卫星控制系统的设计中也大量涉及状态估计和系统辨识相关的内容。在状态估计与系统辨识领域，经典方法已经成熟，各种现代方法也层出不穷；**开环辨识**、**离线估计**方面的技术已经比较成熟。但是，在**闭环系统在线强实时估计与辨识**方面，仍然有不少问题有待深入研究，相关技术在航天器上的应用也有待加强。本节将针对卫星控制系统在轨实时估计与辨识相关的一些具体问题进行探讨。内容涉及动量轮摩擦力矩在线估计、太阳光压力矩在线估计、挠性模态在线辨识与抑制等，重点关注方法的工程实用性。本节内容是作者近年来研究成果的总结和提炼[48]。

5.8.1　动量轮摩擦力矩在线估计

动量轮的摩擦力矩估计是实现高精度姿态控制的前提。动量轮摩擦力矩的获取通常有以下 3 种方法：理论分析方法、试验分析方法、间接估计方法。动量轮的摩擦机理十分复杂，理论分析结果有的与试验结果符合得很好，有的则与试验数据出入很大，只能作为参考；试验分析方法主要用于离线场合，在线使用风险和代价往往较大；间接估计方法属于软件式测量方法，不需要增加额外的硬件设备，因而在轨获得了广泛应用。但是，由于转速采集存在时延和误差（尤其是低转速时），常规估计方法存在较大弊端。为此，我们提出一种动量轮摩擦力矩高精度自适应在线估计方法，既克服了直接利用原始转速信息进行差分求导的弊端，又避免了额外引入动量轮控制电压或电流信息的困难，有效提高了摩擦力矩测量的准确性，尤其适用于大转速范围条件下的动量轮摩擦力矩测量。

主要设计思路：以动量轮转速为输入，同时构造**灰色预测算法**与**零阶观测器**，对下一时刻的动量轮摩擦力矩进行预测；灰色预测算法与零阶观测器的输出根据动量轮的当前转速进行**自适应加权**；在灰色预测模型的计算过程中，利用转速均方差**自动调整预测步长**。基本原理如图 5.8-1 所示。

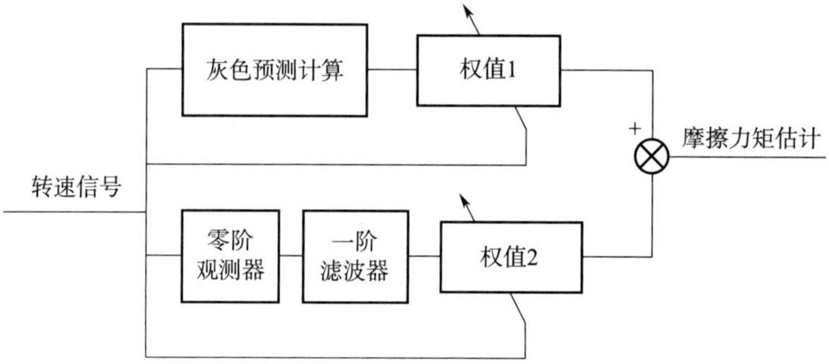

图 5.8-1 动量轮摩擦力矩在线自适应估计方法

设计要点阐述如下：

1）利用当前时刻的动量轮转速，以及过去一段时间内的历史测量值，计算当前时刻的转速均方差，根据该均方差和上一时刻计算的平均相对建模误差的大小自动调整建模数据长度。

转速均方差计算公式为

$$\sigma_k=\sqrt{\frac{1}{N}\sum_{j=k-N+1}^{k}(\omega_j-\overline{\omega}_k)^2} \tag{5.8-1}$$

式中 $\overline{\omega}_k$ ——转速测量值序列均值。

用下述公式调整建模数据长度 N

$$N\Leftarrow N+\mathrm{int}\left[c\,\frac{2\sigma_k-\sigma_{\max}}{\sigma_{\max}}+(1-c)\,\frac{2\Delta_{k-1}-\Delta_{\max}}{\Delta_{\max}}\right]N_d \tag{5.8-2}$$

式中 N_d ——调整量基值；

c ——加权系数；

Δ_{k-1} ——上一时刻的平均相对建模误差；

$\Delta_{\max}$ ——平均相对建模误差序列中的最大值，计算公式为

$$\Delta_k=\frac{1}{N}\sum_{j=k-N+1}^{k}\frac{|\hat{\omega}_j-\omega_j|}{\omega_j} \tag{5.8-3}$$

式（5.8-2）的原理在于：转速均方差反映了转速的平稳性，平均相对建模误差反映了建模信息量的充分性，因此在建模数据长度 N 的自动调整中，应对转速均方差和平均相对建模误差的影响做加权考虑。当转速均方差 σ_k 较小时，表明转速波动较小、平滑性

好，应减小 N 的取值；反之，当转速均方差 σ_k 较大时，表明转速波动较大、平滑性较差，应增大 N 的取值。当平均相对建模误差 Δ_k 较大时，表明建模信息量可能不够，应适当增加 N；反之，当平均相对建模误差 Δ_k 较小时，应适当减小 N。

2）根据样本长度，构建新陈代谢型离散灰色预测模型，由该模型计算得到动量轮转速的一步预测值，根据该预测值求解摩擦力矩。

3）根据步骤 1）获得的预测步长，构建零阶观测器预测值求解摩擦力矩，为削弱噪声影响，零阶观测器的输出端加入一阶滤波。

4）根据当前的动量轮转速，对步骤 2）和步骤 3）得到的当前时刻的摩擦力矩预测值进行加权并输出。

灰色预测是贫信息条件下的一种定量预测技术，在系统建模、系统预测、决策与规划等诸多场合显示了较好的实用性[49,50]。将其引入动量轮的摩擦力矩估计是合适的。设计要点简要概括如下：

1）将转速测量值序列记为 $\boldsymbol{\Omega}^{(0)} \triangleq (\omega_{k-N+1}, \cdots, \omega_k)$，计算该序列对应的一次累加生成序列 $\boldsymbol{\Omega}^{(1)} \triangleq (\omega_{k-N+1}^{(1)}, \cdots, \omega_k^{(1)})$，该序列中每个元素 $\omega_j^{(1)}$ 的计算公式为

$$\omega_j^{(1)} = \sum_{i=1}^{j} \omega_i, \quad j = k-N+1, \cdots, k \tag{5.8-4}$$

2）根据一次累加生成序列，计算均值生成序列 $Z_j^{(1)}$，计算公式为

$$Z_j^{(1)} = (Z_{k-N+1}^{(1)}, \cdots, Z_{k-1}^{(1)}) \tag{5.8-5}$$

式中

$$Z_i^{(1)} = 0.5\,\omega_i^{(1)} + 0.5\,\omega_{i+1}^{(1)}, \quad i = k-N+1, \cdots, k-1$$

3）建立和求解灰色微分方程为

$$\omega_k^{(1)} + \alpha\, Z_k^{(1)} = \beta \tag{5.8-6}$$

4）记一次累加值向量 $\boldsymbol{Y} \triangleq \begin{bmatrix} -\omega_{k-N+2}^{(1)} \\ -\omega_{k-N+3}^{(1)} \\ \vdots \\ -\omega_k^{(1)} \end{bmatrix}$，记一次累加值历史矩阵 $\boldsymbol{B} \triangleq \begin{bmatrix} -\omega_{k-N+1}^{(1)} & 1 & 1 \\ -\omega_{k-N+2}^{(1)} & 2 & 1 \\ \vdots & \vdots & \vdots \\ -\omega_{k-1}^{(1)} & N-1 & 1 \end{bmatrix}$，由以下公式计算系数向量 α 和 β

$$[\alpha \quad \beta]^{\mathrm{T}} = (\boldsymbol{B}^{\mathrm{T}}\boldsymbol{B})^{-1}\boldsymbol{B}^{\mathrm{T}}\boldsymbol{Y} \tag{5.8-7}$$

根据系数 α，β，计算灰色预测模型的 $k+1$ 时刻累加预测值为

$$\omega_{k+1}^{(1)} = \alpha Z_k^{(1)} - \beta$$

5）对 $k+1$ 时刻一次累加预测值做还原计算，得到 $k+1$ 时刻的转速预测值为

$$\hat{\omega}_{k+1} = \omega_{k+1}^{(1)} - \omega_k^{(1)} \tag{5.8-8}$$

6）根据转速预测值计算摩擦力矩预测值 $\hat{T}_{fk}$ 为

$$\hat{T}_{fk} = T_{ck} - J\,\frac{\hat{\omega}_{k+1} - \hat{\omega}_k}{\Delta t} \tag{5.8-9}$$

5.8.2　太阳光压力矩在线估计

如前所述，在姿态控制律设计以及角动量管理算法设计中，都离不开对太阳光压等干扰力矩的建模与分析。由于太阳光压力矩难以在轨实时获取，目前星上角动量管理律的设计多采用比较简单的门限比较法。如果能够在轨实时获得卫星精确的太阳光压力矩，将有助于实现卫星角动量的在轨精确管理，大幅提升卫星角动量管理的精度和自适应能力。

从国内外公开文献看，针对卫星太阳光压力矩的在线估计方法研究尚不多见，主要做法多是将太阳光压力矩表示为高阶傅里叶级数形式，然后利用频域或时域在轨辨识技术辨识出相关系数。存在的不足是，需要满足一定的**持续输入激励**条件，适用于周期性干扰力矩场合。但由于太阳活动强度的变化，周期性假设通常并不成立，脉冲响应的激励条件也过于苛刻。

针对上述不足，我们提出一种基于**模糊辨识技术**的太阳光压力矩高精度在线估计方法，可实现对太阳光压力矩的直接在线估计，且对在轨数据没有额外要求，并可以充分利用地面分析得到的先验信息，形成模糊规则，从而有效提高在线估计的精度。设计原理如图 5.8－2 所示。

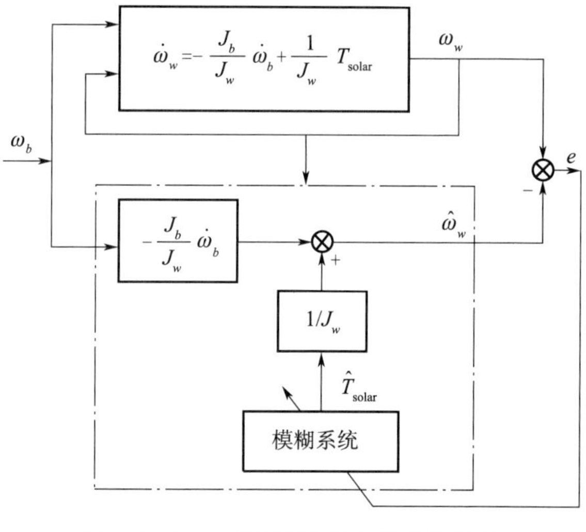

图 5.8－2　太阳光压力矩在线估计原理

设计要点阐述如下：

1）建立太阳光压力矩估计模型。

考虑各种非线性因素和扰动的影响，太阳光压力矩可表示为以下形式

$$\dot{\omega}_w = -\frac{J_b}{J_w}\dot{\omega}_b + \frac{1}{J_w}T_{solar} \tag{5.8-10}$$

式中　ω_w ——动量轮转速（系统输出）；

ω_b ——卫星本体坐标系下的加速度；

T_{solar} ——待估计的太阳光压力矩；

J_w ——动量轮的转动惯量；

J_b ——卫星的转动惯量。

2）设计基于串-并模糊模型的辨识系统，实现对太阳光压力矩 T_{solar} 的在线估计。

在并行模型的辨识系统中，辨识模型的输出要反馈回辨识模型中；而在串-并模型的辨识系统中，则将系统的输出反馈回辨识模型中。根据理论分析，串-并模型优于并行模型。

采用带有乘积推理器、单值模糊器、中心平均解模糊器和高斯型隶属度函数的模糊系统，其表达式为

$$\hat{\boldsymbol{T}}_{solar}(\boldsymbol{x})=\boldsymbol{\theta}^{T}\boldsymbol{\xi}(\boldsymbol{x})=\sum_{j=1}^{m}\frac{\theta_j\prod_{i=1}^{n}\exp\left[-\left(\frac{x_i-\overline{x}_i^j}{\sigma_i^j}\right)^2\right]}{\sum_{j=1}^{m}\left\{\prod_{i=1}^{n}\exp\left[-\left(\frac{x_i-\overline{x}_i^j}{\sigma_i^j}\right)^2\right]\right\}}\tag{5.8-11}$$

其中

$$\boldsymbol{\xi}(\boldsymbol{x})=(\xi^1(\boldsymbol{x}),\cdots,\xi^m(\boldsymbol{x}))^T,\boldsymbol{\theta}=[\theta_1,\theta_2,\cdots,\theta_m]$$

$$\xi^j(\boldsymbol{x})=\frac{\prod_{i=1}^{n}\exp\left[-\left(\frac{x_i-\overline{x}_i^j}{\sigma_i^j}\right)^2\right]}{\sum_{j=1}^{m}\left\{\prod_{i=1}^{n}\exp\left[-\left(\frac{x_i-\overline{x}_i^j}{\sigma_i^j}\right)^2\right]\right\}}$$

式中　θ_j，$\overline{x}_i^j$，σ_i^j ——在线待调参数，$1\leqslant j\leqslant m$，$1\leqslant i\leqslant n$；

m ——逻辑规则数；

n ——输入向量的维度或者个数。

3）在系统设计中，可以充分利用专家的先验知识。

利用地面分析得到的初始先验信息，设定初始参数 $\theta_j(0)$，$\overline{x}_i^j(0)$，$\sigma_i^j(0)$。如我们一再强调的，可以充分利用专家知识进行规则和参数初值设定是模糊系统的优点之一。

5.8.3　挠性模态在线辨识与抑制

如前所述，在轨飞行时挠性附件的振动将对卫星姿态控制产生不利影响，在控制器设计中必须针对挠性模态的影响进行专门设计。在轨飞行环境和地面重力环境存在很大差异，卫星的挠性模态参数在地面并不容易获得，因此，在轨实时获取挠性模态参数是很有意义的。如果卫星在轨工作时能够实时地进行模态参数在线辨识，并在此基础上自动地、有针对性地调整控制器的结构或参数，则其控制性能有望得到大幅提升。

目前针对卫星挠性模态在轨辨识的研究工作很多，但大部分的做法是将在轨数据下传后再进行辨识，涉及在线辨识的研究文献并不多。**在线辨识**的难点在于：辨识算法必须运算简单，以递推方式进行，并且不影响控制系统的闭环运行。有少数文献针对挠性模态的影响，开展了在线辨识及自适应抑制方面的研究。但这些研究存在以下不足：1）在线辨

识算法计算量偏大，或是只能给出模态频率信息，无法提供阻尼比信息；2）针对挠性振动的抑制算法，虽然具有一定的自适应能力，但调节参数偏多，需要人工试凑，智能化程度很低。

为此我们提出了一种针对卫星挠性振动的在线辨识与抑制方法。其主要思路：利用gSDFT（保稳型滑动离散傅里叶变换）算法辨识模态频率，在此基础上利用对数法计算阻尼比；基于模态频率和阻尼比设计陷波型结构滤波器来抑制模态振动，结构滤波器的关键参数由模糊系统来在线自动调整。本方法计算量不大，实用性较好，且智能化程度较高。设计原理如图 5.8-3 所示。

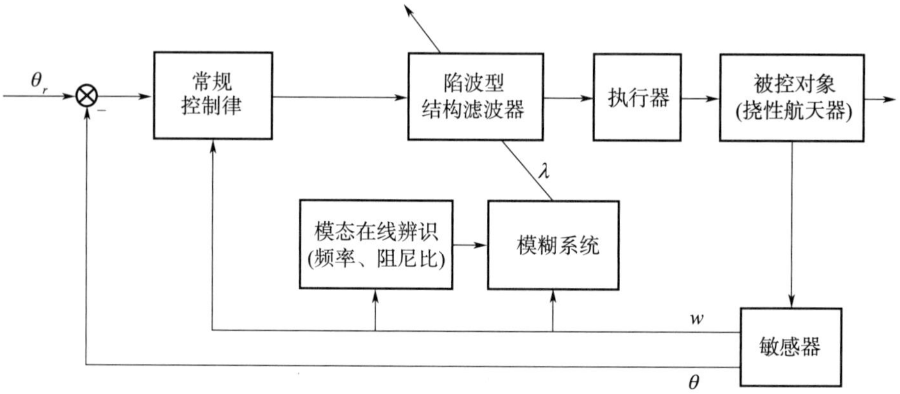

图 5.8-3　挠性模态在线辨识与抑制原理框图

下面阐述主要的设计要点：

1）选取特定事件对应的角速度测量数据，利用 gSDFT 算法辨识模态频率。

这里的特定事件是指对航天器姿态有较大影响的事件，包括太阳翼展开、大天线展开、机动重定向、姿态快速机动等。利用这些事件对应的姿态角速度数据进行在线辨识，既可获得较好的模态激励，又不影响航天器的正常控制。

根据分析比较，在各类辨识算法中，gSDFT 算法具有计算量小、精度高的优点，比较适合在线辨识[51]。限于篇幅，其算法原理不再赘述。在此，利用 gSDFT 算法在线获取挠性振动模态的频率和幅值。航天器姿态主要受挠性振动的一阶模态影响，为了确保在线计算的实时性，只考虑一阶模态。该算法模块的输入为卫星角速度测量信息序列 $w(k-N+1)$，…，$w(k-1)$，$w(k)$，输出为挠性振动模态的一阶频率（角频率）ω_0，以及变换后的幅值 $X_1(\omega_0)$，$X_2(\omega_0)$。$X_2(\omega_0)$ 相对 $X_1(\omega_0)$ 向后平移 Δt 时间。使用的数据长度（序列点数）记为 N，N 为 2 的整数幂。

2）基于辨识出来的基频数据，设计幅值对数法计算模态阻尼比。

阻尼比信息的获取有助于振动抑制算法的设计。我们利用幅值对数法来计算模态阻尼比，公式为

$$\zeta_0 = \frac{\ln|X_1(\omega_0)/X_2(\omega_0)|}{\Delta t \omega_0} \tag{5.8-12}$$

对于常规挠性航天器，通常可取 $\Delta t = (5 \sim 50)h$ 。

3）基于模态频率和阻尼比，设计陷波型结构滤波器来抑制模态振动。

结构滤波器在本书 4.3 节有详细介绍。这里采用以下形式的陷波型结构滤波器

$$G_f(s) = \frac{s^2 + 2\zeta_f \omega_f s + \omega_f^2}{s^2 + 2\lambda\zeta_f \omega_f s + \omega_f^2} \tag{5.8-13}$$

式中　ω_f ——陷阱中心频率；

$\zeta_f \ll 1$——滤波器阻尼系数；

$\lambda > 1$——陷阱宽度系数。

在工程设计中，可将陷阱中心频率取为挠性振动模态一阶频率，即 $\omega_f = \omega_0$；将滤波器阻尼系数取为（1～5）倍的系统阻尼比，即 $\zeta_f = (1 \sim 5)\zeta_0$；陷阱宽度系数 λ 由下面介绍的模糊系统进行在线自主调整。

4）设计二维模糊系统，对结构滤波器的关键参数——陷阱宽度系数进行在线自主调整。

陷阱宽度系数 λ 是结构滤波器的关键参数，对于挠性模态的抑制效果起着重要作用。陷阱宽度系数 λ 越大，表明陷阱越宽，对模态频率变动的适应性越好，但抑制精度也越差。因此，陷阱宽度系数应能适应系统特性的波动。基于上述分析，利用二维模糊系统来调整该值。

采用常规的带模糊器和解模糊器的模糊系统，其由模糊器、模糊规则库、模糊推理机、解模糊器 4 部分组成。模糊器的作用是将真值变量转换成模糊集合，解模糊器的作用是将模糊集合还原成真值变量，模糊推理机用于实现从输入域到输出域的非线性映射。这 3 部分采用模糊系统中的通用做法即可。模糊规则库是模糊系统的核心，是需要着重设计的。下面对设计方法进行说明：

模糊系统的输入变量有两个：特定事件期间的最大角速度 $w_{\max}$ 、频率偏差（辨识频率与地面装定频率数据之间的偏差）$\Delta\omega$ ；模糊系统的输出量为陷波型结构滤波器的陷阱宽度因子 λ 。

模糊规则的创建思路：若 $\Delta\omega$ 很大且 $w_{\max}$ 很大，表明模态频率不确定性很大、挠性振动影响很突出，则陷阱宽度应很大，即 λ 很大；反之，若 $\Delta\omega$ 很小且 $w_{\max}$ 很小，表明模态频率不确定性很小、挠性振动影响很小，则陷阱宽度可取得很小，即 λ 很小；若 $\Delta\omega$ 中等且 $w_{\max}$ 中等，则 λ 中等；其余情况类似分析。模糊规则的建立可以充分利用专家知识，并以直观的语言表达来描述模糊规则。模糊规则表的具体形式不再赘述。

由于参数自调整的陷波型结构滤波器可有效抑制挠性附件振动影响，这就降低了对于主控制律的设计要求。

5.9　小结

基于三轴角动量交换的姿态控制是静止轨道卫星最主要的控制方式。这种控制方式的系统设计与角动量交换装置的具体特性密切相关。考虑到动量轮在静止轨道卫星上使用的

普遍性，本章的系统设计全部以动量轮作为执行器。但是，相关原理和结论不难推广到基于控制力矩陀螺等其他角动量装置的系统中。基于三轴角动量交换的姿态控制中，偏置动量控制和零动量控制两种方式各有优缺点。对于有姿态机动需求的场合，通常采用零动量控制；对于其他场合，随着星敏感器三轴定姿方式的普及，零动量控制用得也越来越多。在实际工程中，出于寿命和可靠性方面的需要，对动量轮的工作状态通常需要施加一些约束条件，例如，动量轮的加减速不宜过于频繁，不宜长时间工作于零转速附近，不宜长时间工作于饱和力矩状态等。这就要求控制律设计时控制带宽不能过大，也就是说，需要在控制性能与可靠性之间进行折中。此外，在基于角动量交换的姿态控制领域，也不乏前沿和热门的方向。例如本章给出的基于自适应模糊、自抗扰、变结构等方法的融合控制，兼顾机动性能与稳态性能的高性能控制，在轨状态估计与参数闭环辨识等。

参考文献

[1] 范钦珊．工程力学教程（Ⅲ）[M]. 北京：高等教育出版社，1998.

[2] FORD K A. Reorientations of Flexible Spacecraft Using Momentum Exchange Devices [D]. Dayton, Ohio: The Air Force Institute of Technology, 1997.

[3] WERTZ J R, LARSON W J. Space Mission Analysis and Design (3ed) [M]. Dordrecht: Kluwer Academic Publishers, 1999.

[4] 章仁为．卫星轨道姿态动力学与控制 [M]. 北京：北京航空航天大学出版社，1998.

[5] 屠善澄．卫星姿态动力学与控制 [M]. 北京：中国宇航出版社，2001.

[6] 张云彤，等．DFH-3 太阳辐射压力力矩计算结果 [R]. 航天工业部研究报告，1994.

[7] 张树华，黄献龙，王长龙．中继卫星的偏航角估计和控制方法研究 [C]. 第 24 届中国控制会议，广州，2005.

[8] LEFFERTS E J, MARKLEY F L, SHUSTER M D. Kalman Filter for Spacecraft Attitude Estimation [J]. Journal of Guidance Control and Dynamics, 1982, 5 (5): 417-429.

[9] ANDERSEN G C, QUINN D A, et al. An Overview of the Hubble Space Telescope Pointing Control System Design and Operation [C]. AIAA Guidance, Navigation and Control Conference, Hilton Head Island, SC, 1992.

[10] 黎康，乔国栋，刘新彦．高分四号卫星控制方案设计特点及在轨实现 [J]. 空间控制技术与应用，2016, 42 (2): 1-8.

[11] 雷拥军，袁利．轮系航天器的角动量包络分析及角动量管理 [J]. 中国空间科学技术，2017, 37 (6): 1-9.

[12] 黄圳圭．航天器姿态动力学 [M]. 长沙：国防科技大学出版社，1997.

[13] 吴宏鑫．工程实际中的控制理论和方法的研究与展望 [J]. 控制理论与应用，2014, 31 (12): 1627-1633.

[14] 韩京清．自抗扰控制技术：估计补偿不确定因素的控制技术 [M]. 北京：国防工业出版社，2008.

[15] 赵志良．自抗扰控制设计与理论分析 [M]. 北京：科学出版社，2019.

[16] XIA Y Q, FU M Y. Compound Control Methodology for Flight Vehicles [M]. Berlin: Springer-Verlag, 2013.

[17] 韩京清．自抗扰控制器及其应用 [J]. 控制与决策，1998, 13 (1): 19-23.

[18] 黄一，薛文超．自抗扰控制：思想、应用及理论分析 [J]. 系统科学与数学，2012, 32 (10): 1287-1307.

[19] GUO B Z, ZHAO Z L. Active Disturbance Rejection Control: Theoretical Perspectives [J]. Communications in Information & Systems, 2015, 15 (3): 361-421.

[20] ZHAO Z L, GUO B Z. On Convergence of Nonlinear Active Disturbance Rejection Control for a Class of Nonlinear Systems [J]. Journal of Dynamical & Control Systems, 2016, 22 (2): 385-412.

[21] ZHU Z, XIA Y Q, FU M Y, et al. Attitude Tracking of Rigid Spacecraft Based on Extended State

Observer [C]. International Symposium on Systems & Control in Aeronautics & Astronautics, Harbin, PRC, 2010.

[22] ZHANG H H, WANG Z G. Attitude Control and Sloshing Suppression for Liquid - Filled Spacecraft in the Presence of Sinusoidal Disturbance [J]. Journal of Sound and Vibration, 2016 (383): 64 - 75.

[23] 朱承元，杨涤，杨旭．大挠性多体卫星的自抗扰姿态控制系统设计 [J]. 航天控制，2004，22 (6)：25 - 31.

[24] 王佐伟，刘一武．带有大型挠性附件卫星的姿态控制技术 [C]. 中国宇航学会首届学术年会，广西北海，2005.

[25] TADIKONDA S S. Articulated Flexible Multibody Dynamics Modeling: Geostationary Operational Environmental Satellite - 8 Case Study [J]. Journal of Guidance Control and Dynamics, 1997, 20 (2): 276 - 283.

[26] SINGH S, ZHANG R. Adaptive Output Feedback Control of Spacecraft with Flexible Appendages by Modeling Error Compensation [J]. Acta Astronautica, 2004, 54 (4): 229 - 243.

[27] SU J P, CHEN T M, WANG C C. Adaptive Fuzzy Slide Mode Control with GA - Based Reaching Laws [J]. Fuzzy Sets and Systems, 2001 (120): 145 - 158.

[28] 张天平，冯纯伯．一类非线性系统的自适应模糊滑模控制 [J]. 自动化学报，1997，23 (3)：361 - 369.

[29] LI S H, LIU Z G. Adaptive Speed Control for Permanent - Magnet Synchronous Motor System with Variations [J]. IEEE Trans. Industrial Electronics, 2009, 56 (8): 3050 - 3059.

[30] DING F G, ZHANG T, WANG C L. Trajectory Tracking Control of Air Cushion Vessel Based on Sliding Mode Control [C]. 35th Chinese Control Conference, Chengdu, PRC, 2016.

[31] WANG Z W, GUO J X, HE Y Z. Spacecraft Attitude Control Based on Extended State Observer and Fuzzy Logic System [C]. 2009 IEEE International Conference on Mechatronics and Automation, Changchun, PRC, 2009.

[32] 王佐伟，刘一武．基于自适应模糊逻辑和干扰补偿的航天器姿态控制 [C]. 第 25 届中国控制会议，哈尔滨，2006.

[33] 王佐伟，刘一武．基于干扰补偿的航天器直接自适应模糊控制 [J]. 航天控制，2007，25 (106)：21 - 25.

[34] WANG L X. A Course in Fuzzy Systems and Control [M]. Englewood Cliffs, NJ: Prentice Hall, 1997.

[35] WANG L X. Stable Adaptive Fuzzy Control of Nonlinear Systems [J]. IEEE Trans. on Fuzzy Systems, 1993, 1 (2): 146 - 155.

[36] 佟绍成．非线性系统的自适应模糊控制 [M]. 北京：科学出版社，2006.

[37] YOO B, HAM W. Adaptive Fuzzy Sliding Mode Control of Nonlinear System [J]. IEEE Trans. Fuzzy Systems, 1998, 6 (2): 315 - 321.

[38] LI S Y, XI Y G. Adaptive Fuzzy Sliding Mode Control for a Class of Uncertain Dynamic Systems [C]. The 3rd World Congress on Intelligent Control & Automation, Hefei, PRC, 2000.

[39] WANG J, RAD A B, CHAN P T. Indirect Adaptive Fuzzy Slidingmode Control: Part Ⅰ: Fuzzy Switching [J]. Fuzzy Sets & Sytems, 2001 (122): 21 - 30.

[40] WANG J, RAD A B, CHAN P T. Indirect Adaptive Fuzzy Slidingmode Control: Part Ⅱ: Parameter Projection and Supervisory Control [J]. Fuzzy Sets & Sytems, 2001 (122): 31-43.
[41] LIN W S, CHEN C S. Robust Adaptive Sliding Mode Control Using Fuzzy Modeling for a Class of Uncertain MIMO Nonlinear Systems [J]. IEE Proc. Control Theory Appl., 2002, 149 (3): 193-201.
[42] GUO Y Z, WOO P Y. An Adaptive Sliding Mode Controller for Robotic Manipulators [J]. IEEE Trans. Syetems, Man and Cybernetics—Part A: Systems& Humans, 2003, 33 (2): 149-159.
[43] WAI R J, LIN C M, HSU C F. Adaptive Fuzzy Sliding - Mode Control for Electrical Servo Drive [J]. Fuzzy Sets & Sytems, 2004 (143): 295-310.
[44] HO H F, WONG Y K, RAD A B. Adaptive Fuzzy Sliding Mode Control with Chattering Elimination for Nonlinear SISO Systems [J]. Simulation Modelling Practice and Theory, 2009 (17): 1199-1210.
[45] 雷拥军，谈树萍，刘一武．一种航天器姿态快速机动及稳定控制方法 [J]. 中国空间科学技术，2010 (5): 48-53.
[46] YANG S X, MENG M. Neural Network Approaches to Dynamic Collision - Free Trajectory Generation [J]. IEEE Transactions on Systems Man and Cybernetics - Part B, 2001, 31 (3): 302-318.
[47] 刘一武，陈守磊，汤亮，等．一种冗余飞轮组角动量自主管理方法 [P]. CN103274058B, 2015-05-27.
[48] 王佐伟，杨帆，蔡君亮，等．一种动量轮低转速贫信息条件下的力矩测量方法 [P]. CN104062054B, 2016-08-24.
[49] LIU S F, FORREST J, YANG Y J. A Brief Introduction to Grey Systems Theory [J]. Grey Systems Theory and Application, 2012, 2 (2): 89-104.
[50] 刘思峰，杨英杰，吴利丰，等．灰色系统理论及其应用 [M]. 7 版．北京：科学出版社，2014.
[51] PARK C S. Fast Accurate and Guaranteed Stable Sliding Discrete Fourier Transform [J]. IEEE Signal Processing Magzine, 2015 (7): 145-156.

第 6 章　静止轨道卫星轨道动力学

6.1　概述

卫星轨道动力学主要研究卫星在重力场和其他外力作用下的质点动力学问题。轨道动力学的经典内容已经较为成熟，国内外的多本著作都值得参考，如文献［1－9］；近些年来，相对轨道动力学、编队飞行轨道动力学等内容也获得了广泛而深入的研究[10-14]。本章将面向工程应用，有针对性地介绍轨道动力学的基本概念、原理和要点，尤其是与静止轨道特性密切相关的内容。

本章以静止轨道航天器为对象，首先介绍时空参考系统，在一定的参考系中体现航天器的空间位置和运动速度及其与观测者之间的相对几何关系。然后讨论将地球看成一个质量密度分布均匀的球体，对绕其运行的航天器的引力作用可等效于一个质点，于是就构成了一个简单的二体系统，给出二体问题导出的轨道根数和动力学模型。然后再研究静止轨道航天器在各种摄动力因素作用下的运动规律，介绍对受摄运动的处理方法。接下来，针对静止轨道航天器轨道控制，介绍轨道控制动力学模型，包括脉冲推力及连续推力两种情况。最后，推导适用于静止轨道的相对轨道动力学模型，可用于近程相对运动、共位运动分析等场景中。

6.2　时间系统与空间坐标系

时间是描述物体运动状态变化的重要刻度。地球的自转作为最基本的自然现象之一，很早便作为时间基准。但地球的自转具有不均匀性和极移，对应的时间系统模型中需要加以考虑。后来又建立了以地球公转为基准、以原子振荡为基准的时间系统，逐渐形成了目前广泛使用的稳定、精确的时空体系。本节介绍常用的时间系统、地球运动模型、地球静止轨道卫星常用坐标系及其转换算法。

6.2.1　时间系统

6.2.1.1　恒星时

恒星时是以春分点的周日视运动确定的计时系统。春分点相对观测地当地子午圈的时角称为该地的**地方恒星时**，与真春分点对应的恒星时称为**真恒星时**，与平春分点对应的恒星时称为**平恒星时**。

春分点连续通过某观测地当地子午圈的时间间隔为一个恒星日。一个恒星日分为 24

个恒星小时，后面会看到，这里的恒星小时长度略短于通常所说的小时长度。

6.2.1.2　真太阳时

真太阳时以真太阳的时角来计量，真太阳中心连续两次到达同一子午圈的间隔称为一个真太阳日，一个真太阳日分为 24 真太阳小时。由于通常习惯的计时起点是子夜，真太阳时在数值上等于真太阳相对观测地当地子午圈的时角（对应正午的真太阳时）加上半个真太阳日，即 12 个真太阳小时。

6.2.1.3　世界时与儒略日

由于地球公转的不均匀以及赤道和黄道不重合，真太阳日的长短不相等，需要建立一个和真太阳时比较接近的均匀的平太阳时系统。为此，定义虚拟的平太阳，该点沿平赤道均匀运动，并且与黄道面内的平均太阳视位置同时通过春分点。以平太阳作为太阳位置基准，采用与真太阳时相同的方法定义平太阳时。

格林尼治平太阳时称为**世界时**，用 UT 表示，它等于格林尼治平太阳时角加上 12 h。

基于世界时系统，定义了**儒略日**（JD）。儒略日是以公元前 4713 年 1 月 1 日世界时 12 h 为起点的积累日数。而**简化儒略日**（MJD）是改变了计时起点的儒略日，减少了累计数，并符合通常从 0 h 开始计时的习惯。

简化儒略日的起算点为 1858 年 11 月 17 日世界时 0 h。简化儒略日的起算点和平太阳日的起算点一致，均为子夜。设年、月、日、时、分、秒分别为 Y，M，D，h，m，s，则儒略日的计算公式为（这里“[　]”表示取整数部分）

$$\begin{aligned} J = D - 32\,075 + [1\,461 \times (Y + 4\,800 + [(M-14)/12])/4] + \\ 367 \times [(M - 2 - [(M-14)/12] \times 12)/12] - \\ 3 \times [(Y + 4\,900 + [[(M-14)/12]/100])/4] \end{aligned} \tag{6.2-1a}$$

$$JD = J - 0.5 + \frac{h}{24} + \frac{m}{1\,440} + \frac{s}{86\,400} \tag{6.2-1b}$$

$$MJD = JD - 2\,400\,000.5 \tag{6.2-1c}$$

6.2.1.4　世界时与原子时

在天文学中，天体的星历是根据天体力学理论建立的运动方程而编算的。其中，所采用的独立变量是时间参数 T，这个数学变量 T 便被定义为动力学时，动力学时是均匀的。相对地球质心的运动方程所采用的时间参数称为**地球动力学时**（TDT），1991 年以后称为**地球时**（TT）。地球时适用于各种地心坐标系，包括地心天球坐标系和地固系。

原子时（AT）利用特定元素的原子核外电子跃迁电磁波频率作为计时基准，具有比地球自转高得多的稳定性。1976 年第 16 届国际天文学联合会决议，自 1984 年起，天文和历法计算都以原子时为基础，称为**国际原子时**（TAI）。地球时的秒长与原子时一致。

由于地球自转长期变化的影响，世界时有长期变慢的趋势，相同时刻世界时计时数值将日益落后于原子时。在计时秒长采用原子时秒长的情况下，为了避免原子时与世界时在数值上相差太多，采取定期跳秒的方式，每次调整 1 s，得到基于原子时秒长，且与世界时偏离不超过 0.9 s 的计时，即**协调世界时**，简称 UTC。

(1) UTC 到动力学时（TDT）的转换

地球时与原子时的差为固定的 32.184 s，而原子时与协调世界时的差为跳秒。时间的转化公式为

$$\text{TDT} = \text{TAI} + 32.184\ \text{s} \tag{6.2-2a}$$

$$\text{TAI} = \text{UTC} + \text{跳秒数} \tag{6.2-2b}$$

(2) UTC 到 UT1 的转换

根据天文观测直接测定的协调世界时加上极移改正后记为 UT1，UT1 反映地球自转，在计算格林尼治恒星时的时候使用。

$$\text{UT1} = \text{UTC} + \text{dUT1}$$

UTC 与 UT1 的差 dUT1 可以由 IERS 公报给出，使用时采用线性内插求出某特定时刻的差。国际地球自转服务组织（IERS）公报的网址为：http：//www.iers.org。

6.2.2　地球运动模型

6.2.2.1　*岁差*

由于日、月对地球非球形部分的引力作用，使地球像陀螺那样，自转轴在空间摆动，反映在天球上即天极的运动，它使北天极绕北黄极沿半径为黄赤交角 ε 的小圆顺时针（从天球以外看）旋转，周期约为 25 800 年。但实际的天极运动轨道并不是简单的小圆，还附有小幅振动。因此，通常将实际的天极运动分解为两种运动：一个是假想的天极绕黄极的小圆运动，这个假想的天极叫作平天极；另一个运动是真天极绕平极的运动。平极的运动叫作**日、月岁差**，相应表现为平春分点西退。而真极绕平极的运动叫作章动，章动是由很多不同周期运动合成的，若忽略掉短周期的微小运动，则真极绕平极做顺时针的椭圆运动，周期为 18.6 年。

此外，由于行星对地球绕日公转运动的摄动，黄道平面也有一种缓慢的变化，从而引起黄极的运动，这种现象称为**行星岁差**，它比日、月岁差小得多。

真春分点是指随岁差和章动移动的春分点，**平春分点**则只随岁差移动。若以平赤道和平春分点分别作为基本圈和基本点，这样的赤道坐标系叫作**平赤道坐标系**。岁差和章动量的计算都已采用标准历元 J2000，并以儒略世纪为单位。

记 $(\boldsymbol{PR})$ 为岁差矩阵，$\boldsymbol{R}_x()$，$\boldsymbol{R}_y()$，$\boldsymbol{R}_z()$ 分别表示绕 X、Y、Z 轴的旋转矩阵，括号内为转角，其计算公式为

$$(\boldsymbol{PR}) = \boldsymbol{R}_z(-z_A)\boldsymbol{R}_y(\theta_A)\boldsymbol{R}_z(-\zeta_A)$$

$$= \begin{bmatrix} \cos(-z_A) & \sin(-z_A) & 0 \\ -\sin(-z_A) & \cos(-z_A) & 0 \\ 0 & 0 & 1 \end{bmatrix} \begin{bmatrix} \cos(\theta_A) & 0 & -\sin(\theta_A) \\ 0 & 1 & 0 \\ \sin(\theta_A) & 0 & \cos(\theta_A) \end{bmatrix} \begin{bmatrix} \cos(-\zeta_A) & \sin(-\zeta_A) & 0 \\ -\sin(-\zeta_A) & \cos(-\zeta_A) & 0 \\ 0 & 0 & 1 \end{bmatrix} \tag{6.2-3}$$

式中　ζ_A，z_A，θ_A ——岁差参数，表示标准历元到计算历元的平赤道坐标系之间的转换关系，由下式计算

$$\begin{cases}\zeta_A = 2\,306''.218\,1t + 0''.301\,88t^2 + 0''.017\,998t^3\\ z_A = 2\,306''.218\,1t + 1''.094\,68t^2 + 0''.018\,203t^3\\ \theta_A = 2\,004''.310\,9t - 0''.426\,65t^2 - 0''.041\,833t^3\end{cases} \tag{6.2-4}$$

式中　t ——从标准历元 J2000 起算的世纪数。

相应的赤经岁差 m_A 和赤纬岁差 n_A 为

$$m_A = \zeta_A + z_A = 4\,612''.436\,2t + 1''.396\,56t^2 + 0''.036\,201t^3 \tag{6.2-5a}$$

$$n_A = \theta_A \tag{6.2-5b}$$

6.2.2.2 章动

记 $(\boldsymbol{NR})$ 为章动矩阵，根据定义，其计算公式为

$$(\boldsymbol{NR}) = \boldsymbol{R}_x(-(\varepsilon + \Delta\varepsilon))\boldsymbol{R}_z(-\Delta\phi)\boldsymbol{R}_x(\varepsilon) \tag{6.2-6}$$

式中　$\Delta\phi$ ——黄经章动；

$\Delta\varepsilon$ ——交角章动；

ε ——黄赤交角。

黄赤交角的计算公式为

$$\varepsilon = 23°26'21''.448 - 46''.815\,0t - 0''.000\,59t^2 \tag{6.2-7}$$

关于章动量，可取 IAU1980 章动序列，该序列给出的黄经章动 $\Delta\phi$ 和交角 $\Delta\varepsilon$ 的计算公式，包括周期从 4.7 天到 18.6 年，其形式为

$$\begin{cases}\Delta\phi = \sum_{j=1}^{106}(A_{0j} + A_{1j}t)\sin\left(\sum_{i=1}^{5}k_{ji}\alpha_i(t)\right)\\ \Delta\varepsilon = \sum_{j=1}^{106}(B_{0j} + B_{1j}t)\cos\left(\sum_{i=1}^{5}k_{ji}\alpha_i(t)\right)\end{cases} \tag{6.2-8}$$

式中，A_{0j}，A_{1j}，B_{0j}，B_{1j}，k_{ji} 为相应的系数，5 个基本变量 α_i $(1 \sim 5)$ 分别为月球的平近点角 l、太阳的平近点角 l'、月球的升交角距 F、日月平角距 D 和月球轨道升交点平黄经 Ω，有

$$\begin{cases}\alpha_1 = l = 134°57'46''.733 + (1\,325^r + 198°52'02''.633)t + 31''.310t^2\\ \alpha_2 = l_1 = 357°31'39''.804 + (99^r + 359°03'01''.224)t - 0''.577t^2\\ \alpha_3 = F = 93°16'18''.877 + (1\,342^r + 82°01'03''.137)t - 13''.257t^2\\ \alpha_4 = D = 297°51'01''.307 + (1\,236^r + 307°06'41''.328)t - 6''.891t^2\\ \alpha_5 = \Omega = 125°02'40''.280 - (5^r + 134°08'10''.539)t + 7''.455t^2\end{cases} \tag{6.2-9}$$

其中，$1^r = 360° = 1\,296\,000''$，$t$ 是从标准历元 J2000 起算的世纪数。

6.2.2.3 地球自转

格林尼治恒星时即 0°地理经线的赤经，也就是 0°地理经线相对春分点的角度，由于真春分点和平春分点的不同，格林尼治恒星时又分为格林尼治真恒星时（GAST）和格林尼治平恒星时（GMST），两者的差为赤经章动。

$$\mathrm{GMST}=280.4606184+360.985647365\times T_{\mathrm{UT1}}+2.908\times 10^{-12}\times T_{\mathrm{UT1}}^{2} \tag{6.2-10}$$

$$\mathrm{GAST}=\mathrm{GMST}+\Delta u=\mathrm{GMST}+\Delta\phi\cos\varepsilon \tag{6.2-11}$$

其中

$$T_{\mathrm{UT1}}=\mathrm{JD}(t_{\mathrm{UT1}})-2\,451\,545$$

式中　Δu ——赤经章动；

$\Delta\phi$ ——黄经章动；

ε ——黄赤交角。

6.2.2.4　极移

与岁差章动中地球自转轴在空间的运动不同，**极移**是地球自转轴在其本体内的移动，地极的这种运动，既涉及地球内部复杂的地球物理过程，又与地球表面和大气层内发生的季节性气象有关。前者是在没有外力的作用下产生的，称为**自由极移**，周期为 14 个月。后者是由外部作用引起的周年运动，称为**受迫极移**。这两种极移是地极运动的主要部分。极移并不改变地球自转轴在空间的位置，却使天顶在天球上的位置发生变化。

记（$\boldsymbol{EP}$）为极移矩阵，略去极移二阶项，其表达式为

$$(\boldsymbol{EP})=\begin{bmatrix}1 & 0 & x_p\\ 0 & 1 & -y_p\\ -x_p & y_p & 1\end{bmatrix} \tag{6.2-12}$$

式中　x_p，y_p ——极移两分量，其量级不超过 0.8″。

IERS 公报给出每天的极移量，同时给出一段时间内的预报。

6.2.3　空间坐标系

主要空间坐标系的定义见表 6.2－1。

表 6.2－1　空间坐标系定义

坐标系	原点	参考平面	X 轴方向
历元平赤道地心系(ECI)	地心	历元平赤道	指向该历元的平春分点
瞬时平赤道地心系(MOD)	地心	瞬时平赤道	指向瞬时平春分点
瞬时真赤道地心系(TOD)	地心	瞬时真赤道	指向瞬时真春分点
准地固坐标系(ECPF)	地心	瞬时真赤道	参考平面与格林尼治子午面的交线方向
地固坐标系(ECF)	地心	与地心和 CIO 连线正交之平面	参考平面与格林尼治子午面的交线方向
卫星轨道坐标系(VVLH)	星心	卫星轨道平面	卫星运动方向

（1）历元平赤道地心系与瞬时平赤道地心系转换

历元平赤道地心系与瞬时平赤道地心系这两个坐标系之间的差别是岁差，有 $\boldsymbol{r}_M=(\boldsymbol{PR})\boldsymbol{r}_E$。（$\boldsymbol{PR}$）是岁差矩阵，如式（6.2－3）所示。

（2）瞬时平赤道地心系与瞬时真赤道地心系转换

瞬时平赤道地心系与瞬时真赤道地心系这两个坐标系之间的差别是章动，有 $\boldsymbol{r}_T=(\boldsymbol{NR})\boldsymbol{r}_M$。$(\boldsymbol{NR})$ 是章动矩阵，如式（6.2-6）所示。

由上可知，由历元平赤道地心系到瞬时真赤道地心系之间的转换关系为

$$\boldsymbol{r}_T=(\boldsymbol{GR})\boldsymbol{r}_E$$

式中　$(\boldsymbol{GR})$——岁差章动矩阵，$(\boldsymbol{GR})=(\boldsymbol{NR})(\boldsymbol{PR})$。

（3）瞬时真赤道地心系与准地固坐标系转换

因准地固坐标系是随着地球自转而转动的，那么它与瞬时真赤道地心系之间的差别即地球自转角—格林尼治恒星时 S_G，有 $\boldsymbol{r}_P=(\boldsymbol{ER})\boldsymbol{r}_T$，$(\boldsymbol{ER})$ 是地球自转矩阵，有 $(\boldsymbol{ER})=\boldsymbol{R}_Z(S_G)$。

（4）准地固坐标系与地固坐标系转换

准地固坐标系与地固坐标系这两者的差别是极移，有 $\boldsymbol{r}_{ECF}=(\boldsymbol{EP})\boldsymbol{r}_P$。$(\boldsymbol{EP})$ 为极移矩阵，如式（6.2-12）所示。

（5）卫星轨道坐标系与历元平赤道地心系转换

卫星轨道坐标系（按 STK 定义）的原点为卫星质心，OZ 轴指向地心，OX 轴为卫星轨道平面内，垂直于 OZ 轴，指向卫星运动方向。

记 $\boldsymbol{r}_{\mathrm{LVLH}}$ 为矢量在卫星轨道坐标系的坐标，$\boldsymbol{r}_{\mathrm{ECI}}$ 为矢量在历元平赤道坐标系的坐标。

ECI 与 VVLH 的转换关系为

$$\boldsymbol{r}_{\mathrm{VVLH}}=\boldsymbol{R}_Z(u)\boldsymbol{R}_X(i)\boldsymbol{R}_Z(\Omega)\boldsymbol{r}_{\mathrm{ECI}}$$

ECI 与 VVLH 的转换关系为

$$\boldsymbol{r}_{\mathrm{ECI}}=\boldsymbol{R}_Z(-\Omega)\boldsymbol{R}_X(-i)\boldsymbol{R}_Z(-u)\boldsymbol{r}_{\mathrm{VVLH}}$$

式中　Ω，i，u——卫星轨道的升交点赤经、倾角和幅角（$u=\omega+f$），详见 6.3 节轨道根数定义；

$\boldsymbol{R}_Z(\cdot)$，$\boldsymbol{R}_X(\cdot)$——绕相应坐标系 Z 轴和 X 轴旋转括号内的角度。

6.3　二体问题及轨道根数

6.3.1　二体问题经典轨道根数

二体问题假设卫星受到的唯一的力就是它和地球（作为质点）之间的引力，这种在地球中心引力场中运动的卫星的轨道称为**开普勒轨道**。基于二体运动第一积分的基本积分常数和初值，定义**轨道描述根数**为（其中，记卫星位置矢量为 $\vec{r}$，速度矢量为 $\vec{v}$，地球引力常数为 μ）

1）轨道能量为

$$\varepsilon=\frac{|\vec{v}|^2}{2}-\frac{\mu}{|\vec{r}|}\tag{6.3-1}$$

2）轨道动量矩矢量为

$$\vec{h}=\vec{r}\times\vec{v} \tag{6.3-2}$$

3）轨道偏心率矢量为

$$\vec{e}=\frac{\vec{v}}{\mu}\times\vec{h}-\frac{\vec{r}}{|\vec{r}|} \tag{6.3-3}$$

偏心率矢量的大小即偏心率 e，方向由引力中心指向航天器轨道近拱点。

4）平近点角为

$$M=E-e\sin E \tag{6.3-4}$$

式中　E ——偏近点角。

在上述变量中，由于 $\vec{h}$ 和 $\vec{e}$ 的方向及形状约束，只有 6 个独立变量，通常转换为 a，e，i，Ω，ω，M 等 6 个积分常数，直观地确定了卫星轨道面在空间的位置，决定轨道大小、形状和空间方位（图 6.3-1 和图 6.3-2），同时给出运动时间的起算点，描述了卫星运动的基本规律，称为开普勒轨道根数。

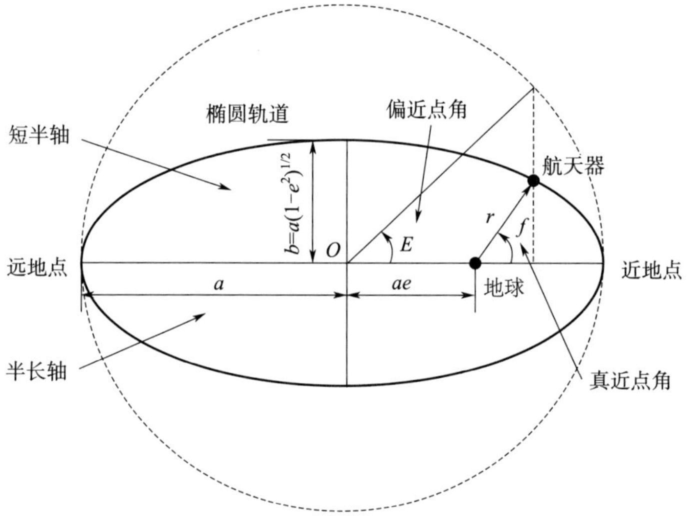

图 6.3-1　轨道的形状参数

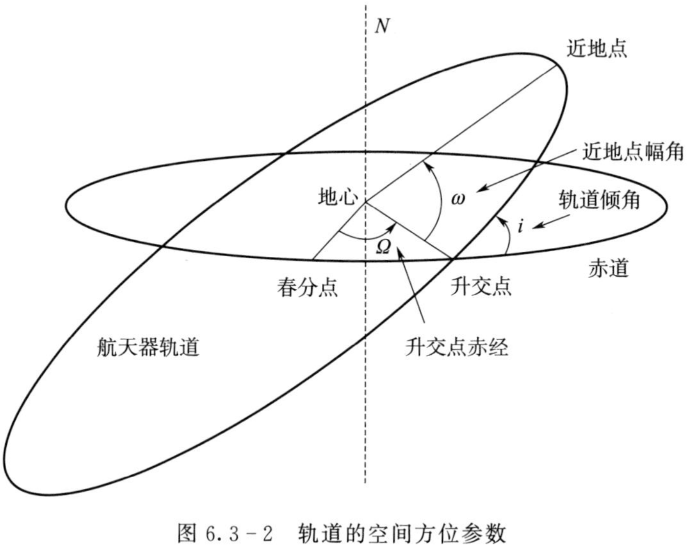

图 6.3-2　轨道的空间方位参数

■提示： 并非所有的航天器轨道都是开普勒轨道。实际上，航天器开普勒轨道只是一定假设条件下的理想轨道。当摄动力较小时，航天器的运行轨道一般可以按开普勒轨道近似处理；但是对于连续推力作用下的飞行轨道、空间拦截或空间交会的末制导段轨道、气动辅助变轨段轨道等，一般已不能简单地按开普勒轨道处理[15,16]。当然，牛顿力学是研究各种轨道的共同基础。

对于地球卫星椭圆轨道，常用的轨道根数为 a，e，i，Ω，ω，M（或 f），其中：

1）a 和 e 分别为半长轴（Semi-major Axis）和偏心率（Eccentricity），表示轨道的大小和形状，轨道的焦点即地球。

2）i 和 Ω 分别为轨道倾角（Inclination of Orbit）和升交点赤经（Right Ascension of Ascending Node），表示轨道面在空间的方向。

3）ω 为近地点幅角（Argument of Perigee），表示轨道面内升交点和近地点间的夹角（按卫星运动方向度量）。

4）f 为真近点角（True Anomaly），表示卫星在轨道上的位置，即间接表示过近拱点的时间。

相关的参数转换公式为：

1）卫星运动为平面运动

$$\vec{h}=\vec{r}\times\dot{\vec{r}}$$

角动量矢量 $\vec{h}$ 在地心惯性坐标系下的分量表达式为

$$\boldsymbol{h}=\begin{pmatrix} h\sin i\sin\Omega \\ -h\sin i\cos\Omega \\ h\cos i \end{pmatrix}$$

2）轨道积分为

$$r=\frac{h^2/\mu}{1+e\cos(\theta-\omega)},r=\frac{a(1-e^2)}{1+e\cos f}$$

3）活力公式为

$$v^2=\mu\left(\frac{2}{r}-\frac{1}{a}\right)$$

4）卫星运动周期为

$$T=2\pi\sqrt{\frac{a^3}{\mu}}$$

5）轨道平均角速度为

$$n=\sqrt{\frac{\mu}{a^3}}$$

6）f：真近点角，E：偏近点角，M：平近点角

$$\tan\frac{f}{2}=\sqrt{\frac{1+e}{1-e}}\tan\frac{E}{2}$$

7）开普勒积分（时间积分）为

$$E - e\sin E = n(t - \tau)$$

$$E - e\sin E = M$$

式中　τ ——卫星经过近地点时刻。

8）椭圆运动中各量之间几何关系为

$$r = \frac{a(1-e^2)}{1+e\cos f} = a(1 - e\cos E)$$

$$E - e\sin E = M$$

$$r\cos f = a(\cos E - e)$$

$$r\sin f = a\sqrt{1-e^2}\sin E$$

6.3.2 地球静止轨道无奇异根数

基于经典轨道根数，当偏心率 e 接近 0 时，近地点位置不易确定，导致 ω 和 τ 有较大偏差，不宜使用以上 6 个开普勒轨道根数。为此，定义 a，i，Ω，ξ，η，λ 6 个适用于 e 接近 0 的圆轨道根数，其中新定义的 3 个轨道根数为

$$\begin{cases} \xi = e\cos\omega \\ \eta = -e\sin\omega \\ \lambda = M + \omega = n(t-\tau) + \omega \end{cases} \tag{6.3-5}$$

而对于理想地球静止轨道，轨道倾角也为 0，轨道升交点定义出现奇异。为了避免度量不便，定义地球静止轨道无奇异根数为

$$\begin{cases} a \\ \lambda \\ e_x = e\cos(\Omega + \omega) \\ e_y = e\sin(\Omega + \omega) \\ i_x = i\cos\Omega \\ i_y = i\sin\Omega \end{cases} \tag{6.3-6}$$

另外，在位置保持应用中，也常常使用相对静止轨道半长轴偏差 Δa 或平经度漂移率 D 代替半长轴 a 构成无奇异根数。

6.3.3 轨道参数的计算和转换

6.3.3.1 根据位置速度求轨道根数

由已知位置 $\boldsymbol{r} = (x, y, z)^{\mathrm{T}}$ 和速度 $\boldsymbol{v} = (\dot{x}, \dot{y}, \dot{z})^{\mathrm{T}}$ 求轨道根数 a，e，i，Ω，ω，M 为

$$r = \sqrt{x^2 + y^2 + z^2}$$

$$v = \sqrt{\dot{x}^2 + \dot{y}^2 + \dot{z}^2}$$

$$a = \frac{1}{\dfrac{2}{r} - \dfrac{v^2}{\mu}}$$

$$\boldsymbol{h} = \boldsymbol{r} \times \boldsymbol{v}$$

$$\boldsymbol{U}_z = \begin{bmatrix} 0 \\ 0 \\ 1 \end{bmatrix}$$

$$\boldsymbol{N} = \boldsymbol{U}_z \times \boldsymbol{h}$$

$$p = \frac{\boldsymbol{h} \cdot \boldsymbol{h}}{\mu}$$

$$e = \sqrt{1 - \frac{p}{a}}$$

$$i = \arccos\left(\frac{\boldsymbol{h} \cdot \boldsymbol{U}_z}{|\boldsymbol{h}|}\right)$$

$$\Omega = \begin{cases} \arccos(N_x), & N_y > 0 \\ 2\pi - \arccos(N_x), & N_y \leqslant 0 \end{cases}$$

式中　N_x —— $\boldsymbol{N}$ 的第一个分量；

N_y —— $\boldsymbol{N}$ 的第二个分量。

$$\boldsymbol{e} = \frac{\boldsymbol{v} \times \boldsymbol{h}}{\mu} - \frac{\boldsymbol{r}}{r}$$

$$\omega = \begin{cases} \arccos\left(\dfrac{\boldsymbol{N} \cdot \boldsymbol{e}}{|\boldsymbol{N}||\boldsymbol{e}|}\right), & e_z > 0 \\ 2\pi - \arccos\left(\dfrac{\boldsymbol{N} \cdot \boldsymbol{e}}{|\boldsymbol{N}||\boldsymbol{e}|}\right), & e_z \leqslant 0 \end{cases}$$

式中　e_z —— $\boldsymbol{e}$ 的第三个分量。

$$u = \begin{cases} \arccos\left(\dfrac{\boldsymbol{r} \cdot \boldsymbol{N}}{|\boldsymbol{r}||\boldsymbol{N}|}\right), & z > 0 \\ 2\pi - \arccos\left(\dfrac{\boldsymbol{r} \cdot \boldsymbol{N}}{|\boldsymbol{r}||\boldsymbol{N}|}\right), & z \leqslant 0 \end{cases}$$

$$E = \operatorname{arctan2}\left(\frac{r\sin(u - \omega)}{a\sqrt{1 - e^2}}, \frac{r}{a}\cos(u - \omega) + e\right)$$

$$M = E - e\sin(E)$$

6.3.3.2　根据 6 个轨道根数求位置速度

由已知轨道根数 a，e，i，Ω，ω，M 求位置 $\boldsymbol{r}$ 和速度 $\boldsymbol{v}$。

1）由开普勒方程 $M = E - e\sin E$ 求偏近点角 E，通常用牛顿迭代法。

设初值 $E_0 = M$

$$E_1 = E_0 - \frac{E_0 - e\sin E_0 - M}{1 - e\cos E_0}$$

while ($|E_1 - E_0| > 1 \times 10^{-8}$)

{

$$E_0 = E_1$$

$$E_1 = E_0 - \frac{E_0 - e\sin E_0 - M}{1 - e\cos E_0}$$

}

$E = E_1$

2）计算真近点角。

$$r = a(1 - e\cos E)$$

$$f = \arctan 2\left[a\sqrt{1-e^2}\sin E, a(\cos E - e)\right]$$

3）计算 PQW 坐标系下的 $\boldsymbol{P}$, $\boldsymbol{Q}$ 。

$$\boldsymbol{P} = \begin{pmatrix} \cos\Omega\cos\omega - \sin\Omega\sin\omega\cos i \\ \sin\Omega\cos\omega + \cos\Omega\sin\omega\cos i \\ \sin\omega\sin i \end{pmatrix}, \boldsymbol{Q} = \begin{pmatrix} -\cos\Omega\sin\omega - \sin\Omega\cos\omega\cos i \\ -\sin\Omega\sin\omega + \cos\Omega\cos\omega\cos i \\ \cos\omega\sin i \end{pmatrix}$$

4）计算地心赤道惯性坐标系下的位置和速度。

$$\boldsymbol{r} = r\cos f \cdot \boldsymbol{P} + r\sin f \cdot \boldsymbol{Q}$$

$$\boldsymbol{v} = -\sqrt{\frac{\mu}{p}}\left[\sin f\boldsymbol{P} - (\cos f + e)\boldsymbol{Q}\right]$$

6.4 静止轨道卫星轨道摄动

6.4.1 摄动方程

通常采用拉格朗日行星摄动方程描述卫星轨道运动与摄动势函数 R 的关系，以标准开普勒轨道 6 根数 a ， e ， i ， Ω ， ω ， M 表示形式为

$$\begin{cases} \dfrac{\mathrm{d}a}{\mathrm{d}t} = \dfrac{2}{na}\dfrac{\partial R}{\partial M} \\ \dfrac{\mathrm{d}e}{\mathrm{d}t} = \dfrac{1-e^2}{na^2e}\dfrac{\partial R}{\partial M} - \dfrac{\sqrt{1-e^2}}{na^2e}\dfrac{\partial R}{\partial \omega} \\ \dfrac{\mathrm{d}i}{\mathrm{d}t} = \dfrac{1}{na^2\sqrt{1-e^2}\sin i}\left(\cos i\dfrac{\partial R}{\partial \omega} - \dfrac{\partial R}{\partial \Omega}\right) \\ \dfrac{\mathrm{d}\Omega}{\mathrm{d}t} = \dfrac{1}{na^2\sqrt{1-e^2}\sin i}\dfrac{\partial R}{\partial i} \\ \dfrac{\mathrm{d}\omega}{\mathrm{d}t} = \dfrac{\sqrt{1-e^2}}{na^2e}\dfrac{\partial R}{\partial e} - \dfrac{\cos i}{na^2\sqrt{1-e^2}\sin i}\dfrac{\partial R}{\partial i} \\ \dfrac{\mathrm{d}M}{\mathrm{d}t} = n - \dfrac{2}{na}\dfrac{\partial R}{\partial a} - \dfrac{1-e^2}{na^2e}\dfrac{\partial R}{\partial e} \end{cases} \tag{6.4-1}$$

式（6.4-1）中含有 $\frac{1}{e}$ 和 $\frac{1}{\sin i}$ 因子，对于静止轨道卫星有 $e \approx 0$ 和 $i \approx 0$，此时方程出现奇点。为了避免上述问题，引入偏心率矢量 $\boldsymbol{e}=[e_x, e_y]^{\mathrm{T}}$、倾角矢量 $\boldsymbol{i}=[i_x, i_y]^{\mathrm{T}}$ 和平赤经 l 进行描述，定义为

$$\begin{cases} e_x = e\cos(\Omega+\omega) \\ e_y = e\sin(\Omega+\omega) \\ i_x = \sin i\cos\Omega \\ i_y = \sin i\sin\Omega \\ l = \Omega+\omega+M \end{cases} \tag{6.4-2}$$

则以无奇点静止轨道根数 a，e_x，e_y，i_x，i_y，l 表示摄动运动方程形式为

$$\begin{cases} \dfrac{\mathrm{d}a}{\mathrm{d}t} = \dfrac{2}{na}\dfrac{\partial R}{\partial l} \\ \dfrac{\mathrm{d}e_x}{\mathrm{d}t} = -\dfrac{1}{na^2}\dfrac{\partial R}{\partial e_y} \\ \dfrac{\mathrm{d}e_y}{\mathrm{d}t} = \dfrac{1}{na^2}\dfrac{\partial R}{\partial e_x} \\ \dfrac{\mathrm{d}i_x}{\mathrm{d}t} = -\dfrac{1}{na^2}\dfrac{\partial R}{\partial i_y} \\ \dfrac{\mathrm{d}i_y}{\mathrm{d}t} = \dfrac{1}{na^2}\dfrac{\partial R}{\partial i_x} \\ \dfrac{\mathrm{d}l}{\mathrm{d}t} = n - \dfrac{2}{na}\dfrac{\partial R}{\partial a} \end{cases} \tag{6.4-3}$$

定义卫星平经度为

$$\bar{\lambda} = l - \lambda_G$$

其中，$\lambda_G = \lambda_{G0} + \omega_e(t-t_0)$，$\lambda_{G0}$ 为 t_0 时刻格林尼治恒星时角，ω_e 为地球自转角速度，则 GEO 卫星平经度拉格朗日摄动运动方程为

$$\frac{\mathrm{d}\bar{\lambda}}{\mathrm{d}t} = \frac{\mathrm{d}l}{\mathrm{d}t} - \omega_e = (n-\omega_e) - \frac{2}{na}\frac{\partial R}{\partial a} \tag{6.4-4}$$

6.4.2　地球非球形引力摄动

由于地球是质量分布不均匀、形状不规则的扁球体，其引力位函数一般形式为

$$R = \frac{\mu}{r}\left[1 + \sum_{n=2}^{\infty} J_n \left(\frac{R_e}{r}\right)^n P_n(\sin\varphi) + \sum_{n=2}^{\infty}\sum_{m=1}^{n}\left(\frac{R_e}{r}\right)^n P_{nm}(\sin\varphi)(C_{nm}\cos m\lambda + S_{nm}\sin m\lambda)\right] \tag{6.4-5}$$

式中　r ——地心距；

φ ——地心纬度；

λ ——地理经度；

R_e ——地球半径；

μ ——地球引力常数；

J_n ——带谐项系数；

C_{nm}，S_{nm} ——田谐项系数；

P_n，P_{nm} ——勒让德多项式。

式中的三项可以分别记为：

1）中心引力位

$$R_c = \frac{\mu}{r} \tag{6.4-6}$$

2）带谐项引力位

$$R_{Jn} = \frac{\mu}{r}\sum_{n=2}^{\infty} J_n \left(\frac{R_e}{r}\right)^n P_n(\sin\varphi) \tag{6.4-7}$$

3）田谐项引力位

$$R_{Jnm} = \frac{\mu}{r}\sum_{n=2}^{\infty}\sum_{m=1}^{n}\left(\frac{R_e}{r}\right)^n P_{nm}(\sin\varphi)\,(C_{nm}\cos m\lambda + S_{nm}\sin m\lambda) \tag{6.4-8}$$

6.4.2.1 J_2 项摄动

由式（6.4-7）得带谐 J_2 项摄动势函数为

$$R_{J2} = -\frac{\mu J_2 R_e^2}{2r^3}(3\sin^2\varphi - 1) \tag{6.4-9}$$

式中，$\mu = 398\ 600.44$，$J_2 = 1.082\ 63 \times 10^{-3}$，$R_e = 6\ 378.137$ km，对于 GEO 卫星，近似有 $\sin\varphi \approx 0$，$r \approx a$，则式（6.4-9）简化为

$$R_{J2} = \frac{\mu J_2 R_e^2}{2a^3} \tag{6.4-10}$$

式（6.4-10）对 a 求解偏导数可以得到

$$\frac{\partial R_{J2}}{\partial a} = -\frac{3}{2}J_2 n^2 \frac{R_e^2}{a} \tag{6.4-11}$$

代入式（6.4-4）得地球扁率 J_2 项摄动引起的卫星平经度的变化率为

$$\dot{\bar{\lambda}}_{J2} = \left(\frac{d\bar{\lambda}}{dt}\right)_{J2} = 3J_2 n \frac{R_e^2}{a^2} \tag{6.4-12}$$

式（6.4-12）表明 J_2 项摄动会使卫星发生恒定向东的经度漂移，漂移率约为 9.8（°）/年。

6.4.2.2 J_{22} 项摄动

由式（6.4-8）得田谐 J_{22} 项摄动势函数为

$$R_{J22} = \frac{3\mu J_{22} R_e^2}{r^3}\cos^2\varphi\cos 2(\lambda - \lambda_{22}) \tag{6.4-13}$$

式中，$J_{22} = 1.812\ 22 \times 10^{-6}$，$\lambda_{22} = -14.545°$。对于 GEO 卫星，近似有 $\cos\varphi \approx 1$，$r \approx a$，则式（6.4-13）简化为

$$R_{J22} = \frac{3\mu J_{22} R_e^2}{a^3}\cos 2(\lambda - \lambda_{22}) \tag{6.4-14}$$

式（6.4－14）对 a 求解偏导数可以得到

$$\frac{\partial R_{J22}}{\partial a}=-9J_{22}n^2\frac{R_e^2}{a}\cos 2(\lambda-\lambda_{22}) \tag{6.4-15}$$

代入式（6.4－4）得地球椭率 J_{22} 项摄动引起的卫星平经度的变化率为

$$\dot{\bar{\lambda}}_{J22}=\left(\frac{\mathrm{d}\bar{\lambda}}{\mathrm{d}t}\right)_{J22}=18J_{22}n\frac{R_e^2}{a^2}\cos 2(\lambda-\lambda_{22}) \tag{6.4-16}$$

式（6.4－16）表明 J_{22} 项摄动引起平经度变化率与卫星定点位置有关，变化情况如图6.4－1所示，波动幅值约为 0.1（°）/年。

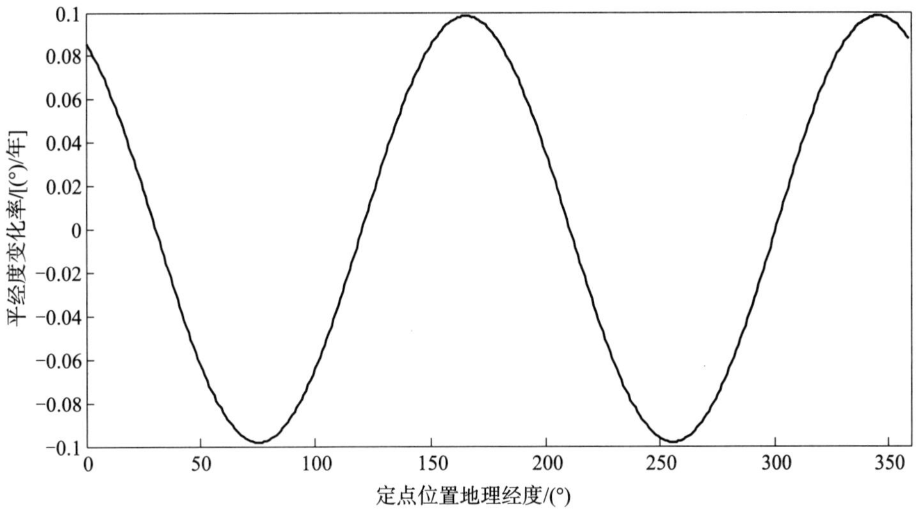

图 6.4－1　J_{22} 项摄动引起卫星平经度变化率随定点位置变化情况

定义卫星平经度漂移率为

$$D=-\frac{3n_e}{2a_s}(a-a_s) \tag{6.4-17}$$

式中，$n_e=7.292\ 1\times10^{-5}$ rad/s 为地球静止轨道转速，大小等于地球自转角速度，$a_s=42\ 164.17$ km 为地球静止轨道半长轴，当 $a>a_s$ 时，$D<0$ 卫星向西漂移，当 $a<a_s$ 时，$D>0$ 卫星向东漂移。式（6.4－17）对时间求导得平经度漂移加速度为

$$\ddot{\lambda}=\frac{\mathrm{d}D}{\mathrm{d}t}=-\frac{3n_e}{2a_s}\frac{\mathrm{d}a}{\mathrm{d}t} \tag{6.4-18}$$

式（6.4－14）对 λ 求解偏导数得

$$\frac{\partial R_{J22}}{\partial \lambda}=-6J_{22}n^2R_e^2\sin 2(\lambda-\lambda_{22}) \tag{6.4-19}$$

有 $\dfrac{\partial R}{\partial \lambda}=\dfrac{\partial R}{\partial l}$，代入式（6.4－3）得

$$\left(\frac{\mathrm{d}a}{\mathrm{d}t}\right)_{J22}=-12J_{22}n\frac{R_e^2}{a}\sin 2(\lambda-\lambda_{22}) \tag{6.4-20}$$

则对于 GEO 卫星，地球椭率 J_{22} 项摄动引起的卫星平经度漂移加速度为

$$\ddot{\bar{\lambda}}_{J22}=18J_{22}n_e^2\frac{R_e^2}{a_s^2}\sin2(\lambda-\lambda_{22}) \tag{6.4-21}$$

表明 J_{22} 项摄动引起的卫星平经度漂移加速度与卫星定点位置有关，变化情况如图 6.4-2 所示。

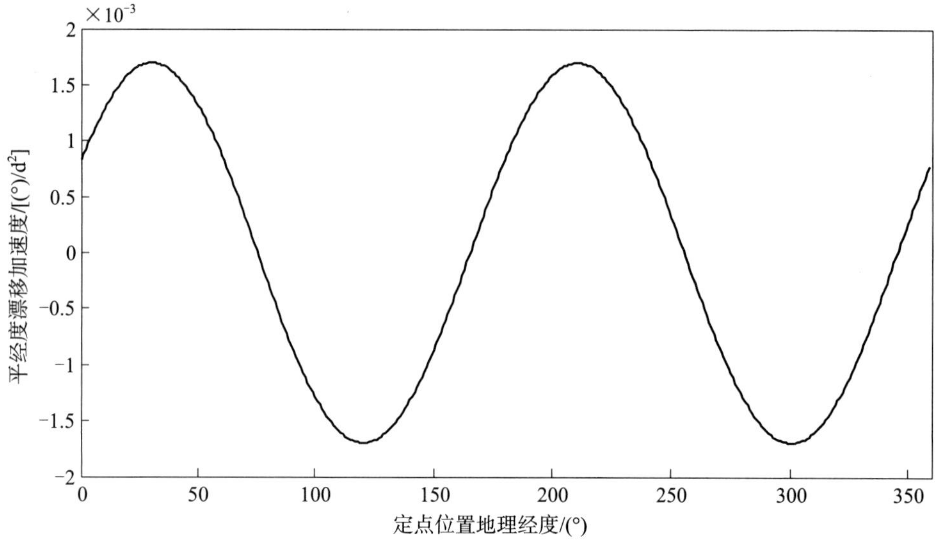

图 6.4-2　J_{22} 项摄动引起卫星平经度漂移加速度随定点位置变化情况

6.4.3　日月引力摄动

由太阳、月球引力产生的摄动，其摄动势函数可以表示为

$$R_k=\mu_k\left(\frac{1}{|\boldsymbol{r}_k-\boldsymbol{r}|}-\frac{\boldsymbol{r}_k\cdot\boldsymbol{r}}{|\boldsymbol{r}_k|^3}\right)=\mu_k\left(\frac{1}{|\boldsymbol{r}_k-\boldsymbol{r}|}-\frac{r}{r_k^2}\cos\alpha_k\right) \tag{6.4-22}$$

式中　$\boldsymbol{r}$ ——由地心到卫星的位置矢量；

$\boldsymbol{r}_k$ ——由地心到日月的位置矢量；

α_k ——日月与卫星在地心处的张角。

下标 k 为 s，表示太阳摄动；下标 k 为 m，表示月球摄动。根据矢量关系有

$$|\boldsymbol{r}_k-\boldsymbol{r}|^2=r^2+r_k^2-2rr_k\cos\alpha_k$$

则

$$\frac{1}{|\boldsymbol{r}_k-\boldsymbol{r}|}=\frac{1}{r_k}\left[1-2\frac{r}{r_k}\cos\alpha_k+\left(\frac{r}{r_k}\right)^2\right]^{-\frac{1}{2}}$$

根据勒让德多项式的定义，上式转化为

$$\frac{1}{|\boldsymbol{r}_k-\boldsymbol{r}|}=\frac{1}{r_k}\sum_{n=0}^{\infty}\left(\frac{r}{r_k}\right)^nP_n(\cos\alpha_k) \tag{6.4-23}$$

对于太阳和月球摄动函数有

$$\frac{r}{r_s}=\frac{42\ 164}{1.496\times10^8}=2.818\ 4\times10^{-4},\quad \frac{r}{r_m}=\frac{42\ 164}{3.85\times10^5}=1.095\times10^{-1}$$

因此只保留展开式中二阶以下项时，式（6.4－23）转化为

$$\frac{1}{|\boldsymbol{r}_k-\boldsymbol{r}|}=\frac{1}{r_k}\left[1+\left(\frac{r}{r_k}\right)\cos\alpha_k+\frac{1}{2}\left(\frac{r}{r_k}\right)^2(3\cos^2\alpha_k-1)\right] \tag{6.4-24}$$

代入势函数公式（6.4－22）中整理得

$$R_k=\frac{\mu_k}{r_k}\left[1-\frac{1}{2}\left(\frac{r}{r_k}\right)^2+\frac{3}{2}\left(\frac{r}{r_k}\right)^2\cos^2\alpha_k\right] \tag{6.4-25}$$

6.4.3.1　轨道倾角摄动

（1）摄动方程

卫星在 ECI 坐标系下的单位矢量可以表示为

$$\frac{\boldsymbol{r}}{r}=\begin{bmatrix}x\\y\\z\end{bmatrix}=\begin{bmatrix}\cos\Omega\cos u-\sin\Omega\sin u\cos i\\\sin\Omega\cos u+\cos\Omega\sin u\cos i\\\sin u\sin i\end{bmatrix}=\begin{bmatrix}\cos l\\\sin l\\i_x\sin l-i_y\cos l\end{bmatrix} \tag{6.4-26}$$

日月在 ECI 坐标系下的单位矢量可以表示为

$$\frac{\boldsymbol{r}_k}{r_k}=\begin{bmatrix}x_k\\y_k\\z_k\end{bmatrix}=\begin{bmatrix}\cos\Omega_k\cos u_k-\sin\Omega_k\sin u_k\cos i_k\\\sin\Omega_k\cos u_k+\cos\Omega_k\sin u_k\cos i_k\\\sin u_k\sin i_k\end{bmatrix} \tag{6.4-27}$$

则有

$$\cos\alpha_k=\frac{\boldsymbol{r}}{r}\cdot\frac{\boldsymbol{r}_k}{r_k}=x_k\cos l+y_k\sin l+z_k(i_x\sin l-i_y\cos l) \tag{6.4-28}$$

日月引力势函数 R_k 对轨道倾角矢量 $(i_x,\ i_y)$ 求偏导数公式为

$$\begin{cases}\dfrac{\partial R_k}{\partial i_x}=\dfrac{\partial R_k}{\partial(\cos\alpha_k)}\dfrac{\partial(\cos\alpha_k)}{\partial i_x}=\dfrac{3}{2}\dfrac{\mu_k}{r_k}\left(\dfrac{r}{r_k}\right)^2 2\cos\alpha_k\cdot z_k\sin l\\\qquad=\dfrac{3}{2}n_k^2a^2(y_kz_k+x_kz_k\sin 2l-y_kz_k\cos 2l+i_xz_k^2-i_xz_k^2\cos 2l-i_yz_k^2\sin 2l)\\\dfrac{\partial R_k}{\partial i_y}=\dfrac{\partial R_k}{\partial(\cos\alpha_k)}\dfrac{\partial(\cos\alpha_k)}{\partial i_y}=\dfrac{3}{2}\dfrac{\mu_k}{r_k}\left(\dfrac{r}{r_k}\right)^2 2\cos\alpha_k\cdot(-z_k\cos l)\\\qquad=-\dfrac{3}{2}n_k^2a^2(x_kz_k+y_kz_k\sin 2l+x_kz_k\cos 2l-i_yz_k^2-i_yz_k^2\cos 2l+i_xz_k^2\sin 2l)\end{cases} \tag{6.4-29}$$

考虑小倾角情况，忽略半天周期的短周期项，得到 GEO 卫星倾角矢量的长期和长周期摄动变化为

$$\begin{cases}\dfrac{\mathrm{d}i_x}{\mathrm{d}t}=-\dfrac{1}{na^2}\dfrac{\partial R_k}{\partial i_y}=\dfrac{3}{2}\dfrac{n_k^2}{n}x_kz_k=\dfrac{3n_k^2}{8n}(-\sin\Omega_k\sin 2i_k+2\sin i_k\cos\Omega_k\sin 2u_k+\sin 2i_k\sin\Omega_k\cos 2u_k)\\\dfrac{\mathrm{d}i_y}{\mathrm{d}t}=-\dfrac{1}{na^2}\dfrac{\partial R_k}{\partial i_x}=\dfrac{3}{2}\dfrac{n_k^2}{n}y_kz_k=\dfrac{3n_k^2}{8n}(\cos\Omega_k\sin 2i_k+2\sin i_k\sin\Omega_k\sin 2u_k-\sin 2i_k\cos\Omega_k\cos 2u_k)\end{cases} \tag{6.4-30}$$

摄动方程中含有长期项（Secular Term）和摄动体运动周期 $\frac{1}{2}$ 的长周期项（Long

Period Term)，对于日月引力来说，即存在半年周期项和半月周期项。

（2）长期项摄动

由式（6.4－30）得日月引力对倾角矢量的长期项摄动方程为

$$\begin{cases}\dfrac{\mathrm{d}i_x}{\mathrm{d}t}=-\dfrac{3n_k^2}{8n}\sin\Omega_k\sin2i_k\\\dfrac{\mathrm{d}i_y}{\mathrm{d}t}=\dfrac{3n_k^2}{8n}\cos\Omega_k\sin2i_k\end{cases}\tag{6.4-31}$$

日月摄动具有同样的表达式，采用各自标号表示的摄动方程为

$$\begin{cases}\dfrac{\mathrm{d}i_x}{\mathrm{d}t}=-\dfrac{3n_s^2}{8n_e}\sin\Omega_s\sin2i_s-\dfrac{3n_m^2}{8n_e}\sin\Omega_m\sin2i_m\\\dfrac{\mathrm{d}i_y}{\mathrm{d}t}=\dfrac{3n_s^2}{8n_e}\cos\Omega_s\sin2i_s+\dfrac{3n_m^2}{8n_e}\cos\Omega_m\sin2i_m\end{cases}\tag{6.4-32}$$

式中 n_e ——地球自转角速度；

n_s ——太阳视运动平均角速度；

Ω_s ——黄道的升交点赤经；

i_s ——黄道面和赤道面夹角；

n_m ——月球视运动平均角速度；

Ω_m ——白道的升交点赤经；

i_m ——白道面和赤道面夹角。

根据日月天文常数可知

$$\begin{cases}n_e=7.292\ 115\ 8\times10^{-5}\ \mathrm{rad/s}=360.985\ 6(^\circ)/\mathrm{d}\\n_s=0.017\ 2\ \mathrm{rad/d}=0.985\ 6(^\circ)/\mathrm{d}\\n_m=0.025\ \mathrm{rad/d}=1.432\ 4\ (^\circ)/\mathrm{d}\\\Omega_s=0\\i_s=23.45^\circ\end{cases}\tag{6.4-33}$$

代入上述常数，摄动方程转化为

$$\begin{cases}\dfrac{\mathrm{d}i_x}{\mathrm{d}t}=-2.183\times10^{-3}\sin\Omega_m\sin2i_m\\\dfrac{\mathrm{d}i_y}{\mathrm{d}t}=0.737\times10^{-3}+2.183\times10^{-3}\cos\Omega_m\sin2i_m\end{cases}\tag{6.4-34}$$

式中，Ω_m 和 i_m 可以利用以下关系求取。月球在地球天球上的运动规律如图 6.4－3 所示。

根据月球星历，白道面在地心黄道惯性坐标系中的倾角 i_{sm} 和升交点黄经 Ω_{sm} 满足以下关系

$$\begin{cases}i_{sm}=5.15^\circ\\\Omega_{sm}=125.044\ 6^\circ-1\ 934.14^\circ\times T=125.044\ 6^\circ-0.052\ 954^\circ\times \mathrm{JD}\end{cases}\tag{6.4-35}$$

式中 T ——相对 J2000 历元时刻的世纪数；

JD ——相对 J2000 历元时刻的儒略日。

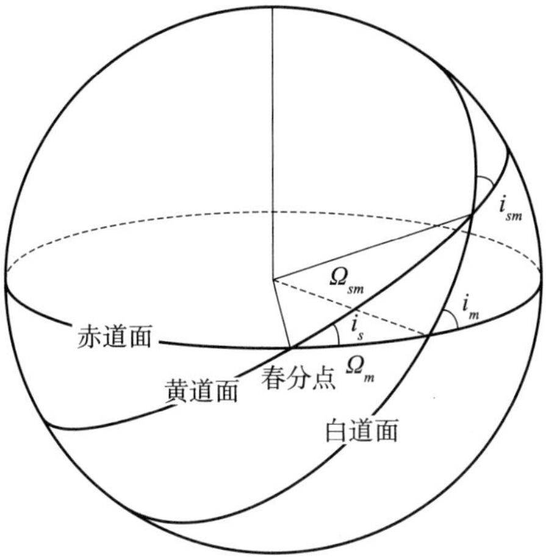

图 6.4-3　地球天球上黄道面与白道面的关系

根据球面三角几何关系，可以得到

$$\begin{cases}\cos i_{sm} = \cos i_m \cos i_s + \sin i_m \sin i_s \cos\Omega_m \\ \cos i_m = \cos i_s \cos i_{sm} - \sin i_s \sin i_{sm} \cos\Omega_{sm} \\ \sin i_m \sin\Omega_m = \sin i_{sm} \sin\Omega_{sm}\end{cases} \tag{6.4-36}$$

则月球在地心赤道惯性坐标系下的轨道倾角和升交点赤经可以表示为

$$\begin{cases}i_m = \arccos(\cos i_s \cos i_{sm} - \sin i_s \sin i_{sm} \cos\Omega_{sm}) \\ \Omega_m = \arctan2(\sin i_{sm} \sin\Omega_{sm}, (\cos i_{sm} - \cos i_m \cos i_s)/\sin i_s)\end{cases} \tag{6.4-37}$$

式中，arctan2（*）为归一化反正切函数。

以 2020 年 1 月 1 日 12 时 0 分 0 秒至 2040 年 1 月 1 日 12 时 0 分 0 秒为例，求取月球轨道倾角和升交点赤经变化情况，如图 6.4-4～图 6.4-5 所示。

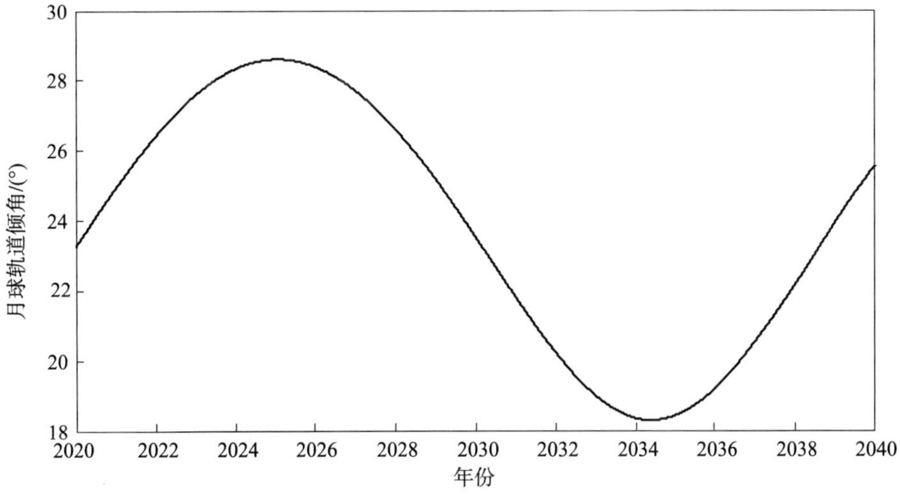

图 6.4-4　地心赤道惯性坐标系下月球轨道倾角变化情况

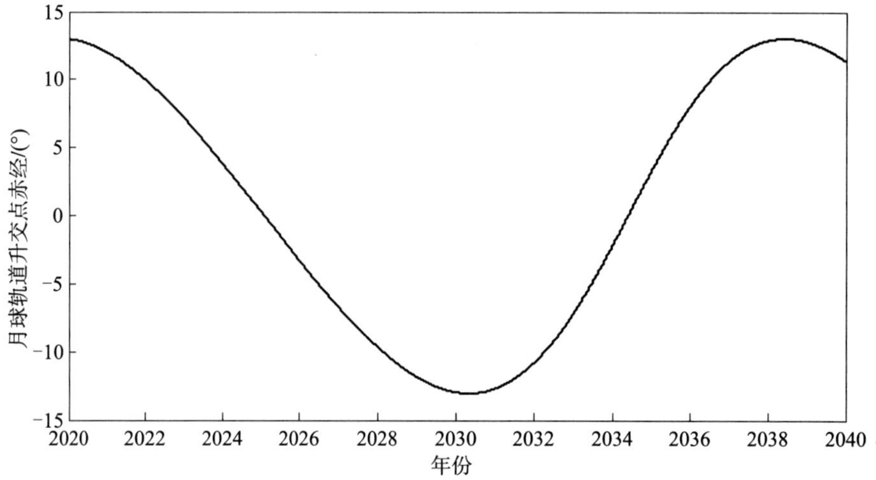

图 6.4-5　地心赤道惯性坐标系下月球轨道升交点赤经变化情况

可知月球轨道倾角的变化范围为 $18.3° \leqslant i_m \leqslant 28.6°$，升交点赤经的变化范围为 $-13.04° \leqslant \Omega_m \leqslant 13.04°$，变化周期为 18.6 年。将 Ω_m 和 i_m 代入式（6.4-34）即可求得倾角矢量长期摄动变化情况，还可以进一步简化求得

$$\begin{cases} \dfrac{\mathrm{d}i_x}{\mathrm{d}t} = -3.5\sin\Omega_{sm} \times 10^{-4} \\ \dfrac{\mathrm{d}i_y}{\mathrm{d}t} = (22.79 + 2.59\cos\Omega_{sm}) \times 10^{-4} \end{cases} \tag{6.4-38}$$

倾角矢量漂移率变化情况如图 6.4-6 所示。

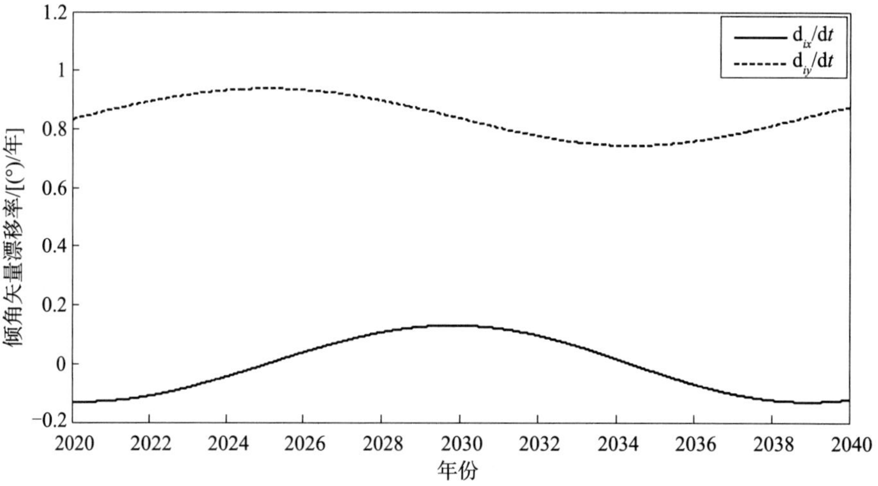

图 6.4-6　日月引力摄动引起的卫星倾角矢量漂移率变化情况

定义轨道倾角摄动漂移方向和漂移率分别为

$$\Omega_d = \operatorname{arctan2}\left(\frac{\mathrm{d}i_y}{\mathrm{d}t}, \frac{\mathrm{d}i_x}{\mathrm{d}t}\right)$$

$$\frac{\mathrm{d}i}{\mathrm{d}t} = \sqrt{\left(\frac{\mathrm{d}i_x}{\mathrm{d}t}\right)^2 + \left(\frac{\mathrm{d}i_y}{\mathrm{d}t}\right)^2}$$

则有如图 6.4－7 和图 6.4－8 所示的仿真结果。

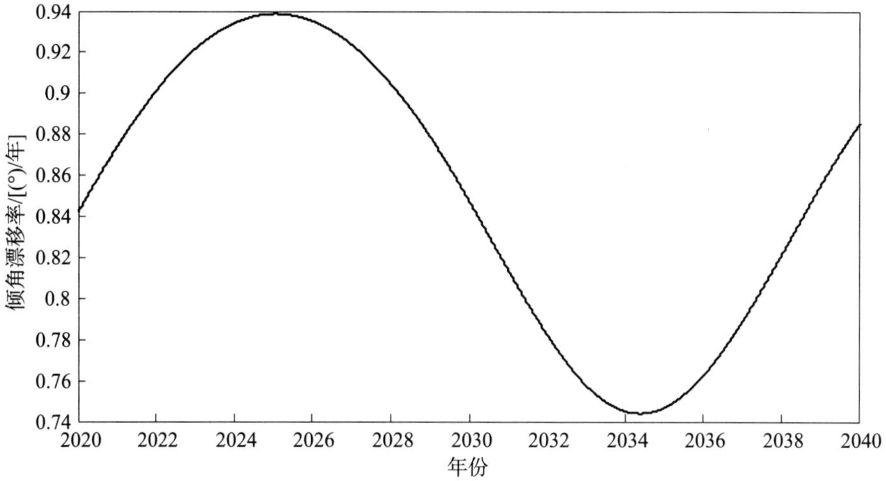

图 6.4－7　日月引力摄动引起的卫星轨道倾角漂移率变化情况

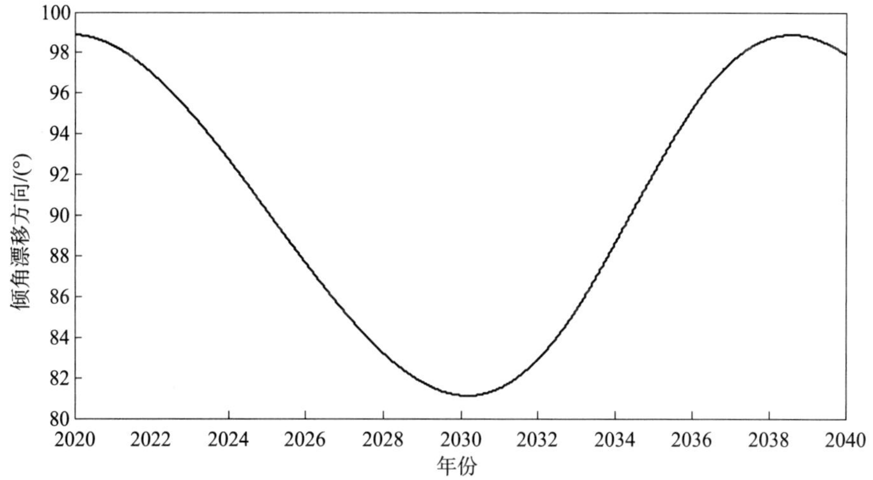

图 6.4－8　日月引力摄动引起的卫星轨道倾角漂移方向变化情况

分析结果表明，日月引力摄动引起的 GEO 卫星轨道倾角漂移率和漂移方向逐年发生变化。当月球白道平黄经靠近春分点时，倾角漂移率最大约为 0.95（°）/年；当月球白道平黄经与春分点相距 180°时，倾角变化率最小约为 0.75（°）/年。倾角矢量摄动漂移方向定义为与 i_x 的夹角，变化范围在 81°～99°之间，平均摄动方向约为 90°。

(3) 半年周期项

由太阳引力引起的轨道倾角半年周期运动，对于太阳运动存在

$$\Omega_s = 0,\ \sin\Omega_s = 0,\ \cos\Omega_s = 1$$

则由式（6.4-30）得太阳引力半年周期项摄动方程为

$$\begin{cases} \dfrac{\mathrm{d}i_x}{\mathrm{d}t} = \dfrac{3n_s^2}{4n_e}\sin i_s \sin 2u_s \\ \dfrac{\mathrm{d}i_y}{\mathrm{d}t} = -\dfrac{3n_s^2}{8n_e}\sin 2i_s \cos 2u_s \end{cases} \tag{6.4-39}$$

式（6.4-39）对 $u_s = n_s t$ 积分得

$$\begin{cases} i_x = \displaystyle\int_0^{u_s} \frac{1}{n_s}\left(\frac{3n_s^2}{4n_e}\sin i_s \sin 2u_s\right)\mathrm{d}u_s = -\frac{3n_s}{8n_e}\sin i_s \cos 2u_s \\ i_y = \displaystyle\int_0^{u_s} \frac{1}{n_s}\left(-\frac{3n_s^2}{8n_e}\sin 2i_s \cos 2u_s\right)\mathrm{d}u_s = -\frac{3n_s}{16n_e}\sin 2i_s \sin 2u_s \end{cases} \tag{6.4-40}$$

则太阳引力引起轨道倾角矢量半年周期变化如图 6.4-9 所示，波动幅值为 $|i_x|_{\mathrm{mags}} = 0.023\,5°$，$|i_y|_{\mathrm{mags}} = 0.021\,5°$。

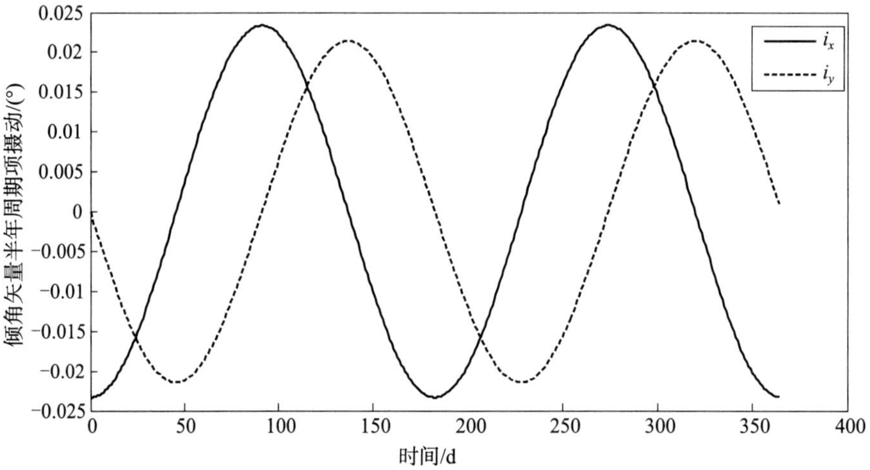

图 6.4-9　太阳引力摄动引起的卫星轨道倾角矢量半年周期变化情况

(4) 半月周期项

由月球引力引起的轨道倾角半月周期摄动方程为

$$\begin{cases} \dfrac{\mathrm{d}i_x}{\mathrm{d}t} = \dfrac{3n_m^2}{8n_e}(2\sin i_m \cos\Omega_m \sin 2u_m + \sin 2i_m \sin\Omega_m \cos 2u_m) \\ \dfrac{\mathrm{d}i_y}{\mathrm{d}t} = \dfrac{3n_m^2}{8n_e}(2\sin i_m \sin\Omega_m \sin 2u_m - \sin 2i_m \cos\Omega_m \cos 2u_m) \end{cases} \tag{6.4-41}$$

利用图 6.4-3 赤道平面、黄道面和白道面构成的球面三角几何关系，可以得到

$$\begin{cases}\cos i_m = 0.913\,7 - 0.035\,7\cos\Omega_{sm} \\ \sin i_m \sin\Omega_m = 0.089\sin\Omega_{sm} \\ \sin i_m \cos\Omega_m = 0.396 + 0.082\cos\Omega_{sm}\end{cases}$$

代入式（6.4－41）得

$$\begin{cases}\dfrac{\mathrm{d}i_x}{\mathrm{d}t} = \dfrac{3n_m^2}{8n_e}[2\times(0.396+0.082\cos\Omega_{sm})\sin 2u_m + 2\times 0.089\sin\Omega_{sm}(0.913\,7-0.035\,7\cos\Omega_{sm})\cos 2u_m] \\ \dfrac{\mathrm{d}i_y}{\mathrm{d}t} = \dfrac{3n_m^2}{8n_e}[2\times 0.089\sin\Omega_{sm}\sin 2u_m - 2\times(0.396+0.082\cos\Omega_{sm})(0.913\,7-0.035\,7\cos\Omega_{sm})\cos 2u_m]\end{cases} \tag{6.4-42}$$

当某一时刻白道平黄经 Ω_{sm} 一定时，摄动方程是关于 u_m 的周期函数。因此，月球引力引起轨道倾角摄动中存在半月周期项，式（6.4－42）仅取主值项时简化为

$$\begin{cases}\dfrac{\mathrm{d}i_x}{\mathrm{d}t} = \dfrac{3n_m^2}{8n_e}\times 2\times 0.396\sin 2u_m \\ \dfrac{\mathrm{d}i_y}{\mathrm{d}t} = -\dfrac{3n_m^2}{8n_e}\times 2\times 0.396\times 0.913\,7\cos 2u_m\end{cases} \tag{6.4-43}$$

月球相对地球视运动周期约为 27.3 天，则式（6.4－43）对 $u_m = \dfrac{2\pi}{27.3}t$ 积分得

$$\begin{cases}i_x = -\dfrac{3n_m^2}{8n_e}\times\dfrac{27.3}{2\pi}\times 0.396\cos 2u_m \\ i_y = -\dfrac{3n_m^2}{8n_e}\times\dfrac{27.3}{2\pi}\times 0.396\times 0.913\,7\sin 2u_m\end{cases} \tag{6.4-44}$$

则月球引力引起轨道倾角矢量半月周期变化如图 6.4－10 所示，波动幅值为 $|i_x|_{magm} = 0.003\,7°$，$|i_y|_{magm} = 0.003\,4°$。

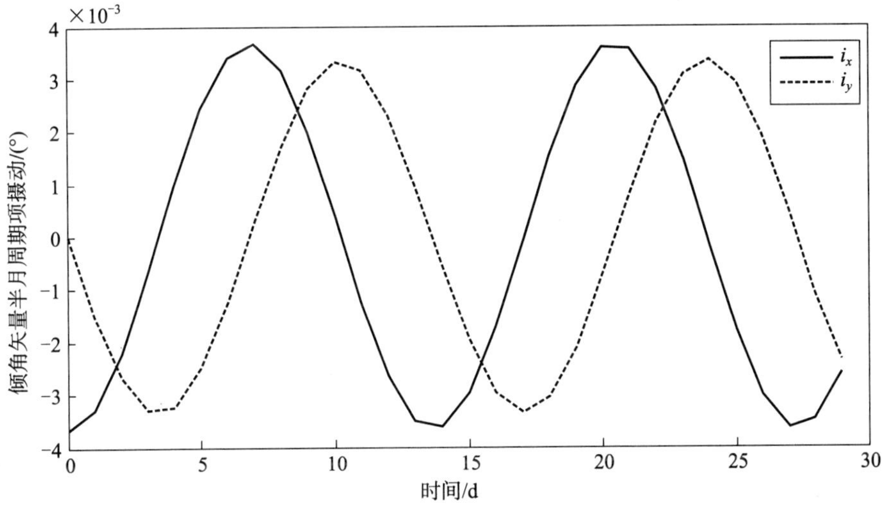

图 6.4－10　月球引力摄动引起的卫星轨道倾角矢量半月周期变化情况

6.4.3.2　轨道漂移率摄动

根据式（6.4－25）日月引力势函数 R_k 对轨道半长轴 a 求偏导数公式为

$$\frac{\partial R_k}{\partial a}=\frac{\mu_k}{r_k}\left(-\frac{a}{r_k^2}+3\frac{a}{r_k^2}\cos^2\alpha_k\right)=n_k^2a\left(3\cos^2\alpha_k-1\right) \tag{6.4-45}$$

则由日月引力摄动引起的卫星平经度变化率为

$$\dot{\lambda}_k=\left(\frac{\mathrm{d}\bar{\lambda}}{\mathrm{d}t}\right)_k=-\frac{2}{na}\frac{\partial R_k}{\partial a}=-\frac{2n_k^2}{n_e}\left(3\cos^2\alpha_k-1\right) \tag{6.4-46}$$

对于 GEO 卫星，考虑小倾角时（$\sin i\approx 0$），由式（6.4－28）得

$$\begin{aligned}\cos^2\alpha_k&=(x_k\cos l+y_k\sin l)^2=x_k^2\cos^2 l+y_k^2\sin^2 l+2x_ky_k\cos l\sin l\\&=\frac{1}{2}(x_k^2+y_k^2)+\frac{1}{2}(x_k^2-y_k^2)\cos 2l+x_ky_k\sin 2l\end{aligned}$$

忽略半天周期的短周期项，并将式（6.4－27）中 x_k 和 y_k 代入整理得

$$\begin{aligned}\cos^2\alpha_k&=\frac{1}{2}(x_k^2+y_k^2)\\&=\frac{1}{2}\left(\cos\Omega_k\cos u_k-\sin\Omega_k\sin u_k\cos i_k\right)^2+\frac{1}{2}\left(\sin\Omega_k\cos u_k+\cos\Omega_k\sin u_k\cos i_k\right)^2\\&=\frac{1}{2}(\cos^2u_k+\sin^2u_k\cos^2i_k)\\&=\frac{1}{4}(1+\cos^2i_k)+\frac{1}{4}(1-\cos^2i_k)\cos 2u_k\end{aligned}$$

将其代入式（6.4－46）整理得

$$\dot{\lambda}_k=-\frac{n_k^2}{2n_e}\left[3\cos^2i_k-1+3(1-\cos^2i_k)\cos 2u_k\right] \tag{6.4-47}$$

式（6.4－47）中包含长期项和$\frac{1}{2}$摄动体运动周期的长周期项，其中长期项部分为

$$\dot{\lambda}_{k1}=-\frac{n_k^2}{2n_e}\left(3\cos^2i_k-1\right) \tag{6.4-48}$$

代入日月天文常数，得到太阳引力引起平经度长期变化率为 $\dot{\lambda}_s=-0.002\,05$（°）/d，月球引力引起的平经度长期变化率 $\dot{\lambda}_m$ 在－0.003 73～－0.004 84（°）/d 范围内波动，波动周期为 18.6 年。而长周期项部分为

$$\dot{\lambda}_{k2}=-\frac{3n_k^2}{2n_e}(1-\cos^2i_k)\cos 2u_k \tag{6.4-49}$$

对于太阳有 $u_s=n_st$，式（6.4－49）对 u_s 积分得

$$\bar{\lambda}_s=-\frac{3n_s}{4n_e}(1-\cos^2i_s)\sin 2u_s \tag{6.4-50}$$

对于月球有 $u_m=\frac{2\pi}{27.3}t$，式（6.4－49）对 u_m 积分得

$$\bar{\lambda}_m=-\frac{3n_m^2}{4n_e}\frac{27.3}{2\pi}(1-\cos^2i_m)\sin 2u_m \tag{6.4-51}$$

代入日月天文常数，得到太阳引力引起平经度半年周期波动幅值为 0.018 58°，月球引力引起平经度半月周期波动幅值在 0.001 83°～0.004 24°范围内变化。

6.4.4 太阳光压摄动

太阳辐射压力对 GEO 卫星的光压摄动加速度方程为

$$\boldsymbol{a}_p = -\varepsilon C_r \left(\frac{S}{M}\right) P_0 \boldsymbol{u}_{\mathrm{vs}} \tag{6.4-52}$$

式中　$\varepsilon = 0/1$，分别表示卫星处于地影区或光照区；

C_r ——光压系数，与卫星表面材料有关，全吸收时值为 1.0，通常取 1.5；

S ——垂直于太阳光的卫星截面面积；

M ——卫星的质量；

$P_0 = 4.65 \times 10^{-6}\ \mathrm{N/m^2}$ ——单位面积上的太阳辐射压力；

$\boldsymbol{u}_{\mathrm{vs}}$ ——卫星指向太阳的单位矢量。

由式（6.4-52）分析可知，卫星受到的光压加速度，主要取决于光照面积与卫星质量的比值（面质比），对于 GEO 卫星通常取 0.02 $\mathrm{m^2/kg}$。太阳相对地球赤道面不同高度角时，产生摄动加速度不同。当太阳高度角为零时，如春分点和秋分点，此时光压摄动法向加速度分量为零，径向加速度和切向加速度幅值达到最大，约为 $1.4\times10^{-7}\ \mathrm{m/s^2}$；当太阳高度角达到最大时，如夏至和东至，此时光压摄动法向分量达到最大，约为 $5.4\times10^{-8}\ \mathrm{m/s^2}$。虽然光压摄动比日月引力和地球扁率 J_2 摄动小一个量级，但是光压的连续作用是不可忽略的。特别是光压的切向分量，在静止轨道绕地球运动一圈内，后半圈内符号为正，前半圈符号为负；对轨道半长轴来说，仅表现为一增一减的周期性振荡。但对偏心率来说，在相隔 180°的轨道相位上，符号相反的切向加速度，对轨道偏心率的影响是叠加的，因此，光压摄动导致静止轨道偏心率存在长周期项摄动，摄动量级随季节不同、太阳高度角不同而变化。

为了便于分析，在不考虑卫星光照遮挡的前提下，近似认为卫星到太阳的指向与地心到太阳的指向一致，则 $\boldsymbol{u}_{\mathrm{vs}} = \dfrac{\boldsymbol{r}_s}{r_s} = [x_s \quad y_s \quad z_s]^{\mathrm{T}}$，令地心到卫星的位置矢量 $\boldsymbol{r} = [x \quad y \quad z]^{\mathrm{T}}$，则构造太阳光压虚拟位函数为

$$R_p = -C_r \left(\frac{S}{M}\right) P_0 (x_s x + y_s y + z_s z) \tag{6.4-53}$$

卫星在 ECI 坐标系下的位置矢量可以表示为

$$\boldsymbol{r} = \begin{bmatrix} x \\ y \\ z \end{bmatrix} \approx a \begin{bmatrix} \cos l - \frac{3}{2}e_x + \frac{1}{2}e_x \cos 2l + \frac{1}{2}e_y \sin 2l \\ \sin l - \frac{3}{2}e_y + \frac{1}{2}e_x \sin 2l - \frac{1}{2}e_y \cos 2l \\ 0 \end{bmatrix} \tag{6.4-54}$$

因此有

$$\begin{cases}\dfrac{\partial R_p}{\partial e_x}=-C_r\left(\dfrac{S}{M}\right)P_0 a\left(-\dfrac{3}{2}x_s+\dfrac{1}{2}x_s\cos 2l+\dfrac{1}{2}y_s\sin 2l\right)\\\dfrac{\partial R_p}{\partial e_y}=-C_r\left(\dfrac{S}{M}\right)P_0 a\left(-\dfrac{3}{2}y_s+\dfrac{1}{2}x_s\sin 2l-\dfrac{1}{2}y_s\cos 2l\right)\end{cases}\tag{6.4-55}$$

得到太阳光压偏心率摄动方程为

$$\begin{cases}\dfrac{\mathrm{d}e_x}{\mathrm{d}t}=-\dfrac{1}{na^2}\dfrac{\partial R_p}{\partial e_y}=\dfrac{1}{na}C_r\left(\dfrac{S}{M}\right)P_0\left(-\dfrac{3}{2}y_s+\dfrac{1}{2}x_s\sin 2l-\dfrac{1}{2}y_s\cos 2l\right)\\\dfrac{\mathrm{d}e_y}{\mathrm{d}t}=\dfrac{1}{na^2}\dfrac{\partial R_p}{\partial e_x}=-\dfrac{1}{na}C_r\left(\dfrac{S}{M}\right)P_0\left(-\dfrac{3}{2}x_s+\dfrac{1}{2}x_s\cos 2l+\dfrac{1}{2}y_s\sin 2l\right)\end{cases}\tag{6.4-56}$$

忽略与卫星平赤经相关的半天周期的短周期项，得到仅与太阳位置相关的长周期项摄动部分为

$$\begin{cases}\dfrac{\mathrm{d}e_x}{\mathrm{d}t}=-\dfrac{3}{2}\dfrac{1}{na}C_r\left(\dfrac{S}{M}\right)P_0 y_s\\\dfrac{\mathrm{d}e_y}{\mathrm{d}t}=\dfrac{3}{2}\dfrac{1}{na}C_r\left(\dfrac{S}{M}\right)P_0 x_s\end{cases}\tag{6.4-57}$$

地心到太阳的单位矢量在 ECI 坐标系表示为

$$\frac{\boldsymbol{r}_s}{r_s}=\begin{bmatrix}x_s\\y_s\\z_s\end{bmatrix}=\begin{bmatrix}\cos u_s\\\sin u_s\cos i_s\\\sin u_s\sin i_s\end{bmatrix}$$

代入式（6.4－57）得偏心率的摄动运动方程为

$$\begin{cases}\dfrac{\mathrm{d}e_x}{\mathrm{d}t}=-\dfrac{3}{2}\dfrac{1}{na}C_r\left(\dfrac{S}{M}\right)P_0\cos i_s\sin u_s\\\dfrac{\mathrm{d}e_y}{\mathrm{d}t}=\dfrac{3}{2}\dfrac{1}{na}C_r\left(\dfrac{S}{M}\right)P_0\cos u_s\end{cases}\tag{6.4-58}$$

式（6.4－58）对 u_s 求积分得

$$\begin{cases}e_x=\displaystyle\int_0^{u_s}\frac{1}{n_s}\left(\frac{\mathrm{d}e_x}{\mathrm{d}t}\right)\mathrm{d}u_s=\frac{3}{2}\frac{1}{na}C_r\left(\frac{S}{M}\right)P_0\frac{1}{n_s}\cos i_s\cos u_s\\e_y=\displaystyle\int_0^{u_s}\frac{1}{n_s}\left(\frac{\mathrm{d}e_y}{\mathrm{d}t}\right)\mathrm{d}u_s=\frac{3}{2}\frac{1}{na}C_r\left(\frac{S}{M}\right)P_0\frac{1}{n_s}\sin u_s\end{cases}\tag{6.4-59}$$

则太阳光压引起偏心率矢量长周期变化如图 6.4－11 和图 6.4－12 所示。

太阳光压摄动将引起偏心率矢量的矢端沿一圆周运动（称为偏心率摄动圆），运动方向大致与太阳光方向垂直，其摄动圆半径为

$$e_r=\frac{3}{2}\frac{1}{na}C_r\left(\frac{S}{M}\right)P_0\frac{1}{n_s}\tag{6.4-60}$$

当 $C_r=1.5$，$S/M=0.02$ 时，偏心率摄动圆半径为 3.352×10^{-4}，当 $e=e_r$ 时，引起卫星经度变化的日振荡幅值为 $114.592°e=0.038\ 4°$。黄赤交角使偏心率摄动圆呈椭圆状，主轴与春分点方向垂直。

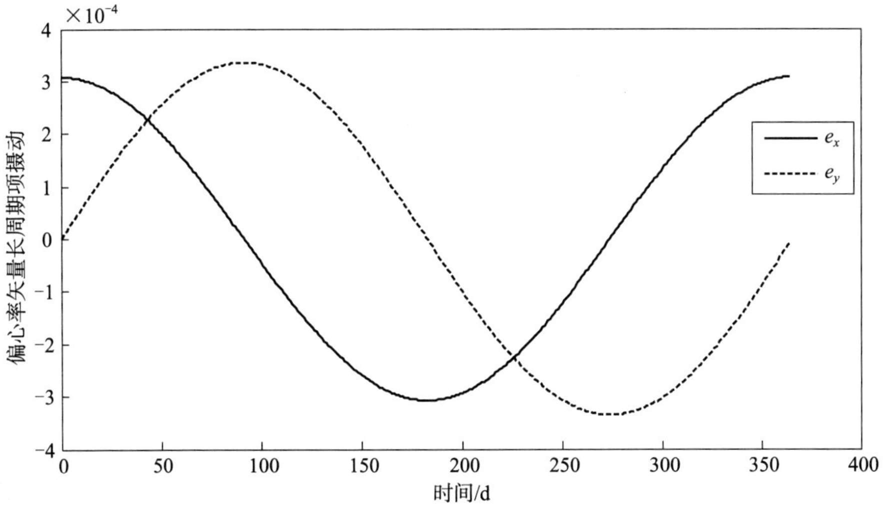

图 6.4-11　太阳光压摄动引起的偏心率矢量长周期变化情况

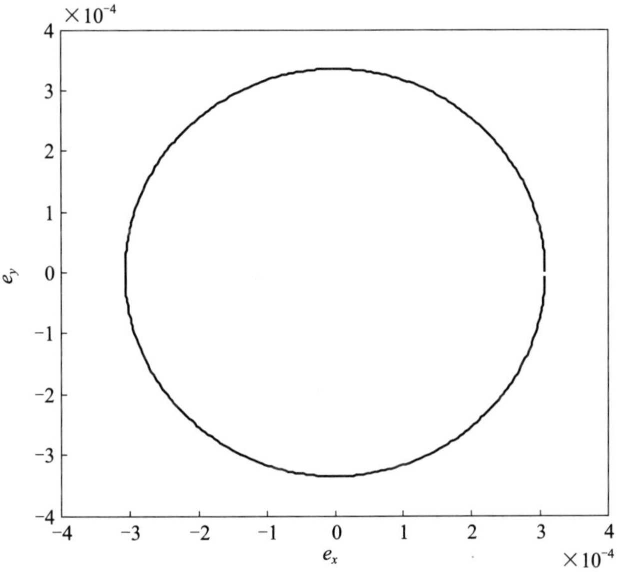

图 6.4-12　太阳光压摄动引起的偏心率矢量长周期变化相平面图

6.4.5 小结

通过上述对轨道摄动的分析，可以看出轨道摄动对位置保持的主要影响包括以下几个方面：

1）地球非球形引力和日月引力摄动引起的平经度长期漂移，可以通过调整标称静止轨道高度加以消除；

2）地球非球形引力摄动田谐项引起的平经度漂移加速度，通过平经度控制加以消除；

3）日月引力摄动引起的轨道倾角长期漂移，通过轨道倾角控制加以消除；

4）太阳光压摄动引起的偏心率年周期变化，通过偏心率控制加以消除。

6.5 轨道控制动力学

6.5.1 轨控推力模型

目前常用的轨控执行机构有化学推进发动机和电推进发动机等类型。一般而言，针对推力较大的发动机采用脉冲推力模型，针对推力较小的，如电推进发动机等，采用有限推力（连续推力）模型。

（1）脉冲推力模型

脉冲推力模型认为变轨推力作用时间比变轨前后的轨道周期短得多，因此可以采用脉冲函数描述推力的变化。一般定义该脉冲函数等于推力冲量乘以狄拉克函数，从而脉冲函数积分对应的冲量等于推力实际作用冲量。

脉冲推力作用前后，卫星在空间位置不变，速度则获得瞬时改变量，方向沿推力矢量，大小满足式（6.5－1）

$$|\Delta v| = -I_{sp}\log\left(1-\frac{F\Delta t}{m_0 I_{sp}}\right) \tag{6.5-1}$$

质量变化满足式（6.5－2）

$$\Delta m = -\frac{F\Delta t}{I_{sp}} \tag{6.5-2}$$

式中 F ——变轨过程平均推力大小；

Δt ——推力作用时间；

I_{sp} ——发动机比冲；

m_0 ——变轨前卫星总质量。

（2）有限推力模型

当推力较小，作用时间较长，例如电推进长弧段点火变轨时，不能使用脉冲推力模型，需要采用变轨过程连续作用的有限推力模型。

此时速度增量和推进剂消耗量采用积分方式计算。

6.5.2 脉冲推力动力学方程

采用经典轨道根数，推力摄动方程和变质量动力学方程一起构成变轨过程的动力学方程。脉冲推力变轨模型忽略变轨过程，因此可直接根据变轨速度增量 Δv 计算各轨道根数的改变量。

针对地球静止轨道，设脉冲速度增量在轨道系径向、切向、法向三轴分别为 $[\Delta v_R \quad \Delta v_T \quad \Delta v_N]$，作用时刻对应平赤经为 L，则脉冲速度增量对静止轨道根数的变化量，即脉冲推力控制动力学方程为

$$\begin{cases}\Delta a = 2a_s \dfrac{\Delta v_T}{v_s} \\ \Delta\lambda = -2\dfrac{\Delta v_R}{v_s} \\ \Delta e_x = \dfrac{\Delta v_R}{v_s}\sin L + \dfrac{2\Delta v_T}{v_s}\cos L \\ \Delta e_y = -\dfrac{\Delta v_R}{v_s}\cos L + \dfrac{2\Delta v_T}{v_s}\sin L \\ \Delta i_x = \dfrac{\Delta v_N}{v_s}\cos L \\ \Delta i_y = \dfrac{\Delta v_N}{v_s}\sin L\end{cases} \tag{6.5-3}$$

式中　a_s ——静止轨道半长轴；

v_s ——静止轨道速度。

取 $a_s = 42\ 165.7$ km，$v_s = 3.074\ 7$ km/s，可以得到轨道根数变化量与速度增量的以下定量估算关系为

$$\Delta a(\text{单位:m}) \approx 27\ 427 \cdot \Delta v_T(\text{单位:m/s})$$

$$\Delta\lambda[\text{单位:}(^\circ)] \approx 0.037 \cdot \Delta v_R(\text{单位:m/s})$$

$$|\Delta \boldsymbol{e}| \approx 3.25\times 10^{-4} \cdot |\Delta v_R|(\text{单位:m/s})$$

$$|\Delta \boldsymbol{e}| \approx 6.5\times 10^{-4} \cdot |\Delta v_T|(\text{单位:m/s})$$

$$|\Delta \boldsymbol{i}| \approx 0.018\ 6^\circ \cdot |\Delta v_N|(\text{单位:m/s})$$

注意到，偏心率矢量和倾角矢量的总变化量可以由速度增量大小确定，但不同方向的变化量与点火位置有关。

6.5.3 连续推力动力学方程

当采用连续推力模型时，需考虑点火过程中的持续推力作用。若考虑变推力情况，则速度增量的作用可随时间积分得到。本文设平均推力加速度在轨道系径向、切向、法向三轴分别为 $[a_R \quad a_T \quad a_N]$，推力持续时间为 Δt。

（1）半长轴

$$\Delta a = 2a_s \frac{a_T \Delta t}{v_s} \tag{6.5-4}$$

（2）平经度

考虑持续推力作用，平经度的变化量方程不仅包含径向速度增量，还包含切向速度增量引起的平经度漂移率变化。考虑两者的共同作用，表达式为

$$\Delta\lambda = -\frac{\Delta t}{v_s}\left(2a_R + \frac{3\,\omega_e\, a_T \Delta t}{2}\right) \tag{6.5-5}$$

式中　ω_e ——地球自转角速度，取值为 360.985 6（°）/d。

(3) 偏心率矢量

设推力作用弧段中点时刻卫星平赤经为 L_m，将速度增量作用沿推力作用弧段积分，可得径向速度增量和切向速度增量对偏心率矢量作用的动力学方程为

$$\Delta e_x = \frac{2}{nv_s}(a_R \sin L + 2a_T \cos L)\sin\left(\frac{n\Delta t}{2}\right) \tag{6.5-6a}$$

$$\Delta e_y = \frac{2}{nv_s}(-a_R \cos L + 2a_T \sin L)\sin\left(\frac{n\Delta t}{2}\right) \tag{6.5-6b}$$

式中 n ——推力作用期间卫星平均轨道角速度。

(4) 倾角矢量

与偏心率矢量类似，将速度增量作用沿推力作用弧段积分，可得法向速度增量对倾角矢量作用的动力学方程为

$$\Delta i_x = \frac{2a_N}{nv_s}\cos L \sin\left(\frac{n\Delta t}{2}\right) \tag{6.5-7a}$$

$$\Delta i_y = \frac{2a_N}{nv_s}\sin L \sin\left(\frac{n\Delta t}{2}\right) \tag{6.5-7b}$$

6.6 相对轨道动力学

6.6.1 坐标系及基本假设

为了描述任务航天器与目标航天器之间的相对运动，以目标航天器质心为坐标原点，建立相对运动直角坐标系：坐标原点在目标航天器质心，Z 轴为目标航天器质心指向地心的矢量方向，X 轴指向目标航天器的运动方向，Y 轴与 X 轴、Z 轴构成右手坐标系，如图 6.6-1 所示。

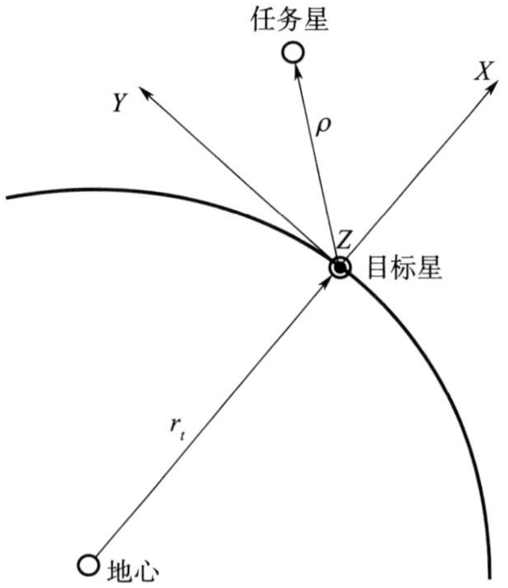

图 6.6-1 相对运动直角坐标系

6.6.2　圆参考轨道相对动力学方程

假设目标航天器运行在近圆轨道。记 $\boldsymbol{r}_t$ 和 $\boldsymbol{r}_c$ 为目标航天器与任务航天器在地心惯性坐标系下的位置矢量，则在惯性系下目标航天器与任务航天器的动力学方程为

$$\ddot{\boldsymbol{r}}_c = -\frac{\mu \boldsymbol{r}_c}{\|\boldsymbol{r}_c\|} + \boldsymbol{a}_c + \frac{\boldsymbol{F}_c}{m_c} \tag{6.6-1a}$$

$$\ddot{\boldsymbol{r}}_t = -\frac{\mu \boldsymbol{r}_t}{\|\boldsymbol{r}_t\|} + \boldsymbol{a}_t \tag{6.6-1b}$$

式中　μ ——地球引力常数；

$\boldsymbol{a}_c$，$\boldsymbol{a}_t$ ——作用在任务航天器和目标航天器上的除地球中心引力外的其他摄动力引起的摄动加速度；

$\|\cdot\|$ ——对矢量取模。

记任务航天器的相对位置为 $\boldsymbol{\rho} = \boldsymbol{r}_c - \boldsymbol{r}_t$，可得惯性系下的相对运动方程为

$$\ddot{\boldsymbol{\rho}} = -\frac{\mu}{\|\boldsymbol{r}_t\|}\left[\boldsymbol{r}_t - \boldsymbol{r}_c\left(\frac{\|\boldsymbol{r}_t\|}{\|\boldsymbol{r}_c\|}\right)^3\right] + \boldsymbol{a}_c - \boldsymbol{a}_t + \boldsymbol{a}_m \tag{6.6-2}$$

将其转换至任务航天器相对目标航天器的相对运动坐标系，并以矢量形式表示，可得

$$\ddot{\boldsymbol{\rho}} = -\dot{\boldsymbol{\omega}}_o \times \boldsymbol{\rho} - 2\boldsymbol{\omega}_o \times \dot{\boldsymbol{\rho}} - \boldsymbol{\omega}_o \times (\boldsymbol{\omega}_o \times \boldsymbol{\rho}) - \frac{\mu}{\|\boldsymbol{r}_t\|}\left[\boldsymbol{r}_t - \boldsymbol{r}_c\left(\frac{\|\boldsymbol{r}_t\|}{\|\boldsymbol{r}_c\|}\right)^3\right] + \boldsymbol{a}_c - \boldsymbol{a}_t + \boldsymbol{a}_m \tag{6.6-3}$$

式中　$\boldsymbol{\omega}_o$ ——目标航天器的轨道角速度矢量。

在相对运动坐标系中，代入下列关系

$$\boldsymbol{\rho} = [x \quad y \quad z]$$

$$\boldsymbol{\omega}_o = [0 \quad 0 \quad \dot{\theta}]$$

$$\boldsymbol{r}_t = [\|\boldsymbol{r}_t\| \quad 0 \quad 0]$$

得到直角坐标系下的相对运动方程为

$$\begin{cases} \ddot{x} = \dot{\theta}^2 x + \ddot{\theta} y + 2\dot{\theta}\dot{y} + \dfrac{\mu}{\|\boldsymbol{r}_t\|^2} - \dfrac{\mu(\|\boldsymbol{r}_t\| + x)}{\|\boldsymbol{r}_c\|^3} + f_x \\ \ddot{y} = -\ddot{\theta} x + \dot{\theta}^2 y - 2\dot{\theta}\dot{x} - \dfrac{\mu}{\|\boldsymbol{r}_c\|^3} y + f_y \\ \ddot{z} = -\dfrac{\mu}{\|\boldsymbol{r}_c\|^3} z + f_z \end{cases} \tag{6.6-4}$$

式中　$\dot{\theta}$，$\ddot{\theta}$ ——真近点角变化率及真近点角变化加速度，并定义相对非引力加速度 $\boldsymbol{f} = \boldsymbol{a}_c - \boldsymbol{a}_t + \boldsymbol{a}_m = [f_x \quad f_y \quad f_z]$。

假设任务航天器与目标航天器的距离远小于目标航天器的轨道半长轴，则式（6.6-4）可以进行一阶线性近似，且若目标航天器为圆轨道，则 $\dot{\theta}$ 等于平均轨道角速度 n，$\ddot{\theta}$ 为零。可得到 C-W 方程为

$$\begin{cases}\ddot{x}-2n\dot{y}-3n^2x=f_x\\ \ddot{y}+2n\dot{x}=f_y\\ \ddot{z}+n^2z=f_z\end{cases}\tag{6.6-5}$$

控制力为零且两航天器满足近距离假设时，可设式（6.6－5）等号右边为零，此时C－W方程的解析解为

$$\begin{cases}x(t)=(x_t-A)\cos(nt)+\dfrac{\dot{x}_t}{n}\sin(nt)+A\\ y(t)=-2(x_t-A)\sin(nt)+\dfrac{2\dot{x}_t}{n}\cos(nt)-\dfrac{3nA}{2}t+B\\ z(t)=z_t\cos(nt)+\dfrac{\dot{z}_t}{n}\sin(nt)\end{cases}\tag{6.6-6}$$

式中

$$A=\frac{2\dot{y}_t+4nx_t}{n}$$

$$B=\frac{-2\dot{x}_t+ny_t}{n}$$

C－W方程是基于圆参考轨道、线性化相对运动和二体引力等3个条件推导的。对于长期飞行或两个航天器相距较远的情况，这3个假设条件将带来很大的误差，此时应当使用精度更高的椭圆轨道相对动力学模型、考虑摄动项的相对动力学模型等。但对于短时间的近距离空间在轨服务、交会对接等任务，C－W方程是可以满足一定精度要求的。而且其揭示了相对运动的基本规律，并具有形式简单的解析解，可以采用直观的几何模型设计相对轨道，因此获得了广泛应用。

参 考 文 献

[1] MONTENBRUCK O, GILL E. Satellite Orbits: Models Methods and Applications [M]. Springer, 2000.

[2] CURTIS H D. Orbital Mechanics for Engineering Students [M]. Elsevier, 2005.

[3] BATE R R. 航天动力学基础 [M]. 吴鹤鸣，李肇杰，译．北京：北京航空航天大学出版社，1990.

[4] CAPDEROU M. Satellites: Orbits and Missions [M]. Translated from French by Lyle S. Springer - Verlag France, 2005.

[5] XU G C. Orbits [M]. Berlin: Springer - Verlag, 2008.

[6] BATTIN R H. 航天动力学的数学方法 [M]. 倪彦硕，蒋方华，李俊峰，译. 北京：中国宇航出版社，2018.

[7] 刘林. 航天器轨道理论 [M]. 北京：国防工业出版社，2000.

[8] 杨嘉墀. 航天器轨道动力学与控制 [M]. 北京：中国宇航出版社，1995.

[9] 郗晓宁，王威，高玉东．近地航天器轨道基础 [M]. 长沙：国防科技大学出版社，2003.

[10] ALFRIEND K T, VADALI S R, GURFIL P, et al. Spacecraft Formation Flying: Dynamics, Control and Navigation [M]. Elsevier, 2010.

[11] 李恒年. 地球静止卫星轨道与共位控制技术 [M]. 北京：国防工业出版社，2010.

[12] 林来兴. 空间交会对接技术 [M]. 北京：国防工业出版社，1995.

[13] 杨乐平，朱彦伟，黄涣. 航天器相对运动轨迹规划与控制 [M]. 北京：国防工业出版社，2010.

[14] 张柏楠. 航天器交会对接任务分析与设计 [M]. 北京：科学出版社，2011.

[15] BAXTER B E. Keplerian Representation of a Non - Keplerian Orbit [J]. Journal of Guidance and Control, 1980, 3 (2): 151 - 153.

[16] 孙承启．航天器开普勒轨道和非开普勒轨道的定义、分类及控制 [J]. 空间控制技术与应用，2009，35 (4)：1 - 5.

第 7 章　静止轨道卫星轨道控制

7.1　概述

静止轨道卫星入轨前经历**发射主动段**和**转移轨道段**两个飞行阶段。其中，发射主动段由火箭将卫星送入近地点 200 km 左右、远地点大于或等于地球同步轨道高度的转移轨道；转移轨道段由卫星自身变轨发动机执行 4～5 次（或更多次）变轨机动，将卫星近地点抬高至同步轨道高度，同时将轨道倾角降低至 0°附近，再经过若干次定点捕获，最终使卫星到达静止轨道定点位置[1-5]。

静止轨道卫星同步轨道段主要轨道控制任务就是进行**轨道保持控制**，静止轨道卫星在经度方向和纬度方向上有控制精度指标要求[6,7]，通常，经度指标由允许的经度位置相对定点经度的最大偏差定义，纬度指标由允许的最大轨道倾角定义，如图 7.1－1 所示。

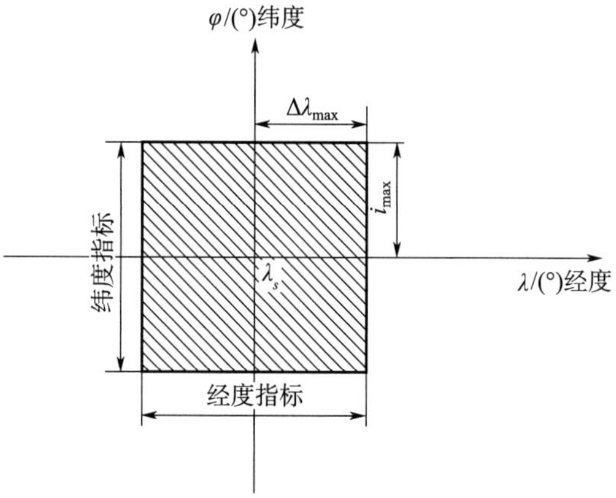

图 7.1－1　静止轨道卫星位保控制指标区域

因此，静止轨道卫星轨道保持控制就是在卫星整个寿命期间，利用推进系统进行一系列的轨道修正控制的总称，其作用是尽量维持卫星在保持死区内的自由摄动运动，最大可能避免卫星运动到保持死区之外。

静止轨道卫星位保控制一般分为南北位保和东西位保两种形式。其中，南北位保控制的目的是利用法向推力降低卫星的倾角，使卫星地理纬度位于保持死区内。东西位保包括平经度控制和偏心率控制两部分。平经度控制的目的是利用切向推力使卫星的平经度维持在定点经度附近，使卫星的平经度位于刨去经度日振荡的保持死区内；偏心率控制的目的是利用双脉冲切向推力降低卫星的偏心率，减小卫星地理经度的日周期振荡[8,9]。

在同步轨道段，当需要从一个定点位置转移到另外一个定点位置时，则应当进行漂星控制，通常采用三脉冲控制策略，实现卫星定点位置转移。

由于静止轨道资源有限，有时需要两颗卫星或多颗卫星共用一个定点位置，为了确保卫星间不产生频率干扰和碰撞，需要进行卫星共位控制，设计合理的共位隔离策略，确保共位卫星的运行安全性[10-12]。

静止轨道卫星任务结束后，为了保护空间环境并避免对其他静止轨道卫星造成危害，需进行离轨控制，抬高卫星轨道高度脱离静止轨道保护区，满足离轨约束条件。

受篇幅限制，本章主要介绍静止轨道卫星同步轨道段所使用的轨道控制方法，包括南北位保、东西位保、偏心率控制，以及漂星、共位与离轨控制。

7.2 静止轨道控制方程

对于地球静止轨道有 $e \approx 0$ 和 $i \approx 0$，为了避免摄动方程出现奇点，引入偏心率矢量 $\boldsymbol{e} = [e_x,\ e_y]^{\mathrm{T}}$、倾角矢量 $\boldsymbol{i} = [i_x,\ i_y]^{\mathrm{T}}$ 和平赤经 l 进行描述，定义静止轨道无奇点根数为[13]

$$\begin{cases} a \\ e_x = e\cos(\Omega + \omega) \\ e_y = e\sin(\Omega + \omega) \\ i_x = \sin i\cos\Omega \\ i_y = \sin i\sin\Omega \\ l = \Omega + \omega + M \end{cases} \tag{7.2-1}$$

则以上述根数表示的高斯型轨道摄动方程为

$$\begin{cases} \dfrac{\mathrm{d}a}{\mathrm{d}t} = \dfrac{2}{n}[F_R e\sin f + F_T(1 + e\cos f)] \\ \dfrac{\mathrm{d}i_x}{\mathrm{d}t} = \dfrac{rF_N}{na^2}[\cos i\cos(\omega + f)\cos\Omega - \sin(\omega + f)\sin\Omega] \\ \dfrac{\mathrm{d}i_y}{\mathrm{d}t} = \dfrac{rF_N}{na^2}[\cos i\cos(\omega + f)\sin\Omega + \sin(\omega + f)\cos\Omega] \\ \dfrac{\mathrm{d}e_x}{\mathrm{d}t} = \dfrac{1}{na}[F_R\sin(\omega + f + \Omega) + F_T\cos(\omega + f + \Omega) + \cos(\omega + E + \Omega)] \\ \dfrac{\mathrm{d}e_y}{\mathrm{d}t} = \dfrac{1}{na}[-F_R\cos(\omega + f + \Omega) + F_T\sin(\omega + f + \Omega) + \sin(\omega + E + \Omega)] \\ \dfrac{\mathrm{d}l}{\mathrm{d}t} = n - \dfrac{2r}{na^2}F_R + \dfrac{e(a + r)}{2na^2}F_T\sin f + \dfrac{r}{na^2}F_N\sin(\omega + f)\tan\left(\dfrac{i}{2}\right) \end{cases} \tag{7.2-2}$$

式中　F_R ——径向摄动加速度，指天为正；

F_T ——切向摄动加速度，指前为正；

F_N ——法向摄动加速度，指北为正。

对于静止轨道卫星有 $r \approx a$，$e \approx 0$，$\sin i \approx 0$，$\cos i \approx 1$，$E \approx M$，$f \approx M$，则式（7.2-2）可以进一步简化，得到静止轨道摄动方程为

$$\begin{cases} \dfrac{\mathrm{d}a}{\mathrm{d}t} = \dfrac{2}{n}F_T \\ \dfrac{\mathrm{d}i_x}{\mathrm{d}t} = \dfrac{F_N}{na}\cos l \\ \dfrac{\mathrm{d}i_y}{\mathrm{d}t} = \dfrac{F_N}{na}\sin l \\ \dfrac{\mathrm{d}e_x}{\mathrm{d}t} = \dfrac{1}{na}(F_R\sin l + 2F_T\cos l) \\ \dfrac{\mathrm{d}e_y}{\mathrm{d}t} = \dfrac{1}{na}(-F_R\cos l + 2F_T\sin l) \\ \dfrac{\mathrm{d}l}{\mathrm{d}t} = n - \dfrac{2}{na}F_R \end{cases} \tag{7.2-3}$$

将控制推力产生的喷气摄动加速度代入，得到轨道参数变化量与速度增量之间的关系，即静止轨道控制方程为

$$\begin{cases} \Delta D = -\dfrac{3\Delta v_T}{v_s}\omega_e \\ \Delta a = \dfrac{2}{\omega_e}\Delta v_T \\ \Delta\lambda = -\dfrac{2}{v_s}\Delta v_R \\ \Delta i_x = \dfrac{\Delta v_N}{v_s}\cos l \\ \Delta i_y = \dfrac{\Delta v_N}{v_s}\sin l \\ \Delta e_x = \dfrac{1}{v_s}(\Delta v_R\sin l + 2\Delta v_T\cos l) \\ \Delta e_y = \dfrac{1}{v_s}(-\Delta v_R\cos l + 2\Delta v_T\sin l) \end{cases} \tag{7.2-4}$$

式中　Δv_R，Δv_T，Δv_N ——速度增量沿径向、切向和法向的分量；

$v_s = \omega_e a_s = 3\ 074.7$ m/s——标称静止轨道速度；

$\omega_e = 7.292\ 1 \times 10^{-5}$ rad/s——静止轨道角速度。

根据静止轨道控制方程得到以下结论：

1）径向速度增量 Δv_R 不改变轨道漂移率和半长轴，而改变平赤经和偏心率，1 m/s 的径向速度增量改变平赤经 0.037°、偏心率 3.25×10^{-4}；

2）切向速度增量 Δv_T 改变轨道漂移率、半长轴和偏心率，1 m/s 切向速度增量改变漂移率 0.352（°）/d、半长轴 27.4 km、偏心率 6.5×10^{-4}，切向速度增量对偏心率大小改变量是径向速度增量的两倍；

3）法向速度增量改变轨道倾角，1 m/s 的法向速度增量改变轨道倾角大小为 0.018 6°，改变 1°轨道倾角所需法向速度增量为 53.66 m/s。

7.3　南北位置保持

静止轨道卫星受日月引力摄动影响轨道倾角存在长期漂移，需要通过南北位保控制，利用轨道法向推力减小轨道倾角，使卫星在南北纬度方向上始终位于保持环区域内。纬度方向定义一般为相对历元时刻的平赤道面，高精度要求时定义为相对历元时刻的真赤道面，因此需要将倾角矢量由 J2000 惯性系转换到瞬时平赤道惯性坐标系或瞬时真赤道惯性坐标系下，以保证南北方向的控制精度要求。

经摄动分析表明，倾角矢量摄动的短周期项很小，可以作为误差处理，因此主要考虑长周期项和长期项。主要的长周期项有两个：幅值约 0.004°的半月周期项和幅值约 0.023°的半年周期项。长期项使倾角矢量大致沿 $+Y$ 轴方向匀速变化，变化速率为 0.75～0.95（°）/年，摄动方向与 $+Y$ 轴方向的偏差不超过 9°，变化周期约 18.6 年。

根据倾角摄动的变化规律，为了使倾角保持在控制区间内的时间最长，南北位保通常采用倾角负偏置策略，也就是使控制后的轨道具有适宜的倾角偏置量，并且升交点的赤经接近 270°，轨道倾角控制策略示意图如图 7.3-1 所示：当倾角矢量在摄动作用下到达倾角保持环边界时，通过南北位保控制利用法向推力产生倾角控制量 Δi ，将倾角矢量控制到目标矢量 $\boldsymbol{i}_f$ ，进入下一个摄动周期，倾角在摄动作用下先减小再增大，最终形成控制→自由运动→再控制的周期过程，使得倾角矢量始终在保持圆 i_d 范围内往复变化，满足卫星南北纬度方向控制精度指标。

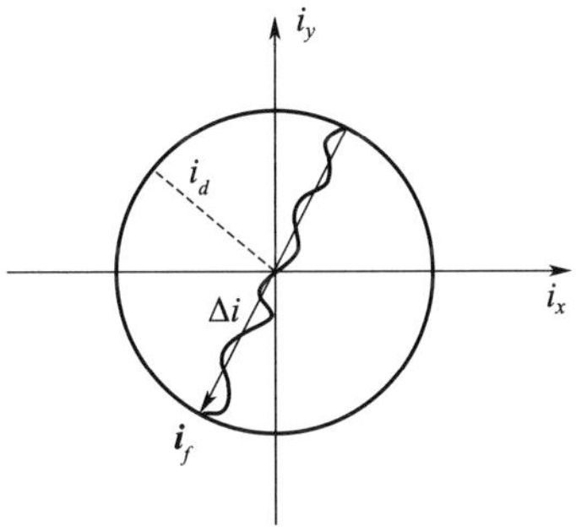

图 7.3-1　轨道倾角控制策略示意图

7.3.1　倾角控制目标

静止轨道卫星南北位置保持精度指标约束了最大允许倾角为 $i_{\max}$，倾角控制策略还需要考虑倾角测量误差 Δi_m、倾角控制误差 Δi_c 以及其他不确定误差 Δi_r 的影响，最终获得倾角保持圆半径 i_d，计算公式为

$$i_d = i_{\max} - i_m - i_c - i_r \tag{7.3-1}$$

分别以 0.05°和 0.1°精度指标要求为例，南北位置保持误差分配见表 7.3－1。

表 7.3－1 南北位置保持误差分配

误差因素	误差分配 /(°)	
倾角保持圆半径 i_d	0.037	0.087
倾角测量误差 Δi_m	0.005	0.005
倾角控制误差 Δi_c	0.004	0.004
其他不确定误差 Δi_r	0.004	0.004
南北纬度指标	0.05	0.1

倾角控制目标选择应使得控后倾角矢量在保持圆内自由摄动运动的时间尽可能长，为此倾角控制目标选择与当年倾角平均摄动方向匹配，这样使得倾角摄动运动通过坐标原点，自由摄动距离达到最长，等于保持圆直径 $2i_d$，则倾角控制目标矢量 $\boldsymbol{i}_f=[i_{fx},\ i_{fy}]^{\mathrm{T}}$ 为

$$\boldsymbol{i}_f=\begin{bmatrix} i_{fx} \\ i_{fy} \end{bmatrix}=i_d\begin{bmatrix} \cos(\pi+\Omega_d) \\ \sin(\pi+\Omega_d) \end{bmatrix} \tag{7.3-2}$$

令当年倾角总摄动变化量为 δi_{year} [（°）/年]，则南北位保的平均控制周期为

$$T_{\mathrm{NS}}=\frac{2i_d}{\delta i_{\mathrm{year}}} \tag{7.3-3}$$

假设当年倾角摄动方向为 $\Omega_d=87°$，总摄动变化量 $\delta i_{\mathrm{year}}=0.85°$，倾角保持圆半径取 $i_d=0.037°$，则倾角控制的目标矢量为 $\boldsymbol{i}_f=[-0.001\ 94°\quad -0.036\ 95°]^{\mathrm{T}}$，倾角平均控制周期为 32 天。

7.3.2 倾角控制量

令卫星当前轨道倾角矢量为 $\boldsymbol{i}_0=[i_{0x},\ i_{0y}]^{\mathrm{T}}$，控制目标倾角矢量为 $\boldsymbol{i}_f=[i_{fx},\ i_{fy}]^{\mathrm{T}}$，则倾角控制矢量为

$$\Delta\boldsymbol{i}=\boldsymbol{i}_0-\boldsymbol{i}_f=\begin{bmatrix} i_{0x}-i_{fx} \\ i_{0y}-i_{fy} \end{bmatrix}=\begin{bmatrix} \Delta i_x \\ \Delta i_y \end{bmatrix} \tag{7.3-4}$$

根据 7.2 节静止轨道控制方程，利用法向速度增量 Δv_N 改变轨道倾角大小和方向

$$\begin{cases} \Delta i_x=\dfrac{\Delta v_N}{v_s}\cos l \\ \Delta i_y=\dfrac{\Delta v_N}{v_s}\sin l \end{cases} \tag{7.3-5}$$

则倾角法向速度增量计算公式为

$$\Delta v_N=v_s\sqrt{\Delta i_x^2+\Delta i_y^2} \tag{7.3-6}$$

假设卫星质量为 M_{sat}，南北位保推力为 F_{NS}，效率为 η_{NS}，则单次南北位保脉冲喷气控制量 Δt_{NS} 为

$$\Delta t_{\mathrm{NS}}=\frac{M_{\mathrm{sat}}\Delta v_N}{F_{\mathrm{NS}}\eta_{\mathrm{NS}}} \tag{7.3-7}$$

轨道倾角长期摄动变化量在 0.75～0.95（°）/年范围内，平均摄动变化量为 0.85（°）/年，则每年轨道倾角控制所需速度增量在 40.2～51.0 m/s 范围内，平均速度增量为 45.6 m/s，由此可见，静止轨道卫星倾角控制将消耗卫星较多的推进剂。

7.3.3　倾角控制时刻

南北位保控制通常在卫星升降交点附近执行，升交点向南，降交点向北，无论选择哪个方向，同样大小的法向速度增量产生的控制效果完全相同，对倾角矢量的大小和方向改变量一致，只是控制时刻卫星平赤经相差 180°。若选择向南位保，对应 $\Delta v_N < 0$，控制时刻对应的卫星平赤经为

$$l_{\mathrm{NS}} = \mathrm{arctan2}(\Delta i_y, \Delta i_x) \tag{7.3-8}$$

若选择向北位保，对应 $\Delta v_N > 0$，控制时刻对应的卫星平赤经为

$$l_{\mathrm{NS}} = \mathrm{arctan2}(\Delta i_y, \Delta i_x) + \pi \tag{7.3-9}$$

当考虑卫星为脉冲控制推力时，假设南北位保喷气控制脉宽为 W_{NS}，脉冲周期为 P_{NS}，则南北位保控制弧段长度 Δl_{NS} 为

$$\Delta l_{\mathrm{NS}} = \frac{\Delta t_{\mathrm{NS}}}{W_{\mathrm{NS}}} P_{\mathrm{NS}} \tag{7.3-10}$$

则考虑喷气控制弧段修正的南北位保启控时刻为

$$l = l_{\mathrm{NS}} - \frac{1}{2}\Delta l_{\mathrm{NS}} \tag{7.3-11}$$

由于静止轨道面在日月引力的摄动作用下总是绕与春分点指向垂直轴转动，即倾角矢量始终向赤经 90°方向变化，而南北位保控制作用克服轨道平面的转动，因此控制时刻卫星平赤经基本在 90°或 270°附近，因此倾角控制时刻与卫星当地时之间的关系如图 7.3-2 所示，归纳为表 7.3-2。

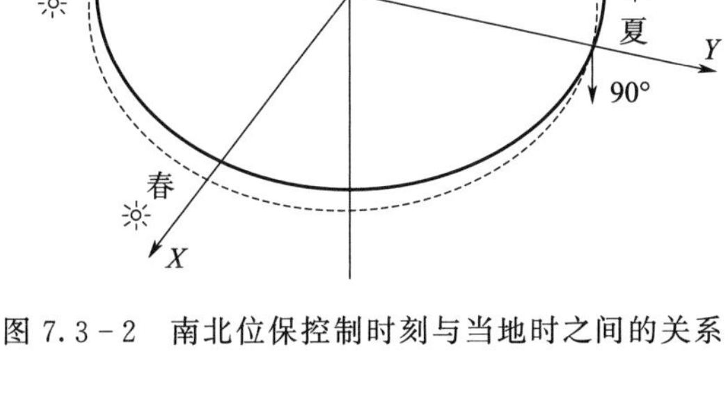

图 7.3-2　南北位保控制时刻与当地时之间的关系

表 7.3-2　南北位保控制时刻与当地时之间的关系

季节	北向控制	南向控制
春	早晨	傍晚
夏	午夜	中午
秋	傍晚	早晨
冬	中午	午夜

7.4　东西位置保持

静止轨道卫星在东西方向的经度漂移由两部分构成：一部分是由地球非球形引力摄动引起的平经度漂移率变化，另一部分是太阳光压产生偏心率摄动，引起卫星经度日周期振荡，两者的影响是相互独立的，共同引起卫星东西方向经度偏差。卫星东西位置保持控制目标是：利用轨道切向推力改变轨道半长轴，进而改变卫星平经度漂移率，克服地球非球形摄动引起的平经度漂移加速度；同时，限制轨道偏心率的大小，降低卫星经度日周期振荡幅值，使卫星在东西方向上始终位于控制精度指标要求范围内。

静止轨道卫星受地球非球形引力田谐项摄动影响，平经度变化呈抛物线运动，平经度漂移加速度与定点位置有关，对于平经度摄动加速度 $\ddot{\lambda}<0$ 的情况，平经度控制策略示意图如图 7.4-1 所示，控制边界选择在漂移环的左侧，当卫星漂移到保持环的左边界时，对应图中相点沿 $C\rightarrow B\rightarrow A$，当到达 A 点后，对卫星实施向西控制，降低半长轴，改变卫星的漂移方向，使卫星相点由 $A\rightarrow C$，进入下一个自由漂移过程。对于 $\ddot{\lambda}>0$ 的情况，平经度漂移环抛物线方向取反，相点 A 和 C 位置互换即可。

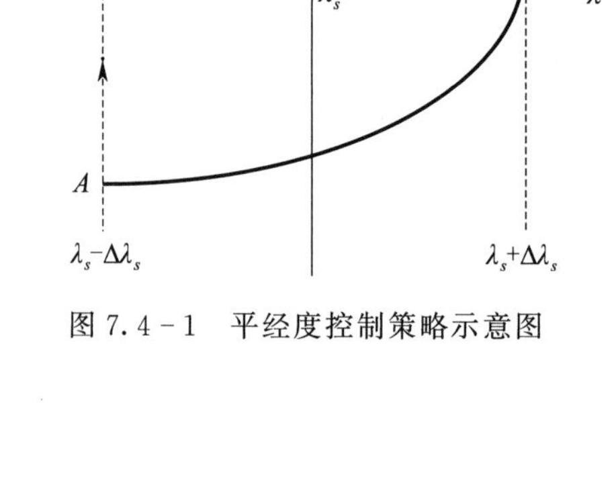

图 7.4-1　平经度控制策略示意图

7.4.1　平经度控制目标

令卫星当前瞬时地理经度为 λ，平经度为 $\bar{\lambda}$，定点位置经度为 λ_s，东西方向控制精度指标为 $\pm\Delta\lambda_{\max}$，则东西位保控制目标可以表示为

$$|\lambda-\lambda_s|=|\bar{\lambda}+2e\sin M-\lambda_s|\leqslant\Delta\lambda_{\max} \tag{7.4-1}$$

考虑平经度的测量误差 $\Delta\lambda_m$、控制误差 $\Delta\lambda_c$，日月引力引起的长周期摄动 $\Delta\lambda_d$，偏心率引起的日周期波动 $\Delta\lambda_e$，则平经度漂移环半宽为

$$\Delta\lambda_s=\Delta\lambda_{\max}-\Delta\lambda_m-\Delta\lambda_c-\Delta\lambda_p-\Delta\lambda_e \tag{7.4-2}$$

分别以 0.05°和 0.1°精度指标要求为例，东西位保误差分配见表 7.4-1。

表 7.4-1　东西位保误差分配

误差因素	误差分配/(°)	
平经度保持环半宽 $\Delta\lambda_s$	0.011	0.061
平经度测量误差 $\Delta\lambda_m$	0.005	0.005
平经度控制误差 $\Delta\lambda_c$	0.004	0.004
日月平经度摄动 $\Delta\lambda_d$	0.008	0.008
偏心率日周期波动 $\Delta\lambda_e$	0.022	0.022
东西经度指标	0.05	0.1

注：对应偏心率保持圆半径为 2.0×10^{-4}。

如图 7.4-1 所示，平经度控制策略采用单边极限环形式，以 $\ddot{\lambda}<0$ 情况为例，只有当卫星到达西边界且具有继续向西漂移的趋势时，才进行东西位保控制，因此平经度控制的启控条件可以描述为

$$\lambda\leqslant\lambda_s-\Delta\lambda_s \text{ 且 } \dot{\lambda}<0$$

为了使控后平经度能够在漂移环内自由漂移的时间最长，平经度控制目标是使卫星到达 B 点处时漂移率为零且正好位于东边界。令卫星起始时刻处于西边界，$\lambda_A=\lambda_C=\lambda_s-\Delta\lambda_s$，控后到达 C 点处的漂移率为 $\dot{\lambda}_C$，位保极限环的漂移周期为 T，则卫星在摄动加速度作用下漂移至 B 点处有

$$\lambda_B=\lambda_s+\Delta\lambda_s=\lambda_s-\Delta\lambda_s+\dot{\lambda}_C\frac{T}{2}+\frac{1}{2}\ddot{\lambda}\left(\frac{T}{2}\right)^2$$

且有

$$\dot{\lambda}_B=\dot{\lambda}_C+\ddot{\lambda}\frac{T}{2}=0$$

联合上述两式求得平经度控制目标漂移率 $\dot{\lambda}_C$ 与平经度保持环宽度和摄动加速度的关系为

$$\dot{\lambda}_C=2\sqrt{\Delta\lambda_s\,|\ddot{\lambda}|} \tag{7.4-3}$$

东西位保控制周期 T_{EW} 的计算公式为

$$T_{\mathrm{EW}}=4\sqrt{\frac{\Delta\lambda_s}{|\ddot{\lambda}|}} \tag{7.4-4}$$

因此可以得出：东西位保控制频度与定点位置的摄动加速度大小以及漂移环的宽度有关，摄动加速度越小，漂移环宽度越大，东西位保控制次数越少；反之，东西位保控制次数越多。

以定点位置为 120°E 的静止轨道卫星为例，平经度摄动加速度 $\ddot{\lambda}=-0.001\,99(°)/\mathrm{d}^2$，若东西经度指标选择为 0.05°，平经度保持环半宽 $\Delta\lambda_s=0.011°$，则目标漂移率为 $\dot{\lambda}_C=0.009\,357(°)/\mathrm{d}$，东西位保控制周期 T_{EW} 为 9.4 d。

7.4.2　平经度控制量

令卫星到达西边界 A 点时的漂移率为 $\dot{\lambda}_A$，可以通过当前定轨数据求取

$$\dot{\lambda}_A=-\frac{3\omega_e}{2a_s}(a-a_s) \tag{7.4-5}$$

式中　ω_e ——静止轨道角速度；

a_s ——标称静止轨道高度；

a ——当前轨道的平均半长轴。

当东西位保形成稳定的平经度漂移环时，有

$$\dot{\lambda}_A=-\dot{\lambda}_C=-2\sqrt{\Delta\lambda_s\cdot|\ddot{\lambda}|} \tag{7.4-6}$$

则卫星东西位保平经度漂移率控制量计算公式为

$$\Delta D=\dot{\lambda}_C-\dot{\lambda}_A=4\sqrt{\Delta\lambda_s\cdot|\ddot{\lambda}|} \tag{7.4-7}$$

根据静止轨道控制方程中漂移率变化量与切向速度增量关系，获得单次东西位保切向速度增量 Δv_T 的计算公式为

$$\Delta v_T=-\frac{v_s}{3\omega_e}\Delta D=-\frac{4v_s}{3\omega_e}\sqrt{\Delta\lambda_s\cdot|\ddot{\lambda}|} \tag{7.4-8}$$

与位保控制周期 T_{EW} 的关系为

$$\Delta v_T=\frac{v_s}{3\omega_e}\ddot{\lambda}\cdot T_{\mathrm{EW}} \tag{7.4-9}$$

则东西位保一年内总速度增量计算公式为

$$\sum\Delta v_T=\frac{v_s}{3\omega_e}\ddot{\lambda}\times 365.24 \tag{7.4-10}$$

因此，东西位保在一年中所需要的速度增量与平经度漂移环的宽度和位保控制次数无关，仅与定点位置所受的摄动加速度有关。静止轨道卫星一年内东西位保所需速度增量与定点位置关系曲线如图 7.4-2 所示。

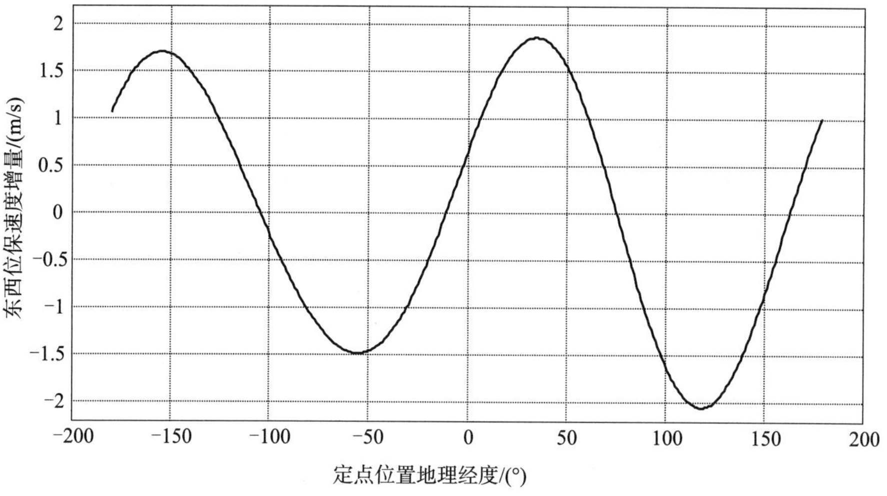

图 7.4-2　东西位保速度增量与定点位置关系曲线

经数据分析表明，东西位保全年控制速度增量大部分在 2 m/s 以内，与南北位保控制所需速度增量相比，表明静止轨道卫星东西位保消耗推进剂较少。

7.4.3　平经度控制时刻

根据静止轨道控制方程，半长轴或漂移率变化量仅与切向速度增量大小相关，与施加控制的作用点无关，因此理论上可以选择任意轨道位置进行平经度控制。但是切向速度增量会同时改变偏心率的大小和方向，因此在轨通常采用平经度与偏心率联合控制策略，即控制平经度漂移率时总是选择在减小偏心率的位置实施，这样有利于减小偏心率引力的经度日周期振荡。

因此，对于向西位保 $\Delta v_T < 0$，应在近地点附近执行，以降低远地点高度，同时达到减小偏心率的目的；对于向东位保 $\Delta v_T > 0$，则应在远地点附近执行，以抬高近地点高度，同样起到减小偏心率的作用。

假设卫星质量为 M_{sat}，东西位保推力为 F_{EW}，效率为 η_{EW}，喷气控制脉宽为 W_{EW}，脉冲周期为 P_{EW}，则东西位保控制弧段长度 Δl_{EW} 为

$$\Delta l_{\text{EW}} = \frac{M_{\text{sat}} \Delta v_T}{F_{\text{EW}} \eta_{\text{EW}}} \cdot \frac{P_{\text{EW}}}{W_{\text{EW}}} \tag{7.4-11}$$

则向西位保启控时刻卫星真近点角为

$$f = -\frac{1}{2} \Delta l_{\text{EW}} \tag{7.4-12}$$

向东位保启控时刻卫星真近点角为

$$f = \pi - \frac{1}{2} \Delta l_{\text{EW}} \tag{7.4-13}$$

7.5 偏心率控制

在一般情况下，平经度控制时总是减小偏心率，因此偏心率的值始终保持在允许的较小范围内，不用单独进行偏心率控制。然而，当卫星太阳光压的面质比较大，或定点位置的平经度漂移率控制量较小（卫星定点在平衡点附近）时，需要进行偏心率的主动控制。静止轨道卫星偏心率控制的目的是利用双脉冲切向推力减小卫星的偏心率，降低经度的日周期振荡影响，保证东西方向的定点精度要求。

通常采用太阳同步偏心率控制策略（图 7.5－1），选择漂移环初始时刻偏心率矢量 $\vec{e}_0$，其模为 e_k，方向滞后于太阳方向 β 角。在光压摄动下，偏心率矢量以 $\vec{e}_0$ 为起点，在半径为 e_k 的保持圆内沿半径为 e_r 的偏心率摄动圆上的一段圆弧运动，在圆弧中点位置偏心率降到最小值，并与太阳方向重合。然后偏心率开始增大，在平经度漂移环结束时刻，到达两圆的第二个交点，偏心率矢量为 $\vec{e}_1$，其模为 e_k，方向超前太阳方向 β 角。此时施加偏心率控制，产生的偏心率矢量增量 $\Delta\vec{e}$，使新的初始偏心率矢量 $\vec{e}_0(t_2)=\vec{e}_1(t_1)+\Delta\vec{e}$ 仍滞后于太阳方向 β 角。

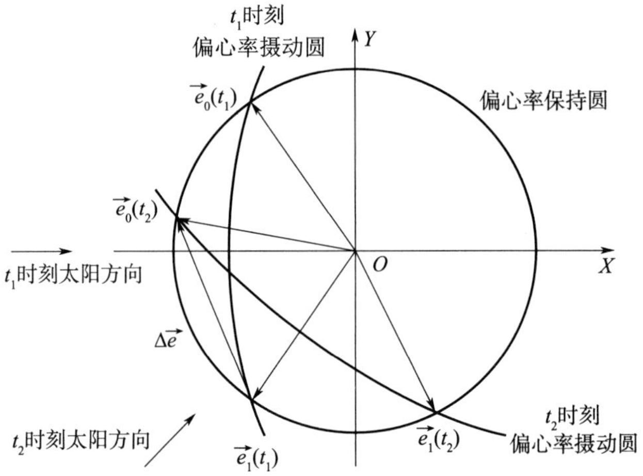

图 7.5－1　偏心率控制策略示意图

7.5.1 偏心率控制目标

太阳光压摄动将引起偏心率矢量的矢端沿一圆周运动，称为偏心率摄动圆，运动方向大致与太阳光方向垂直，其摄动圆半径为

$$e_r=\frac{3}{2}\frac{1}{\omega_e a_s}C_r\left(\frac{S}{M}\right)P_0\frac{1}{n_s}\approx 0.011\cdot C_r\left(\frac{S}{M}\right) \tag{7.5-1}$$

式中　C_r ——光压系数，与卫星表面材料有关，全吸收时值为 1.0，通常取 1.5；

S ——垂直于太阳光的卫星截面面积；

M ——卫星的质量；

$P_0=4.65\times10^{-6}\ \mathrm{N/m^2}$——单位面积上的太阳辐射压力；

$n_s=0.985\,6\ (°)/\mathrm{d}$——太阳视运动平均角速度。

假设卫星面质比为 0.02，反射系数取 1.5，则偏心率摄动圆半径为 0.000 33。

在东西位保指标分配中，允许的偏心率最大值即偏心率保持圆半径 e_k（通常可设置偏心率保持圆半径为 0.000 2 左右）。若卫星偏心率摄动圆半径与保持圆半径接近，偏心率应控制到以原点为圆心的偏心率摄动圆上，且指向当前的太阳视线方向。令偏心率控制时刻太阳平赤经为 α_{s0}，此时偏心率控制目标为

$$\boldsymbol{e}_f=\begin{bmatrix}e_{fx}\\e_{fy}\end{bmatrix}=e_r\begin{bmatrix}\cos\alpha_{s0}\\\sin\alpha_{s0}\end{bmatrix}\tag{7.5-2}$$

但是一般情况下，卫星偏心率摄动圆半径大于保持圆半径，为限制偏心率位于保持圆内，通常采用太阳同步偏心率控制策略，此时偏心率控制目标为

$$\boldsymbol{e}_f=\begin{bmatrix}e_{fx}\\e_{fy}\end{bmatrix}=e_k\begin{bmatrix}\cos(\alpha_{s0}-\beta)\\\sin(\alpha_{s0}-\beta)\end{bmatrix}\tag{7.5-3}$$

式中　β——目标偏心率矢量太阳滞后角度，计算公式为

$$\beta=\arcsin\left(\frac{e_r}{e_k}\sin\frac{n_sT}{2}\right)-\frac{n_sT}{2}\tag{7.5-4}$$

式中　T——选择的偏心率控制周期。

当采用偏心率过零控制策略时，即偏心率摄动圆弧近似为保持圆的直径，这样偏心率在保持圆内自由摄动运动时间最长，此时有

$$T=\frac{2}{n_s}\arcsin\frac{e_k}{e_r}\tag{7.5-5}$$

对应太阳滞后角公式转变为

$$\beta=\frac{\pi}{2}-\arcsin\left(\frac{e_k}{e_r}\right)\tag{7.5-6}$$

当取摄动圆半径 $e_r=0.000\,33$，保持圆半径 $e_k=0.000\,2$ 时，则对应的偏心率控制周期为 75.7 d，太阳滞后角为 52.7°。

7.5.2　偏心率控制量

当偏心率摄动运动到保持圆边界时，令此时卫星的偏心率为 $\boldsymbol{e}_0=[e_{0x},\ e_{0y}]^{\mathrm{T}}$，控后偏心率目标矢量为 $\boldsymbol{e}_f=[e_{fx},\ e_{fy}]^{\mathrm{T}}$，则偏心率控制量可以表示为

$$\Delta\boldsymbol{e}=\begin{bmatrix}\Delta e_x\\\Delta e_y\end{bmatrix}=\boldsymbol{e}_0-\boldsymbol{e}_f=\begin{bmatrix}e_{0x}-e_{fx}\\e_{0y}-e_{fy}\end{bmatrix}\tag{7.5-7}$$

对于太阳同步偏心率控制策略，则由正弦定理可以求得偏心率控制量的大小为

$$\Delta e=2e_k\cdot\sin\beta\tag{7.5-8}$$

根据静止轨道控制方程，所需要的切向控制增量为

$$\Delta v_{Te}=\frac{\Delta e}{2}\cdot v_s=\frac{\Delta e}{0.000\,65}\tag{7.5-9}$$

针对上节用例，每次偏心率控制量约为0.000 32，对应切向速度增量0.49 m/s，全年所需速度增量约为2.36 m/s，与平经度控制所需速度增量量级相当。

7.5.3 偏心率控制时刻

为了使偏心率的切向控制速度增量不引起轨道漂移率或半长轴的变化，通常将偏心率控制速度增量分解为间隔180°的双脉冲控制，两次分别在近地点附近减速，在远地点附近加速，每次控制量为 Δv_{Te} 的一半，两次脉冲速度增量方向相反，使得产生的漂移率变化相互抵消，而偏心率变化量叠加。

偏心率控制时刻对应卫星平赤经计算公式为

$$l_e = \arctan2(\Delta e_y, \Delta e_x) \tag{7.5-10}$$

在平赤经为 l_e 处进行向西位保减速，在 $l_e+\pi$ 处进行向东位保加速。若仅考虑偏心率控制需求，两次脉冲作用不分先后，卫星轨道先运行到哪一个位置就优先进行哪个位置的控制。但是第一个脉冲施加后半个轨道周期内，漂移率是发生改变的，若卫星正处于保持环边界，则有可能漂出保持环范围，因此当考虑平经度控制边界约束条件时，还应该根据当前所处保持环内位置，选择第一次控制的加减速方向。根据图7.4-1，若卫星处于漂移环左半平面，则优先进行向东位保加速控制；若卫星处于漂移环右半平面，则优先进行向西位保减速控制。

7.6 漂星、共位与离轨控制

7.6.1 漂星控制

在同步轨道期间，当卫星定点位置发生改变，需要从一个定点位置转移到另外一个定点位置时，需要进行卫星漂星控制。漂星转移任务要求通常由指定的日期开始，在限制的时间间隔内将卫星由当前的定点位置 λ_1 转移到目标定点位置 λ_2，转移经度差 $\Delta\lambda=\lambda_1-\lambda_2$ 要远大于定点位置保持环边界，漂星过程中卫星平经度漂移率和日振荡幅值也会发生改变。一般采用如下两种策略来实现定点位置转移漂星控制。

（1）椭圆漂移轨道

首先在起点处打一个切向启动脉冲 Δv_1，同时改变半长轴和偏心率，形成椭圆漂移轨道。为了不影响偏心率大小，需要在间隔整数天的终点处再打一个反向制动脉冲 Δv_2，完成定点位置漂星转移。由于椭圆漂移过程中会不断穿越同步轨道，因此该策略只适用于经度转移范围较小，或者转移路径上没有其他卫星，不需要考虑碰撞风险的工况。根据静止轨道控制方程式（7.2-4），椭圆漂移启动和停止脉冲控制量计算公式为

$$\begin{cases} \Delta v_1 = \dfrac{v_s}{3\omega_e} \cdot \dfrac{\Delta\lambda}{n} \approx \dfrac{\Delta\lambda}{0.352 \cdot n} \\ \Delta v_2 = -\dfrac{v_s}{3\omega_e} \cdot \dfrac{\Delta\lambda}{n} \approx -\dfrac{\Delta\lambda}{0.352 \cdot n} \end{cases} \tag{7.6-1}$$

式中　$\Delta\lambda$ ——当前位置经度与目标位置经度差；

n ——设定的漂星转移天数。

以定点位置 130°E 卫星，采用 1 m/s 的启动和终止脉冲为例，椭圆漂移过程中相对于原定点位置的切向和径向距离、经度、偏心率、半长轴轨道参数变化曲线如图 7.6-1 所示。

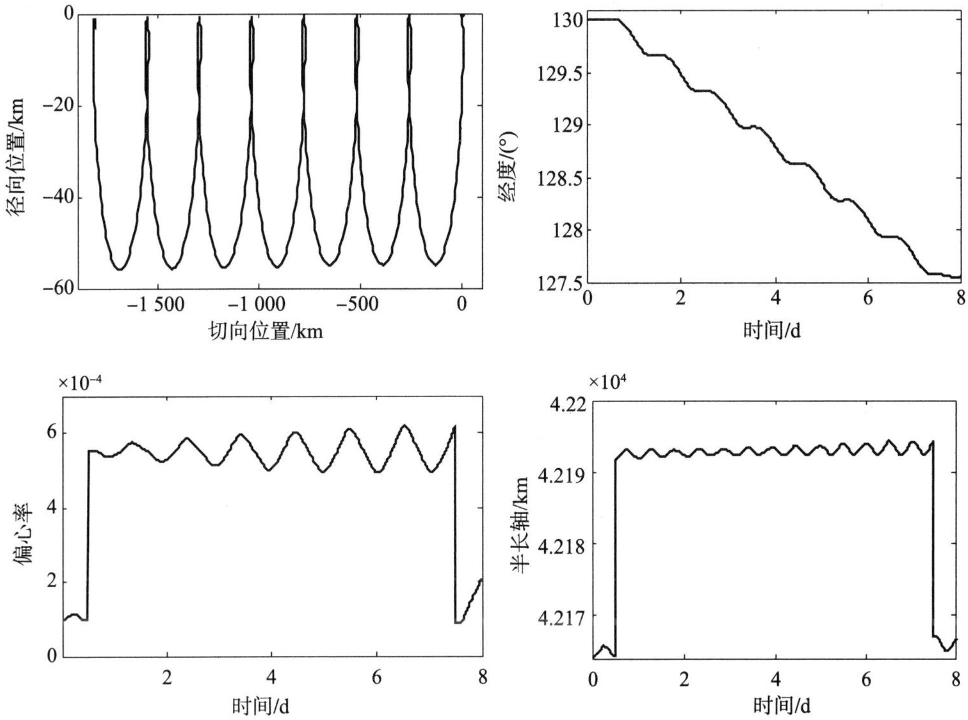

图 7.6-1　椭圆漂移轨道参数变化曲线

(2) 圆形漂移轨道

由间隔半天的两个启动脉冲 Δv_{11} 和 Δv_{12}，将半长轴抬高或降低 Δa，而偏心率保持不变，形成圆形漂移轨道。在漂移至目标定点位置附近时，再由间隔半天的两个制动脉冲 Δv_{21} 和 Δv_{22}，将半长轴调整回静止轨道高度，此种情况下漂移时间 T 不必是整数天。由于圆形漂移轨道与静止轨道留有足够的安全距离，能够避免与漂移路径上其他静止轨道卫星发生碰撞，适用于定点位置大范围转移工况。

根据静止轨道控制方程式 (7.2-4)，圆形漂移启动和停止脉冲控制量计算公式为

$$\begin{cases}\Delta v_{11}=\Delta v_{12}=\dfrac{\omega_e}{2}\cdot\Delta a\\[2ex]\Delta v_{21}=\Delta v_{22}=-\dfrac{\omega_e}{2}\cdot\Delta a\end{cases}\tag{7.6-2}$$

式中　Δa ——圆形漂移轨道半长轴与标称静止轨道半长轴之差。

以定点位置 130°E 卫星，采用 0.5 m/s 的双启动和终止脉冲为例，圆形漂移过程中相

对于原定点位置的切向和径向距离、经度、偏心率、半长轴轨道参数变化曲线如图 7.6－2 所示。

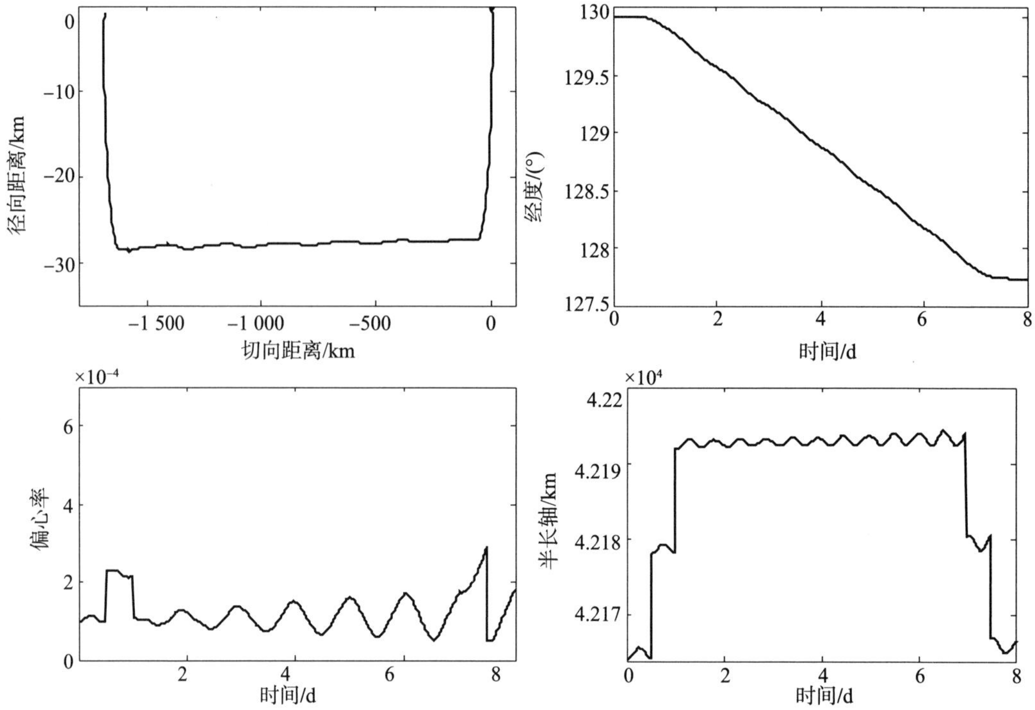

图 7.6－2　圆形漂移轨道参数变化曲线

7.6.2　共位控制

静止轨道卫星必须保持在地球赤道上高度为 35 800 km 的一个圆轨道上，受空间环境摄动的影响，通常单颗静止轨道卫星需要占有的经度范围为±0.1°。由于静止轨道定点经度资源有限，有时需要双星或者多星共享同一定点经度，为了避免星间发生物理碰撞和通信干扰，需要制定多星共位管理策略。设计共位卫星轨道约束关系，使得共位卫星产生空间相对隔离距离，并利用静止轨道卫星东西、南北保持控制，强制共位卫星在整个寿命周期内满足这种轨道约束条件。

当前静止轨道卫星共位管理都是由地面站制定策略并执行的，通常采用绝对平经度隔离和偏心率倾角联合隔离策略，以适应双星或多星不同约束条件下的共位管理需求，多星共位控制策略设计目标是确保共位任意两星间的最小相对距离不低于 10 km。

（1）绝对平经度隔离

平经度隔离是一种最简单的共位隔离策略（图 7.6－3），共位卫星间均分定点经度范围，每颗卫星独立进行位保控制，维持经度在分配的漂移范围内，确保星间相对距离满足隔离约束。令星间最小隔离距离为 $d_{\min}=10$ km，则星间隔离经度差计算公式为

$$\delta\lambda \geqslant \frac{d_{\min}}{a_s}=0.0136^{\circ} \tag{7.6-3}$$

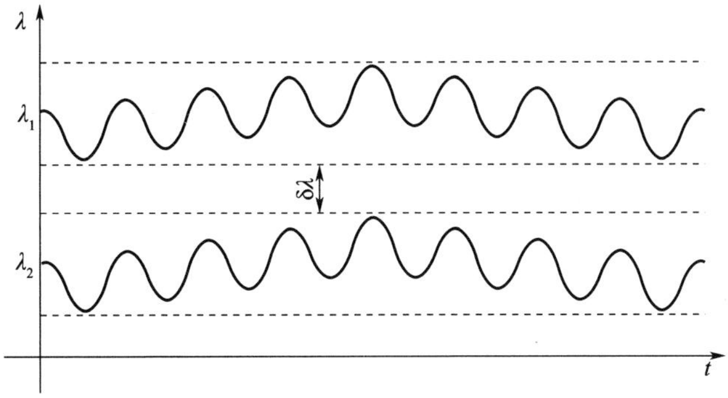

图 7.6-3　绝对平经度隔离策略示意图

综合考虑南北位保耦合量 $\delta\lambda_{NS}$，偏心率引起的经度日周期振荡，以及定点位置摄动加速度 $\ddot{\lambda}_s$ 和东西位保控制周期 T，则共位双星漂移环中心经度偏置需满足以下条件

$$|\lambda_2-\lambda_1|\geqslant 2(e_1+e_2)+\frac{1}{8}|\ddot{\lambda}_s|T^2+\delta\lambda+\delta\lambda_{NS} \tag{7.6-4}$$

这种策略只有在定点经度资源范围较宽、共位卫星数目较少的情况下才可能实现，通常只适用于双星共位，优点是方法简单，每颗星独立控制，缺点是经度资源占用大，不适用于多星共位。

(2) 偏心率和倾角联合隔离

根据静止轨道共位卫星相对运动方程，双星在径向、切向、法向（RTN）上满足以下关系式

$$\begin{cases}\Delta R=\delta a-a_s\cdot\delta e\cdot\cos(l-\alpha_e)\\ \Delta T=a_s|\lambda_{s1}-\lambda_{s2}|-\dfrac{3}{2}\delta a\cdot\omega_e(t-t_0)+2a_s\cdot\delta e\cdot\sin(l-\alpha_e)\\ \Delta N=a_s\cdot\delta i\cdot\sin(l-\alpha_i)\end{cases} \tag{7.6-5}$$

从相对运动方程可以得出：

1) 当共位双星初始经度、半长轴和倾角均一致时，双星在径向和切向相对运动为以平赤经 l 为独立变量的椭圆，椭圆大小正比于星间偏心率矢量差值 δe，椭圆长轴沿切向，长半轴为 $2a_s\cdot\delta e$，短轴沿径向，短半轴为 $a_s\cdot\delta e$，理论上双星最短距离出现在星地连线方向上，绝对值等于 $a_s\cdot\delta e$。

2) 单独利用倾角偏差无法实现双星安全隔离，当卫星赤经 $l=\alpha_i$ 或 $\alpha_i+\pi$ 时，法向相对距离 ΔN 为零。

3) 双星在轨道切线方向上的相对距离，不仅与星间初始经度差 $|\lambda_{s1}-\lambda_{s2}|$、半长轴差 δa 有关，而且与历经时间长度 $(t-t_0)$ 有关。在卫星南北位保耦合量大或者东西位保控制误差大的情况下，存在径向相对距离 $\Delta R=0$，同时切向相对距离 ΔT 也为零的风险，因此，单独偏心率矢量隔离也存在安全性问题。

因此，采用偏心率和倾角联合隔离策略（图 7.6-4）才能提高卫星安全隔离的可靠

性，定义星间相对距离为

$$\delta r=\sqrt{\Delta T^2+\Delta R^2+\Delta N^2} \tag{7.6-6}$$

则问题转换为如何设置偏心率和倾角矢量间的关系，使得即使当考虑恶劣情况下切向距离 $\Delta T=0$ 时，$\delta r=\sqrt{\Delta R^2+\Delta N^2}\neq 0$。根据相对运动方程，当法向距离 $\Delta N=0$ 时，有 $l=\alpha_i$ 或 $\alpha_i+\pi$，代入径向距离计算公式有

$$\Delta R=\delta a-a_s\cdot\delta e\cdot\cos(\alpha_i-\alpha_e)=\delta a-a_s\cdot\delta e\cdot\cos\alpha \tag{7.6-7}$$

式中，$\alpha=(\delta i,\ \delta e)$ 为倾角矢量差和偏心率矢量差的夹角，则当 $\alpha=0°$或 $180°$时，即 δi 与 δe 平行，此时双星相对距离为

$$\delta r=\Delta R=\delta a-a_s\cdot\delta e \tag{7.6-8}$$

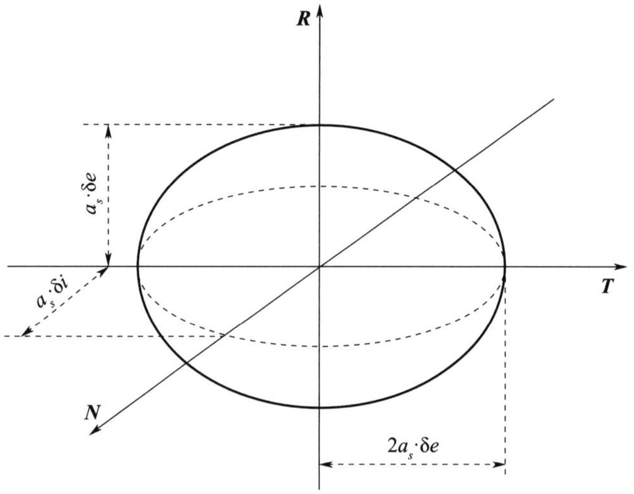

图 7.6-4　偏心率和倾角联合隔离策略示意图

因此只要控制星间相对偏心率矢量差值满足下述条件，即可保证在 $\Delta T=0$ 和 $\Delta N=0$ 时 $\Delta R\geqslant d_{\min}$，则有

$$\delta e\geqslant\frac{d_{\min}+|\delta a|}{a_s} \tag{7.6-9}$$

当考虑最小安全距离 $d_{\min}=10$ km 时，东西位保正常范围 $|\delta a|\leqslant 3$ km，$\delta e\geqslant 3.0\times10^{-4}$。

根据上述分析，有效使用偏心率和倾角矢量联合隔离原则，通过东西位保控制和南北位保控制，尽可能将星间偏心率矢量差与倾角矢量差保持平行，且偏心率矢量差大于 0.000 3，则可以确保共位卫星星间最小相对距离大于 10 km。据此，分配单星偏心率和倾角控制目标矢量，定义偏心率目标矢量为

$$\boldsymbol{e}_f=\begin{bmatrix}e_{xf}\\e_{yf}\end{bmatrix}$$

倾角目标矢量为

$$\boldsymbol{i}_f=\begin{bmatrix}i_{xf}\\i_{yf}\end{bmatrix}$$

根据偏心率和倾角控制目标矢量，星上可自主计算东西位保和南北位保的控制量和控制时刻，实现偏心率和倾角矢量联合隔离策略。

7.6.3　离轨控制

离轨卫星寿命结束后需要进行离轨控制，通过轨道抬升将其永久性移出 GEO 保护区，以免干扰仍在 GEO 区域工作的其他卫星。在考虑所有轨道摄动因素后，为了避免在 100 年内再次进入 GEO 保护区，应确保变轨后有足够的近地点高度，同时保证偏心率不大于 0.003。离轨高度约束计算公式为

$$\Delta H = 235 + (1\,000 C_R \cdot A/m) \tag{7.6-10}$$

式中　ΔH ——变轨结束后近地点高度的最小增加值，单位为 km；

C_R ——太阳辐射压力系数，典型值在 1 和 2 范围内；

A/m ——卫星最大受晒面积与干质量之比，单位为 m^2/kg。

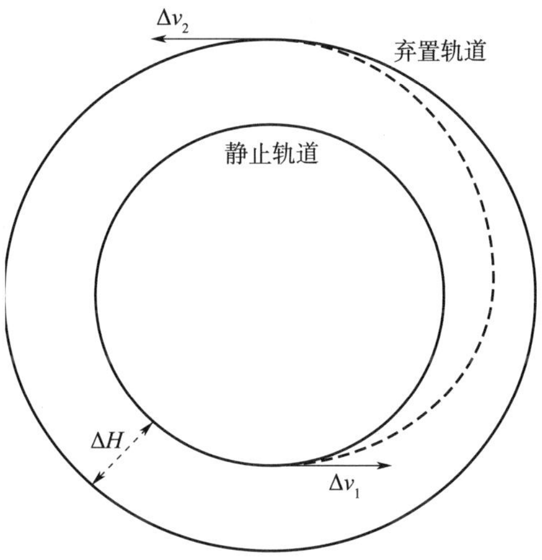

图 7.6-5　离轨控制策略示意图

GEO 保护区域上限高度为 200 km，考虑日月和地球引力摄动下 100 年最大下降高度为 35 km，两者之和为 235 km。

根据上述离轨约束条件，设计了星上自主离轨控制方案，采用双脉冲控制策略，通过两次近地点加速控制，抬升卫星轨道高度满足离轨要求，同时确保偏心率小于 0.003。

（1）轨道高度控制量计算

轨道高度控制量计算为

$$\Delta v_a = \frac{\omega_e}{2}(a_s + \Delta H - a_r) \tag{7.6-11}$$

式中　ω_e ——静止轨道卫星轨道角速度为 $7.292\,1 \times 10^{-5}$ rad/s；

a_s ——静止轨道半长轴为 42 164.2 km；

ΔH ——离轨需抬高的轨道高度；

a_r ——卫星当前轨道半长轴。

（2）偏心率控制量计算

偏心率控制量计算为

$$\Delta v_e = \frac{e_r - e_f}{0.000\,65} \tag{7.6-12}$$

式中　e_f ——离轨后目标偏心率，离轨约束小于 0.003，通常离轨策略选择的目标偏心率为 0；

e_r ——当前偏心率，对于 GEO 卫星，在轨偏心率通常保持在 0.000 2 以内，因此偏心率控制量相比轨道高度控制量而言是小量。

（3）双脉冲控制量计算

采用双脉冲切向控制，选择两次均在近地点进行加速控制，抬高卫星轨道高度。两次脉冲控制量计算公式为

$$\begin{cases} \Delta v_1 = \dfrac{1}{2}(\Delta v_a - \Delta v_e) \\ \Delta v_2 = \dfrac{1}{2}(\Delta v_a + \Delta v_e) \end{cases} \tag{7.6-13}$$

（4）控制时刻选取

在近地点进行离轨控制，控制时刻卫星真近点角为

$$f = -\frac{\Delta t_u \cdot \pi}{86\,400} \tag{7.6-14}$$

式中　Δt_u ——本批次点火总时长。

若第一次控制时刻赤经为 l_1，则第二次控制时刻赤经 $l_2 = l_1 + \pi$。

■**提示：**离轨控制涉及较多的工程约束。由于离轨任务的实施意味着卫星即将失效，在很多情况下，离轨策略未必能完整执行。本节主要阐述了离轨策略问题，工程上的一些实际考虑详见 12.6 节。

7.7　小结

本章主要介绍了静止轨道卫星同步段轨道控制方法，包括南北位置保持、东西位置保持、偏心率控制以及漂星、共位与离轨控制等。阐述了上述轨道控制方法的基本原理和常用控制策略，给出了控制目标、控制量以及控制时刻的计算公式，是静止轨道卫星轨道控制工程中的重要内容。随着卫星在轨自主程度的提升，静止轨道卫星的自主轨道保持技术获得了广泛重视[14-16]。尤其是随着电推进技术的广泛应用，基于电推进的连续小推力轨道控制受到了越来越多的重视。连续小推力轨道控制持续工作时间很长，对卫星的自主控制要求大幅提升，因此相关内容将放在第 8 章进行阐述。

参 考 文 献

[1] 杨嘉墀．航天器轨道动力学与控制［M］．北京：中国宇航出版社，1995.

[2] SOOP E M. 地球静止轨道手册［M］．王正才，邢国华，张宏伟，译．北京：国防工业出版社，1999.

[3] 章仁为．卫星轨道姿态动力学与控制［M］．北京：北京航空航天大学出版社，1998.

[4] KILLINGER R，KUKIES R，SURAUER M，et al. Final Report on the ARTEMIS Salvage Mission Using Electric Propulsion［C］．AIAA 2003－4546，2003.

[5] NOTARANTONIO A，MAZZINI L，AMOROSI L. Full Successful ARTEMIS Salvage Mission Overal［J］．Acta Astronautica，2004（55）：669－676.

[6] PARK B，TAHK M，BANG H，et al. A New Approach to On－Board Stationkeeping of GEO－Satellites［J］．Aerospace Science and Technology，2005（9）：722－731.

[7] ROMERO P，GAMBI J M，PATINO E. Stationkeeping Manoeuvres for Geostationary Satellites Using Feedback Control Techniques［J］．Aerospace Science and Technology，2007（11）：229－237.

[8] DONALD C，SAM C，DERRICK E，et al. GOES－R Stationkeeping and Momentum Management［C］．AAS 06－046，2006.

[9] JIM C，DEVIN S，TIM B，et al. Guidance Navigation and Control Performance for the GOES－R Spacecraft［C］．9th International ESA Conference on Guidance，Navigation & Control Systems，Porto，Portugal，2014.

[10] 李恒年．地球静止卫星轨道与共位控制技术［M］．北京：国防工业出版社，2010.

[11] HUBERT S，SWALE J. Stationkeeping of a Constellation of Geostationary Communications Satellites［C］．AIAA－84－2042，1984.

[12] SRINIVASAMURTHY K N，GOPINATH N S. Strategy Analysis for Colocation of INSAT－2 Satellites［J］．Acta Astronautica，2002（50）：343－349.

[13] 刘林．卫星轨道力学算法［M］．南京：南京大学出版社，2019.

[14] POTTI J，MORA E J，PASETTI A. Autonomous Geostationary Stationkeeping System Optimization and Validation［C］．IAF－88－327，1988.

[15] POTTI J，MORA E J，PASETTI A. An Autonomous Station－Keeping System for Future Geostationary Telecommunication Satellites［C］．IAF－93－A. 5. 41，1993.

[16] MAURICIO M G. Geostationary Satellites Autonomous Closed Loop Station Keeping［J］．Acta Astronautica，2014（97）：9－15.

第 8 章　静止轨道卫星智能自主控制

8.1　概述

随着技术的进步以及卫星任务复杂程度的增加，控制界开始将人工智能技术引入卫星控制系统，以提升其智能化、自主化水平。传统的姿态轨道控制将向整星级的智能自主控制逐渐过渡。不过，目前业界对于卫星智能自主控制，无论是概念定义上还是范畴划分上都尚未形成一致看法。综合现有文献，给出一个描述性的定义——所谓**卫星的智能自主控制**，就是以合适的硬件架构和软件逻辑为依托，基于人工智能技术实现卫星的全面控制，使卫星在不确定环境下以及卫星内部结构和参数变化时，不依赖地面测控站的支持，完全依靠卫星自身的能力实现整个寿命周期内的自主运行。该定义强调了**卫星智能自主控制的 4 个属性**：1）人工智能技术是智能自主控制的技术手段[1]；2）整个寿命周期内的自主运行是卫星控制的目的；3）智能自主控制必须以合适的硬件架构和软件逻辑为依托；4）智能自主控制必须具备对环境及内外不确定性影响的适应性。

由上面的描述可知，深入开展卫星智能自主控制研究意义重大[2,3]：

1）降低卫星对地面测控站的依赖，节省人力、物力、成本；

2）满足卫星多功能、高性能、强适应等多方面需求；

3）满足卫星全寿命周期内高可靠稳定运行的要求；

4）满足未来卫星的一些特殊需求，如在轨接受推进剂加注、维护升级等；

5）提升卫星应用的效费比。

关于什么是“智能”，争议也非常多，下面引用几个常见的定义[4-7]。

定义一：智能是人类理解和学习事情的能力。

定义二：智能是思考和理解事情的能力，而非本能或机械地做事情。

定义三：智能是个人从经验中学习、理性思考、记忆重要信息，以及应付日常生活需求的认知能力。

定义四：智能是在不确定的环境中做出合适动作的能力。

在上述定义中，前 3 种都将智能的范畴限定为人，最后一种则可扩展到普通动物。从人工智能的发展现状看，“智能”应该是一个广泛的概念。也就是说，普通动物也具有一定的智能，只是程度或表现形式有很大差异。例如，灵长类动物具有最接近人类的智能，而蚂蚁这类昆虫只体现出群体智能。因此，智能应该是分层次的。

对于卫星这类工程对象，初级的智能化大致应具备以下特征：自学习、自适应、自组织、自寻优、自规划、自修复等。高级的智能化则应具备合理思考和合理行动的能力。国内外一些航天组织及学者根据空间飞行器的智能化程度，对智能自主控制进行了能力等级划分[3,8,9]。随着时代的发展和科技的进步，这种划分通常需要与时俱进地调整与更新，因此往往只具有参考意义。

本章围绕卫星智能自主控制，定性阐述系统架构及技术实现的相关问题，并在此基础上着重介绍静止轨道卫星智能自主控制近年来的典型进展，包括自主导航、转移轨道自主控制、静止轨道自主维持等关键技术。

8.2　卫星智能自主控制的历史与现状

早在 20 世纪 80 年代，美国政府就开始制定了一系列发展航天器智能自主控制的政策，明确要实现“航天器自主化”。相关的科研机构、高校和公司在该领域陆续开展了理论研究和技术试验。美国国家航空航天局（National Aeronautics and Space Administration，NASA）在 1998 年 10 月发射的深空一号卫星（Deep Space - 1，DS - 1）上首次开展了远程智能体试验验证。2000 年 11 月，美国 ATK 公司研发制造的地球观察一号卫星（Earth Observing - 1，EO - 1）发射升空，开展了星上自主任务管理、星上在轨故障诊断等新技术试验。NASA 于 2007 年 3 月发射的轨道快车（Orbital Express）演示验证了自主对接、在轨加注、部件更换维护等大量关键技术，成为空间飞行器智能自主控制和在轨服务领域中的标志性事件。在火星探测、小行星探测等深空探测项目中，由于任务复杂、地面测控困难，探测器上使用了更多的人工智能及自主控制等相关技术。不过这些项目中使用的自主控制技术大多和特定任务性质紧密相关。因此，本书只对几个通用性和典型性较强的卫星项目进行介绍，重点介绍其**智能自主相关的体系架构设计**。

总的来看，美国在卫星智能自主控制技术领域开展的工作最早、取得的成果最多。其大部分关键技术已经获得了在轨验证，具备了工程实用价值；相关软件和模块经过完善后已在后续卫星上逐渐推广使用。相较而言，我国在该领域的研究还处于起步阶段，绝大部分的卫星都不具备自主控制能力；近年来在一些专项技术上虽然取得了若干突破，但距离工程实用仍有一定差距。

就常规卫星而言，要想实现真正的智能自主控制，至少需要解决以下几方面的问题：

1）系统架构（包括系统硬件架构和软件架构）设计。这是智能自主控制得以完整实现的基础。当前的传统卫星架构难以适应未来智能自主控制的需求，需要面向智能自主控制研究开发适应性强、扩展性好、重构能力佳、通用化程度高的新型系统架构。

2）自主任务分解与规划。这里的“任务”有不同的颗粒度划分，一般而言，可分为载荷任务和平台任务两类，且多数任务还是耦合的。目前关于自主任务规划已有不少研究成果，但是对于自主任务分解目前实施起来仍有较大难度。

3）智能化的姿态确定与姿态控制。目前卫星传统的姿态确定技术已经比较成熟，但是基于新型敏感器和多源信息融合的智能化姿态确定技术尚有待深入。在姿态控制方面，各种智能控制算法的应用已经比较丰富，但是结合系统的架构特点，实现复杂任务、多目标、高度不确定性环境下的强自主控制仍有大量工作有待深入。

4）自主导航与自主轨道控制（含转移轨道自主控制）。由于导航设备的限制，静止轨道卫星要实现全寿命周期内的高精度自主导航与自主轨道控制，技术难度不小。尤其是基于电推进的自主导航与自主轨道控制，目前工程化研究刚刚起步。

5）与载荷有关的自主控制。例如，通信卫星的天线方向图标定、遥感卫星的阳光规避或掉头等，尤其是在空间态势感知等领域，载荷运动将越来越复杂，载荷-平台一体化控制不可避免，这也是目前的研究热点之一。

6）自主健康管理。这是卫星智能自主控制中最具难度的内容之一。要从目前的 FDIR（Fault Detection，Isolation and Reconfiguration，故障检测、隔离与重构）跨越到真正的自主健康管理，还有不少技术难点需要解决。

7）自主离轨。该问题主要针对地球同步轨道（含地球静止轨道）卫星而言，包括自主状态评估、自主钝化、自主进入弃置轨道等。

从目前的公开文献看，上述这些方面的工作都已取得不同程度的进展。其中，自主任务规划和自主健康管理是两个比较热门的研究领域。

下面对美国两个典型的在轨试验项目（DS－1 和 EO－1）进行简要介绍，重点关注软件与逻辑方面的架构设计。

（1）DS－1[10-13]

DS－1 卫星是 NASA 新千年计划（New Millennium Program）中的重要项目，于 1998 年 10 月发射升空，如图 8.2－1 所示。DS－1 卫星发射的主要目的就是验证人工智能等新技术在空间飞行器上的应用，包括自主导航技术、自主远程智能体（Remote Agent，RA）技术、自主故障诊断与恢复技术等。其中，基于远程智能体的自主技术是一个核心亮点，由喷气推进实验室（Jet Propulsion Laboratory，JPL）和 Ames 研究中心合作开发。

图 8.2－1　DS－1 卫星外形图

■**提示：** Agent 的含义相当广泛。在人工智能领域，Agent 一般是指具有一定智能的实体（如人、机器人、智能软件模块等），国内通常译作“智能体”。在大多数情况下，Agent 都是组成一个系统使用的，称为多智能体系统（Multi-Agent System，MAS）。

DS-1 的远程智能体软件采用符号化人工智能技术，基于模型语言编程。远程智能体软件主要具备两种功能：1）将高级别的任务目标分解成为低级别的任务，继而分解为卫星可执行的指令；2）实现基于模型的故障诊断及恢复。

DS-1 远程智能体的软件逻辑结构如图 8.2-2 所示。软件逻辑结构包括远程智能体模块、实时控制模块、导航与规划模块、监视模块、航天器硬件系统、地面系统等单元。其中，远程智能体模块是该体系结构的主体，包含 4 个组成部分：任务管理模块（Mission Management，MM）、规划与调度模块（Planner and Scheduler，PS）、智能预执行模块（Smart Executive，EXEC）、模式辨识与重构模块（Mode Identification & Reconfiguration，MIR）。

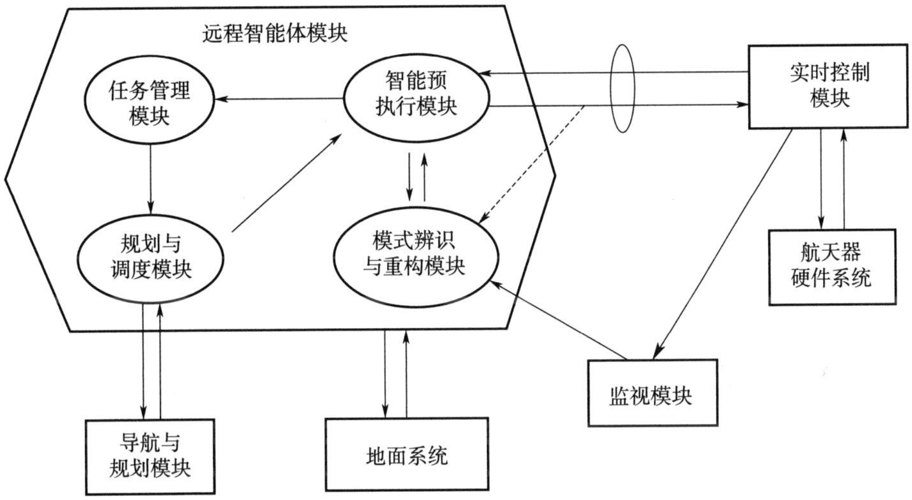

图 8.2-2　DS-1 远程智能体的软件逻辑结构

卫星在轨运行期间，由远程智能体模块外部的导航与规划模块给出使命级飞行任务，传递给远程智能体模块内的规划与调度模块，该模块通过相应的处理算法将任务分解成具体的子任务，然后将这些子任务传送给智能预执行模块。智能预执行模块将子任务转换分解为更为具体的控制指令，发送给远程智能体模块外部的实时控制模块，产生相应的动作序列作用于航天器硬件系统，完成预期的飞行控制任务。模式辨识与重构模块负责识别卫星的飞行状态，确保各阶段、各模块对各级指令响应的正确性，一旦出现故障可及时对系统实施一定程度的重构。

图 8.2-3 所示为规划与调度模块的原理示意图。规划与调度模块由规划引擎和知识库两部分组成，这两部分又分别由搜索引擎、规划数据库和启发函数、模型构成。

规划与调度模块掌握作为规划对象的卫星的所有情况，包括结构、功能、资源和约束条件等，再由知识库中的模型模块对这些内容进行描述，描述采用域描述语言（Domain

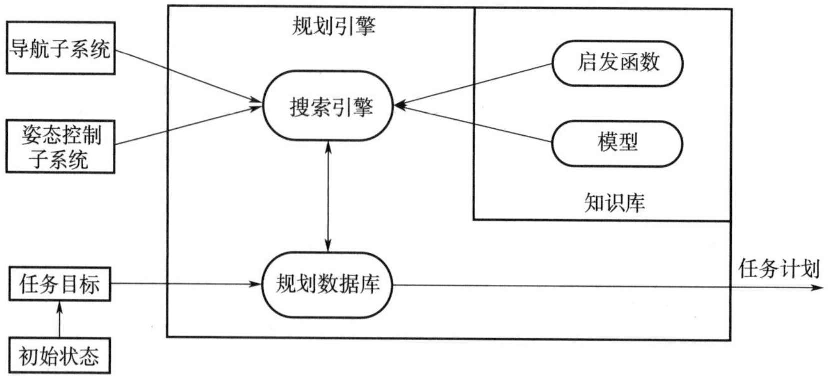

图 8.2-3　规划与调度模块的原理示意图

Description Language，DDL）实现。该语言利用状态变量的形式描述卫星的功能、约束条件等内容。系统运行时，规划与调度模块接受各种任务请求，并获取由智能预执行模块送来的规划对象初始状态，然后通过规划引擎获得具体的任务规划。规划引擎利用冲突解决策略对上层任务进行规划，当由全部约束条件构成的约束网格达到一致时，系统解决下一个冲突，反之则重新求解，整个过程通过启发函数来加快求解速度。

DS-1 的远程智能体技术在轨演示效果良好。在轨集中演示验证的两天时间里，远程智能体模块对一个失效的电气单元进行了诊断、修复和重启，对一个提供错误信息的传感器进行了识别和隔离，对一个卡在“关闭”状态的姿控推力器实现了诊断并将姿控系统切换到不依赖该失效推力器的模式中。当然，在轨试验也暴露了这一系统的不少缺陷，如批处理能力不足，对一些突发异常情况无法快速识别和处理等。其原因在于，远程智能体模块只是在传统卫星控制系统的基础上引入了 Agent 模块，作为整个卫星的上层控制部分，未从整体架构上重新划分卫星的层级结构和信息流，且规划与调度模块批处理方式的计算量过大，导致处理突发事件的能力偏弱。总的来看，DS-1 首次实现了初级智能自主控制技术的在轨验证，为后续推广应用奠定了基础，具有里程碑意义。

（2）EO-1[14-16]

EO-1 卫星是 NASA 新千年计划中的第一颗对地观测卫星，其外观如图 8.2-4 所示。

EO-1 卫星上与智能自主控制相关的技术亮点有：自主科学试验（Autonomous Sciencecraft Experiment，ASE）系统、基于 Livingstone-2 的自主故障诊断系统、增强编队飞行（Enhanced Formation Flying，EFF）系统等。

①ASE 系统

ASE 系统由 JPL 开发。ASE 系统的检测分析模块可以自动检测到地球上发生的环境事件，如火山喷发、洪涝、冰川融化等。这些检测结果输入给上一层的规划模块后，规划模块可以及时做出响应、自主调整观测任务，以捕获更高分辨率的图像。这些新的观测计划被发送给面向目标及任务的鲁棒执行模块，从而在面临突发事件及不确定性事件时仍能及时获得有价值的观察信息。ASE 系统极大增强了卫星对目标的自主探测能力和科学数据获取能力。ASE 系统的核心是多智能体模块系统。

图 8.2－4　EO－1 卫星外形图

ASE 系统由以下 3 层自治结构组成（图 8.2－5）：

顶层：CASPER（Continuous Activity Scheduling Planning Execution and Replanning）模块。该模块负责顶层的任务规划与调度。在考虑卫星动作及资源约束的同时，统一调配各种资源来完成各类成像任务及数据下行。CASPER 模块的操作周期为数十分钟。

中层：SCL（Spacecraft Command Language）模块。承担鲁棒执行与管理功能。SCL 模块以 CASPER 模块生成的规划任务作为输入，生成对应的指令序列并在时间到来时执行。该模块基于事件驱动，具备低层次的自主能力。SCL 模块的操作周期为数秒钟。

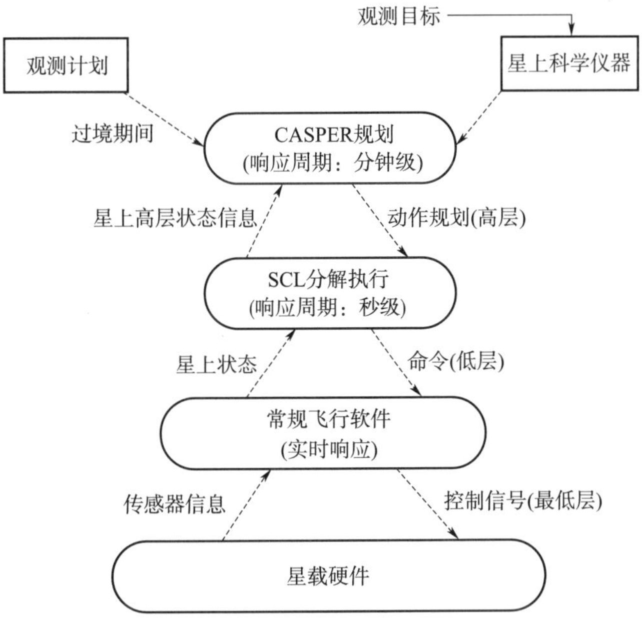

图 8.2－5　ASE 系统架构

底层：科学分析模块。负责对图像数据进行分析处理，在检测到数据变化时及时将信息传递给 CASPER 模块进行任务的重新规划。

ASE 系统中的 3 层模块实际上也是独立的智能体模块。

②自主故障诊断系统

核心为 Livingstone-2（L2）诊断引擎，由 NASA 的 Ames 研究中心开发。L2 模块在软件实现上是与 ASE 系统集成在一块的。图 8.2-6 是 L2 系统与 ASE 系统的关系示意图。经由地面更新的集成软件于 2004 年 9 月上注到星上，随后开展了大量在轨试验。

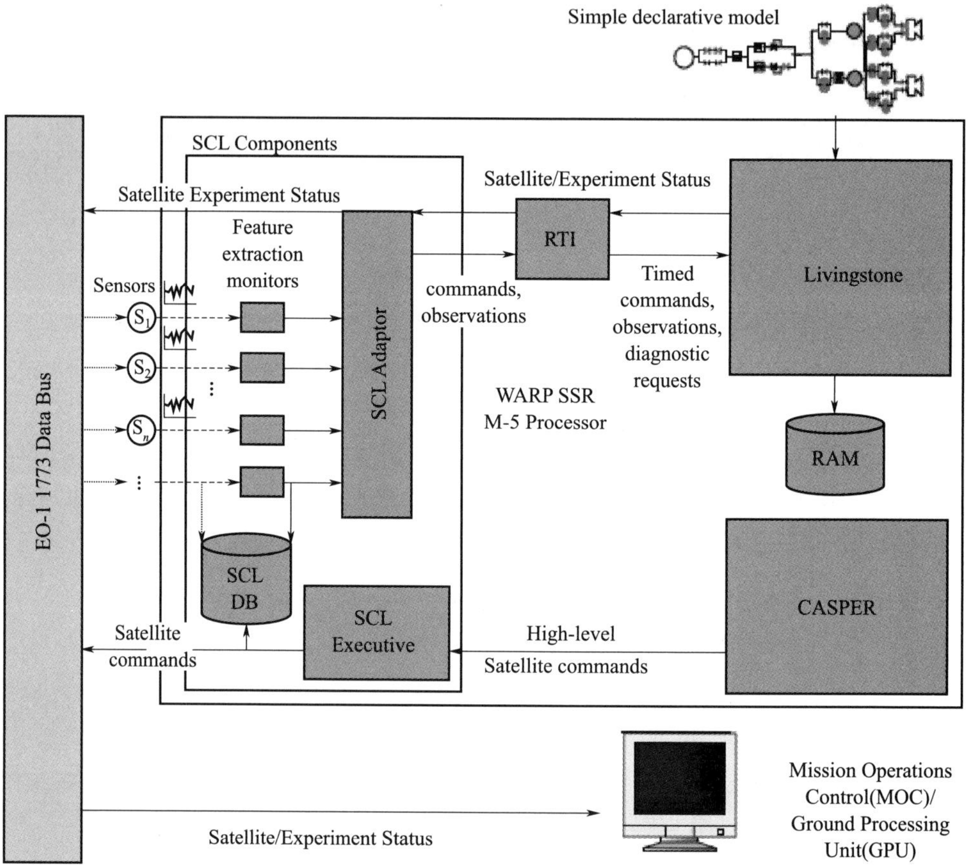

图 8.2-6　L2 系统与 ASE 系统的关系示意图

L2 诊断系统由通用推理引擎和特定对象模型两部分组成。当应用对象改变时，通用推理引擎无须修改，只需针对应用对象的特点增添新的描述模型。L2 系统使用定性描述和命题逻辑来对对象建模。对象可以是物理系统（如星载硬件），也可以是逻辑系统（如星载软件）。L2 系统的推理算法可归结为“面向冲突的最优搜索”。简单地说，L2 系统除了监测卫星的传感器数据外，还对控制指令执行后的状态结果进行实时预测；在发生错误的时候，通过分析错误前后的差异来确定是否隔离问题部分；故障监测和隔离通过确认一系列状态模式来完成，这些模式都是与当前观测结果最匹配的失效模式。

EO－1 卫星上的 L2 系统共设计了 17 个应用场景，在轨飞行取得了良好的结果。这使得 Livingstone 故障诊断系统的技术成熟度得到了很大提升。

（3） AutoCon 与 EFF

AutoCon 原是地面系统，经裁剪改进后应用于 EO－1 上，其核心技术称为 EFF。AutoCon 和 EFF 主要用于自主轨道控制，包括多星自主编队飞行和单星自主轨道维持。AutoCon 系统的核心模块由面向对象编程语言 C＋＋实现，操作系统为 VxWorks。上层模块则采用自然语言描述，以“事件”为驱动逻辑。这种软件架构提供了较好的扩展性和灵活性。AutoCon 系统的核心算法由模糊系统实现，算法输入为自然语言描述的模糊规则表。基于模糊系统的通用性和灵活性，AutoCon 系统可灵活实现多种约束（如地影、载荷限制等）下的飞行控制任务规划。当任务需求变化后，只需对模糊规则表进行更新并重新上传即可。

在轨运行时，AutoCon 系统获取来自导航子系统（以 GPS 为核心）、姿态控制子系统、推进子系统、命令与输出处理子系统等的信号，经逻辑处理后，给出轨道控制相关的命令数据。经过数月的在轨测试后，EFF 系统接入闭路进行全自主运行，并控制 EO－1 卫星与 Landsat－7 卫星一起开展了编队飞行。

8.3　卫星智能自主控制系统的总体架构

8.3.1　卫星智能自主控制系统的特征要素

在 8.2 节中，从任务及功能划分的角度归纳了卫星智能自主控制需要解决的 7 方面问题。下面再从控制系统的技术属性出发，给出**卫星智能自主控制系统的特征要素**。

（1） 系统级的智能化

从整体层面看，卫星智能自主控制系统的智能性需要满足以下特征要素：

1） 自主感知及辨识外部态势的能力[17-20]。传统控制系统只关注卫星动力学相关的信息，如星体姿态、角速度、加速度等，以及内部状态信息，如各单机的电压、电流、温度等。完整的智能自主控制系统还需要通过立体相机等敏感器采集周围环境信息（如卫星周边的三维图像），并识别出所测量物体的类型，从而判断出卫星当前所处环境。

2） 自动识别系统中智能终端的能力。这也是系统重构与系统进化能力的基础。要求系统能够识别新接入的智能终端的种类、功能及基本特性，并根据识别结果为终端提供正常运行所需的必要条件保障（供电、通信、温控等）。

3） 特定层级上的动态重构能力与一定程度上的系统进化能力。例如，单个计算机故障，可将任务动态迁移到其他计算机上运行，不影响系统正常功能。

4） 给定目标下的自主目标分解、自主任务规划、自主动作实施等广义闭环控制能力。这是对传统控制系统范畴与功能的多方位拓展。这一方面的特征要素集中体现了人工智能“合理思考”“合理行动”的本质属性。

5） 自主健康管理能力。故障是任何一个实际物理系统无法回避的问题。在传统控制系统设计中，FDIR 一直是重要的研究领域；在智能自主控制系统中，需要将 FDIR 提升到全寿命周期内的自主健康管理，关注重点已不仅仅是“故障”，还有“健康趋势”。

（2）单机的智能化

卫星控制系统功能复杂，单机种类多样、数量繁多。单机（尤其是关键、复杂单机）的智能化是支撑整个系统智能化的重要因素[21]。单机智能化可以大幅提升系统的数据处理能力、系统重构能力、系统扩展能力以及健康管理能力。智能化单机的特征要素如下：

1）支持冷启动，支持热插拔，支持冷、热备份。

2）运行独立的软件，软件可在轨修改、升级。

3）具备特有的身份识别信息（特征数据单）。

4）遵循统一的通信协议，可根据需要从系统中实时获取其他智能单机的信息输出。

（3）系统拓扑架构的网络化

无论智能自主控制系统采用何种拓扑架构（如主从式、分布式、混合式等），网络化结构都是必不可少的基本形式。在网络化拓扑架构下，各智能单机通过物理网络（简称网络，包括有线网络和无线网络）接入系统，整个系统通过网络实现信息共享。网络具有高速、冗余、高可靠等特点，支持同一时刻多个终端同时通信，对接入的终端数量没有额外限制。系统拓扑架构的网络化也是实现单机即插即用、提高系统扩展能力和重构能力的基本途径。

（4）软件逻辑的层级化

软件逻辑的层级化设计是复杂系统的必然要求。例如，我们熟知的以太网协议模型（Open System Interconnect，OSI），就采用了 7 层软件逻辑架构。卫星智能自主控制系统逻辑功能复杂、任务层级多样，采用层级化的软件逻辑架构是非常合适的。软件逻辑层级化的基本特征：1）软件模块的层级划分与其逻辑功能的层级划分一致；2）相邻的两层之间，下层为上层提供服务，上层使用下层提供的服务；3）各层次之间通过软件接口进行联系；4）每个层次的软件模块都通过各自的协议进行通信。

从上述特征要素可以看出，系统架构设计是智能自主控制系统得以工程实现的基础。传统的卫星架构难以适应未来智能自主控制的需求，需要面向智能自主控制研究开发适应性强、扩展性好、重构能力佳、通用化程度高的新型系统架构。下面从硬件架构和软件架构两个方面进行探讨。

8.3.2 卫星智能自主控制系统的硬件架构

8.3.2.1 系统网络拓扑结构

如前所述，网络化结构是卫星智能自主控制系统的基本要求。系统网络拓扑结构按照通信方式的不同可以分为**集中主从式总线结构**和**分布对等式网络结构**两种类型。两者特性对比见表 8.3-1。从卫星智能自主控制系统的技术发展趋势看，采用分布对等式网络结构是一个比较好的选择。

表 8.3－1　网络结构选型对比

	集中主从式总线结构	分布对等式网络结构	结论
工作机理	同一时刻只允许网络中两个终端之间相互通信，总线通信由主控节点发起，其他从节点被动接收、响应主控节点指令	同一时刻允许网络中多个终端之间两两相互通信，网络中各节点处于对等位置，没有主从之分	不同
优点	时序设计简单 通信独占网络资源，无冲突 成本低，继承性好	网络资源利用率高 系统扩展性强 支持高速传输 分布式结构，软件相互解耦	各有利弊，取决于应用需求
缺点	网络资源利用率低 系统扩展性差 总线传输速率低 软件高度耦合	应用成熟度偏低 控制系统使用需要特殊设计	
应用情况	1553B 总线、CAN 总线	CAN 总线、SpaceWire 总线、TTE	
适用范围	传统卫星，无在轨更换部件需求	大型复杂卫星，有在轨更换部件需求	

8.3.2.2　系统电子信息架构设计

针对网络化智能自主控制系统需求，我们提出一种基于**时间触发以太网**（Time－Triggered Ethernet，TTE）的卫星电子信息总体架构[36-38]，如图 8.3－1 所示。

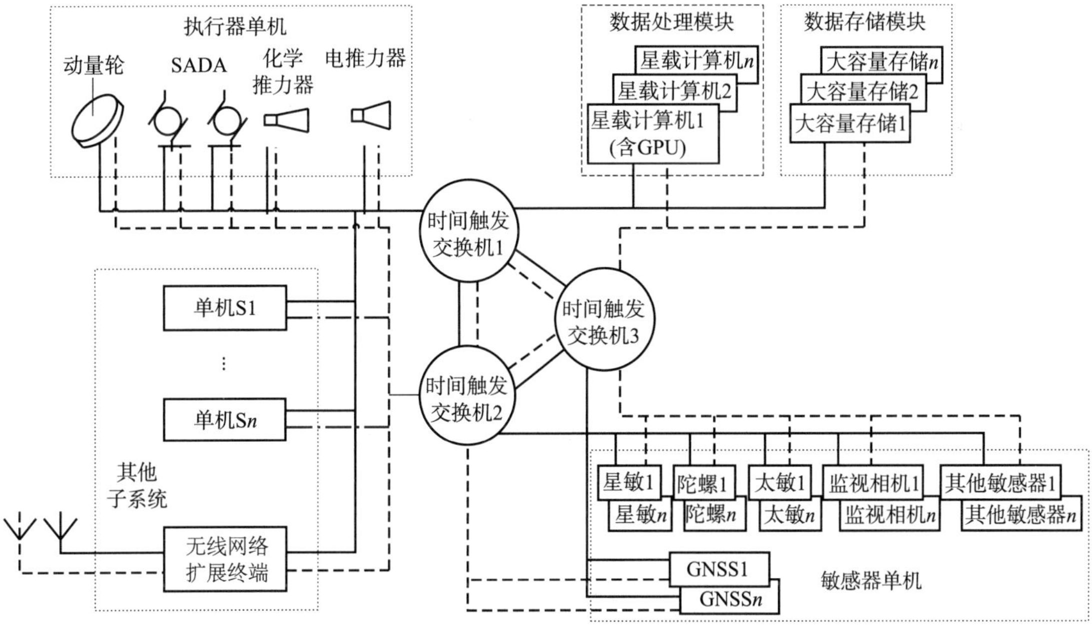

图 8.3－1　卫星电子信息总体架构

注：实线为主份网络，虚线为备份网络，分别连接不同的交换机。

该体系架构主要有如下特点：

(1) 采用 TTE 技术

TTE 是基于时间触发的新型以太网协议，是专门针对航空、航天、船舶等安全关键系统所开发的高速实时容错网络技术，通信速率目前支持 10 Mbit/s、100 Mbit/s 和 1 Gbit/s 3 种[22,23]。TTE 协议向下完全兼容普通以太网和 ARINC664 part7（AFDX），并可以在同一条 TTE 网络中同时实现普通以太网（Best - Effort）、ARINC664 part7（Rate - Constraint）和时间触发（TT）3 种不同优先级报文混合通信的方式。TTE 协议具有基于时间触发网络特有的高实时性及双通道冗余的高故障容错能力，可用于对实时性要求较高的控制系统、数据采集及数据流量大的多媒体系统等，在航空、航天、船舶及汽车等众多领域具有广阔的应用前景。2011 年 11 月，SAE 标准化组织将 TTE 技术定为新型网络技术开放标准，正式发布的标准名称为 AS6802。TTE 技术在航空航天领域的成功应用案例包括：美国 2014 年 12 月发射的“猎户座”飞船[24-26]，ESA 下一代运载火箭 ARIANE 6[27]，多款航空发动机及航电系统[28]。

TTE 的主要技术特点：可实现网络时钟优于 0.1 μs 级同步；网络传输速度可达 1 Gbit/s；满足航空、航天领域 DO - 254 安全认证的最高等级；同一网络上可同时传输不同优先等级数据包；网络时延及抖动确定，可用于关键核心控制系统。

(2) 支持人工智能所需的高速复杂运算

数据处理模块采用多核处理器＋GPU 的通用计算机架构，可运行复杂的人工智能算法，并支持 MBD（Model - Based Design）软件开发流程。数据处理模块和数据存储模块还可对卫星其他分系统或有效载荷提供高性能计算和数据存储服务。

(3) 支持任务动态迁移

应用软件与硬件解耦，不绑定特定硬件。应用软件任务可在多个计算机之间动态迁移，系统软件根据当前资源动态均衡计算负载，当局部运算资源紧张或硬件故障后，可将当前任务动态无缝迁移到资源相对宽松的计算机上运行，整个过程对上层应用软件完全透明，由底层网络操作系统自动完成。

(4) 支持热插拔和即插即用

各单机全部具备标准网络接口和供电接口。智能单机接入网络后发送身份识别信息“身份数据单”，系统可自动识别并提供资源保障。

(5) 系统易扩展

这种电子信息总体架构本质上是一种分布式网络架构。网络无节点数目限制，支持在轨模块更换，新接入端点（非实时性终端）不影响原系统的正常时序。

(6) 兼容性好

兼容普通以太网和 AFDX 网络，与地面测试系统网络完全兼容；可同时满足关键系统（时延确定、高可靠）和普通系统需求。

(7) 系统容错设计简单，可靠性高

基于高精度时钟同步后，系统可采用“故障静默”的工作模式代替传统的拜占庭容错架构，在简化系统的同时提高了可靠性和安全性。

该系统架构涉及的关键技术要点如下：

（1）基于 TTE 的智能自主系统通信协议设计

分析网络同步周期与同步精度直接的关系，给出推荐的参数设置；根据航天实际应用情况制定网络 PCF 帧、TT 帧和普通 BE 帧格式。

（2）时间触发网络信息调度策略研究

研究网络动态调度表自动生成的可行性，探索调度表在线可更新及实现方案。

（3）基于"故障静默"的系统级容错及重构技术

研究不同于传统拜占庭容错架构的系统级容错方法，给出实现方案，分析其中的关键技术，分解到单机实现层面。

（4）基于 TTE 的标准化电接口设计

覆盖 100 Mbit/s 和 1 Gbit/s 两种速率，确定传输介质（电缆或光纤），给出电连接器选型及信号排布规则。

8.3.2.3　智能单机功能需求分析

与网络化架构对应，为了实现整个控制系统的智能化，各单机（敏感器、执行机构等）应具备一定的独立智能，成为网络化架构下的智能节点。具体而言需满足以下要求：

1）具备标准网络接口和供电接口；

2）一般自带处理器和必要的外围电路，具有一定的独立计算能力和信息处理能力；

3）运行独立软件，能够实现底层的自治管理和初级 FDIR；

4）具备软件在轨注入和升级能力；

5）具备自主重启能力，具备关键模块内部备份及重组能力。

8.3.3　卫星智能自主控制系统的软件架构

从现有文献看，智能自主控制系统的软件逻辑架构大体分为**分层架构**和**分布式架构**两大类。典型的分层架构为 Saridis 等人提出的分层递阶智能控制系统架构[29-32]，而分布式架构以多智能体系统（Multi - Agent System，MAS）架构为代表[33-35]。

8.3.3.1　分层递阶智能控制系统架构

分层递阶智能控制系统架构由组织级、协调级和执行级 3 个层次组成，并按照自上而下精确程度渐增、智能程度渐减的原则进行功能的分配，典型架构如图 8.3 - 2 所示。

在该架构中，软件逻辑的最高层定义为组织级，主要负责规划及决策，即对于给定的外部命令和任务，设法找到能够完成该任务的子任务（或动作）组合。可见，组织级的主要作用是任务规划，这在人工智能领域属于典型的问题求解，算法非常多。Saridis 认为，组织级的作用可看成是寻求一组子任务的动作组合，以使得信息传输的熵最小，也就是使得所规划的结果的不确定性最低。

中间层为协调级，其作用是接收从组织级传来的命令，经过实时信息处理，产生一系列可供执行级执行的具体动作序列。组织级采用树形结构，其中根节点为分配器，子节点

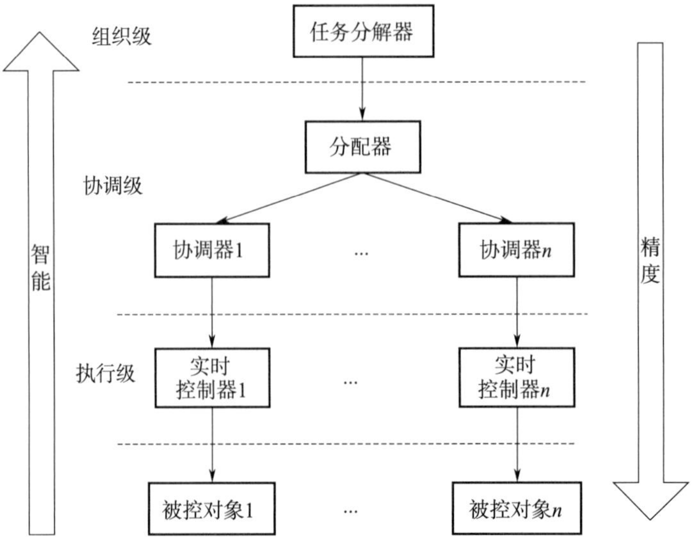

图 8.3－2　分层递阶智能控制系统架构

为协调器。分配器负责根据当前工作状态将组织级送来的基元事件序列转换为面向协调器的控制行动，然后在合适的时候将它们送至相应的协调器。在任务执行完毕后，分配器还负责向组织级传送反馈信息。协调器负责将行动序列转换为面向执行级的实时操作序列。分配器和协调器具有完全相同的结构形式，只是所处的逻辑层次不同。

执行级对应于常规的实时控制。大多数文献中所说的智能控制算法实际上都是针对执行级而言的。为了在智能控制的大框架下评估系统性能，可以将执行级的控制性能也表示为熵函数的形式。

8.3.3.2　MAS 架构

MAS 是人工智能领域中的一个重要研究方向。MAS 的组织架构有主从式、分布式、混合式 3 种，如图 8.3－3 所示。

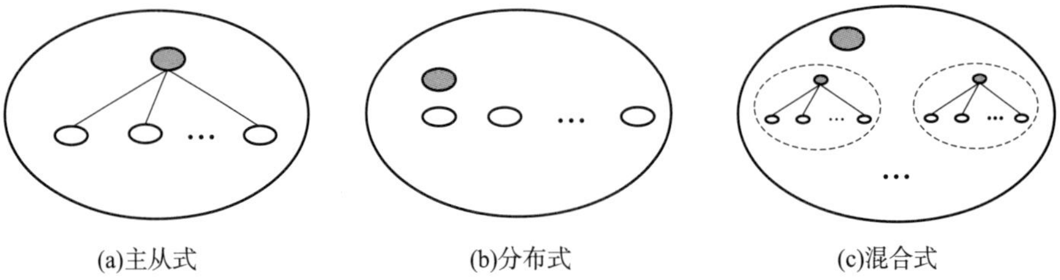

图 8.3－3　MAS 的 3 种通用架构

主从式架构：各 Agent 有主从关系（一主多从）；主 Agent 负责对所属成员进行规划和协调，从 Agent 之间不能任意交互。这种架构目标性强，协作效率高，但灵活性和扩展性较差。

分布式架构：各 Agent 之间的关系完全平等，可以任意交互、共同作用来完成整体任务。这种架构扩展性好、灵活性强，但协作效率稍差。

混合式架构：主从式和分布式两种架构的优缺点刚好互补。因此，大型复杂系统多采用混合式架构，以取得灵活性与高效性之间的平衡。混合式架构的实现方式比较灵活，图 8.3-3（c）给出的只是其中一种典型方式。如果考虑到层次划分，实际架构往往是比较复杂的。

上述架构是就通用 MAS 而言的。对于单个卫星而言，其软件逻辑如果采用 MAS 架构，目前一般都采用基于主从逻辑的混合式架构，如图 8.3-4 所示。在该架构中，整星级的信息模块作为主 Agent，各分系统的信息模块作为从 Agent；由于信息综合的需要，各分系统之间地位平等，且可任意交互、共同协作，但又都接受系统级 Agent（主 Agent）的统一调度和协调。

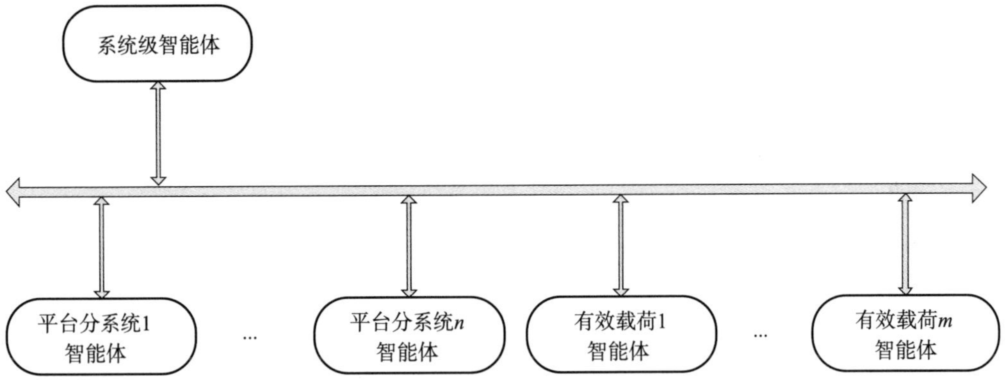

图 8.3-4　多智能体卫星系统架构

8.3.3.3　主从分层式智能体架构

从前面两小节的介绍我们已经看到，分层递阶智能控制系统架构和 MAS 架构的出发点不同：分层递阶智能控制系统架构着眼于逻辑的层次化，强调逻辑层次颗粒度的差异性；MAS 架构的出发点是单个 Agent 的智能化，强调单元逻辑的独立性和协作性。从应用效果看，这两种架构都有一定的局限性。分层递阶智能控制系统架构的整体框架虽然很清晰，但基于信息熵的设计在工程上很难使用，不仅设计过程非常烦琐，而且设计结果的可移植性也较差。因此，分层递阶智能控制系统架构在工程上的价值更多地体现为一种指导理念。MAS 架构比较适于实现群体智能，而对于信息高度耦合的单一复杂实体（如卫星），如果仅依赖于 MAS 架构而不进行层级划分，那么每个智能体模块的内部结构将变得非常复杂，整个软件系统的工程实现也是极为困难的。

根据上述分析，将分层递阶智能控制系统架构和分布式 MAS 架构结合起来是一个不错的思路。概括而言，两者的结合又可分为以下两种方式（以三层架构为例进行说明）：

1）以分层结构为基本框架，每一层中的功能模块由多个智能体实现（图 8.3-5）。

这种架构的优点是层次关系非常清晰。但是，同一层级的智能体之间的关系如何？如果它们之间的地位完全平等，则它们之间不但能够任意交互，而且各自都能独立接受上一层级智能体的调度。这样一来，系统的整个逻辑关系就变得非常复杂了，也降低了分层递阶结构在简化逻辑关系方面的价值。

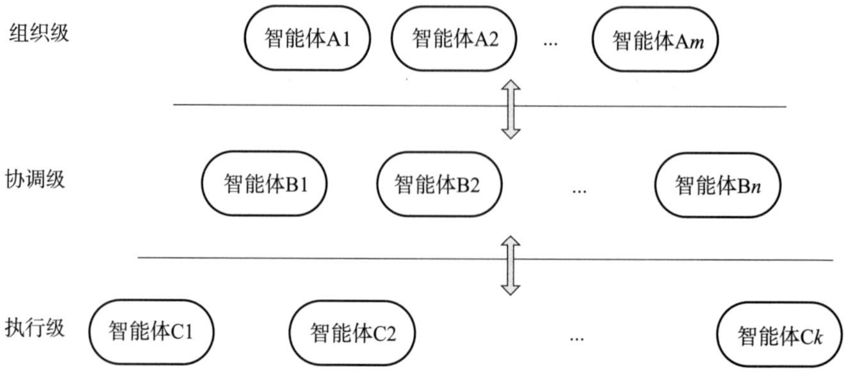

图 8.3-5 基于分层思想的混合架构

2）以智能体为基本框架，每个智能体又按分层结构进行逻辑划分（图 8.3-6）。

这种架构的优点是扩展性很强，非常适于多航天器应用，形成群体智能。如果指定某个智能体为主智能体（其他为从智能体），则系统架构变成了更为实用的主从混合型架构。但是对于单个卫星或单个分系统（如姿轨控分系统）而言，这类架构无法体现整体分层逻辑的优点。

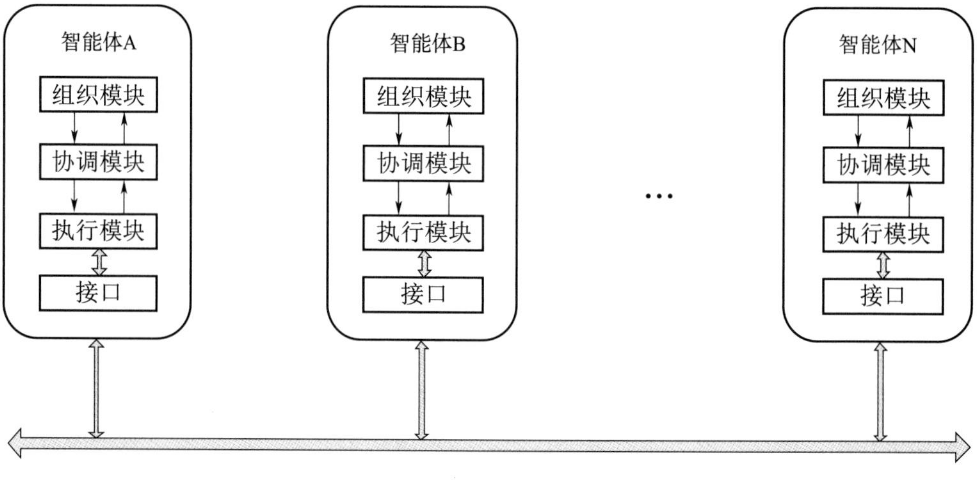

图 8.3-6 基于 Agent 的混合架构

基于对上述各种架构优缺点的分析，我们认为，就卫星的信息系统而言，一种更好的架构应是**主从分层式智能体架构**，如图 8.3-7 所示。

在这种主从分层式智能体架构中，信息系统的主框架为分层递阶智能控制系统结构，按照功能逐渐细化、智能程度逐渐降低的原则进行层级划分。例如，可以将整星级的信息管理功能作为最高层，将分系统级的信息管理功能作为中间层，将单机级的信息管理功能作为最底层；当然，如果有必要，还可以增加单机模块级这一逻辑层级。在每一层级里，各软件模块都统一按独立智能体进行设计。智能体内部不再进行分层设计。根据任务和功能的不同，智能体的复杂程度和智能程度固然会有很大差异，但都具有智能体的基本特征。但同一层级里智能体的地位不是完全相等的——每个层级里有一个主智能体，负责该层智能体的统一协调并与上下层的主智能体进行信息交互；其他的都是从智能体，同层的从智能体之间可以任意交互，但不能直接与上下层的智能体直接交互。可见，这种系统架构是与卫星系统的物理架构相对应的，并充分融合了分层递阶智能控制系统架构和 MAS 架构各自的优点，且系统的逻辑复杂程度得到了控制。

就智能自主控制系统的软件而言，其架构还需满足系统重构与系统进化方面的要求，以实现“软件定义系统”“软件拓展任务”的目标。其中，软件模块的重构与自组织能力是一项基础需求。相关技术进展在本书中就不展开了。

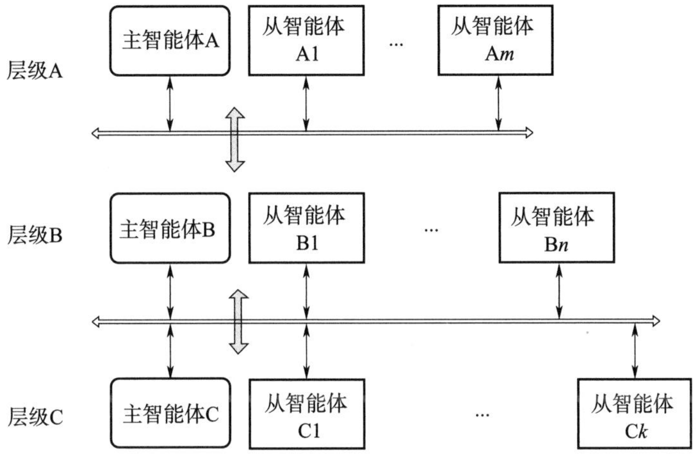

图 8.3-7　主从分层式智能体架构

8.4　静止轨道卫星自主导航

卫星导航是指利用某种测量方式确定卫星在当前时刻的位置和速度。到目前为止，国内外大部分卫星的定位导航是依靠地面站测控完成的。随着卫星应用技术的发展，空间运行的各种航天器的数目大大增加，信息传输量剧增，完全依靠地面站测控，会引起测控系统的信息阻塞和地面站负担过重。卫星自主导航和轨道自主控制可以有效降低地面支持成本，从而降低整个航天计划的研制费用。因此各国都在积极发展各种不依赖地面无线电测控的卫星自主导航技术，以提高卫星自主运行、自主管理和在轨生存能力。随着静止轨道应用卫星价值的日益凸显，为了降低对地面测控的依赖程度，对自主导航提出了迫切需求，如部分静止轨道通信卫星和导航卫星，明确提出了“无地面测控站支持下，自主工作 180 天”的指标要求。

8.4.1 静止轨道卫星自主导航技术途径及难点

卫星自主导航，是卫星不依赖地面支持，利用星载测量设备实时测定自身的轨道位置和速度，与卫星的姿态控制系统相结合，可以实现卫星轨道和姿态的自主维持。卫星自主导航的实现方式有多种，按照测量信息获取方式的不同可分为**天文导航**、**无线电测距导航**以及**惯性导航** 3 大类。上述 3 类自主导航的方法各有所长，其中，惯性导航自主性强，但由于惯性器件误差使得系统误差随时间不断积累，长时间的导航精度很差。无线电测距方法具有较高的导航精度，近年来，在各国卫星上获得普遍应用的基于导航星座（如 GPS、GLONASS）的定位导航技术即属于这类导航技术。尽管这种方法可以达到较高的导航精度，但它依赖于导航星座的连续正常运行，并不是严格意义上的全自主手段。美国也正在考虑 GPS 系统遭受攻击时其卫星的生存能力。天文导航方法是通过测量自然天体方位信息来实现卫星的轨道确定，具有导航精度高、误差不随时间积累、抗干扰能力强以及可同时提供位置和姿态信息等特点，是一种有效的全自主导航手段。随着空间科技的进步，高科技军事武器发展很快，一旦战事发生，地面定轨系统很容易遭到敌方的攻击和破坏，因此国际上利用天文方法和天文技术进行卫星自主定轨受到了极大的关注。

基于星敏感器和地球敏感器等姿态敏感器的卫星自主导航算法属于天文导航方法，类似的导航系统已有成功应用，如国内外在 MANS 导航系统、星光折射或空间六分仪等方面进行了研究和在轨测试，证明了基于空间矢量观测的自主导航方式的可行性，但相对来说都需要配置专用的测量敏感器，这影响了这几类导航方案的通用性。基于星敏感器和地球敏感器等姿态敏感器的卫星自主导航，在不增加星上负担的情况下，卫星具备自主导航能力。为此，发展基于星敏感器和地球敏感器等姿态敏感器的卫星通用自主导航算法是目前解决卫星自主导航、提高卫星自主生存能力、保证卫星长期可靠运行的有效手段[39,40]。

利用全球导航卫星系统（GNSS，如 GPS、北斗导航系统等）对低轨道卫星进行导航能够获得更高的精度，并得到广泛应用，实时定轨精度可达 10 m 量级，已能满足绝大多数任务的要求。目前的 GNSS 星座都是为了向近地和地面用户提供导航和授时服务而设计的，导航星面向地球发送导航信号，对于高轨卫星来讲，由于轨道高于大多数导航星，只能通过接收地球对面的导航星发射的导航电文进行导航，因此面临信号微弱、可见星少、定位几何差等诸多难题。

我国基于传统光学敏感器的卫星自主导航技术也取得了重要突破，经静止轨道卫星在轨验证的自主导航实现了优于 10 km 的精度指标，但与高轨遥感、气象、预警等卫星对导航精度的要求还存在较大差距，只好继续依靠地面站进行测控。如“风云四号”气象卫星，为了保障图像定位与配准精度，采用每 0.5 h 上行注入一次精轨数据的办法来解决高精度定轨问题，要求注入轨道的精度优于 200 m，这种运行方式给地面测控带来了极大压力。我国新一代静止轨道大型卫星公用平台东方红五号采用地敏感器＋星敏感器的自主导航方式，经地面对地敏感器和星敏感器的安装偏差拟合标校，能够实现 10 km 精度的绝对位置自主导航。与此同时，东方红五号平台卫星同步采用 GNSS 导航信息＋轨道外推的定轨方案，当 GNSS 有效时实时修正轨道，无效时使用外推轨道为卫星提供位置和速度信息，能够实现轨道高度 30 000～50 000 km 之间的长期自主导航。

一方面，高轨道航天器自主导航技术的需求十分迫切，是自主运行技术关注的重点。但与此同时，未来任务对定轨精度也提出了更高的要求，因此迫切需要尽早解决高轨卫星长时、高精度自主导航问题。目前主要问题在于导航模式单一，导航精度和可靠性不能满足要求。基于天文导航方法的自主导航精度在系统补偿后可达 10 km 左右，但其易受外界温度、成像对象特征变化的影响，导航精度不能保持长期稳定，离地面测控条件下的位保精度 0.05°还有较大差距。高轨卫星开始引入 GNSS，初步验证了 GNSS 在高轨的数据精度和弧段有效性，东方红五号平台首发星实践二十卫星在高轨卫星中首次将 GNSS 自主导航数据引入控制闭环。但高轨卫星可见导航星数量少，且位置精度因子（PDOP）值较差，直接利用星载 GNSS 技术进行 GEO 卫星精密定轨，尚属于在轨应用初期的验证阶段。这些自主导航系统还处于在轨应用初期，还未将其导航信息进行综合，各系统独立运行，卫星轨道数据安全最终仍需地面保证。需研究通过引入多模式导航，以期实现导航系统的性能互补，进一步提高导航系统的可靠性和精度。

8.4.2　基于地球敏感器+星敏感器的天文导航方法

根据地球敏感器和星敏感器的测量信息可以确定星光与地球之间的视线夹角，即航天器本体坐标系中导航恒星星光的矢量方向和地球中心矢量方向的夹角，称为星光角距，如图 8.4-1 所示。基于星敏感器和地球敏感器的航天器自主导航系统，通常可采用星光角距或地球方向矢量在惯性坐标系（或通过星敏感器测量转换到本体坐标系）下的投影作为观测量，而后者可以看作地平方向和惯性坐标系两个垂直轴的夹角余弦，从物理意义看得到的信息均为地平方向与惯性空间两个方向的夹角信息。

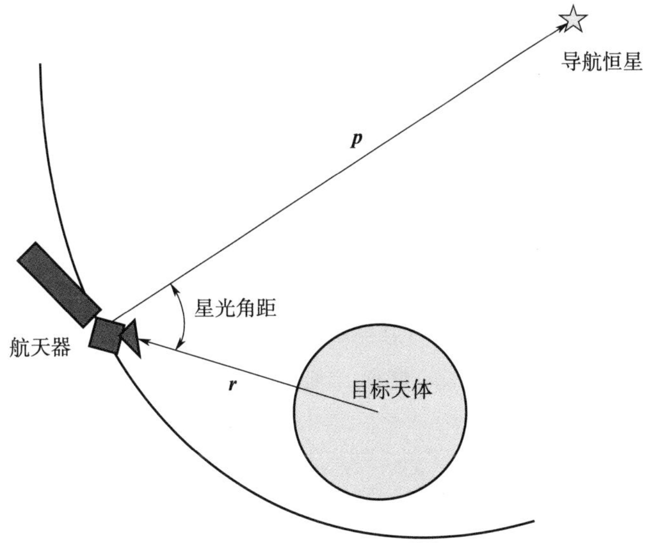

图 8.4-1　星光夹角的观测几何关系

星敏感器＋地球敏感器自主导航系统的基本原理如图 8.4-2 所示。通过星敏感器和地球敏感器的测量，可以得出两个惯性空间的方向矢量 $\hat{\boldsymbol{s}}_1$，$\hat{\boldsymbol{s}}_2$（指向两颗恒星）与航天器指向地心的方向矢量 $\hat{\boldsymbol{r}}_u$ 之间的夹角 ζ_1 和 ζ_2 信息，进而分别得到这两个以恒星与地球连线为对称轴，夹角 ζ_1 和 ζ_2 的补角为半锥角的两个圆锥面，则航天器位于该两个圆锥面的交线上。局部观测下，航天器的位置不可观，但是通过一个时间序列内的观测值，结合航天器的轨道动力学约束，就可以通过滤波得到航天器轨道的估计值，实现航天器的自主导航。

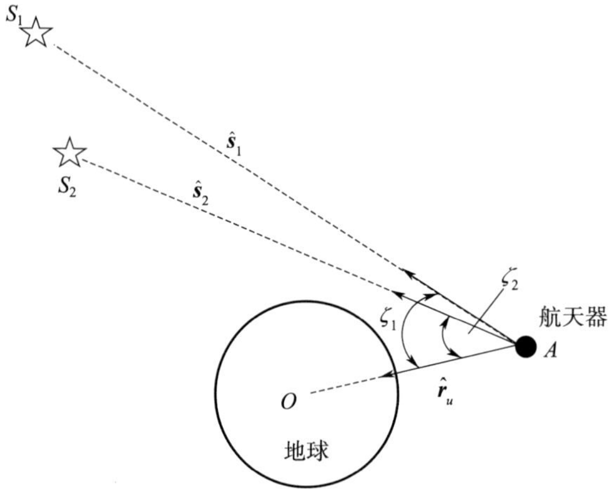

图 8.4-2　星敏感器＋地球敏感器自主导航系统的基本原理

自主导航算法的状态方程为轨道动力学方程，主要实现状态变量的一步预测。轨道动力学模型常用的主要有基于位置速度矢量的 Cowell 法和基于轨道六要素的轨道要素变动法。Cowell 法在原理上比较简单，选取航天器在地心赤道惯性坐标系下的位置和速度 $\boldsymbol{X}=(x,\ y,\ z,\ v_x,\ v_y,\ v_z)^{\mathrm{T}}$ 作为状态变量，航天器的运动轨迹可以通过航天器动力学方程的数值积分得到。该法对各种摄动没有什么限制，同时观测量与位置速度的关系较为直观和简单。轨道要素变动法采用轨道六要素 $\boldsymbol{X}_c=[a,\ e,\ i,\ \Omega,\ \omega,\ M]^{\mathrm{T}}$ 为状态变量，状态变量在轨道预测中的线性化程度较好，预测精度较高，但与观测的关系不明显，故往往使用在轨道预测和轨道控制中。惯性系下卫星的位置和速度与观测量的关系较为直观和简单，因此工程上静止轨道卫星自主导航算法通常采用位置速度作为状态变量。

1）Cowell 法，基于直角坐标系的卫星轨道运动学方程。在研究航天器的运动时，选取历元（J2000.0）地心惯性坐标系。此时，通常选用的天文导航系统状态模型（轨道动力学模型）为[39]

$$
\begin{cases}
\dfrac{\mathrm{d}x}{\mathrm{d}t}=v_x \\
\dfrac{\mathrm{d}y}{\mathrm{d}t}=v_y \\
\dfrac{\mathrm{d}z}{\mathrm{d}t}=v_z \\
\dfrac{\mathrm{d}v_x}{\mathrm{d}t}=-\mu\dfrac{x}{r^3}\left[1-J_2\left(\dfrac{R_e}{r}\right)\left(7.5\dfrac{z^2}{r^2}-1.5\right)\right]+\Delta F_x \\
\dfrac{\mathrm{d}v_y}{\mathrm{d}t}=-\mu\dfrac{y}{r^3}\left[1-J_2\left(\dfrac{R_e}{r}\right)\left(7.5\dfrac{z^2}{r^2}-1.5\right)\right]+\Delta F_y \\
\dfrac{\mathrm{d}v_z}{\mathrm{d}t}=-\mu\dfrac{z}{r^3}\left[1-J_2\left(\dfrac{R_e}{r}\right)\left(7.5\dfrac{z^2}{r^2}-4.5\right)\right]+\Delta F_z
\end{cases}
\tag{8.4-1}
$$

式中，$r=\sqrt{x^2+y^2+z^2}$。

式（8.4－1）可简写为

$$
\dot{\boldsymbol{X}}(t)=f(\boldsymbol{X},t)+\boldsymbol{\omega}(t) \tag{8.4-2}
$$

其中

$$
\boldsymbol{X}=[x,y,z,v_x,v_y,v_z]^{\mathrm{T}}
$$

式中　$\boldsymbol{X}$ ——状态矢量；

x，y，z，v_x，v_y，v_z ——航天器在地心惯性坐标系下 3 个方向的位置和速度；

μ ——地心引力常数；

r ——航天器位置参数矢量的模；

J_2——地球引力系数；

ΔF_x，ΔF_y，ΔF_z ——地球非球形高阶摄动项和日月摄动、太阳光压摄动以及大气摄动等的摄动加速度。

2）基于轨道六要素的轨道要素变动法。牛顿受摄运动方程为[39]

$$
\begin{cases}
\dfrac{\mathrm{d}a}{\mathrm{d}t}=\dfrac{2}{n\sqrt{1-e^2}}[e(S\sin f+T\cos f)+T] \\
\dfrac{\mathrm{d}e}{\mathrm{d}t}=\dfrac{\sqrt{1-e^2}}{na}(S\sin f+T\cos f+T\cos E) \\
\dfrac{\mathrm{d}i}{\mathrm{d}t}=\dfrac{r\cos(\omega+f)}{na^2\sqrt{1-e^2}}W \\
\dfrac{\mathrm{d}\Omega}{\mathrm{d}t}=\dfrac{r\sin(\omega+f)}{na^2\sqrt{1-e^2}\sin i}W \\
\dfrac{\mathrm{d}\omega}{\mathrm{d}t}=\dfrac{\sqrt{1-e^2}}{nae}\left[-\cos f\cdot S+\left(1+\dfrac{r}{p}\right)\sin f\cdot T\right]-\cos i\dfrac{\mathrm{d}\Omega}{\mathrm{d}t} \\
\dfrac{\mathrm{d}M}{\mathrm{d}t}=n-\dfrac{1-e^2}{nae}\left[-\left(\cos f-2e\dfrac{r}{p}\right)S+\left(1+\dfrac{r}{p}\right)\sin f\cdot T\right]
\end{cases}
\tag{8.4-3}
$$

其中

$$p = a(1-e^2)$$

式中　a ——轨道半长轴；

e ——轨道偏心率；

i ——轨道倾角；

Ω ——升交点赤经；

ω ——近升角距；

M ——平近点角；

f ——真近点角；

n ——航天器平均速率；

S ——沿矢量 $\boldsymbol{r}$ 方向的摄动力；

T ——在轨道面内垂直于 $\boldsymbol{r}$ 、指向卫星运动方向的摄动力；

E ——地球的椭圆度；

W ——沿轨道面法线方向并与 S 、T 构成右手坐标系取向的摄动力。

为了方便使用，常将摄动力的 3 个分量 S、T、W 转化成 U、N、W，此时的受摄运动方程变为

$$\begin{cases}
\dfrac{\mathrm{d}a}{\mathrm{d}t} = \dfrac{2}{n\sqrt{1-e^2}}(1+2e\cos f+e^2)^{\frac{1}{2}}U \\
\dfrac{\mathrm{d}e}{\mathrm{d}t} = \dfrac{\sqrt{1-e^2}}{na}(1+2e\cos f+e^2)^{\frac{1}{2}}\left[2(\cos f+e)U-\sqrt{1-e^2}\sin E\cdot N\right] \\
\dfrac{\mathrm{d}i}{\mathrm{d}t} = \dfrac{r\cos(\omega+f)}{na^2\sqrt{1-e^2}}W \\
\dfrac{\mathrm{d}\Omega}{\mathrm{d}t} = \dfrac{r\sin(\omega+f)}{na^2\sqrt{1-e^2}\sin i}W \\
\dfrac{\mathrm{d}\omega}{\mathrm{d}t} = \dfrac{\sqrt{1-e^2}}{nae}(1+2e\cos f+e^2)^{\frac{1}{2}}\left[2\sin f\cdot U+(\cos E+e)N\right]-\cos i\dfrac{\mathrm{d}\Omega}{\mathrm{d}t} \\
\dfrac{\mathrm{d}M}{\mathrm{d}t} = n-\dfrac{1-e^2}{nae}\left[(1+2e\cos f+e^2)^{\frac{1}{2}}\left(2\sin f+\dfrac{2e^2}{\sqrt{1-e^2}}\sin E\right)U+(\cos E-e)N\right]
\end{cases} \tag{8.4-4}$$

式中　U ——沿航天器运动轨道切线方向的摄动力，指向运动速度方向为正；

N ——沿轨道主法线方向的摄动力，以内法线方向为正。

基于星敏感器和地球敏感器的自主导航方法，往往选取星光角距或地球方向矢量在惯性坐标系（或通过星敏感器测量转换到本体坐标系）下的投影作为观测量。选取地球方向矢量在惯性坐标系（或通过星敏感器测量转换到本体坐标系）下的投影作为观测量，相当于选取的两颗恒星在惯性空间的角距为 90°，这种系统的能观度比采用任意两颗恒星的星光角距作为测量的系统更好。若系统能够测量地球的视半径信息，则增加地球视半径测量

作为观测量可以增加系统的局部能观性，使得自主导航系统的收敛速度明显加快。通用自主导航算法选取地心矢量在本体坐标系下投影的 X 和 Y 分量为观测量，采用星敏感器测量将惯性坐标系下的地心矢量预测转换到本体坐标系下，和观测量进行求差作为新息，实现状态变量的滤波修正。

8.4.3　基于光学敏感器+GNSS 的融合型导航方法

在应用光学敏感器实施自主导航的基础上，融合 GNSS 测量信息，可实现光学敏感器测量偏差的精确校准，是改善自主导航性能的有效手段之一。测量偏差校准完成后，自主导航系统可基于光学敏感器测量信息和高精度轨道外推，在不依赖 GNSS 信号的情况下维持较高的定位精度。

应当注意，可用 GNSS 卫星的数目随着航天器轨道高度的升高而减少。当平台的轨道高度高于 GNSS 卫星时，GNSS 存在导航信号弱、可见卫星少、定位几何差等问题。考虑到可用 GNSS 卫星的数目随着航天器轨道高度的升高而减少，通常无法利用单一历元观测信息直接对高轨卫星平台导航，因此，采用多历元观测信息和动力学模型相结合的组合导航滤波方式，在精确确定卫星位置的同时，还可实现对部分系统模型误差的标定。

基于 GNSS 导航信息和光学敏感器测量的自主导航基本方法为：将光学敏感器测量偏差扩充为状态变量，将卫星的轨道动力学方程作为系统方程，将光学敏感器和 GNSS 接收机测量模型作为观测方程，运用卫星轨道动力学约束和可用 GNSS 测量信息，将光学敏感器测量偏差和航天器位置速度等状态变量一起进行估计；进而，利用估计得到的系统偏差，可对光学敏感器的输出进行校准，从而提高系统在全自主运行段（无 GNSS 辅助导航信息可用时）的导航性能。当 4 颗或 4 颗以上 GNSS 卫星可见时，利用 GNSS 提供的位置解算信息进行偏差校正，当不能同时收到 4 颗 GNSS 卫星信号的情况下，可利用 GNSS 卫星的星历和伪距测量信息并结合轨道动力学方程进行导航滤波与偏差校正。

同时，为了提高自主导航在轨道机动期间的可用性，将通过卫星平台的推力和质量估算卫星的加速度，或采用加速度计测量平台轨道机动期间的加速度，将估算或测量值引入轨道动力学状态方程，以提高轨道机动期间的自主导航收敛速度和精度。

综上，高轨组合导航的系统框图如图 8.4-3 所示。其中，动力学模型采用位置和速度作为状态变量，动力学中摄动考虑地球非球形引力摄动，日、月引力摄动，大气阻力摄动和太阳光压摄动等高轨主要摄动；动力学中还引入了加速度计的测量值或推力器与质量预估的加速度值，从而提高轨道机动期间滤波器的收敛速度，提高自主导航的可用性。

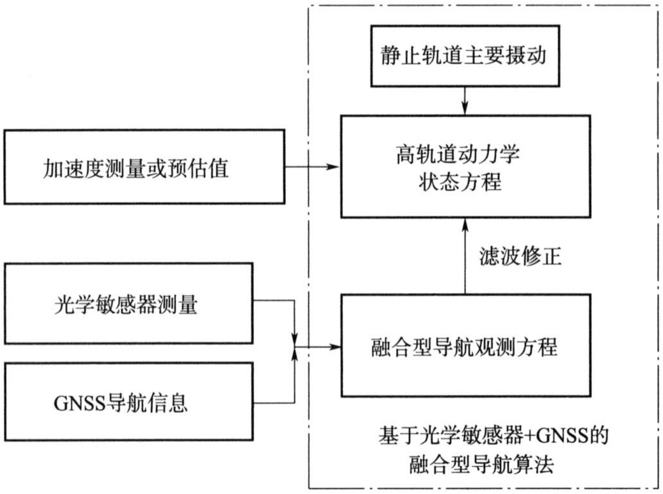

图 8.4-3　高轨组合导航的系统框图

8.5　基于电推进的自主转移轨道控制

静止轨道卫星携带的电推力器比冲往往为化学推力的 10 倍左右，但推力较小，通常为数十至数百毫牛。电推进系统的应用，主要在于节省卫星的推进剂携带量，从而有效降低卫星发射重量或提升有效载荷承载能力。GEO 卫星的轨道转移、南北位保及东西位保、角动量卸载等任务的典型速度增量需求（单位：m/s）如图 8.5-1 所示，可见电推进系统用于轨道转移带来的效益最大，其次是南北位保[41]。

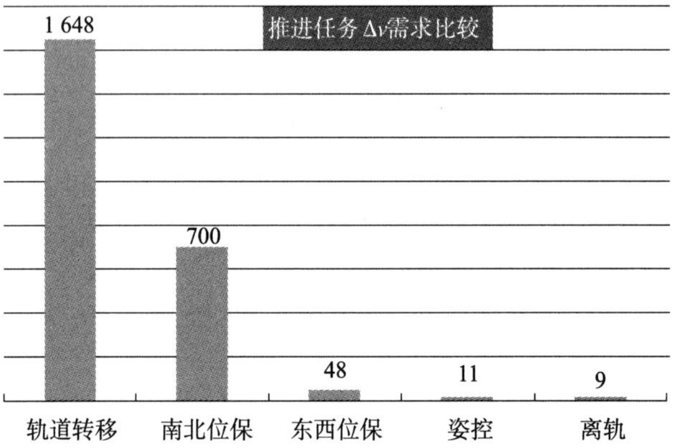

图 8.5-1　GEO 卫星各阶段任务的速度增量需求

电推进系统在卫星上的应用经历了循序渐进、由易到难、逐步深入的过程，先用于在轨位保，再扩展到变轨[42]。

第一阶段，电推进系统用于卫星在轨位保。从 1995 年开始，俄罗斯的 MSS-2500-GSO 卫星平台就配置了霍尔电推进系统，用于卫星在轨位保。当前，国际上主流的通信卫星平台均配置电推进系统进行南北位保，如波音公司的 601 卫星平台和 702 卫星平台、洛马公司的 A2100 卫星平台、劳拉空间公司的 LS1300 平台、Alcatel 公司的 Spacebus - 4000 平台、Astrium 公司的 EuroStar - 3000 平台、ESA 的 Artemis 卫星、中国空间技术研究院的东三 B 卫星平台等。此外，俄罗斯的 Express、Seset 等通信卫星利用电推进实现在轨南北位保、东西位保，采取直接入轨方式，配套 1 套电推进（包含 8 台 SPT - 100 霍尔推力器）实现在轨位保、1 套无水肼单组元推进（12 台推力器）用于姿态调整，如图 8.5 - 2 所示。

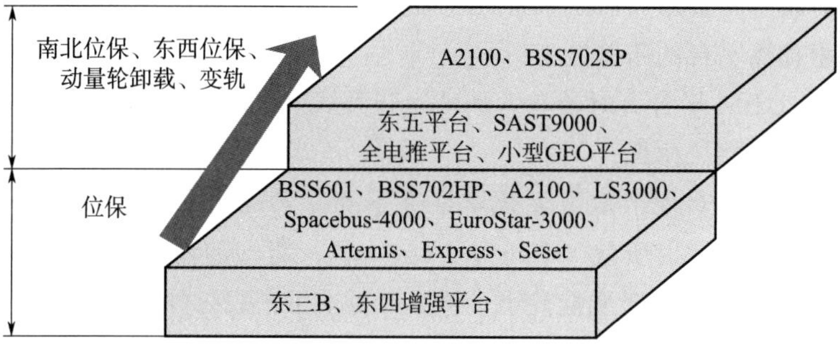

图 8.5 - 2　GEO 卫星各阶段电推进系统应用发展过程

对于干重 2 600 kg、寿命 15 年的通信卫星，采用电推进实现南北位保后，有效载荷承载质量可增加 500 kg（节省的推进剂携带量减去电推进系统干重）。

第二阶段，将电推进系统的应用从在轨位保进一步扩展到轨道转移和动量轮卸载等任务。此阶段，有两种应用方式：1）先用远地点化学发动机变轨到中间转移轨道，再用电推力器完成变轨，以有效缩减推进剂携带量，从而突破卫星的有效载荷承载能力瓶颈，满足大容量有效载荷的装载需求。例如，基于 A2100M 平台的 AEHF 卫星，采用电推进系统进行部分变轨位保和南北位保后，有效载荷承载能力提升 900 kg，但变轨时间增加为 100 天；2）采用电推进系统实现全过程变轨、在轨位保和动量轮卸载、离轨等任务，即“全电推卫星”。全电推平台可大大提升有效载荷承载能力，或有效降低卫星发射重量：对于 GEO 卫星，可使卫星发射重量减轻 50%，使推进剂/卫星干重从约 1.65 倍降至约 0.25 倍；对于深空探测器，如黎明号深空探测器，使推进剂/卫星干重从约 2.5 倍降至约 0.47 倍。

8.5.1　电推进通信卫星平台介绍

8.5.1.1　波音公司的 BSS - 702 系列平台

波音公司的 BSS - 702 系列平台是美国波音公司地球同步轨道的主力卫星平台系列，包括 BSS - 702、BSS - 702HP、BSS - 702MP、BSS - 702GEM 及 BSS - 702SP 等[43]，见表 8.5 - 1。其中，BSS - 702SP 平台是针对约 500 kg 有效载荷推出的全电推进平台，而其余平台主要面向有效载荷质量在 600～1 300 kg 的中大型通信卫星需求，用户主要为商业及政府用户。各系列的具体指标为：

1）BSS－702 平台针对 800～1 000 kg 有效载荷质量（约 60～80 路转发器）卫星设计，采用化学推进入轨、电推进在轨位保；

2）BSS－702MP 平台针对 600～800 kg 等较小有效载荷质量（约 60 路转发器）卫星设计，充分发挥天顶－3、质子－M 运载火箭的低成本优势与大承载能力优势，不采用电推进；

3）BSS－702HP 平台针对 1 000～1 300 kg 等较大有效载荷质量（约 80～110 路转发器）卫星设计，在充分利用天顶－3SL、质子－M 运载火箭低成本优势的基础上，使用化电混合地球同步转移变轨策略，以及电推进在轨位保与动量轮卸载，在不增加运载火箭成本的基础上，大幅提高平台的承载能力；

4）BSS－702GEM 平台针对带有大型可展开天线卫星设计，不配置电推进分系统，采用全化学推进入轨与在轨位保；

5）BSS－702SP 平台取消双组元化学推进系统，采用全电推进实现变轨和位保等任务，有效降低了卫星的发射质量（不超过 2 000 kg），氙气加注量可达 400 kg，可承载约 500 kg 的有效载荷。由于发射质量变小，该平台可采用猎鹰－9 或阿里安－5 运载火箭进行“一箭双星”发射，从而大幅度节省发射成本。其中，猎鹰－9 可实现 2 颗 BSS－702SP 平台卫星“一箭双星”发射，阿里安－5 可实现 BSS－702SP 平台卫星搭配另一颗大型通信卫星进行“一箭双星”发射。

表 8.5－1　BSS－702 系列平台典型卫星的变轨策略与有效载荷质量关系

平台子型	典型卫星	发射质量/kg	干重/kg	有效载荷质量/kg	运载火箭	推进工作方式
BSS－702	WGS－1	5 800	3 250	1 000	宇宙神－5	化推转移，电推位保
BSS－702MP	Intelsat－22	6 199	2 810	800	质子－M	化推转移，化推位保
BSS－702GEM	Thuraya－2	5 177	2 940	870	天顶－3	化推转移，不做南北位保
BSS－702HP	DirecTV－12	5 923	3 600	1 200	质子－M	部分电推转移，电推位保
BSS－702SP	ABS－3A	2 000	1 100	500	猎鹰－9	一箭双星，电推转移，电推位保

由于 BSS－702 系列平台采用电推进在轨位保策略，电推进几乎每天均要进行位保点火，如果按照传统方式在位保前进行测轨，将会使地面测控工作量与成本大幅增加，如图 8.5－3 所示。针对上述地面运行维护难点，BSS－702 系列平台采用了以下措施：

电推进变轨段：由于对轨道精度要求较低，卫星采用长寿命、高精度陀螺获得相对姿态参考数据；采用星敏感器获得惯性坐标系下的姿态参考数据；采用高精度时钟、星敏感器、地球敏感器及电推力器作用下的轨道动力方程外推结果作为轨道数据。以上数据作为电推进轨道转移段的自动变轨控制数据。

在轨位保段：卫星利用通信信道传输日常测轨数据，在地面使用轨道动力学软件监控卫星的轨道数据。以 14 天为周期计算位保点火时刻、点火时长，并上传至卫星，以此减少地面测控工作量与成本，14 天周期内的位保操作由卫星自动执行。

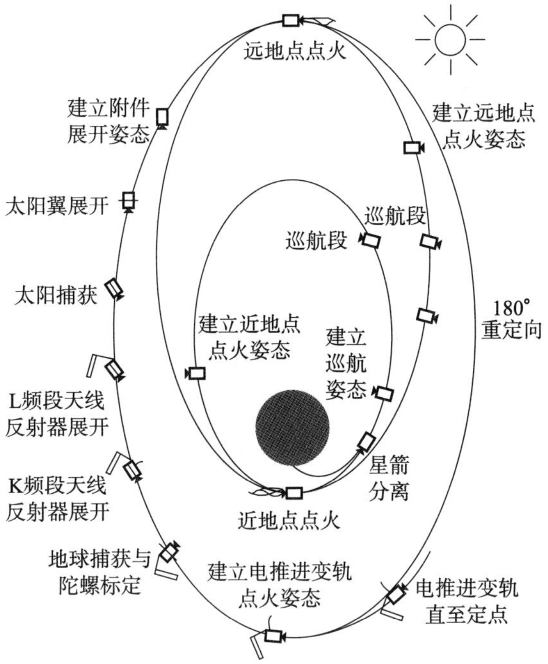

图 8.5-3　BSS-702 平台采用化学推进与电推进混合变轨示意图

8.5.1.2　Electra 平台

Electra 平台是 OHB 公司在 Small GEO（LUXOR）平台基础上推出的首个全电推系列[44-46]，主要针对 10 kW 以下的廉价通信卫星需求，允许客户对发射方式（全化推、化/电混合或全电）、载荷重量和 GTO 转移时间进行定制，有效载荷质量可达 900 kg。首发星计划于 2022 年发射。

由阿里安-5 火箭发射入轨后，Electra 平台初始质量约为 2.5～3 t，最长利用 4～5 个月、0.5 N 量级的电推力转移至同步轨道上，所用速度增量约为 2.2 km/s。Electra 平台电推转移轨道如图 8.5-4 所示。

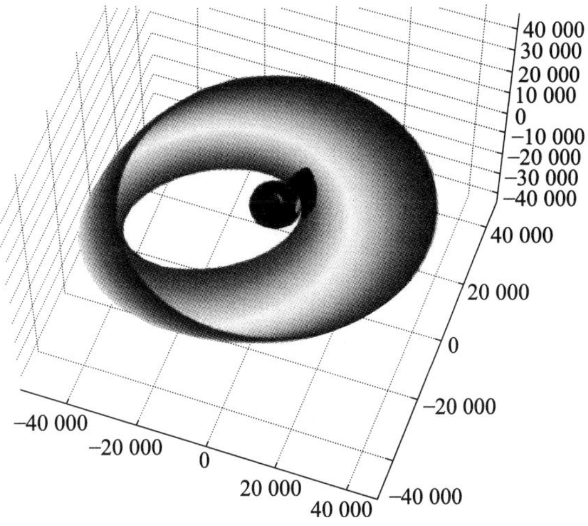

图 8.5-4　Electra 平台电推转移轨道

Electra 平台配置 4 台电推力器，两两安装在两台矢量调节机构臂上，作为主份和备份推力器。推力配置和轨道转移及位保的推力方向如图 8.5－5～图 8.5－7 所示。

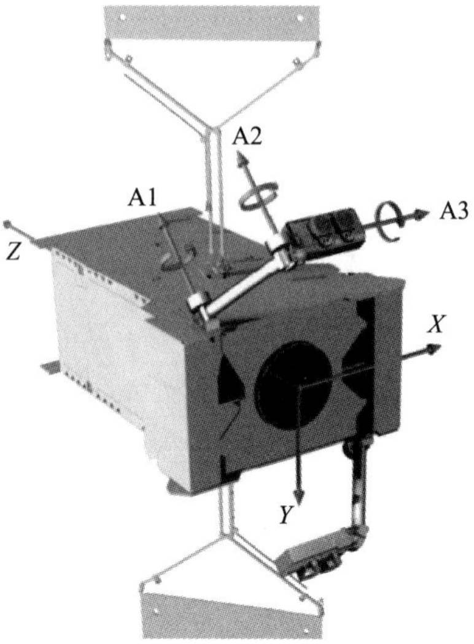

图 8.5－5　Electra 平台推力配置

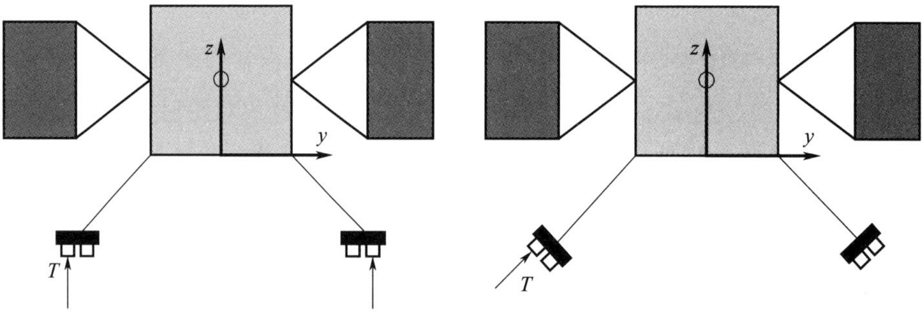

图 8.5－6　电推进指向（左为轨道转移，右为位保）

Electra 平台的轨道保持任务，利用矢量调节机构让推力器指向星体质心，采用的是 1 天测轨、6 天控制的方式，每天在升降交点附近交替进行位保喷气并同时通过略微偏转矢量调节机构进行角动量卸载[47]。由径向推力带来的平经度偏差可以通过略微抬高轨道半长轴消除。

8.5.1.3　其他全电推卫星平台

2013 年 9 月，洛马公司宣布，正在进行 A2100 平台的升级改造，其中一项重点内容就是进行全电推卫星平台改造。其支持“一箭双星”发射，将采用更大推力的电推力器使卫星入轨时间比其他全电推卫星缩短一半。

Astrium 公司、劳拉空间公司等也宣布已开展全电推通信卫星平台开发。我国的全电推通信卫星也正在开发中。

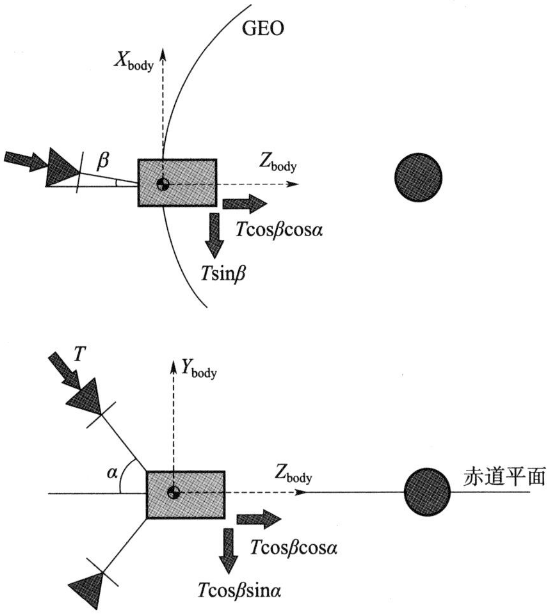

图 8.5-7　位保推力方向

表 8.5-2 是国内外主要高轨卫星平台的基本指标情况。就提高载重比而言，采用电推进是一个重要技术途径之一。

表 8.5-2　国内外主要高轨卫星平台的基本指标情况

卫星平台	发射质量/kg	载荷质量/kg	载荷功率/kW	载重比
BSS-702	5 900～6 241	1 050～1 200	3～18	0.178～0.192
A2100M	6 168～6 740	1000～1350	3～15	0.195～0.200
LS-1300S	6 100～6 910	916～1 200	3～17	0.150～0.174
EuroStar3000	6 000～6 150	916～1 000	8～12	0.149～0.167
Alphabus	6 500	1 000	18	0.154
SpaceBus4000	5 900	1 000	8～12	0.169
DFH-4	5 100～5 320	450～700	4～8	0.088～0.132
DFH-3B	3 800	350～450	3～4	0.092～0.118
BSS-702SP	2 000	500	3～8	0.25
Electra	2 500～3 000	900	＜10	0.3～0.36
全电推平台	2 000	450	6	0.225
小 GEO 平台	1 500	450	4.5	0.3

8.5.2　电推进轨道转移

8.5.2.1　轨道优化问题

电推进轨道转移是将卫星从近地点数百公里，远地点在同步轨道附近的，含有一定轨道倾角的大椭圆轨道转移至地球同步轨道。在轨道转移过程中，往往有 1～2 台电推力器在数月的时间内连续点火，实现小推力变轨。对于电推进轨道转移的策略实现，采用以下方式进行：首先，利用最优控制理论求出最优最小转移时间解，该解产生一个连续的非线性变化推力矢量。然后，将轨道转移问题转化为参数优化问题，将推力指向在特定坐标系中设定为分段常数，将分段的有限个推力矢量方向作为待优化参数[48]。

通过求解经典最优控制问题，可以得到小推力航天器在任意轨道间的最优转移轨道。对于该类问题，优化目标要么是推进剂消耗量，要么是轨道转移时间。对有限机动的优化牵引出了无限维的泛函优化问题。在此基础上，最优轨道转移问题定义为初始和末端状态固定，转移时间不定的最优控制问题。该最优控制在实际实施过程中，需要使推力矢量沿非线性方向光滑变化，这很难在实际控制中实现，并且该解的计算量极大。但对于实际控制来说，探讨经典最优控制问题是有意义的，可以作为参数优化的初始输入。给予最优控制的结果，可以对后续简化算法设计的优劣进行直观的评估。

8.5.2.2 参数优化

对于小推力最优轨道转移问题，更实际的解决方案是将最优控制问题转化成参数优化，其中，推力矢量成为待优化变量的一部分。该优化问题可表述为依赖于等式和不等式约束的目标函数。目标函数可取推进剂消耗 m_p 或航天器的最终质量的负数 $-m_f$。独立参数为赤经等轨道位置表述和每一推力弧段的推力方向。等式约束为目标轨道，不等式约束为推力方向、姿态指向以及地面测控等方面的约束。目标函数可列写为

$$J = F(x_1, x_2, \cdots, x_n)$$

等式约束为

$$c_i(x_1, x_2, \cdots, x_n) = 0 \quad i = 1, 2, \cdots, m'$$

不等式约束为

$$c_i(x_1, x_2, \cdots, x_n) \geqslant 0 \quad i = m'+1, m'+2, \cdots, m$$

式中 n ——待优化参数的个数；

m ——所有约束的个数；

m' ——等式约束的个数。

参数优化问题需要输入参数初始估计值，计算 F 和 c 的程序，计算 $\dfrac{\partial F}{\partial x}$ 以及 $\dfrac{\partial c}{\partial x}$ 的雅可比矩阵。该矩阵是用有限差分来进行计算的。

由于在实际执行过程中，不可能使航天器沿非线性方向连续变化，因此需要将轨道转移控制分弧段进行。每个弧段在特定坐标系内保持固定方向，段与段之间插入一小段不控弧段用于姿态机动。

对于电推转移问题，其约束方程可列写为

$$J = -m_f$$

末端约束可写为轨道前五要素和平经度的形式

$$\begin{pmatrix} a^{*} \\ e^{*} \\ i^{*} \\ \omega^{*} \\ \Omega^{*} \\ \lambda^{*} \end{pmatrix} - \begin{pmatrix} a(t_f) \\ e(t_f) \\ i(t_f) \\ \omega(t_f) \\ \Omega(t_f) \\ \lambda(t_f) \end{pmatrix} = \begin{pmatrix} 0 \\ 0 \\ 0 \\ 0 \\ 0 \\ 0 \end{pmatrix}$$

待优化参数可列写为以下形式，或是其中的某几部分

$$\boldsymbol{Z}^{\mathrm{T}} = [\tau_0 \quad \alpha_1 \quad \beta_1 \quad \cdots \quad \alpha_n \quad \beta_n \quad T]$$

式中　τ_0 ——初始开机位置；

α_n，β_n ——每段推力的方向角；

T ——轨道转移时间。

轨道转移过程可表述为七维状态方程，其中包括笛卡儿坐标系内的位置、速度，以及整星质量变化

$$\boldsymbol{x}(t) = \begin{pmatrix} \boldsymbol{r}(t) \\ \boldsymbol{v}(t) \\ m(t) \end{pmatrix}$$

动力学方程为

$$\ddot{\boldsymbol{r}} = \boldsymbol{g}(t, \boldsymbol{r}) + \frac{F_t(t)}{m(t)}\boldsymbol{u}(t) + \boldsymbol{f}(t, \boldsymbol{r}, \boldsymbol{v})$$

$$m = -\frac{T(t)}{\boldsymbol{v}e}$$

式中　$\boldsymbol{g}(t, \boldsymbol{r})$ ——地球重力加速度；

$\frac{F_t(t)}{m(t)}\boldsymbol{u}(t)$ ——控制加速度；

$\boldsymbol{f}(t, \boldsymbol{r}, \boldsymbol{v})$ ——环境扰动项。

8.5.2.3　转移轨道自主控制

基于上述参数优化的参数搜索算法虽能得到具有工程意义的轨道转移方案，但由于计算量过大，不能实现星上的自主优化。为此，可在以下几方面进行设计：

1）设计合理的轨道转移策略，降低轨道控制段的个数。

2）将密切根数积分转换为解析递推。

3）选取合适的优化算法。

4）利用空闲时间计算方式进行搜索寻优。

表 8.5-3 是一种经过上述设计的寻优策略所需的星载计算机计算时间。电推轨道转移时间通常要持续数月，因此只要合理占用星上资源，星上寻优计算持续数十分钟甚至是一天时间都是合理的。

表 8.5-3 星上计算量估计

	迭代次数	调用动力学递推次数	星上用时/s
初值 1	20	46	73.6
初值 2	23	51	81.6
初值 3	15	37	59.2
初值 4	17	42	67.2

8.6 基于电推进的自主轨道保持控制

利用电推力器进行静止轨道位保控制，依然满足静止轨道控制方程。设脉冲速度增量 $\Delta v=[\Delta v_R,\Delta v_T,\Delta v_N]$，在平赤经 l 处，对于静止轨道根数 $\{\lambda,D,e_x,e_y,i_x,i_y\}$ 的变化量，静止轨道的控制方程为

$$\begin{cases}\Delta D=-\dfrac{3\Delta v_T}{v_s}\cdot\omega_E\\ \Delta\lambda=-\dfrac{2\Delta v_R}{v_s}\\ \Delta e_x=\dfrac{\Delta v_R}{v_s}\sin l+2\dfrac{\Delta v_T}{v_s}\cos l\\ \Delta e_y=-\dfrac{\Delta v_R}{v_s}\cos l+2\dfrac{\Delta v_T}{v_s}\sin l\\ \Delta i_x=\dfrac{\Delta v_N}{v_s}\cos l\\ \Delta i_y=\dfrac{\Delta v_N}{v_s}\sin l\end{cases}\tag{8.6-1}$$

基于电推进的静止轨道自主位保控制所需要的电推力器布局有很多形式，若同时进行南北位保、东西位保，通常有两种布局形式：四台锥形布局、机械臂+两台电推布局。下面分别对这两种布局形式下的自主控制方案进行阐述。

8.6.1 四台锥形布局下的自主位保方案

基于锥形电推进布局的推力器安装方式，四台推力器 NW、NE、SW 和 SE 成对对称安装在背地板四边，两台推力器在北侧（NW 和 NE），另两台推力器在南侧（SW 和 SE），具体如图 8.6-1 所示。

对于该种布局，位保控制的推力分配可按照下述方式进行。可知在执行南北位保时，可由图 8.6-2 所示，在赤经相隔 180°的适当位置（$l_1=\kappa+90°$，$l_2=\kappa+270°$）点火，在两个位置分别令北侧、南侧的两台推力器点火，消除倾角偏差。北侧的两台推力器（NW 和 NE）在赤经 90°附近点火，南侧的两台推力器（SW 和 SE）在赤经 270°附近点火（图 8.6-2）。当仅消除倾角的长期项时，点火位置与赤经 90°、270°的偏差与当前时刻月球升

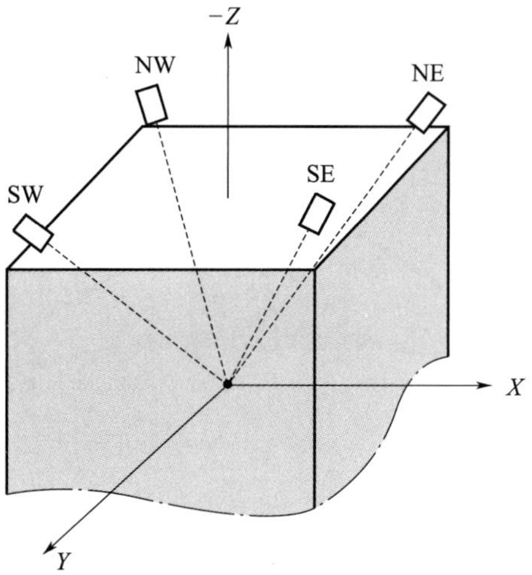

图 8.6－1　锥形电推进布局示意图

交点黄经 Ω_{ms} 有关，与赤经 90°、270°的偏差角 $\kappa \in [-8.7° \quad 8.7°]$，周期为 18.6 年。当同时消除倾角的长期项和中期项时，与赤经 90°、270°的偏差角 κ 将会更大，但在 30°以内。

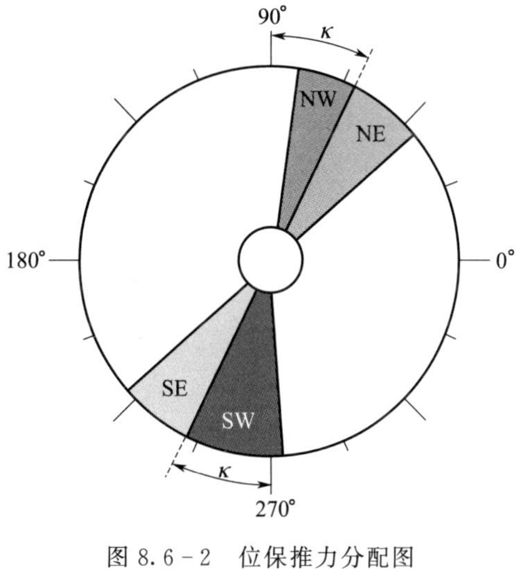

图 8.6－2　位保推力分配图

8.6.2　机械臂＋两台电推进布局下的自主位保方案

该配置的电推进卫星包括两台电推力器，两台电推力器分别安装在卫星背地板南侧和北侧，能够实现推力分别朝向南侧和北侧的三维指向，具体如图 8.6－3 所示。

对于该种布局，位保控制的推力分配可按照下述方式进行，如图 8.6－4 所示。通过矢量调节机构对推力器指向的调整，每台推力器都能够产生径向、切向和法向 3 个方向的 Δv。依靠两台电推力器同时对地理经度和纬度进行位保控制。南北推力器交替喷气，每

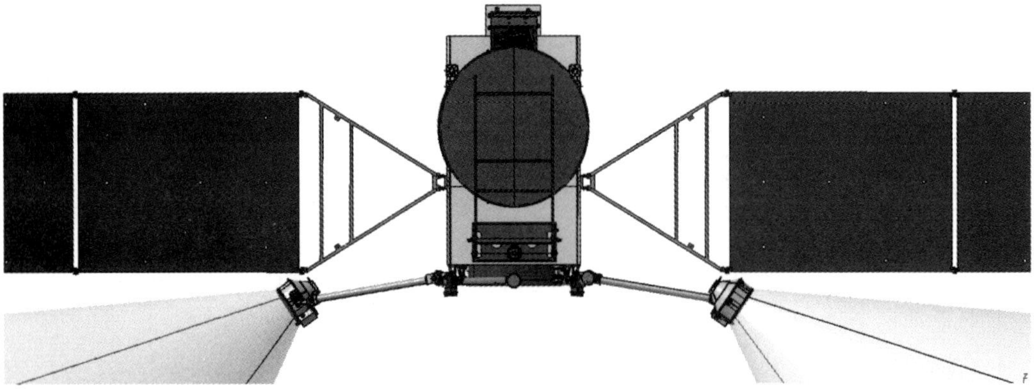

图 8.6-3　机械臂＋两台电推进布局示意图

个推力器均产生径向、切向、法向分量。矢量调节机构使法向分量与径向分量的比值达到机构所能达到的最大值。

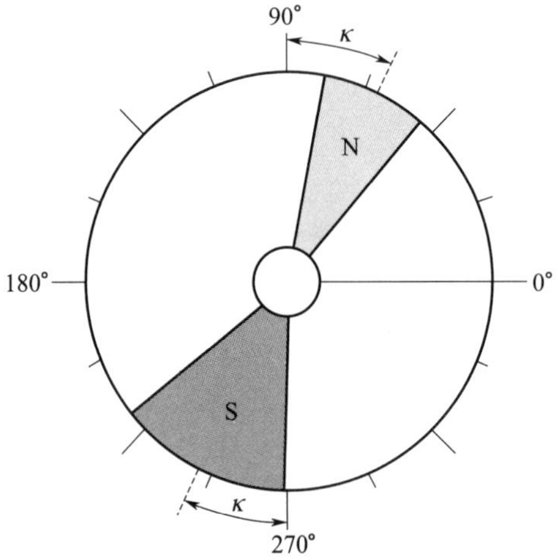

图 8.6-4　位保推力分配图

8.7　小结

本章围绕卫星智能自主控制，定性介绍了系统架构及技术实现的相关问题，重点阐述了系统硬件架构和软件架构的设计思路，提出了针对卫星特点的智能自主控制软硬件架构。在此基础上，从任务划分的角度出发，着重介绍静止轨道卫星智能自主控制近年来的典型进展，包括自主导航、转移轨道自主控制、静止轨道自主维持等关键技术。卫星智能自主控制是未来卫星的必然发展方向，同时也是涉及面广、开发难度大的一个新兴领域。本书所阐述的内容反映了作者团队在本领域的若干研究进展，但无论在广度上还是深度上都是很初步的。大量的工作有待未来深入。

参考文献

[1] FU K S. Learning Control Systems and Intelligent Control System: An Intersection of Artificial Intelligence and Automatic Control [J]. IEEE Trans AC, 1971, 16 (1): 70-72.

[2] 吴宏鑫，胡军，解永春．航天器智能自主控制研究的回顾与展望 [J]. 空间控制技术与应用，2016，42 (1)：1-6.

[3] 袁利，黄煌．空间飞行器智能自主控制技术现状与发展思考 [J]. 空间控制技术与应用，2019，45 (4)：7-18.

[4] RUSSELL S J, NORVIG P. Artificial Intelligence: A Modern Approach (3rd Edition) [M]. Addison Wesley, 2011.

[5] LUCCI S, KOPEC D. Artificial Intelligence in the 21st Century: A Living Introduction (2nd Edition) [M]. Mercury Learning & Information, 2016.

[6] NEGNEVITSKY M. Artificial Intelligence: A Guide to Intelligent Systems (3rd Edition) [M]. Pearson Education, 2011.

[7] FLOREANO D, MATTIUSSI C. Bio-Inspired Artificial Intelligence [M]. MIT Press, 2008.

[8] KRISHNAKUMAR K, GUNDY-BURLET K. Intelligent Control Approaches for Aircraft Applications [R]. Technical Report, NASA Ames Research Center, 2002.

[9] LAVALLEE D B, JACOBSOHN J, OLSEN C, et al. Intelligent Control for Spacecraft Autonomy-an Industry Survey [C]. AIAA 2006-7384, 2006.

[10] MUSCETTOLA N, NAYAK P P, PELL B, et al. Remote Agent: to Boldly Go Where no AI System Has Gone Before [J]. Artificial Intelligence, 1998 (103): 5-47.

[11] PELL P, BERNARD D E, CHIEN S A, et al. An Autonomous Spacecraft Agent Prototype [J]. Autonomous Robotics, 1998, 5 (1): 29-52.

[12] BERNARD D E, DORAIS G A, FRY C, et al. Design of the Remote Agent Experiment for Spacecraft Autonomy [C]. IEEE Aerospace Conference, Aspen, CO, USA, 1998.

[13] PELL B, SAWYER S R, MUSCETTOLA N, et al. Mission Operations with an Autonomous Agent [C]. IEEE Aerospace Conference, Aspen, CO, USA, 1998.

[14] HAYDEN S C, SWEET A G, CHRISTA S E, et al. Advanced Diagnostic System on Earth Observing One [C]. AIAA 2004-6108, 2004.

[15] HAYDEN S C, SWEET A G, CHRISTA S E. Livingstone Model-Based Diagnosis of Earth Observing One [C]. AIAA 2004-6225, 2004.

[16] FOLTA D, HAWKINS A. Results of NASA's First Autonomous Formation Flying Experiment: Earth Observing-1 (EO-1) [C]. AIAA 2002-4743, 2002.

[17] TIANFIELD H. Some Reflections on Intelligent Control [J]. Artificial Intelligence Review, 2005 (23): 57-91.

[18] 孙增圻，邓志东，张再兴．智能控制理论与技术 [M]. 2版．北京：清华大学出版社，2011.

[19] 韦巍，何衔．智能控制基础［M］．北京：清华大学出版社，2008.

[20] 李人厚．智能控制理论和方法［M］．2版．西安：西安电子科技大学出版社，2013.

[21] MATERN M K. Electronics：the Intelligence in Intelligent Control［J］．Annual Reviews in Control，1998（22）：1-11.

[22] STEINER W，DUTERTRE B. The TTEthernet Synchronisation Protocols and Their Formal Verification［J］．Int J Critical Computer-Based Systems，2013，4（3）：280-300.

[23] KOPETZ H，ADEMAJ A，GRILLINGER P，et al. The Time-Triggered Ethernet（TTE）Design［C］．8th IEEE Int Symp on Object-Oriented Real-Time Distributed Computing，Seattle，WA，USA，2005.

[24] GEORGE W，EGER III. Orion's Command and Data Handling Architecture［C］．AIAA 2008-7743，2008.

[25] HU H，STRAUBE T. Orion GN&C Overview and Architecture［C］．AIAA 2007-6678，2007.

[26] MAMICH H，D'SOUZA C N. Orion Preliminary Navigation System Design［C］．AIAA 2008-7295，2008.

[27] MIRANONT P，MONCHAUX D，REGNIER B. New Technologies for Future Launchers Avionics［C］．Data Systems in Aerospace 2015，Barcelona，Spain，2015.

[28] TTA-Group. TTTech delivers distributed IMA test bed with TTE to Siskorsky Aircraft［EB/OL］（2010-07-14）．Http：//www. tttech. com/de/ news-events/ press-releases/.

[29] SARIDIS G N，VALAVANIS K P. Analytical Design of Intelligent Machines［J］．Automatica，1968（2）：123-133.

[30] SARIDIS G N，VALAVANIS K P. Mathmatical Formulation for the Organization Level of Intelligent Machines［C］．Conf. Robotics & Automation，San Francisco，CA，1986.

[31] VALAVANIS K P，SARIDIS G N. Architectural Models for Intelligent Machines［C］．28th CDC，Athens，Greece，1988.

[32] SARIDIS G N. Entropy Formulation of Optimal and Adaptive Control［J］．IEEE Trans AC，1988，33（8）：713-721.

[33] WOOLDRIDGE M，JENNINGS N R. Intelligent Agents：Theory and Practice［J］．Knowledge Engineering Review，1995，10（2）：115-152.

[34] VOOS H. Intelligent Agents for Supervision and Control：a Perspective［C］．15th IEEE Inter Symp on Intelligent Control，Patras，Greece，2000.

[35] WOOLDRIDGE M. 多 Agent 系统引论［M］．石纯一，张伟，译．北京：电子工业出版社，2003.

[36] 宫经刚，王佐伟，张宇．基于网络化的航天器智能 GNC 系统体系架构研究［C］．未来技术与颠覆性创新国际大会，杭州，2018.

[37] 冯佳佳，王佐伟，符方舟．一种航天器智能自主控制系统结构［C］．第19届空间及运动体控制技术学术会议，厦门，2020.

[38] 冯佳佳．航天器智能自主控制系统结构优化研究［D］．中国空间技术研究院，2019.

[39] 房建成，宁晓琳．天文导航原理及应用［M］．北京：北京航空航天大学出版社，2006.

[40] 全伟，刘百奇，宫晓琳，等．惯性/天文/卫星组合导航技术［M］．北京：国防工业出版社，2011.

[41] 边炳秀，魏延明．电推进系统在静止轨道卫星平台上应用的关键技术［J］．空间控制技术与应用，2008，34（1）：20-24.

[42]　左坤，王敏，李敏，等. 全电推商业卫星平台研究综述 [J]. 火箭推进，2015，41 (2)：13 - 20.

[43]　OCAMPO C. Geostationary Orbit Transfer Using Electric Propulsion for the Hughes HS - 702 Satellite [C]. 49th International Astronautical Congress , Melbourne, Australia, 1998.

[44]　江南 . 欧洲 LUXOR 卫星平台竞争小型静止轨道通信卫星市场 [J]. 国际太空，2012 (11)：32 - 34.

[45]　BERGE S, EDFORS A, OLSSON T, et al. Advanced AOCS Design on the First Small GEO Telecom Satellite [C]. 60th International Astronautical Congress, Daejon, South Korea, 2009.

[46]　RIZZO D, VETTORE C, SPALLA A. Small - GEO Satellite: Electrical Propulsion Sub - System (EPPS) Thermal Design and Lessons Learnt [C]. 45th International Conference on Environmental Systems, Washington, USA, 2015.

[47]　LIU X X, SHI H, TANG L, et al. Application of Electronic Propulsion for Orbit Control and Momentum Management on GEO Satellite Platform [C]. 32nd ISTS, Fukui, Japen, 2019.

[48]　KONSTANTINOV M. The Analysis of Influence of Electrical Propulsion Characteristics on Efficiency of Transport Maneuvers [C]. 30th International Electric Propulsion Conference, Florence, Italy, 2007.

第 9 章　静止轨道微小卫星控制系统设计

9.1　概述

自 20 世纪 80 年代以来，**现代小卫星**异军突起，获得了各方的广泛重视。自进入 21 世纪以来，现代小卫星以其重量轻、研制周期短、开发门槛低、性价比高等优点，成为航天器领域的一个热门分支[1-4]。然而，在美国的 MiTEx 卫星上天之前，世界各国发射的小卫星均为低轨卫星。

由于入轨成本高昂，目前绝大部分静止轨道卫星都是大卫星。但是随着任务需求的拓展和技术手段的进步，微小卫星将逐渐成为静止轨道卫星大家族中的重要成员。**静止轨道微小卫星**（泛称**高轨微小卫星**，在不引起歧义的情况下可简称为 **GEO 微小卫星**）的应用领域主要包括：针对高轨道大卫星的在轨维护、针对高轨道大卫星的空间对抗、空间目标天基巡视侦察等。从本质上看，高轨微小卫星和低轨微小卫星并无根本性的差异；但从任务需求看，高轨微小卫星和低轨微小卫星的适用场合有较多不同。这些任务需求的不同，决定了高轨微小卫星和低轨微小卫星的差异。从技术上看，高轨微小卫星要想获得工程应用，除了借鉴低轨微小卫星的技术路线外，还必须具备高轨大卫星所不具备的优势才行。从前面提到的任务需求看，高轨微小卫星如要实用化，就必须具备较强的敏捷性。这种敏捷性体现在两个方面，一是研制开发流程方面的敏捷性，即快速、经济、高效的研制开发流程；二是控制性能的敏捷性，即较强的快速姿态机动能力和轨道机动能力。

目前美国已有多颗静止轨道微小卫星服役（都是军用或技术实验卫星），而我国的静止轨道微小卫星研究尚处于起步阶段。

鉴于静止轨道微小卫星的特殊性，本书专辟一章对其进行阐述。本章将分析静止轨道微小卫星的应用领域及应用价值，介绍国外已发射静止轨道微小卫星的概况，分析静止轨道微小卫星的技术特点及关键技术，给出静止轨道微小卫星控制系统的设计要点。

9.2　静止轨道微小卫星的应用领域及应用价值

静止轨道微小卫星的应用包括民用和军用两大领域。

9.2.1　静止轨道微小卫星民用领域应用分析

在民用领域，目前尚无在轨运行的静止轨道微小卫星。但随着技术的进步，静止轨道微小卫星在民用领域的应用还是值得期待的。经分析调研，静止轨道微小卫星在民用领域的应用场合主要为在轨服务，包括在轨维修、在轨检查、空间碎片清除等[5-12]。

(1) 在轨维修

静止轨道卫星普遍具有长寿命、高价值的特点。这些卫星的损坏和失效，往往将造成巨大的经济损失和社会影响。因此，近年来 GEO 卫星的在轨维修技术获得业界的广泛关注。考虑到成本问题，用大卫星维修大卫星显然不具有真正的商业价值。而用小卫星维修大卫星无论在技术上还是商业上都是可行的。微小卫星可完成的在轨维修任务包括：对未能展开的太阳帆板或天线进行辅助展开，对光学敏感器上的遮挡物进行清除，对具备更换接口的舱内关键部件进行更换等。

相较于常规微小卫星，承担在轨维修任务的微小卫星必须具有较强的操作维修能力和较高的自主程度，工程上的技术难度还是比较大。目前业界已经越来越意识到，有必要针对高价值民商用 GEO 卫星开展可维修性设计，使之具备接受维修和服务的能力。如果 GEO 卫星普遍具备了符合通用标准的接受服务能力，则提供在轨服务的微小卫星将大有用武之地。

(2) 在轨检查

在轨检查任务，主要是利用可见光、红外、微波等敏感器或特殊的电子设备，对高价值 GEO 卫星进行成像测量、电子信号测量，在此基础上开展卫星舱外部件（如太阳帆板、光学敏感器等平台部件，以及天线、相机等载荷部件）状态检查及健康评估，确定故障类型和位置，为下一步的地面决策及处理提供依据。

(3) 空间碎片清除

GEO 轨道附近的空间碎片清除，也是微小卫星的重要潜在应用领域。利用微小卫星进行空间碎片清除的主要优势在于成本低、灵活性强（相对大卫星而言）。空间碎片清除涉及的技术难度和安全风险还是很大的。对于微小卫星而言，提升智能化程度和机动能力是两个需要重点考虑的方面。

9.2.2 静止轨道微小卫星军用领域应用分析

目前已上天飞行的静止轨道微小卫星都是美国军方实施的，这清楚地表明了静止轨道微小卫星的军用价值。微小卫星具有研制周期短、功能密度比高、发射灵活、组网较快等优点，已在低轨军事领域中得到了广泛的应用。近年来，微小卫星在高轨军事领域中的应用也越来越多。从美国的 MiTEx 卫星、GSSAP 和 ANGELS 等军事技术试验卫星可以看出，静止轨道微小卫星的军事应用范围广泛，应用价值巨大[11-13]。

(1) 空间目标侦察与监视

静止轨道微小卫星隐蔽性强、机动性好，适合用于针对 GEO 高价值空间目标的侦察和监视。例如，美国的 MiTEx 卫星能够移动到地球同步轨道上的任何位置，并对在轨失效的 DSP－23 导弹预警卫星进行详细的抵近检查，这表明其已具备非合作目标的跟踪、接近、绕飞和监测功能。如果由多颗微小卫星组成编队飞行，每颗微小卫星都装有不同类型的侦察载荷，例如可见光、红外、微波探测器等，从而组成一个智能化的网络探测器，就可实现针对高轨目标的全方位、全天时、高精度侦察和监视。

（2）空间目标软毁伤

利用微小卫星对敌方高价值高轨空间目标进行打击和毁伤，具有较高的效费比和较好的技术可行性。静止轨道微小卫星体积小、机动性强，很难被陆基可见光观测设备或雷达探测到，因此隐蔽性好，便于对敌方空间目标进行抵近攻击，实施软毁伤或硬毁伤。软毁伤包括电磁干扰和信号诱导欺骗等。

在静止轨道微小卫星上装载微波干扰器，就可以形成针对敌方高轨航天器的天基信息对抗系统。通过跟飞或绕飞可选择最有利的位置和时间，截获敌方空间信息链路数据与测控信号，并对其进行欺骗干扰，削弱敌方军用信息网络对作战体系的支持能力。微小卫星机动性能好，可以近距离接近目标，因此微波发射功率需求不大，用微小卫星来承担此类任务是非常合适的。同时，还可设置多颗微小卫星编队绕飞，对目标多个方位连续不断进行干扰。

（3）空间目标硬毁伤

空间目标硬毁伤的手段很多，包括针对光学敏感器的毁伤（如化学喷涂、激光致盲等）、针对太阳帆板的破坏（如喷涂、剪切、撞击等）、针对热控包覆的破坏，乃至直接的动能毁伤等。完成这些任务都要求微小卫星具备良好的机动能力、较强的自主工作能力、完备的自我防护能力，以及强大的空间操控能力。第 8 章涉及的智能自主控制在这些任务中将大有用武之地。

总之，地球静止轨道由于其轨道的特殊性，运行着天基信息网的关键节点卫星和高价值卫星。利用微小卫星对这些大卫星进行抵近操作或攻防，对于掌控高轨空间态势、提升高轨空间对抗能力等具有重要意义。

9.3 静止轨道微小卫星发展概况

根据国际上的通行定义，微小卫星是指 500 kg 以下，按照现代小卫星技术开发的卫星。根据该定义，目前只有美国发射了真正意义上的静止轨道微小卫星，且都是具有军事色彩的技术试验卫星及装备卫星，主要包括 2006 年以一箭双星形式发射的 MiTEx 卫星、2014 年以一箭三星形式发射的 GSSAP 卫星和 ANGELS 卫星，以及 2018 年发射的 EAGLE 母子星等。

（1）MiTEx 卫星

MiTEx 全称 Micro - satellite Technology Experiment，是美国国防高级研究计划局（DARPA）、空军和海军联合实施的针对高轨目标抵近及监视操作的小卫星项目，是 DARPA 和空军的 MiDSTEP（Microsatellite Demonstration Science and Technology Experiment Program）计划的一部分。MiTEx 项目包括上面级以及 MiTEx - A 和 MiTEx - B 两颗卫星。上面级由 Naval Research Laboratory（NRL）研制，MiTEx - A 由 Orbital Sciences Corporation（OSC）公司研制，MiTEx - B 由 Lockheed Martin Corporation（LMC）公司研制[14-16]。图 9.3 - 1 所示为 MiTEx 系统的外观图。

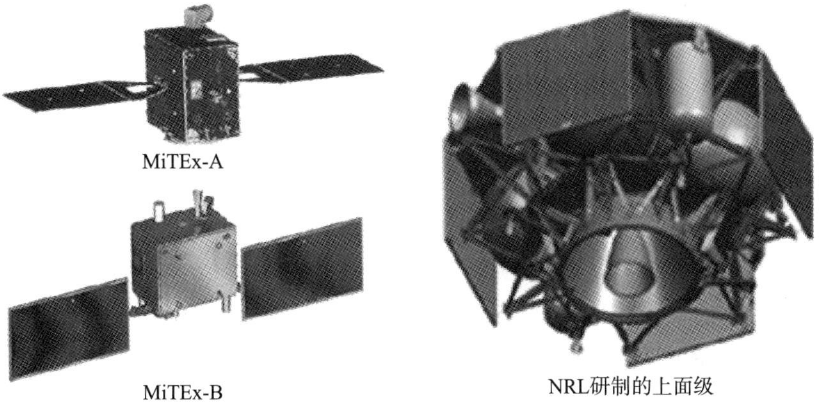

图 9.3-1　MiTEx 系统的外观图

MiTEx 卫星于 2006 年 6 月 21 日由波音公司的德尔它-2 火箭以一箭双星的形式发射至地球同步转移轨道 GTO，然后由上面级将其送入准同步轨道。经过一段时间调整后，MiTEx-A 卫星飞行于比地球静止轨道低的准地球静止轨道，而 MiTEx-B 卫星飞行于比地球静止轨道高的准地球静止轨道。

MiTEx-A 和 MiTEx-B 的质量都是 225 kg。MiTEx 卫星上采用的新技术包括轻量化电源技术、轻量化推进技术、轻量化综合电子技术、轻量化结构设计、基于 COTS 器件元部件筛选，以及自主管理、自主导航、自主轨道机动技术等。对于整个项目而言，还演示了在新技术支持下的低成本快速开发、快速发射技术等。MiTEx 卫星标志着美国的高轨小卫星技术已经进入成熟阶段和工程应用阶段。

根据 DARPA 的披露，MiTEx 在轨实施了一系列自主操作、自主机动和位保任务。由于 MiTEx 卫星重量轻、体积小，只有美国空间监视网能够对其进行有效探测，其他国家现有的地基光学或雷达设备则无法探测，因此难以跟踪 MiTEx 的飞行轨迹，不能轻易判明其飞行任务。国内外学者根据公布的少量轨道数据，对 MiTEx 完成的在轨任务进行了分析[14,15]。

MiTEx-A 卫星与 MiTEx-B 卫星入轨后进行了轨道机动和相互观测试验，并抵近国防支援计划卫星-23（Defense Support Program 23，DSP-23）进行了重点观测。为了对失效的 DSP-23 卫星抵近观测，MiTEx-B 卫星进行了大范围轨道机动，到达高度 GEO-90 km 的准地球静止轨道，之后对 DSP-23 进行光学观测，最近观测距离估计小于 100 km。MiTEx-A 卫星也对 DSP-23 进行了抵近观测。

根据项目规划，MiTEx 卫星可对地球静止轨道带内卫星进行近距离观测，并能通过轨道交会逼近地球静止轨道带内卫星至足够近的距离，为高轨空间对抗创造条件。根据轨道数据分析，截至 2010 年，MiTEx 卫星已经完成多轮次的针对地球静止轨道带内卫星的成像观测与信号侦听。

根据对 MiTEx 卫星的分析，美国在高轨微小卫星的研究开发方面，已经掌握了以下关键技术：

①长期自主运行技术

抵近操作卫星为了全面获取高轨空间态势，必然需要长时间运行于国土上空以外的高轨区域，处于本国地面测控站不可见范围内。突破的关键技术点包括高轨长期自主导航技术、长期自主任务管理技术等。

②自主交会、接近与停靠过程中的制导与控制技术

突破的关键技术包括对空间目标的主动绕飞控制技术、对姿态失控/机动目标的停靠制导与控制技术等。

③快速姿态机动与跟踪技术

为了实现对非合作目标的监视与跟踪，卫星需要根据目标情况实时调整自己的姿态，要求具备快速姿态机动与跟踪能力。为了实现“动中成像”“连续跟踪”，要求控制系统提供足够的控制带宽和姿态稳定度。

④空间目标成像识别与相对位姿测量技术

对目标卫星接近过程中，微小卫星需要对目标卫星进行成像（可见光图像或激光雷达图像等）识别与相对位姿测量，获得其物理外形信息。突破的关键技术包括空间非合作目标位姿测量技术、空间目标在轨三维模型重建技术、空间目标特征提取与跟踪测量技术等。

（2）GSSAP 卫星和 ANGELS 卫星

2014 年 7 月 28 日，美国空军以“一箭三星”的方式成功地将 3 颗高轨态势感知卫星送入近地球同步轨道，即 2 颗业务型高轨巡视卫星——地球同步轨道空间态势感知计划（GSSAP）卫星和 1 颗技术试验卫星——评估局部空间自主守卫纳卫星（ANGELS）[17-19]。此次发射任务的成功标志着美国高轨空间监视技术走向成熟，高轨目标探测、跟踪和侦察能力快速提升，引起了航天界的高度关注。

此次任务采用“一箭三星”发射，2 颗 GSSAP 卫星为主载荷，ANGELS 卫星为次载荷，置于火箭次级载荷适配器（ESPA）上。火箭上面级多次点火，直接将 3 颗卫星送入地球同步轨道，到达预定轨道后，先释放 2 颗 GSSAP 卫星，之后再释放 ANGELS 卫星，如图 9.3－2 和图 9.3－3 所示。

① GSSAP 卫星[17]

GSSAP 卫星是美国空军秘密发展的业务型高轨巡视卫星项目，一直被美军严格保密，直到 2014 年 2 月外界才知晓其存在。

首次发射的 2 颗 GSSAP 卫星由轨道科学公司（OSC）担任总承包商。GSSAP 单星质量约为 900 kg，比 MiTEx 卫星（225 kg）大幅增加。但 GSSAP 卫星在设计上与轨道科学公司研制的 MiTEx 卫星具有延续性，广义上仍属于小卫星的范畴。GSSAP 卫星的主载荷（观测相机）安装于万向支架上，可连续指向目标，更适合轨道巡视探测。相较 MiTEx 卫星，其相机口径也更大、分辨率更高。另外，与 MiTEx 卫星相比，GSSAP 卫星还新增了其他侦察载荷。

GSSAP 卫星具有地球静止轨道巡视探测和抵近详查的能力。日常运行于准地球静止

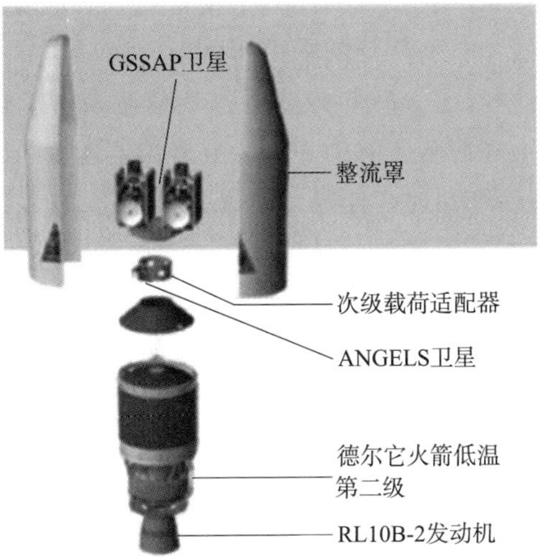

图 9.3-2　GSSAP 卫星和 ANGELS 卫星发射任务示意图

图 9.3-3　ANGELS 卫星在轨飞行状态

轨道，利用与地球静止轨道的相对漂移进行轨道扫描，对目标进行探测、编目和精确侦察，还能通过转动的万向支架对特定目标进行多角度立体观测；必要时还能通过轨道机动，抵近地球静止轨道目标进行详细侦察，获取目标高清视图。可见，GSSAP 卫星的空间态势感知能力已超越空间目标编目这一基础应用层级，向实时、精细感知发展，具备了空间情报获取与分析、威胁评估与应对等空间作战能力。

2016 年 8 月 19 日，GSSAP-3 卫星、GSSAP-4 卫星发射入轨。与 GSSAP-1 卫星和 GSSAP-2 卫星类似，这两颗卫星日常运行于准同步轨道，并且扩展了 GSSAP 卫星项目感知和跟踪太空目标的能力，可更好地支持在轨临近监视任务。

② ANGELS 卫星[18]

ANGELS 卫星是美国空军研究实验室（AFRL）开发的用于高轨抵近巡视的技术试验微小卫星。轨道科学公司为 ANGELS 卫星主承包商。卫星质量不超过 100 kg，设计寿命

1 年，实际工作寿命可延长至 3 年。ANGELS 卫星旨在发展能对局部空间进行监视和感知的新型小卫星技术，相关技术具有广泛的军用和民用前景。

ANGELS 卫星上载有空间态势感知传感器有效载荷，用于空间物体探测、跟踪和表征以及空间行为监视。星上还配备了有助于提升卫星自主运行能力的部件，包括地球同步轨道 GPS 接收机系统和高性能加速度计等。地球同步轨道 GPS 接收机系统利用先进算法来接收 GPS 旁瓣信号，生成近乎连续的导航信息。高性能加速度计可精确测量卫星的微小加速度，从而增强制导和导航性能。星上的实验性星载飞行器安全系统用于研究如何在日益拥挤的空间环境下显著降低同其他空间物体相撞的概率。

ANGELS 卫星进入预定的地球同步轨道后，从德尔他-4 火箭上面级上释放，并以上面级为目标开展逼近、绕飞、悬停等操作，以测试星上导航系统和态势感知载荷性能，评估卫星自主探测、跟踪和监视空间目标的能力。在演示验证任务中，ANGELS 卫星完成了自主任务规划与执行、地球静止轨道 GPS 接收机结合高性能加速度计的测定轨等多项关键技术。有了这些技术基础，就可以进一步开发自主伴飞在己方高轨卫星周围的护卫型微小卫星，以提供实时威胁告警、主动防御以及受损评估等功能。

总之，GSSAP 和 ANGELS 项目的实施使美军对高轨高价值空间目标监视的精细度和实时性得到了很大提升。从卫星技术上看，GSSAP 和 ANGELS 项目的实施也标志着美国高轨小卫星技术的进一步成熟。

(3) EAGLE 母子微小卫星系统[20]

EAGLE (ESPA Augmented Geostationary Laboratory Experiment) 是美国空军实验室 (Air Force Research Laboratory, AFRL) 于 2012 年订购的基于 ESPA 小卫星安装接口标准设计的高轨空间监测试验卫星系统。系统由一颗母星 (ESPA 主适配器) 和 5 颗附着子星 (载荷模块) 构成，由 Orbital ATK 公司开发，于 2018 年 4 月发射入轨，如图 9.3-4 所示。注：ESPA 是 EELV (Evolved Expendable Launch Vehicle) Secondary Payload Adapter 的缩写。

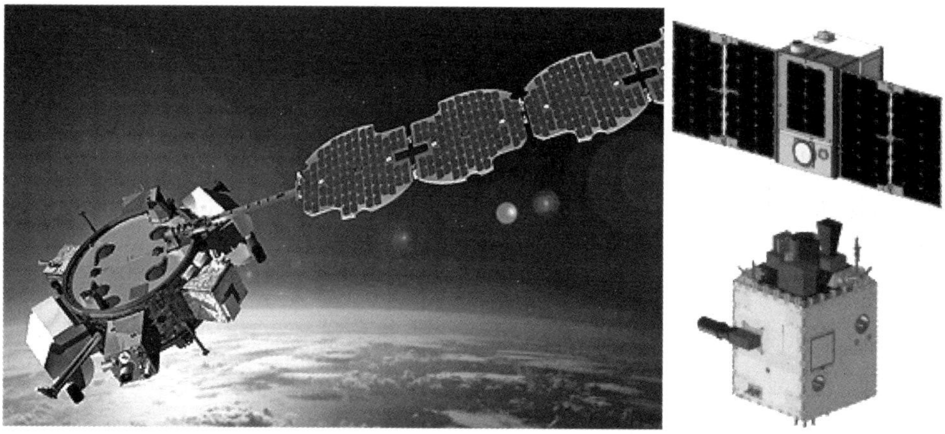

图 9.3-4　EAGLE 卫星在轨状态示意图

EAGLE 母星上安装了可展开式太阳帆板、推进模块、GPS 接收机、综合电子系统等，可携带总质量约为 1 000 kg 的子星（载荷）。EAGLE 子星共有 5 颗，情况如下：

1）Mycroft：第四代空间态势感知试验卫星。它是 GEO 态势感知小卫星 ANGELS 的后续星，质量约 100 kg，寿命为 12～18 个月。Mycroft 曾飞离 EAGLE 母星约 35 km，其后又返回至 1 km 以内开展伴飞等试验。

2）HTI - SpX：超级空间成像试验模块，旨在测试和提升多波段混合成像能力。

3）CEASE - Ⅲ - RR：紧凑型空间环境异常检测及风险削减模块。

4）ISAL：逆合成孔径雷达。据称可提供超越衍射极限的高分辨率图像，以用于对 GEO 空间目标进行精细成像。

5）ARMOR：强适应空间飞行器平台开发试验模块。

9.4　静止轨道微小卫星控制系统关键技术

9.4.1　静止轨道微小卫星的主要特点

根据前文的调研分析，静止轨道微小卫星的主要用途包括：1）地球静止轨道在轨服务，包括在轨维修及模块更换、辅助入轨或离轨等；2）地球静止轨道组网应用，包括组成通信星座、合成孔径干涉成像等；3）高轨目标侦察与监视，包括拍照、侦听、抵近侦察等；4）高轨空间攻防，如干扰、碰撞、化学喷涂等。为了满足上述任务的需求，静止轨道微小卫星应满足以下特点：

1）轻型化、小型化设计；

2）模块化、标准化设计；

3）具备大角度、高精度、快速姿态机动能力；

4）具备大范围、高精度、快速轨道机动能力；

5）具备长时间自主工作能力。

与传统的静止轨道大卫星和低轨小卫星相比，静止轨道微小卫星有其独特的特点，见表 9.4 - 1[11]。

表 9.4 - 1　静止轨道微小卫星与其他卫星的异同

序号	静止轨道微小卫星	静止轨道传统大卫星	低轨微小卫星
1	体积小、重量轻、功耗低	体积大、重量重、功耗高	体积小、重量轻、功耗低
2	研制周期较短、成本较低	研制周期长、成本高	研制周期短、成本低
3	功能模块化、接口标准化	模块化、标准化较差	功能模块化、接口标准化
4	服务目标主要为同步轨道目标（GEO 在轨服务、GEO 巡视、GEO 攻防等）	服务目标主要为对地目标（通信、导航、遥感等）	服务目标主要为对地目标（遥感、侦察、组网通信等）
5	姿态机动：有快速机动需求	姿态机动：通常无快速姿态机动需求	姿态机动：部分卫星有姿态快速机动需求

续表

序号	静止轨道微小卫星	静止轨道传统大卫星	低轨微小卫星
6	轨道机动:通常有快速机动需求(如全方位绕飞)	轨道机动:绝大多数有轨道位置保持需求	轨道机动:主要是轨道维持或面内轨道高度机动
7	中长寿命,高可靠	长寿命,高可靠	寿命较短,可靠性稍低
8	入轨成本高	入轨成本高	入轨成本低

概括而言，静止轨道微小卫星的特点主要体现为以下两个方面：

1）静止轨道微小卫星主要运行在地球静止轨道（或更一般的地球同步轨道）上，与低轨微小卫星相比，静止轨道微小卫星最大的特点是入轨成本高[21]。这就决定了静止轨道微小卫星在成本上要高于同类型的低轨微小卫星。为了弥补成本上的不足，就需要适当延长其工作寿命，提升其效费比。

2）与传统大卫星相比，微小卫星的功能结构相对简单、成本低、研制周期短、效费比高。尤其是可以通过组网的方式，通过数量上的备份实现功能上的备份。在相同的成本和时间约束条件下，有可能获得比单一大卫星更好的性价比。

可见，静止轨道微小卫星面临的突出矛盾是低成本与高性能之间的制约。这一矛盾比高轨大卫星和低轨小卫星都要突出。因此，在发展静止轨道微小卫星时，必须紧扣这一关键约束。此外，静止轨道微小卫星应普遍具备“敏捷性”这一基本特征。正如本章概述部分所说的，这种敏捷性体现在两个方面：一是研制开发流程方面的敏捷性，即快速、经济、高效的研制开发流程；二是控制性能的敏捷性，即较强的快速姿态机动能力和轨道机动能力。显然，“敏捷性”也是对静止轨道微小卫星控制系统的基本要求。

9.4.2　静止轨道微小卫星控制系统关键技术

与任务特点相对应，静止轨道微小卫星控制系统需解决的关键技术主要包括以下几方面：

（1）轻型化、小型化技术

轻型化、小型化是降低入轨成本的基本要求，也是静止轨道微小卫星控制系统需要重点解决的问题。微机械、微电子和先进合成材料的发展和技术集成化的应用，促进了小卫星的小型化和轻型化，使制造效益大幅提高并明显降低了入轨成本，发展微型星载计算机、各类微型敏感器以及微型执行机构，可以推进卫星的小型化发展[22]。

（2）模块化、标准化技术

模块化、标准化是提高小卫星效费比的必然选择。发展标准化、模块化卫星平台以及发展相应的模块化姿态轨道控制系统，可以提高卫星的可靠性、降低研制成本、加速研制周期，即以标准化的公用平台为基础，根据有效载荷的不同任务实现通用化、系列化和模块化，使小型卫星的设计生产仅需几个月至十几个月的时间就能完成。即使对于所谓的平台-载荷一体化设计，架构与部件的标准化、模块化也是必要的。

(3) 大角度、高精度、快速姿态机动技术

大角度、高精度、快速姿态机动这一关键技术在低轨微小卫星中已经引起了足够关注，取得了较多成果。但静止轨道敏捷微小卫星还有一些特殊约束需要考虑，如更严格的功耗、力矩限制等。

(4) 大范围、高精度、快速轨道机动技术

大范围、高精度、快速轨道机动这一关键技术也是低轨微小卫星领域中的研究热点之一，在军事应用领域的意义尤其突出。与低轨微小卫星相比，静止轨道微小卫星由于轨道特点的不同，尤其是推进剂方面的限制更严格，因此对于过程优化方面的技术要求更为苛刻。

(5) 长时间自主工作能力

静止轨道微小卫星承担的任务普遍比较复杂，需要卫星自身具备较强的自主工作能力。这一方面可以更多地借鉴低轨微小卫星的研究成果。但在自主导航、自主轨控等方面，需考虑高轨自身的特点和限制。

9.5 静止轨道微小卫星控制系统设计

9.5.1 静止轨道微小卫星控制系统敏捷开发流程

对于微小卫星而言，为了提高功能密度，传统大卫星的“分系统”划分方式通常已不适用。但是，从逻辑层面对整个卫星的功能组成进行适当划分仍然是必要的。例如，无论软硬件的具体实现如何，姿态与轨道控制系统的闭环属性是不会改变的。以电子信息流为主线对控制系统进行单独开发是适宜的。本节就将按照这种思路对静止轨道微小卫星的控制系统设计问题进行阐述。当然，这里的控制系统是就信息流而言的，未必就是单独的物理系统。

传统的基于文档传递的链式开发流程已无法满足微小卫星敏捷开发的需要。近年来，一些新的开发流程被陆续提出，并在微小卫星开发中获得了部分推广应用。其中，V 型开发流程和基于模型的开发流程是两种典型的现代化开发流程。这两种开发流程在汽车工程领域已经广泛应用，在微小卫星工程领域也被逐渐接受。V 型开发流程强调设计过程与实现过程对应（顶层设计对应顶层实现、底层设计对应底层实现），在设计的时候就考虑后续的集成与测试，且对应层次的工作可部分地同步开展，从而可加快开发进度。基于模型的开发流程则强调以统一的数字化模型为核心，实现各种开发要素的无缝衔接。由于模型是统一的、动态维护的、可执行的，因此非常适于快速原型开发[23]。

由上述分析可以看到，将 V 型开发流程和基于模型的开发流程相结合更具优势。这种新的开发流程可称为**基于模型的 V 型开发流程**。

在静止轨道微小卫星开发中采用的基于模型的 V 型开发流程如图 9.5-1 所示。在该开发流程中，设计与实现是两条对应且分层的主线，两种按过程构成一个“V”字形。其中，设计主线包括任务分析、总体方案分解、电子信息架构设计、控制系统构型与布局设

计、软件开发等主要流程，实现主线包括单机与部组件采购、系统集成、系统测试、整星集成与测试、发射与在轨测试等主要流程。设计主线与实现主线的交汇点为实时原型仿真验证[24]。相较于传统的开发流程，这里特别强调实时原型仿真验证的重要性。所谓实时原型仿真，是指用仿真软件设计出的控制器直接控制被控对象实物（或硬件模拟装置），并通过实物（或硬件模拟装置）在回路的闭环仿真过程观察和调试系统的最终运行效果。实时原型仿真的意义在于将系统验证过程前移，通过尽可能早地发现和解决系统设计中的缺陷，达到加快开发进度，避免后续大规模返工的目的。整个开发流程的信息流转以数字化模型为核心。流程之间、分系统/单机之间、团队成员之间，都用统一的一套模型进行信息交互。在开发阶段，模型不断细化和丰富；在实现阶段，模型不断迭代完善。在实时原型仿真中，控制器代码也是由模型自动生成的，而该代码就是后续真实控制器上运行的代码，这就避免了控制器代码的重复开发，降低了代码实现与系统设计不一致的风险。

由上述阐述可知，相较于传统开发流程，基于模型的V型开发流程在开发效率上有显著提升。

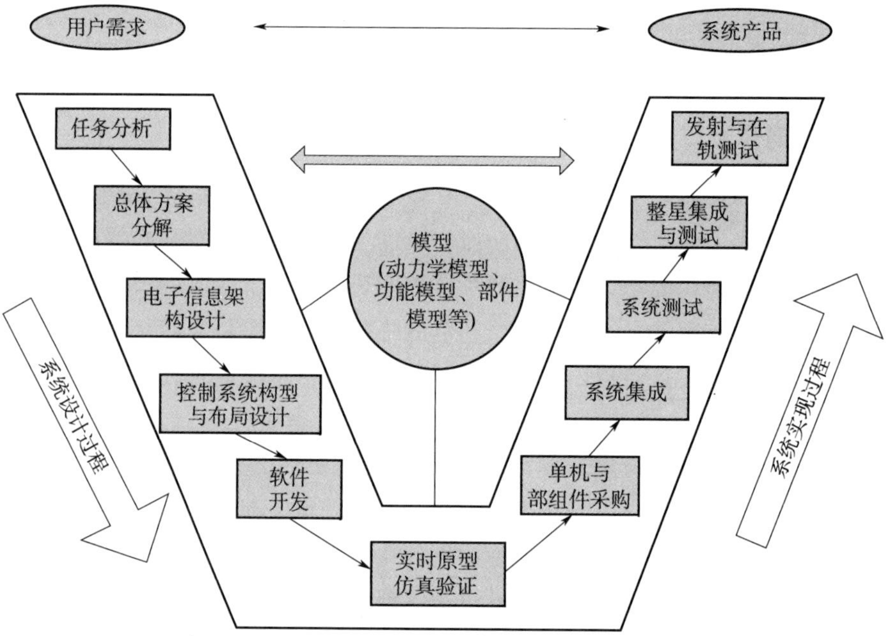

图 9.5-1　基于模型的 V 型开发流程

9.5.2　静止轨道微小卫星电子信息架构设计

电子信息架构设计是卫星设计中的基础性工作，其核心问题是确定系统的信息拓扑结构。传统大卫星按照各分系统独立研制，后续再进行整星总装集成。由于历史继承及技术手段等方面的原因，各分系统之间以及分系统内部各单机之间数据总线及接口多不统一，电子信息拓扑结构也是五花八门。对于静止轨道微小卫星而言，电子信息架构的标准化、通用化、开放化是非常必要的，是提升卫星性价比的必由之路。概括而言，其电子信息架构的拓扑结构应是开放式、网络化的，其单机（部件）接口应是模块化、标准化、即插即用的。

（1）开放式、网络化电子信息架构

开放式、网络化电子信息架构的特点体现在以下几个方面：

①硬件的模块化[25]

硬件的模块化的作用在于：提升硬件的可扩展性，提高硬件的可靠性，便于关键单机及载荷的升级换代，降低硬件的供应链风险。

②软件的模块化

软件的模块化的作用在于：实现硬件无关性，便于代码移植与重用，支持任务和载荷扩展，降低软件测试难度。

③开放的标准

开放的标准的主要特点：标准具有免费使用的许可权，便于形成产业链，以降低行业成本；标准可以根据应用场景进行裁剪，便于推广应用；开放的标准有利于提高不同标准、不同系统之间的兼容能力。

④以网络为中心

以网络为中心的主要特点：软件与物理位置解耦，数据易于在不同节点之间进行双向传输，可提供多层次的安全机制，节点数量几乎不受限制，系统扩展性极大增强。

总的来看，开放式网络化电子信息架构的优点体现为降低成本、增强互操作性、缩短研制周期、快速低成本维修升级等多个方面[26,27]。当然，对于控制系统而言，实时性和可靠性是必须首先保证的。

本书第 8 章介绍的基于 TTE 的电子信息架构就是一种具有较好应用前景的开放式网络化架构，对于静止轨道微小卫星而言也是完全适用的。

（2）即插即用、模块化电子信息架构

即插即用、模块化卫星可描述为：由带开放式标准接口、具备自识别能力的部组件组成的、具有系统自动配置功能的模块化卫星。这种卫星具有以下两个核心概念：

①标准接口

提供统一的开放式接口标准，所有部组件全部按照相同的接口标准开展产品设计和研制。这些具有标准接口的部组件有助于构成具备“快速响应”能力体系的部组件库，使得微小卫星的研制周期大为缩短。

②模块化

模块化的主要目的是便于标准化生产、标准化安装、便捷替换、便捷重组。卫星部组件的模块化并不是一件容易的事。涉及模块层级划分、机械连接标准化、功能模块化等一系列问题。对于舱外部件（如光学敏感器等），还需满足热控、安装精度等附加要求。模块可以按照子系统分，比如一个模块就是一个子系统；也可以采取综合电子的思想，一个模块完成一个特定任务，内部包含供电、姿态轨道控制、热控、遥控遥测等基本模块。

即插即用架构（Space Plug and Play Architecture，SPA）技术，就是在插入新设备

后，不用经过跳线、安装驱动程序或其他设置，就能够自动识别并使用新设备的技术[28-30]。即插即用技术使卫星模块更换、系统升级等在轨维护变得简单可行，是卫星领域未来的重要发展方向之一。

与即插即用卫星体系最接近的是个人计算机。个人计算机作为一个通用平台，在插入新设备时可以自动识别该设备并自动安装或调用相应的驱动软件，软件检测到系统加入了新设备后可以很快地正确使用它，即插即用卫星与之类似。例如，导航模块插入时，系统可以自动识别并为其他模块提供位置控制信息；电源模块插入时，系统可以自动识别并组成标准的电压给其他模块供电；上下行模块插入时，系统可以知道如何和地面站进行遥控指令及遥测信息交换。

在即插即用体系中，需要尽可能遵循以下设计原则：

1）SPA 部件尽量使用单点接口连接。例如个人计算机的主机与鼠标和键盘之间，都只使用一根连接线来供电和通信；SPA 部件也应尽量使用单线来连接，信号包括电源、数据、同步。

2）SPA 部件应是自描述的。不需要也不应该深入部件内部来了解部件的属性。用自描述表来描述部件的节点关系，包括部件的功能、指令、关联节点和其他说明部件主要特性的信息。

3）SPA 部件从逻辑角度可以看作是黑盒子。每个部件有了单独的自描述表以后，就不需要再进行其他说明了。

4）SPA 部件之间可以互相交换信息。电气结构和网络协议为这些功能提供支持。

上述原则也适用于对应的软件。SPA 软件原则上对于用户是透明屏蔽的。当分析 SPA 软件模块之间的连接关系时，只需了解该软件模块的工作方式和功能，而不用关注软件模块内部的功能。

从上述原则可以看出，即插即用卫星体系涉及硬件、软件、接口和协议等多个方面。

下面介绍 SPA 对应的软件架构设计：

和网络通信协议类似，SPA 也适宜采用软件分层模型来构建。在以太网软件架构中，国际标准化组织（ISO）制定的 ISO/OSI 参考模型分为 7 层，其中，TCP/IP 参考模型分为 5 层。美国制定的 SPA 网络模型与 ISO/OSI 模型类似，抽象为 5 个层次，对应于 OSI 模型中的物理层、数据链路层、网络层、传输层和应用层。这 5 个层次需要根据通信系统的不同需求进一步对模块进行细化和封装，每个层次只需要与它直接相连的上下层进行交互，接受下层服务并向上层提供服务，而软件组件的即插即用特性体现在应用层。

针对星上即插即用接口的软件技术，空间数据咨询委员会（CCSDS）提出了星载接口服务（Spacecraft Onboard Interface Services，SOIS）草案[31]。该规范将各项星载设备和服务接口协议标准化，为访问传感器、系统功能函数等提供标准服务，使得星载应用软件能够单独开发，从而与卫星的硬件实现细节无关，这样星上应用软件可以在不同的卫星平台上实现软件重用。

SOIS 给出的即插即用的体系结构如图 9.5－2 所示。系统共分为物理层、网络层、应用支持层和应用层 4 层。其中，网络层负责设备的发现和移除，可以通过重新配置设备节点使其处于通信模式或终止模式，并给出设备处于通信状态或退出通信状态的信号标志。对于新设备，该层还负责分配设备的网络地址。应用支持层负责提供设备接入服务（而不是如何与该设备通信），也就是为新加入设备配置相关的服务功能，为应用层封装相关的虚拟服务。

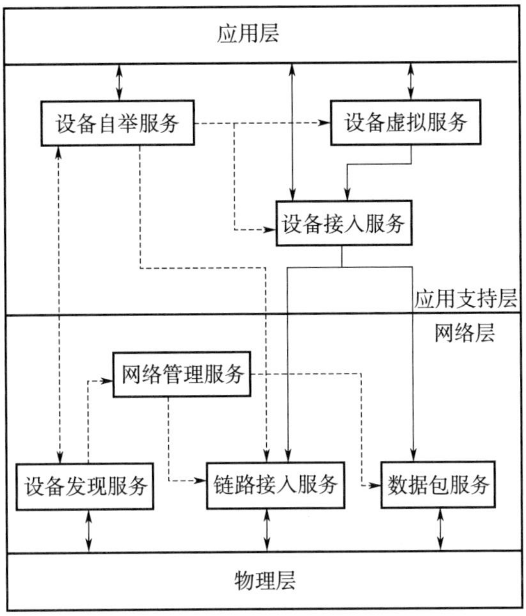

图 9.5-2　SOIS 给出的即插即用的体系结构

9.5.3　静止轨道微小卫星敏捷控制若干问题探讨

静止轨道微小卫星姿态轨道控制方案设计工作包括部组件选型、敏感器及执行器布局设计、控制模式设计、姿态确定算法设计、姿态控制算法设计、轨道确定/导航算法设计、轨道控制设计、FDIR 算法设计等。与常规大卫星相比，这些设计工作大部分并无太大区别，并且这些设计需要紧密结合具体的任务特点和应用场合开展。下面仅针对敏捷控制方法设计问题进行初步探讨。

（1）姿轨联合控制

传统大卫星的轨道与姿态控制通常采用独立控制方式。静止轨道微小卫星如果用于执行在轨服务和空间巡视等这一类轨道和姿态动力学严重耦合的航天任务，则传统的独立控制方式难免会带来顾此失彼的被动局面，无法兼顾满意的姿控与轨控效果。因此，需要充分考虑轨道运动与姿态运动的耦合影响，采用姿轨联合控制方法。

对于在轨维护服务这类任务背景下的控制，在动力学建模时，需要考虑控制过程中星体质量和转动惯量的变化、不确定性，以及轨道摄动项的影响，得到完整的姿轨耦合动力学方程。由于被控对象动力学特性非线性显著，宜采用模糊控制、滑模控制、自抗扰控制，以及特殊设计的自适应控制等方法。

(2) 敏捷机动控制

敏捷机动是指有严格时间约束的大范围机动，包括大角度快速姿态机动、大范围快速轨道机动，以及姿态轨道同时快速、大范围机动。

在敏捷轨道机动中，电推力器由于推力较小，一般无法满足要求，因此更多是采用常规的化学推力器进行敏捷轨道机动。化学推力器无法实现严格意义上的连续控制，因此轨道机动过程中的姿态高稳定度控制是颇有难度的。如果挠性振动、液体晃动等干扰因素还比较突出，则控制难度更为困难。在这种情况下，可以基于滑模变结构控制、高增益自抗扰控制等方法进行改进提高。

在敏捷姿态机动中，为了实现快速机动，通常需要较大的姿态控制力矩。在重量功率严格受限的情况下，飞轮所能提供的控制力矩往往已不能满足需求。对于这类需求，可选用力矩质量比较高的控制力矩陀螺（CMG）[32,33]。因其自身小质量可以获得较大输出力矩的特点成为敏捷小卫星首选的执行机构。当然，相较飞轮而言，控制力矩陀螺的结构更为复杂且存在奇异问题，因此在多数场合可将飞轮与控制力矩陀螺组合使用。在控制律的设计上需要兼顾两者的特点。变惯量反作用飞轮（VIRW）是近年来新出现的一种姿态控制装置，既可以通过转速变化来改变输出力矩，也可以通过改变其转动惯量来实现大范围的力矩输出。在使用 VIRW 进行敏捷姿态机动时，需要考虑 VIRW 自身的时变特性。

(3) 有限时间控制

在多数情况下，敏捷机动的时间历程由路径规划算法给出，动态特性则由姿态控制律保证。如果机动任务具有很大的不确定性，或者对于时间有严格约束，也可以考虑直接进行有限时间控制律设计[34]。相较于时间足够长时才能收敛到平衡点的渐近稳定和指数稳定，有限时间稳定控制可使系统在指定的有限时间内收敛到平衡点附近，因此往往更具有工程实用价值。

由于卫星敏捷控制过程的强非线性，线性系统理论中的时间最优控制基本上无法使用。针对非线性系统，自适应反步控制和终端滑模控制是两种常用的有限时间控制方法[35,36]。这两种控制方法的设计过程相对烦琐，通常需基于 Lyapunov 稳定性理论进行反向设计。但只要构造合适，控制效果往往还是比较好的。

有限时间控制在控制开始阶段需要比较大的控制力矩，这在工程实现中较为困难，因此，实际控制律的设计需要考虑执行器的物理限制，这就是所谓的饱和（受限）控制问题。非线性饱和控制是控制领域近年来的一个研究热点之一，已经出现了不少研究成果[37-39]。这类问题还可以扩展到欠驱动控制、欠测量控制等方面。这也是近年来的研究热点之一。

(4) 精准跟踪复合控制

静止轨道微小卫星在执行空间目标观测任务时，往往需要在快速锁定目标后对其进行精准跟踪并成像观测。这种情况下，通常需采用平台-载荷一体化控制。对于遥感成像类任务而言，就是平台-相机分级复合控制问题。在部分卫星上，也可以采用粗指向平台+

精跟踪平台的复合控制架构。这种分级复合控制，也可以归结为多体控制问题。其难点在于控制过程中，平台与载荷之间，以及不同层级的运动载荷之间，其运动是相互耦合、相互干扰的。各运动部分的运动自由度往往比较多，因此系统的动力学特性是非常复杂的。按照完全解耦的方式设计控制律往往并不现实，将耦合动力学特性完全看作扰动也很难获得高性能的精准姿态控制。比较好的做法是综合考虑各层级之间的耦合动力学特性，开展串级型复合控制律设计，再根据对象的实际特性增加相应的抗扰动项或实时补偿项。

9.6　小结

静止轨道微小卫星具有较高的民用和军用价值，是未来的发展趋势之一。应大力发展微小卫星技术与装备，并促成其在高轨道上的推广应用。

对于静止轨道微小卫星的应用，这里再补充几点解释。

(1) 针对高轨应用任务，微小卫星的优势何在？

与传统大卫星相比，现代微小卫星的功能结构相对简单，成本低，研制周期短，效费比高。尤其是，可以通过组网的方式，通过数量上的备份实现功能上的备份。在相同的成本和时间约束条件下，有可能获得比单一大卫星更好的性价比。

(2) 都是微小卫星，高轨微小卫星和低轨微小卫星有何区别？

与低轨微小卫星相比，高轨微小卫星最大的特点是入轨成本高。这就决定了同类型的高轨卫星成本上要高于同类型的低轨卫星。为了弥补成本上的缺陷，需要适当延长其工作寿命，提高其工作可靠性，从而提升其效费比。

可见，静止轨道微小卫星面临的突出矛盾是低成本与高性能之间的制约。这一矛盾比高轨大卫星和低轨小卫星都要突出。因此，在发展静止轨道微小卫星时，必须紧扣这一关键约束。静止轨道微小卫星的开发在我国尚处于起步阶段，不少问题有待解决。其中，值得关注的有：

1) 开展新一代电子信息架构研究。提出分布式、模块化、可扩展电子信息架构体系的总体方案，并逐步统一相关的接口标准。

2) 开发轻型化、小型化、模块化、标准化单机及部组件。这是降低高轨微小卫星入轨成本，提高其效费比的基本要求，也是高轨微小卫星需要重点解决的问题。

3) 开发工程实用性好的高比冲推进系统，提升高轨微小卫星的轨道机动能力，延长工作寿命。

4) 在姿态轨道控制方面，重点解决 3 项关键技术，即大角度、高精度、快速姿态机动技术，大范围、高精度、快速轨道机动技术，长时间自主健康管理及自主生存技术。

参考文献

[1] 林来兴．微小卫星技术发展和应用前景［J]．国际太空，2019（6）：46-48.

[2] 唐亮，刘鸿鹏，何慧东．全球小卫星现状及发展［J]．国际太空，2019（6）：36-41.

[3] 尤政．空间微系统与微纳卫星［M]．北京：国防工业出版社，2013.

[4] 曹喜滨，孙兆伟．快速响应微小卫星设计［M]．北京：科学出版社，2016.

[5] GELLER D K，CROCKET D，CHRISTENSEN R，et al. Advantages of Small Satellite Carrier Concepts for LEO/GEO Inspection and Debris Removal Missions［J]．Int J Space Science & Engineering，2014，2（2）：115-134.

[6] KAISER C，SJOBERG F，DELCURA J M，et al. SMART OLEv - an Orbital Extension Vehicle for Servicing Commercial Spacecrafts in GEO［J]．Acta Astronautica，2008（63）：400-410.

[7] GALABOVA K K，WECK O L. Economic Case for the Retirement of Geosynchronous Communication Satellites Via Space Tugs［J]．Acta Astronautica，2006（58）：485-498.

[8] 梁斌，徐文福，李成，等．地球静止轨道在轨服务技术研究现状与发展趋势［J]．宇航学报，2010，31（1）：1-13.

[9] 翟光，张景瑞，周志成．静止轨道卫星在轨延寿技术研究进展［J]．宇航学报，2012，33（7）：949-859.

[10] 陈士明，周志成，曲广吉，等．国外地球静止轨道在轨服务卫星系统技术发展概况［J]．国际太空，2014（424）：55-63.

[11] 宫经刚，耿洁，王佐伟．高轨敏捷小卫星技术发展研究［C]．第4届小卫星技术交流会，2017.

[12] 付坤，方秀花，庞训龙，等．小卫星高轨应用价值分析［J]．装备制造技术，2010（3）：79-85.

[13] KLIMENKO N N，NAZAROV A E. Advanced Space System for Geostationary Orbit Surveillance［J]．Solar System Research，2016，50（7）：575-580.

[14] OSBORN M，CLAUSS C，GORIN B，et al. Micro - satellite Technology Experiment（MiTEx）Upper Stage Propulsion System Development［C]．AIAA 2007-5434，2007.

[15] IHS JANE'S. MiTEx（Microsatellite Technology Experiment）［R]．Jane's Space Systems and Industry，01-Feb-2013.

[16] 蒙波，黄剑斌，李志，等．美国高轨抵近操作卫星 MiTEx 飞行任务及启示［J]．航天器工程，2014，23（3）：112-118.

[17] IHS JANE'S. GSSAP（Geosynchronous Space Situational Awareness Program）Series［R]．Jane's Space Systems and Industry，19-Feb-2019.

[18] IHS JANE'S. Automated Navigation and Guidance Experiment for Local Space（ANGELS）［R]．Jane's Space Systems and Industry，31-Jan-2018.

[19] 王佐伟，耿洁，宫经刚，等．高轨小型敏捷卫星平台及控制技术进展［R]．中国空间技术研究院情报研究报告，2016.

[20] GUNTER'S SPACE PAGE. EAGLE [R/OL]. https：//space. skyrocket. de/，May 13，2018.

[21] ERDNER M T. Smaller Satellite Operations Near Geostaionary Orbit [D]. Master's Dissertation，Naval Postgraduate School，2007.

[22] BURTON R，WESTON S，AGASID E. State of the Art in Guidance Navigation and Control：a Survey of Small Satellite GNC Components [C]. AAS 16 - 062，2016.

[23] KUWAHARA T，YOSHIDA K，SAKAMOTO Y. Model - Based Simulation and Verification Envirionment for Space Plug - and - Play Avionics [C]. 64th International Astronautical Congress，Beijing PRC，2013.

[24] LEE A，RAKOCZY J，HEATER D，et al. Small Projects Rapid Integration and Test Environment (SPRITE)：an Innovation Space for Small Projects Design，Development，Integration，and Test [R]. NASA Report，M13 - 2730，2014.

[25] WESTLEY D M，GRAU J，JORDAN L，et al. Modular Spacecraft Standards：Supporting Low - Cost，Responsive Space [C]. AIAA 2004 - 6098，2004.

[26] CARL C，PLETNER S，BEHR P M，et al. Open Modular Avionics Architechure for Space Applications and Its Communication Infrastructure [C]. ESA SP - 736，August 2016.

[27] HERPEL H J，SCHUETTAUF A，WILLICH G. Open Modular Computing Platforms in Space - Learning from Other Industrial Domains [C]. 2016 IEEE Aerospace Conference，Big Sky，MT，USA，2016.

[28] FRONTERHOUSE D，LYKE J，ACHRAMOWICZ S. Plug - and - Play Satellite (PnPSat) [C]. AIAA 2007 - 2914，2007.

[29] MARTIN M，LYKE J. Modular Open Network Architechture (MONARCH)：Transitioning Plug - and - Play to Aerospace [C]. 2013 IEEE Aerospace Conference，Big Sky，MT，USA，2013.

[30] BONCYK W C. Revolutionary Design Meets Spacecraft Reality：Lessons Learned [J]. IEEE A&E Systems Mzgazine，2010：25 - 31.

[31] PROCHAZKA M，TRESCASTRO J L，KRUEGER S. Spacecraft Onboard Interface Services：Current Status and Roadmap [C]. ESA SP - 736，August 2016.

[32] MALIK M S I，ASGHAR S. Inverse Free Steering Law for Small Satellite Attitude Control and Power Tracking with VSCMGs [J]. Advances in Space Research，2014 (53)：97 - 109.

[33] 谌颖，楚中毅，徐静怡．敏捷机动小卫星姿态的非线性自适应控制及实验研究 [J]. 宇航学报，2014，35 (2)：177 - 184.

[34] WU S N，RADICE G，GAO T S，et al. Quaternion - Based Finite Time Control for Spacecraft Attitude Tracking [J]. Acta Astronautica，2011 (69)：48 - 58.

[35] LU K F，XIA Y Q. Adaptive Attitude Tracking Control for Rigid Spacecraft with Finite - Time Convergence [J]. Automatica，2013 (49)：3591 - 3599.

[36] 胡庆雷，王辉，石忠，等．航天器新型非奇异饱和终端滑模姿态控制 [J]. 宇航学报，2015，36 (4)：430 - 437.

[37] HU Q，XIAO B. Intelligent Proportional - Derivative Control for Flexible Spacecraft Attitude Stabilization with Unknown Input Saturation [J]. Aerospace Science and Technology，2012，23

(1): 63 - 74.

[38] LEE D, VUKOVICH G, GUI H. Adaptive Variable - Structure Finite - Time Mode Control for Spacecraft Proximity Operations with Actuator Saturation [J]. Advances in Space Research, 2017 (59): 2473 - 2487.

[39] HU J, ZHANG H, WANG Z. Hybrid Adaptive Control of Spacecraft Attitude with Input Saturation and External Disturbance [J]. Journal of Guidance Control and Dynamics, 2019, 42 (3): 642 - 649.

第10章　静止轨道卫星控制系统FDIR设计

10.1　概述

随着卫星应用领域的发展和航天技术的进步，天线及相机等有效载荷的固有特性和工作任务越来越复杂，对卫星平台姿态轨道控制系统的任务需求和技术指标也越来越高。卫星控制系统是卫星系统中最复杂的分系统之一，承担卫星姿态控制和轨道控制任务，根据卫星发射飞行控制流程及有效载荷工作的需要，实现卫星平台的姿态机动和轨道机动，并能按要求维持既定工作轨道，稳定于标称姿态。然而，由于复杂的空间环境影响及卫星地面测试的局限性，使得卫星实际在轨阶段往往会出现意想不到的异常现象，一旦控制系统运行出错，不仅会因为指标超限造成难以维持对载荷的保障条件，并且航天器会有很大的概率在短时间内丢失姿态基准，甚至威胁到整星结构及能源安全，这对于在轨任务来说是致命的。

静止轨道（GEO）卫星运行于地球静止轨道上，与低轨道（LEO）卫星一天内可完成多个轨道周期不同，静止轨道卫星的轨道周期刚好是一个恒星日，因此其与地球可保持同步运行关系。这一特点使得静止轨道卫星在地球特定位置保持持续可见性，也就是说，如不考虑地面站运行管理资源配置问题，理论上是可以随时对静止轨道卫星进行遥测和遥控的。因此，现有静止轨道卫星控制系统的故障检测、故障恢复以及系统重构设计大多以地面决策为主。

然而近年来，随着空间应用需求的激增，在轨和在研卫星的数量和复杂程度都有大幅提升。因此在轨卫星的稳定运行和健康管理必须降低对地面测控站的依赖。提升卫星自主稳定运行和健康管理能力是研制高性能静止轨道卫星必须考虑的问题。自20世纪80年代以来，卫星**FDIR**（Fault Detection Isolation and Recovery，**故障检测隔离与恢复**；或Fault Detection Isolation and Reconfiguration，**故障检测隔离与重构**）领域的研究获得了学术界和工业界的广泛重视。通过准确追踪卫星系统数据变化来实现基于模型的故障检测与隔离成为新的理论研究热点[1-5]，关于故障诊断和容错控制方法及其应用的研究取得了丰富的成果[6,7]。故障诊断通常可以分为基于数学模型的方法、基于信号处理的方法和基于知识的方法3大类，无论是基于模型或不依赖于模型，都有相对复杂的数据处理要求，这对于地面非实时系统而言通常还是可以接受的。然而，由于星载计算机运算及存储能力方面的制约，星上自主异常检测及处理往往需要使用计算量更小、处理逻辑更直接的设计方法。目前普遍的做法是，由星载计算机自主实现典型故障的检测、隔离及恢复（或重构），而对具体故障原因和故障性质的分析往往交由地面处理。提高控制系统在轨稳定运行能力的有效手段包括数据有效性判断，单机故障检测、隔离与恢复，以及系统故障诊断、重构与安全管理等。本章内容在作者团队近年技术成果基础上提炼而成。

10.2 静止轨道卫星控制系统典型故障

本节介绍卫星控制系统相关的一些典型故障，以期为系统 FDIR 设计提供直观理解；重点介绍静止轨道卫星上发生的故障，也有少数典型案例是低轨道卫星上发生的，同样具有警示和借鉴价值。

10.2.1 系统级故障

10.2.1.1 “瞳”卫星故障

“瞳”卫星，又称为 X 射线天文学观测卫星，是 JAXA 和 NASA、ESA 等多个国际单位合作研制的下一代 X 射线天文学探测器。“瞳”卫星于 2016 年 2 月 17 日发射，2 月 29 日入轨[8]。

2016 年 3 月 26 日 5：59—6：02 时，日本地面遥测部门（MSP）发现卫星姿态异常、电源发电功率降低。7：31—7：44 时，卫星进入地影，太阳帆板没有工作，姿态仍然异常。卫星出地影后姿态仍然异常。10：31 时后，卫星无线信号丢失[8-10]。图 10.2-1 是“瞳”卫星故障发生的时间序列。

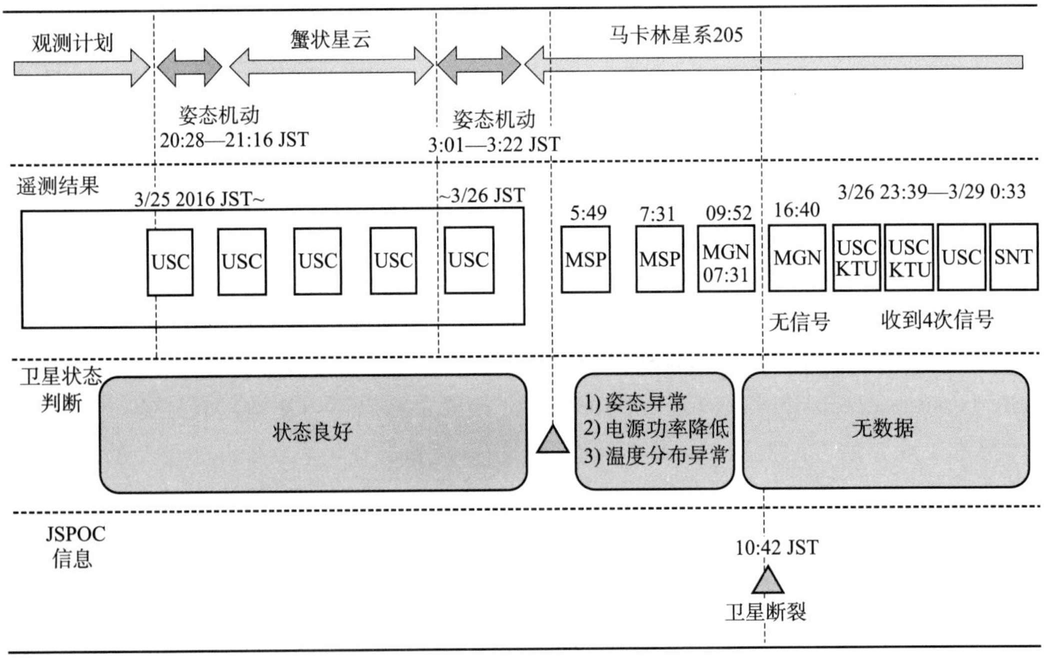

图 10.2-1 “瞳”卫星故障发生的时间序列

经过对遥测数据整理分析，JAXA 给出了“瞳”卫星姿态异常前后的事件转换框图，如图 10.2-2 所示。从图中可以看出，卫星一共出现两次异常，第一次异常是惯性测量单元 IRU 角速度估计错误，通过分析遥测数据，开始出现姿态异常的时间为 2016 年 3 月 26 日凌晨 4：10。第二次异常是卫星在推力器安全保持模式（Thruster Safe Hold Mode）下，姿态控制系统输出故障，卫星失控并解体。

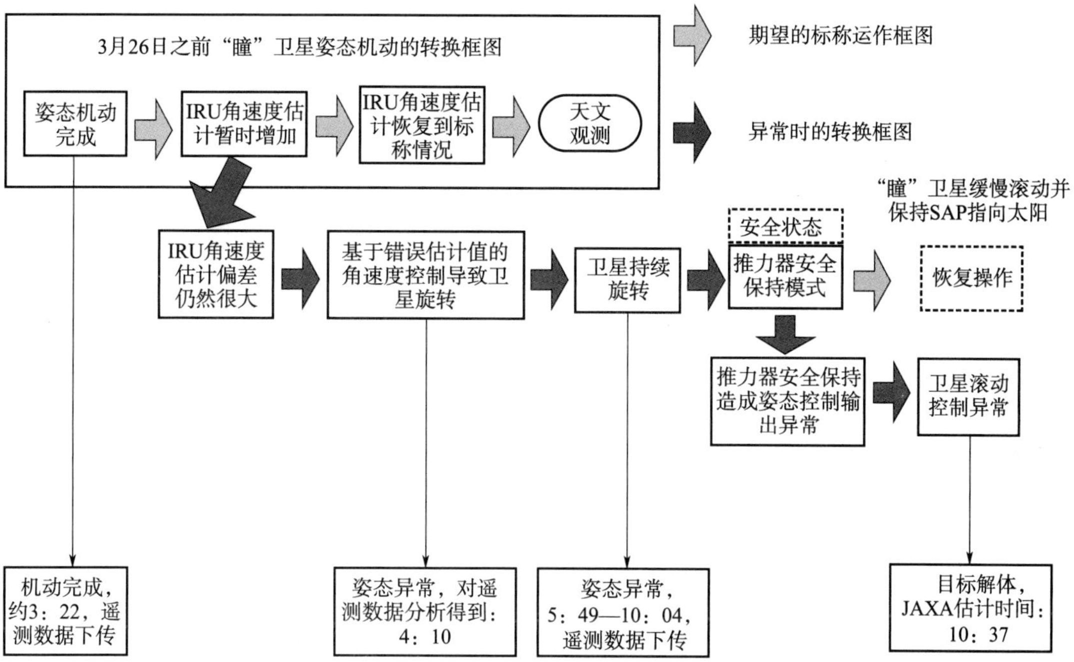

图 10.2-2　“瞳”卫星故障前后的事件关系

分析表明[8-10]：

1）2016 年 3 月 26 日，按计划完成了指向银河中心的姿态机动，没有异常发生。

2）此次机动后，姿态确定环节显示卫星的滚转轴有一个角速度偏差，这是一个错误的姿态信息，并导致姿态控制系统（ACS）出现异常动作。动量轮开始工作，以消除滚动轴的误差。

3）因为姿态异常，由磁力矩器的卸载也出现异常，动量轮的角动量持续累加。

4）通过对卫星参数的判读，ACS 切换到推力器安全保持模式，并启用推力器。此时，由于此前上注的推力器参数错误，ACS 给出了反向的控制输出，导致卫星的旋转加速。

5）当卫星旋转速度超出允许范围后，卫星解体。

故障机理分析如下：

4：10 时，星敏感器因受空间环境干扰突然转入捕获模式，IRU 的角速度输出停止更新，并维持在 21.7（°）/h。4：14 时，星敏感器完成捕获模式，重新进入跟踪模式，此时 IRU 没有重新进行初始化，仍然执行上次的滤波算法，但是，此时 IRU 的姿态角估计偏差已经很大（不考虑停止更新前的误差，$21.7°/60 \times 4 = 1.447° > 1°$），根据

“瞳”卫星的IRU和恒星跟踪器STT数据处理逻辑，卫星ACS没有使用STT的输出数据，仍然采用IRU单元测量姿态信息，因此ACS实际上是在基于一个错误的姿态测量值来进行姿态控制。

事实上，IRU的Z轴估计偏差是持续的21.7（°）/h，ACS为了抵消这个偏差，并启动动量轮来抵消这个不存在的滚动角，最终导致卫星开始滚转。根据遥测部门MSP和MGN的遥测信息，JAXA推算得出“瞳”卫星绕Z轴的滚动角速度大约为20（°）/h。当动量轮的角动量饱和时（120 N·m·s），ACS判断动量轮发生故障，因此转入推力器安全模式。在该模式下，卫星采用推力器搜索太阳。

此前，由于可伸展光学基座（Extensible Optical Bench，EOB）已在轨展开，卫星质心已改变，因此JAXA于2月28日上传了新的推力器参数。然而，该参数的计算结果是错误的；由于没有经过足够的测试，地面上注前并未发现该错误。在3月26日前卫星并未使用推力器控制，因此该错误并未暴露。3月26日在推力器安全模式下，由于此前上注的推力参数错误，导致卫星喷气控制错误，星体不断滚动加速，直至最终解体。

这个故障案例具有典型的反面意义，集中暴露了两个问题：系统对于敏感器的自主故障诊断能力欠缺、上注参数极性错误且控制系统缺少自主识别能力。具体说来，在滤波数据处理、敏感器数据可用性判断、整星安全底线设计、系统极性验证等方面都有值得反思的地方[11]。

10.2.1.2 共享数据存储区异常

某卫星控制计算机软件进行在轨维护，增加了防止推力器异常喷气等安全性设计，并进行了软件上注，软件运行正常。但之后用户按计划对该卫星进行向南位保操作，在向南位保期间控制计算机出现切机故障。

该卫星控制计算机软件实施的在轨维护软件新增了推力器喷气异常判断功能。该功能占用内存较大，因此设计师将该新增功能的内存区与原软件中推力器实时存储功能内存区进行复用。但用户在例行实施南北位保过程中，地面又按原有指令作业使能了推力器实时存储功能，结果推力器喷气量整型数值将推力器喷气异常判断模块所存储的浮点格式喷气时间覆盖，造成浮点TRAP并引发连续复位，最终导致控制计算机系统切机。

故障机理分析如下。针对推力器喷气异常判断功能，为有效记录三轴喷气限值内的喷气状态，在软件实现时为三轴分别开辟了对应的缓存空间。每个缓存空间根据最大喷气时间不同，包含几百至上千个存储单元，每个存储单元16个字节，用以存储本周期的正喷气量、负喷气量以及喷气对应时间。该功能需要占用大量内存，在软件现有状态下，仅推进系统推力器状态存储区空间可供使用。经评估推进系统推力器状态存储功能已不再使用，因此在轨注入软件中推力器异常喷气判断及处理逻辑统一占用推进系统推力器状态存储区这一空间。

由于用户使用的指令作业未更新，原有指令作业中仍保留着推力器的喷气状态存储功能使能指令。在后续例行位保过程中，用户仍然通过发令又启动了推力器的喷气状态存储功能。在这种工况下，异常喷气累计功能持续存储的喷气量及时间量，被喷气状态存储功能下的推力器的喷气量覆盖，异常喷气累计功能存储的双精度浮点格式的星时也同时被改写，导致下周期软件从缓冲读取之前存储的喷气时间时，出现浮点格式异常，导致浮点TRAP，引发复位。

该问题表明，注入代码和相关数据均应使用预留的专用内存区域，如需对原软件中变量、存储区等进行复用的，需采取有效保护措施。可选择的措施通常包括：直接禁止其他使用该区域的功能、在注入软件中增加与原功能的互斥条件、通过时序设计实现分时复用等。其次，为保障在轨注入软件运行所需的相关条件，例如变量或存储区的初始值、相关功能开关的标志值、与其他功能的互斥保护条件、输入数据的有效性保护等，应尽量通过软件功能自主完成。

10.2.2 单机级故障

10.2.2.1 星敏感器姿态输出异常

某卫星在轨星敏感器B被置为“不健康”、星敏感器B数据可用标志持续显示为“不可用”，星敏感器B无有效姿态数据输出。问题发生后星敏感器A运行在正常的跟踪模式，输出姿态有效，控制分系统工作稳定，整星姿态正常。通过遥测数据发现，星敏感器B数据可用标志先变为“不可用”，随后星敏感器B健康标志变为“不健康”。问题发生后，模拟量遥测中电源电压遥测值下降，内部测温点遥测值均由稳定状态开始上升并再次稳定。问题发生前星敏感器B工作在正常的跟踪模式，输出姿态有效；问题发生后星敏感器B无姿态包输出，四元数遥测显示不更新。

该星敏感器包括硬件和软件两个部分。硬件包括光学系统、遮光罩、星敏感器结构（含基准镜）和星敏感器电路。软件包括引导与应急软件、系统软件、应用软件和星表软件。

星敏感器可用标志在控制计算机软件两个模块进行设置。一为星敏感器数据预处理模块中，若星敏感器不健康，或未加电，或通信不成功，或数据不更新，则置星敏感器数据不可用。二为星敏感器数据剔野判断和处理模块中，若星敏感器四元数模值与1相差较大，或者判出野值时，置星敏感器数据不可用。故障时星敏感器无姿态包输出，因此星敏感器B不可用属于第一个模块对应的情况。

经故障分析和定位，该星敏感器跳变为不健康问题的原因为星敏感器内部CPU板SRAM因空间环境影响发生锁定，引起星敏感器发生大于5次的连续复位，进入安全模式运行。因星敏感器保持在该模式下运行时无姿态包输出，控制分系统将星敏感器置为“不健康”。该问题星敏感器自身无法解决，需要控制系统层面采取措施，如重新初始化或者采取断电再加电措施使星敏感器恢复正常。

10.2.2.2 地球敏感器异常掉电

某卫星在轨遥测数据显示地球出现标志位连续丢失三帧，地球敏感器A的电源状态位由1变为0，地球敏感器B的电源状态位由0变为1，宽窄扫标志由窄扫变为宽扫，故障报警位由 0 变为 1，故障报警允许位由 1 变为 0。异常发生期间，控制系统自主切换至地球敏感器 B 工作，卫星姿态稳定。该卫星配备两台地球敏感器。故障前，卫星控制分系统工作正常，两份地球敏感器只开启一份，长期使用地球敏感器 A 测量卫星的滚动、俯仰姿态，卫星工作在正常模式。

故障发生后，地面多次发送指令将地球敏感器 A 断电再加电，地球敏感器 A 加电成功。加电后地球敏感器 A 输出姿态数据正常，并引入控制系统，卫星姿态稳定。在地球敏感器 A 成功加电引入控制系统约 1.5 h 后，地球敏感器 A 再次掉电，控制系统自动引入地球敏感器 B 进行姿态控制，卫星姿态稳定。此后，再次按前述流程发送地球敏感器 A 断电、加电指令，地球敏感器 A 均无法开启。

经故障分析和定位，该卫星地球敏感器 A 掉电的原因是地球敏感器内部控制电源通、断的继电器失效；或内部异常短路，负载电流超出了可恢复性限流保险设定值。

10.2.2.3 太阳敏感器输出角度跳变

某卫星出现偏航角跳变、偏航姿态不稳报警，随后滚动角、俯仰角出现波动，持续一段时间后三轴姿态恢复正常，偏航姿态不稳报警消失，异常持续时间约 17 min。第二天大约同一时刻，该主份太阳敏感器探头输出再次产生跳变，异常现象与前一日一致，一段时间后异常输出消失，持续时间约 24 min。为了保证卫星安全，星上切换为备份太阳敏感器探头工作，随后工作正常。

对遥测数据进行分析，结果如下：1）该卫星采用偏置角动量控制方式，如果发生太阳敏感器探头姿态输出跳变，正常的姿态控制过程会引发动量轮转速、三轴姿态角的波动；2）太阳敏感器主份输出异常表现为在特定太阳光入射角区域内测量值出现 2°或 4°跳变，在该区域外测量值均输出正常；3）太阳敏感器主份全开码、监视码等其他遥测数据遥测值始终正常。

通过对遥测数据进行判读和机理分析，认为该数字太阳敏感器主份探头在轨角度数据跳变的最大可能原因是粗码第四码道的产品外部光路出现了局部遮挡，致使当测量轴在−9.5°左右时，粗码第四码道输出信号低于门槛值，信号经过二值化处理后发生了由 1 到 0 的变化，最终导致姿态数据出现 4°或 2°的跳变。

10.2.2.4 陀螺在轨电机电流异常

某卫星二浮陀螺 Y 陀螺电机电流遥测由 0.095 A 开始增大，30 min 后电机电流遥测增大到 0.14 A，超出电机电流遥测判据 0.05～0.13 A 的范围。系统诊断后切换到 S 陀螺，同时对 Y 陀螺关机，期间 Y 陀螺温度遥测正常且稳定在 48.8 ℃左右，电源状态遥测正常且稳定在 3.96 V 左右。

对 Y 陀螺电机电流遥测增大过程中的 4 个通道陀螺数字量输出进行平衡方程结果计算，发现异常前后平衡方程结果一致性较好，未见变化和异常，说明在 Y 陀螺电机电流遥测增大期间，Y 陀螺输出信号正常。检查同时期 X、Z、S 通道陀螺遥测数据，三个陀螺各项遥测指标正常。经分析确认后，对 Y 陀螺进行了重新加电操作，卫星工作正常。

该卫星控制系统使用的是 3+1S 型二浮陀螺惯性姿态敏感器，由 3+1S 型二浮陀螺线路盒和 3+1S 型二浮陀螺组件组成。4 个通道的陀螺及其配套电路在电气通路上相互独立，除机械、热接口外不存在公共部分。二浮陀螺组件主要由陀螺电机、组合传感器、浮子组件、壳体、波纹管组件、输电装置、浮液、温控装置等零组件组成。

如果轴承工作间隙中存在外部引入的多余物，在电机正常运转过程中，产生了附加的摩擦干扰力矩，电磁驱动力矩除克服风阻力矩外，还需要增加工作电流提供额外的电磁驱动力矩，以克服由于多余物引入的附加摩擦干扰力矩，从遥测上会表现为电机电流遥测异常升高。随着电机多次启动、停转挤压的作用，多余物颗粒被反复碾压，表面摩擦力矩降低，负载力矩下降，电磁驱动力矩余量增大，电机电流逐渐下降趋于正常。当多余物颗粒小于电机工作间隙，同步后多余物不再产生额外的摩擦干扰力矩时，电机工作电流恢复正常。

Y 陀螺电机电流遥测出现异常升高，之后经过再次加电恢复正常的情况，属于偶发的“软故障”。经过上述分析，该现象是由于电机轴承负载力矩增大引起的，最大的可能是由轴承工作间隙中存在外部多余物导致的。

10.2.2.5　动量轮转速异常

某卫星在轨运行两年后发生卫星俯仰姿态异常波动现象，俯仰姿态最大波动范围为 −0.3°～0.4°，之后姿态振荡调整，经过约 7 min，俯仰姿态恢复正常。该卫星在正常模式下使用 V 型安装的动量轮进行姿态控制。在随后的一周时间内，该异常现象每日均有出现，发生频次约为 4～5 次/日。姿态异常波动经过几分钟振荡调整恢复到正常水平。卫星姿态恢复正常后，控制系统各单机遥测状态正常，卫星在轨执行任务正常。

对在轨遥测数据分析，姿态波动过程中数据具有以下特点：

1）该卫星在轨发生俯仰姿态异常波动现象时，俯仰姿态最大波动范围为 −0.3°～0.4°；动量轮 2 转速发生间歇性下降，伴随电流上升和轴温升高，持续一段时间之后电流和轴温回落至正常值。

2）动量轮 2 重启到 2 300 r/min（转/分钟）运行两天后，升速到 3 000 r/min 运行 12 天，虽然阻力矩仍有间歇性变化，但变化幅值比 4 600 r/min 时小；对整星姿态角影响不超过 0.3°。

3）动量轮 2 阻力矩变化具有间歇性特征，间歇变化过程中轴承温升不超过 8 ℃，恢复稳定后，阻力矩、温升均可恢复正常。

通过对在轨问题分析，姿态异常波动原因为：动量轮 2 轴承内部匹配性不佳，随着运转时间的延长，轴承内部匹配性不佳的程度加剧，引发轴承间歇性运转不稳定，造成阻力矩间歇性增大，最终导致卫星在轨姿态异常。

轴承运转稳定性是内部多因素匹配的结果，如果个别产品初期存在匹配性不佳（程度较弱时，无法通过电流曲线进行有效评估和筛选），但随着运转时间的延长，由于摩擦磨损的客观存在，轴承内部匹配性不佳的程度加剧，进而发生不同程度的运转不稳定，造成阻力矩异常变化。动量轮 2 长期工作在 4 100～5 100 r/min 范围内，长时间运转后，微观磨损、润滑油分布以及保持架与滚珠的相互关系的变化等会引起轴承内部匹配性的进一步变化（包括局部磨屑的堆积），进而可能引发轴承运转不稳定、阻力矩发生变化。

10.2.2.6 太阳帆板驱动机构短路异常

太阳帆板驱动机构是静止轨道长寿命三轴稳定卫星必不可少的重要部件。太阳帆板驱动机构传输整星的全部能源，属于卫星全寿命期间持续工作的活动部件，且无法备份，一旦失效将会直接导致整星丧失部分能源甚至全部能源。

某卫星在轨运行时突发供电异常现象，同时，南太阳帆板驱动机构温度异常升高。具体现象为：南太阳电池翼输出总电流和主误差电压有数次跌落，南太阳帆板驱动机构轴承温度和外壳温度逐步升高，轴温达到 180 ℃，壳温达到 150 ℃，升温时间约为 100 min。通过对遥测数据进行分析，主要异常包括：1）南太阳帆板驱动机构轴温和壳温异常升高；2）南太阳翼输出电流异常下降；3）南太阳帆板驱动机构出现堵转点。根据故障分析定位，太阳帆板驱动机构内部短路的原因为驱动机构内部功率传输通路存在薄弱环节，在导电环磨屑诱发下，产生了弧光放电，造成功率导电环损坏，导致功率传输通路短路、温度异常和部分位置堵转。

该故障暴露出产品在可靠性设计方面存在一些问题，需要在提高耐压与绝缘能力、消除搭接风险、消除高能粒子产生的内带电影响、优化工艺降低磨屑量等方面进一步完善。

10.2.2.7 推力器推力异常下降

某卫星按照计划在轨采用正常模式进行向西位保，采用脉冲点火方式。第一个点火脉冲发出后，某推力器主份温度由 26 ℃急升至 230 ℃；备份温度由 27 ℃急升至 310 ℃。同时，卫星的姿态扰动较正常时偏大，滚动姿态由 0°左右变至－0.1°左右，俯仰角也由 0°左右变至 0.17°左右，偏航姿态由 0°左右变至 0.14°左右。后续又打了 5 个位保脉冲，每次俯仰姿态、偏航姿态波动都较大，同时该推力器主份温度遥测迅速下降，位保点火期间主份温度最低达到－9.9 ℃，备份温度最低达到－44 ℃。

经过对在轨数据进行判读分析，可以判定该推力器出现了性能降低故障，故障现象总结如下：1）该推力器在执行向西位保期间出现温度异常：第一个点火脉冲发出后，该推力器主份温度快速升高约 200 ℃，然后温度逐渐下降至 0 ℃以下，位保结束后降至－24 ℃；备份温度变化趋势基本一致；2）该推力器在执行向西位保期间出现推力下降，推力由10 N 下降到约 8 N，位保期间，姿态波动较正常状态偏大；3）该推力器主备份加热器均失效，主份加热器在位保点火 15 s 后断路，随后备份加热器也断路，该推力器不再具备主动控温能力。

经分析，导致故障的最有可能的原因是多余物堵塞孔板。10 N 推力器的节流孔板安装在 10 N 推力器电磁阀的入口处，下游是电磁阀过滤器，孔板流通通道较小，孔板内径通常在 0.3～0.5 mm 范围内。如果管路上游偶发多余物随推进剂流动至孔板处，可能造成推力器孔板堵塞。孔板堵塞后，首先会影响推力器通道节流面积引起推进剂流量下降，使推力器混合比严重偏离，可能导致推力器燃烧室内部发生异常燃烧，产生高温，最终可能导致推力器出现推力下降，点火温度异常，同时局部高温使加热丝与引线焊接处脱开，最终导致主备份加热器失效。其次会使推力器加热电阻加热失效，因为位保期间该推力器处于背离太阳照射区域，在真空深冷环境下，推力器因热辐射散热导致结构温度不断降低。

10.3　静止轨道卫星控制系统层级式 FDIR 设计

10.3.1　原理与要点

从航天器控制系统稳定运行角度出发，可将控制系统可能发生的异常现象划分为 3 个等级，即单机硬件信息级、单机数据软件判别级和系统级。通过设计星上软件自主依次完成 3 个层级的异常检测，并根据异常所处层级，制定不同的在轨自主异常隔离和处理方法。其中，单机硬件信息级为第一层级，单机数据软件判别级为第二层级，系统级为第三层级，单机包括各类敏感器和执行机构。单机硬件信息级基于单机采集的硬件信息，单机数据软件判别级基于单机输出的数据信息。图 10.3－1 给出了层级式静止轨道卫星控制系统 FDIR 执行流程。

1）在每个单机的数据读取周期，通过星上软件自主进行第一层级的异常检测，即单机硬件信息级异常检测。针对航天器控制系统单机（包括各类敏感器和执行机构）的硬件采集信息进行异常检测。如硬件信息异常，则调用该单机对应的硬件信息级异常隔离和处理，同时对该单机硬件信息异常持续时间进行累计用于故障定性；如硬件信息正常，则进行第二层级的异常检测。

这里的硬件信息异常是指：电源状态异常、电机电流超出正常范围、温度超出正常范围、通信状态异常或单机自身有效性标志异常。正常范围为一设定范围，该设定范围可根据单机的物理特性、地面试验数据和在轨工况设定。

调用该单机对应的硬件信息级异常隔离和处理是指：当该单机的测量数据接入控制闭环时，则切换使用其他能达到相同测量或执行功能的单机，当后续累计的异常持续时间大于设定阈值时，则判定该单机故障，对具有扩散特性的故障表征形式进行该单机断电操作。具有扩散特性的故障表征形式是指：故障单机，如果不进行断电操作则会引发同类单机继发性故障。例如：某陀螺油温异常，如果不及时进行断电操作，会引发其他陀螺油温升高，导致其他陀螺异常。当该单机的测量数据未接入控制闭环时，则进行延时处理，当后续累计的异常持续时间大于设定阈值时，则判定该单机故障，对具有扩散特性的故障表征形式进行该单机断电操作。

2）在每个单机的数据读取周期，通过星上软件自主进行第二层级的异常检测，即单机数据软件判别级异常检测。针对航天器控制系统单机（包括各类敏感器和执行机构）输出的测量数据信息进行异常检测。当星上软件检测到输出的测量数据异常时，调用该单机对应的数据软件判别级异常隔离和处理，同时对该单机输出的测量数据异常持续时间进行累计用于故障定性。当该单机输出的测量数据未发现异常时，则正常使用该单机输出的测量数据，并进行第三层级的异常检测。

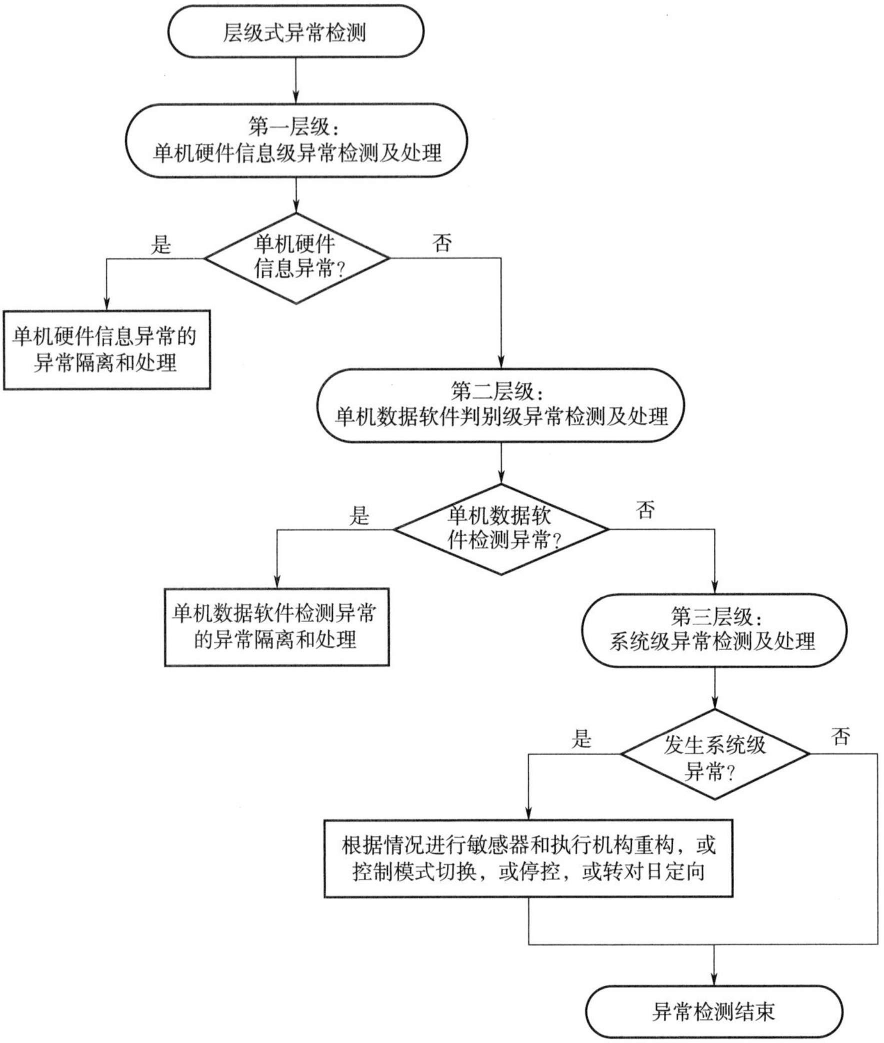

图 10.3-1　层级式静止轨道卫星控制系统 FDIR 执行流程

星上软件检测到输出的测量数据异常是指测量数据不满足数据约束条件、测量数据超出设定阈值、测量数据发生跳变、测量数据不更新、测量数据的噪声方差估计值超出设定阈值、测量数据与理论值的一致性不满足设定阈值、测量数据体现性能损失（偏离设计指标）、测量数据不满足同类部件输出一致性设定阈值、测量数据不满足非同类部件测量信息的等效一致性检测阈值中的任一情况发生。

调用该单机对应的数据软件判别级异常隔离和处理是指：当该单机的测量数据接入控制闭环时，则切换使用其他能达到相同测量或执行功能的单机；当后续累计的异常持续时间大于设定阈值时，则判定该单机故障；当该单机的测量数据未接入控制闭环时，则进行延时处理；当后续累计的异常持续时间大于设定阈值时，则判定该单机故障。

3）在每个控制周期，通过星上软件自主进行第三层级的异常检测，即系统级异常检测：根据单机输出的测量数据解算控制系统当前状态，当星上软件检测到控制系统当前状态异常时，则进行敏感器和执行机构重构、控制模式切换、停控或转对日定向，以保障控制系统不因姿态失稳导致整星结构/机构受到破坏，或危及能源及推进剂安全；当星上软件检测到控制系统当前状态未见异常时，则正常执行星上控制流程。

系统级异常是指：单机硬件信息级和单机数据软件判别级均未检测出的单机异常或未知故障来源导致的控制性能下降、给定时间内的喷气量大于设定阈值、帆板无法对日。控制性能下降是指姿态角度误差超出设定阈值或姿态角速度误差超出设定阈值。

10.3.2　工程算例

设某静止轨道卫星控制系统包含 1 台星敏感器、1 套三轴机械陀螺、1 台双轴数字太阳敏感器，以及若干化学推力器。该卫星设计了正常对地模式和对日安全模式：卫星处于正常对地模式的时候，三轴标称姿态与轨道坐标系重合，星上测量采用星敏感器确定三轴相对轨道系的姿态，由陀螺提供三轴惯性角速度；卫星处于对日安全模式的时候，卫星本体的 $-Z$ 轴指向太阳，帆板设定在对日的固定角度，为整星提供最优能源条件。

初始设卫星处于正常对地模式，控制系统每个周期读取星敏感器测量数据用于确定卫星三轴相对标称姿态的误差，并读取陀螺数据用于确定三轴姿态角速度，设置一定时刻后星敏感器出现了缓变故障，导致测量数据逐渐偏离真实值。

按照层级式控制系统 FDIR 执行流程进行在轨自主异常检测，步骤如下：

1）通过星上软件自主进行第一层级的异常检测，即单机硬件信息级异常检测：针对星敏感器、陀螺和数字太阳敏感器的硬件采集信息进行异常检测，包括星敏感器的加电状态、数据通信状态、产品本身工作模式、产品本身有效性标志；机械陀螺的加电状态、电机电流、油温；数字太阳敏感器的通信状态、见太阳标志。经检测，上述单机硬件采集信息均正常。顺序进行第二层级的异常检测。

2）通过星上软件自主进行第二层级的异常检测，即单机数据软件判别级异常检测：针对陀螺和数字太阳敏感器的输出数据信息，根据数据范围的合理性、输出数据与最近一次有效测量值的比对，未发现数据异常；针对星敏感器的测量数据软件级别异常检测包括测量时标与星时误差（数据合理范围）检测、四元数模值（数据约束条件）检测、常值故障（测量数据不更新）检测，此前专门设定星敏感器发生输出数据缓变故障，属于非显著性单机异常导致单机级检测失效的情况，因此在本步骤未能识别异常。顺序进行第三层级的异常检测。

3）通过星上软件自主进行第三层级的异常检测，即系统级异常检测：由于星敏感器输出数据缓变故障属于非显著性单机异常，成为单机硬件信息级和单机数据软件判别级均未检测出的单机异常，未能在步骤 1）或步骤 2）中剔除错误数据。综合单机测量数据解算控制系统当前状态，随着错误数据进入控制闭环，将导致姿态偏离正常值，而星敏感器测量输出始终缓变，最终导致姿态误差超限，星上自主识别为控制性能下降的系统级异常，自主转入对日定向模式，改为使用数字太阳敏感器维持能源安全，后续经地面处理恢复星敏感器正常输出后，再通过遥控转回正常对地模式。

该算例中 600 s 起设置星敏感器测量叠加平均变化速率约 0.005（°）/s 的斜坡误差，而通过星敏感器单机硬件信息级异常检测和单机数据软件判别级异常检测未能诊断该非显著性单机异常，错误数据进入控制闭环逐渐导致姿态角度误差超出设定阈值，系统级异常检测识别到控制性能下降的系统级异常，在姿态角度误差超出设定阈值持续 64 s 后，约 1 416 s 时切换至对日安全模式。对日安全模式下，使用太阳敏感器和陀螺定姿，约 2 310 s 时完成太阳搜索及太阳定向。

图 10.3－2 所示为星上针对星敏感器缓变故障处理全过程的星敏感器确定姿态，图 10.3－3 所示为星敏感器缓变过程的星敏感器确定姿态，图 10.3－4 所示为星上针对星敏感器缓变故障处理过程的太阳敏感器确定姿态，图 10.3－5 所示为星上针对星敏感器缓变故障处理过程的三轴惯性角速度，图 10.3－6 所示为星上针对星敏感器缓变故障处理过程的轨道系实际姿态，图 10.3－7 所示为星上针对星敏感器缓变故障处理过程的控制模式字切换情况（模式字 4 表示正常对地模式，模式字 0 表示对日安全模式）。该算例说明，在星敏感器出现测量数据缓变这类非显著性单机故障时，经层级式自主异常检测方法能够自主识别异常并自主处理，可有效保障控制系统不因姿态失稳导致整星结构/机构受到破坏，或危及能源和推进剂安全。

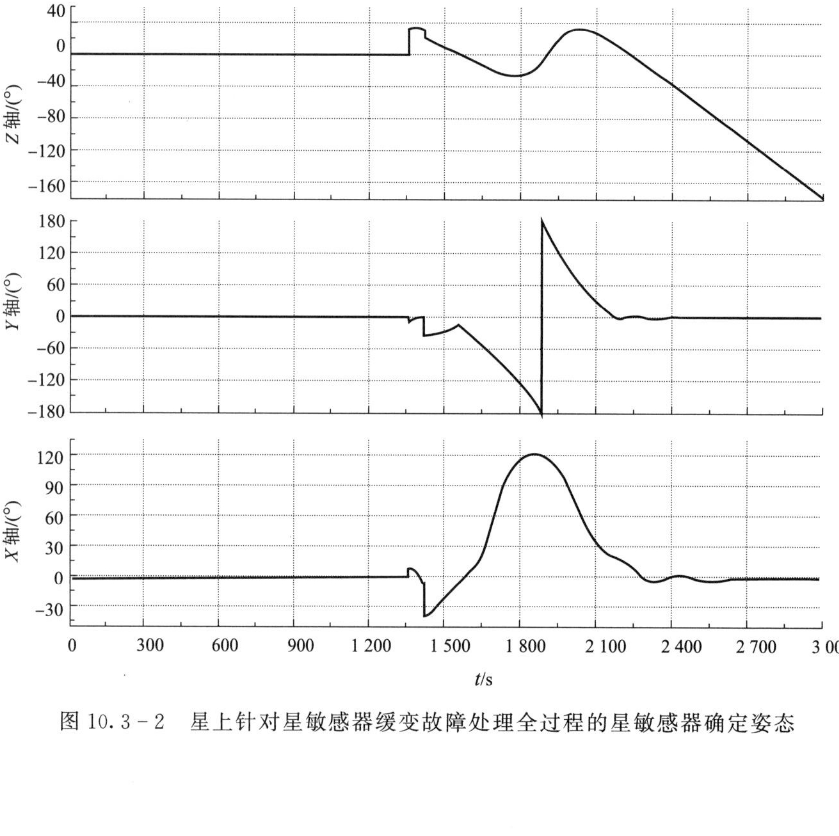

图 10.3－2　星上针对星敏感器缓变故障处理全过程的星敏感器确定姿态

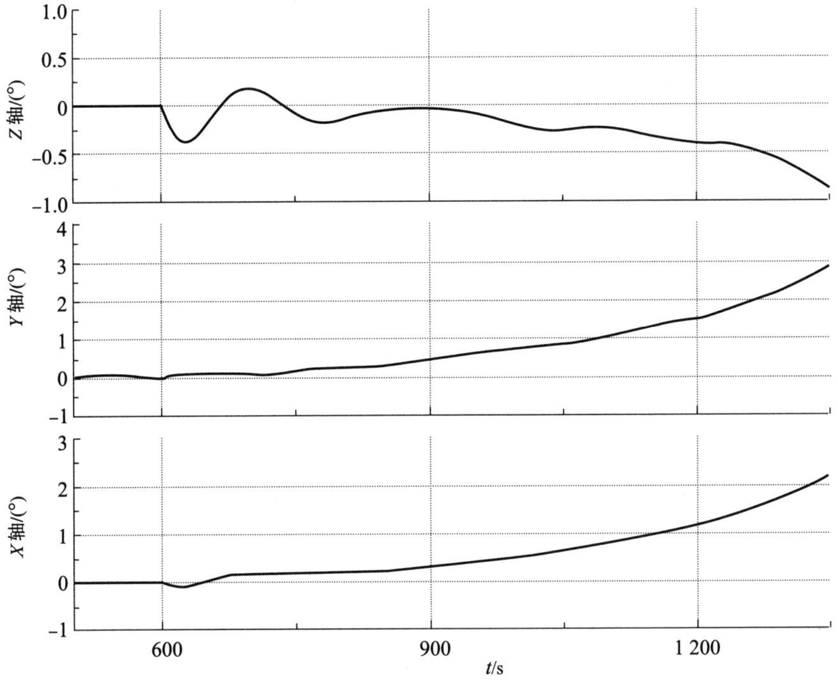

图 10.3－3　星敏感器缓变过程的星敏感器确定姿态

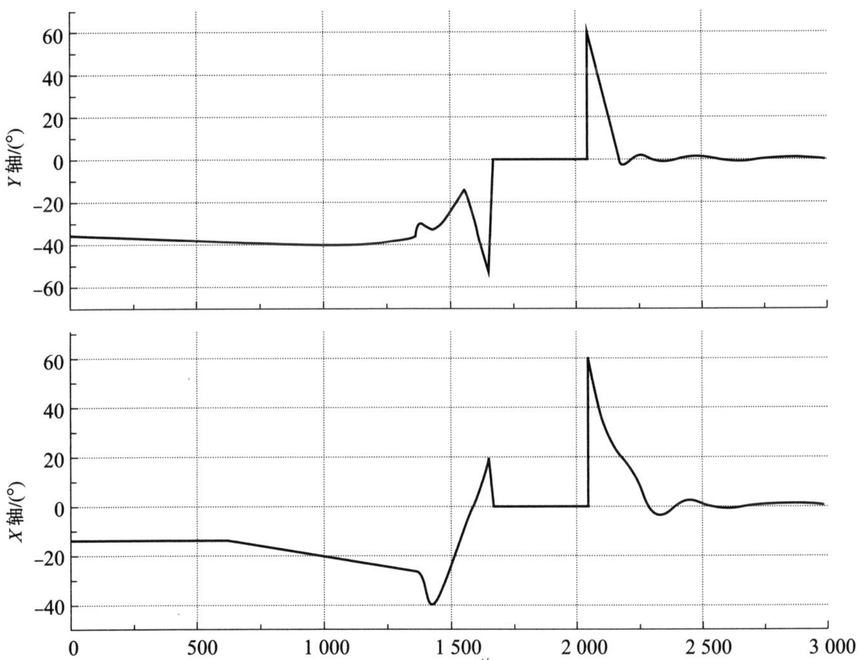

图 10.3－4　星上针对星敏感器缓变故障处理过程的太阳敏感器确定姿态

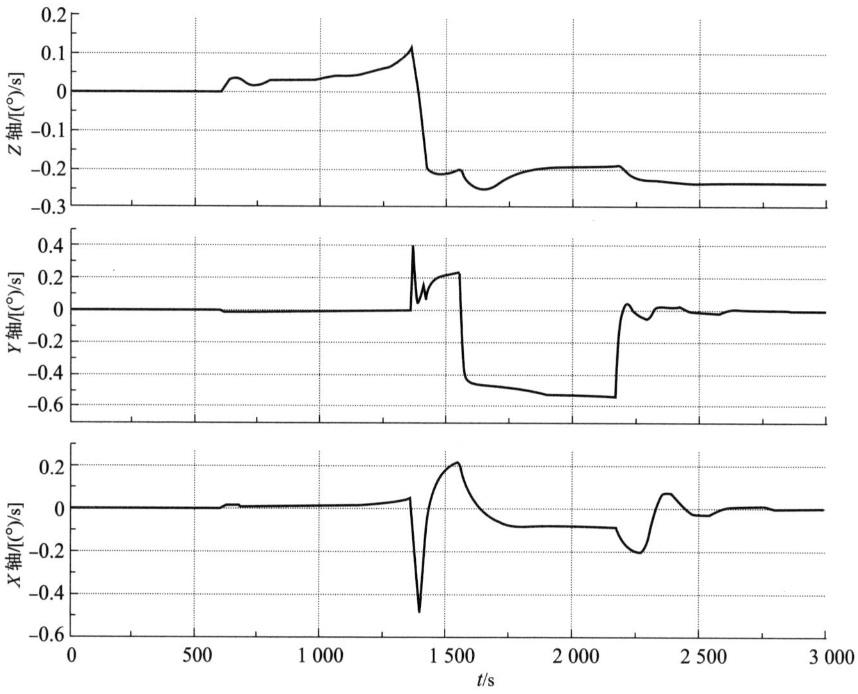

图 10.3-5　星上针对星敏感器缓变故障处理过程的三轴惯性角速度

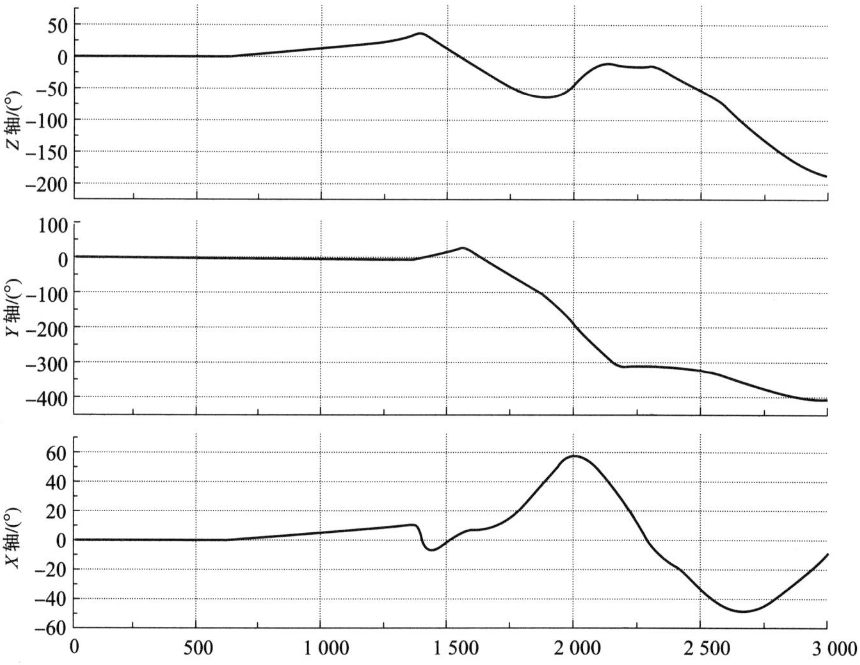

图 10.3-6　星上针对星敏感器缓变故障处理过程的轨道系实际姿态

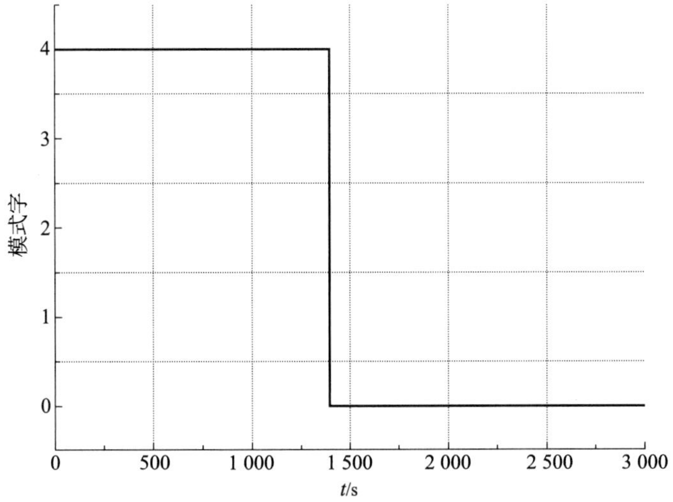

图 10.3-7　星上针对星敏感器缓变故障处理过程的控制模式字切换情况

10.4　静止轨道卫星控制系统 FDIR 设计要点

10.4.1　静止轨道卫星控制系统数据有效性判断

姿态和轨道控制系统是典型的多输入多输出（MIMO）系统。进入控制系统的输入数据在使用前必须进行有效性判断，避免野值、非法数据、错误信息等进入系统而影响稳定运行，甚至造成安全风险。

静止轨道卫星控制系统使用的外部输入数据主要包含用于姿态确定和姿态控制的各类敏感器和执行机构的测量信息，用于轨道确定和轨道控制的轨道数据信息以及校时信息。控制系统设计需确保上述数据在引入控制计算之前经过充分、合理的有效性判断。下面针对静止轨道卫星常用敏感器、执行机构，以及注轨方式和校时方式，给出输入数据有效性判断的设计方法和注意事项[12]。

（1）敏感器测量数据检测

静止轨道卫星控制系统的测量部件通常由太阳敏感器、地球敏感器、星敏感器和陀螺组成，用于测量星体相对参考基准的姿态以及角速度。对于不同的敏感器，应根据产品本身的特性以及产品在星上的配备数目来设计合理、有效的数据判断方法。

太阳敏感器敏感并输出太阳矢量相对太阳敏感器测量坐标系的入射角信息。其精度不高，但它是静止轨道卫星转移轨道实现对日定向，以及同步轨道故障情况下对日获取能源的重要敏感器。太阳敏感器的测量数据在使用前的有效性校验应包括：

1）太阳敏感器数据通信校验正常。

2）太阳敏感器见太阳标志有效。

3）测量非野值，即给定一个野值判断阈值，当前测量值与历史最新有效测量值之间的差值不超过野值判断阈值时为有效。

4）当前实测角度与太阳敏感器的理论输出角度的误差在给定范围内时为有效。

太阳敏感器的软硬件故障可能导致的特殊错误数据表现形式，包括常值不更新和错误跳数等，通过上述最后一条均可有效剔除错误数据。

摆动式红外地球敏感器是中高轨道卫星的专用地球敏感器。它借助于扫描机构和光学系统对地球进行摆动扫描，输出三轴稳定卫星相对标称对地姿态的滚动角和俯仰角。地球敏感器用于在转移轨道期间建立基于对地指向的变轨点火姿态，或在同步轨道所有星敏感器失效的情况下，与陀螺结合，维持对地指向姿态，不过姿态指标未必满足高精度指向需求。地球敏感器还可与星敏感器联合使用，作为光学导航系统，为卫星提供自主定轨功能。地球敏感器的测量数据在使用前的有效性校验应包括：

1）地球敏感器数据通信校验正常。

2）地球敏感器见地球标志有效。

3）测量非野值，即给定一个野值判断阈值，当前测量值与历史最新有效测量值之间的差值不超过野值判断阈值时为有效。

注意到地球敏感器的视场范围很小，约在 2°～6°范围内，因此在地球敏感器工作的工况下星体处于对地指向姿态，意味着无法通过天体几何关系获取理论输出角度来校验实际输出角度的正确性。此外，现有地球敏感器实际产品的测量精度与姿态控制精度相当，稳态下常值判断很容易误判。因此，地球敏感器的小幅数据跳变或常值故障较为贴近工程实际的处理方法是通过控制作用或长时漂移引发地球出现信号丢失，最终地球出现信号丢失故障处理中的模式切换实现安全处置。

星敏感器是通过自动观测恒星来测量星敏感器本体相对惯性坐标系三轴姿态的光学姿态敏感器。星敏感器是静止轨道卫星控制系统的一个很重要的组成部分，它为航天器的姿态控制和天文导航提供高精度测量数据，并可用来修正陀螺漂移。星敏感器最早应用于低轨道卫星，随着星敏感器技术的发展，其成熟度不断提升，目前已广泛应用于静止轨道卫星，并成为其转移轨道和同步轨道的主用敏感器。因此对星敏感器数据的有效性判断直接关乎控制系统性能指标的实现，甚至整星结构和能源的安全（失稳的姿态及角速度可能引发整星结构损伤和能源过度消耗）。星敏感器的测量数据在使用前的有效性校验应包括：

1）星敏感器数据通信校验正常。

2）星敏感器本身状态标志为有效（包括星敏感器所处工作模式、姿态质量等）。

3）测量非野值，即给定一个野值判断阈值，当前测量值与历史最新有效测量值之间的差值不超过野值判断阈值时为有效。

4）星敏感器的测量输出未出现常值故障。

当具备 3 个及 3 个以上星敏感器时，可直接比较多个星敏感器输出的等效星本体相对惯性空间的姿态，基于相信多数输出正确的角度，来剔除个别星敏感器的错误输出。若仅有两个星敏感器，也可通过引入陀螺定姿结果或地球敏感器定姿结果，同样从相信多数敏感器输出正确的角度，来剔除错误的姿态数据，只是此时不同类姿态敏感器之间的判断阈值需要综合考虑各类噪声、漂移等因素。

陀螺既是惯性姿态敏感器，也是测量姿态角速度的必备敏感器。早期的静止轨道卫星在工作轨道使用轮控时定姿精度要求不高，通常在进入同步轨道后关闭陀螺，在执行位保的喷气模式下再重新开启陀螺。因此早期的静止轨道卫星一般不配备长寿命陀螺。然而随着静止轨道卫星平台对高精度高稳定度控制需求的不断提升，长寿命陀螺逐渐成为静止轨道卫星的标准配置。为了同时测量三轴姿态及角速度，至少配备三通道陀螺，通常正交安装，考虑可靠性及数据校验的情况下，会配备更多陀螺作为冗余备份，并提供基于平衡方程的校验能力。陀螺的测量数据在使用前的有效性校验应包括：

1）测量非野值，即给定一个野值判断阈值，当前测量值与历史最新有效测量值之间的差值不超过野值判断阈值时为有效。

2）陀螺的测量输出未出现常值故障或常零故障。

3）对于 3 个以上且任意 3 个不共面的陀螺同时工作的情况，需对多个陀螺的输出一致性进行校验，剔除输出不一致的陀螺测量信息[13]。

（2）执行机构测量数据检测

静止轨道通信、导航卫星对执行机构的力矩需求很小，姿态控制执行机构通常使用飞轮。静止轨道遥感卫星一般也没有低轨道遥感卫星的大角度快速机动要求，因此没有对执行机构的大力矩需求，并且考虑到重量等因素，一般不配备 CMG。除了飞轮用于姿态控制，太阳电池阵驱动装置是静止轨道卫星的另一类常用执行机构。下面分别叙述对于飞轮和太阳电池阵驱动装置返回的测量数据进行有效性判断的方法。

飞轮是利用自身高速旋转的刚体，以改变其角动量的大小来与星体进行角动量交换来控制姿态的装置。飞轮作为执行机构，其返回的测量数据主要是转速测量值，转速测量值可直接反映当前飞轮自身的角动量。飞轮的测量数据在使用前的有效性校验应包括：测量非野值，即给定一个野值判断阈值，当前转速测量值与历史最新有效转速测量值之间的差值不超过野值判断阈值时为有效。

太阳电池阵驱动装置用轴承驱动太阳电池阵对卫星本体相对转动和对太阳定向。太阳电池阵驱动装置作为执行机构，其返回的测量数据主要是太阳电池阵的当前转角，根据不同的 SADA 产品，该转角可能是通过指令步进计数得到，或通过转角测量装置真实测得。太阳电池阵驱动装置的测量数据在使用前的有效性校验应包括：

1）测量非野值，即给定一个野值判断阈值，当前转角测量值与历史最新有效转角测量值之间的差值不超过野值判断阈值时为有效。

2）转角测量值不超出有效范围。

3）当具备其他敏感器可测量太阳电池阵相对太阳的角度信息时，要求太阳电池阵驱动装置测量的转角信息与其他敏感器测量的太阳电池阵角度信息之间的误差在给定范围内。

（3）轨道数据有效性判断

星上轨道计算方法主要是基于轨道动力学和轨道摄动的数值法轨道外推以及基于拟合

轨迹的轨道根数显式计算。无论哪种轨道计算方法，其精度都在一段时间内有效，因而必须阶段性通过外部轨道数据刷新星上轨道初值。外部轨道数据主要包括地面精测轨后上注的轨道数据，以及高轨道 GNSS 接收机获得的导航数据。错误的轨道数据引入系统会引起姿态偏离真实期望姿态而导致业务中断，甚至直接导致姿态跑飞，因此轨道数据在用于刷新星上轨道初值之前必须进行充分的有效性判断。

为了减轻地面站负担，同时兼顾星上轨道计算精度的需求，地面通常一次注入对应不同时刻的多组轨道，在星时到达某组轨道对应时刻时使用该组轨道数据。地面注入的每组轨道数据在使用前的有效性校验应包括：

1）地面注入轨道数据对应时刻与当前星时的误差在给定范围内。

2）根据地面注入轨道数据解算的地心距或半长轴与标称地心距或半长轴的误差在给定范围内。

3）地面注入轨道数据的绝对位置与当前星上轨道的绝对位置之间的误差在给定范围内。

4）地面注入轨道数据的绝对速度与当前星上轨道的绝对速度之间的误差在给定范围内。

5）地面注入轨道数据对应的轨道根数与当前星上轨道或标称轨道的轨道根数之间的误差在给定范围内。

GNSS 应用于静止轨道卫星导航存在导航信号弱、可见卫星少、定位几何差等突出问题，高轨道卫星 GNSS 接收机的研制难度很大，技术成熟度还有待考证。因此，静止轨道卫星在使用 GNSS 给出的导航数据时必须加强有效性判断，避免由于 GNSS 接收机的错误数据导致控制系统性能降低或姿态失稳。GNSS 导航接收机的轨道数据在使用前的有效性校验应包括：

1）GNSS 接收机本身输出的有效性标志为“有效”。

2）GNSS 时标与当前星时的误差在给定范围内。

3）根据 GNSS 导航数据解算的地心距或半长轴与标称地心距或半长轴的误差在给定范围内。

4）GNSS 导航数据的绝对位置与当前星上轨道的绝对位置之间的误差在给定范围内。

5）GNSS 导航数据的绝对速度与当前星上轨道的绝对速度之间的误差在给定范围内。

6）GNSS 导航数据对应的轨道根数与当前星上轨道或标称轨道的轨道根数之间的误差在给定范围内。

（4）外系统校时数据有效性判断

控制系统一般从整星时统获取校时信息，首次校时信息无条件接收，后续校时信息与当前系统使用时间基准做比对，满足一定阈值时，校时数据有效。

若控制系统需要从 GNSS 接收机、载荷时钟等外系统获取时间信息，只有当校时信息与当前系统使用时间基准在一定阈值之内才接受校时，否则不接受校时。

10.4.2　单机故障诊断与处理

（1）单机故障诊断

控制系统单机主要包括敏感器和执行机构，可通过单机设备的物理状态信息、数据有效性信息、不同类单机的一致性检验、单机输入输出与动力学的一致性检验等实现单机的故障诊断。

单机的物理状态信息包括电源状态、电机电流、温度等模拟量，可根据单机物理状态正常范围判定单机的健康状况[14]。一般在一段时间内物理状态信息持续异常时，可诊断为单机故障。

根据 10.4.1 节的数据有效性判断方法检验单机输出的数据信息，如单机测量数据短时无效，可发出警告标志。在单机测量数据恢复有效后撤销警告，在单机测量数据持续无效导致警告超时后，可判定产品故障，给出故障标志。值得注意的是，剔野阈值、数据有效范围、比对误差范围等有效性判断阈值的设计需要与单机故障诊断的时间阈值匹配。

敏感器的单机故障诊断主要就是直接利用物理状态信息和有效性判断结果。而执行机构的故障诊断需进一步考虑性能损失估计检测，即需要对指令与输出的一致性进行判断。若执行机构输出与指令要求的差异超出性能损失阈值，则启动执行机构无效计时，持续一段时间无效后，则给出故障报警标志，进行单机故障处理流程。

执行机构性能损失判断阈值的设计需要根据自身特性及测量数据精度而定。例如飞轮故障诊断的典型判据是对等效摩擦力矩估计值的判定，即通过判断飞轮的指令力矩积分值与测得的飞轮转速变化量是否一致来判断飞轮是否正常。该一致性判断阈值涉及多项误差，包括飞轮转速采样误差、飞轮自身转动惯量误差、飞轮指令输出的非线性误差等，因此诊断阈值的选取要能够兼容飞轮的各种特性和各类工况，通常要远大于正常摩擦力矩。

（2）单机故障处理

单机故障处理应首先尝试对其进行故障后的健康恢复。例如，对于具有掉电故障模式的单机，如出现电源状态异常，可尝试对其进行重新加电。对于星敏感器等可能由于软件故障导致常值输出等数据故障的单机，可尝试对其进行断电后重新加电。

若单机自身故障无法恢复，应优先考虑整星的结构和能源等安全，一般应确保一重故障功能不受影响（单点故障除外）。在不影响整星安全的前提下，应尽可能不改变当前工作状态，或不中断当前卫星服务。

敏感器的单机故障处理应根据敏感器的工作状态而定。若故障敏感器的测量信息不参与当前模式的姿态控制，而只作为遥测监视或协助诊断其他敏感器，则这类敏感器的故障处理可只改变其健康标志或对其进行断电处理。若敏感器故障前的输出姿态信息用于姿态估计或直接参与姿态控制，则需进行敏感器切换处理：若有同类可用备份部件，则优先切换同类备份部件；若无同类备份部件，但有其他冗余定姿方式，则切换到冗余定姿方式；

若无姿态信息可用，则应转入安全模式或停控。

静止轨道卫星若要实现三轴稳定控制，通过角动量交换原理实现姿态控制的执行机构配置数量不能少于3个[15]，通常会在此基础上增加冗余配置。因此对于飞轮故障，应优先进行构型切换，若无可用构型可切换，则切换至推力器控制的相同功能模式，尽量维持卫星工作姿态。对于推力器故障，优先进行推力器分支切换或推力器重组，若无法切换分支或者重组，则暂时停控。

10.4.3 系统故障诊断与安全管理

静止轨道卫星控制系统的系统故障一般表现为姿态基准丢失、姿态超差、角速度超差、喷气过多以及能源安全无法保障等。诊断的信息来源主要是定姿信息、角速度信息、喷气信息和帆板对日信息。诊断的方法是基于诊断的信息来源进行阈值判断，当诊断信息超出阈值且持续一段时间后，则认定为系统级故障。系统故障处理一般都会造成卫星无法维持当前工作状态，所以其诊断参数阈值和时间阈值的设计必须慎重，避免由于单机故障误引发系统级故障报警。

姿态基准丢失的系统故障主要是对地姿态下地球敏感器姿态基准丢失，即地球敏感器见地球标志持续无效，或对日姿态下太阳敏感器姿态基准丢失，即太阳敏感器见太阳标志持续无效。这类故障模式的可能原因是星载控制计算机出现接口类故障，所以可以在进入安全模式之前，切换一次计算机，或是对丢失基准的部件接口芯片进行一次初始化。

当引入控制闭环的姿态误差（即姿态确定的角度偏离标称值的误差）超出阈值且持续一段时间时，则认为发生姿态超差系统故障。当引入控制闭环的角速度误差超出阈值且持续一段时间时，则认为发生角速度超差系统故障。发生姿态超差或角速度超差系统故障时，应首先停止轨道控制点火操作，避免故障影响扩大，同时切换姿态确定使用的敏感器和姿态控制使用的执行机构，即进行全面的系统重构，排除单机故障引发系统故障的情况。若系统重构后，仍然引发姿态超差或角速度超差系统故障，则及时转入安全模式。

在一段时间内用于姿态控制的喷气量超出正常范围，则认为发生喷气过多系统级故障。由于引起喷气过多的原因很多，可以首先切换一次推力器分支，若仍然存在喷气过多问题，则需转入安全模式。

静止轨道卫星控制系统的安全模式处理方式按照系统故障的严重程度分别对应对地定向、对日定向和停控。一般以对地定向作为同步轨道期间的故障安全模式，对地失败或处于转移轨道期间时，以对日定向作为故障安全模式，当系统级故障难以排查且可能由于错误控制威胁到整星结构安全时，应及时转入停控安全模式。

综上，对静止轨道卫星姿态与轨道控制系统而言，由输入数据有效性判断，到单机FDIR，再到系统故障诊断与安全管理的设计与实现流程如图10.4-1所示。

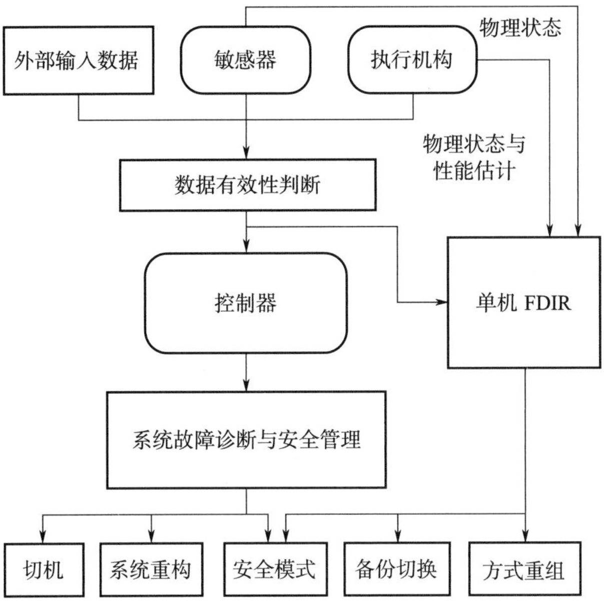

图 10.4-1　控制系统故障诊断与安全管理主要流程

10.5　小结

本章对静止轨道卫星控制系统 FDIR 设计的相关问题进行了探讨。首先介绍了控制系统若干常见典型故障，有系统级的，也有单机级的。事实上，故障的分级不是绝对的，单机级故障如果不能及时得到适当诊断和隔离，往往会引发系统级故障。因此，必须从整体上开展层级式 FDIR 设计。本章给出了层级式 FDIR 的设计要点和工程算例。在此基础上，介绍了静止轨道卫星控制系统 FDIR 的设计的一些技术要点。需要指出，卫星及控制系统 FDIR 设计是一个涉及面广、技术难度大的综合领域，无论是理论研究还是工程实现方面都有大量问题有待深入解决。此外，随着技术水平的不断提升，尤其是人工智能和数据挖掘技术的飞速发展，目前卫星自主 FDIR 已向自主健康管理方向发展。在未来卫星及控制系统中，智能化的综合健康管理技术将逐步得到应用和完善。

参考文献

[1] GERTLER J J. Survey of Model - Based Failure Detection and Isolation in Complex Plants [J]. IEEE Control Syst Mag，1988，8 (6)：3 - 11.

[2] MARZAT J，PIET - LAHANIER H，DAMONGEOT F，et al. Model - Based Fault Diagnosis for Aerospace Systems：a Survey [J]. Proc Inst Mech Eng，Part G：J Aerosp Eng，2012，226 (10)：1329 - 1360.

[3] JIANG T，KHORASANI K，TAFAZOLI S. Parameter Estimation Based Fault Detection，Isolation and Recovery for Nonlinear Satellite Models [J]. IEEE Trans Control Syst Tech，2008 (16)：799 - 808.

[4] ZHAI S，WANG W，YE H. Fault Diagnosis Based on Parameter Estimation in Closed - Loop Systems [J]. IET Control Theory Appl，2015，9 (7)：1146 - 1153.

[5] POURBABAEE B，MESKIN N，KHORASANI K. Sensor Fault Detection，Isolation，and Identification Using Multiple - Model - Based Hybrid Kalman Filter for Gas Turbine Engines [J]. IEEE Trans Control Syst Tech，2016 (24)：1184 - 1200.

[6] GAO Z，CECATI C，DING S X. A Survey of Fault Diagnosis and Fault - Tolerant Techniques - Part Ⅰ：Fault Diagnosis with Model - Based and Signal - Based Approaches [J]. IEEE Trans Ind Electron，2015，62 (6)：3757 - 3767.

[7] GAO Z，CECATI C，DING S X. A Survey of Fault Diagnosis and Fault - Tolerant Techniques - Part Ⅱ：Fault Diagnosis with Knowledge - Based and Hybrid/Active Approaches [J]. IEEE Trans Ind Electron，2015，62 (6)：3768 - 3774.

[8] JAXA. Topics - 20160408 [R/OL]. http：//global. jaxa. jp/projects/sat/astro _ h/fiiles/.

[9] JAXA. Topics - 20160415 [R/OL]. http：//global. jaxa. jp/projects/sat/astro _ h/fiiles/.

[10] JAXA. Topics - 20160428 [R/OL]. http：//global. jaxa. jp/projects/sat/astro _ h/fiiles/.

[11] 邢林峰，李一冰．日本“瞳”卫星失败的启示 [C]. 中国宇航学会先进小卫星技术与应用专业委员会第一届学术交流会暨第四届小卫星技术交流会，北京，2017.

[12] LIU X X，WANG S Y，YUAN L，et al. Design and Implementation of Autonomous Fault Detection and Safety Management for Geostationary Satellite Control System [C]. IEEE CAA SAFEPROCESS，Xiamen，PRC，2019.

[13] LI Z，LIU G，ZHANG R，et al. Fault Detection，Identification and Reconstruction for Gyroscope in Satellite Based on Independent Component Analysis [J]. Acta Astronaut，2011，68 (7 - 8)：1015 - 1023.

[14] TUDOROIU N，KHORASANI K. Fault Detection and Diagnosis for Satellite's Attitude Control System (ACS) Using an Interactive Multiple Model (IMM) Approach [C]. IEEE Conference on Control Applications，Toronto，Canada，2005.

[15] CROUCH P. Spacecraft Attitude Control and Stabilization：Applications of Geometric Control Theory to Rigid Body Models [J]. IEEE Trans Auto Control，1984，29 (4)：321 - 331.

第 11 章　静止轨道卫星控制系统地面验证

11.1　概述

卫星控制系统结构复杂、功能多样、单机种类及数量繁多，在交付总体及上天飞行之前必须进行充分的地面验证。利用多种手段的地面验证，可以及时发现问题并解决问题，消除隐患，将可能的技术风险降至可以接受的程度。在卫星的研制过程中，地面验证是一项非常重要的工作。

地面验证相关工作几乎贯穿卫星整个研制流程[1-4]。现代 V 型开发流程尤其强调验证工作的前移[5,6]。可以说，问题越早暴露，则解决问题的代价越小。因此，地面验证工作是全流程的、全方位的。卫星控制系统相关的验证工作包括：**数学仿真验证、半物理仿真验证、全物理仿真验证、实时原型仿真验证、桌面联试验证、系统电测、专项测试验证、卫星模拟器仿真验证**等。

在方案设计阶段，数学仿真验证必不可少。在被控对象动力学特性复杂、难以准确建模，以及控制方案复杂、未经在轨验证等情况下，还需要酌情开展半物理或全物理仿真验证。其中，在半物理仿真中，被控对象（卫星本体）动力学由数学模型代替，控制系统部件（全部或部分）由真实硬件实现；而在全物理仿真中，卫星动力学和运动学完全由气浮台来实现[7]。

在现代 V 型开发流程中，随着方案设计的深入，需要同步开展实时原型仿真验证。实时原型仿真是指用仿真软件设计出的控制器直接控制被控对象实物（或硬件模拟装置），并通过实物（或硬件模拟装置）在回路的闭环仿真过程观察和调试系统的最终运行效果。在实时原型仿真中，“实时”是指用于仿真的控制器采样周期和真实系统完全一致，按 1∶1 的关系运行；“原型”则是强调对系统本质特性的全面模拟，包括软硬件逻辑接口及时序等关键细节的验证。显然，相较于数学仿真，实时原型仿真的可信度和全面性更进了一步。并且，实时原型仿真是贯穿整个研制流程的——随着研制过程的推进，可以逐步将真实单机接入系统；而当真实单机交付总体后，还可以用单机原型模拟器来替换对应的真实单机，实时原型仿真仍然可以完整运转[8-12]。

在系统集成阶段，可利用桌面联试、系统电测、专项测试等开展相应的验证。其中，桌面联试主要针对单机电性件或电性模拟件而言，主要目的在于对系统的电性能进行初步确认。和实时原型仿真相比，桌面联试中的控制器（姿态轨道控制计算机或综合电子计算机）采用真实单机（一般用电性件或初样件）实现。系统电测则是针对实际系统的电气性能综合测试[3]。对控制分系统而言，系统电测以闭路测试为主，是分系统技术实现阶段最主要的工作项目之一。到了系统电测阶段，通常各单机已经齐备或基本齐备，对于尚未到位的单机可用电性模拟件代替。根据需求，在系统集成阶段可能还需要开展一些特定的专项测试，如可靠性增长测试、系统鲁棒性测试等。

卫星模拟器仿真验证的定义比较混乱。广义的卫星模拟器泛指能实现卫星主要功能及性能指标仿真的软硬件装置。狭义的卫星模拟器主要指以嵌入式软件为核心实现的可模拟卫星姿态轨道控制及遥控遥测等核心功能的系统。可见，广义的卫星模拟器与数学仿真系统、物理仿真系统等概念容易混淆，不建议使用。本书仅讨论狭义上的卫星模拟器，尤其是全数字化的卫星模拟器。数字化卫星模拟器用途广泛，既可用于系统设计、系统测试中，也可用于在轨维护、用户培训等方面[13-18]。

本章首先对卫星控制系统地面验证相关的工作项目和手段进行整体介绍，然后重点阐述 4 种主要的验证手段：实时原型仿真验证、物理仿真验证、系统电测验证、卫星模拟器仿真验证。本章的具体应用对象以静止轨道卫星控制系统为主，但相关内容对于各类卫星控制系统都是通用的。本章内容全部源自作者团队近年来的工程实践。

11.2 控制系统实时原型仿真验证

11.2.1 实时原型仿真技术概览

实时原型仿真是控制系统设计验证的重要手段。所谓**实时原型仿真**，是指用仿真软件设计出的控制器直接控制被控对象实物（或硬件模拟装置），并通过实物（或硬件模拟装置）在回路的闭环仿真过程观察和调试系统的最终运行效果。通过这种方式调试好的系统可认为是实际系统的原型（Prototype）。如果设计的控制器是合理的，则可以将生成的 C 语言程序直接下载到真实计算机或模拟硬件上，脱离仿真环境而实时运行。因此，实时原型仿真可使整个设计验证工作前移，提前暴露动力学建模、方案设计和技术设计中的薄弱环节，为控制系统的研发、设计及工程可靠性提供有力保证。实时原型仿真的价值在于：不仅可以对方案原理进行验证，而且可以对系统的技术细节进行验证，并且这种验证可以贯穿于整个系统的开发流程中[9,10]。

实时原型仿真的核心思想是：根据现代工程的设计方法，在控制系统方案设计结束后，并不急于开展软件和硬件的研制工作，而是利用计算机辅助设计工具将控制模型框图转换为代码并自动下载到硬件开发平台，从而快速实现控制系统的原型。原型中包括实际系统中可能的各种 I/O，软件及硬件中断等实时特性。在此基础上就可以利用计算机辅助试验测试管理工具软件进行各种测试，以检验控制方案对实际对象的控制效果，并进行在线优化与改进。此时即使模型需要大规模修改，也比利用真实的硬件和软件进行仿真验证要大大节省资源。这样在最终实现控制方案之前，就可基本确认最终方案和效果，避免过多的资源浪费和时间消耗。

要实现实时原型设计与仿真，必须有集成良好、便于使用的建模、设计、离线仿真、实时测试分析等一系列相关工具。实时原型仿真系统多以通用的实时半实物仿真技术为基础，并在此基础上进行系统集成与二次开发。对于卫星控制系统而言，实时原型仿真验证系统搭建好以后，后面的重点工作就是针对卫星动力学、控制器、敏感器以及执行机构进行建模和仿真，最后将控制器的可执行代码下载到目标机上，实现闭环仿真验证。

以卫星控制系统为例，其实时原型仿真系统应包括完整的硬件平台、软件平台和最小实现系统。系统的基本组成如图 11.2－1 所示。

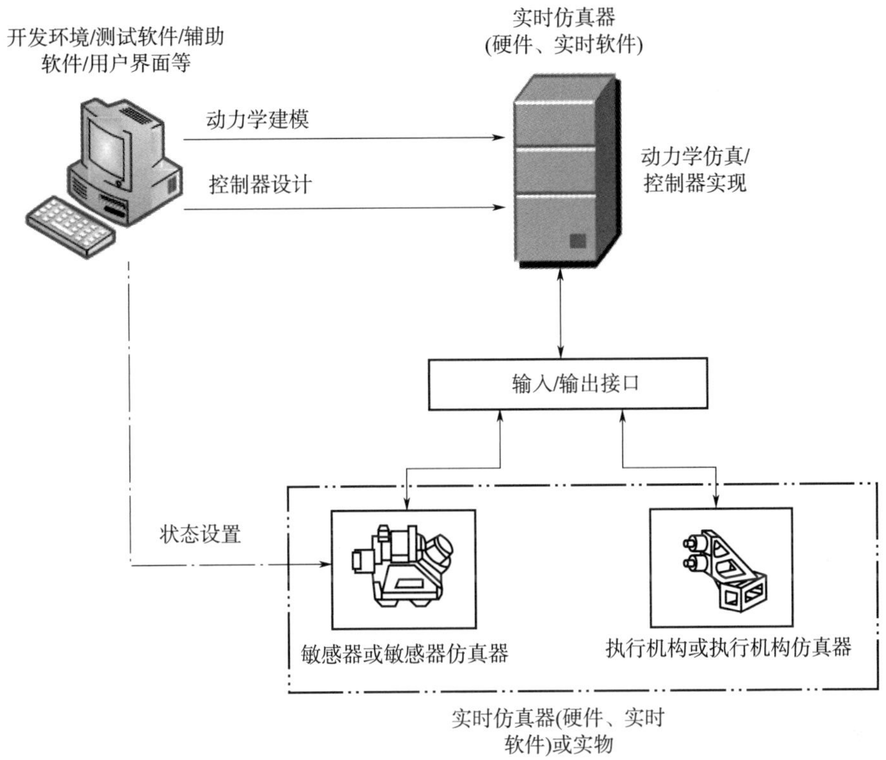

图 11.2－1　实时原型仿真系统的基本组成

就卫星控制系统而言，其实时原型仿真系统的主要作用包括：

1）对动力学模型、控制器算法、软件等进行修改、完善和验证；

2）对系统配置、部件选型进行初步验证；

3）对新部件的接口方案及技术设计进行验证；

4）对整个姿态轨道控制系统的性能进行验证，发现和改进薄弱环节；

5）实时代码生成，自动生成的代码可以便捷地移植到真实目标机载体上运行；

6）软硬件故障注入和仿真；

7）系统具有良好的可扩展性，可接入真实单机及电性模拟器，开展混合闭路仿真和测试。

11.2.2 面向卫星控制系统的实时原型仿真系统设计

近20年来，实时原型仿真技术取得了长足进步。在汽车等工业生产领域，实时原型仿真技术的应用已经非常普遍[9,10,25]。但在卫星研制领域，实时原型仿真技术的应用尚不深入。其主要原因在于，传统的卫星研制模式以定制化、个例开发、极小批量为特点。实时原型仿真系统如果不能做到通用化、柔性化、开放化，那么其应用价值将大打折扣。因此，必须针对卫星控制系统的特点，开发**配置灵活、通用化程度高、可扩展性强的实时原型仿真系统**。这种实时原型仿真系统的特点可概括为“柔性化”：软硬件模块配置灵活、通用化程度高、可扩展性强，仿真验证的层次与环节多样。

下面以卫星控制系统仿真验证为应用背景，介绍以通用化实时原型仿真平台为核心的**柔性化原型验证系统**的设计思路和要点。

整个柔性化原型验证系统包括以下两个层次：

（1）实时原型仿真验证

实时原型仿真验证是在考虑各部件的真实电性能特性尤其是接口特性的情况下，将系统动力学和部件的数学模型下载到实时仿真计算机上（实时代码生成），并配置实际的接口硬件模块，实现包含电性能接口的实时原型仿真评估以及系统环境下机电部件底层驱动调校网络的设计验证，从而对整个控制回路软硬件集成的精细化设计提供试验和技术支持。

（2）硬件闭环验证

硬件闭环验证则是在某些部件实物已经具备的条件下，进一步将该部件的接口模块替换为真实部件或电性模拟件，实现硬件闭环验证评估，而敏感器的物理激励也可加入进来，从而提高验证的可信度。

上述两个层次的验证纳入一个统一的系统中，可作为系统设计的辅助设计与验证平台，能够提供真实的硬件设备底层控制接口（如控制电压输出接口、电机驱动接口）和上层开发调试环境（如实现驱动调校网络的位置环、速度环、加速度环等参数调整），所有接口都按照标准化的原则统一设计，且控制器、敏感器、执行机构3大部分的部件都是可灵活配置的，以实现便捷、柔性化的验证评估。

整个柔性化原型验证系统的组成原理如图11.2-2所示。

柔性化原型验证系统的系统组成与信号关系如图11.2-3所示[19,20]。其中，粗虚线框内部分表示硬件闭环验证系统部分，剩余部分为实时原型验证系统部分。为了建设柔性化的原型验证系统，要求实时目标机及其配套的软硬件接口具有良好的开放性和可扩展性。

实时原型仿真平台是实时原型验证系统必不可少的主体部分。其主要用途是为整个实时原型验证系统提供完整的软硬件运行基础平台。同时，该平台也是一个基于模型的数字化研发平台，可用于完成以模型驱动的系统设计工作，而且可以在下达单机及软件任务之前，完成对系统设计正确性的验证。原型验证的输出，不仅包括算法和动力学模型，还包括自动生成的、可实时运行的代码。

通用化的实时原型仿真平台有两类：一类采用封闭式专用架构，如dSPACE系

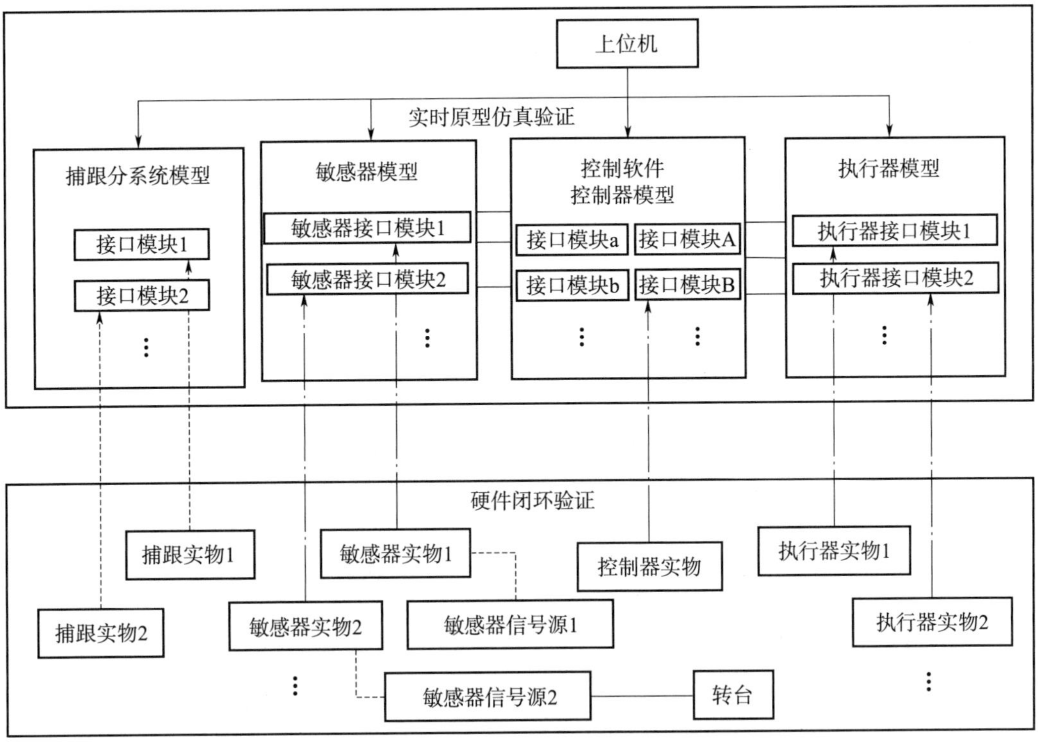

图 11.2-2　整个柔性化原型验证系统的组成原理

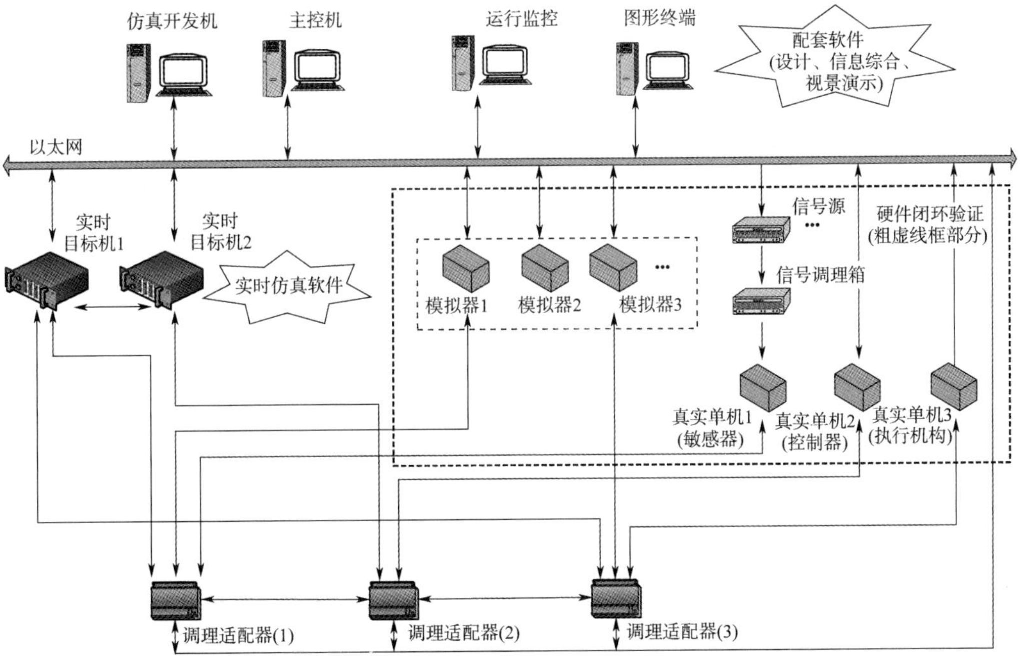

图 11.2-3　柔性化原型验证系统的系统组成与信号关系

统[12,21-23]；另一类采用开放式架构，如 RT - LAB 系统[24-26]。其中，德国 dSPACE 公司的 dSPACE 实时仿真平台产品功能强大、价格昂贵，产品架构采用封闭式体系，用户无法自行扩展。加拿大 OPAL - RT 公司的 RT - Lab 实时仿真平台产品采用开放式架构，用户可采购符合规格的通用板卡进行扩展。其新一代实时仿真平台性能优异、接口丰富、对商用板卡的开放性好。近年来，国内一些公司也逐步推出了一些各具特色的实时原型仿真平台，为控制系统的仿真验证提供了更多选择[27]。实时原型仿真平台的核心是实时仿真软件，包括实时仿真支持模块、集成化的设计开发环境（功能涵盖图形化建模、全数字仿真、代码自动生成）等，软件开发的技术门槛还是比较高的。

图 11.2 - 4 所示为柔性化原型验证系统中的实时原型仿真平台实物图。

图 11.2 - 4　柔性化原型验证系统中的实时原型仿真平台实物图

在柔性化原型验证系统中，可重构的调理适配器也是很关键的设备，其功能是实现硬件信号通道自动配置与重构、信号调理与适配。从技术上看，是利用电气矩阵开关等手段，实现测试设备的通用化，增强可配置能力。可重构调理适配器可通过在线编程方式配置各硬件接口的 I/O 类型和信号流，实现不同部件之间的切换选择；另外为了便于进行健康监测，还具备重构状态的监测功能，以比对其实际状态与目标状态是否相符。图 11.2 - 5 所示为可重构调理适配器的软件设置界面。

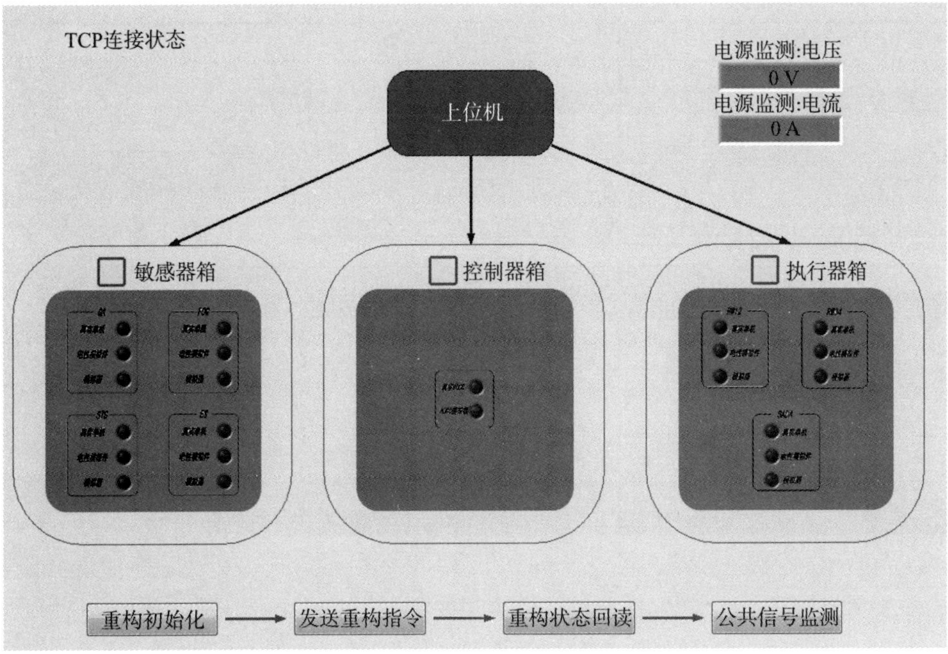

图 11.2-5　可重构调理适配器的软件设置界面

11.2.3　卫星控制系统实时原型仿真验证

利用实时原型仿真平台，可以便捷地构建各种卫星控制系统，开展实时原型验证工作。例如，控制器算法验证、新型单机接口方案及技术设计验证、故障注入仿真验证等。图 11.2-6 是利用实时原型仿真平台构建的一个典型静止轨道卫星控制系统。图 11.2-7 是生成目标代码后实时闭环运行结果中的一组典型曲线。

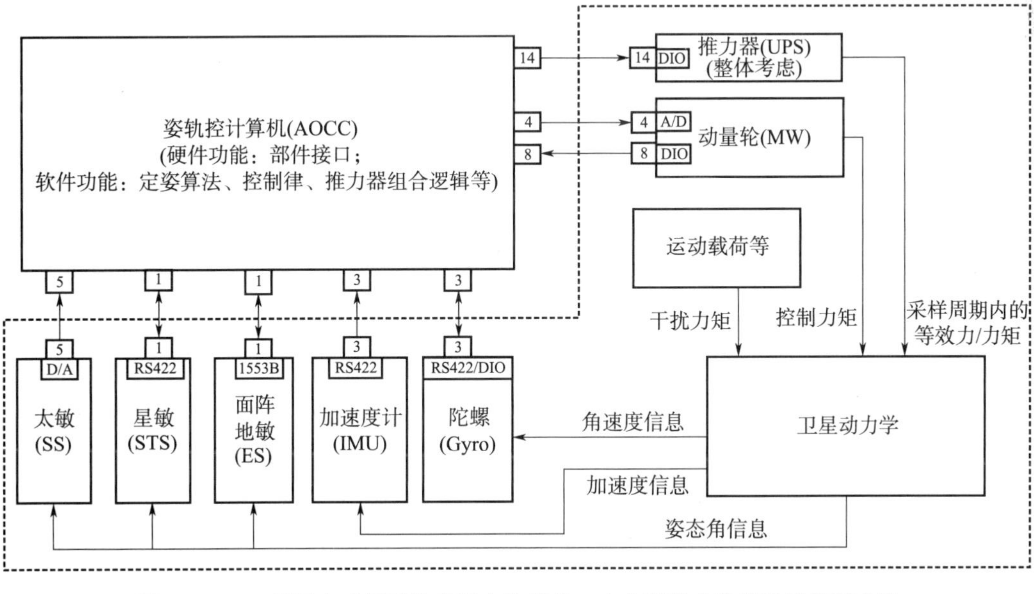

图 11.2-6　利用实时原型仿真平台构建的一个典型静止轨道卫星控制系统

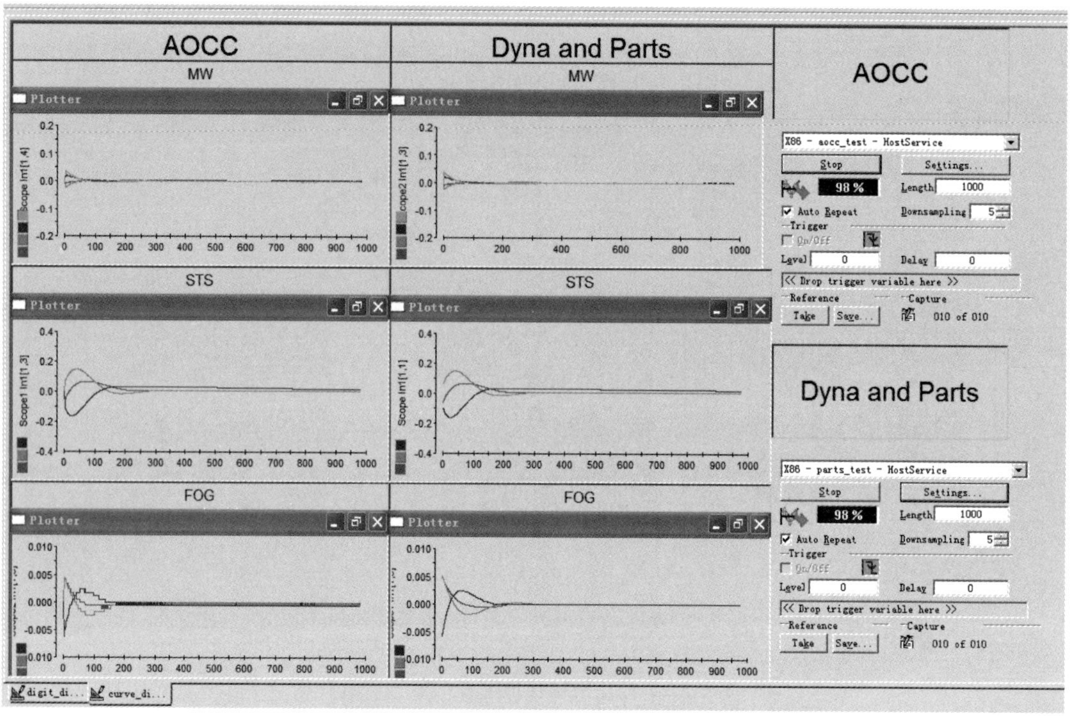

图 11.2-7　控制系统实时原型仿真曲线

11.3　控制系统物理仿真验证

11.3.1　控制系统物理仿真原理及应用场合

控制系统物理仿真是指利用物理等效装置模拟被控对象动力学特性的一种系统仿真。在卫星控制系统物理仿真中，被控对象（卫星本体）通常由**气浮台**模拟，而控制系统本身采用实物或以实物为主搭配部分电性模拟器来实现。因此，在卫星工程领域，控制系统物理仿真又被称为**气浮台仿真**[7]。为了与基于运动转台的**半物理仿真**相区别，气浮台仿真又称为**全物理仿真**。在本书中，物理仿真即指全物理仿真，不包含半物理仿真。当然，如果只是针对卫星特定部分（如双轴运动载荷）的控制回路进行物理仿真研究，则被控对象就难以用常规的气浮台来模拟了，而是需要采用基于重力卸载的实物（或模拟件）及特殊等效装置来进行模拟。此外，基于平面气浮系统还可以对卫星的轨道控制进行物理仿真。将转动式气浮台和平面式气浮平台结合起来，还可以实现姿态-轨道联合物理仿真。

卫星控制系统物理仿真主要用于被控对象动力学特性比较复杂、不易准确建模的场合。例如，对于带有多自由度复杂运动载荷的卫星，其闭环控制效果仅利用数学仿真往往不易取得令人信服的结论，利用高精度气浮台物理仿真则可以获得全面真实的客观评价。对于复杂多体卫星、带有大型挠性附件的卫星等，利用高可信度的物理仿真可以有效考察系统动力学特性以及控制系统闭环控制效果。此外，对于动量轮低速摩擦特性研究、控制力矩陀螺操纵效果研究等方面，物理仿真也能发挥重要作用。

在 20 世纪六七十年代卫星工程起步阶段，美国和苏联都投入巨大的人力和物力建立了各种气浮台系统，在卫星动力学及控制系统地面验证中发挥了重要作用[28]。随着卫星技术的成熟，物理仿真的作用逐步下降。但是，对于那些动力学特性复杂、难以精确建模的新型航天器（例如空间在轨操控飞行器等），在全面掌握其动力学特性前，物理仿真仍有其重要价值。此外，物理仿真由于直观性强、真实度高，可广泛用于立项论证演示、教育培训等场合[29]。

下面介绍基于转动式气浮台的物理仿真原理：

转动式气浮台分为**单轴气浮台**和**三轴气浮台**两种，两者的基本原理相同。气浮台依靠压缩空气在气浮轴承与轴承座之间形成的气膜，使模拟台体浮起，从而实现近似无摩擦的相对运动条件，以模拟卫星在空间微重力环境下所受的力学环境[7]。也就是说，在物理仿真中，卫星动力学及运动学是由气浮台来模拟的；而在基于运动转台的半物理仿真中，卫星运动学由运动转台模拟，动力学则以数学仿真方式实现，这是半物理仿真与物理仿真的根本区别。在物理仿真系统中，控制系统实物（部分单机或由电性模拟器实现）置于气浮台上，执行器产生的控制力矩直接作用于气浮台，并使用星上实际的控制律、实际的应用软件，组成与卫星控制系统相同的仿真回路[7]。根据力学等效原理，如果气浮台各轴与卫星对应各轴具有相等的转动惯量（即 1∶1 惯量模拟），则气浮台所受的控制力矩矢量与实际卫星的相同；如果是进行缩比模型仿真，则气浮台各轴所受控制力矩与卫星对应轴所受控制力矩之比等于气浮台各轴转动惯量与卫星对应轴转动惯量之比。另外，卫星姿态敏感器通常也按要求安装在气浮台上，由天体目标仿真器进行信号激励，从而得到姿态角测量信息；陀螺安装在气浮台上，直接测量转台角速度。这样，物理仿真就实现了对卫星实际控制系统的完整仿真和演示验证，从而可以比数学仿真和半物理仿真更为真实地模拟卫星在空间的动力学与运动学特性，尤其是角动量交换与角动量耦合等方面的内部细节特性。当然，为了确保物理仿真的真实性，气浮台的干扰力矩必须控制在非常小的范围内（一般需要比卫星实际干扰力矩小一个数量级），这需要对气浮轴承进行精密加工，还要采取精确调平衡等多种措施[28,30]。

卫星控制系统物理仿真主要分为**单通道物理仿真**和**三通道物理仿真**两种。单通道物理仿真采用单轴气浮台作为运动仿真器，三通道物理仿真采用三轴气浮台作为运动仿真器。两种物理仿真系统的主要组成相同。通常可分为**台上仿真控制系统**、**台上技术系统**以及**地面支持系统** 3 部分。台上仿真控制系统是指装载在气浮台上的卫星姿态控制系统实物；台上技术系统是指除台上仿真控制系统之外，为了保证系统仿真而装载在气浮台上的其他设备（如无线测控接收设备）；地面支持系统包括气浮台本身及其配套的地面装置，主要有气浮台测角装置、气浮台气源、地面控制台、数据处理系统以及目标仿真器等。图 11.3－1 和图 11.3－2 分别为大型单轴物理仿真系统和大型三轴物理仿真系统。

物理仿真中的核心装置除了常规的转动式气浮台以外，还有局部组合式气浮台和超大型平面式气浮平台等，如图 11.3－3 和图 11.3－4 所示。

图 11.3-1　大型单轴物理仿真系统

图 11.3-2　大型三轴物理仿真系统

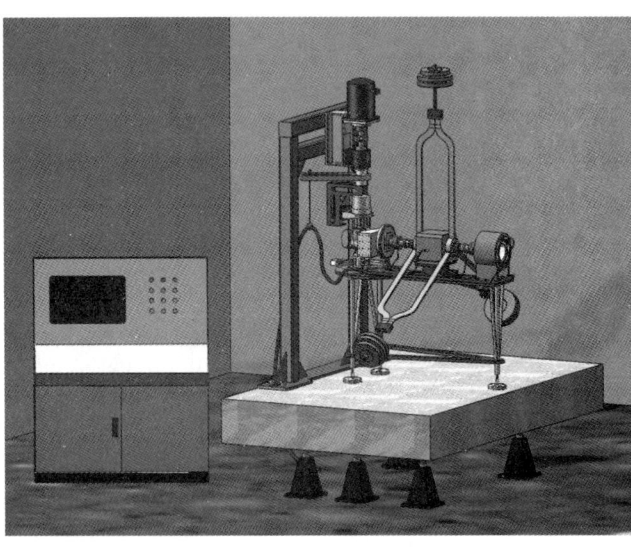

图 11.3-3　局部组合式气浮台

图 11.3-4　超大型平面式气浮平台

11.3.2　复杂卫星三轴物理仿真验证研究

本节以风云四号卫星姿态控制及图像导航配准物理仿真试验为例[31]，介绍复杂卫星三轴物理仿真相关技术。

11.3.2.1　仿真试验的目的与技术途径

为了验证风云四号卫星高精度高稳定度控制、有效载荷扫描镜运动补偿等关键技术的可行性以及可能达到的效果，开展了姿态控制及图像导航配准三轴物理仿真试验。仿真试验的目的：1）验证姿态确定和姿态控制方案的可行性，考察姿态确定及姿态控制效果；2）验证利用姿控动量轮进行干扰力矩前馈补偿的可行性，考察补偿效果；3）验证基于姿态测量的扫描镜运动补偿方案的可行性，考察补偿效果；4）验证基于模型预估的扫描镜运动补偿方案的可行性，考察补偿效果。

在风云四号卫星姿态控制及图像导航配准物理仿真试验中，采用大型三轴气浮台模拟卫星的惯量特性和三轴运动，在气浮台上配置有效载荷（扫描辐射计和大气垂直探测仪）和控制系统部件实物（部分功能由数学仿真手段实现），组成闭环仿真系统。

11.3.2.2　系统组成

三轴物理仿真试验系统的组成如图 11.3-5 所示。

整个仿真试验系统可分为三轴气浮台、台上仿真试验系统、台下支持设备 3 部分。

（1）三轴气浮台

三轴气浮台是物理仿真试验的核心设备，用于模拟卫星的惯量特性和微重力状态下的动力学行为，并为控制系统部件提供安装平台。气浮台坐标系 $O_BX_BY_BZ_B$（即等效的卫星本体坐标系）的定义如下：坐标系原点 O_B 为气浮台转动中心（球心），俯仰轴 O_BY_B 与气浮台的铅垂轴重合，向下为正，滚动轴 O_BX_B、偏航轴 O_BZ_B 平行于气浮台的水平安装面且 O_BX_B 轴指向正东、O_BZ_B 轴指向正北。

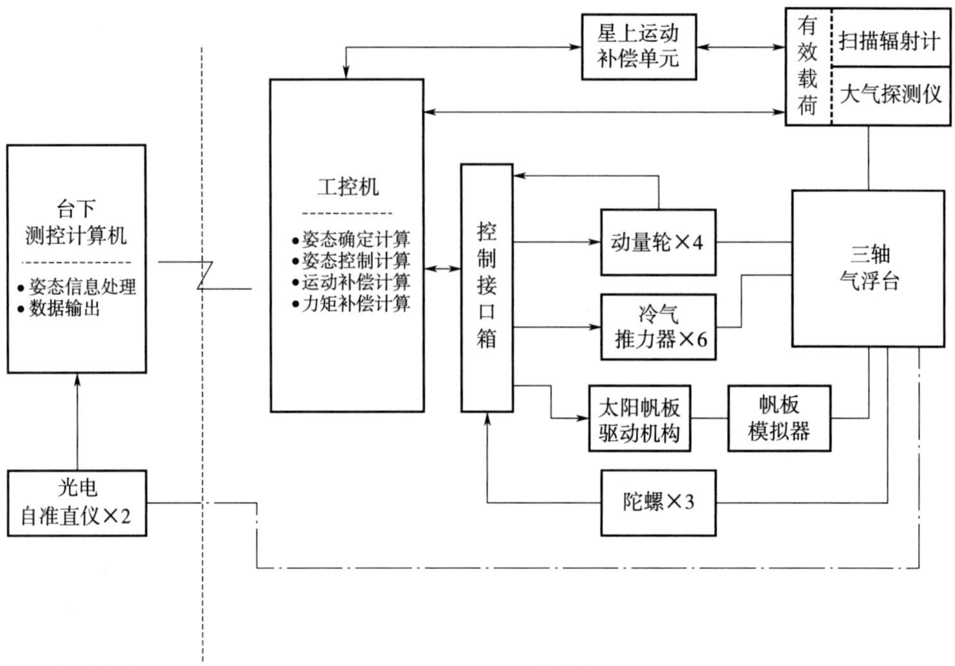

图 11.3-5　三轴物理仿真试验系统的组成

(2) 台上仿真试验系统

以控制计算机（工控机）及接口线路盒为核心，配置相应的敏感器、执行机构和有效载荷运动机构，组成与风云四号卫星姿态控制与图像导航配准系统相似的仿真试验系统，实现相同的控制功能。仿真试验系统安装在三轴气浮台仪表平台上。

参与试验的设备包括：工控机及接口线路盒、陀螺、动量轮、冷气推力器、太阳帆板驱动机构（SADA）、扫描成像仪、大气垂直探测仪（模拟件）、扫描镜运动补偿处理单元、电池组及二次电源等。

(3) 台下支持设备

台下支持设备主要包括台下测控计算机、光电自准直仪、激光靶屏、气源等。

11.3.2.3　仿真验证内容及结果

下面简要给出部分典型仿真试验结果：

(1) 复合姿态控制

两台载荷同时运动，其中，扫描成像仪工作于正常扫描模式，垂直探测仪工作于黑体定标模式。采用前馈＋反馈自适应复合控制方法后，成像仪正常扫描，探测仪正向黑体定标时的试验结果如图 11.3-6 和图 11.3-7 所示。其中，X 轴的姿态控制误差最大约 0.005 3°；X 轴的姿态角速度最大约 4.2×10^{-4} (°)/s。可见，采用力矩前馈补偿措施后，姿态指向精度和姿态稳定度都可满足指标要求。

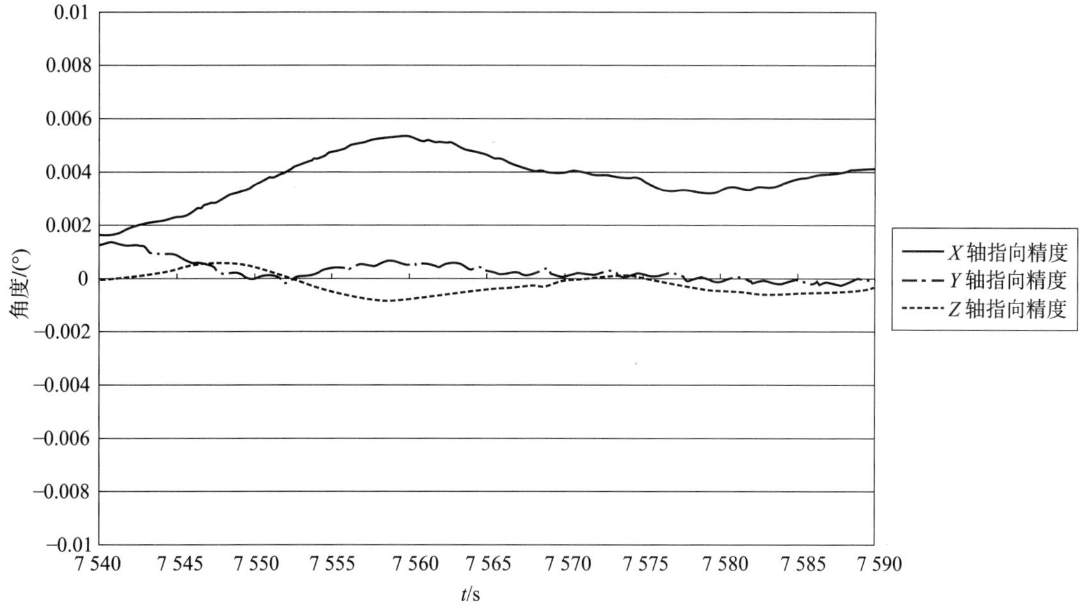

图 11.3－6　载荷同时运动时的姿态角

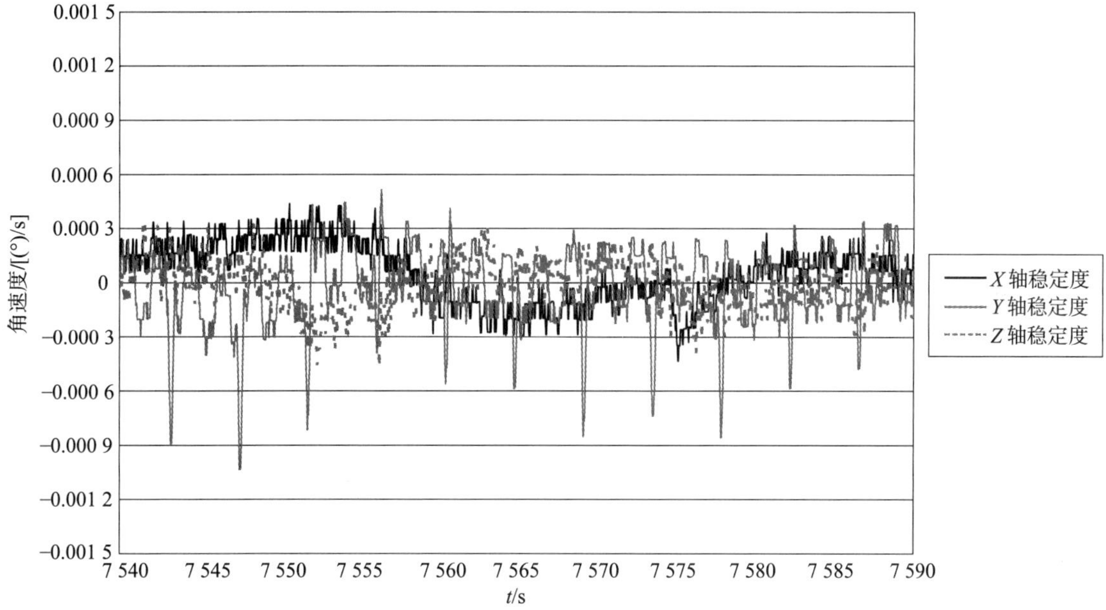

图 11.3－7　载荷同时运动时的角速度（见彩插）

（2）有效载荷扫描镜运动补偿

考察扫描成像仪的补偿效果。姿态控制采用常规反馈控制；扫描成像仪工作于正常扫描模式，垂直探测仪进行黑体定标运动（作为干扰）。探测仪正向定标运动时的试验结果如图 11.3－8 所示。由图可知，成像仪东西轴的光轴指向偏差（均值$\pm 3\sigma$）为：(14.98$\pm$6.71) μrad，南北轴的光轴指向偏差为：(9.01$\pm$6.38) μrad。补偿效果符合设计指标。

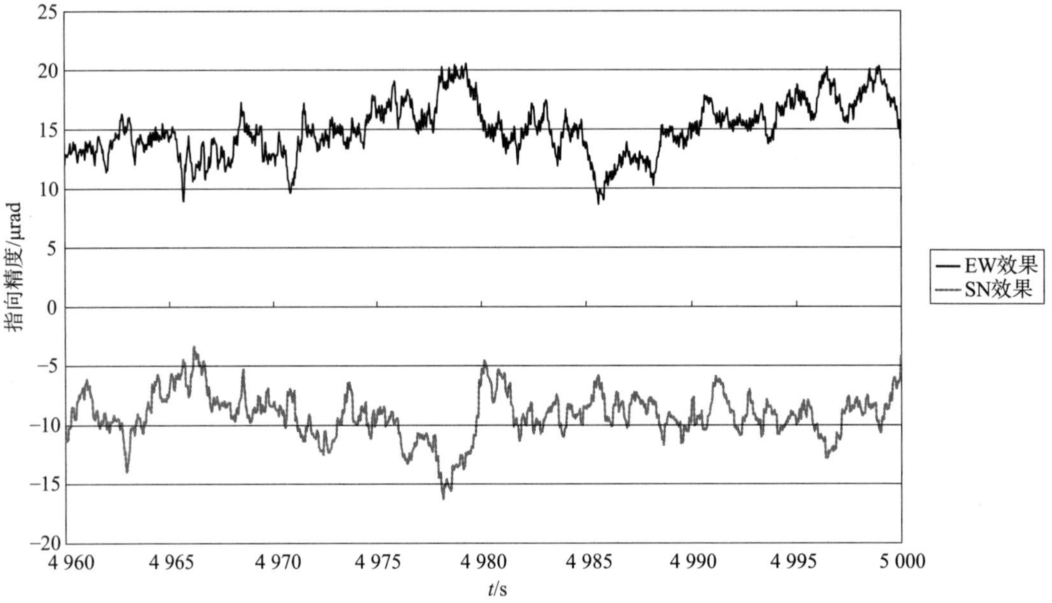

图 11.3-8 光轴指向误差

11.3.3 双轴运动机构物理仿真验证研究

本节以数据中继卫星双轴天线驱动机构专项物理仿真试验为例，介绍双轴运动机构物理仿真相关技术。

11.3.3.1 仿真试验目的与技术途径

数据中继卫星的双轴天线驱动机构（GDA）是高精度空间双轴驱动机构，其关键性能指标需要在地面进行充分的物理仿真考核验证。开展专项物理仿真验证的目的和意义在于：真实模拟 GDA 在轨运行的微重力环境，即在地面环境下能够卸除负载的重力及其引起的重力矩，能够模拟负载的真实特性，包括转动惯量和基频特性，实现对 GDA 双轴驱动机构指向精度性能的验证及机构的在回路测试，能够获得 GDA 运动控制的试验数据[如带载条件下的输出轴（方位轴）驱动力矩和测角精度等]，能够为分析两轴间的相互耦合作用程度、动力学建模及双轴驱动机构设计完善提供参考数据，能够验证 GDA 控制回路与捕获跟踪回路方案算法及综合控制效果。

技术途径：搭建一套以局部组合式气浮台为核心的双轴 GDA 控制回路物理仿真试验系统，实现对 GDA 的双轴在回路验证及控制-捕跟系统联合验证，从而达到技术验证和改进设计的目的。

11.3.3.2 系统组成

整个物理仿真试验系统以局部组合式重力卸载气浮台（图 11.3-3）为核心，配置模拟负载、目标星-射频敏感器模拟系统等，与姿轨控计算机、GDA 等一同组成完整的闭环试验系统，在测控计算机的统一管理下，实现对星体姿态-东天线捕获跟踪-西天线捕获跟踪三体耦合系统的协调控制试验。整个系统组成示意图如图 11.3-9 所示。

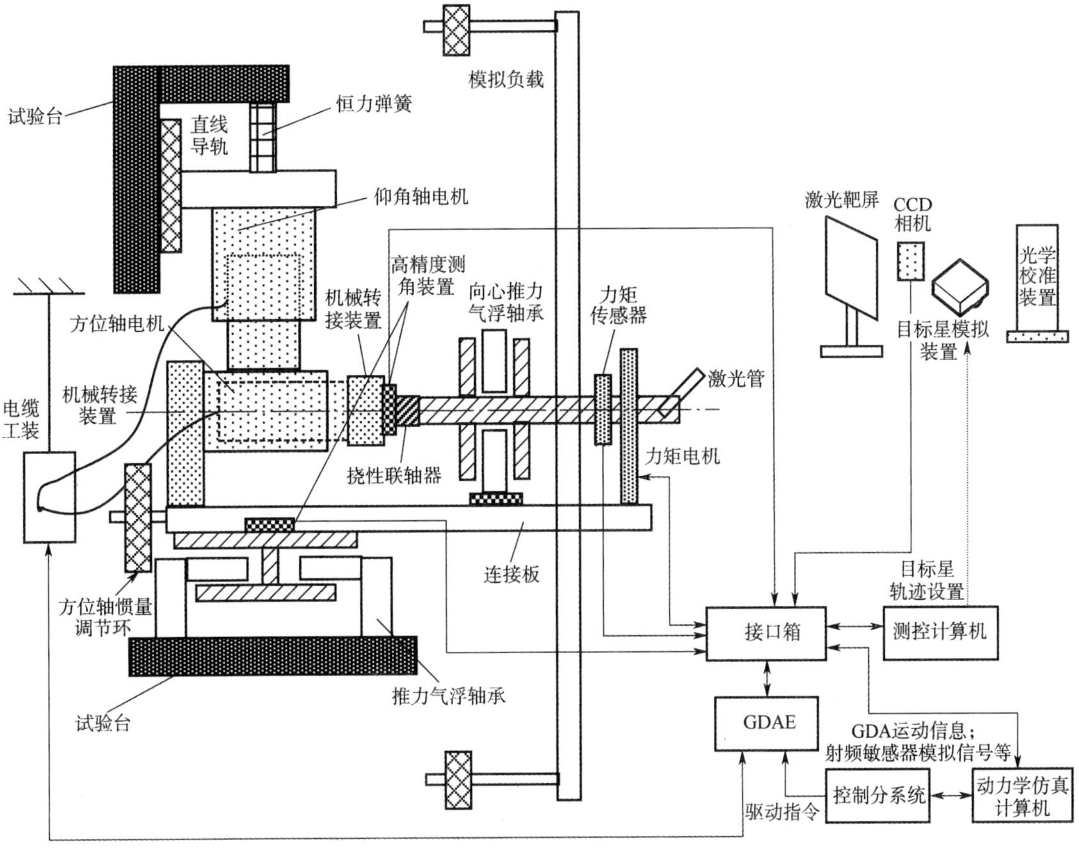

图 11.3-9　双轴运动机构物理仿真验证系统组成示意图

整个试验系统由重力卸载气浮台、模拟负载、力矩传感器与力矩电机、高精度测角装置、目标星-射频敏感器模拟系统、台下测控设备等部分组成。

（1）重力卸载气浮台

重力卸载气浮台是整个仿真试验系统的核心。用于双轴驱动机构的产品安装、地面带载试验过程中的重力卸载等，同时试验台上配置电缆悬架装置，用于减少电缆产生的附加干扰力矩。

双轴驱动机构都是由步进电机和谐波齿轮组成的，在地面上进行仿真试验时，重力以及重力产生的弯矩会对它们造成很大的影响并可能使其损坏，还会导致试验中驱动机构的响应特性与在轨飞行状态不一致，因为卫星在轨运行中是没有这种重力影响的。为了克服驱动机构自身和模拟天线负载重力的影响，必须考虑采取相应的措施，设计专门的装置来消除地面重力的影响。

重力的卸载主要包括以下三部分：

1）方位轴转子以及与其连接的转动部件的重力卸载。

为了避免所有转动部件的重力对方位轴的影响，在整个转动部件的质心处设置气浮主轴，用以卸载转动部件的重力。由于实际天线质心偏移可以忽略不计，模拟负载的质心将设计位于方位轴轴线上的一点。

2）仰角轴转子以及与其连接的所有转动部件的重力卸载。

仰角轴转子以及与其连接的所有转动部件的重力卸载采用气浮垫装置，即在仰角轴转子连接板底面安装气浮垫。气浮垫只能提供向上的推力，不能承载弯矩，因此所采用的气浮垫个数应至少为 3 个，使得仰角轴转子以及与其连接的所有转动部件的质心位于其间。

3）仰角轴定子的重力卸载。

为了消除仰角轴定子的重力影响以及气浮垫浮起时仰角轴定子和转子之间可能产生的作用力，在仰角轴定子安装位置增设恒力弹簧和导轨等装置，其悬挂力等于仰角轴定子的重力。

图 11.3－10 所示为重力卸载气浮台（含模拟负载）的组成示意图。

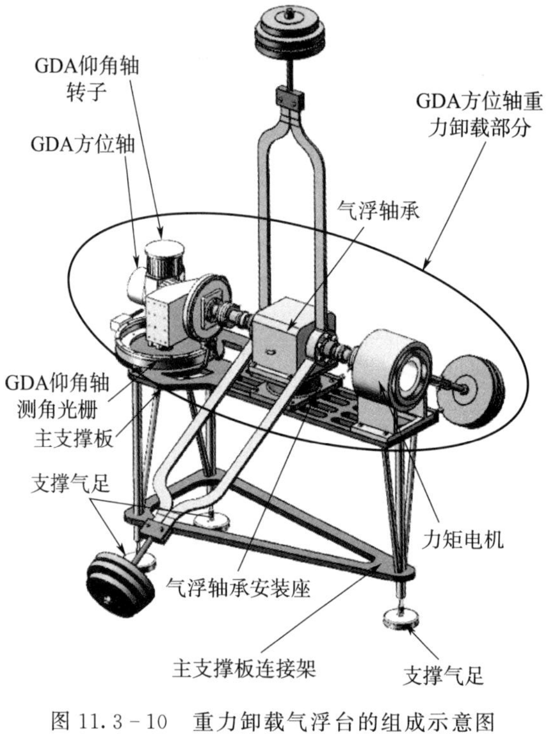

图 11.3－10　重力卸载气浮台的组成示意图

（2）模拟负载

用于模拟 GDA 的负载（星间链路天线）特性，实现双轴 GDA 机构的加载[32]。需要配合试验台及重力卸载装置进行设计。模拟负载在转动惯量、模态基频等关键特性上尽量与真实负载一致且可调节。在仿真试验中，GDA 实物是装配好的整体，在试验中不能对其进行拆分或改动，这给试验装置的设计尤其是模拟负载设计及重力卸载方案设计带来难度。为此，需要设计两个机械转接装置，其中一个转接装置与方位轴外壳连接；另一个转接装置与方位输出轴安装架连接，并通过该机械转接装置与模拟负载连接。转接装置的主体是挠性联轴器。通过精心设计和选择联轴器的刚度，可以尽可能逼真地模拟 GDA 输出回路的挠性基频。

(3) 力矩传感器与力矩电机

力矩传感器与力矩电机均为单轴工况应用，能够安装在驱动机构水平轴的输出轴上，测量输出轴的输出转矩和施加力矩负载。该设备主要用于驱动机构单轴的力矩加载，模拟产品在轨运行时由于高低频电缆的拉拽产生的力矩负载。根据试验系统设计的要求，力矩电机为水平方式安装，与转矩传感器构成闭环控制系统，实现驱动机构方位轴的力矩加载，结构设计时需要考虑力矩电机的结构支撑以及安装。

(4) 高精度测角装置

高精度测角装置用于对双轴驱动机构的方位轴转角和仰角轴转角进行高精度测量。为了保证测试系统的精度要求，其测量精度应比驱动机构旋变的测量精度高一个量级。仰角轴上的高精度测角装置较易实现，可直接安装 1 个高精度光电码盘，用于对该轴的转角精度进行精确测量。方位轴端盖封闭，不便安装高精度光电码盘，因此采用非接触式光学测量装置实现。要求考虑使用的便利性，减小对光学系统的烦琐调节。

(5) 目标星-射频敏感器模拟系统

目标星-射频敏感器模拟系统用于对目标星和射频敏感器组成的环路系统进行模拟，并用于评价天线控制回路的控制效果。其中，目标星模拟模块用于模拟目标星，进行天线控制闭路测试时，作为天线跟踪的目标。射频敏感器模拟模块用作天线控制回路的测量敏感器，敏感天线指向与用户目标的偏差；进行天线控制开环测试时，射频敏感器模拟模块可以直接用于测量天线控制的误差。需要保证测量精度，同时要求测量时不能对系统产生附加干扰。

目标星-射频敏感器模拟系统采用基于机器视觉原理的光电测量方法实现。系统原理如图 11.3 - 11 所示。本部分的设备组成：激光器及靶屏、CCD 相机、光学校准装置、轨道与控制软件、捕跟精度评估软件等。

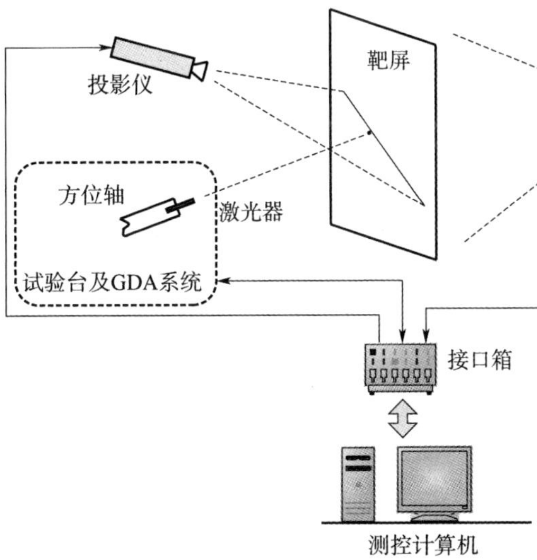

图 11.3 - 11　目标星-射频敏感器模拟系统

(6) 台下测控设备

台下测控设备是试验系统的测控核心，提供人机交互界面、后台仿真软件，进行试验系统中的各种敏感器的数据采集、电机和双轴驱动机构的控制等。

11.4 控制系统地面测试

11.4.1 控制系统地面测试任务

卫星控制系统的**分系统级地面测试**主要是指**电性能综合测试**（简称**电测**）。控制系统地面测试的目的是发现系统缺陷，验证系统设计和检验产品性能[33]。控制系统地面测试的主要任务是对姿态测量、姿态控制、系统 FDIR 以及对外接口等方面的功能和性能进行检测、试验及验证，具体而言大致包括以下内容：

1) 验证各单机之间的接口匹配性；

2) 验证各单机的极性是否符合设计要求，确保系统极性链正确[34]；

3) 在系统工作状态下，验证单机电性能指标是否符合任务书要求；

4) 在各个运行阶段及各种工作模式下，验证系统主要指标是否满足设计要求；

5) 故障诊断、冗余切换、系统重构及安全保持等功能性能的测试验证；

6) 按照卫星在轨飞行程序进行仿真测试，为飞控工作做准备。

11.4.2 地面测试系统的原理及组成

卫星控制系统地面测试大多采用半物理的方式进行，即卫星动力学用数学模型代替，控制系统部件部分或全部接入试验回路。若部件不能齐套，则采用电性能模拟器代替。控制系统是典型的闭环系统，在被控对象（卫星运动学与动力学）由数学模型代替的情况下，敏感器无法直接从被控对象获得测量信息，执行器的控制量也无法直接作用于被控对象，中间必须经过相应的转换。对于光学敏感器，通常需要为其提供相应的光学激励源；对于惯性敏感器，如果无法为其配套对应精度的运动转台，则需要为其提供电信号激励源；对于动量轮和喷气推力器等执行器的控制输出信号，需要为其提供相应的采集和处理装置。图 11.4-1 所示为卫星控制系统使用的地面测试系统原理框图[20]。

可见，由于卫星控制系统的复杂性，其对应的地面测试系统也是比较复杂的。以典型的静止轨道通信卫星控制系统为例，其地面测试系统的结构如图 11.4-2 所示。

在图 11.4-2 中，除被测对象（即姿态轨道控制系统，含敏感器、控制器、执行器 3 大部分）以外的系统都属于测试设备（地面电气支持设备）。整个测试设备大致可划分为以下 6 部分：

(1) 敏感器激励部分

静止轨道卫星的姿态敏感器主要包括星敏感器、太阳敏感器、地球敏感器和陀螺等。姿态敏感器的信号激励有物理激励和电信号激励两种。物理激励是从物理激励上产生作用于敏感器的信号，包括陀螺物理信号激励装置（通常是运动转台）、星空模拟器、太阳模

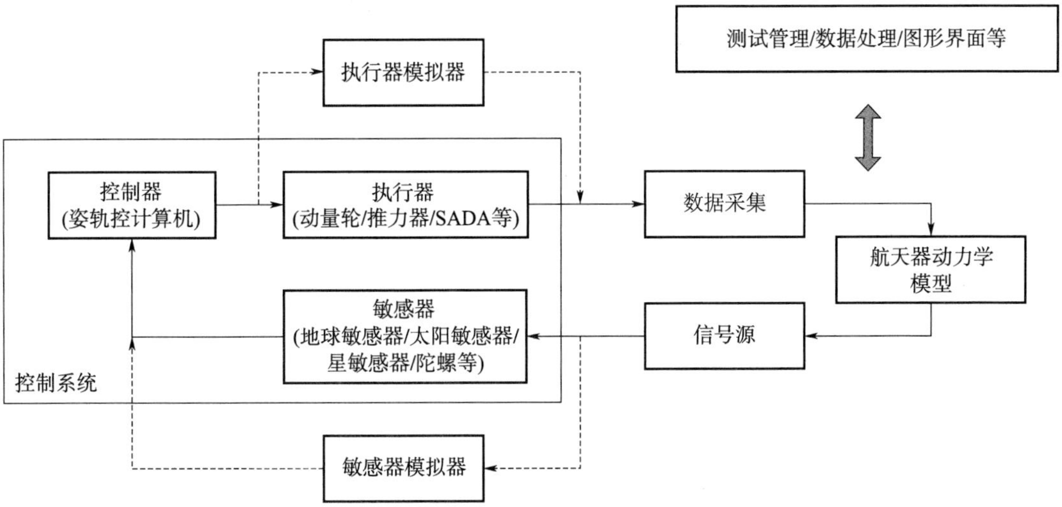

图 11.4-1　卫星控制系统使用的地面测试系统原理框图

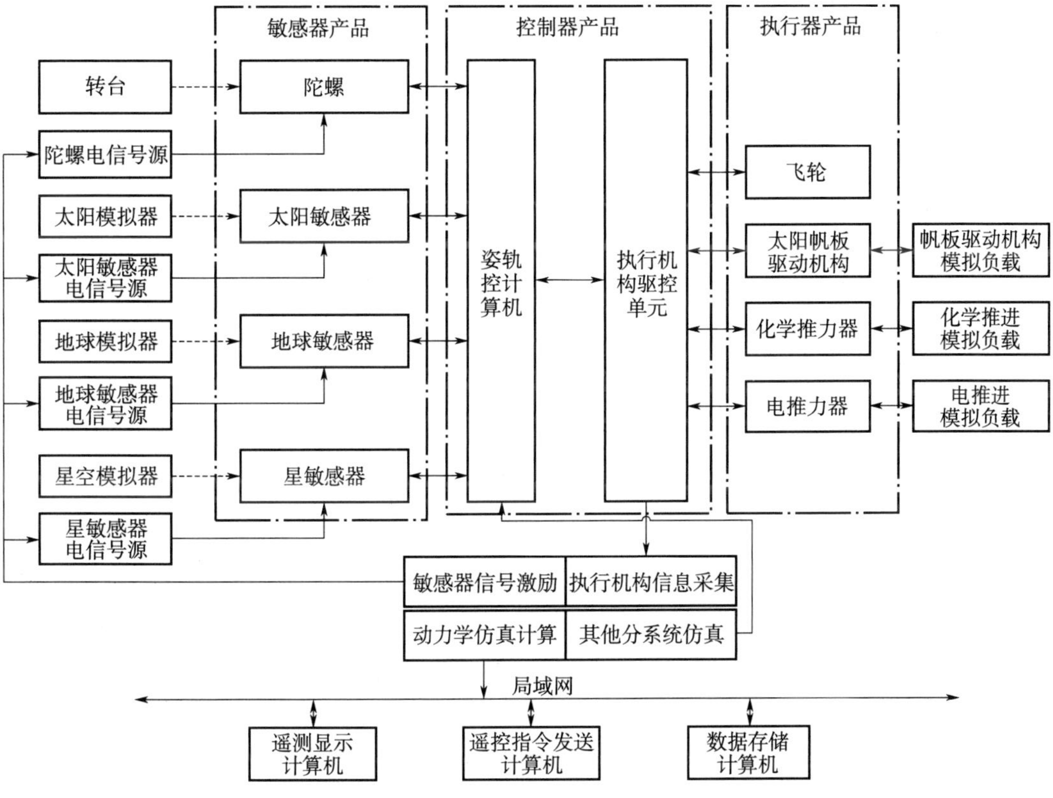

图 11.4-2　控制系统地面测试系统的结构

拟器、地球模拟器等。陀螺物理信号激励装置通常由高精度运动转台实现，陀螺安装于其上，感知转台运动产生的角速度及转角（代表了航天器的姿态运动）。星空模拟器、太阳模拟器、地球模拟器有静态模拟和动态模拟之分。静态模拟一般用于极性测试，动态测试一般用于闭环测试。由于物理激励源往往构造复杂、体积较大、不便使用，在控制系统电测中，更多的是采用电信号激励的方式。例如，摆动式地球敏感器电信号源的基本原理是：根据动力学仿真软件计算输出的姿态数据，以及来自地球敏感器的扫描信号 SD，产生反映姿态信息的 4 路矩形波信号，送入地球敏感器的处理线路。

(2) 执行器采集部分

静止轨道卫星的执行器通常包括飞轮、控制力矩陀螺、化学推力器、电推力器以及太阳帆板驱动机构等。地面测试设备需要采集这些不同执行机构输出的信号，经过动力学仿真计算，得到此类执行机构工作后产生的运动效果。例如，通过采集飞轮的转速信号，经过飞轮模型得到此转速变化作用于卫星的运动效果（姿态及角速度）。在执行器采集装置设计中，采集精度和建模精度都是必须仔细考虑的。

(3) 动力学/运动学仿真部分

动力学仿真计算机是地面电测系统的核心之一。它通过软件模拟空间环境干扰力、干扰力矩以及卫星的姿态、轨道动力学与运动学。动力学仿真计算机通过相应的接口接收执行器送来的信号，计算出作用在卫星上的力和力矩，进行动力学迭代计算，求出卫星的角速度和姿态，再转换成各敏感器的输入信号，最后通过相应的接口将这些输入信号发送给各个敏感器信号源或模拟器。

(4) 单机模拟器及负载模拟器部分

在地面测试中，部分单机可能无法及时到位，为了不影响整个系统的闭路测试，这时需要利用相应的模拟器代替真实单机接入系统。单机模拟器需要在信号功能及电气性能上与真实单机保持一致，尽可能实现对真实单机的无缝替换。

在地面测试中，实际的推力器产品和太阳帆板驱动机构产品通常并不接入闭路测试（但需进行专项联试），而是采用相应的模拟器来等效。作为末端执行器，其模拟器的主要作用是模拟对应的负载特性，因此也被称为模拟负载。

(5) 外系统模拟部分

外系统模拟部分主要包括遥控模拟器和遥测模拟器等，其作用是为了搭建控制系统正常工作的最小整星系统。比如通过遥测模拟器接收卫星下传的遥测信号，传送给地面遥测显示计算机。通过遥控模拟器发送指令到控制分系统相关产品，控制各单机的开关及模式转换等。

(6) 其他部分

其他部分包括直流电源、星表电插接器、数据存储装置和图形显示装置等。数据存储装置由服务器或台式计算机实现，对全过程数据进行记录；图形显示装置通过显示器或显示屏输出测试过程中的相关曲线和参数。

11.4.3 控制系统地面测试流程

控制系统的系统级地面测试是在完成了计算机数学仿真和部件级试验的基础上进行的。完整的系统测试通常包括图 11.4－3 所示的几个阶段。对于成熟型号，部分流程可以省去。数十年来，卫星控制系统地面测试工作一直以人工为主，自动化程度不高。自进入 21 世纪以来，随着技术手段的进步，尤其是人工智能技术的飞速发展，卫星控制系统地面测试设备及测试流程的自动化水平和智能化程度逐步提升[4,35,36]。从未来的发展趋势看，控制系统地面测试的自动化、标准化、通用化程度还需大幅提升。

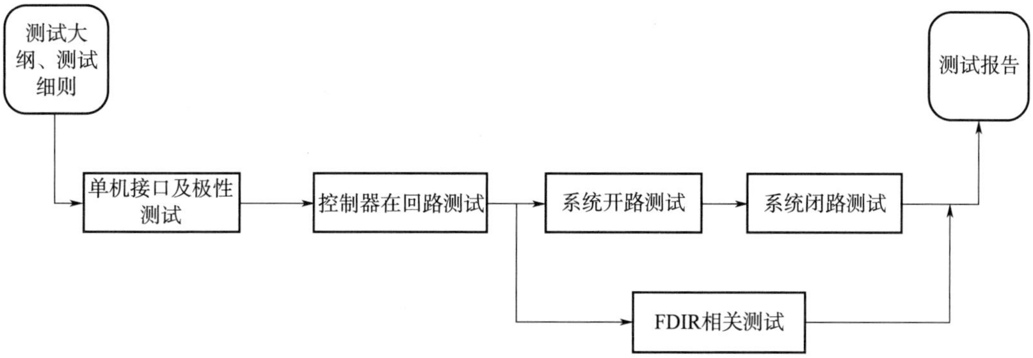

图 11.4－3　控制系统地面测试流程

（1）单机接口及极性测试

利用系统测试设备（含测试软件），分别进行各单机的接口电性能综合测试，重点是控制器（姿轨控计算机）的接口综合测试。该阶段实际上是系统测试的准备阶段，主要进行接口匹配性检查、单机极性检查等，确保接口和极性正确。

（2）控制器在回路测试

将姿轨控计算机接入测试设备构成闭路。该测试阶段主要针对新开发的控制系统（尤其是采用了新研姿轨控计算机的系统），对于成熟系统则没有必要。在该阶段，除姿轨控计算机采用实物外，敏感器和执行器通常都采用模拟器实现。该项试验的主要目的是检查姿轨控计算机的硬件和软件的正确性，完善相关设计。此外，还可以初步验证部件发生故障时系统的故障对策功能。本阶段可能需要经历多个测试—修改—再测试的循环。

（3）系统开路测试

控制系统开路测试的主要目的是在系统状态下测试单机的静态特性，检验单机的主要技术指标，并为整星综合测试提供校准值。由于开路系统没有反馈，消除了各种噪声的相互影响，故开路测试的精度较高且易于确定误差源。

控制系统开路测试的信号流程：主控计算机通过遥控模拟器向姿轨控计算机发送遥控命令，并通过网络将测试命令发送给动力学仿真计算机；动力学仿真计算机收到测试命令后，根据不同的命令字通过不同接口向敏感器信号源输出相应的姿态信息，经过敏感器线路处理后输出测量姿态送给姿轨控计算机；姿轨控应用软件根据控制算法计算出作用在卫星上的控制信号，最终发送给遥测模拟器；主控计算机将测试数据通过网络送给数据存储计算机和显示计算机，从而实现一轮开路测试。

（4）系统闭路测试

控制系统闭路测试可以测试各个控制模式的功能和性能指标，是控制系统最重要的测试。在闭路测试中，除了卫星动力学采用数学模型外，控制系统的各单机都接入闭合的试验回路（推力器只接入电磁阀或等效模拟负载）。

从信号流上看，系统闭路测试与开路测试的不同点在于执行器的输出信号也要返回到动力学仿真计算机中并实现系统闭环。信号流程描述如下：动力学仿真计算机（动力学仿真软件）输出卫星初始姿态和角速度，经坐标变换后转换成与敏感器相对应的角度和角速度；动力学仿真计算机通过接口将这些信号送给各个敏感器信号源，经过敏感器线路处理后输出姿态测量信号给姿轨控计算机；姿轨控计算机中的姿轨控应用软件根据控制算法计算出作用在卫星上的控制信号，并通过接口电路驱动动量轮和推力器线路，使动量轮转速发生变化、推力器模拟负载产生等效喷气；动力学仿真计算机再通过信号采集与整形接口电路读入动量轮转速和推力脉冲，计算出作用在卫星上的力和力矩，解算动力学和运动学方程获得新的姿态参数（姿态角和角速度等）；动力学仿真计算机再利用新的姿态参数发送给敏感器信号源，如此循环往复，构成实时闭环系统。

控制系统的部件备份方式和系统工作模式众多。可根据主备份的不同组合，配置为多个组态。在各个不同组态下，对各个工作模式进行上述闭环测试。

（5）FDIR 相关测试

为了应对卫星在轨工作期间可能发生的控制系统故障，姿轨控应用软件普遍具备完备的 FDIR 模块。控制系统的故障模式种类繁多、处理流程复杂，对应的测试脚本往往也比较复杂。根据故障模式的不同，有些 FDIR 测试项目可以在系统开环状态下完成，有些则需要在系统闭环状态下完成。

11.4.4　控制系统高可信测试技术

从理论上说，为了保证测试结果的可信度，测试系统自身必须保证足够的可信度。对于卫星控制系统的地面测试而言，由于被控对象（卫星动力学）、环境特性、敏感器信号源特性等都不可能做到与在轨飞行状态完全一致，因而测试系统的可信度问题尤为重要。

对于测试系统可信度，目前尚无明确的定义。由于不同测试系统的应用目的、规模和方法等千差万别，要给测试系统可信度规定一个统一的、量化的概念和指标体系是很困难的。不过，可以借鉴系统仿真及软件工程中可信度的概念，以工程应用为背景，提出针对测试系统可信度的定性描述，并在此基础上对高可信系统级测试所涉及的主要内容予以界定。

11.4.4.1　测试可信度的定义及影响因素[19]

目前在国内外的公开文献中，对系统测试所涉及的可信度描述都是针对具体问题开展的，尤其侧重于仪器设备标定、校准中可信度问题的具体解决措施。对于一般意义上的测试系统，尤其是复杂测试系统，目前尚未见到关于测试可信度的正式定义。对于可信度，目前提得较多的是系统仿真领域和软件工程领域，但对于可信度的定义和理解也很不统一。我们借鉴系统仿真及软件工程中可信度的概念，以工程应用为背景，提出了针对测试系统可信度的定性描述。由于测试可信度对于复杂系统更具实际意义，这里重点以复杂的系统级测试为例进行相关阐述。

（1）测试可信度的定义

定义 1：**系统测试**是指利用外部测试设备（激励装置、采集与测量装置等），对被测系统的功能、性能等进行校核、验证、评估的过程行为。

定义 2：**测试可信度**是由激励装置、采集与测量装置、测试方法等决定的，测试系统与测试目的相适应的程度。

测试可信度具有以下性质：

1）目的相关性。这是测试可信度的基本属性。对于同一个测试系统，如果测试目的不同，则系统表现出的可信度往往也不同。

2）客观性。对于一个实际的测试系统，其测试可信度是确定的、客观存在的，它本身不以评估者的态度和评估方法为转移。

3）综合性。测试可信度是测试方法、采集方法、测量精度、信号激励方式等多种因素的综合反映。

（2）测试可信度的影响因素

由于系统测试涉及的环节和因素很多，影响测试可信度的因素也很多。以航天器控制系统地面测试为例，至少涉及以下因素：

1）测试的层次性和全面性。实际系统往往比较复杂，其性能指标等往往也多种多样。要对其进行充分而可信的测试，需要从多方面、多层次进行。

2）测试方法。测试方法对结果的影响很大，且与测试目的、评价指标密切相关。为了使测试方法有的放矢，需首先提出与测试目的相适应的、反映系统特性的测试评价指标。

3）动力学模型。在地面电气测试中，航天器的动力学行为由软件模型实现。动力学建模的准确度和逼真度将对系统测试产生重要影响。

4）测试环境。航天器在太空飞行，其所处空间环境与地面大不相同。在轨飞行时的辐照、真空、高低温等，对部件的电气性能都会产生相应的影响，且在地面电气测试中往往难以考虑。

5）信号源。在航天器控制系统的地面测试中，敏感器的测量需要由相应的信号源加以激励。由于信号源与实际的物理源特性不可能完全一致，因此存在激励是否充分、是否逼真、是否引入额外误差等问题。

6）数据采集。数据采集都存在不同程度的精度损失和采集时延问题，这两方面的因素也直接影响整个系统测试的可信度。

11.4.4.2　卫星控制系统指标测试方法[20]

目前在卫星控制系统地面测试中，测试内容主要包括开路测试和闭路测试两大部分。其中，闭路测试往往只关心各个模式下功能实现情况、主要时域指标（姿态指向精度等）满足情况等。随着卫星功能任务要求的不断提高以及动力学复杂程度的加剧，对控制系统其他的一些指标（如时延、稳定性、鲁棒性等）的考核验证越来越重要。因此，需要开展面向卫星控制系统专项指标的测试项目及测试方法研究，包括时延测试、振荡测试、鲁棒性测试等。其基本思路是，借鉴工业控制领域中的研究成果，结合卫星控制系统的特点，提出可供工程应用的技术方法。

（1）时延测试

时间延迟（简称时延）是控制器实现最佳性能的主要限制之一，也是控制系统性能指标评价的基础因素之一。

在单输入单输出系统中，最典型的时延估计方法是 TDE（Time - Delay Estimation）方法，它通过分析控制信号 u 和输出 y 的相关性来获得延迟时间估计。

在多输入多输出系统中，其传递函数矩阵的每一项的时间延迟都为 d，则与单变量的情况类似。但是实际过程中多变量比单变量复杂得多，传递函数矩阵里每一项的时间延迟不一定相等，单变量中的时延 d 在多变量过程中转变成了单位关联矩阵 $\boldsymbol{D}$（时滞矩阵）的形式。研究表明，闭环系统的单位关联矩阵与开环系统的单位关联矩阵等价。于是可以对闭环系统的设定值做简单、小幅度的阶跃测试或在控制器的输出端外加一个高频的随机激励信号，根据所得的输入信号和相应的输出信号序列辨识获得闭环系统的 FIR 模型，从而获得闭环系统高频段的 Markov 参数矩阵；然后用该 Markov 参数矩阵计算开环传递函数矩阵 $\boldsymbol{T}$ 的单位关联矩阵 $\boldsymbol{D}$。

（2）振荡测试

控制回路发生振荡是控制回路性能衰退的一种表现。对于控制回路的振荡没有精确的数学定义，但是振荡信号具有一定的数学特性，振荡信号的自相关函数在一定程度上能够揭示其周期性和相关性等特性。

基于卫星控制系统地面测试的工程应用，对控制回路振荡提出以下检测方案：

1）对振荡信号进行预处理；

2）通过傅里叶变换获得谱密度曲线，取峰值大于 0.1 的频率范围作为振荡频率域，如果有多个扰动，则可能出现多个振荡频率域，把这些频率域的数据利用滤波器分离出来，获得多个不同的数据集；

3）计算振荡频率域内数据的相关函数，求取衰减比指标 i 和周期指标 $r>1$；

4）如果 $i \geqslant 0.5$ 并且 $r>1$，则认为出现了较为严重的振荡。

（3）鲁棒性测试

鲁棒性关注的是建模误差或实际系统参数变化对闭环控制的影响。在控制领域里，鲁棒性设计和分析得到了广泛的研究；但是关于鲁棒性测试方面的研究较少。对于卫星控制系统，由于地面环境与空间环境的巨大差异，地面测试状态很难与在轨飞行状态完全一致，因此在地面测试中考虑鲁棒性问题尤其具有实际意义。在卫星单机和部件级鲁棒性测试中，目前常见的做法是拉偏测试。但是对于系统级测试，如何开展拉偏测试尚无成熟的方法。从工程应用出发，我们提出以下措施：

1）对影响控制系统鲁棒性的因素进行梳理，大致可分为 4 部分：敏感器测量获取偏差、执行器控制输出偏差、控制器实现偏差、被控对象即航天器动力学特性偏差；

2）针对上述所有偏差因素，分别设定偏差上下限，如敏感器测量系统偏差设定为±5%×最大测量值、动量轮输出力矩偏差设定为±10%×最大值、航天器惯量偏差设定为±10%×标称值、太阳翼挠性振动频率偏差设定为±10%×标称值等；

3）对上述偏差因素进行自由组合，用数学仿真进行遍历仿真，找出鲁棒性较差的几个组合；

4）在柔性化原型测试系统上进行鲁棒性测试验证和分析，对偏差因素及组合进行调整，得到修正后的若干典型组合；

5）在完整的闭环测试系统中，对典型组合进行系统测试。

11.4.4.3 卫星高可信动力学建模技术

（1）挠性充液多体卫星动力学建模

挠性充液多体卫星的动力学特性是很复杂的，对此在第3章已做了详细阐述。从系统测试的需求出发，建立尽可能精确的、工程上可以接受的挠性、充液、多体卫星动力学模型。其主要思路是：1）将姿态动力学和轨道动力学解耦考虑，其相互影响分别作为干扰项处理；2）液体晃动模型取一阶振型；3）每个挠性附件的模态向量阶数根据需要进行截取，通常可取3～10阶；4）尽量选择便于简化表达形式的坐标系，例如：将姿态动力学的主坐标系选为质心主轴坐标系，将运动学关系统一转换到机械坐标系，对于活动部件，因地制宜建立局部主轴坐标系等。对于控制系统地面测试而言，基于上述思路构建的挠性充液多体动力学方程既便于工程实现，又具有足够的可信度。当然，在工程实现时，还需考虑计算步长和积分算法的合理选择等实际问题。

（2）闭路测试用动量轮建模

动量轮作为卫星的主要执行机构之一，对其建立高可信的动力学模型是很有必要的。一方面，在闭环系统测试中，尤其是有高稳定度要求的卫星控制系统闭环测试中，卫星姿态动力学模型中必须考虑动量轮的动力学特性；另一方面，当不具备真实执行机构部件时，需要用模拟器进行替代，此时模拟器就必须具有与真实动量轮尽可能相同的输入输出特性。

对于作为执行机构的动量轮的动力学建模，其可信度主要体现在建模精度方面。需要解决动量轮的建模精度问题，重点是建立高精度动量轮过零摩擦模型。

①线性模型

从机电特性分析入手，建立动量轮的线性数学模型，即暂不考虑动、静不平衡等精细特性影响的、基于机电物理特性而得到的解析模型。

②非线性模型

线性模型存在以下一些不足之处：1）摩擦力矩是动量轮高精度建模的关键因素，若采用简单的线性模型，很难反映其真实情况；2）线性模型作为单输入单输出方程，仅描述了动量轮转速与控制电压之间的关系。而实际上，电流闭环特性的影响也是很大的，有必要引入电流、角加速度、功率等信息，以获得更为真实的模型。引入精确的力矩平衡方程，以平衡方程为出发点，建立迭代模型，即将不完全确定变量引入模型的输入。模型的两个输入变量为：控制电压 $u(t)$ 、未知不确定力矩函数 T_x 。4 个输出变量为：动量轮转速 $\omega(t)$ 、动量轮动态输出力矩 $T_d(t)$ 、电机电流 $i(t)$ 、电机输出力矩 $T_e(t)$ 。

③低转速时的力矩建模

在地面应用中，动量轮力矩建模的输入参数非常有限，通常只有转速信息；控制力矩电压等测量信息虽然可以通过星上遥测得到，但受遥测机制的限制，这些遥测信息有 0.5 s（快帧）甚至 8 s 以上（慢帧）的时延。因此，在工程应用中，通常只能完全依靠转速测量信息来建模。

长期以来，动量轮低转速贫信息条件下的力矩建模问题一直未能获得好的解决方法。主要困难在于，在低转速时，动量轮的转速测量存在较大的时延和测量误差，若直接根据转速信息进行差分求导来计算反作用力矩，其误差往往非常大，以至于无法使用。

作者团队提出了一种针对低转速贫信息条件下的动量轮力矩建模方法。该方法利用灰色模型预测技术和动态调整信息量的方法，克服直接利用原始测试信息进行差分求导的弊端，有效提高了低转速贫信息条件下的动量轮力矩建模的准确度。

（3）闭路测试用 SADA 建模

对于静止轨道卫星上使用的 SADA，其核心通常为步进电机。步进电机模型复杂，且受脉冲控制，动态响应差，再加上电机本身的力矩谐波和传动装置摩擦的影响，使得帆板驱动不够平稳，同时还有可能会激励帆板挠性振动，从而影响着卫星姿态控制系统的精度和稳定度。对于高稳定度要求的卫星测试，动力学模型中需充分考虑 SADA 干扰力矩的影响。

SADA 建模围绕以下 3 个方面进行：

1）步进电机建模。结合实际航天应用的步进电机，建立相应的模型，并针对影响因素的重要性对模型进行合理的简化。难点在于对电机谐波力矩的描述。

2）摩擦力矩建模。驱动机构中轴承、导电环的摩擦作用不可忽略，特别是导电环摩擦。难点在于摩擦力矩建模及其验证。

3）SADA 机构运动学描述。综合考虑卫星本体、挠性帆板振动与帆板驱动三者间的联系。

11.4.4.4　高精度高实时采集技术

在卫星控制系统测试中，动量轮转速采集精度和实时性影响着动力学仿真的真实性，从而影响卫星控制系统整个闭环测试。需对现有的采集精度和实时性进行改进研究。

动量轮转动过程，其内部电子装置可给出转速脉冲信号。显然，该脉冲信号的宽度越窄、输出脉冲信号越多，外部采集机构可获得的测量精度也越高。但为了降低复杂性，目前我国动量轮转速脉冲的输出方式普遍很简单，多采用固定光点的输出方式，其输出多为每转 24 个或 36 个脉冲。目前外部采集机构测量动量轮转速脉冲的方法主要有以下 4 种：1）定时计数法；2）脉冲周期测量方法；3）脉冲计数/计时测量；4）周期计数法。

根据卫星控制系统的测试需要，结合现有动量轮转速脉冲采集思路，我们提出了一种动量轮采集新方法。该方法在动量轮低转速的时候采用预估和反馈结合的测量方式，以克服动量轮低转速时采集数据更新慢的缺点；在高转速的时候，采用改进周期采集算法，既可以提高数据更新速率，也同时满足高精度采集要求。

11.4.4.5　高可信信号源技术

敏感器信号源的可信度直接影响敏感器输出数据的可信度。需从物理机理提炼与仿真、减小误差传递、提高算法精度等多方面进行理论研究和技术改进。工程重点是动态星模、三浮陀螺信号源和地球敏感器信号源。信号源相关的关键技术及解决思路概述如下：

（1）动态星模

动态星模的作用是为星敏感器提供惯性坐标系下任意时刻、任意指向的模拟星图，是一种高精度的光电一体化测试支持设备。其关键技术包括：1）高刚度、低变形、轻量化结构设计；2）低畸变准直光学系统设计；3）高分辨率液晶光阀技术；4）星图快速自检技术。

（2）三浮陀螺信号源

三浮陀螺是随机漂移很小、测量精度很高的一种陀螺。由于三浮陀螺自身的精度很高，在系统闭路测试中，对其信号源的精度及稳定性要求也很高。关键技术包括：1）结合高精度三浮陀螺的性能指标，对高精度恒流源的性能指标需求进行分解；2）自动零偏校准电路和温漂补偿恒流源电路的设计实现；3）高精度信号源校准方法研究。

（3）地球敏感器信号源

摆动式红外地球敏感器在静止轨道通信、导航卫星中使用较多。其信号源的关键技术包括：1）对地球敏感器信号源使用的平面近似算法以及精确球面三角算法的区别与影响进行分析；2）研究信号源激励下地球敏感器误差的标定问题，给出针对地球敏感器扫描幅值以及零位误差的估计方法；3）研究提高地球敏感器信号源可靠性、稳定性的工程方法。

11.5　卫星模拟器设计及应用

11.5.1　卫星模拟器的作用及应用场合

如前所述，本书仅讨论**狭义上的卫星模拟器**，尤其是**以控制系统仿真为主体的数字化卫星模拟器**。数字化卫星模拟器用途广泛，可用于星载姿轨控应用软件功能验证、星地测控系统任务准备与联试、飞控演练、飞控过程仿真、故障模拟与排除、在轨运行辅助分析、卫星运控操作演练和人员培训等多种需求[14-18]。应用场合概括如下：

（1）姿轨控应用软件功能验证

卫星模拟器可直接封装真实的姿轨控应用软件，因此，可对姿轨控应用软件的功能进行快速验证。由于可以加速运行，可大幅节省姿轨控应用软件功能验证的时间。

（2）星地测控系统任务演练

利用卫星模拟器开展测控中心星地回路演练，可以高置信度地仿真卫星的下行遥测信号接收与处理、上行遥控指令发送与处理，从而检验和完善测控中心的测控任务软件。

（3）飞控过程仿真

静止轨道卫星的入轨飞控过程比较复杂。利用卫星模拟器，可以仿真卫星发射至进入同步轨道运行的整个飞行控制过程，并对飞控应急预案进行仿真演练。

（4）在轨运行过程中的故障模拟及辅助定位

可以利用卫星模拟器来模拟卫星的部分故障，进行故障的辅助定位分析，并在此基础上验证故障处理策略的有效性。

（5）人员培训

卫星模拟器的一个重要作用就是用于地面测控站操作人员培训以及新入职设计师培训。随着卫星任务功能复杂程度的加剧，这类培训尤显必要。

应用场合不同，卫星模拟器的功能也有所不同。但各种卫星模拟器的核心基本上都离不开姿轨控系统的仿真。主要原因在于：姿轨控系统是闭环系统，信息流难以解析表达；且姿轨控软件功能复杂，运行效果需要大量的数字化仿真验证。概括而言，卫星模拟器通常应包含以下功能：实现卫星自起飞至定点以及在轨运行期间各飞行段的姿态、轨道动力学仿真，遥测数据流仿真，遥控指令执行效果仿真，卫星软件故障仿真等。具体包括：

1）卫星各轨道段的姿态、轨道相关的运动学与动力学仿真；

2）遥测数据流的仿真；

3）遥控指令与注入数据的译码以及执行效果仿真；

4）卫星主要工作模式和控制事件仿真；

5）卫星主要故障（主要是软件故障）仿真。

卫星模拟器一般是软件闭环仿真系统，与测试设备及星上产品组成的硬件闭环系统相比，有以下优势：

1）功能多样，便于裁剪，使用灵活；

2）不依赖真实物理系统，开发成本及维护成本相对较低；

3）可以加速仿真，节约仿真验证时间。

11.5.2 卫星模拟器的结构组成

卫星模拟器通常由动力学仿真模块、星载姿轨控软件模块、敏感器仿真模块、执行器仿真模块、遥控遥测仿真模块[18] 5部分组成，如图11.5－1所示。

在卫星模拟器中，动力学仿真模块用于模拟卫星姿态与轨道动力学，敏感器仿真模块用于模拟各敏感器的功能和信息流接口，执行器仿真模块用于模拟各执行器的功能和信息流接口，遥控遥测仿真模块用于模拟遥控指令发送、遥测数据接收与转发等遥控遥测分系统的主要功能，星载姿轨控软件模块用于封装星载姿轨控应用软件。

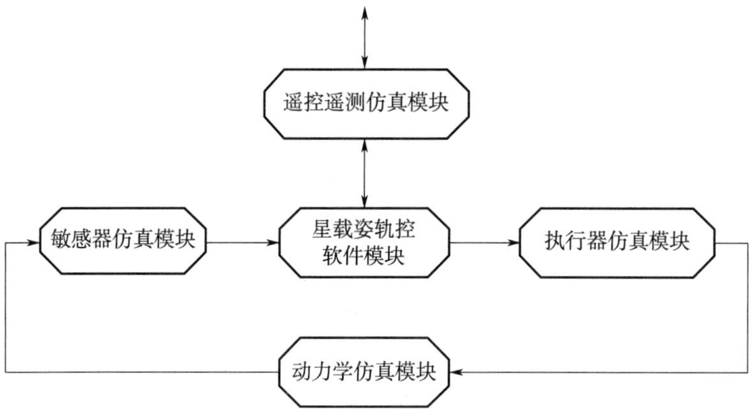

图 11.5-1　卫星模拟器的结构组成

可见，从功能结构方面看，卫星模拟器与真实物理系统以及闭路测试系统都是相同的。这一方面保证了卫星模拟器的真实性，另一方面闭路测试系统里的大量软件模块可以直接被卫星模拟器所使用，有助于提高卫星模拟器的成熟度。由于与地面测试设备复用动力学仿真模块和星载软件模块，卫星模拟器既可以用于星载软件调试与测试，也可用于测试设备联试。卫星模拟器是软件平台，在加速仿真和软件调试方面与物理系统相比有巨大优势，所以在新研卫星的开发中可以将卫星模拟器研制工作提前，以期提高星载软件和地面测试设备的研制效率。

卫星模拟器与常规的数学仿真系统在功能结构方面也没有区别。但是，在常规的数学仿真系统中，包括控制器逻辑在内的所有环节都是由纯粹的数学仿真模型实现的，而在卫星模拟器中，其控制器仿真模块是由真实封装的星载姿轨控软件实现的，这是两者的本质区别。因此，两者的应用场合也不尽相同。

11.5.3　卫星模拟器主要模块设计

11.5.3.1　主流程

卫星模拟器软件主流程如图 11.5-2 所示。

11.5.3.2　通用化动力学仿真模块

动力学仿真模块是整个数字化动态模拟器的核心和基础部分。其主要功能是模拟卫星的空间运动，其核心是姿态运动学、姿态动力学、轨道动力学、空间环境作用力与力矩等的计算。具体说来，动力学仿真模块的功能就是：从部件仿真模块或硬件接口读入控制系统执行机构信息（如推力器脉冲信息、动量轮转速信息等），计算出作用在卫星上的力矩和力，进行动力学微分方程的数值积分解算，得到卫星的姿态信息（欧拉角、姿态四元数、角速度等）和轨道信息（惯性坐标系下的位置、速度以及轨道根数等），并经运动学转换后转换成与敏感器相对应的角速度、角度等，输出给部件仿真模块或硬件接口。

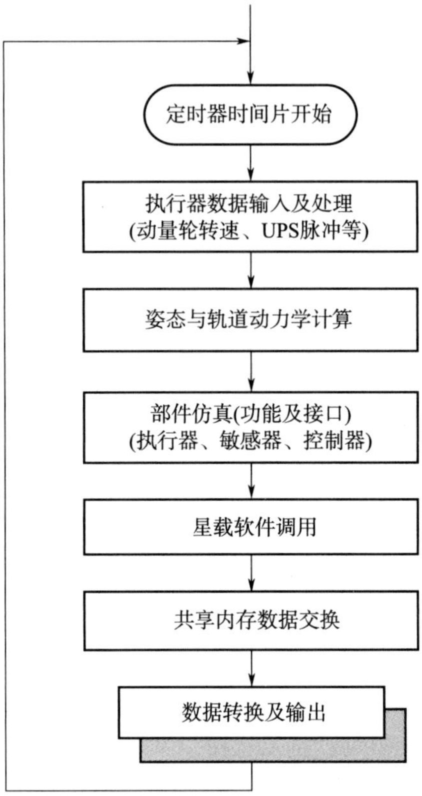

图 11.5-2　卫星模拟器软件主流程

动力学仿真模块应尽量按照通用化、模块化的要求进行架构和设计。概括而言，应主要关注以下设计要点：

1）姿态动力学仿真模块应尽量涵盖挠性动力学、多体动力学、充液动力学、活动部件动力学等最大包络，以便全面真实地仿真姿态动力学的各种工况。

2）轨道动力学仿真模块应兼顾精度与效率，针对具体轨道场景自动选择合适阶数的摄动模型，同时减小长时间连续运行可能带来的累积误差效应。

3）动力学仿真模块应可适应不同种类卫星的仿真。当被测卫星类型及特性参数变动时，只需修改参数配置文件即可，尽量避免直接修改软件代码。

4）应设计通用化故障设置算法，可通过控制系统部件接口实现对敏感器、执行器等典型故障的模拟。

动力学仿真模块通常按照分层架构设计，大体由核心层、数据处理与转换层、接口层3个层次组成。核心层主要实现运动学变换及动力学微分方程的数值积分解算等功能，包括姿态动力学模块、轨道动力学模块、空间环境计算模块等。数据处理与转换层主要实现控制系统部件数据处理、故障设置等功能。接口层主要实现参数配置文件接口、设置与控制接口、仿真数据输出接口、控制系统部件接口等功能。

11.5.3.3 封装式星载姿轨控软件模块

星载姿轨控软件属于嵌入式软件，其原始宿主为姿态轨道控制计算机（AOCC）。控制计算机采用多任务实时操作系统，系统运行时一般包括以下任务：系统管理任务、遥控遥测任务、模式控制任务、轨道计算任务等。实时操作系统的任务调度策略一般采用固定优先级、基于优先级可抢占的调度策略。

显然，星载姿轨控软件无法在个人计算机上直接运行。此外，对于不同的卫星而言，其星载姿轨控软件差异很大。为了提高整个卫星模拟器系统的真实性和通用性，可采用标准化封装的方法来加载运行星载控制软件，即将星上软件封装成动态链接库，通过内存共享的方式和动力学仿真模块及部件仿真模块交换数据。

因此，星载姿轨控软件模块的实现需要采取以下两个技术手段：

1）利用共享内存模拟所有硬件接口；

2）按照控制逻辑重新组织和调用任务函数。

11.5.3.4 部件仿真与故障模拟模块

部件仿真模块用来仿真控制系统各个部件（或称单机）的功能及接口。为了提高部件仿真模块的通用性、可扩展性，在设计上应兼顾分系统地面测试、在轨运行状态模拟等不同应用需求。部件仿真按照类库方式封装。在类设计时，按照最大包络进行设计，包括功能模拟、硬件接口模拟等。考虑到同一类部件存在型号规格、接口类型等差异，部件的主要参数、接口类型等设计成可配置项。

在卫星模拟器中，可以通过指令方式灵活地设置各部件的典型故障，从而实现各部件的故障模式仿真。部件故障模拟全部通过部件参数设置指令实现，并按统一格式设计，既确保了故障模拟的灵活性，又便于工程实现[37]。

部件故障设置的基本原理：令

$$y_{\mathrm{out}}=k_{\mathrm{f}}y_{\mathrm{in}}+b_{\mathrm{f}}$$

式中 y_{in} ——输入信号；

y_{out} ——输出信号；

k_{f}，b_{f} ——可配置参数。

1）闭路正常测试（默认）时，$k_{\mathrm{f}}=1$，$b_{\mathrm{f}}=0$，即该参数不起作用；

2）开路测试时，令 $k_{\mathrm{f}}=0$，$b_{\mathrm{f}}=$ 常值；

3）故障测试时，欲设常值故障，令 $k_{\mathrm{f}}=0$，$b_{\mathrm{f}}=$ 常值即可；欲设渐变故障，可令 $k_{\mathrm{f}}=$ 常数，$b_{\mathrm{f}}=0$；欲设带常值偏差的渐变故障，可令 $k_{\mathrm{f}}=$ 常数，$b_{\mathrm{f}}=$ 常数。

11.5.3.5 三维视景演示模块

三维视景演示模块可极大提升卫星模拟器的使用便利性，改善用户体验。三维视景演示模块主要用于对系统中数据进行可视化处理。三维视景演示模块开发的基本要求是，通过配置界面以二维方式、三维方式显示卫星控制系统相关的姿态轨道三维动态显示、活动部件三维动态显示、空间任务及背景三维动态显示等，使设计人员能够对仿真结果有直观认识，从而起到辅助验证的作用，并极大提高卫星模拟器的可视化程度。图 11.5－3 所示为典型的三维视景演示效果图。

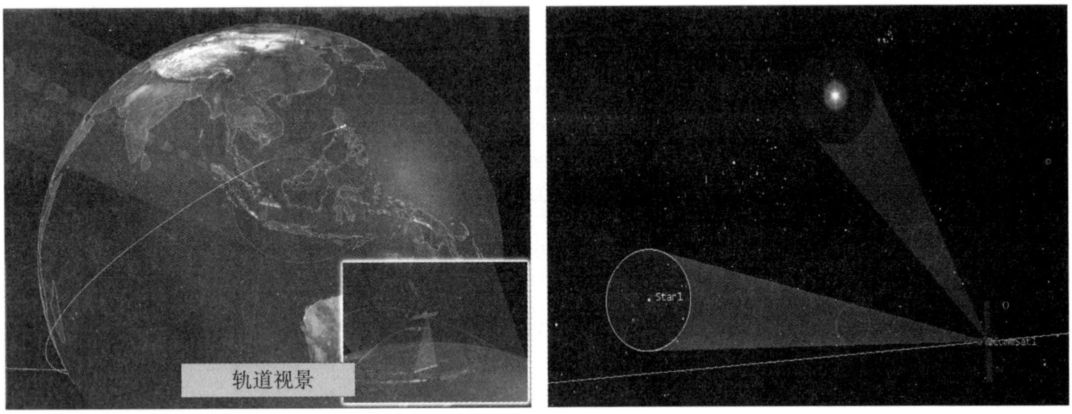

图 11.5－3　典型的三维视景演示效果图

11.5.4　高可信卫星模拟器

11.5.4.1　常规卫星模拟器的缺陷[18]

卫星模拟器的一个重要应用领域为星载软件在轨维护，包括在轨运行过程中的故障模拟及辅助定位等。但常规的卫星模拟器无法完全满足星载软件在轨维护的需要。其主要原因在于：常规的卫星模拟器对星载计算机逻辑的模拟是比较简化的，部分功能缺失，可信度偏低。主要的缺陷包括以下几点：

1）不支持硬件底层操作。例如卫星内存修改指令通常包含有绝对地址，而 PC 操作系统一般禁止操作该地址指向的内存。

2）不支持星载操作系统（或系统软件）相关功能。例如无法仿真 TRAP 处理。

3）对星载应用软件的模拟往往也并不完整，无法保证处理逻辑与真实星载计算机完全相同。

可见，脱离硬件模拟的卫星模拟器在可信度上是有缺陷的。为了解决该问题，需要实现针对星载计算机硬件逻辑的基本模拟。也就是说，应在卫星模拟器中嵌入高可信度的星载计算机模拟器。

11.5.4.2　高可信度星载计算机模拟器

（1）主要特点

高可信度星载计算机模拟器的主要特点：利用软件仿真技术尽可能真实地模拟星载计算机的主要功能特性，确保其动态特性与真实星载计算机基本一致。关键之处在于虚拟芯片的实现。虚拟芯片是指利用软件来模拟星载计算机的 CPU、内存、IO 接口芯片等硬件功能。有了虚拟芯片以后，星载软件编译后生成的二进制文件就能直接在星载计算机模拟器中运行。

（2）虚拟芯片

下面对常用的几种虚拟芯片进行阐述。

CPU 虚拟芯片用于模拟星载计算机 CPU 的指令集、中断、GPIO、串口、定时器等硬件资源的功能[5]。CPU 虚拟芯片模拟 CPU 时序读取二进制星载软件中的机器码，模拟星载计算机处理器的 SPARC V7、V8 等指令集来执行该机器码，从而仿真系统动态运行过程。CPU 虚拟芯片也包含中断、GPIO、定时器等虚拟硬件资源，从而确保星载软件执行结果正确，用户不需要对二进制星载软件进行任何修改。CPU 模拟器的性能是影响卫星模拟器性能的核心指标，为此采用动态编译技术，以保证具有较快的仿真速度。在兼顾仿真速度的同时，考虑了跳转、TRAP 等影响 CPU 运行速度的因素，提供了精确时序仿真功能，能够保证嵌入式软件中微秒级别的实时性要求。

存储器虚拟芯片实现对星载计算机使用的 ROM、RAM 等存储器物理存储空间和存储管理机制的模拟。存储管理机制负责将逻辑地址转换为存储器的物理地址，从而为有效和可靠地模拟读写指令对存储器的操作提供支持。这就使得星载计算机模拟器具备了内存修改和星载软件在轨修改的功能。同时也实现了内存监视的功能，方便星载软件的调试与测试。

IO 接口虚拟芯片包括 1553B 总线、CAN 总线、串口、AD、DA、DI、DO 等功能模拟。在真实硬件系统里，CPU 与 IO 接口芯片根据一定时序互相配合运行，共同完成了星载计算机的功能。所以星载计算机模拟器需要设计 IO 接口虚拟芯片的功能，确保星载软件正确运行。

以 1553B 总线为例，总线芯片通过寄存器对传输过程进行控制，通过芯片自带内存中的消息块实现消息传输。为此 1553B 总线虚拟芯片需要模拟芯片中寄存器、内存和芯片操作等动态过程，配合 CPU 芯片完成星载计算机模拟器的动态仿真。以 BC→RT 传输为例，CPU 首先构建消息块并存放在 1553B 总线芯片的内存中，然后将“启动传输”寄存器置为 1，以启动总线传输。为了配合 CPU 的操作，1553B 总线虚拟芯片需要提供总线芯片虚拟内存，供 CPU 虚拟芯片写入消息块；并提供虚拟寄存器，模拟各寄存器的功能，当发现“启动传输”寄存器被置 1 后，则模拟总线芯片中的单片机的功能，访问总线芯片虚拟内存，通过一定时序将消息块传输给对应 RT。

（3）软件调试

在硬件虚拟芯片的支持下，星载计算机模拟器可以直接运行二进制星载软件。

星载软件编译后生成“.out”文件，它可以转换为“.bin”文件。“.out”文件包含可执行的二进制代码、行号信息（源代码与二进制代码的对应关系）、符号信息（变量地址，结构体格式）。“.bin”文件包含的是机器码，不包含符号信息，无法建立源代码与机器码的对应关系，在测试过程中无法直观地检查源代码的执行情况。所以，选择带有调试信息的“.out”文件作为模拟器的加载文件，并提供用户界面，用户可以将星上源代码加入平台，并添加断点调试。

(4) 优点

应用计算机模拟器技术，可以开发直接调用星载二进制代码的星载计算机模拟器。通过虚拟星载计算机的硬件和直接调用星载软件，极大提高了仿真运行的可信度。该技术是软件仿真，不需要高成本的硬件环境，也不需要花费大量人工更改星上软件代码，技术实现成本较低。

与传统卫星模拟器里的相应模块相比，星载计算机模拟器扩展了硬件仿真功能，具有以下优点：

1) 直接运行二进制星载软件代码，无须二次开发星载软件仿真模块；

2) 不需要硬件即可进行星载嵌入式软件的开发、调试和测试；

3) 为星载软件的在轨维护提供了高可信度的地面验证手段。

11.5.4.3　高可信度卫星模拟器

将高可信度星载计算机模拟器装入图 11.5-1 所示的卫星模拟器中，即可得到高可信度卫星模拟器，如图 11.5-4 所示。

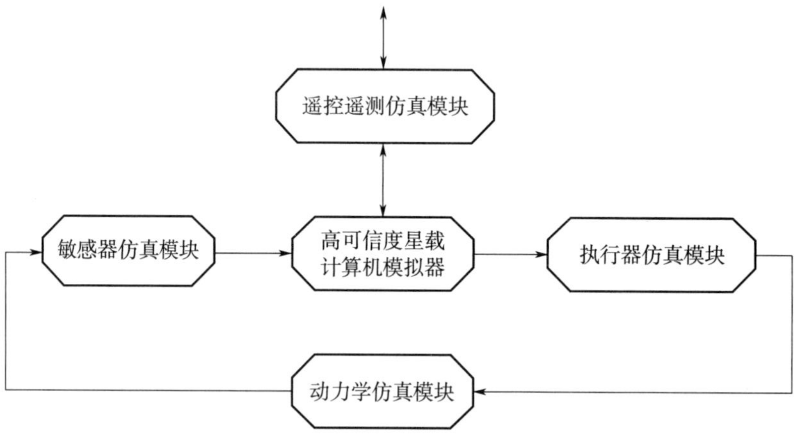

图 11.5-4　高可信度卫星模拟器的结构组成

相对传统卫星模拟器，基于星载计算机模拟器的卫星模拟器具有功能完整、可信度高的优点。其中，最重要的是支持星载软件在轨维护，有利于提高卫星在轨稳定运行能力。

基于计算机模拟器技术的高可信度卫星模拟器已经在我国多个静止轨道卫星平台上得到了应用。

下面以某型号卫星更改太阳捕获策略为例，说明卫星模拟器的作用。根据星载软件逻辑，星箭分离后将自动进行太阳搜索；但是为了扩大发射窗口，该卫星星箭分离时位于地影，此时不宜搜索太阳。为此进行了在轨软件修改，延长等待时间，当离开地影后才启动太阳搜索。在卫星模拟器上充分验证了该功能，确保了卫星任务的圆满成功。

11.6　小结

本章对卫星控制系统地面验证相关的工作项目和手段进行了阐述。重点阐述了 4 种主要的地面验证手段：实时原型仿真验证、物理仿真验证、系统地面测试验证、卫星模拟器仿真验证。其中，系统地面测试是最基本的验证手段，是各类卫星研制过程的重要环节。但随着技术手段的进步以及卫星研制模式的改进，系统地面测试在整个卫星研制流程中的作用和占比将不断下降；而实时原型仿真验证和卫星模拟器仿真验证的作用将得到加强。当然，如何选用或安排这些地面验证手段，还需要根据卫星的具体特点而定。

参考文献

［1］ 张翰英．卫星电测技术［M］．北京：宇航出版社，1999.

［2］ 王庆成．航天器电测技术［M］．北京：中国科学技术出版社，2007.

［3］ 王华茂，闫金栋．航天器电性能测试技术［M］．北京：国防工业出版社，2017.

［4］ 周志成，李砥擎．通信卫星综合测试技术［M］．北京：科学出版社，2015.

［5］ MOLLA J，JACOBSA J，KUSTERSB R，et al. Defect Detection Oriented Lifecycle Modeling in Complex Product Development［J］. Procedia Computer Science，2018（132）：1804－1814.

［6］ NICOLAESCU S S，PALADE H C，DUMITRASCU D D. A New Project Management Approach for R&D Software Projects in the Automotive Industry－Continuous V－model［J］. Int J Web Engineering and Technology，2017，12（2）：120－142.

［7］ 刘良栋．卫星控制系统仿真技术［M］．北京：中国宇航出版社，2003.

［8］ YAN Q Z，WILLIAMS J M，LI J. Chassis Control System Development Using Simulation：Software in the Loop，Rapid Prototyping，and Hardware in the Loop［C］. SAE Automotive Dynamics，Stability and Controls Conference and Exhibition，Detroit，Michigan，USA，2002.

［9］ TORRES J F，KOWALCHUK S A. Rapid Prototyping of Hardware Using Real－Time HWIL Simulation Environments［C］. AIAA 2015－0149，2015.

［10］ YAN K，TRUSH C J. Transmission Control Design Approach Using Simulation，Rapid Prototyping，and Auto Code Generation［C］. SAE 2008－01－0536，2008.

［11］ ASIF U，IQBAL J. Rapid Prototyping of a Gait Generation Method Using Real－Time Hardware in Loop Simulation［J］. Int J of Modeling Simulationand Scientific Computing，2011，2（4）：393－411.

［12］ 杨涤，李立涛，杨旭和，等．系统实时仿真开发环境与应用［M］．北京：清华大学出版社，2002.

［13］ WERNER D. The Quest for More Effective and Cheaper Simulator Development［C］. AIAA 2011－6498，2011.

［14］ WALSH A，PECCHIOLI M，REGGESTAD V，et al. ESA's Model Based Approach for the Development of Operational Spacecraft Simulators［C］. AIAA 2014－1866，2014.

［15］ REGGESTAD V. Spacecraft Simulator Development：Lessons Learned from the Cryosat Earth Explorer Mission［C］. AIAA 2006－5911，2006.

［16］ AMBROSIO A M，CARDOSO P E，ORLANDO V，et al. Brazilian Satellite Simulators：Previous Solutions Trade－off and New Perspectives for the CBERS Program［C］. AIAA 2006－5916，2006.

［17］ 郑爱武，周建平，麻永平．嫦娥一号卫星飞行控制模拟器的设计与研制［J］．北京航空航天大学学报，2013，39（1）：57－61.

［18］ 吕楠，林佳伟．基于计算机模拟器技术的高可信度卫星模拟器［C］．第二届航天工程论坛，广东深圳，2020.

［19］ WANG Z W，LIN J W，SI Z H，et al. Credible Test of Attitude and Orbit Control System［C］.

2013 Chinese Automation Congress，Changsha，PRC，2013.

[20] 王佐伟，张树华，王玉峰，等．航天器控制系统高可信度地面测试技术 [J]. 空间控制技术与应用，2013，39 (6)：34 - 39.

[21] ALLEN J L. Implementation of HIL Testing Systems for Aerospace ECUs [C]. SAE 2005 - 01 - 3385，2005.

[22] PATIL K，MULI M，ZHU Z H. Model - Based Development and Production Implementation of Motor Drive Controller for Hybrid Electric Vehicle [C]. SAE 2013 - 01 - 0158，2013.

[23] KHAN J. Rapid Control Prototyping (RCP) Solutions for the Validation of Motor Control Applications [C]. IEEE 2016 International Conference on Emerging Technological Trends，Kollam，India，2016.

[24] CRĂCIUN O，FLORESCU A，BACHA S，et al. Hardware - in - the - Loop Testing of PV Control Systems Using RT - Lab Simulator [C]. 14th International Power Electronics and Motion Control Conference，Ohrid，Macedonia，2010.

[25] ADDEL - GELIEL M. Real - Time Implementation of Constrained Control System on Experimental Hybrid Plant Using RT - Lab [C]. 16th Mediterranean Conference on Control and Automation，Ajaccio，France，2008.

[26] BUSCHER M，CLAASSEN A，KUBE M. Integrated Smart Grid Simulations for Generic Automation Architectures with RT - LAB and Mosaik [C]. 2014 IEEE International Conference on Smart Grid Communications Venice，Italy，2014.

[27] 罗喜霜，宋亮，雷玮，等．基于模型的预警无人机飞控系统开发与验证 [J]. 计算机测量与控制，2017，25 (12)：283 - 287.

[28] SCHWARTZ J L，PECK M A，HALL C D. Historical Review of Air - Bearing Spacecraft Simulators [J]. J of Guidance Control and Dynamics，2003，26 (4)：513 - 522.

[29] JUNG D，TSIOTRAS P. A 3 - DoF Experimental Test - Bed for Integrated Attitude Dynamics and Control Research [C]. AIAA 2003 - 5331，2003.

[30] KIM J J，AGRAWAL B N. System Identification and Automatic Mass Balancing of Ground - Based Three - Axis Spacecraft Simulator [C]. AIAA 2006 - 6595，2006.

[31] 陈守磊，王佐伟，刘一武，等．新一代静止轨道气象卫星控制系统物理仿真 [C]. 中国空间科学学会空间探测专业委员会第 21 次学术会议，哈尔滨，2008.

[32] 王洪光，王佐伟，杨国永，等．一种基于给定频率约束的质量惯量模拟件结构 [P]. ZL201510988809.4.

[33] 屠善澄．卫星姿态动力学与控制 [M]. 北京：中国宇航出版社，2001.

[34] LUNDQUIST R，SABELHAUS P，SCOTT S S，et al. The Importance and Difficulty of Attitude Control System (ACS) Phase and Polarity Testing：Lessons Learned from TOMS - EP Early Orbital Operations [R]. AAS 98 - 075，1998.

[35] VADOT F，GOBILLOT B. Improvement of AIT Sequence Through Automation of Spacebus Satellite Avionics Tests [C]. AIAA 2003 - 2410，2003.

[36] SKELLEY M L，LANGHAM T F，PETERS W L. Integrated Test and Evaluation for the 21st Century [C]. AIAA 2004 - 6873，2004.

[37] 王佐伟，吴小明，刘江，等．一种敏感器信号源的模式设置与误差标定方法 [P]. ZL201410454191.9.

第12章　静止轨道卫星飞行控制支持与在轨保障

12.1　概述

静止轨道卫星星箭分离后，需要在地面测控系统的支持下，完成太阳捕获[1]、帆板展开[2,3]、远地点变轨[4]、定点捕获等在轨操作，这个过程称为**飞行控制**，常简称为**飞控**[10]。定点捕获标志着卫星完成了轨道转移，进入了工作轨道。随后卫星进行**在轨测试**，确认功能正常后，移交用户进行**长期管理**。

卫星在飞控过程中，地面测控系统需要根据卫星控制分系统的软硬件设计，为卫星的正常工作提供各种参数。例如，一般由地面注入远地点变轨策略，包括点火姿态、点火时长，地面需要根据精测的卫星轨道数据对变轨策略进行优化，在满足测控约束的前提下降低推进剂消耗，然后将变轨策略转化为卫星能够接收的指令序列，从而完成卫星的轨道控制。

在飞控过程中，首先需要由地面站测量卫星轨道，然后进行轨道递推并计算出每个时刻的轨道参数，例如星下点、轨道高度、是否在地影区等，并根据地面站的地理经纬度计算卫星的可见弧段，据此安排后续测控计划[5]；根据轨道参数设计卫星的变轨策略；向卫星注入星上时间和轨道参数；为控制分系统的敏感器和执行机构的正常工作提供参数，例如地球敏感器干扰保护和 SADA 转角控制。

由于轨道递推和变轨策略在本书第 6、7 章有所涉及，本章不再赘述。

12.2　轨道参数计算

本书第 6 章对轨道力学涉及的概念、原理和主要公式等进行了系统阐述，本节从工程应用的角度出发，着重介绍静止轨道卫星飞控实践中经常用到的一些轨道知识和计算公式。

12.2.1　日月位置

相对惯性坐标系，地球绕着自转轴（Z 轴）转动，转角为格林尼治的恒星时角，即格林尼治子午线在地心赤道惯性坐标系中的赤经。转角表达式为[10]

$$G_0+\omega_e(t-t_0) \tag{12.2-1}$$

式中　G_0——历元 t_0 时格林尼治的恒星时角；

ω_e——地球自旋角速度。

计算时可取地球自转角速度 ω_e 为 7.292 115 85e−5 rad/s，如果定义 J2000.0 为历元 t_0，则历元时刻的格林尼治的恒星时角为 4.894 898 rad。

太阳在 J2000.0 地心惯性赤道坐标系中的平均轨道根数为[7]

$$\begin{cases} a = 1.000\,001\,02\ \text{AU} \\ e = 0.016\,709 \\ i = 23.439\,3^\circ \\ \Omega = 0.0^\circ \\ \omega = 282.937\,3^\circ + 0.32^\circ T \\ M = 357.529\,1^\circ + 0.985\,6^\circ d \end{cases} \tag{12.2-2}$$

式中　T，d ——从 J2000.0 开始算的世纪数和儒略日；

AU——日地平均距离，等于 $1.495\,978\,70 \times 10^8$ km。

月球在 J2000.0 地心平黄道坐标系中的平均轨道根数为[7]

$$\begin{cases} a = 384\,747.981\ \text{km} \\ e = 0.054\,88 \\ i = 5.129\,8^\circ \\ \Omega = 125.044\,6^\circ - 1\,934.14^\circ T \\ \omega = 318.308\,7^\circ + 6\,003.15^\circ T \\ M = 134.963\,4^\circ + 13.065^\circ d \end{cases} \tag{12.2-3}$$

式中，T 和 d 的含义同式（12.2-2）。

以上两式经过简单的变换处理后即可得到日月位置的近似计算值。

12.2.2　椭圆参数

本节在第 6 章的基础上，进一步阐释椭圆轨道参数相关的一些处理。

在图 12.2-1 中，O 为地心，它位于轨道椭圆的一个焦点，点 A 和点 P 分别为远地点和近地点，Q 为半通径方向。符号 a 表示半长轴，b 表示半短轴，e 表示偏心率，p 表示半通径，f 表示真近点角（即$\angle POS$），h 表示卫星的轨道角动量，r 表示由地心 O 到航天器 S 的距离，r_a 表示 O 点到远地点 A 的距离，r_p 表示 O 点到近地点 P 的距离。CD 的长度等于 a，OC 的长度等于 ae，OD 的长度等于 p。

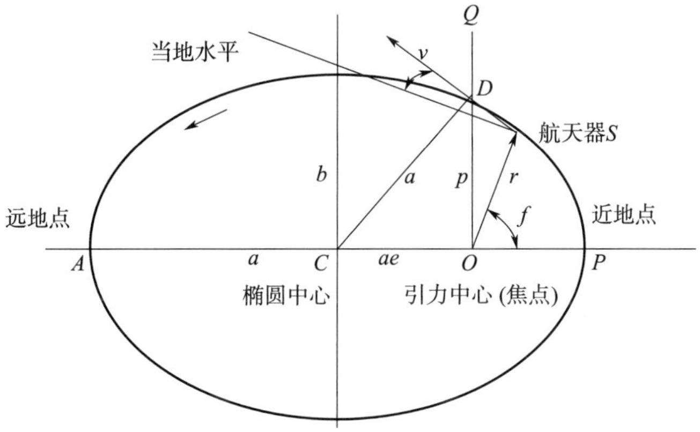

图 12.2-1　轨道面

图 12.2-2 给出了偏近点角的定义。作一个辅助圆，其直径为椭圆的长轴，过航天器 S 作一垂直于椭圆长轴的线，该线与辅助圆的交点记为点 C 。C 点与椭圆中心的连线与半长轴的夹角即为偏近点角 E。

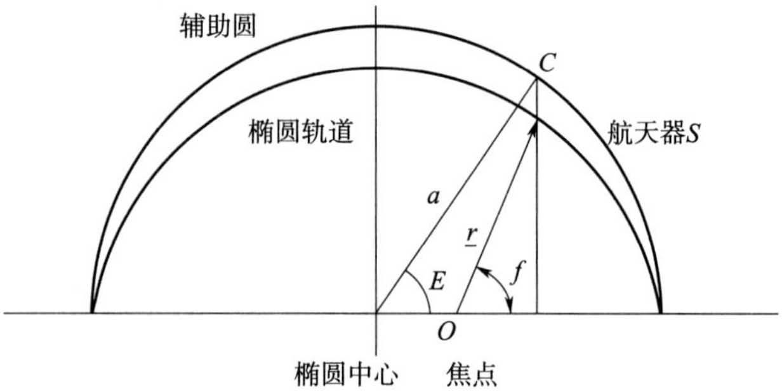

图 12.2-2 偏近点角

根据椭圆的几何定律，有以下关系

$$a=\frac{r_a+r_p}{2}=\frac{r_p}{1-e}=\frac{r_a}{1+e} \tag{12.2-4}$$

$$r_a=a(1+e)=2a-r_p=r_p\frac{1+e}{1-e},\ r_p=a(1-e)=2a-r_a=r_a\frac{1-e}{1+e} \tag{12.2-5}$$

$$b=a(1-e^2)^{1/2} \tag{12.2-6}$$

$$e=\frac{r_a-r_p}{r_a+r_p}=\frac{r_a-a}{a}=\frac{a-r_p}{a} \tag{12.2-7}$$

$$h=\sqrt{\mu a(1-e^2)} \tag{12.2-8}$$

$$p=h^2/\mu=a(1-e^2)=b^2/a=r_p(1+e)=r_a(1-e) \tag{12.2-9}$$

$$\begin{aligned} r&=\frac{a(1-e^2)}{1+e\cos f}=\frac{p}{1+e\cos f}=\frac{r_p(1+e)}{1+e\cos f}=a(1-e\cos E)\\ &=\frac{a(\cos E-e)}{\cos f}=\frac{a\sqrt{1-e^2}\sin E}{\sin f}\end{aligned} \tag{12.2-10}$$

真近点角 f 和偏近点角 E 有以下关系[8,11]

$$\begin{cases}\cos f=\dfrac{\cos E-e}{1-e\cos E}\\[2ex] \sin f=\dfrac{\sqrt{1-e^2}\sin E}{1-e\cos E}\end{cases} \tag{12.2-11}$$

$$\begin{cases}\cos E=\dfrac{e+\cos f}{1+e\cos f}\\[2ex] \sin E=\dfrac{\sqrt{1-e^2}\sin f}{1+e\cos f}\end{cases} \tag{12.2-12}$$

$$\tan\left(\frac{f}{2}\right)\sqrt{\frac{1-e}{1+e}}=\tan\frac{E}{2} \tag{12.2-13}$$

$$f = \arctan \frac{\sqrt{1-e^2}\sin E}{\cos E - e} \tag{12.2-14}$$

$$E = \arctan \frac{\sqrt{1-e^2}\sin f}{e + \cos f} \tag{12.2-15}$$

12.2.3 卫星速度

卫星的速度矢量 $\vec{v}$ 在 $\vec{r}$（由地心指向航天器的矢量）上的分量为[8]

$$v_r = \vec{v} \cdot \frac{\vec{r}}{r} = \dot{r} = \frac{\mathrm{d}r}{\mathrm{d}f}\dot{f} = \frac{\mathrm{d}}{\mathrm{d}f}\left(\frac{p}{1+e\cos f}\right) \cdot \frac{h}{r^2} = \sqrt{\frac{\mu}{p}}e\sin f \tag{12.2-16}$$

矢量 $\vec{v}$ 在垂直于 $\vec{r}$ 并靠向速度的方向上的分量为

$$v_f = r\dot{f} = \frac{\sqrt{\mu p}}{r} = \sqrt{\frac{\mu}{p}}(1+e\cos f) \tag{12.2-17}$$

易知 $v_f > 0$。

速度矢量 $\vec{v}$ 的大小为

$$v = \sqrt{v_r^2 + v_f^2} = \sqrt{\frac{\mu}{p}(1+e^2+2e\cos f)} = \sqrt{\mu\left(\frac{2}{r} - \frac{1}{a}\right)} \tag{12.2-18}$$

卫星在近地点和远地点的速度分别为

$$v_p = \sqrt{\frac{\mu}{a}\left(\frac{1+e}{1-e}\right)} \tag{12.2-19}$$

$$v_a = \sqrt{\frac{\mu}{a}\left(\frac{1-e}{1+e}\right)} \tag{12.2-20}$$

12.2.4 飞行角

飞行角 γ 的定义是速度与当地水平面的夹角，又叫作飞行路径角、航迹角。

$$\begin{aligned}\gamma &= \arccos\left(\frac{v_f}{v}\right) = \arccos\left(\frac{1+e\cos f}{\sqrt{1+e^2+2e\cos f}}\right) = \arccos\left(\sqrt{\frac{a^2(1-e^2)}{r(2a-r)}}\right) \\ &= \arcsin\left(\frac{v_r}{v}\right) = \arcsin\left(\frac{e\sin f}{\sqrt{1+e^2+2e\cos f}}\right) \\ &= \arctan\left(\frac{v_r}{v_f}\right) = \arctan\left(\frac{e\sin f}{1+e\cos f}\right)\end{aligned} \tag{12.2-21}$$

当 $\vec{v}$ 指天时，$v_r > 0$，飞行角 $\gamma = \arctan\left(\frac{v_r}{v_f}\right)$ 大于 0。当 f 处于（0，π）时，速度方向是指天，此时飞行角大于 0，当 $f = \frac{\pi}{2}$ 时最大；f 处于（π，2π）时，速度方向是指地，此时飞行角小于 0。

12.2.5 赤经赤纬

记 a 和 b 为卫星的赤经和赤纬，根据轨道六要素可以计算出赤经和赤纬[8]

$$\begin{cases} a = \Omega + \arctan(\tan u \cos i) \\ b = \arcsin(\sin u \sin i) \end{cases} \tag{12.2-22}$$

赤经的范围一般为 [0，360)，若 a 的值超出范围，可以对 360°取模。赤纬为正代表北纬，为负代表南纬。

也可以根据卫星在地心赤道惯性坐标系中的坐标计算赤经赤纬，根据坐标 $\begin{bmatrix} x \\ y \\ z \end{bmatrix} = \begin{bmatrix} r\cos b\cos a \\ r\cos b\sin a \\ r\sin b \end{bmatrix}$，可得

$$\begin{cases} a = \arctan 2(y, x) \\ b = \arcsin\left(\dfrac{z}{\sqrt{x^2 + y^2 + z^2}}\right) \end{cases} \tag{12.2-23}$$

式中，arctan2(y，x) 函数的定义为：二维坐标系 XOY 中 $+X$ 轴逆时针转到点 (x，y) 的角度，值域为 (−π，π]。在 MATLAB 和 C 语言都定义有该函数。

若 a 的值小于 0，则加上 2π，以确保经度的范围是 [0，2π)。

同理，将卫星位置转移到地固系下表示，使用式（12.2-22）和式（12.2-23）可计算地心经纬度。

12.2.6 轨道角速度

对于轨道坐标系，其相对惯性坐标系的角速度的方向为轨道面法向，其大小等于 $\dot{f}$，有

$$\dot{f} = \frac{\sqrt{\dfrac{\mu}{p}}(1 + e\cos f)}{r} = \frac{\sqrt{\dfrac{\mu}{p}}(1 + e\cos f)}{\dfrac{p}{1 + e\cos f}} = \sqrt{\frac{\mu}{p^3}}(1 + e\cos f)^2 = \sqrt{\frac{\mu}{a^3(1 - e^2)^3}}(1 + e\cos f)^2 \tag{12.2-24}$$

12.2.7 地影

星蚀预报（地影/月影预报）是飞控和在轨支持中的一项重要工作，其任务是预报卫星何时处于阴影中、持续时间多长。对于静止轨道卫星，通常只考虑地影的影响。地影模型按其几何形状可分为圆柱模型和圆锥模型两种，如图 12.2-3 所示。图中，上半部分表示的是圆柱模型，是一种简化模型；下半部分表示的是圆锥模型，它更符合真实情况。通常情况下，使用圆柱模型即可。图中，R_e 为地球半径，r 为卫星到地心的距离。

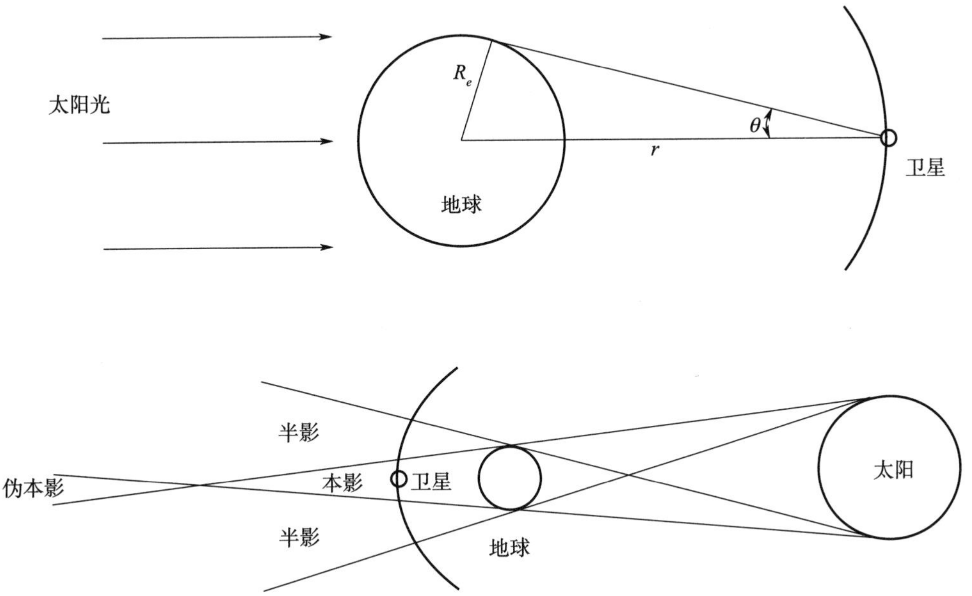

图 12.2-3　地影计算示意图

下面介绍基于圆柱模型的地影计算。首先根据卫星在地心赤道惯性坐标系中的坐标 $[x \quad y \quad z]^{\mathrm{T}}$，计算出卫星的地心距 $r=\sqrt{x^2+y^2+z^2}$。然后通过简单的三角关系可以求出地球圆盘视半径 $\theta=\arcsin\left(\dfrac{R_e}{r}\right)$。然后根据太阳在地心赤道惯性坐标系中的坐标 $[x_s \quad y_s \quad z_s]^{\mathrm{T}}$，计算太阳矢量与卫星矢量的夹角 $\alpha=\arccos\left(\dfrac{xx_s+yy_s+zz_s}{\sqrt{x^2+y^2+z^2}\cdot\sqrt{x_s^2+y_s^2+z_s^2}}\right)$。根据反余弦函数的定义，其值域为 $[0,\pi]$。若 $\alpha>\pi-\theta$，说明此时太阳被地球遮挡，即卫星位于地影。

地影季表示在一个轨道周期内卫星将有部分时间进入地影，对于静止轨道卫星存在两个地影季，分别以春分和秋分两个时刻为中点，长约一个多月的时段。下面判断卫星是否处于地影季。

对于单位长度的太阳矢量，太阳矢量在轨道天球中的纬度为

$$\mu=\arcsin y$$

式中，y 是太阳矢量在轨道坐标系 Y 轴上的投影；μ 的正负代表南纬和北纬。如果 $|\mu|<\theta$，说明此时太阳的纬度小于地球圆盘，则卫星位于地影季，否则卫星不在地影季。静止轨道卫星的轨道坐标系 Y 轴与地心赤道惯性坐标系的 $-Z$ 轴近似，也可以使用太阳矢量在地心赤道惯性坐标系的 Z 轴分量进行简化计算。

■**提示：**在星蚀预报中，不仅需要考虑地影，也要考虑月影。月影预报的原理及计算和上面介绍的地影预报是基本相同的，只是卫星进入月影的概率要小得多，时间也很短，因此多数情况下对月影的预报要求并不高。

12.2.8 地面站观测卫星

一般定义地面站坐标系的三轴指向当地的东向、北向和天向，称为东北天坐标系。在该坐标系下定义卫星的方位角和仰角：地面站指向卫星的矢量与当地水平面的夹角为仰角，指天为正，指地为负；地面站指向卫星的矢量在当地水平面的投影与东向的夹角为方位角，当该投影在东方时方位角为0°，当该投影在北方时方位角为90°，当该投影在西方时方位角为180°。

下面介绍计算方位角和仰角的过程：

根据卫星位置在地心赤道惯性坐标系中的坐标，经过岁差、章动和自转即可得到卫星位置在地固系下的坐标 $\begin{bmatrix} r_{sx} \\ r_{sy} \\ r_{sz} \end{bmatrix}$。

根据地面站的地心距（地球半径＋当地高度）r_g、地心经度 L_g 和地心纬度 L_t，可计算地面站在地固系下的坐标为

$$\begin{bmatrix} r_{gx} \\ r_{gy} \\ r_{gz} \end{bmatrix} = \begin{bmatrix} r_g \cos L_t \cos L_g \\ r_g \cos L_t \sin L_g \\ r_g \sin L_t \end{bmatrix} \tag{12.2-25}$$

于是可得地面站指向卫星的矢量在地固系的投影为 $\begin{bmatrix} r_{sx} \\ r_{sy} \\ r_{sz} \end{bmatrix} - \begin{bmatrix} r_{gx} \\ r_{gy} \\ r_{gz} \end{bmatrix}$。根据该式容易计算出地面站与卫星的距离。

下面计算由地固系转移到东北天坐标系的方向余弦阵，如图12.2-4所示。

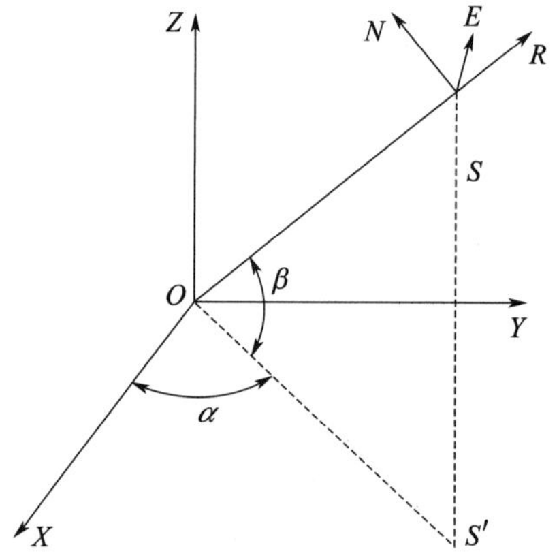

图12.2-4　地固系到东北天坐标系转换示意图

在图12.2-4中，XYZ 是地固系，S 为地面站，其经度为 α、纬度为 β，E 为向东，N 为向北，R 方向指天。

先绕 Z 轴转 $90°+\alpha$，转动结束后 X 轴垂直于投影 OS'，由于东向 E 与赤道面相平行且垂直于所在的经线圈，可知 X 轴与东向相同。考虑 OZS 平面，Z 轴绕 X 轴转 $90°-\beta$ 后指天，于是得到了东北天坐标系。

方向余弦阵为

$$
\begin{aligned}
&\boldsymbol{C}_1(90°-\beta)\boldsymbol{C}_3(90°+\alpha)\\
&=\begin{bmatrix}1 & 0 & 0\\ 0 & \cos(90°-\beta) & \sin(90°-\beta)\\ 0 & -\sin(90°-\beta) & \cos(90°-\beta)\end{bmatrix}\begin{bmatrix}\cos(90°+\alpha) & \sin(90°+\alpha) & 0\\ -\sin(90°+\alpha) & \cos(90°+\alpha) & 0\\ 0 & 0 & 1\end{bmatrix}\\
&=\begin{bmatrix}-\sin\alpha & \cos\alpha & 0\\ -\cos\alpha\sin\beta & -\sin\alpha\sin\beta & \cos\beta\\ \cos\alpha\cos\beta & \sin\alpha\cos\beta & \sin\beta\end{bmatrix}
\end{aligned}
\tag{12.2-26}
$$

于是可以得到地面站指向卫星的矢量在东北天坐标系的投影，即 $\begin{bmatrix}-\sin\alpha & \cos\alpha & 0\\ -\cos\alpha\sin\beta & -\sin\alpha\sin\beta & \cos\beta\\ \cos\alpha\cos\beta & \sin\alpha\cos\beta & \sin\beta\end{bmatrix}\left(\begin{bmatrix}r_{sx}\\ r_{sy}\\ r_{sz}\end{bmatrix}-\begin{bmatrix}r_{gx}\\ r_{gy}\\ r_{gz}\end{bmatrix}\right)$，对该矢量进行归一化处理化为单位矢量，记为 $[r_{sgx}\quad r_{sgy}\quad r_{sgz}]^{\mathrm{T}}$，则可以计算出仰角 El 和方位角 Az 为

$$
\begin{aligned}
El &= \arcsin(r_{sgz})\\
Az &= \arctan2(r_{sgy}, r_{sgx})
\end{aligned}
\tag{12.2-27}
$$

工程上，若仰角大于 5°，则地面站可以观测到卫星。

12.3　星上时间注入

12.3.1　星上时间的用途

星上软件需要使用时间信息，计算以下参数：

1）地球转角，它用于星下点经纬度、天线指向地面站的姿态偏置、东南地坐标系的方向余弦阵计算。

2）天体位置，包括章动岁差、日月位置。

3）卫星轨道，根据轨道历元与当前星时的时间差，进行轨道递推。

星上姿态一般是以轨道坐标系为参考系，而星敏感器定出来的是相对地心赤道惯性系的姿态，需要时间和轨道信息来计算由地心赤道惯性坐标系转移到轨道坐标系的方向余弦阵。以静止轨道为例，卫星相对轨道坐标系定姿，卫星的角速度约为 360°/24 h，1 s 的时间误差引起的姿态误差约为 0.004°。

所以，地面应该为卫星注入准确的星上时间，以确保卫星正常工作。具体方法是计算星上与地面的时间差，然后将时间差装入指令注入星上。

12.3.2　星地时差计算方法

卫星向地面发送遥测帧，星上软件可以在遥测帧的具体位置打下时间戳。例如选择一个遥测帧的第一个字节的第一个比特（即帧头位置），记下发送该比特的时刻对应的星上时间 t_{sat} ，打包入遥测数据。

地面站通过天线收到遥测帧后，找到帧头位置，并记下收到该比特时的地面时间 t_{grd} 。两者之差再加上传输时延即为星地时差。

传输时延分为两部分：一是星内传输时延，主要是由星载计算机向遥测单元传输遥测数据到遥测数据从天线发出的时间差；二是星地传输时延，主要是遥测载波信号由星上天线送到地面天线的时延，可以由卫星与地面站的距离除以光速 30 万 km/s 来计算。

12.3.3　闰秒的简化处理

闰秒的存在，引起了 UTC 的累积秒和原子时的累积秒的不一致，前者把所有分钟都当成是 60 s，后者需要在前者的基础上加入时间段内闰秒的个数[6,9]。

由于发生闰秒的时刻不确定，地面站一般希望使用 UTC 的累积秒计算星地时差。该方法的优点在于发生闰秒后不需要地面站配置地面站的软件参数，并且引起的误差可以忽略，可以参照 10.4.1 节分析误差的影响：

1）使用 UTC 的累积秒计算出的地球转角是精确的，因为 UTC 本来就是适应地球转动而设计的。

2）使用 UTC 的累积秒计算出的天体位置存在误差，但是可以忽略。以太阳位置为例，一年时间内太阳在地心赤道惯性坐标系里转过 360°，1 s 的误差引起的太阳位置误差约为 $(1.5\times10^{-5})°$。

3）卫星轨道，根据轨道历元与当前星时的时间差，进行轨道递推。重点在于时间差，只要星时和历元都采用 UTC 的累积秒，就不会引入误差。

所以，该简化方法在工程上是合理的。

之所以不使用原子时的累积秒，是因为地球自转的角速度远大于太阳运动之类天体运动，前者约为一天 360°，后者约为一年 360°。若使用原子时的累积秒，则星上软件将不得不考虑闰秒，以静止轨道为例，1 s 引起的姿态误差约为 0.004°，该误差在工程上不能接受。

12.4　变轨策略验证及参数计算

远地点变轨期间的姿态和轨道控制是飞行控制过程中的重要节点，可以说转移轨道是围绕着远地点变轨来设计的。

12.4.1　点火姿态

远地点点火过程中需要压低轨道倾角，所以一般以东南地坐标系为参考系，而不用常用的轨道坐标系。在远地点变轨过程中，东南系的三轴在惯性空间中近似不动，而轨道坐标系的三轴在惯性空间中随着轨道倾角变化而变化。传统上使用脉冲变轨设计远地点变轨策略，要求远地点变轨过程中远地点发动机产生的推力在惯性空间中近似不变，显然以东南系为参考系更加方便。

星箭分离轨道的轨道倾角大于静止轨道，而半长轴小于静止轨道。沿着速度方向的推力用于抬高半长轴，垂直轨道面方向的推力用于压低轨道倾角，远地点变轨需要在这两个目标进行权衡，权衡的结果就是选择合适的偏航角。偏航角为 0 时，推力方向沿着正东，随着偏航角增大，轨道法向上的推力分量变大，速度方向上的推力分量变小。一般推力在径向（地心指向卫星）上的分量为 0。

有时候用姿态经度和姿态纬度来描述轨控推力的方向，其含义为将 490 N 推力作用点平移到地心，推力指向在当前时刻的地固系中的经度和纬度。由于点火期间 490 N 推力垂直于地心指向卫星的矢量，可知姿态经度超前星下点地理经度约 90°。

姿态纬度近似于东南系偏航角取负。一般远地点点火时，卫星近似位于升交点。当卫星位于升交点时，偏航角为 0 时推力和东南系的 Z 轴在赤道面内，随着卫星绕着 Z 轴转过偏航角 ψ，推力指向绕着经线圈转动，转动过程中推力的经度不变，推力的纬度与 ψ 大小相等，方向相反。

12.4.2　推进剂消耗

记 $m(t)$ 为时刻 t 卫星的质量，质量的变化率 $\dot{m}$ 是正值常数，初始时刻 $t_0=0$ 时质量为 m_0，于是有 $m(t)=m_0-\dot{m}t$。

记推力器喷出工质相对卫星的速度为 v_e，它是一个大于 0 的数，记卫星的速度为 $v(t)$，记卫星的动量为 p。如果把喷出的工质和卫星的整体作为研究对象，则它不受外力作用，动量守恒，即

$$p(t)=m(t)v(t)+\int[v(t)-v_e]\,|\,\mathrm{d}m(t)\,|=m(t)v(t)+\int[v(t)-v_e]\dot{m}\,\mathrm{d}t \tag{12.4-1}$$

对时间求导得

$$\dot{p}(t)=-\dot{m}v(t)+m(t)\dot{v}(t)+\dot{m}v(t)-\dot{m}v_e=m(t)\dot{v}(t)-\dot{m}v_e=0$$

易知推力 $F(t)=\dot{m}v_e$，加速度 $a(t)=\dfrac{\dot{m}v_e}{m(t)}=\dfrac{\dot{m}v_e}{m_0-\dot{m}t}$。

对加速度进行积分，有

$$\begin{aligned}\Delta v(t) &= \int_0^t a(t)\mathrm{d}t \\ &= \int_0^t \frac{\dot{m}v_e}{m_0 - \dot{m}t}\mathrm{d}t \\ &= -v_e \int_0^t \frac{1}{\frac{m_0}{\dot{m}} - t}\mathrm{d}\left(\frac{m_0}{\dot{m}} - t\right) \\ &= -v_e\left[\ln\left(\frac{m_0}{\dot{m}} - t\right)\Bigg|_{t=t} - \ln\left(\frac{m_0}{\dot{m}} - t\right)\Bigg|_{t=0}\right] \\ &= -v_e\ln\left(\frac{m(t)}{m_0}\right)\end{aligned}$$

根据上式可以推导出以下常用的计算公式为

1）剩余质量 $m(t)=m_0\mathrm{e}^{-\frac{\Delta v}{v_e}}$

2）消耗质量 $\Delta m=m_0(1-\mathrm{e}^{\frac{-\Delta v}{v_e}})=m(t)(\mathrm{e}^{\frac{\Delta v}{v_e}}-1)$

3）点火时长 $\Delta t=\dfrac{\Delta m}{\dot{m}}=\dfrac{m_0 v_e}{F}(1-\mathrm{e}^{\frac{-\Delta v}{v_e}})$

4）速度增量 $\Delta v(t)=-v_e\ln\left(\dfrac{m(t)}{m_0}\right)$

5）定义比冲 $I_{sp}=\dfrac{v_e}{g}$，其中，g 为重力加速度，比冲单位为 $\dfrac{\mathrm{m/s}}{\mathrm{m/s^2}}=\mathrm{s}$。

6）$\dot{m}=\dfrac{F}{v_e}=\dfrac{F}{I_{sp}g}$，称为质量流率。质量消耗等于时间×推力/(比冲× g)。当时间为 1 s时，消耗的质量等于 $\dfrac{F}{I_{sp}g}$，有时也称为秒流量。

7）$I_{sp}=\dfrac{F/g}{\dot{m}}$，比冲表示质量消耗能够维持推力的时间。例如，对于 312 s 的推力器，1 kg 的推进剂可以提供 1 kg 的力（9.806 65 N），则维持时间为 312 s。可知 10 N 推力器的秒流量约为 $\dfrac{1}{I_{sp}}$。比冲越大，同样质量的推进剂工作时间越长。

8）冲量 $F\Delta t=\dot{m}v_e\Delta t=I_{sp}g\dot{m}\Delta t$，即冲量$=I_{sp}g\Delta m$，其含义为，1 kg 推进剂可以提供 $I_{sp}g$ N·s 的冲量。

9）312 s、喷射速度 3 060(=312×9.806 65) m/s、3 060 N·s/kg 是同一比冲的不同描述。

12.4.3 轨道递推

根据以下公式可以进行轨道递推[7]

$$\begin{bmatrix} \dot{r}_x \\ \dot{r}_y \\ \dot{r}_z \\ \dot{v}_x \\ \dot{v}_y \\ \dot{v}_z \\ \dot{m} \end{bmatrix} = \begin{bmatrix} v_x \\ v_y \\ v_z \\ -\dfrac{\mu r_x}{r^3} + a_{cx} + a_{px} \\ -\dfrac{\mu r_y}{r^3} + a_{cy} + a_{py} \\ -\dfrac{\mu r_z}{r^3} + a_{cz} + a_{pz} \\ \dfrac{F}{I_{sp} g} \end{bmatrix} \tag{12.4-2}$$

式中　$[r_x \quad r_y \quad r_z]^T$，$[v_x \quad v_y \quad v_z]^T$——卫星的位置和速度在地心赤道惯性坐标系中的投影；

m——卫星质量；

$[a_{cx} \quad a_{cy} \quad a_{cz}]^T$——轨控推力在地心赤道惯性坐标系中的投影，将轨道控制推力在本体坐标系中的投影转移到地心赤道惯性坐标系中即可得到；

$[a_{px} \quad a_{py} \quad a_{pz}]^T$——摄动力在地心赤道惯性坐标系中的投影。

使用式（12.4－2）进行轨道递推，可以验证点火偏航角、点火时刻和点火时长等变轨参数，确保飞行控制圆满完成。

12.4.4　陀螺漂移及补偿计算

陀螺漂移会引起随着时间积累的角度误差，为了确保远地点点火过程中的姿态和轨道控制正确，需要对陀螺漂移进行标定。下面简要介绍一种地面标定方法的原理。

陀螺输出的测量值是陀螺相对惯性坐标系的角速度在陀螺测量轴的投影，考虑 3 个陀螺测量轴与卫星本体坐标系的三轴相平行的简化工况，则陀螺的测量值是卫星本体坐标系相对惯性坐标系的角速度在卫星本体坐标系的投影。远地点变轨过程中以东南系为参考系，实际陀螺测量值由以下几部分组成：

1）东南系相对惯性坐标系的角速度在本体坐标系中的投影。

2）本体坐标系相对东南系的角速度在本体坐标系中的投影。

3）陀螺漂移。

可以由太阳敏感器、地球敏感器或星敏感器等光学敏感器测量出时间 t_0 和 t_n 的卫星姿态，即本体坐标系相对东南系的卫星姿态，两个时刻的姿态之差反映了上述的 2）条，再对轨道角速度进行 $[t_0, t_n]$ 时段的积分，可以得到 1）条。然后由陀螺实际输出减去前两项，即可得到陀螺漂移。

具体流程如下：

卫星相对东南地坐标系按 3－2－1 转动顺序定义的姿态角为 φ 、θ 、ψ。

使用 t_0 时刻（对应真近点角 f_0）附近数据求姿态角平均值 $\overline{\varphi}_0$、$\overline{\theta}_0$、$\overline{\psi}_0$，采用 t_n 时刻（对应真近点角 f_n）附近数据求平均值 $\overline{\varphi}_n$、$\overline{\theta}_n$、$\overline{\psi}_n$。

轨道角速度在卫星本体坐标系的分量为

$$\begin{bmatrix}\omega_{oxi}\\ \omega_{oyi}\\ \omega_{ozi}\end{bmatrix}=\begin{bmatrix}-\cos\theta_i\sin\psi_{oi}\\ -(\cos\varphi_i\cos\psi_{oi}+\sin\varphi_i\sin\theta_i\sin\psi_{oi})\\ +(\sin\varphi_i\cos\psi_{oi}-\cos\varphi_i\sin\theta_i\sin\psi_{oi})\end{bmatrix}\dot{f}_i \tag{12.4-3}$$

式中，时间区间 $[t_0,\ t_n]$ 中的某些离散点的时间记为 t_i，$0<i<n$，$\dot{f}_i$ 为真近点角的导数。ψ_{oi} 为 t_i 时刻相对轨道坐标系的偏航角，与 $\omega+f$ 和 i 相关

$$\psi_{oi}=\psi_i+\arctan[\cos(\omega+f_i)\tan i]$$

计算上述 1）条和 2）条之和为

$$\int_{t_0}^{t_n}\omega_{Rx}\,\mathrm{d}t\approx\frac{t_n-t_0}{n}\sum_{i=1}^{n}\omega_{oxi}+\overline{\varphi}_n-\overline{\varphi}_0$$

$$\int_{t_0}^{t_n}\omega_{Ry}\,\mathrm{d}t\approx\frac{t_n-t_0}{n}\sum_{i=1}^{n}\omega_{oyi}+\overline{\theta}_n-\overline{\theta}_0$$

$$\int_{t_0}^{t_n}\omega_{Rz}\,\mathrm{d}t\approx\frac{t_n-t_0}{n}\sum_{i=1}^{n}\omega_{ozi}+\overline{\psi}_{on}-\overline{\psi}_{o0}$$

陀螺输出减去 1）条和 2）条之和即为常值漂移，计算公式为

$$\begin{aligned}D_x&=\frac{1}{t_n-t_0}\left[(G_{xn}-G_{x0})-\int_{t_0}^{t_n}\omega_{Rx}\,\mathrm{d}t\right]\\ D_y&=\frac{1}{t_n-t_0}\left[(G_{yn}-G_{y0})-\int_{t_0}^{t_n}\omega_{Ry}\,\mathrm{d}t\right]\\ D_z&=\frac{1}{t_n-t_0}\left[(G_{zn}-G_{z0})-\int_{t_0}^{t_n}\omega_{Rz}\,\mathrm{d}t\right]\end{aligned} \tag{12.4-4}$$

式中 G_{x0}，G_{y0}，G_{z0}——三轴陀螺在 t_0 时刻的陀螺积分；

G_{xn}，G_{yn}，G_{zn}——三轴陀螺在 t_n 时刻的陀螺积分。

计算出陀螺漂移之后，可以使用陀螺积分进行姿态确定。为此将陀螺实际测量值减去对轨道角速度和陀螺漂移，再进行数值积分后即可得到实际的姿态。

在 $[t_0,\ t_n]$ 时间区间内计算出轨道角速度的积分值，然后除以 t_n-t_0，即可计算出平均轨道角速度。平均轨道角速度加上陀螺漂移的计算结果注入星上软件，星上算法将陀螺输出角速度减去注入值，再积分后即可得到卫星姿态，从而实现了使用陀螺积分测量姿态。

12.4.5 敏感器工作状态预报

当卫星姿态控制平稳后，正常情形下实际卫星姿态在目标姿态附近波动，波动范围经常在 0.6°以下，可以近似认为卫星的姿态为目标值。

使用当前轨道及目标姿态进行一段时间的轨道外推，并预报敏感器工作状态，可以让飞控人员预知后续状态，并采取保护措施[12]。例如，若预报太阳将干扰地球敏感器的探

头，则可以事先注入指令，在干扰时段禁止受扰探头工作，确保卫星姿态控制正常。

常用敏感器的工作原理参见第 2 章及文献 [13]。

12.4.5.1　太阳敏感器工作状态预报

可以计算标称轨道和姿态下太阳敏感器的工作状态，包括太阳敏感器在轴角、离轴角与太阳可见（Sun Presence，SP）信号。

图 12.4-1 给出了太阳敏感器坐标系定义：YOZ 平面为太阳敏感器的光电池所在的码盘平面，Z 轴沿入射太阳光线的狭缝正方向，X 轴指向太阳敏感器的码盘法向（方向由码盘指向狭缝），三轴形成笛卡儿直角坐标系，Y 轴可由右手定则决定。

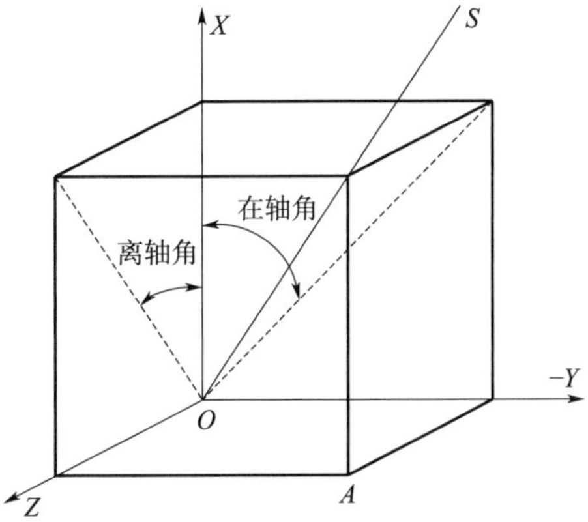

图 12.4-1　太阳敏感器坐标系

在轴角和离轴角如图 12.4-1 所示，在轴角能够被太阳敏感器所测量，离轴角不能，但是离轴角也能决定太阳是否在太阳敏感器视场内。在轴角是绕着狭缝转的角，当太阳光线 S 垂直于码盘平面时，在轴角为 0。

在轴角和离轴角的计算公式为

$$\begin{aligned} \alpha_i &= \arctan 2(S_{yi}, S_{xi}) \\ \beta_i &= \arctan 2(S_{zi}, S_{xi}) \end{aligned} \tag{12.4-5}$$

太阳敏感器太阳可见（即有 SP 信号）的条件为以下条件相与：

1）太阳矢量在太阳敏感器坐标系中的投影大于 0，确保太阳能通过进光狭缝照进码盘。

2）在轴角和离轴角小于给定范围，确保太阳光能照到光电池片。

3）太阳光不被天线等星上结构体遮挡。

12.4.5.2　地球敏感器工作状态预报

地球敏感器是通过敏感地球方位来确定卫星姿态的敏感器。摆动扫描式地球敏感器带 4 个探头，用于敏感地球边缘位置，通过地球边缘位置的变化确定地球方位，从而得到卫星的滚动角和俯仰角。

四路地球敏感器探头信号经过处理后产生空/地、地/空穿越信号，然后与内部扫描基准进行相位比较，得到 CH1、CH2、CH3、CH4 信号，经过逻辑电路处理后得到俯仰角和滚动角，如图 12.4－2 所示。

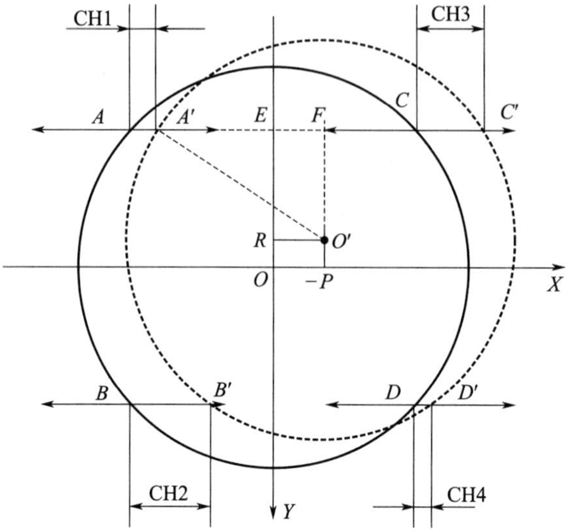

图 12.4－2　地球敏感器的工作原理图

当太阳或月亮进入地球敏感器探头的扫描路径时，会干扰地球敏感器的探头输出，进而导致地球敏感器输出的滚动角和俯仰角产生跳数等异常现象。

根据标称的卫星姿态和轨道，可以计算出太阳矢量和月球矢量在本体坐标系中的投影，然后根据地球敏感器的安装位置，将太阳矢量和月球矢量转移到地球敏感系坐标系中，再判断矢量是否经过探头的扫描路径，如果是，则将会产生干扰。此时地面站需要发指令禁止使用该地球敏感器探头，仅使用其他 3 个地球敏感器探头确定姿态。

对于静止轨道卫星，假定其相对轨道坐标系的姿态为 0，有以下规律：

1）春分前一段时间或秋分后一段时间，太阳矢量在地球敏感器视场里先后经过探头 A 和探头 C 的扫描路径，探头 A 和探头 C 需要进行保护。

2）春分后一段时间或秋分前一段时间，太阳矢量在地球敏感器视场里先后经过探头 B 和探头 D 的扫描路径，探头 B 和探头 D 需要进行保护。

3）春分和秋分附近，太阳矢量位于 AC 扫描线和 BD 扫描线之间，虽然进入地球敏感器视场，但不干扰探头。

12.4.5.3　星敏感器工作状态预报

根据标称的卫星姿态和轨道，可以计算出本体坐标系相对地心赤道惯性坐标系的方向余弦阵，然后根据星敏感器的安装位置，可以算出星敏感器相对地心赤道惯性坐标系的方向余弦阵，转换为四元数即可以预报星敏感器的输出。

若太阳、地球和月亮进入星敏感器的视场，可能干扰星敏感器的正常工作。地面站需要进行星敏感器干扰预报，从而掌握卫星状态，必要时采取措施确保卫星的姿态正常。星敏感器的视场一般是以光轴为中心的一个圆锥，只要天体与光轴的夹角大于星敏感器的杂光抑制角，则不存在干扰，否则星敏感器可能被干扰。

判断天体是否干扰星敏感器视场的步骤如下：

1）计算天体中心在卫星本体坐标系中的投影；

2）根据星敏感器光轴在卫星本体坐标系中的投影，计算天体中心与星敏感器光轴的夹角；

3）若夹角大于“星敏感器的杂光抑制角＋天体视半径”，则认为不存在干扰，否则认为存在干扰。

以地球为例，天体视半径指的是 12.2 节所述的地球圆盘半径。

12.4.6　星敏感器安装补偿

星敏感器输出的是自身坐标系相对地心赤道惯性坐标系的四元数，为了计算本体坐标系的姿态，需要知道星敏感器坐标系相对本体坐标系的安装矩阵。星敏感器在卫星安装完毕后会进行精测，将测得的安装矩阵装定进星上软件，才能使用星敏感器的测量数据确定卫星本体坐标系的姿态。

卫星经过运输、安装进火箭、火箭发射、星箭分离等一系列过程，最终进入真空环境中，星敏感器的安装矩阵可能发生了变化。单个星敏感器的输出结合其自身安装矩阵即可计算出卫星本体的姿态。在实际工程中发现，对于安装有多个星敏感器的卫星，不同星敏感器算出来的卫星本体姿态是不同的，不一致性可达到 0.3°。所以，工程上需要进行星敏感器安装误差补偿，以尽量降低星敏感器定姿误差。

考虑星敏感器安装误差时，将星敏感器安装矩阵（卫星本体坐标系转移到星敏感器坐标系的方向余弦阵）分为以下两个矩阵：

1）理论星敏感器安装矩阵 $\boldsymbol{C}_{\mathrm{STS0\_b}}$：即星上软件装定的安装矩阵。

2）实际星敏感器安装矩阵 $\boldsymbol{C}_{\mathrm{STS\_b}}$：即经过补偿后的星敏感器安装矩阵。

记理论星敏感器系到实际星敏感器系的方向余弦矩阵为 $\boldsymbol{C}_{\mathrm{STS\_STS0}}$，其关系为

$$\boldsymbol{C}_{\mathrm{STS\_b}}=\boldsymbol{C}_{\mathrm{STS\_STS0}}\boldsymbol{C}_{\mathrm{STS0\_b}} \tag{12.4-6}$$

理论星敏感器系到实际星敏感器系的方向余弦阵对应的三轴姿态角很小，其表达式可以近似为

$$\begin{bmatrix} 1 & \psi_c & -\theta_c \\ -\psi_c & 1 & \varphi_c \\ \theta & -\varphi_c & 1 \end{bmatrix}$$

式中，φ_c、θ_c、ψ_c 是方向余弦阵对应的三轴姿态角，即星敏感器安装补偿系数。在三轴姿态角很小的条件下，可以认为与转动顺序无关。

当卫星入轨后，地面站需要计算出星敏感器确定的卫星姿态，再与某个标称的姿态进行对比得到姿态误差，然后计算出星敏感器安装补偿系数注入星上软件，即可确保星敏感器确定的卫星本体姿态与标称的姿态相同。具体步骤如下：

1）选择姿态参考系（常为轨道坐标系或东南地坐标系），用它定义卫星本体姿态。

2）维持卫星姿态在参考系附近（三轴姿态角都不超过1°）。

3）确定某个标称姿态 $[\varphi_0 \quad \theta_0 \quad \psi_0]^{\mathrm{T}}$，认为该标称姿态为卫星的真实姿态，作为星敏感器安装补偿系数的标定基准。在实际工程中可能无法确知卫星姿态，此时只能选择某个姿态作为标称姿态。比如认为地球敏感器和太阳敏感器确定的三轴姿态是标称姿态，将星敏感器的安装矩阵往该标称姿态上标定，最终使得星敏感器确定的姿态与标称姿态一致。

4）地面站根据卫星轨道、星敏感器输出四元数、星敏感器安装矩阵，计算出卫星本体坐标系的姿态 $[\varphi_{\mathrm{STS}} \quad \theta_{\mathrm{STS}} \quad \psi_{\mathrm{STS}}]^{\mathrm{T}}$。

5）星敏感器安装补偿系数 $\begin{bmatrix}\varphi_c\\ \theta_c\\ \psi_c\end{bmatrix} = \boldsymbol{C}_{\mathrm{STS0\_b}}\begin{bmatrix}\varphi_{\mathrm{STS}}-\varphi_0\\ \theta_{\mathrm{STS}}-\theta_0\\ \psi_{\mathrm{STS}}-\psi_0\end{bmatrix}$

每一个星敏感器都对应一组星敏感器安装补偿系数，补偿后星敏感器确定的姿态应该与标称姿态相同，可以将星上姿态确定基准切换为单星敏感器定姿来确认补偿的正确性。

系数注入后，短期内星敏感器确定的姿态与标称姿态相同，但是卫星的温度随着阳光照射变化而变化，会引起结构的形变，导致星敏感器确定的姿态与标称姿态的偏离。

12.4.7 太阳帆板转角计算

太阳帆板为卫星供电，需要将太阳帆板转到合适的角度才能令太阳帆板法向与太阳矢量的夹角最小，从而产生最大功率。

对于单轴帆板，可以将太阳矢量投影到与转轴垂直的平面上，使用反正切关系即可计算太阳帆板的最优转角。

卫星经常将太阳帆板的转轴安装在星体的 Y 轴上，于是太阳帆板转动过程中帆板法向在 XOZ 平面内。定义帆板法向指向 $-Z$ 方向时帆板转角为0°，指向 X 方向时帆板转角为90°。根据太阳矢量在本体坐标系中的投影 $[S_x \quad S_y \quad S_z]^{\mathrm{T}}$ 可以计算出最优帆板转角为 $\arctan2(S_x, -S_z)$。

对于静止轨道卫星，经常以轨道坐标系为参考系，而且姿态经常在0附近。此时可以星下点的经度和当地地方时来快速确定帆板转角。当地时间为12点时，太阳在轨道坐标系的 $-Z$ 轴，此时帆板转角为0°；当地时间为6点时，太阳在轨道坐标系的 X 轴，此时帆板转角为90°。

12.5 在轨数据分析

为了确保卫星在轨长期稳定运行，需要对单机和控制分系统重要指标进行在轨趋势分析，供卫星运营方掌握控制分系统状态，必要时提前采取措施，以保证卫星安全。

12.5.1 动量轮

动量轮是航天飞行器姿态控制系统中的惯性执行部件，控制系统向动量轮提供驱动力矩，根据角动量原理，动量轮向卫星提供反向的控制力矩，从而控制卫星按规律运动。

动量轮一般由轮体组件、壳体组件、电机组件、轴承组件和线路组件组成。其中，轴承组件为动量轮提供稳固的回转支撑，轴承组件采用油润滑，其摩擦特性是影响产品寿命和性能的关键。根据角动量定理，有

$$\int_{t_0}^{t_0+\Delta t}(T_c + T_f)\mathrm{d}t = \Delta H \tag{12.5-1}$$

式中　T_c ——控制力矩，由控制计算机计算并由驱动电路向飞轮输出；

T_f ——摩擦力矩，分为动摩擦力矩和静摩擦力矩；

t_0——时间起点；

Δt ——时间长度，在这段时间内记录控制力矩 T_c，并通过 t_0 和 $t_0 + \Delta t$ 两个时刻的飞轮转速计算出角动量变化值 ΔH。

根据上述公式，可以计算出摩擦力矩 T_f。

查看摩擦力矩随时间的总体变化趋势，结合转速、电机电流、控制电压、轴温、壳温等遥测参数，可以评估动量轮的健康状态。如果有恶化趋势，可以提前采取降速运行等手段，以延长动量轮的工作寿命。

12.5.2　SADA

SADA 是长寿命大功率三轴稳定卫星的必备执行部件之一，是影响卫星寿命和可靠性的关键单机产品，其可靠性至关重要。SADA 的主要功能如下：

1）支撑并且驱动太阳翼（太阳电池阵）跟踪太阳并对日定向，使太阳光束能够直射太阳电池，以尽可能多地获得光能；

2）完成太阳翼与星内之间的功率与信号传输。

SADA 的工作正常的数据分析如下：

1）温度在规定的产品工作温度范围内；

2）轴温和壳温之间的温差不超过某个温度阈值（取决于卫星的具体轨道、日照等工况），温差过大对于 SADA 的长寿命运行有风险；

3）绕组电流在给定的范围内；

4）转动过程中正常过零。

12.5.3　红外地球敏感器

摆动式红外地球敏感器带 4 个探头，用于敏感地球边缘位置，通过地球边缘位置的变化确定地球方位，从而得到卫星的滚动角和俯仰角。四路地球敏感器探头信号经过处理后产生空/地、地/空穿越信号，然后与内部扫描基准进行相位比较，经过逻辑电路处理后得到滚动角和俯仰角。

地球敏感器的关键特性是输出滚动角、俯仰姿态角的精度，表征产品精度的指标为输出角度的系统误差和随机误差（3σ）。系统误差标定存在一定难度，因此一般仅对产品的

精度指标中的滚动角度值、俯仰角度值的随机误差进行数据分析。

随机误差（3σ）等于

$$3\sqrt{\frac{1}{n-1}\sum_{i=1}^{n}(\varphi_i-\overline{\varphi})^2} \tag{12.5-2}$$

式中 n ——测量采样的次数，一般在卫星姿态平稳时测量100次以上；

φ_i ——测量到的滚动角或俯仰角；

$\overline{\varphi}$ ——对 n 次测量取平均值。

12.5.4 太阳敏感器

编码式太阳敏感器由光学透镜、码盘、集成光电转换器、定位支撑结构、壳体、安装基座、光学基准及电连接器等组成。其工作原理是将太阳光通过光学透镜入射到光学码盘下面的光电转换器件上，光电转换器件按接收到的光能幅值转换为相应的电流信号提供给后端信息处理电路，根据不同的编码形式，处理成不同的角度输出。

光学系统在空间辐照下的透过率变化是编码式太阳敏感器的重要指标，可以通过全开码电压遥测值判断照射到光电池片上的能量，从而分析透过率的变化趋势。绘制全开码遥测幅值随时间变化曲线，计算寿命周期全开码遥测值变化量，作为太阳敏感器健康评估的重要依据。

太阳敏感器测量精度是衡量产品性能的关键指标，与地球敏感器类似，可以计算太阳敏感器的随机误差。

12.5.5 陀螺

陀螺的种类繁多，这里以机械陀螺为例阐述其在轨数据分析方法。

机械陀螺在轨数据分析的基本方法如下：

1）长时间记录电机电流，若出现明显波动或者缓慢升高，则认为异常。

2）在卫星姿态平稳时记录陀螺角度增量值，计算采样数据的均值和方差。若均值和方差在不同时段内数据稳定，则认为陀螺工作正常。

12.5.6 星敏感器

星敏感器是以恒星作为测量目标的新型光学姿态测量敏感器，能够输出高精度的姿态信息。星敏感器通过确定成像于探测器件上的恒星像点的坐标，计算恒星间的角距，与已知的导航星表进行匹配，实现全天球星图识别、局部天区星图识别及窗口跟踪模式，输出星敏感器测量坐标系在惯性坐标系下的姿态信息。

可以使用以下方法分析星敏感器精度：

1）分段多项式拟合法，其具体分析步骤如下所述：

a）首先对一段时间的姿态四元数进行拟合，将拟合后的数据作为姿态四元数的理论值；

b）将每个采样点的姿态四元数与拟合的姿态四元数进行比较，计算出误差四元数；

c）将计算得到的误差四元数转换为星敏感器测量坐标系 3 个轴上的角度误差；

d）对三轴角度误差进行曲线拟合，得到低频误差；

e）从三轴角度误差中减去低频误差，则得到所需噪声等效角；

f）对三轴的噪声等效角数据进行分析，计算其方差；

g）根据三轴噪声等效角可计算出星敏感器光轴和横轴的随机误差。

2）互比对法：获取同时段卫星上多个星敏感器的姿态数据，计算两台星敏感器光轴指向的夹角，统计夹角误差。

星敏感器的提取星数和识别星数是评估星敏感器在轨工作性能的重要参考。对提取星数和识别星数进行统计，计算提取星数和识别星数平均值，同时统计提取星数和识别星数为零的次数。

12.5.7 姿态控制精度分析

姿态控制精度是控制分系统的最重要的指标。卫星一般使用动量轮进行姿态控制，可以选取推力器未喷气的时段内的数据进行分析，数据长度不少于一个轨道周期，对于静止轨道，即为一天。

以地球敏感器测量的滚动角、俯仰角作为卫星滚动轴和偏航轴的姿态，偏航轴的姿态一般由星上软件根据轨道等信息对敏感器输出进行处理而得。使用数理统计方法计算姿态角的均值和方差，若姿态角的均值小于指标要求且方差数据在轨道周期内处于同一个量级，则认为卫星控制系统的姿态控制精度满足要求。

12.6 静止轨道卫星离轨

12.6.1 弃置轨道

在静止轨道卫星寿命末期，为了减少地球静止轨道空间碎片，净化地球静止轨道空间环境，要求将即将死亡的卫星送入弃置轨道。

离轨控制目标[14,15]为轨道偏心率一般不大于 0.003，并且轨道半长轴满足

$$\Delta a \geqslant \left(235+\frac{1\,000 C_R A}{M}\right)(1-e) \tag{12.6-1}$$

式中　Δa ——弃置轨道半长轴减去静止轨道卫星半长轴（km）；

C_R ——太阳辐射压力系数（卫星表面为非镜面反射时，$C_R=1$，卫星表面为镜面反射时，$C_R=2$）；

A ——卫星垂直太阳光的照射面积（m^2）；

M ——卫星质量（kg）；

e ——离轨控制前轨道偏心率。

12.6.2　霍曼转移实现离轨

实施相隔半个轨道周期的双脉冲平面内切向控制，可以将卫星从静止轨道转移至弃置轨道。这种将卫星从一条圆轨道控制到另一条圆轨道的两次切向推进，就是经典的霍曼转移，也是实施离轨控制的最优控制方式。

如图 12.6-1 所示，在点 1 处施加速度增量 Δv_1 形成过渡椭圆，再在点 3 处施加速度增量 Δv_2 从过渡椭圆转变成目标大圆，有

$$\Delta v_1 = \sqrt{\frac{\mu}{r_1}}\left(\sqrt{\frac{2r_2}{r_1+r_2}}-1\right) \tag{12.6-2}$$

$$\Delta v_2 = \sqrt{\frac{\mu}{r_2}}\left(1-\sqrt{\frac{2r_1}{r_1+r_2}}\right) \tag{12.6-3}$$

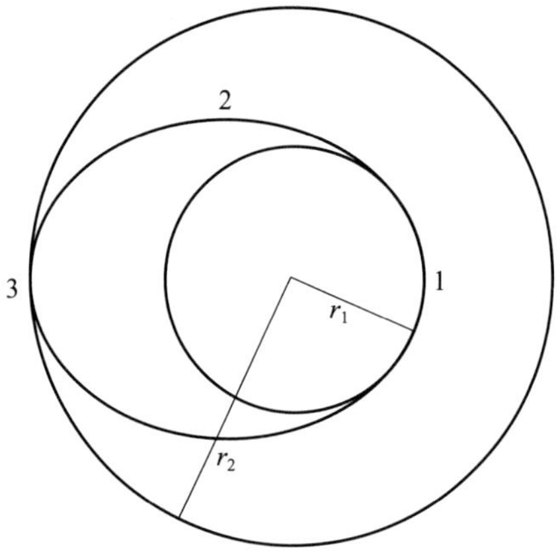

图 12.6-1　霍曼转移示意图

若某卫星从理想的 GEO 转移到弃置轨道，弃置轨道是圆轨道，Δa 等于 350 km，根据上述公式可得 Δv_1 与 Δv_2 之和等于 12.682 2 m/s。

霍曼转移轨道虽然节省能源，但完成轨道转移所需要的时间最长，至少为转移轨道周期的一半。如果是时间受限的应急离轨，则需要考虑其他转移策略。

12.6.3　轨道钝化

卫星离轨机动到达弃置轨道后，必须采取有效的钝化措施，以防止其发生爆炸，避免对其他卫星产生危险。其具体措施依次为[16,17]：

1）活动部件钝化：控制分系统需要对动量轮等高速活动部件进行制动控制，传统静止轨道卫星进入太阳捕获模式后使用 10 N 推力器进行姿态轨道控制，同时进行动量轮制动。

2）剩余推进剂排空：若推进系统设计有排气阀门，可以打开阀门令推进剂自行排出，否则需要驱动化学推力器工作。化学推力器工作时，将对卫星产生推力和力矩的作用，设

计排空策略一方面要确保卫星依然停留在弃置轨道，另一方面要确保姿态稳定，避免姿态失控引起能源供应中断，甚至引起卫星解体。

3）高压气瓶排空：根据推进系统的具体设计，对高压气瓶进行减压操作。

4）蓄电池钝化：首先切断蓄电池的充电线路，然后断开太阳电池阵的供电线路，最后断开蓄电池的供电线路。

12.7　小结

本章描述了静止轨道卫星飞行控制过程中常用的概念、参数计算方法和工程实际操作，覆盖了典型静止轨道卫星从星箭分离到离轨的整个寿命周期，包括远地点变轨、飞控计算、在轨数据分析和寿命到期后离轨的整个过程。本章内容有助于地面支持人员对在轨卫星的飞行控制和长期管理。

参 考 文 献

[1] TSAO T, CHIANG Y R. Gyroless 3 - Axis Sun Acquisition via Sun Sensors Only Unscented Kalman Filter Estimation [C]. AIAA Guidance, Navigation, and Control (GNC) Conference, Boston, MA, USA, 2013.

[2] RODGER F, SON N. Development of the Solar Array Deployment and Drive System for the XTE Spacecraft [R]. NASA 95N27284, 1995.

[3] HWANG E. Seven - Panel Solar Wing Deployment and On - Orbit Maneuvering Analyses [C]. Modeling, Simulation, and Verification of Space - based Systems Ⅱ, Orlando, Florida, USA, 2005.

[4] WIE B, ROITHMAYR C M. Attitude and Orbit Control of a Very Large Geostationary Solar Power Satellite [J]. Journal of Guidance Control and Dynamics, 2005, 28 (3): 439 - 451.

[5] 李济生．航天器轨道确定 [M]. 北京：国防工业出版社，2003.

[6] 李恒年．地球静止卫星轨道与共位控制技术 [M]. 北京：国防工业出版社，2010.

[7] 刘林，胡松杰，王歆．航天动力学引论 [M]. 南京：南京大学出版社，2005.

[8] 章仁为．卫星轨道姿态动力学与控制 [M]. 北京：北京航空航天大学出版社，1998.

[9] LEVINE J. Coordinated Universal Time and the Leap Second [J]. URSI Radio Science Bulletin, 2016, 89 (4): 30 - 36.

[10] SOOP E M. Handbook of Geostationary Orbits [M]. Kluwer Publishers, 1994.

[11] 束雄英，李红．Kepler方程的一种迭代加速算法 [J]. 航空计算技术，2005，35 (1)：41 - 44.

[12] NASROLAHI S S, ABDOLLAHI F. Sensor Fault Detection and Recovery in Satellite Attitude Control [J]. Acta Astronautica, 2018 (145): 275 - 283.

[13] 屠善澄．卫星姿态动力学与控制 [M]. 北京：中国宇航出版社，2005.

[14] 姚凡凡，黄宵腾，刘准．GEO卫星寿命末期异常情况下离轨控制策略 [J]. 飞行器测控学报，2017，36 (1)：38 - 44.

[15] IADC. Space Debris Mitigation Guidelines [S/OL]. http: //www. iadc - online. org.

[16] 栗欣，等．静止轨道通信卫星离轨方法研究 [C]. 第十二届卫星通信学术年会，北京，2016.

[17] NOVEAN M G, HONDA L K, PERKINS J M. GEO Satellite De - Orbit, Deactivation, and Shutdown Considerations [C]. AIAA 2014 - 1922, 2014.

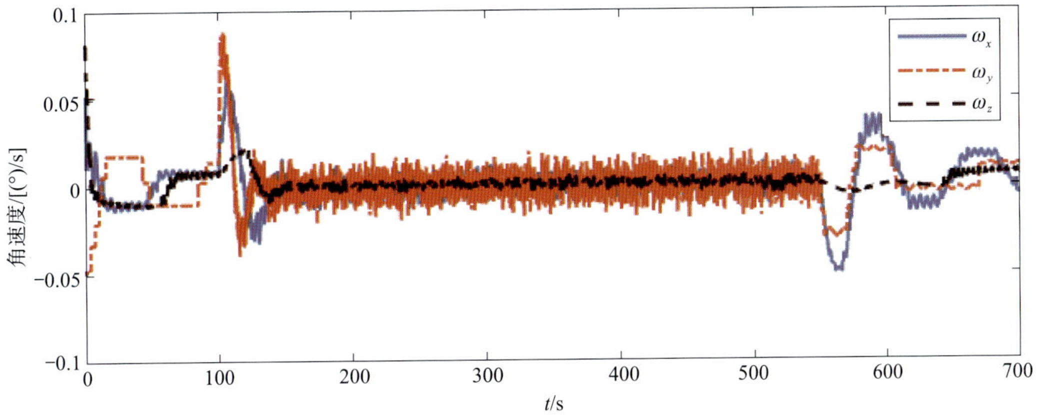

图 4.3-18　典型仿真曲线（远地点变轨模式，角速度，P160）

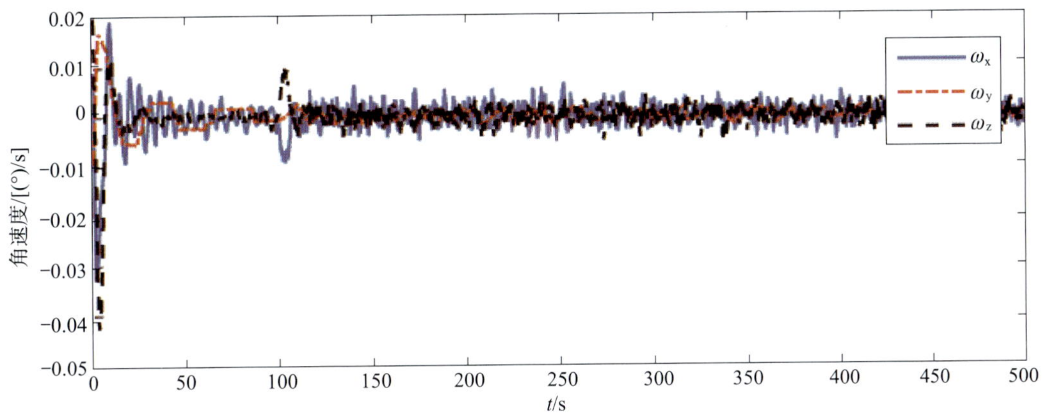

图 4.3-21　典型仿真曲线（位置保持模式，角速度，P161）

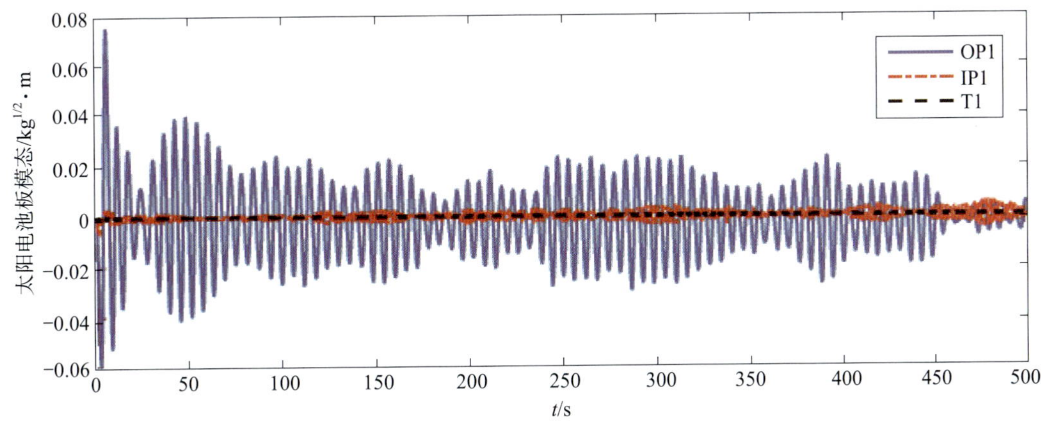

图 4.3-23　典型仿真曲线（位置保持模式，前 3 阶挠性模态，P162）

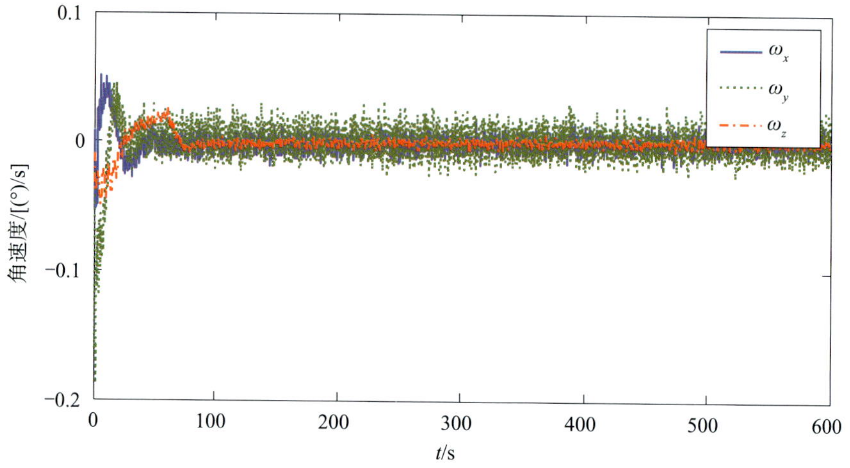

图 4.4－5　星体姿态角速度（常规控制，P170）

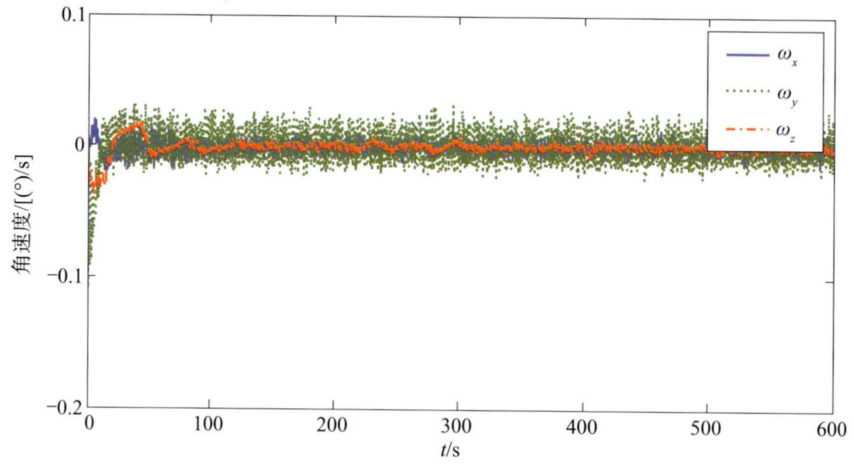

图 4.4－8　星体姿态角速度（直接自适应模糊控制，P171）

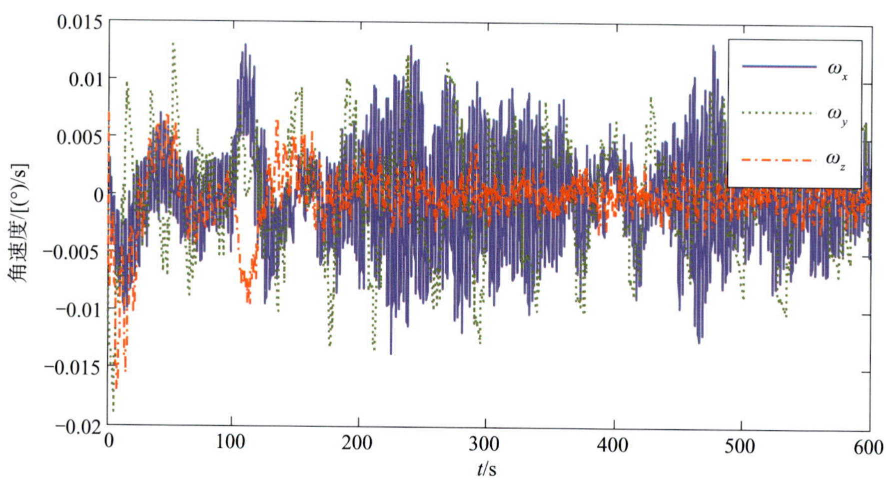

图 4.4－12　星体角速度（常规控制，P175）

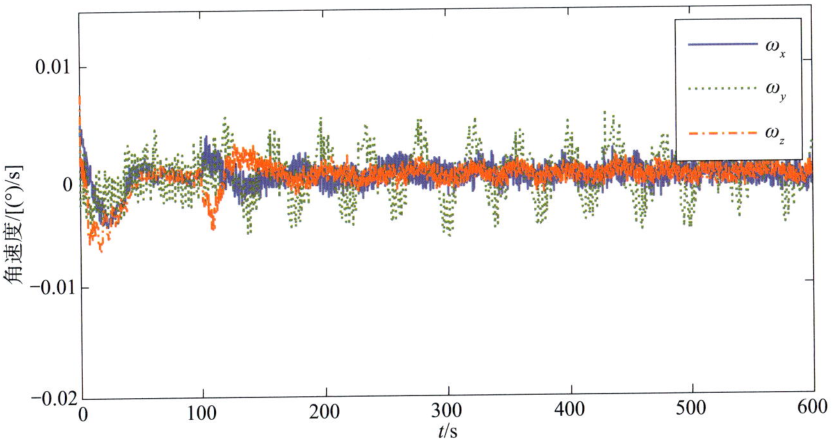

图 4.4-15　星体角速度（间接自适应模糊控制，P176）

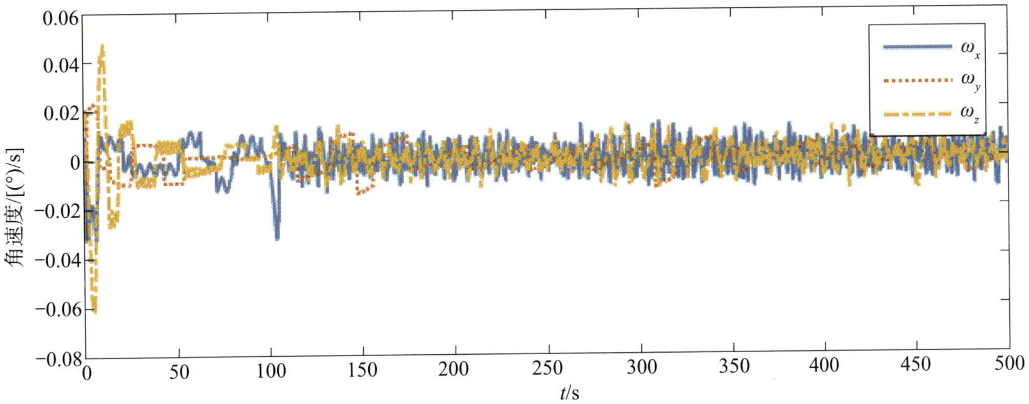

图 4.5-3　直接开关型 VSC 仿真曲线（角速度，P183）

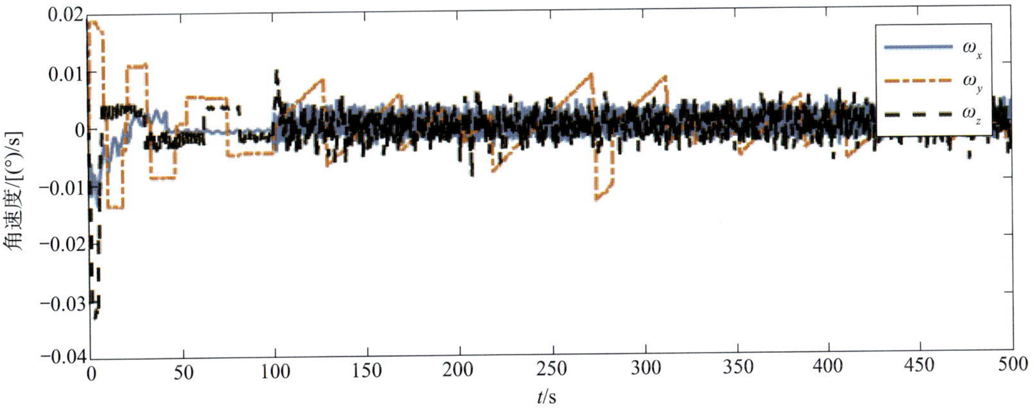

图 4.5-8　脉冲调制型 VSC 仿真曲线（角速度，P189）

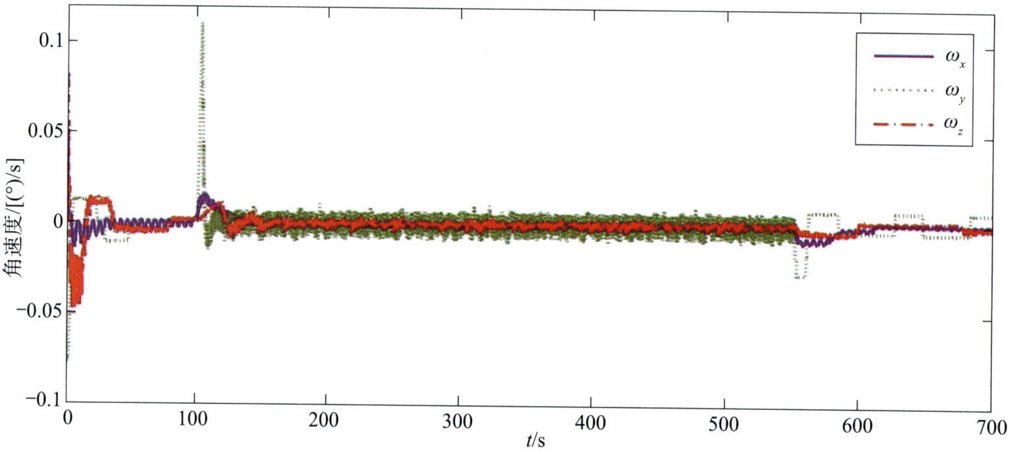

图 4.6－3　基于特征模型的喷气控制仿真曲线（情况一，姿态角速度，P197）

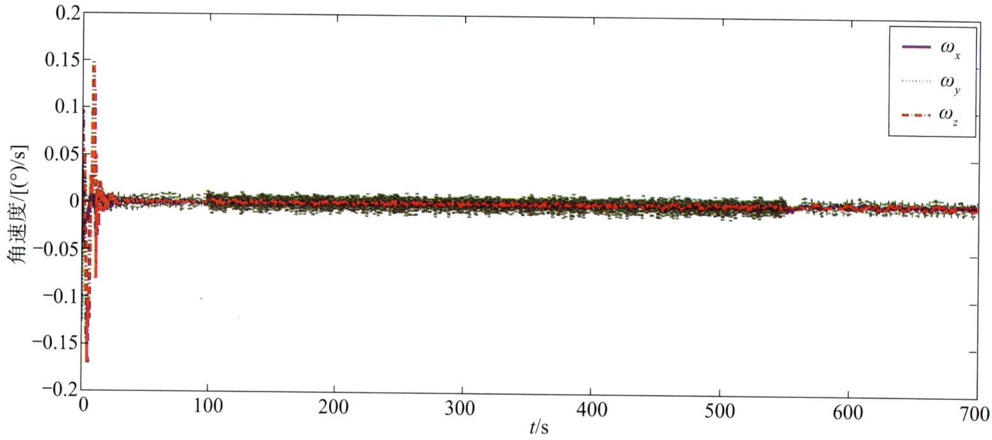

图 4.6－6　基于特征模型的喷气控制仿真曲线（情况二，姿态角速度，P198）

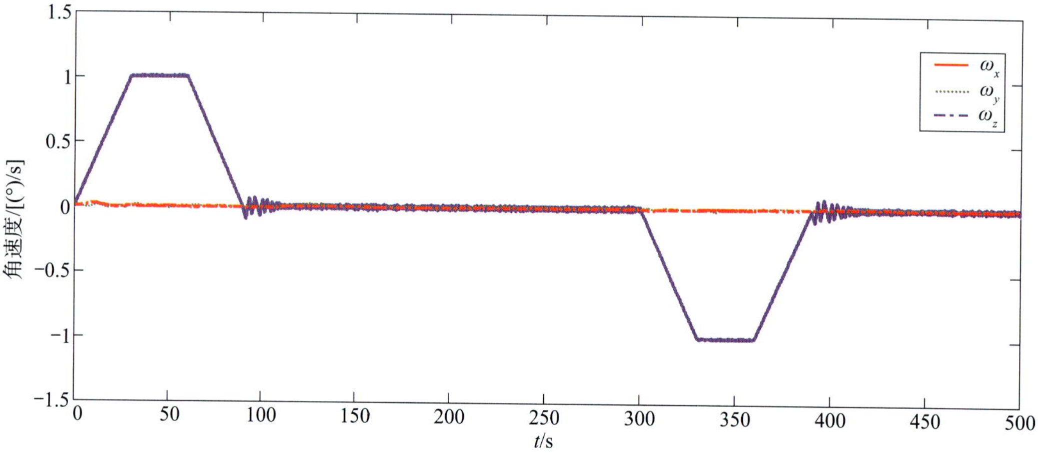

图 4.7－6　喷气姿态机动控制仿真曲线（角速度，P207）

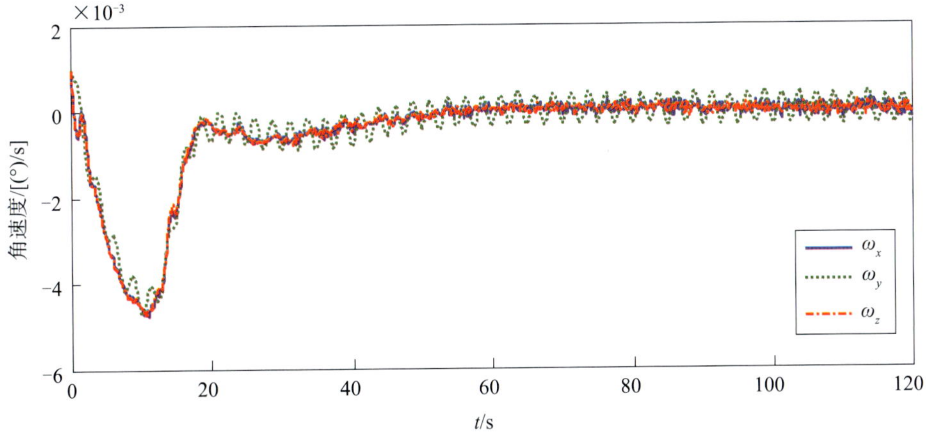

图 5.5-3　常规条件下的 NAFC 仿真曲线——星体角速度（P258）

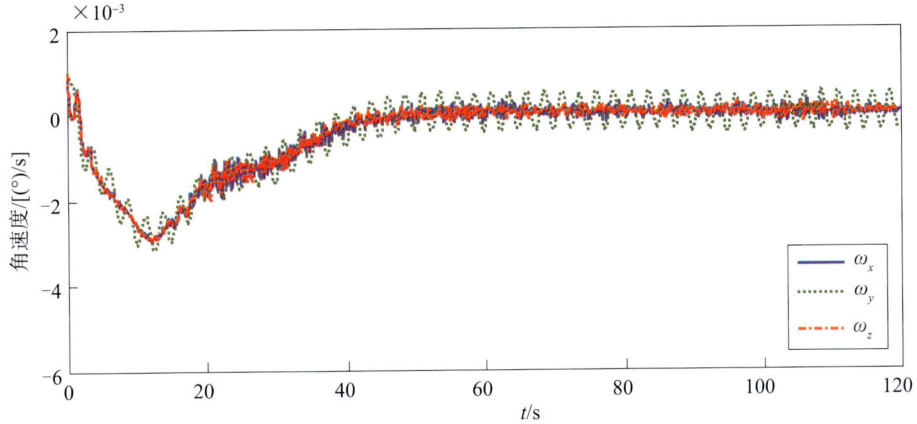

图 5.5-6　常规条件下的 AFCE 仿真曲线——星体角速度（P259）

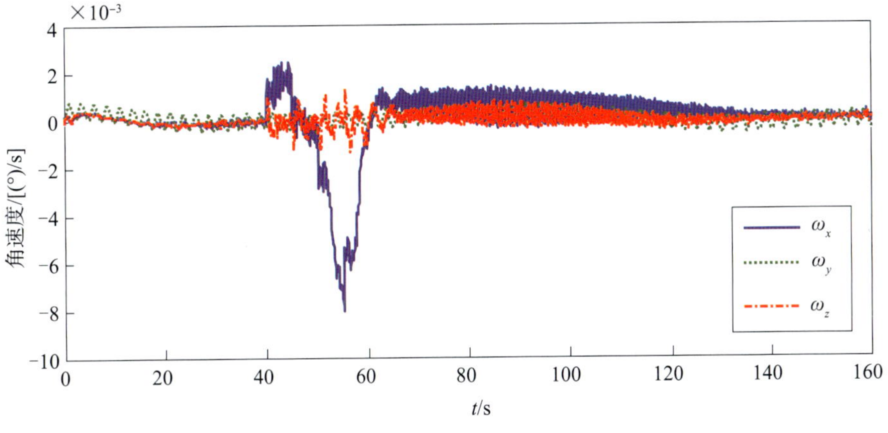

图 5.5-10　大干扰时的 NAFC 仿真曲线——星体角速度（P260）

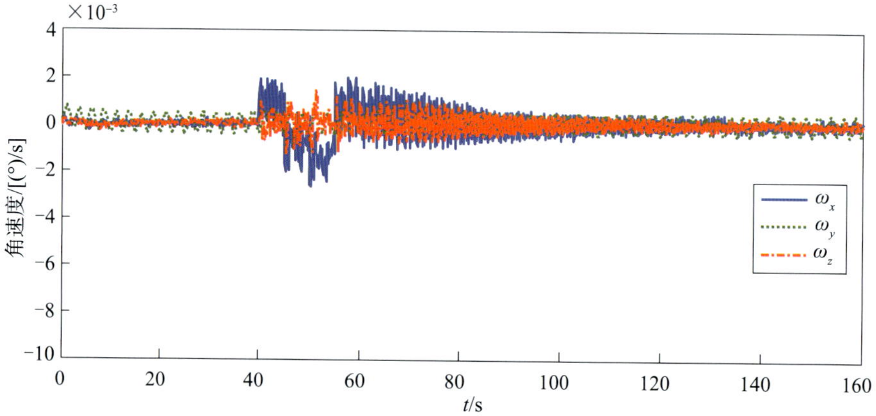

图 5.5－12　大干扰时的 AFCE 仿真曲线——星体角速度（P261）

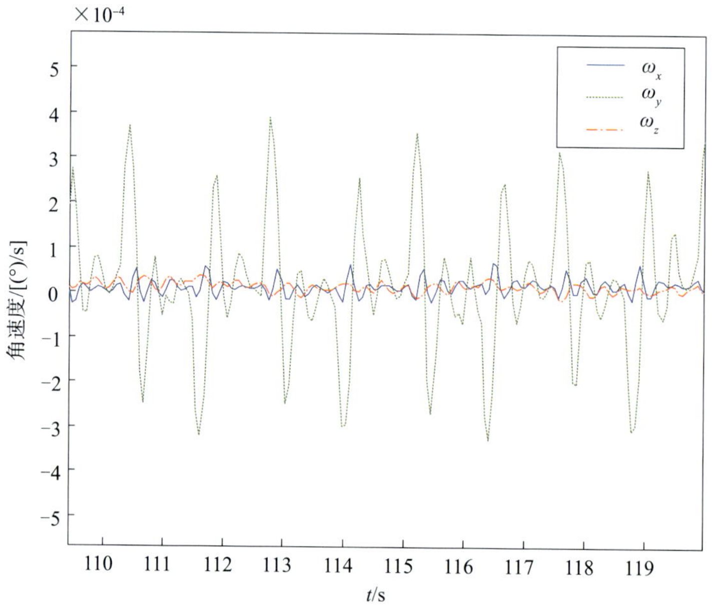

图 5.5－16　星体角速度（局部放大，P264）

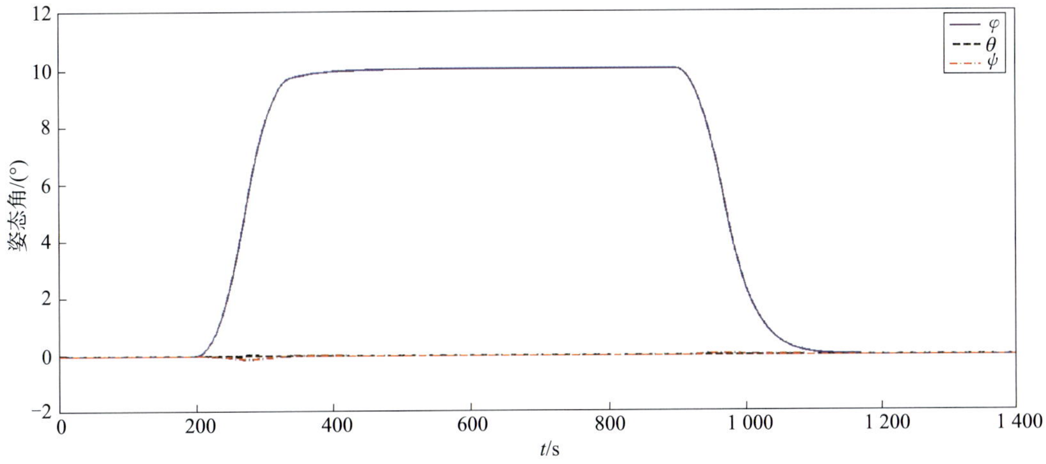

图 5.6－1　基于特征建模的角动量交换姿态机动控制仿真曲线（姿态角，P270）

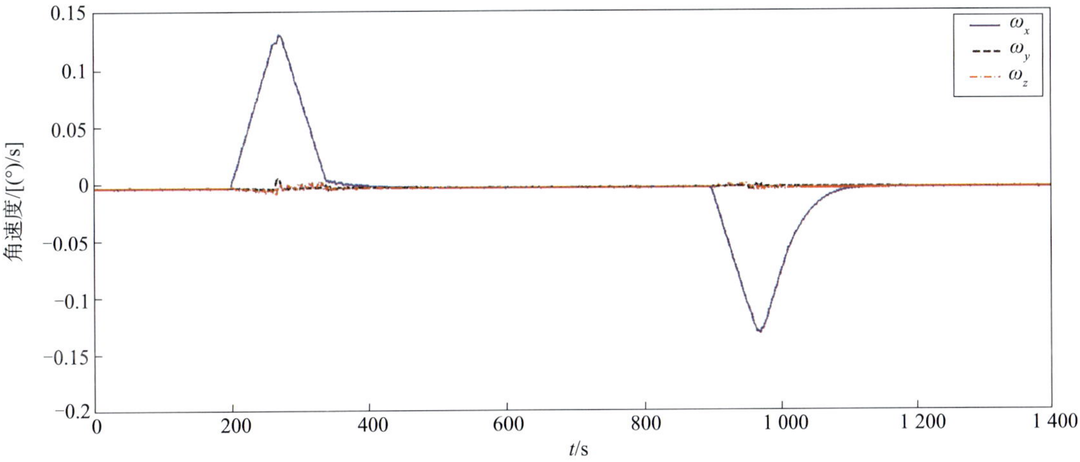

图 5.6－2　基于特征建模的角动量交换姿态机动控制仿真曲线（角速度，P271）

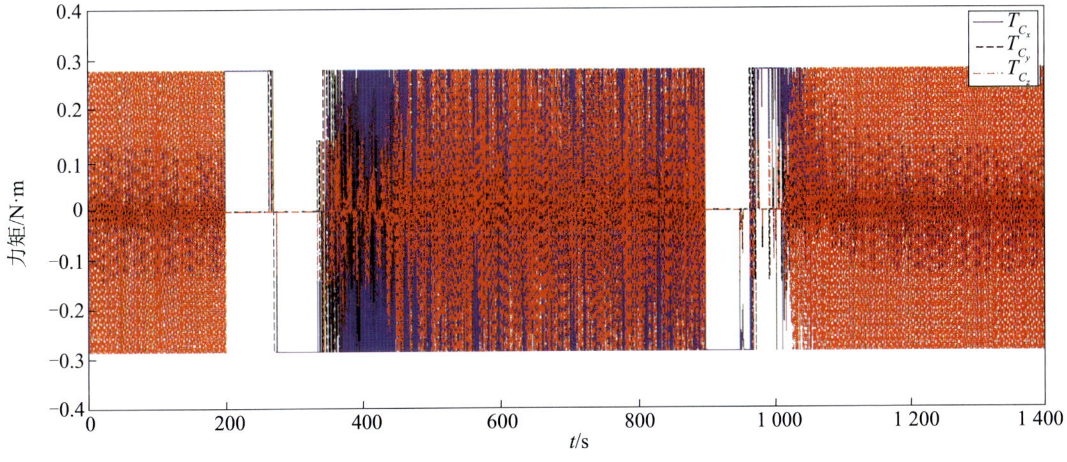

图 5.6－3　基于特征建模的角动量交换姿态机动控制仿真曲线（控制力矩，P271）

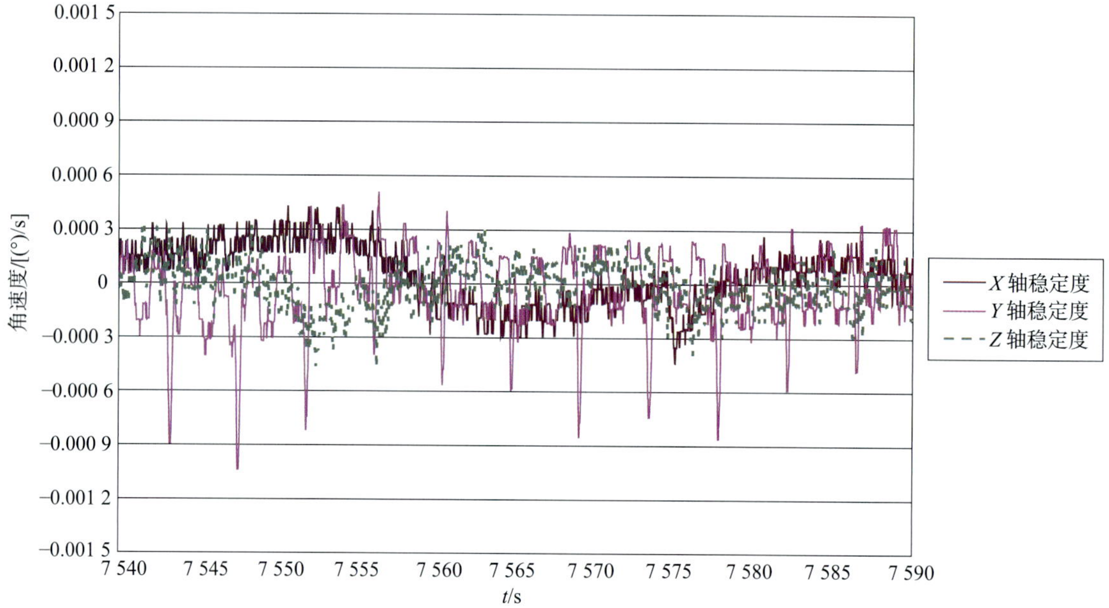

图 11.3－7　载荷同时运动时的角速度（P429）